普通高等教育"十四五"规划教材
普通高等院校数学精品教材

新编微积分
（下）

李楚进　刘　斌　编

华中科技大学出版社
中国·武汉

内容提要

本书是大学数学系列创新教材之一，内容主要包括：空间解析几何、空间理论初步、无穷级数、多元函数微分学及其应用、含参变量积分、多元函数积分学及其应用等．本书特点鲜明、内容丰富、例题典型、习题代表性强、应用事例和探究课题值得关注．本书基于“强基计划”、“本硕博贯通”和“新工科”各专业创新人才培养理念，夯实数学基础，提升数学思想方法和应用数学能力，为强化逻辑思维能力的培养而编写的．

本书可作为研究型大学理工科学生一年级第二学期的数学课程教材或教学参考书，同时也可作为研究生入学考试中高等数学科目的复习资料和教师的教学参考书．

图书在版编目(CIP)数据

新编微积分．下/李楚进，刘斌编．—武汉：华中科技大学出版社，2021．3
ISBN 978-7-5680-6908-3

Ⅰ．①新…　Ⅱ．①李…　②刘…　Ⅲ．①微积分-高等学校-教材　Ⅳ．①O172

中国版本图书馆 CIP 数据核字(2021)第 039063 号

新编微积分（下）
Xinbian Weijifen (Xia)

李楚进　刘斌　编

策划编辑：周芬娜
责任编辑：周芬娜　李　昊
封面设计：原色设计
责任校对：张会军
责任监印：周治超
出版发行：华中科技大学出版社（中国·武汉）　电话：(027)81321913
武汉市东湖新技术开发区华工科技园　邮编：430223
录　排：武汉市洪山区佳年华文印部
印　刷：武汉科源印刷设计有限公司
开　本：787mm×1092mm　1/16
印　张：21.5
字　数：561 千字
版　次：2021 年 3 月第 1 版第 1 次印刷
定　价：68.00 元

本书若有印装质量问题，请向出版社营销中心调换
全国免费服务热线：400-6679-118　竭诚为您服务
版权所有　侵权必究

前言

微积分既是人类智慧最伟大的成就之一，又是人们阐明和解决来自自然界各领域问题的强大智力工具之一. 微积分作为整个数理知识体系的基石，不仅有着科学而优美的语言，而且自诞生以来的三百多年里，一直成为培养人才的重要且必须掌握的内容. 另一方面，微积分是理工科学生学习的最重要的一门基础课程，它不仅是学生进校后面临的第一门数学课程，而且后续许多数学课程是它在本质上的延伸和深化. 随着我国一流大学、一流学科建设任务的提出，特别是 2020 年 1 月，教育部为培养有志于服务国家重大战略需求且综合素质优秀或基础学科拔尖的学生，开始实施"强基计划"，且不少高校还在理工科专业中设置了"本硕博贯通培养实验班"，"强基计划"与"本硕博贯通"都要求学生有很强的逻辑思维能力和厚实的数学理论基础；同时，2017 年 2 月以来，教育部积极推进"新工科"专业建设，这些"新工科"专业以培养创新型和复合型人才为主，需要培养学生的逻辑思维能力、计算能力、实际应用能力、团结协作能力和创新能力，这些能力的培养对微积分课程的内容和形式提出了新的要求，其根本目标是着力帮助学生为进入新工科领域做好准备. 因此，为配合"强基计划"、"本硕博贯通"和"新工科"这些创新人才培养模式的课程改革，真正体现特色、符合改革精神，我们结合自身的教学经验，加大了改革的力度与深度，提高了"高阶性、创新性、挑战性"，希望推动课堂教学革命，打造"金课"，对微积分这门课程的教材进行了改革与创新，形成了本教材的编写指导思想：

1. 将有限的时间与精力花在最基本的内容、最核心的概念和最关键的方法上，对微积分学基本理论体系与阐述方式进行了再处理：学习这门课的目的，是为创新型人才培养进行知识储备和打下良好的基础，使学生将主要精力集中在最基本的内容、核心的概念和关键的方法上，掌握本课程精髓，做到学深懂透，内容尽量精简.

2. 精选有一定难度的例题与习题，强调严格思维训练与分析问题能力提升：改革的目的是使学生达到理解与应用，精选富于启迪的例题并进行简洁和完美的证明，不仅有助于学生的理解，而且使学生从中学到分析问题的方法；一定难度的习题选取，保证了学生训练的质量与挑战性，做到了少而精.

3. 基于以学生为中心和问题驱动学习，编选了扩展性的应用事例和探究课题：为体现以学生为中心和问题驱动，提高解决问题能力，编制了高起点典范性的应用事例和探究课题，使学生在课后可以独立或者小组研讨进行深究和拓广，达到初步进入科学研究的思维训练研究目标.

4. 采取学术著作的写作风格，强调学习基本概念和结论后进行思考与补证：在本教材的编写中，几乎所有的定义和定理后面，有大量的"注"，这些"注"有相当多的是很好的结论或者命题，学生为了弄清楚，必须思考并证明，从而提高学生的数学素养.

5. 部分内容以数字化形式存在于教材中,引入了二维码:编写了一些数学家的介绍和历史资料、部分定理和“注”的证明提示,以及部分习题的解答思路,这些资料以数字化形式存在于教材中,通过扫描二维码能再现内容.

囿于学识,本书错误和不妥之处在所难免,敬请广大读者批评指正.

作　者

2020 年 6 月于华中科技大学

目　　录

第 7 章　空间解析几何…………………………………………………………… (1)
7.1　矢量代数与坐标系 …………………………………………………… (1)
7.1.1　矢量概念 ……………………………………………………… (1)
7.1.2　矢量的线性运算 ……………………………………………… (1)
7.1.3　空间直角坐标系 ……………………………………………… (2)
7.1.4　矢量的数量积与矢量积 ……………………………………… (4)
习题 7.1 …………………………………………………………………… (7)
7.2　平面与空间直线 ……………………………………………………… (8)
7.2.1　平面方程 ……………………………………………………… (8)
7.2.2　空间直线方程………………………………………………… (10)
7.2.3　平面和直线的基本问题……………………………………… (13)
习题 7.2 ………………………………………………………………… (19)
7.3　空间曲面………………………………………………………………… (21)
7.3.1　曲面方程……………………………………………………… (21)
7.3.2　柱面、球面、旋转曲面………………………………………… (21)
7.3.3　二次曲面……………………………………………………… (24)
习题 7.3 ………………………………………………………………… (28)
7.4　空间曲线………………………………………………………………… (30)
7.4.1　曲线方程……………………………………………………… (30)
7.4.2　空间曲线的投影……………………………………………… (32)
习题 7.4 ………………………………………………………………… (34)
7.5　应用事例与研究课题…………………………………………………… (34)
第 8 章　空间理论初步 ……………………………………………………… (38)
8.1　线性赋范空间…………………………………………………………… (38)
8.1.1　线性赋范空间………………………………………………… (38)
8.1.2　Banach 空间 ………………………………………………… (42)
8.1.3　线性拓扑空间………………………………………………… (45)
习题 8.1 ………………………………………………………………… (47)
8.2　内积空间………………………………………………………………… (48)
8.2.1　内积空间……………………………………………………… (48)
8.2.2　Hilbert 空间 ………………………………………………… (50)
8.2.3　最佳逼近……………………………………………………… (54)

习题 8.2 …… (55)
8.3 应用事例与研究课题 …… (56)
第 9 章 无穷级数 …… (60)
9.1 数项级数 …… (61)
9.1.1 数项级数的敛散性 …… (61)
9.1.2 收敛级数的性质 …… (63)
9.1.3 级数敛散性判别 …… (65)
习题 9.1 …… (67)
9.2 正项级数 …… (68)
9.2.1 正项级数的敛散性 …… (69)
9.2.2 正项级数敛散性判别 …… (69)
习题 9.2 …… (79)
9.3 任意项级数 …… (81)
9.3.1 任意项级数的敛散性 …… (81)
9.3.2 绝对收敛与条件收敛 …… (85)
习题 9.3 …… (90)
9.4 应用事例与研究课题 1 …… (93)
9.5 函数列和函数项级数 …… (99)
9.5.1 函数列的一致收敛 …… (99)
9.5.2 一致收敛函数列的性质 …… (105)
9.5.3 函数项级数的一致收敛 …… (108)
9.5.4 一致收敛函数项级数的性质 …… (114)
9.5.5 函数逼近 …… (116)
9.5.6 积分平均收敛 …… (117)
习题 9.5 …… (119)
9.6 应用事例与研究课题 2 …… (123)
9.7 幂级数 …… (127)
9.7.1 幂级数的敛散性 …… (127)
9.7.2 幂级数的性质 …… (130)
9.7.3 幂级数求和 …… (133)
9.7.4 幂级数展开 …… (136)
习题 9.7 …… (142)
9.8 Fourier 级数 …… (145)
9.8.1 函数的 Fourier 级数 …… (145)
9.8.2 Fourier 级数的其他形式 …… (148)
9.8.3 收敛定理 …… (152)
9.8.4 Fourier 级数的性质与应用 …… (158)
习题 9.8 …… (163)

9.9　应用事例与研究课题 3 …… (165)
第 10 章　多元函数微分学及其应用 …… (170)
10.1　多元函数极限和连续性…… (170)
10.1.1　多元函数的概念…… (170)
10.1.2　多元函数的极限与连续性…… (171)
10.1.3　多元连续函数的性质…… (176)
习题 10.1 …… (179)
10.2　多元函数微分学…… (180)
10.2.1　可微性与全微分…… (180)
10.2.2　可微性条件…… (182)
10.2.3　微分中值定理…… (184)
10.2.4　多元函数微分的几何意义与应用…… (184)
10.2.5　复合函数的微分…… (186)
10.2.6　高阶偏导与高阶微分…… (188)
10.2.7　多元函数的 Taylor 公式 …… (192)
习题 10.2 …… (195)
10.3　方向导数与梯度…… (197)
10.3.1　方向导数…… (197)
10.3.2　梯度…… (200)
习题 10.3 …… (201)
10.4　隐函数定理及其应用…… (202)
10.4.1　隐函数定理…… (202)
10.4.2　隐函数组定理…… (206)
10.4.3　反函数组与坐标变换…… (210)
10.4.4　隐函数定理的几何应用…… (212)
10.4.5　无条件极值、最大值与最小值 …… (214)
10.4.6　条件极值和 Lagrange 乘子法 …… (217)
习题 10.4 …… (219)
10.5　空间曲线的曲率与挠率…… (222)
10.5.1　Frenet 标架 …… (222)
10.5.2　曲率与挠率…… (224)
习题 10.5 …… (226)
10.6　应用事例与探究课题…… (226)
第 11 章　含参变量积分 …… (231)
11.1　含参变量定积分…… (231)
11.1.1　含参变量定积分…… (231)
11.1.2　含参变量定积分的性质与应用…… (232)
习题 11.1 …… (237)

11.2　含参变量反常积分 …… (239)
11.2.1　含参变量反常积分的一致收敛性及其判别 …… (239)
11.2.2　含参变量反常积分的性质与应用 …… (243)
习题 11.2 …… (248)
11.3　Euler 积分 …… (249)
11.3.1　Gamma 函数 …… (250)
11.3.2　Beta 函数 …… (251)
习题 11.3 …… (254)
11.4　应用事例与研究课题 …… (255)
第 12 章　多元函数积分学及其应用 …… (259)
12.1　二重积分 …… (259)
12.1.1　平面点集的面积 …… (259)
12.1.2　二重积分的定义与性质 …… (261)
12.1.3　二重积分的计算 …… (263)
12.1.4　二重积分的变量变换 …… (270)
习题 12.1 …… (274)
12.2　三重积分 …… (277)
12.2.1　三重积分的定义与性质 …… (277)
12.2.2　三重积分的计算 …… (278)
12.2.3　三重积分的变量变换 …… (281)
习题 12.2 …… (285)
12.3　重积分应用 …… (286)
12.3.1　反常重积分 …… (287)
12.3.2　含参变量重积分 …… (289)
12.3.3　曲面的面积 …… (290)
12.3.4　重积分的物理应用 …… (291)
习题 12.3 …… (293)
12.4　曲线积分 …… (294)
12.4.1　第一型曲线积分 …… (294)
12.4.2　第一型曲线积分的计算 …… (295)
12.4.3　第二型曲线积分 …… (297)
12.4.4　第二型曲线积分的计算 …… (298)
12.4.5　两型曲线积分的联系 …… (300)
习题 12.4 …… (302)
12.5　曲面积分 …… (303)
12.5.1　第一型曲面积分 …… (303)
12.5.2　第一型曲面积分的计算 …… (305)
12.5.3　第二型曲面积分 …… (306)

12.5.4 第二型曲面积分的计算 …… (308)
12.5.5 两型曲面积分的联系 …… (310)
习题 12.5 …… (311)
12.6 三个重要公式·场论 …… (313)
12.6.1 Green 公式 …… (313)
12.6.2 曲线积分与路径的无关性 …… (316)
12.6.3 Gauss 公式 …… (320)
12.6.4 Stokes 公式 …… (322)
12.6.5 场论初步 …… (324)
习题 12.6 …… (326)
12.7 应用事例与研究课题 …… (329)
参考文献 …… (333)

第 7 章　空间解析几何

复杂的空间结构、变量关系用几何的观点和思想方法去刻画，借助矢量分析能为许多抽象的、高维的数学物理问题提供丰富有效的方案和特别的启发. 本章将介绍矢量代数、空间平面与直线、空间曲面与曲线等相关知识，以及基本的几何分析方法.

7.1　矢量代数与坐标系

7.1.1　矢量概念

在现实中，我们经常会遇到两种类型的量. 一类是只有大小没有方向的量，称为**数量**或**标量**，比如质量、温度等；另一类是既有大小又有方向的量，称为**矢量**或**向量**，比如力、力矩、速度、加速度等. 矢量是数学、物理学和工程科学等多个自然科学中的基本概念，是刻画复杂空间结构和变量关系的基本要素.

几何中，矢量用有向线段来表示. 对空间中的两点 A 和 B，用从起点 A 到终点 B 的有向线段表示矢量$\overrightarrow{AB}$，也用 $\boldsymbol{a}$ 表示该矢量(图 7-1).

有向线段的长度称为矢量的**长度**或者**模**，记作$|\overrightarrow{AB}|$或者$|\boldsymbol{a}|$；有向箭头所指的方向称为矢量的**方向**. 模等于 1 的矢量称为单位矢量；模等于 0 的矢量称为零矢量，记作 $\boldsymbol{0}$. 零矢量的起点和终点重合，其方向可以认为是任意的. 与矢量 $\boldsymbol{a}$ 的模相等而方向相反的矢量称为 $\boldsymbol{a}$ 的**负矢量**或者**逆矢量**，记作$-\boldsymbol{a}$.

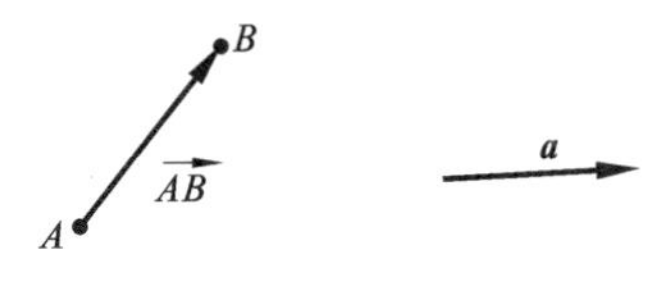

图 7-1　矢量表示

如果矢量 $\boldsymbol{a}$ 和 $\boldsymbol{b}$ 的大小相等，方向相同，则称 $\boldsymbol{a}$ 和 $\boldsymbol{b}$ 是相等的，记作 $\boldsymbol{a}=\boldsymbol{b}$. 对于非零矢量 $\boldsymbol{a}$ 和 $\boldsymbol{b}$，如果它们的方向相同或者相反，则称 $\boldsymbol{a}$ 和 $\boldsymbol{b}$ 是平行的，记作 $\boldsymbol{a}/\!/\boldsymbol{b}$. 规定，零矢量与任何矢量是平行的.

在实际问题中，有时研究的矢量与起点有关，有时研究的矢量与起点无关. 注意到矢量只有大小和方向两个基本要素，为方便起见，我们这里只研究与起点无关的矢量，并称这样的矢量为**自由矢量**. 给定点 O(通常取 O 为坐标原点)，对于任给矢量 $\boldsymbol{a}$，将其起点移到点 O，则其终点对应唯一的点 P，即有$\overrightarrow{OP}=\boldsymbol{a}$，称$\overrightarrow{OP}$为点 P 的**向径**或**矢径**. 事实上，对任给的点 P，也必能唯一确定以 O 为起点且 P 为终点的矢量$\overrightarrow{OP}$. 这种空间点与其向径的一一对应，在我们后面引入坐标系之后会非常明确，这对复杂的矢量分析也是十分有益的.

7.1.2　矢量的线性运算

对于两个不平行的矢量 $\boldsymbol{a}$ 和 $\boldsymbol{b}$，可依据平行四边形法则定义矢量加法 $\boldsymbol{a}+\boldsymbol{b}$. 考虑 $\boldsymbol{a}$ 和 $\boldsymbol{b}$ 有相同的起点，以 $\boldsymbol{a}$，$\boldsymbol{b}$ 为两边作平行四边形，则 $\boldsymbol{a}+\boldsymbol{b}$ 的**和**，规定为从共同起点到平行四边形中与之相对的顶点为终点的矢量(图 7-2).

两个矢量 $\boldsymbol{a}$ 和 $\boldsymbol{b}$ 的**差**，定义为 $\boldsymbol{a}-\boldsymbol{b}=\boldsymbol{a}+(-\boldsymbol{b})$. 由于两个平行的自由矢量是共线的，它们和的方向由模最大的矢量方向决定；若方向相同则和的模是这两个矢量模的和，方向相反则和的模是这两个矢量模的差的绝对值.

事实上,也可以等价地考虑三角形法则定义矢量加法 $\boldsymbol{a}+\boldsymbol{b}$:将 $\boldsymbol{a}$,$\boldsymbol{b}$ 首尾相接,称起点到终点所对应的矢量为 $\boldsymbol{a}+\boldsymbol{b}$ 的和. 进一步,三角形法则可以推广为更一般的矢量求和的多边形法则(图 7-3).

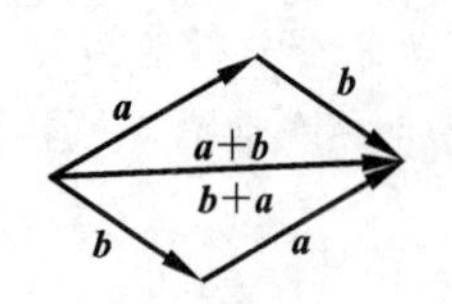

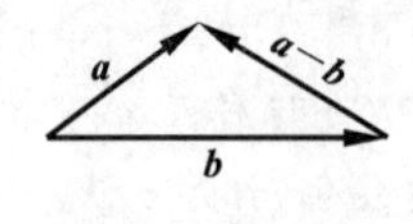

图 7-2 矢量加法

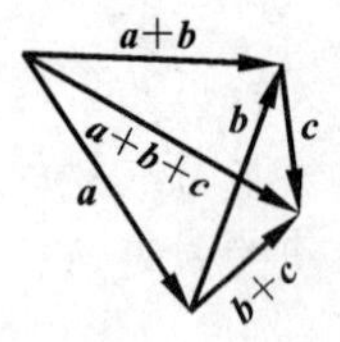

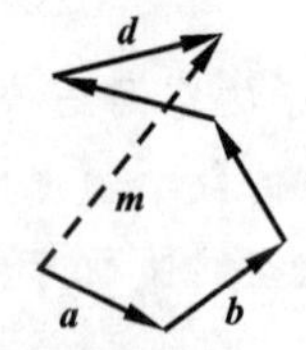

图 7-3 矢量多边形法则求和

对于数量 λ 和矢量 $\boldsymbol{a}$,规定它们的乘积仍为一个矢量,记作 $\lambda\boldsymbol{a}$. **数乘** $\lambda\boldsymbol{a}$ 的模为 $|\lambda||\boldsymbol{a}|$;当 $\lambda>0$ 时,$\lambda\boldsymbol{a}$ 与 $\boldsymbol{a}$ 方向相同;当 $\lambda<0$ 时,$\lambda\boldsymbol{a}$ 与 $\boldsymbol{a}$ 方向相反;当 $\lambda=0$ 时,$\lambda\boldsymbol{a}=\boldsymbol{0}$. 通常,我们称 λ 为**尺度因子**. 显然,矢量 $\boldsymbol{a}$ 与 $\lambda\boldsymbol{a}$ 平行;如果矢量 $\boldsymbol{a}$ 和 $\boldsymbol{b}$ 平行,则必存在数 $\lambda\neq0$,使得 $\boldsymbol{b}=\lambda\boldsymbol{a}$(图 7-4).

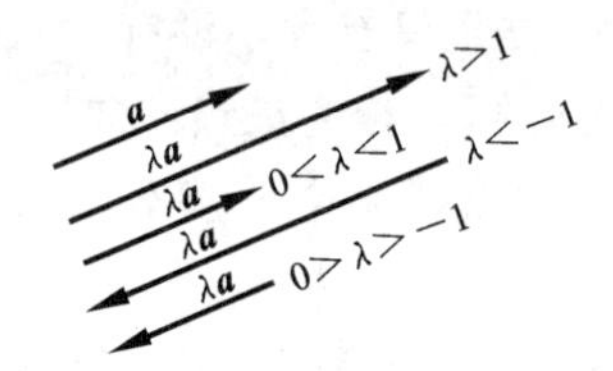

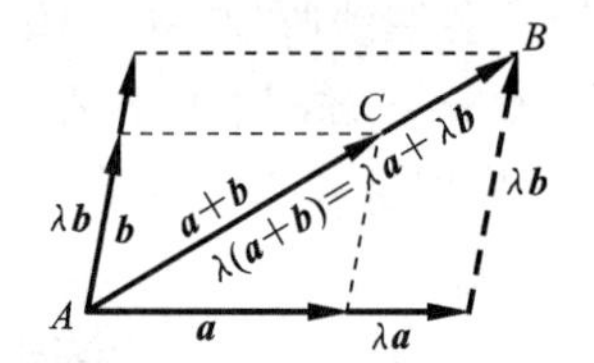

图 7-4 矢量数乘

矢量加法和数乘统称为矢量的线性运算. 容易验证,矢量加法和数乘满足如下性质:

(1) 加法交换律:$\boldsymbol{a}+\boldsymbol{b}=\boldsymbol{b}+\boldsymbol{a}$.

(2) 加法结合律:$(\boldsymbol{a}+\boldsymbol{b})+\boldsymbol{c}=\boldsymbol{a}+(\boldsymbol{b}+\boldsymbol{c})$.

(3) 加法有零元:$\boldsymbol{a}+\boldsymbol{0}=\boldsymbol{a}$,$\boldsymbol{a}+(-\boldsymbol{a})=\boldsymbol{0}$.

(4) 数乘结合律:$(\lambda\mu)\boldsymbol{a}=\lambda(\mu\boldsymbol{a})=\mu(\lambda\boldsymbol{a})$.

(5) 数乘与加法的分配律:$(\lambda+\mu)\boldsymbol{a}=\lambda\boldsymbol{a}+\mu\boldsymbol{a}$;$\lambda(\boldsymbol{a}+\boldsymbol{b})=\lambda\boldsymbol{a}+\lambda\boldsymbol{b}$.

(6) 数乘单位元、零元:$1\boldsymbol{a}=\boldsymbol{a}$;$(-1)\boldsymbol{a}=-\boldsymbol{a}$;$0\boldsymbol{a}=\boldsymbol{0}$.

这些性质是矢量运算本质规律的总结,也是科学合理的要求.

基于平行四边形法则和三角形法则刻画矢量运算虽然形象、直观,但我们期望能在数学上证实其科学合理性;而且在高维空间中表达运算很麻烦,也期望寻求有更便利、更有效的刻画方法. 比如,关于三角不等式 $|\boldsymbol{a}+\boldsymbol{b}|\leqslant|\boldsymbol{a}|+|\boldsymbol{b}|$ 的刻画和证明等.

7.1.3 空间直角坐标系

对空间进行恰当的结构刻画,将有利于研究空间中各种对象以及对象间的复杂关系.

对三维空间中的矢量 $\boldsymbol{a}$,$\boldsymbol{b}$,$\boldsymbol{c}$,如果存在不全为零的三个数 λ,μ,ν,使得 $\lambda\boldsymbol{a}+\mu\boldsymbol{b}+\nu\boldsymbol{c}=\boldsymbol{0}$,则称 $\boldsymbol{a}$,$\boldsymbol{b}$,$\boldsymbol{c}$ 是线性相关的(共面的);否则,称 $\boldsymbol{a}$,$\boldsymbol{b}$,$\boldsymbol{c}$ 是线性无关的. 一般地,对空间中定点 O 及三个线性无关的有序矢量 $\boldsymbol{e}_1$,$\boldsymbol{e}_2$,$\boldsymbol{e}_3$,即能构成一个**坐标系**,记作$(O;\boldsymbol{e}_1,\boldsymbol{e}_2,\boldsymbol{e}_3)$.

通常,考虑引进三维空间直角坐标系来表现空间中的点与三元数组之间的联系.

在空间中取定点 O,过点 O 作三条互相垂直的数轴:x 轴(横轴),y 轴(纵轴)和 z 轴(竖轴),统称为**坐标轴**,称点 O 为**坐标原点**. 按物理和工程科学习惯,规定 x 轴,y 轴和 z 轴的正向构成**右手系**,即当右手握拳的方向从 x 轴正向到 y 轴正向时,右手大拇指的指向为 z 轴正向. 通常,将这样的空间直角坐标系记作 $Oxyz$(图 7-5).

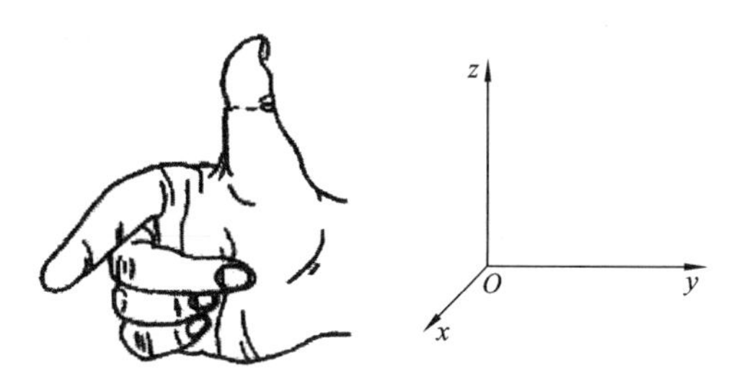

图 7-5　空间直角坐标系

三个坐标轴两两确定一个平面,称之为**坐标平面**. 由 x 轴,y 轴确定的平面称为 xOy 平面;yOz 平面与 zOx 平面的意义类似. 这三个两两垂直的坐标平面将空间分成八个部分,每个部分称为一个**卦限**. 含有正向 x 轴,正向 y 轴和正向 z 轴的卦限称为第一卦限. 通常,位于 xOy 平面第一、二、三、四象限上方(通常认为 z 轴朝上)的四个卦限依次称为Ⅰ、Ⅱ、Ⅲ、Ⅳ卦限,与之相对的 xOy 平面下方的四个卦限依次称为Ⅴ、Ⅵ、Ⅶ、Ⅷ卦限,如图 7-6 所示.

基于空间直角坐标系就能建立空间中的点与有序三元数组之间的一一对应关系,这将使得空间矢量分析和微元分析变得十分简洁、高效(图 7-7).

空间坐标系

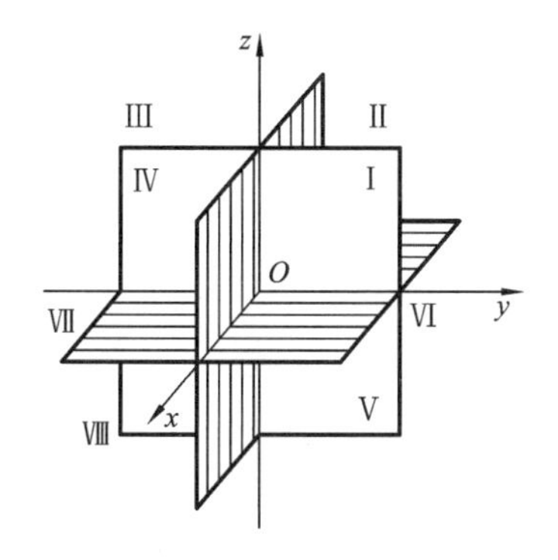

图 7-6　空间卦限

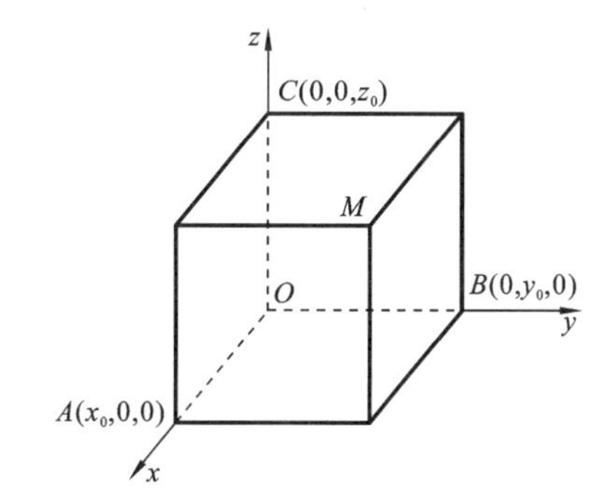

图 7-7　空间点的坐标

任给空间一点 M,过点 M 作三个平面分别垂直于 x 轴,y 轴和 z 轴并有交点 A,B,C,这三点在各坐标轴上的坐标分别为 x_0,y_0,z_0. 这样,点 M 唯一确定了一个三元有序数组(x_0,y_0,z_0),称之为点 M 在坐标系 $Oxyz$ 中的**坐标**,记作 $M(x_0,y_0,z_0)$. 通常,称 x_0,y_0,z_0 分别为点 M 的横坐标,纵坐标,竖坐标,即点 M 在 x 轴,y 轴和 z 轴上的投影.

反之,任给一个有序三元数组(x_0,y_0,z_0),在 x 轴,y 轴和 z 轴上分别取点 A,B,C,使其坐标分别为$(x_0,0,0)$,$(0,y_0,0)$,$(0,0,z_0)$,再过 A,B,C 分别作垂直于 x 轴,y 轴和 z 轴的平面,则这三个平面的交点 M 就是以(x_0,y_0,z_0)为坐标的空间点.

空间点的位置和相互关系都可以通过其坐标表现. 比如:

(1) y 轴上的点有坐标$(0,y,0)$;zOx 平面上的点有坐标$(a,0,b)$.

(2) 点 $M_1(x_1,x_2,x_3)$和点 $M_2(y_1,y_2,y_3)$的距离为

$$|M_1M_2|=\sqrt{(y_1-x_1)^2+(y_2-x_2)^2+(y_3-x_3)^2}.$$

(3) 与定点 $P(a,b,c)$等距为 r 的动点 $Q(x,y,z)$的轨迹为

$$(x-a)^2+(y-b)^2+(z-c)^2=r^2.$$

注意到,在三维空间直角坐标系 $Oxyz$ 中,每个矢量 $\boldsymbol{a}$ 均能唯一确定一个点 M 与之对应,使得 $\boldsymbol{a}=\overrightarrow{OM}$,其中 M 有坐标(x,y,z),我们称 x,y,z 分别为 $\boldsymbol{a}$ 的横坐标,纵坐标,竖坐标,记作

$$\boldsymbol{a}=\{x,y,z\}.$$

通常,也记三维空间直角坐标系为$(O;\boldsymbol{i},\boldsymbol{j},\boldsymbol{k})$,这里 $\boldsymbol{i}=\{1,0,0\}$,$\boldsymbol{j}=\{0,1,0\}$,$\boldsymbol{k}=\{0,0,1\}$,我们称 $\boldsymbol{i},\boldsymbol{j},\boldsymbol{k}$ 为**基矢量**. 从而,对任给矢量 $\boldsymbol{a}=\{x,y,z\}$,有

$$\boldsymbol{a}=x\boldsymbol{i}+y\boldsymbol{j}+z\boldsymbol{k},$$

其中 $x\boldsymbol{i},y\boldsymbol{j},z\boldsymbol{k}$ 分别为 $\boldsymbol{a}$ 在三个坐标轴上的分矢量. 这种矢量分解是十分基础且关键的矢量分析技术.

比如,对于任意矢量 $\boldsymbol{a}=\{a_x,a_y,a_z\}$ 和 $\boldsymbol{b}=\{b_x,b_y,b_z\}$,其线性运算就归结为其坐标的相应运算:

$$\boldsymbol{a}\pm\boldsymbol{b}=\{a_x\pm b_x,a_y\pm b_y,a_z\pm b_z\};$$

$$\lambda\boldsymbol{a}=\{\lambda a_x,\lambda a_y,\lambda a_z\}.$$

7.1.4 矢量的数量积与矢量积

在物理学中,我们知道质点在力 $\boldsymbol{F}$ 的作用下,经过位移 $\overrightarrow{PQ}=\boldsymbol{s}$ 所做的功为

$$W=|\boldsymbol{F}||\boldsymbol{s}|\cos\theta,$$

其中 θ 为 $\boldsymbol{F}$ 和 $\boldsymbol{s}$ 的夹角,如图 7-8 所示.

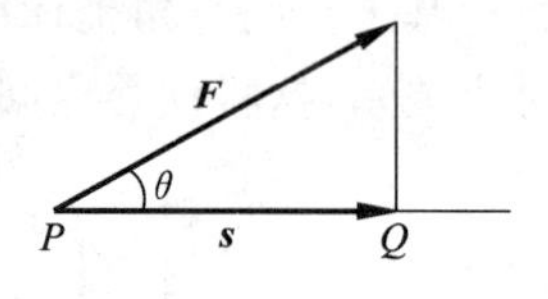

图 7-8 力 $\boldsymbol{F}$ 沿 $\boldsymbol{s}$ 作功

物理学就是**自然哲学**,经典的例子能反映最基本的结构、最普遍的相互作用、最一般的运动规律及所使用的实验手段和思维方法 . 由此,本质上我们可以定义两矢量的数量积.

定义 7.1.1 任意矢量 $\boldsymbol{a}$ 与 $\boldsymbol{b}$ 的模和它们夹角余弦的乘积,称作 $\boldsymbol{a}$ 和 $\boldsymbol{b}$ 的**数量积**或**内积**,记作 $\boldsymbol{a}\cdot\boldsymbol{b}$ 或者 $\boldsymbol{ab}$,即

$$\boldsymbol{a}\cdot\boldsymbol{b}=|\boldsymbol{a}||\boldsymbol{b}|\cos\angle(\boldsymbol{a},\boldsymbol{b}).$$

通常,对两非零矢量 $\boldsymbol{a}$ 和 $\boldsymbol{b}$ 的数量积可理解成投影,即

$$\boldsymbol{a}\cdot\boldsymbol{b}=|\boldsymbol{a}|\mathrm{Proj}\boldsymbol{b}_a=|\boldsymbol{b}|\mathrm{Proj}\boldsymbol{a}_b,$$

其中 $\mathrm{Proj}\boldsymbol{b}_a$ 为 $\boldsymbol{b}$ 在 $\boldsymbol{a}$ 方向上的**投影**或**投影分量**,$\mathrm{Proj}\boldsymbol{a}_b$ 为 $\boldsymbol{a}$ 在 $\boldsymbol{b}$ 方向上的投影或投影分量.

一般地,我们可以考虑将矢量 $\boldsymbol{b}$ 关于矢量 $\boldsymbol{a}$ 作分解,表示为平行于 $\boldsymbol{a}$ 的矢量与垂直于 $\boldsymbol{a}$ 的矢量之和,即

$$\boldsymbol{b}=(\mathrm{Proj}\boldsymbol{b}_a)\boldsymbol{a}+(\boldsymbol{b}-(\mathrm{Proj}\boldsymbol{b}_a)\boldsymbol{a}).$$

显然,两矢量 $\boldsymbol{a}$ 和 $\boldsymbol{b}$ 相互垂直的充要条件是其数量积 $\boldsymbol{a}\cdot\boldsymbol{b}=0$.

容易验证,对任意矢量 $\boldsymbol{a},\boldsymbol{b},\boldsymbol{c}$ 及任意数量 λ,μ,数量积满足如下运算规律:

(1) 交换律:$\boldsymbol{a}\cdot\boldsymbol{b}=\boldsymbol{b}\cdot\boldsymbol{a}$.

(2) 结合律:$(\lambda\boldsymbol{a})\cdot\boldsymbol{b}=\lambda(\boldsymbol{a}\cdot\boldsymbol{b})=\boldsymbol{a}\cdot(\lambda\boldsymbol{b})$.

(3) 分配律:$(\boldsymbol{a}+\boldsymbol{b})\cdot\boldsymbol{c}=\boldsymbol{a}\cdot\boldsymbol{c}+\boldsymbol{b}\cdot\boldsymbol{c}$.

例 7.1.1 试证任意三角形的三条高交于一点,如图 7-9 所示.

证 分别过点 A,点 B 作三角形 $\triangle ABC$ 的 BC,CA 两边的高,记其交点为 P. 令 $\overrightarrow{PA}=\boldsymbol{a}$,$\overrightarrow{PB}=\boldsymbol{b}$,$\overrightarrow{PC}=\boldsymbol{c}$,则有

$$\overrightarrow{AB}=\boldsymbol{b}-\boldsymbol{a},\quad \overrightarrow{BC}=\boldsymbol{c}-\boldsymbol{b},\quad \overrightarrow{CA}=\boldsymbol{a}-\boldsymbol{c}.$$

注意到,$\overrightarrow{PA}\perp\overrightarrow{BC}$,有 $\boldsymbol{a}\cdot(\boldsymbol{c}-\boldsymbol{b})=0$,也即有 $\boldsymbol{a}\cdot\boldsymbol{c}=\boldsymbol{a}\cdot\boldsymbol{b}$. 又由于 $\overrightarrow{PB}\perp\overrightarrow{CA}$,有 $\boldsymbol{b}\cdot(\boldsymbol{a}-\boldsymbol{c})=0$,也即有 $\boldsymbol{a}\cdot\boldsymbol{b}=\boldsymbol{b}\cdot\boldsymbol{c}$. 进而,$\boldsymbol{a}\cdot\boldsymbol{c}=\boldsymbol{b}\cdot\boldsymbol{c}$,此即有 $\boldsymbol{c}\cdot(\boldsymbol{b}-\boldsymbol{a})=0$,也即 $\overrightarrow{PC}\perp\overrightarrow{AB}$.

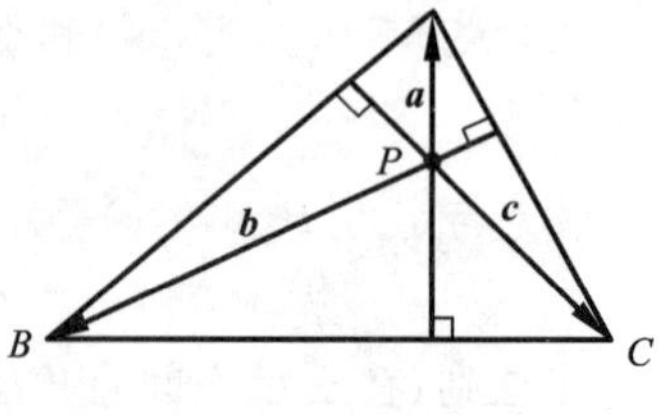

图 7-9 三角形三条高交于一点

这表明点 P 在 $\triangle ABC$ 的第三条边 AB 的高线上,从而三角形 $\triangle ABC$ 的三条高交于一点. □

在三维空间直角坐标系 $(O;\boldsymbol{i},\boldsymbol{j},\boldsymbol{k})$ 中,基矢量 $\boldsymbol{i},\boldsymbol{j},\boldsymbol{k}$ 是两两相互垂直的单位矢量,即有

$$\boldsymbol{i}\cdot\boldsymbol{j}=\boldsymbol{j}\cdot\boldsymbol{i}=0,\quad \boldsymbol{i}\cdot\boldsymbol{k}=\boldsymbol{k}\cdot\boldsymbol{i}=0,\quad \boldsymbol{j}\cdot\boldsymbol{k}=\boldsymbol{k}\cdot\boldsymbol{j}=0;$$

$$i \cdot i = j \cdot j = k \cdot k.$$

从而，对任意矢量 $\boldsymbol{a}=a_x\boldsymbol{i}+a_y\boldsymbol{j}+a_z\boldsymbol{k}$ 和 $\boldsymbol{b}=b_x\boldsymbol{i}+b_y\boldsymbol{j}+b_z\boldsymbol{k}$ 而言，其数量积

$$\boldsymbol{a}\cdot\boldsymbol{b}=a_x b_x+a_y b_y+a_z b_z.$$

特别地，$\boldsymbol{a}^2 \triangleq \boldsymbol{a}\cdot\boldsymbol{a}=|\boldsymbol{a}|^2=a_x a_x+a_y a_y+a_z a_z$. 进而，有 $\boldsymbol{a}$ 的模

$$|\boldsymbol{a}|=\sqrt{a_x a_x+a_y a_y+a_z a_z}.$$

非零矢量 $\boldsymbol{a}$ 与基矢量(坐标矢量)所夹的角，称作此矢量的**方向角**，如图 7-10 所示.

方向角的余弦称作矢量的**方向余弦**. 通常，规定方向角的范围是 $[0,\pi]$；这样，矢量的方向完全由其方向角确定.

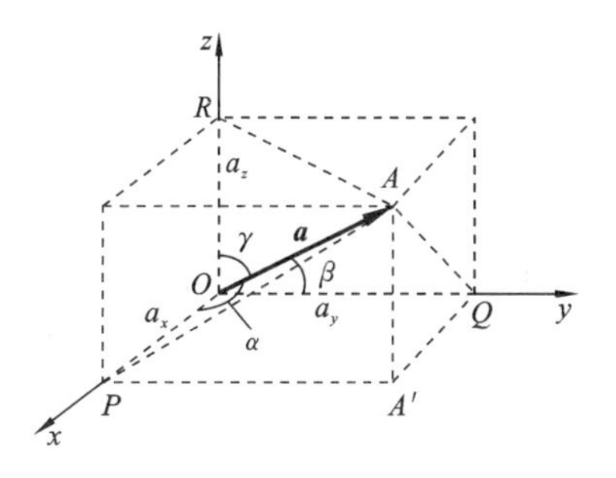

图 7-10　矢量的方向角

对非零矢量 $\boldsymbol{a}=a_x\boldsymbol{i}+a_y\boldsymbol{j}+a_z\boldsymbol{k}$，其方向余弦分别是

$$\cos\alpha=\frac{a_x}{|\boldsymbol{a}|}=\frac{a_x}{\sqrt{a_x a_x+a_y a_y+a_z a_z}},$$

$$\cos\beta=\frac{a_y}{|\boldsymbol{a}|}=\frac{a_y}{\sqrt{a_x a_x+a_y a_y+a_z a_z}},$$

$$\cos\gamma=\frac{a_z}{|\boldsymbol{a}|}=\frac{a_z}{\sqrt{a_x a_x+a_y a_y+a_z a_z}},$$

其中 α,β,γ 分别为 $\boldsymbol{a}$ 与 x 轴，y 轴和 z 轴正向的夹角.

显然，$\cos^2\alpha+\cos^2\beta+\cos^2\gamma=1$. 令 $\boldsymbol{a}^\circ=\{\cos\alpha,\cos\beta,\cos\gamma\}$，称 $\boldsymbol{a}^\circ$ 为 $\boldsymbol{a}$ 的**单位矢量**. 于是，既有大小又有方向的矢量 $\boldsymbol{a}$ 可分解为

$$\boldsymbol{a}=|\boldsymbol{a}|\boldsymbol{a}^\circ.$$

一般地，对任意非零矢量 $\boldsymbol{a}=a_x\boldsymbol{i}+a_y\boldsymbol{j}+a_z\boldsymbol{k}$ 和 $\boldsymbol{b}=b_x\boldsymbol{i}+b_y\boldsymbol{j}+b_z\boldsymbol{k}$，其夹角的范围也规定为 $[0,\pi]$. 进而，有唯一确定的余弦

$$\cos\angle(\boldsymbol{a},\boldsymbol{b})=\frac{\boldsymbol{a}\cdot\boldsymbol{b}}{|\boldsymbol{a}||\boldsymbol{b}|}=\frac{a_x b_x+a_y b_y+a_z b_z}{\sqrt{a_x a_x+a_y a_y+a_z a_z}\sqrt{b_x b_x+b_y b_y+b_z b_z}}.$$

例 7.1.2　试证矢量 $(\boldsymbol{a}\cdot\boldsymbol{c})\boldsymbol{b}-(\boldsymbol{c}\cdot\boldsymbol{b})\boldsymbol{a}$ 与矢量 $\boldsymbol{c}$ 相互垂直.

证　由矢量数量积的交换律，显然有 $(\boldsymbol{a}\cdot\boldsymbol{c})(\boldsymbol{b}\cdot\boldsymbol{c})=(\boldsymbol{c}\cdot\boldsymbol{b})(\boldsymbol{a}\cdot\boldsymbol{c})$，这等价于

$$((\boldsymbol{a}\cdot\boldsymbol{c})\boldsymbol{b}-(\boldsymbol{c}\cdot\boldsymbol{b})\boldsymbol{a})\cdot\boldsymbol{c}=0,$$

此即有两矢量相互垂直. □

其实，可借助物理背景结合矢量运算规则去解释此垂直关系的具体内涵.

定义 7.1.2　任意矢量 $\boldsymbol{a}$ 与 $\boldsymbol{b}$ 的**矢量积**或**外积**是一个矢量，记作 $\boldsymbol{a}\times\boldsymbol{b}$. 它的模是

$$|\boldsymbol{a}\times\boldsymbol{b}|=|\boldsymbol{a}||\boldsymbol{b}|\sin\angle(\boldsymbol{a},\boldsymbol{b});$$

它的方向与 $\boldsymbol{a}$ 和 $\boldsymbol{b}$ 都垂直，并且按 $\boldsymbol{a},\boldsymbol{b},\boldsymbol{a}\times\boldsymbol{b}$ 这样的顺序构成右手坐标系 $(O;\boldsymbol{a},\boldsymbol{b},\boldsymbol{a}\times\boldsymbol{b})$，如图 7-11 所示.

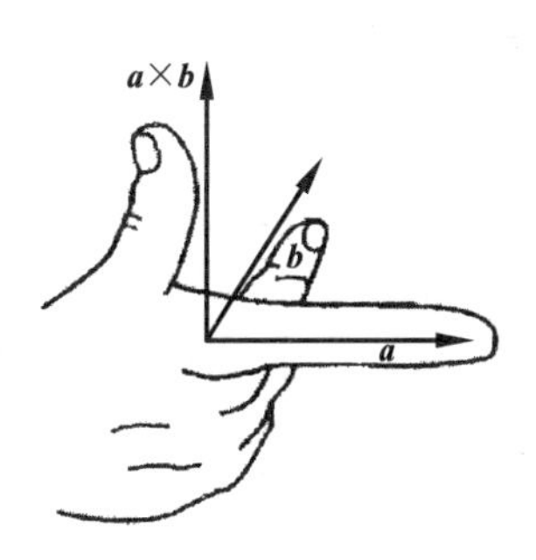

图 7-11　矢量的矢量积

事实上，物理学和工程科学中的很多量都可以用矢量积来刻画，比如角速度、力矩等.

如图 7-12 所示，如果力 $\boldsymbol{F}$ 的作用点为 A，记 $\overrightarrow{OA}=\boldsymbol{r}$，则此时力矩即可表为 $\boldsymbol{M}=\boldsymbol{r}\times\boldsymbol{F}$.

几何上，任意两个不共线矢量 $\boldsymbol{a}$ 与 $\boldsymbol{b}$ 的矢量积的模，等于以 $\boldsymbol{a},\boldsymbol{b}$ 为两邻边的平行四边形的面积；进而，两矢量 $\boldsymbol{a}$ 与 $\boldsymbol{b}$ 共线的充要条件是其矢量积 $\boldsymbol{a}\times\boldsymbol{b}=\boldsymbol{0}$.

容易验证,对任意矢量 $\boldsymbol{a},\boldsymbol{b},\boldsymbol{c}$ 及任意数量 λ,μ,矢量积满足如下运算规律:

(1) 反交换律:$\boldsymbol{a}\times\boldsymbol{b}=-(\boldsymbol{b}\times\boldsymbol{a})$.

(2) 结合律:$(\lambda\boldsymbol{a})\times\boldsymbol{b}=\lambda(\boldsymbol{a}\times\boldsymbol{b})=\boldsymbol{a}\times(\lambda\boldsymbol{b})$.

(3) 分配律:$(\boldsymbol{a}+\boldsymbol{b})\times\boldsymbol{c}=\boldsymbol{a}\times\boldsymbol{c}+\boldsymbol{b}\times\boldsymbol{c}$.

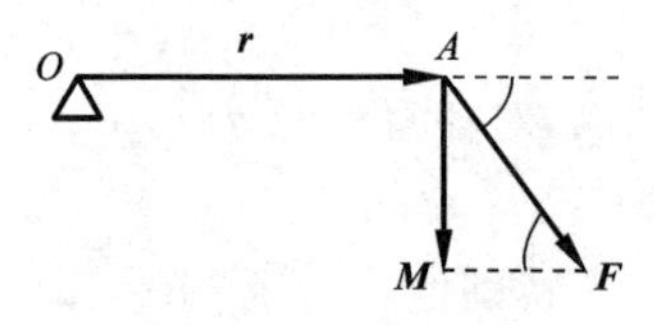

图 7-12　力矩

例 7.1.3　证明 $(\boldsymbol{a}\times\boldsymbol{b})^2+(\boldsymbol{a}\cdot\boldsymbol{b})^2=\boldsymbol{a}^2\boldsymbol{b}^2$.

证　注意到,

$$(\boldsymbol{a}\times\boldsymbol{b})^2=\boldsymbol{a}^2\boldsymbol{b}^2\sin^2\angle(\boldsymbol{a},\boldsymbol{b}),$$
$$(\boldsymbol{a}\cdot\boldsymbol{b})^2=\boldsymbol{a}^2\boldsymbol{b}^2\cos^2\angle(\boldsymbol{a},\boldsymbol{b}),$$

即得

$$(\boldsymbol{a}\times\boldsymbol{b})^2+(\boldsymbol{a}\cdot\boldsymbol{b})^2=\boldsymbol{a}^2\boldsymbol{b}^2[\sin^2\angle(\boldsymbol{a},\boldsymbol{b})+\cos^2\angle(\boldsymbol{a},\boldsymbol{b})]=\boldsymbol{a}^2\boldsymbol{b}^2.$$ □

这里,也可以借助物理背景结合矢量运算规则去解释此等式关系的具体内涵.

在三维空间直角坐标系 $(O;\boldsymbol{i},\boldsymbol{j},\boldsymbol{k})$ 中,基矢量 $\boldsymbol{i},\boldsymbol{j},\boldsymbol{k}$ 是两两相互垂直的单位矢量,即有

$$\boldsymbol{i}\times\boldsymbol{i}=\boldsymbol{0},\quad \boldsymbol{j}\times\boldsymbol{j}=\boldsymbol{0},\quad \boldsymbol{k}\times\boldsymbol{k}=\boldsymbol{0};$$
$$\boldsymbol{i}\times\boldsymbol{j}=\boldsymbol{k},\quad \boldsymbol{j}\times\boldsymbol{k}=\boldsymbol{i},\quad \boldsymbol{k}\times\boldsymbol{i}=\boldsymbol{j}.$$

从而,对任意矢量 $\boldsymbol{a}=a_x\boldsymbol{i}+a_y\boldsymbol{j}+a_z\boldsymbol{k}$ 和 $\boldsymbol{b}=b_x\boldsymbol{i}+b_y\boldsymbol{j}+b_z\boldsymbol{k}$,其矢量积

$$\boldsymbol{a}\times\boldsymbol{b}=\begin{vmatrix} a_y & a_z \\ b_y & b_z \end{vmatrix}\boldsymbol{i}+\begin{vmatrix} a_z & a_x \\ b_z & b_x \end{vmatrix}\boldsymbol{j}+\begin{vmatrix} a_x & a_y \\ b_x & b_y \end{vmatrix}\boldsymbol{k},$$

或者

$$\boldsymbol{a}\times\boldsymbol{b}=\begin{vmatrix} \boldsymbol{i} & \boldsymbol{j} & \boldsymbol{k} \\ a_x & a_y & a_z \\ b_x & b_y & b_z \end{vmatrix}.$$

定义 7.1.3　对任意矢量 $\boldsymbol{a},\boldsymbol{b},\boldsymbol{c}$,称 $(\boldsymbol{a}\times\boldsymbol{b})\cdot\boldsymbol{c}$ 为它们的**混合积**,记作 $[\boldsymbol{abc}]$.

在几何上,三个不共面的矢量 $\boldsymbol{a},\boldsymbol{b},\boldsymbol{c}$ 的混合积的绝对值等于以 $\boldsymbol{a},\boldsymbol{b},\boldsymbol{c}$ 为棱的平行六面体的体积,并且当 $\boldsymbol{a},\boldsymbol{b},\boldsymbol{c}$ 构成右手系时混合积是正数;当 $\boldsymbol{a},\boldsymbol{b},\boldsymbol{c}$ 构成左手系时混合积是负数. 进而,三矢量 $\boldsymbol{a},\boldsymbol{b},\boldsymbol{c}$ 共面的充要条件是其混合积 $[\boldsymbol{abc}]=0$,如图 7-13 所示.

容易验证,任意矢量 $\boldsymbol{a},\boldsymbol{b},\boldsymbol{c}$ 的混合积有如下轮换性质:

$$[\boldsymbol{abc}]=[\boldsymbol{bca}]=[\boldsymbol{cab}]=-[\boldsymbol{bac}]$$
$$=-[\boldsymbol{cba}]=-[\boldsymbol{acb}].$$

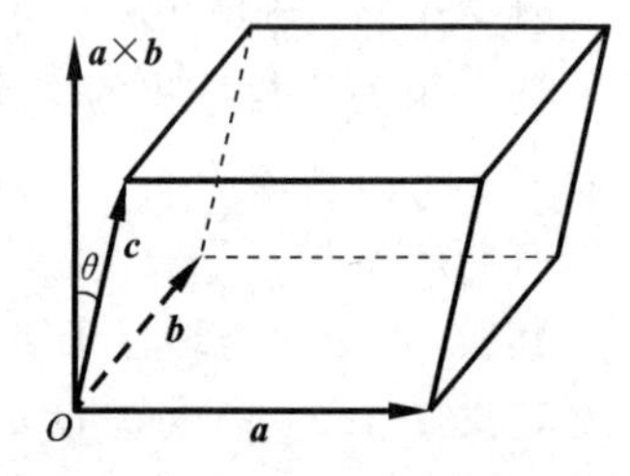

图 7-13　矢量的混合积

在三维空间直角坐标系 $(O;\boldsymbol{i},\boldsymbol{j},\boldsymbol{k})$ 中,矢量 $\boldsymbol{a}=a_x\boldsymbol{i}+a_y\boldsymbol{j}+a_z\boldsymbol{k}$,$\boldsymbol{b}=b_x\boldsymbol{i}+b_y\boldsymbol{j}+b_z\boldsymbol{k}$,$\boldsymbol{c}=c_x\boldsymbol{i}+c_y\boldsymbol{j}+c_z\boldsymbol{k}$ 的矢量积可以通过三阶行列式刻画,即

$$[\boldsymbol{abc}]=\begin{vmatrix} a_x & a_y & a_z \\ b_x & b_y & b_z \\ c_x & c_y & c_z \end{vmatrix}$$

其实,这也能帮助我们从另一个角度去理解高阶行列式的价值.

例 7.1.4　假设三维空间中矢量 $\boldsymbol{a},\boldsymbol{b},\boldsymbol{c}$ 不共面,试确定任意矢量 $\boldsymbol{w}$ 关于 $\boldsymbol{a},\boldsymbol{b},\boldsymbol{c}$ 的分解式.

解　由于 $\boldsymbol{a},\boldsymbol{b},\boldsymbol{c}$ 不共面,则 $(O;\boldsymbol{a},\boldsymbol{b},\boldsymbol{c})$ 构成一坐标系,从而任意矢量 $\boldsymbol{w}$ 关于 $\boldsymbol{a},\boldsymbol{b},\boldsymbol{c}$ 可表示为

$$\boldsymbol{w}=x\boldsymbol{a}+y\boldsymbol{b}+z\boldsymbol{c}.$$

为确定 x 的值,可考虑等式两边与 $\boldsymbol{b}\times\boldsymbol{c}$ 作数量积,注意到 $[\boldsymbol{bbc}]=0=[\boldsymbol{cbc}]$,有 $[\boldsymbol{wbc}]=x[\boldsymbol{abc}]$. 又因为 $\boldsymbol{a},\boldsymbol{b},\boldsymbol{c}$ 不共面,有 $[\boldsymbol{abc}]\neq 0$,即得

$$x=\frac{[\boldsymbol{wbc}]}{[\boldsymbol{abc}]};$$

同理,可得 $y=\frac{[\boldsymbol{awc}]}{[\boldsymbol{abc}]}$;$z=\frac{[\boldsymbol{abw}]}{[\boldsymbol{abc}]}$.这与求解线性方程组的克莱姆(Cramer)法则是否有密切的对应关系? □

例 7.1.5 若矢量 $\boldsymbol{a}=\{2,1,0\}$,$\boldsymbol{b}=\{-1,0,3\}$,试求以 $\boldsymbol{a}$,$\boldsymbol{b}$ 为边的平行四边形的对角线之间的夹角的正弦.

解 以 $\boldsymbol{a}$,$\boldsymbol{b}$ 为边的平行四边形的对角线对应的矢量分别为

$$\boldsymbol{a}+\boldsymbol{b}=\{1,1,3\};\quad \boldsymbol{a}-\boldsymbol{b}=\{3,1,-3\}.$$

由于 $|(\boldsymbol{a}+\boldsymbol{b})\times(\boldsymbol{a}-\boldsymbol{b})|=|\boldsymbol{a}+\boldsymbol{b}||\boldsymbol{a}-\boldsymbol{b}|\sin\theta$,其中 θ 是以 $\boldsymbol{a}$,$\boldsymbol{b}$ 为边的平行四边形的对角线之间的夹角;以及

$$(\boldsymbol{a}+\boldsymbol{b})\times(\boldsymbol{a}-\boldsymbol{b})=\begin{vmatrix}\boldsymbol{i} & \boldsymbol{j} & \boldsymbol{k}\\ 1 & 1 & 3\\ 3 & 1 & -3\end{vmatrix}=\{-6,12,-2\}.$$

从而,可得

$$\sin\theta=\frac{|(\boldsymbol{a}+\boldsymbol{b})\times(\boldsymbol{a}-\boldsymbol{b})|}{|\boldsymbol{a}+\boldsymbol{b}||\boldsymbol{a}-\boldsymbol{b}|}=\frac{\sqrt{(-6)^2+12^2+(-2)^2}}{\sqrt{1+1+3^2}\sqrt{3^2+1+(-3)^2}}=\sqrt{\frac{184}{209}}.$$ □

习　题　7.1

习题 7.1

1. 试化简下列各式:

(1) $(\boldsymbol{a}+\boldsymbol{b})\times(\boldsymbol{c}-\boldsymbol{a})+(\boldsymbol{b}+\boldsymbol{c})\times(\boldsymbol{a}-\boldsymbol{b})$;

(2) $(\boldsymbol{a}\times\boldsymbol{b})\cdot(\boldsymbol{a}\times\boldsymbol{b})+(\boldsymbol{a}\cdot\boldsymbol{b})(\boldsymbol{a}\cdot\boldsymbol{b})$;

(3) $[(\boldsymbol{a}+\boldsymbol{b})\times(\boldsymbol{b}+\boldsymbol{c})]\cdot[(\boldsymbol{c}-\boldsymbol{a})\times(\boldsymbol{b}-\boldsymbol{c})]$.

2. 已知 $|\boldsymbol{a}|=2$,$|\boldsymbol{b}|=3$,$\boldsymbol{a}\cdot\boldsymbol{b}=3$,试求:

(1) $|\boldsymbol{a}+\boldsymbol{b}|$;　　(2) $|\boldsymbol{a}\times\boldsymbol{b}|$;

(3) $(\boldsymbol{a}+\boldsymbol{b})\cdot(\boldsymbol{a}-\boldsymbol{b})$;　　(4) $[(\boldsymbol{a}-3\boldsymbol{b})\times(2\boldsymbol{a}-\boldsymbol{b})]^2$.

3. 已知 $|\boldsymbol{a}|=1$,$|\boldsymbol{b}|=2$,且 $\boldsymbol{a}$ 与 $\boldsymbol{b}$ 的夹角为 $\frac{\pi}{3}$,令矢量 $\boldsymbol{r}=2\boldsymbol{a}+\boldsymbol{b}$,$\boldsymbol{s}=\boldsymbol{a}+\lambda\boldsymbol{b}$. 试求下列情况下参数 λ 的值:

(1) 两矢量 $\boldsymbol{r}$ 与 $\boldsymbol{s}$ 相互垂直;

(2) 两矢量 $\boldsymbol{r}$ 与 $\boldsymbol{s}$ 相互平行;

(3) 以矢量 $\boldsymbol{r}$ 与 $\boldsymbol{s}$ 为邻边的平行四边形的面积为 6.

4. 试证明:

(1) 点 M 在三角形$\triangle ABC$ 内(包括三条边)的充要条件是存在非负实数 λ,μ,使得

$$\overrightarrow{AM}=\lambda\overrightarrow{AB}+\mu\overrightarrow{AC},\quad \lambda+\mu\leqslant 1.$$

(2) 点 M 在三角形$\triangle ABC$ 内(包括三条边)的充要条件是存在非负实数 α,β,γ,使得对任意取定的点 O,有 $\overrightarrow{OM}=\alpha\overrightarrow{OA}+\beta\overrightarrow{OB}+\gamma\overrightarrow{OC}$,其中 $\alpha+\beta+\gamma=1$.

5. 试用矢量法证明塞瓦(Ceva)定理:若三角形$\triangle ABC$ 的三边 AB,BC,CA 依次被分割成

$$AF:FB=\lambda:\mu,\quad BD:DC=\nu:\lambda,\quad CE:EA=\mu:\nu,$$

其中 λ,μ,ν 为非负实数,则有三角形$\triangle ABC$ 的顶点与对边分点的连线交于一点 M,并且对于任意点 O 有

$$\overrightarrow{OM}=\frac{1}{\lambda+\mu+\nu}(\lambda\overrightarrow{OA}+\mu\overrightarrow{OB}+\nu\overrightarrow{OC}).$$

6. 设矢量 $\boldsymbol{a}\neq\boldsymbol{0}$,记矢径$\overrightarrow{OP}=\boldsymbol{r}$,试求满足方程 $\boldsymbol{a}\times\boldsymbol{r}=\boldsymbol{b}$ 的点 P 的轨迹.

7. 给定四点 $A(1,0,1)$,$B(-1,2,4)$,$C(6,3,2)$,$D(1,4,0)$,试求以此四点为顶点的四面体 $ABCD$ 的表面积和体积.

8. 设矢量 $\boldsymbol{a},\boldsymbol{b},\boldsymbol{c}$ 不共面,又有矢量 $\boldsymbol{x}$ 满足如下方程:

$$\boldsymbol{a}\cdot\boldsymbol{x}=\alpha,\quad \boldsymbol{b}\cdot\boldsymbol{x}=\beta,\quad \boldsymbol{c}\cdot\boldsymbol{x}=\gamma,$$

试求矢量 $\boldsymbol{x}$.

9. 假设非零矢量 $\boldsymbol{a},\boldsymbol{b},\boldsymbol{c}$ 满足 $\boldsymbol{a}=\boldsymbol{b}\times\boldsymbol{c}$,$\boldsymbol{b}=\boldsymbol{c}\times\boldsymbol{a}$,$\boldsymbol{c}=\boldsymbol{a}\times\boldsymbol{b}$,试证明 $\boldsymbol{a},\boldsymbol{b},\boldsymbol{c}$ 是两两相互垂直的单位矢量,并且$(O;\boldsymbol{a},\boldsymbol{b},\boldsymbol{c})$构成右手系.

7.2 平面与空间直线

本节介绍既简单又重要的平面与空间直线的刻画和几何性质,这将为后续研究复杂空间几何形体提供了基本的工具、常规的基底或参照.

7.2.1 平面方程

几何上,通过定点 M_0 且与两个不共线矢量 $\boldsymbol{a},\boldsymbol{b}$ 平行的平面 π 能被唯一确定,其中矢量 $\boldsymbol{a},\boldsymbol{b}$ 称作平面的**方位矢量**. 显然,任何一对与平面 π 平行的不共线矢量都是平面 π 的方位矢量.

在三维空间直角坐标系$(O;\boldsymbol{i},\boldsymbol{j},\boldsymbol{k})$中,记$\overrightarrow{OM_0}=\boldsymbol{r}_0$,又平面 π 上任意点 M 对应的矢径为$\overrightarrow{OM}=\boldsymbol{r}$,则点 M 在以 $\boldsymbol{a},\boldsymbol{b}$ 为方位矢量的平面 π 上的充要条件是$\overrightarrow{M_0M}$与 $\boldsymbol{a},\boldsymbol{b}$ 共面,如图7-14所示.

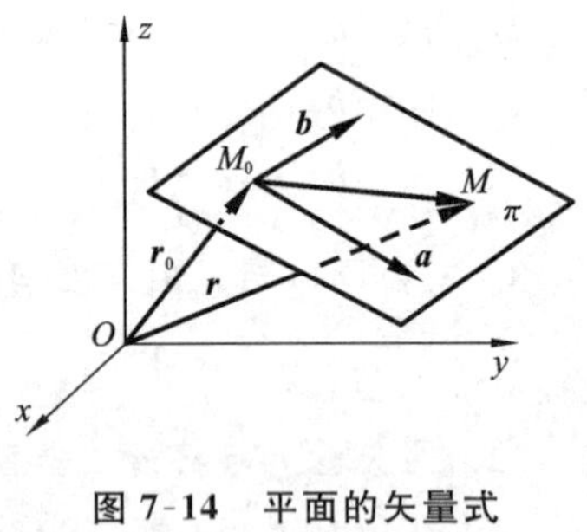

此即,
$$\overrightarrow{M_0M}=u\boldsymbol{a}+v\boldsymbol{b},$$
也即有
$$\boldsymbol{r}=\boldsymbol{r}_0+u\boldsymbol{a}+v\boldsymbol{b},\tag{7.2.1}$$
称此方程为平面 π 的**矢量式参数方程**,其中 u,v 是参数.

图 7-14 平面的矢量式

若点 M_0 和 M 的坐标分别为(x_0,y_0,z_0)和(x,y,z),则有 $\boldsymbol{r}_0=\{x_0,y_0,z_0\}$,$\boldsymbol{r}=\{x,y,z\}$;又假设 $\boldsymbol{a}=\{a_x,a_y,a_z\}$,$\boldsymbol{b}=\{b_x,b_y,b_z\}$,由(7.2.1)式改写可得

$$\begin{cases}x=x_0+ua_x+vb_x,\\ y=y_0+ua_y+vb_y,\\ z=z_0+ua_z+vb_z,\end{cases}\tag{7.2.2}$$

称此方程为平面 π 的**坐标式参数方程**,其中 u,v 是参数.

显然,$\overrightarrow{M_0M}$与 $\boldsymbol{a},\boldsymbol{b}$ 共面等价于$[\overrightarrow{M_0M}\boldsymbol{a}\boldsymbol{b}]=0$,由此即得平面的**三点式方程**(也称作平面的**点位式方程**)

$$\begin{vmatrix} x-x_0 & y-y_0 & z-z_0 \\ a_x & a_y & a_z \\ b_x & b_y & b_z \end{vmatrix}=0. \tag{7.2.3}$$

进而,将(7.2.3)式展开改写就有

$$Ax+By+Cz+D=0, \tag{7.2.4}$$

其中

$$A=\begin{vmatrix} a_y & a_z \\ b_y & b_z \end{vmatrix},\quad B=\begin{vmatrix} a_z & a_x \\ b_z & b_x \end{vmatrix},\quad C=\begin{vmatrix} a_x & a_y \\ b_x & b_y \end{vmatrix}.$$

注意到,由于 $\boldsymbol{a},\boldsymbol{b}$ 不共线,所以这里 A,B,C 不全为零. 通常,称(7.2.4)式为平面 π 的**一般式方程**.

事实上,任意一个三维空间平面都可以用唯一的**三元一次方程**来刻画.

对三元一次方程 $Ax+By+Cz+D=0$,不妨设 $A\neq0$,则其可以改写为

$$A^2\left(x+\frac{D}{A}\right)+ABy+ACz=0,$$

即

$$\begin{vmatrix} x+\frac{D}{A} & y & z \\ B & -A & 0 \\ C & 0 & -A \end{vmatrix}=0.$$

这表明,(7.2.4)式刻画的即是由点 $M_0\left(-\frac{D}{A},0,0\right)$ 和两个不共线矢量 $\boldsymbol{a}=\{B,-A,0\}$,$\boldsymbol{b}=\{C,0,-A\}$ 所确定的平面.

特别地,过分别位于三个坐标轴上的三点 $A(a,0,0)$,$B(0,b,0)$,$C(0,0,c)$(其中 $abc\neq0$)的平面 π 的三点式方程和一般式方程分别为

$$\begin{vmatrix} x-a & y & z \\ -a & b & 0 \\ -a & 0 & c \end{vmatrix}=0;$$

$$bcx+acy+abz-abc=0.$$

显然,上式可以改写为

$$\frac{x}{a}+\frac{y}{b}+\frac{z}{c}=1, \tag{7.2.5}$$

称其为平面 π 的**截距式方程**,其中 a,b,c 分别是平面 π 在三个坐标轴上的**截距**.

例 7.2.1 已知三点 $A(0,-7,0)$,$B(2,-1,1)$,$C(2,2,2)$,试求通过这三个点的平面 π 的方程.

解 取平面 π 的方位矢量 $\boldsymbol{a}=\overrightarrow{AB}$,$\boldsymbol{b}=\overrightarrow{AC}$,设 $M(x,y,z)$ 为平面 π 上任意的点,则有 $\boldsymbol{a}=\{2,6,1\}$,$\boldsymbol{b}=\{2,9,2\}$,$\overrightarrow{AM}=\{x,y+7,z\}$.

因此,平面 π 的以 u,v 作参数的坐标式参数方程为

$$\begin{cases} x=2u+2v, \\ y=-7+6u+9v, \\ z=u+2v. \end{cases}$$

平面 π 的点位式(三点式)方程为

$$[\overrightarrow{AM}\boldsymbol{a}\boldsymbol{b}]=0,\quad \begin{vmatrix} x & y+7 & z \\ 2 & 6 & 1 \\ 2 & 9 & 2 \end{vmatrix}=0.$$

进而,改写行列式即得该平面的一般式方程

$$3x-2y+6z-14=0.$$ □

作为平面 π 的本质刻画,可以期望其一般式方程 $Ax+By+Cz+D=0$ 中的系数 A,B,C 具有特定的几何意义.事实上,$D=0\Leftrightarrow$平面过原点;$A=0\Leftrightarrow$平面平行于 x 轴;$A=B=0\Leftrightarrow$平面平行于 xOy 平面;$A=D=0\Leftrightarrow$平面过 x 轴;其余情形类似.

一般地,若记 $\boldsymbol{n}=\{A,B,C\}$,则矢量 $\boldsymbol{n}$ 垂直于平面 π,称其为平面 π 的**法矢量**或**方向法矢**;称 $\boldsymbol{n}^{\circ}$为单位法矢,以刻画平面的方向. 常数 D 反映了平面的位置(偏移量),其绝对值表示原点到该平面的距离乘以平面法矢量的模.那么,又该如何刻画点到平面的距离呢?

已知平面 π 上的点 $M_0(x_0,y_0,z_0)$ 及其方向法矢 $\boldsymbol{n}=\{A,B,C\}$,则任意点 $M(x,y,z)$在平面 π 上的充要条件是矢量$\overrightarrow{M_0M}$与 $\boldsymbol{n}$ 相互垂直,如图 7-15 所示.此即

$$\boldsymbol{n}\cdot\overrightarrow{M_0M}=0, \tag{7.2.6}$$

也即

$$A(x-x_0)+B(y-y_0)+C(z-z_0)=0. \tag{7.2.7}$$

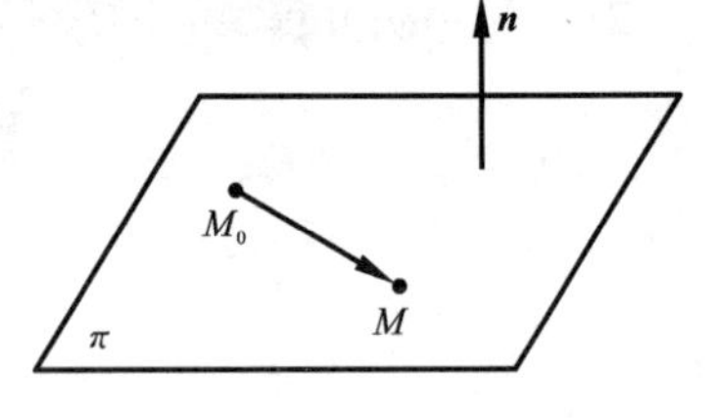

图 7-15 平面的点法式

通常,称(7.2.6)式与(7.2.7)式为平面 π 的**点法式方程**.

例 7.2.2 已知三点 $A(0,-7,0)$,$B(2,-1,1)$,$C(2,2,2)$,试求通过这三个点的平面 π 的点法式方程.

解 显然,平面 π 有方位矢量 $\boldsymbol{a}=\{2,6,1\}$,$\boldsymbol{b}=\{2,9,2\}$.

设点 $M(x,y,z)$为平面 π 上的任意点,又由于平面法矢 $\boldsymbol{n}$ 必垂直于 $\boldsymbol{a},\boldsymbol{b}$,即有 $\boldsymbol{n}/\!/\boldsymbol{a}\times\boldsymbol{b}$.因为

$$\boldsymbol{a}\times\boldsymbol{b}=\begin{vmatrix} \boldsymbol{i} & \boldsymbol{j} & \boldsymbol{k} \\ 2 & 6 & 1 \\ 2 & 9 & 2 \end{vmatrix}=\{3,-2,6\},$$

从而单位法矢

$$\boldsymbol{n}^{\circ}=\frac{\boldsymbol{a}\times\boldsymbol{b}}{|\boldsymbol{a}\times\boldsymbol{b}|}=\frac{1}{7}\{3,-2,6\}.$$

这样,平面 π 的点法式方程 $\boldsymbol{n}^{\circ}\cdot\overrightarrow{AM}=0$ 可表为

$$3(x-0)-2(y+7)+6(z-0)=0.$$ □

7.2.2 空间直线方程

几何上,通过定点 M_0 且与非零矢量 $\boldsymbol{s}$ 平行的直线 L 能被唯一确定,此矢量 $\boldsymbol{s}$ 称作直线 L 的**方向矢量**,刻画直线的方向. 显然,任何一个与 $\boldsymbol{s}$ 平行的非零矢量都是该直线 L 的方向矢量.

在三维空间直角坐标系$(O;\boldsymbol{i},\boldsymbol{j},\boldsymbol{k})$中,取直线 L 上定点 $M_0(x_0,y_0,z_0)$,则任意点 $M(x,y,z)$在直线 L 上的充要条件是$\overrightarrow{M_0M}$与 L 的方向矢量 $\boldsymbol{s}$ 共线,如图 7-16 所示.此即

$$\overrightarrow{M_0M}=t\boldsymbol{s};$$

令 $\boldsymbol{r}_0=\overrightarrow{OM_0}$,$\boldsymbol{r}=\overrightarrow{OM}$,即有

$$\boldsymbol{r}=\boldsymbol{r}_0+t\boldsymbol{s}, \tag{7.2.8}$$

称此方程为直线 L 的**矢量式参数方程**，其中 t 是参数.

注意到，$\boldsymbol{r}_0=\{x_0,y_0,z_0\}$，$\boldsymbol{r}=\{x,y,z\}$，又假设直线 L 的方向矢量 $\boldsymbol{s}=\{l,m,n\}$，由(7.2.8)式改写可得

$$\begin{cases}x=x_0+lt,\\ y=y_0+mt,\\ z=z_0+nt,\end{cases}\qquad(7.2.9)$$

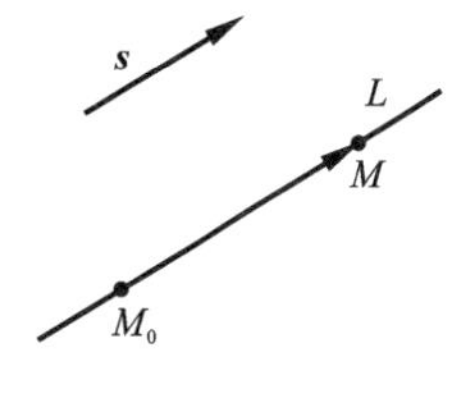

图 7-16　直线的矢量式

称此方程为直线 L 的**坐标式参数方程**，其中 t 是参数.

由(7.2.9)式消去参数 t，可得直线 L 的**点向式方程**或**对称式方程**(也称作**标准方程**)：

$$\frac{x-x_0}{l}=\frac{y-y_0}{m}=\frac{z-z_0}{n},\qquad(7.2.10)$$

其中 l,m,n 不全为零. 又不妨设只有 $n=0$，则标准方程化为

$$\begin{cases}\dfrac{x-x_0}{l}=\dfrac{y-y_0}{m},\\ z=z_0;\end{cases}$$

若只有 $l=n=0$，则标准方程化为

$$\begin{cases}x=x_0,\\ z=z_0.\end{cases}$$

在直线 L 上任取两点 $A(a_x,a_y,a_z)$，$B(b_x,b_y,b_z)$，令 $\boldsymbol{s}=\overrightarrow{AB}$作为直线 L 的方向矢量，此时直线的对称式方程为

$$\frac{x-a_x}{b_x-a_x}=\frac{y-a_y}{b_y-a_y}=\frac{z-a_z}{b_z-a_z},\qquad(7.2.11)$$

也称(7.2.11)式为直线 L 的**两点式方程**. 这也证实，两点确定一条直线.

几何上，空间直线 L 也可以看作是过直线 L 且不平行的两个平面 π_1,π_2 的交线. 设平面 π_i $(i=1,2)$的方程分别为 $A_ix+B_iy+C_iz+D_i=0$，又由 π_1,π_2 不平行，可得

$$\{A_1,B_1,C_1\}\times\{A_2,B_2,C_2\}=\left\{\begin{vmatrix}B_1 & C_1\\ B_2 & C_2\end{vmatrix},\begin{vmatrix}C_1 & A_1\\ C_2 & A_2\end{vmatrix},\begin{vmatrix}A_1 & B_1\\ A_2 & B_2\end{vmatrix}\right\}\neq 0.$$

从而，任意点 $M(x,y,z)$在直线 L 上的充要条件是 x,y,z 满足方程组

$$\begin{cases}A_1x+B_1y+C_1z+D_1=0,\\ A_2x+B_2y+C_2z+D_2=0.\end{cases}\qquad(7.2.12)$$

通常称(7.2.12)式为直线 L 的**一般式方程**，其方向矢量为$\{A_1,B_1,C_1\}\times\{A_2,B_2,C_2\}$.

事实上，直线 L 的标准方程是一般式方程的特殊情形. 对直线的标准方程刻画为

$$\frac{x-x_0}{l}=\frac{y-y_0}{m}=\frac{z-z_0}{n},$$

注意到其方向分量 l,m,n 不全为零，不妨设 $n\neq 0$，则其可以改写为

$$\begin{cases}x=\dfrac{l}{n}z+x_0-\dfrac{l}{n}z_0,\\ y=\dfrac{m}{n}z+y_0-\dfrac{m}{n}z_0.\end{cases}\qquad(7.2.13)$$

这表明，直线 L 可以表为分别垂直于坐标面 zOx 和 yOz 的两个特别平面的交线，称(7.2.13)式为直线 L 的**射影式方程**. 射影就是更一般的投影，在数学物理以及机械、测绘、建筑等工程科学中有着十分广泛的应用.

另一方面,直线 L 的一般式方程(7.2.12)也可以化为射影方程或标准方程. 注意到其方向分量 $\begin{vmatrix} B_1 & C_1 \\ B_2 & C_2 \end{vmatrix}$, $\begin{vmatrix} C_1 & A_1 \\ C_2 & A_2 \end{vmatrix}$, $\begin{vmatrix} A_1 & B_1 \\ A_2 & B_2 \end{vmatrix}$ 不全为零,不妨设 $\begin{vmatrix} A_1 & B_1 \\ A_2 & B_2 \end{vmatrix} \neq 0$,则可得其射影方程为

$$\begin{cases} x = \dfrac{\begin{vmatrix} B_1 & C_1 \\ B_2 & C_2 \end{vmatrix}}{\begin{vmatrix} A_1 & B_1 \\ A_2 & B_2 \end{vmatrix}} z + \dfrac{\begin{vmatrix} B_1 & D_1 \\ B_2 & D_2 \end{vmatrix}}{\begin{vmatrix} A_1 & B_1 \\ A_2 & B_2 \end{vmatrix}}, \\ y = \dfrac{\begin{vmatrix} C_1 & A_1 \\ C_2 & A_2 \end{vmatrix}}{\begin{vmatrix} A_1 & B_1 \\ A_2 & B_2 \end{vmatrix}} z + \dfrac{\begin{vmatrix} D_1 & A_1 \\ D_2 & A_2 \end{vmatrix}}{\begin{vmatrix} A_1 & B_1 \\ A_2 & B_2 \end{vmatrix}}. \end{cases}$$

进而,再改写就有其标准方程

$$\frac{x-x_0}{\begin{vmatrix} B_1 & C_1 \\ B_2 & C_2 \end{vmatrix}} = \frac{y-y_0}{\begin{vmatrix} C_1 & A_1 \\ C_2 & A_2 \end{vmatrix}} = \frac{z-z_0}{\begin{vmatrix} A_1 & B_1 \\ A_2 & B_2 \end{vmatrix}},$$

其中

$$x_0 = \frac{\begin{vmatrix} B_1 & D_1 \\ B_2 & D_2 \end{vmatrix}}{\begin{vmatrix} A_1 & B_1 \\ A_2 & B_2 \end{vmatrix}}, \quad y_0 = \frac{\begin{vmatrix} D_1 & A_1 \\ D_2 & A_2 \end{vmatrix}}{\begin{vmatrix} A_1 & B_1 \\ A_2 & B_2 \end{vmatrix}}, \quad z_0 = 0.$$

例 7.2.3 若直线 L 的一般式方程为

$$\begin{cases} 2x-y+z-3=0, \\ x+2y-z-5=0, \end{cases}$$

试求此直线 L 的标准方程、射影方程和参数方程,并求此直线的方向余弦.

解 直线 L 有方向矢量

$$\boldsymbol{s} = \left\{ \begin{vmatrix} -1 & 1 \\ 2 & -1 \end{vmatrix}, \begin{vmatrix} 1 & 2 \\ -1 & 1 \end{vmatrix}, \begin{vmatrix} 2 & -1 \\ 1 & 2 \end{vmatrix} \right\} = \{-1, 3, 5\}.$$

因此,此直线的方向余弦为 $\cos\alpha = \dfrac{-1}{\sqrt{35}}$, $\cos\beta = \dfrac{3}{\sqrt{35}}$, $\cos\gamma = \dfrac{5}{\sqrt{35}}$,这里 α,β,γ 分别为 $\boldsymbol{s}$ 与 x 轴,y 轴和 z 轴正向的夹角.

再令 $z=0$,由直线 L 的方程可得 $x=\dfrac{11}{5}$, $y=\dfrac{7}{5}$,此即点 $\left(\dfrac{11}{5}, \dfrac{7}{5}, 0\right)$ 在直线 L 上. 从而,有直线 L 的标准方程为

$$\frac{x-\frac{11}{5}}{-1} = \frac{y-\frac{7}{5}}{3} = \frac{z}{5};$$

及其射影方程为

$$\begin{cases} x = -\dfrac{1}{5}z + \dfrac{11}{5}, \\ y = \dfrac{3}{5}z + \dfrac{7}{5}. \end{cases}$$

显然,由上式即有直线 L 的以 z 为参变量的参数式方程为

$$\begin{cases} x=-\dfrac{1}{5}z+\dfrac{11}{5}, \\ y=\dfrac{3}{5}z+\dfrac{7}{5}, \\ z=z. \end{cases}$$ □

7.2.3　平面和直线的基本问题

1. 点到平面的距离

设点 $M_0(x_0,y_0,z_0)$为平面 π:$Ax+By+Cz+D=0$ 外一点，任取 π 上一点$M(x_1,y_1,z_1)$，则线段 M_0N 的长度为矢量$\overrightarrow{MM_0}$在平面法矢 $\boldsymbol{n}=\{A,B,C\}$上的**投影长度**. 如图 7-17 所示，所求点 M_0 到平面 π 的**距离**为

$$d=|NM_0|=|\text{Proj}(\overrightarrow{MM_0})_{\boldsymbol{n}}|=\left|\frac{\overrightarrow{MM_0}\cdot\boldsymbol{n}}{|\boldsymbol{n}|}\right|, \quad (7.2.14)$$

即

$$d=\left|\frac{A(x_1-x_0)+B(y_1-y_0)+C(z_1-z_0)}{\sqrt{A^2+B^2+C^2}}\right|.$$

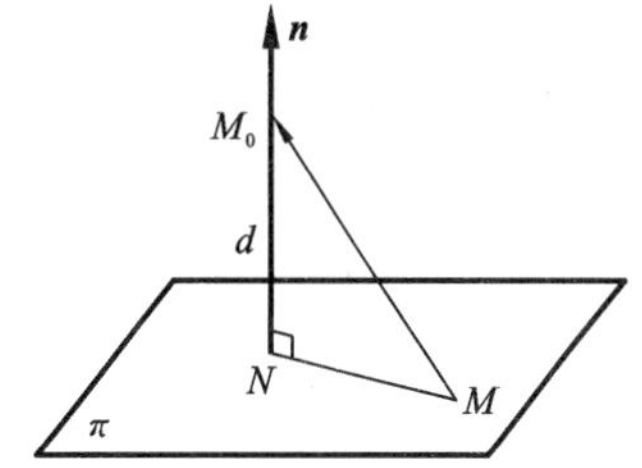

图 7-17　点到平面的距离

注意到，点 $M(x_1,y_1,z_1)$在平面 π 上，满足 $Ax_1+By_1+Cz_1+D-0$，从而有

$$d=\frac{|Ax_0+By_0+Cz_0+D|}{\sqrt{A^2+B^2+C^2}}. \quad (7.2.15)$$

例 7.2.4　若 $P(1,2,1)$为平面 π:$x+2y+2z=10$ 外一点，试求点 P 到平面 π 的距离；并求点 P 关于平面 π 的对称点 Q 的坐标.

解　(1) 平面 π 的法矢 $\boldsymbol{n}=\{1,2,2\}$，由点到平面距离公式(7.2.15)有

$$d=\frac{|1\times1+2\times2+1\times2-10|}{\sqrt{1^2+2^2+2^2}}=1.$$

(2) 过点 P 作平面 π 的垂线交 π 于点 N，显然垂线的方向为 $\boldsymbol{n}=\{1,2,2\}$，其标准方程为

$$\frac{x-1}{1}=\frac{y-2}{2}=\frac{z-1}{2}.$$

进而，将垂线方程改写成参数式方程 $x=t+1,y=2t+2,z=2t+1$，并将其代入平面 π 可得交点 N 的坐标为$\left(\dfrac{4}{3},\dfrac{8}{3},\dfrac{5}{3}\right)$.

由对称性可知，点 P 关于平面 π 的对称点 Q 的坐标分量为

$$x=2\times\frac{4}{3}-1=\frac{5}{3}, \quad y=2\times\frac{8}{3}-2=\frac{10}{3}, \quad z=2\times\frac{5}{3}-1=\frac{7}{3},$$

此即对称点为 $Q\left(\dfrac{5}{3},\dfrac{10}{3},\dfrac{7}{3}\right)$. □

2. 点到直线的距离

设点 $P_0(x_0,y_0,z_0)$为直线 L: $\dfrac{x-x_1}{l}=\dfrac{y-y_1}{m}=\dfrac{z-z_1}{n}$外一点，任取其上一点 $P_1(x_1,y_1,z_1)$，记点 P_0 在直线 L 上的垂足为 N，则线段 P_0N 的长度就是点 P_0 到直线 L 的**距离**，也即为矢量$\overrightarrow{P_1P_0}$在$\overrightarrow{NP_0}$上的**投影长度**. 如图 7-18 所示，所求点 P_0 到直线 L 的距离为

$$d=|P_0N|=|\overrightarrow{P_1P_0}|\sin\angle(\overrightarrow{P_1P_0},\boldsymbol{s})=\frac{|\overrightarrow{P_1P_0}\times\boldsymbol{s}|}{|\boldsymbol{s}|}, \quad (7.2.16)$$

即

$$d=\frac{1}{\sqrt{l^2+m^2+n^2}}\left\|\begin{matrix} \boldsymbol{i} & \boldsymbol{j} & \boldsymbol{k} \\ x_1-x_0 & y_1-y_0 & z_1-z_0 \\ l & m & n \end{matrix}\right\|. \tag{7.2.17}$$

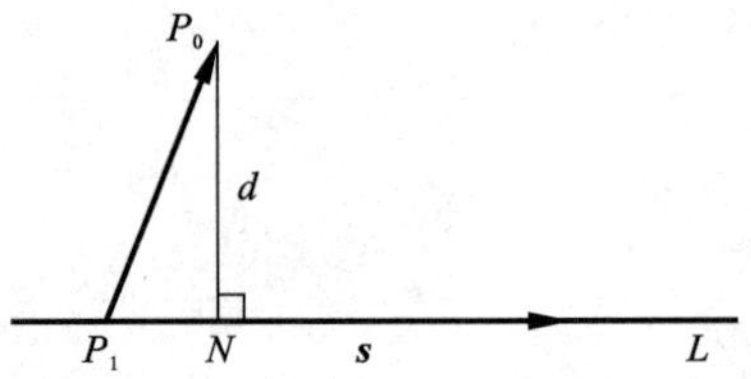

图 7-18　点到直线的距离

这里，$\boldsymbol{s}=\{l,m,n\}$为直线 L 的方向矢量.

事实上，也可以借助矢量积的几何意义推导点到直线的距离公式.

例 7.2.5　若 $P_1(1,2,3)$，$P_2(3,2,1)$为直线 L：$\frac{x}{1}=\frac{y-4}{-3}=\frac{z-3}{2}$外的两点，分别记它们在 L 上的垂足为 N_1，N_2. 试求点 P_1 到直线 L 的距离，以及线段 N_1N_2 的长度.

解　已知直线 L 的方向矢量 $\boldsymbol{s}=\{1,-3,2\}$，点 $Q(0,4,3)$在直线 L 上，从而有

$$\overrightarrow{QP_1}\times\boldsymbol{s}=\begin{vmatrix} \boldsymbol{i} & \boldsymbol{j} & \boldsymbol{k} \\ 1 & -2 & 0 \\ 1 & -3 & 2 \end{vmatrix}=-4\boldsymbol{i}-2\boldsymbol{j}-\boldsymbol{k},$$

所以，点 P_1 到直线 L 的距离为

$$d=\frac{|\overrightarrow{QP_1}\times\boldsymbol{s}|}{|\boldsymbol{s}|}=\frac{\sqrt{(-4)^2+(-2)^2+(-1)^2}}{\sqrt{1+(-3)^2+2^2}}=\frac{\sqrt{6}}{2}.$$

另一方面，考虑过 P_1 作垂直于直线 L 的平面 π，则直线 L 的方向矢量即为平面 π 的法矢量，从而平面 π 的方程为

$$(x-1)-3(y-2)+2(z-3)=0.$$

为求 P_1 到直线 L 的垂足 N_1，将直线 L 的参数式方程 $x=t$，$y=-3t+4$，$z=2t+3$ 代入平面 π 的方程 $x-3y+2z=1$ 可得参变量 $t=\frac{1}{2}$，此即有 $N_1=\left(\frac{1}{2},\frac{5}{2},4\right)$. 从而，也可得 P_1 到直线 L 的距离

$$d=|P_1N_1|=\sqrt{\frac{1}{4}+\frac{1}{4}+1}=\frac{\sqrt{6}}{2}.$$

对于线段 N_1N_2 的长度，可以直接考虑$\overrightarrow{P_1P_2}=\{2,0,-2\}$在 L 上的投影长度，此即

$$|N_1N_2|=|\mathrm{Proj}(\overrightarrow{P_1P_2})_s|=\frac{|2\times1+0+(-2)\times2|}{\sqrt{14}}=\frac{\sqrt{14}}{7}.$$ □

3. 两平面的相互关系

已知平面 π_1，π_2 的方程分别为

$$\pi_1:A_1x+B_1y+C_1z+D_1=0,$$
$$\pi_2:A_2x+B_2y+C_2z+D_2=0,$$

其法矢量分别为

$$\boldsymbol{n}_1=\{A_1,B_1,C_1\},\quad \boldsymbol{n}_2=\{A_2,B_2,C_2\}.$$

一般地，两平面法矢量之间的夹角称为**两平面的夹角**. 通常，取两平面的夹角为锐角；若两平面平行，则认为它们的夹角是 0 或 π(图 7-19).

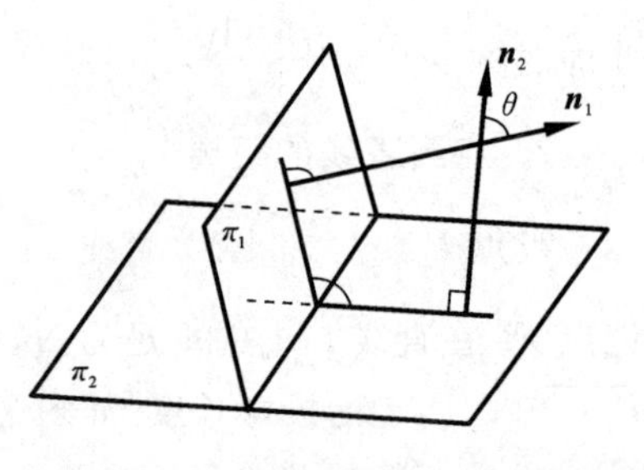

图 7-19　两平面的夹角

从而，平面 π_1 与 π_2 的夹角 θ 满足

$$\cos\theta=\frac{\boldsymbol{n}_1\cdot\boldsymbol{n}_2}{|\boldsymbol{n}_1||\boldsymbol{n}_2|},$$

也即有

$$\cos\theta=\frac{A_1A_2+B_1B_2+C_1C_2}{\sqrt{A_1^2+B_1^2+C_1^2}\sqrt{A_2^2+B_2^2+C_2^2}}. \tag{7.2.18}$$

特别地，由此可得：

(1) 两平面 π_1 与 π_2 相互垂直的充要条件是它们的法矢量 $\boldsymbol{n}_1$ 与 $\boldsymbol{n}_2$ 相互垂直，即

$$\boldsymbol{n}_1\cdot\boldsymbol{n}_2=A_1A_2+B_1B_2+C_1C_2=0.$$

(2) 两平面 π_1 与 π_2 相互平行的充要条件是它们的法矢量 $\boldsymbol{n}_1$ 与 $\boldsymbol{n}_2$ 相互平行，即

$$\boldsymbol{n}_1/\!/\boldsymbol{n}_2\Leftrightarrow\frac{A_1}{A_2}=\frac{B_1}{B_2}=\frac{C_1}{C_2}.$$

例 7.2.6　若平面 π 过两点 $P_1(0,0,1)$ 和 $P_2(3,0,0)$，且与坐标面 xOy 的夹角为$\frac{\pi}{3}$，试求该平面 π 的方程.

解　已知坐标面 xOy 的法矢量 $\boldsymbol{k}=\{0,0,1\}$，并令所求平面 π 的法矢量 $\boldsymbol{n}=\{A,B,C\}$. 注意到，矢量$\overrightarrow{P_1P_2}=\{3,0,-1\}$在平面 π 上，从而可得

$$\boldsymbol{n}\cdot\overrightarrow{P_1P_2}=0\Leftrightarrow 3A-C=0.$$

又由于平面 π 与坐标面 xOy 夹角为$\frac{\pi}{3}$，可得

$$\cos\frac{\pi}{3}=\frac{\boldsymbol{k}\cdot\boldsymbol{n}}{|\boldsymbol{k}||\boldsymbol{n}|}=\frac{C}{\sqrt{A^2+B^2+C^2}}=\frac{1}{2},$$

此即有，$3C^2=A^2+B^2$. 进而，可得 π 的法矢量 $\boldsymbol{n}=\{1,\pm\sqrt{26},3\}$，且其一般式方程为

$$x\pm\sqrt{26}y+3z-3=0.$$ □

空间中通过同一条直线的所有平面的集合形成**有轴平面束**，那条公共直线称作**平面束的轴**. 事实上，如果两个平面 π_1 与 π_2：$A_1x+B_1y+C_1z+D_1=0$，$A_2x+B_2y+C_2z+D_2=0$ 交于直线 L，则以此直线 L 为轴的有轴平面束方程是

$$l(A_1x+B_1y+C_1z+D_1)+m(A_2x+B_2y+C_2z+D_2)=0,$$

其中平面束参数 l,m 是不全为零的任意实数.

空间中平行于同一个平面的所有平面的集合形成**平行平面束**. 事实上，由平面 π：$Ax+By+Cz+D=0$ 所决定的平面束方程是 $Ax+By+Cz+\delta=0$，其中平面束参数 δ 是任意实数.

平面束的概念及方法可以使得平面与直线的很多问题极大简化，例如求特定平面的方程、直线在某平面上的投影以及异面直线的相关问题等.

例 7.2.7　已知平面 π：$x+2y+3z-1=0$，试求通过直线 L：$\begin{cases}2x+y-2z+1=0,\\x+2y-z-2=0,\end{cases}$ 且与平面 π 垂直的平面方程；另求与平面 π 平行且在 z 轴上截距为 3 的平面方程.

解　(1) 设所求平面方程为

$$l(2x+y-2z+1)+m(x+2y-z-2)=0,$$

也即有

$$(2l+m)x+(l+2m)y+(-2l-m)z+(l-2m)=0,$$

其法矢量为$\{(2l+m),(l+2m),(-2l-m)z\}$. 又已知平面 π 的法矢量为$\{1,2,3\}$，从而由相互垂直条件有

$$(2l+m)+2(l+2m)+3(-2l-m)=0 \Leftrightarrow l=m,$$

此即可得所求平面方程为

$$3x+3y-3z-1=0.$$

进而,直线 L 在平面 π 上的投影直线方程为

$$\begin{cases} x+2y+3z-1=0, \\ 3x+3y-3z-1=0. \end{cases}$$

(2) 设所求平面方程为

$$x+2y+3z+\delta=0,$$

又因为其通过点(0,0,3),从而有

$$9+\delta=0 \Leftrightarrow \delta=-9,$$

此即可得所求平面方程为 $x+2y+3z-9=0$. □

4. 两直线的相互关系

已知直线 L_1,L_2 的方程分别为

$$L_1: \frac{x-x_1}{l_1}=\frac{y-y_1}{m_1}=\frac{z-z_1}{n_1},$$

$$L_2: \frac{x-x_2}{l_2}=\frac{y-y_2}{m_2}=\frac{z-z_2}{n_2},$$

其方向矢量分别为

$$\boldsymbol{s}_1=\{l_1,m_1,n_1\}, \quad \boldsymbol{s}_2=\{l_2,m_2,n_2\}.$$

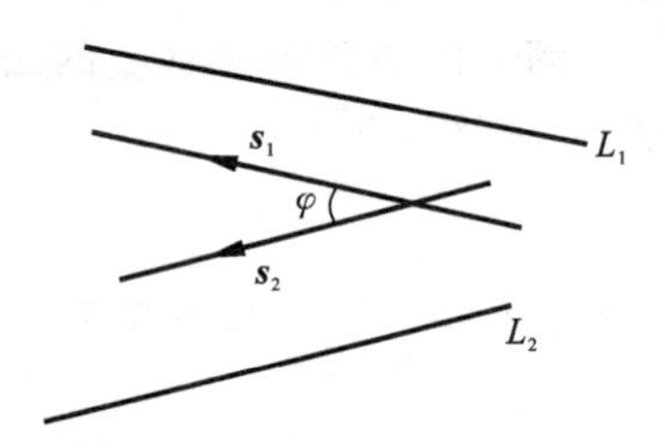

图 7-20 两直线的夹角

一般地,两直线方向矢量之间的夹角称为**两直线的夹角**,如图 7-20 所示.

通常,取两直线的夹角为锐角;若两直线平行,则认为它们的夹角是 0 或 π.

从而,直线 L_1 与 L_2 的夹角 φ 满足

$$\cos\varphi=\frac{\boldsymbol{s}_1 \cdot \boldsymbol{s}_2}{|\boldsymbol{s}_1||\boldsymbol{s}_2|},$$

也即有

$$\cos\varphi=\frac{l_1l_2+m_1m_2+n_1n_2}{\sqrt{l_1^2+m_1^2+n_1^2}\sqrt{l_2^2+m_2^2+n_2^2}}. \tag{7.2.19}$$

特别地,由此得

(1) 两直线 L_1 与 L_2 相互垂直的充要条件是它们的方向矢量 $\boldsymbol{s}_1$ 与 $\boldsymbol{s}_2$ 相互垂直,也即

$$\boldsymbol{s}_1 \cdot \boldsymbol{s}_2=l_1l_2+m_1m_2+n_1n_2=0.$$

(2) 两直线 L_1 与 L_2 相互平行的充要条件是它们的方向矢量 $\boldsymbol{s}_1$ 与 $\boldsymbol{s}_2$ 相互平行,也即

$$\boldsymbol{s}_1 /\!/ \boldsymbol{s}_2 \Leftrightarrow \frac{l_1}{l_2}=\frac{m_1}{m_2}=\frac{n_1}{n_2}.$$

如果空间中两直线平行或者相交,则它们一定在同一平面内,此时称两直线**共面**.若 $P_1(x_1,y_1,z_1)$ 与 $P_2(x_2,y_2,z_2)$ 分别为 L_1 与 L_2 上的任意点,则两直线 L_1 与 L_2 共面的充要条件是它们的方向矢量 $\boldsymbol{s}_1,\boldsymbol{s}_2$ 与矢量 $\overrightarrow{P_1P_2}$ 共面.此即

$$(\boldsymbol{s}_1 \times \boldsymbol{s}_2) \cdot \overrightarrow{P_1P_2}=0,$$

$$\begin{vmatrix} l_1 & m_1 & n_1 \\ l_2 & m_2 & n_2 \\ x_2-x_1 & y_2-y_1 & z_2-z_1 \end{vmatrix}=0.$$

不在同一平面内的直线称为**异面直线**，与两条异面直线都垂直的直线称为**两异面直线的公垂线**．**两异面直线间的距离**显然就是其公垂线夹于两异面直线之间的线段长度，如图7-21所示．

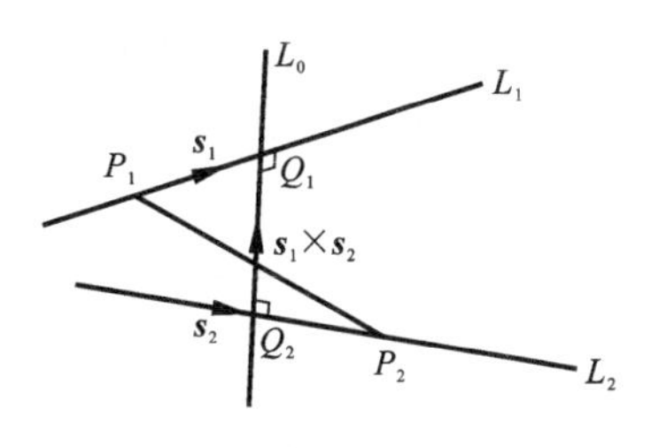

图7-21　异面直线的公垂线

设两异面直线L_1，L_2与它们的公垂线L_0分别交于点Q_1，Q_2，从而L_1与L_2之间的距离为

$$d=|Q_1Q_2|=|\mathrm{Proj}_{s_1\times s_2}\overrightarrow{P_1P_2}|=\frac{|\overrightarrow{P_1P_2}\cdot(\boldsymbol{s}_1\times\boldsymbol{s}_2)|}{|\boldsymbol{s}_1\times\boldsymbol{s}_2|},\tag{7.2.20}$$

这里$\boldsymbol{s}_1\times\boldsymbol{s}_2$为公垂线$L_0$的方向矢量．也即是

$$d=\frac{\left\|\begin{matrix}x_2-x_1 & y_2-y_1 & z_2-z_1\\ l_1 & m_1 & n_1\\ l_2 & m_2 & n_2\end{matrix}\right\|}{\sqrt{\begin{vmatrix}m_1 & n_1\\ m_2 & n_2\end{vmatrix}^2+\begin{vmatrix}n_1 & l_1\\ n_2 & l_2\end{vmatrix}^2+\begin{vmatrix}l_1 & m_1\\ l_2 & m_2\end{vmatrix}^2}}.$$

虽然公垂线L_0的方向矢量为$\boldsymbol{s}_1\times\boldsymbol{s}_2$，但是直接寻求其对称式方程很麻烦．可以考虑将公垂线L_0看作，过L_1上点$P_1(x_1,y_1,z_1)$且平行于矢量$\boldsymbol{s}_1$，$\boldsymbol{s}_1\times\boldsymbol{s}_2$的平面，与过$L_2$上点$P_2(x_2,y_2,z_2)$且平行于矢量$\boldsymbol{s}_2$，$\boldsymbol{s}_1\times\boldsymbol{s}_2$的平面的交线，

$$\begin{cases}\begin{vmatrix}x-x_1 & y-y_1 & z-z_1\\ l_1 & m_1 & n_1\\ U & V & W\end{vmatrix}=0,\\ \begin{vmatrix}x-x_2 & y-y_2 & z-z_2\\ l_2 & m_2 & n_2\\ U & V & W\end{vmatrix}=0,\end{cases}\tag{7.2.21}$$

其中$U=\begin{vmatrix}m_1 & n_1\\ m_2 & n_2\end{vmatrix}$，$V=\begin{vmatrix}n_1 & l_1\\ n_2 & l_2\end{vmatrix}$，$W=\begin{vmatrix}l_1 & m_1\\ l_2 & m_2\end{vmatrix}$．

例7.2.8　已知直线L_1：$\dfrac{x+1}{1}=\dfrac{y-1}{3}=\dfrac{z-3}{\gamma}$和直线$L_2$：$\begin{cases}x-2y+z-6=0,\\ 3x-z=0,\end{cases}$试求实数$\gamma$的值以确定两直线$L_1$与$L_2$的空间位置关系．

解　直线L_1过点$P_1(-1,1,3)$有方向矢量$\boldsymbol{s}_1=\{1,3,\gamma\}$；直线$L_2$过点$P_2(1,-1,3)$有方向矢量$\boldsymbol{s}_2=\{1,2,3\}$．

显然，无论γ取什么实数，都有$\boldsymbol{s}_1$与$\boldsymbol{s}_2$不平行，也即是两直线L_1与L_2不平行．

为使得直线L_1与L_2相互垂直，必须有其方向矢量$\boldsymbol{s}_1$与$\boldsymbol{s}_2$相互垂直．考虑

$$\boldsymbol{s}_1\cdot\boldsymbol{s}_2=1\times1+3\times2+\gamma\times3=0,$$

从而有，当$\gamma=-\dfrac{7}{3}$时，两直线L_1与L_2相互垂直．

注意到$\overrightarrow{P_1P_2}=\{2,-2,0\}$，$\boldsymbol{n}=\boldsymbol{s}_1\times\boldsymbol{s}_2=\{9-2\gamma,\gamma-3,-1\}$，又由于$L_1$与$L_2$共面的充要条件是$\overrightarrow{P_1P_2}$与$\boldsymbol{n}$相互垂直，即

$$\overrightarrow{P_1P_2}\cdot\boldsymbol{n}=24-6\gamma=0,$$

从而有，在$\gamma=4$时，两直线L_1与L_2共面．

如果 $\gamma\neq4$,则两直线 L_1 与 L_2 为异面直线.

特别地,当 $\gamma=1$ 时,两直线 L_1 与 L_2 夹角 φ 的余弦为

$$\cos\varphi=\frac{\boldsymbol{s}_1\cdot\boldsymbol{s}_2}{|\boldsymbol{s}_1||\boldsymbol{s}_2|}=\frac{10}{\sqrt{154}}.$$

又当 $\gamma=1$ 时,两直线 L_1 与 L_2 之间的距离为

$$d=\frac{|\overrightarrow{P_1P_2}\cdot(\boldsymbol{s}_1\times\boldsymbol{s}_2)|}{|\boldsymbol{s}_1\times\boldsymbol{s}_2|}=\frac{|24-6\gamma|}{\sqrt{(9-2\gamma)^2+(\gamma-3)^2+(-1)^2}}=\sqrt{6}.$$ □

5. 直线和平面的相互关系

当直线 L 与平面 π 不垂直时,直线 L 和它在平面 π 上的投影直线 L_0 的夹角 φ,称作直线 L 与平面 π 的**夹角**,如图 7-22 所示.

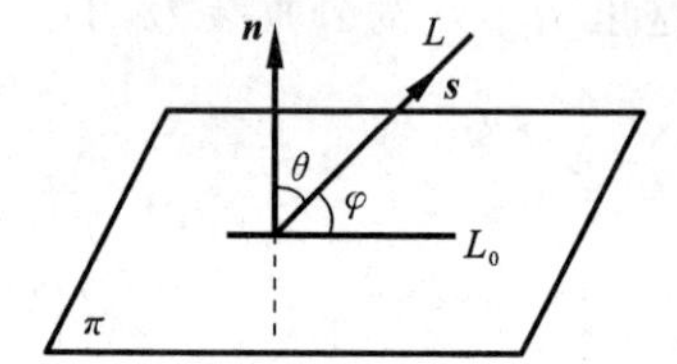

图 7-22 直线与平面的夹角

通常,规定 $0\leqslant\varphi\leqslant\frac{\pi}{2}$. 当直线 L 与平面 π 垂直时,规定它们的夹角为 $\frac{\pi}{2}$;当直线 L 与平面 π 平行时,规定它们的夹角为 0 或 π.

一般地,设直线 L 的方向矢量 $\boldsymbol{s}=\{l,m,n\}$,平面 π 的法矢量 $\boldsymbol{n}=\{A,B,C\}$,则它们的夹角 $\varphi=\left|\frac{\pi}{2}-(\boldsymbol{s},\boldsymbol{n})\right|$,又由 $\sin\varphi=|\cos(\boldsymbol{s},\boldsymbol{n})|$,从而有直线 L 与平面 π 的夹角正弦为

$$\sin\varphi=\frac{|lA+mB+nC|}{\sqrt{l^2+m^2+n^2}\sqrt{A^2+B^2+C^2}}.\tag{7.2.22}$$

特别地,由此得

(1) 直线 L 与平面 π 相互垂直的充要条件是 $\boldsymbol{s}$ 平行于 $\boldsymbol{n}$,即

$$\boldsymbol{s}/\!/\boldsymbol{n}\Leftrightarrow\frac{l}{A}=\frac{m}{B}=\frac{n}{C}.$$

(2) 直线 L 与平面 π 相互平行的充要条件是 $\boldsymbol{s}$ 垂直于 $\boldsymbol{n}$,即

$$\boldsymbol{s}\cdot\boldsymbol{n}=lA+mB+nC=0.$$

对于直线 L:$\frac{x-x_1}{l}=\frac{y-y_1}{m}=\frac{z-z_1}{n}$ 与平面 π:$Ax+By+Cz+D=0$,若它们不互相平行,则要么直线 L 在平面 π 上,即有 $lA+mB+nC=0$ 且 $Ax_1+By_1+Cz_1+D=0$;要么直线 L 与平面 π 有唯一交点.

例 7.2.9 已知直线 L:$\frac{x+1}{1}=\frac{y-1}{3}=\frac{z-3}{\gamma}$ 和平面 π:$x-2y+z-6=0$,试求实数 γ 的值以确定直线 L 与平面 π 的空间位置关系.

解 直线 L 过点 $P_1(-1,1,3)$ 有方向矢量 $\boldsymbol{s}=\{1,3,\gamma\}$;平面 π 有法矢量 $\boldsymbol{n}=\{1,-2,1\}$.

显然,无论 γ 取什么实数,都有 $\boldsymbol{s}$ 与 $\boldsymbol{n}$ 不平行,即直线 L 与平面 π 不互相垂直.

为使得直线 L 与平面 π 相互平行,必须有直线 L 方向矢量 $\boldsymbol{s}$ 与平面 π 法矢量 $\boldsymbol{n}$ 相互垂直. 考虑

$$\boldsymbol{s}\cdot\boldsymbol{n}=1\times1+3\times(-2)+\gamma\times1=0,$$

从而有,当 $\gamma=5$ 时,直线 L 与平面 π 相互平行.

特别地,当 $\gamma=1$ 时,联立直线和平面方程

$$\begin{cases} L: x=t-1, y=3t+1, z=t+3, \\ \pi: x-2y+z-6=0, \end{cases}$$

可得直线 L 与平面 π 交点所对应的参变量 $t=-\frac{3}{2}$，进而有交点坐标为 $\left(-\frac{5}{2},-\frac{7}{2},\frac{3}{2}\right)$. □

习题 7.2

习　题　7.2

1. 试求下列平面的不同刻画：

(1) 已知原点 O 在所求平面的投影为 $P(1,-2,3)$，先求该平面的一般式方程，再尝试将其转化为参数式方程和三点式方程.

(2) 若平面过点 $M_1(3,-2,1)$ 与 $M_2(0,1,2)$ 且垂直于平面 $x-2y+5z-3=0$，先求该平面的三点式方程，并尝试将其转化为一般式方程和截距式方程.

(3) 若平面过直线 $\begin{cases} 4x-y+3z-1=0, \\ x+5y-z+2=0, \end{cases}$ 且与平面 $2x-y+5z-3=0$ 的夹角为 $\frac{\pi}{3}$，先求该平面的一般式方程，再尝试将其转化为点法式方程和截距式方程.

2. 试求自坐标原点 O 向以下各平面所引垂线的长，以及指向平面的单位法矢的方向余弦：

(1) $x-2y+3z-4=0$；　　(2) $2x+3y+6z-35=0$；

(3) $x+2y-z+4=0$；　　(4) $x-3y+z-9=0$.

3. 设从坐标原点到平面 $\frac{x}{a}+\frac{y}{b}+\frac{z}{c}=1$ 的距离为 p，试证

$$\frac{1}{a^2}+\frac{1}{b^2}+\frac{1}{c^2}=\frac{1}{p^2}.$$

4. 设有三个平行平面 π_i：$A_ix+B_iy+C_iz+D_i=0(i=1,2,3)$，又有直线 L 与平面 π_1,π_2,π_3 分别交于点 P,Q,R，试求点 Q 分有向线段 $\overrightarrow{PR}$ 的比值.

5. 设有两个平面 π_i：$A_ix+B_iy+C_iz+D_i=0(i=1,2)$ 相交，试求 π_1 与 π_2 交成的二面角的角平分面的方程.

6. 假设从定点 M 作三个不共面矢量 $\boldsymbol{a},\boldsymbol{b},\boldsymbol{c}$，试证明过此三个矢量终点的平面的法矢量是

$$\boldsymbol{b}\times\boldsymbol{c}+\boldsymbol{c}\times\boldsymbol{a}+\boldsymbol{a}\times\boldsymbol{b}.$$

7. 设直线 L 相交于直线 L_1：$\begin{cases} 3x-y+5=0, \\ 2x-z-3=0, \end{cases}$ 和 L_2：$\begin{cases} 4x-y-7=0, \\ 5x-z+10=0, \end{cases}$ 又过点 $P(-3,5,-9)$，试先求直线 L 的对称式方程，再将其化为一般式方程.

8. 试将下列直线的一般式方程化为对称式方程、射影式方程，并求出直线的方向余弦.

(1) $\begin{cases} 4x-y+3z-1=0, \\ x+5y-z+2=0; \end{cases}$　　(2) $\begin{cases} x+z-6=0, \\ 2x-4y-z+6=0; \end{cases}$

(3) $\begin{cases} x+y-z=0, \\ y=2; \end{cases}$　　(4) $\begin{cases} x-y-3z+12=0, \\ 2x+y-2z+3=0. \end{cases}$

9. 试用坐标法证明塞瓦定理：若三角形 $\triangle ABC$ 的三边 AB,BC,CA 依次被分割成

$$AF:FB=\lambda:\mu,\quad BD:DC=\nu:\lambda,\quad CE:EA=\mu:\nu,$$

其中 λ,μ,ν 为非负实数，则有三角形 $\triangle ABC$ 的顶点与对边分点的连线交于一点 M，并且对于任意点 O 有

$$\overrightarrow{OM}=\frac{1}{\lambda+\mu+\nu}(\lambda\overrightarrow{OA}+\mu\overrightarrow{OB}+\nu\overrightarrow{OC}).$$

10. 若 P,Q,R 分别为三角形$\triangle ABC$三边AB,BC,CA上的点，并且对非零实数λ,μ,ν有

$$\overrightarrow{AP}=\lambda\overrightarrow{PB},\quad \overrightarrow{BQ}=\mu\overrightarrow{QC},\quad \overrightarrow{CR}=\nu\overrightarrow{RA},$$

则有AQ,BR,CP有公共交点的充要条件是$\lambda\mu\nu=1$.

11. 试求点$P(7,1,5)$关于直线$L:\begin{cases}x-y-4z+9=0,\\2x+y-2z=0\end{cases}$的对称点$Q$的坐标；又有平面$\pi$过直线$L$且平行于矢量$\overrightarrow{PQ}$，试求与平面$\pi$距离为9的平面方程.

12. 试确定满足如下条件的方程：

(1) 与两平面π_1：$x-2y+5z-3=0$，π_2：$4x-3y-2=0$距离相等的点的轨迹；

(2) 与直线$L:\begin{cases}2x-2y+z+3=0,\\3x-2y-z+12=0\end{cases}$距离相等的点的轨迹.

13. 记点$A(1,0,3)$和$B(0,2,5)$在直线$L:\dfrac{x-1}{2}=\dfrac{y+1}{1}=\dfrac{z}{9}$上的垂足分别为$M,N$，试求点$M,N$的坐标及线段$MN$的长度.

14. 判别下列两平面的相关位置. 如果此两平面是相交的，试求出它们的夹角余弦.

(1) $\pi_1:x+2y-4z+1=0$，　π_2：$\dfrac{x}{4}+\dfrac{y}{2}-z-9=0$；

(2) $\pi_1:2x-y-2z-5=0$，　$\pi_2:x+3y-z-1=0$；

(3) $\pi_1:6x+2y-4z=0$，　$\pi_2:3x+6y-2z-7=0$.

15. 判别下列直线与平面的相关位置. 如果此直线与平面是相交的，试求出它们的夹角.

(1) $L:\dfrac{x-1}{2}=\dfrac{y-2}{7}=\dfrac{z-3}{-3}$，　$\pi:2x-y-z+4=0$；

(2) $L:\dfrac{x-1}{3}=\dfrac{y+2}{-2}=\dfrac{z}{7}$，　$\pi:3x-2y+7z+5=0$；

(3) $L:\begin{cases}5x-3y+2z-5=0,\\2x-y-z-1=0,\end{cases}$　$\pi:4x-3y+7z+6=0$.

16. 设直线L与三坐标面的交角分别为α,β,γ，试证明

$$\cos^2\alpha+\cos^2\beta+\cos^2\gamma=2.$$

17. 判别下列两直线的相关位置. 如果此两直线是相交的或者平行的，试求出它们所确定的平面；如果是异面直线，求出它们之间的距离.

(1) $L_1:\dfrac{x-3}{3}=\dfrac{y-8}{-1}=\dfrac{z-3}{1}$，　L_2：$\dfrac{x+3}{-3}=\dfrac{y+7}{2}=\dfrac{z-6}{4}$；

(2) $L_1:\begin{cases}x=t,\\y=2t+1,\\z=-t-2,\end{cases}$　$L_2:\dfrac{x-1}{4}=\dfrac{y-4}{7}=\dfrac{z+2}{-5}$；

(3) $L_1:\begin{cases}x-2y+2z=0,\\3x+2y-6=0,\end{cases}$　$L_2:\begin{cases}x+2y+z-11=0,\\2x+z-14=0.\end{cases}$

18. 已知空间两异面直线相距$2a$且夹角为2α，过这两直线分别作相互垂直的两个平面，试考察这样的两平面交线的轨迹.

19. 给定两异面直线L_1：$\dfrac{x-3}{7}=\dfrac{y}{1}=\dfrac{z-1}{5}$与$L_2$：$\dfrac{x+1}{8}=\dfrac{y-2}{0}=\dfrac{z}{9}$，试求此两直线的夹角，以及它们的公垂线方程.

7.3 空间曲面

曲面是空间中十分基础且重要的元素，通常用于刻画或表现丰富的形体关系. 本节先建立一般空间曲面的方程，再介绍柱面、球面、旋转曲面以及常见二次曲面的代数表达与几何特征等.

7.3.1 曲面方程

非常直观，具有可塑性的一矩形薄片可以卷成带有裂缝的圆柱面，也可以变为有裂缝的圆环面，还可以变为有裂缝的球面等等.

一般地，给定平面上不自相交的闭曲线所围的区域 G，则 G 中的点在双向连续且既是单射又是满射的映射 f 下的像，在三维空间直角坐标系中即形成一曲面 S. 如果曲面 S 上点的坐标为 (x,y,z)，其对应于 $(u,v)\in G$ 的映射 f 可解析表达为

$$x=x(u,v),\quad y=y(u,v),\quad z=z(u,v),\quad (u,v)\in G, \tag{7.3.1}$$

称(7.3.1)式为曲面 S 的**参数式方程**，其中 u,v 称为曲面 S 的参数. 通常，考虑将曲面 S 向特定平面作**投影**，以获得曲面的参数式方程.

由曲面的参数式方程，可以直接地给出其**矢量式方程**

$$\boldsymbol{r}(u,v)=x(u,v)\boldsymbol{i}+y(u,v)\boldsymbol{j}+z(u,v)\boldsymbol{k},\quad (u,v)\in G.$$

注意到，曲面 S 上的点 (x,y,z) 之所以在曲面上，是因为受到特定的约束

$$F(x,y,z)=0; \tag{7.3.2}$$

另一方面，满足约束方程(7.3.2)的点一定也在曲面 S 上. 此即，曲面 S 是这样一些点的集合 $S=\{(x,y,z)\mid F(x,y,z)=0\}$. 通常，称(7.3.2)式为曲面 S 的**一般式方程**.

这样，关于曲面 S 几何特征的研究就可通过对其方程 $F(x,y,z)=0$ 进行分析来实现. 在空间解析几何中，关于曲面的研究有下面两个**基本问题**：

(1) 已知曲面 S 是满足特定条件的点的集合，要确定曲面方程；

(2) 已知曲面 S 的方程 $F(x,y,z)=0$，要确定曲面的几何特征.

事实上，对一般空间曲面的这两个问题，可能是繁杂的、困难的，下面将讨论几种常见的曲面，顺便介绍基本的研究思想和方法.

7.3.2 柱面、球面、旋转曲面

1. 柱面

平行于定直线 L 且沿着某定曲线 C 运动的一族直线所形成的曲面称为**柱面**，该定曲线 C 称为柱面的**准线**，定直线 L 的方向称为柱面的**方向**，动直线的每一位置称为柱面的**母线**，如图 7-23 所示.

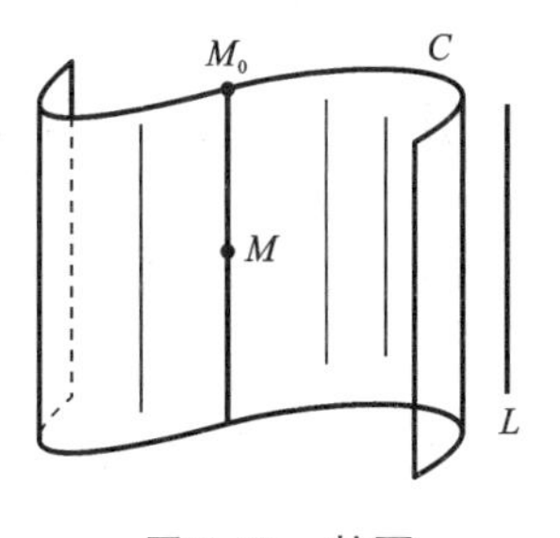

图 7-23 柱面

特别地，设柱面 S 的母线平行于 z 轴，其准线 C 是 xOy 面上的曲线 $F(x,y)=0$，从而点 $M(x,y,z)$ 在柱面 S 上的充要条件是 M 在 xOy 面上的投影点 $N(x,y,0)$ 在平面曲线 $F(x,y)=0$ 上，即点 M 的坐标满足 $F(x,y)=0$. 这表明，此**母线平行于 z 轴的柱面方程**为

$$F(x,y)=0. \tag{7.3.3}$$

这里，要注意在平面上或空间中，对方程 $F(x,y)=0$ 应作不同的几何理解.

通常，母线平行于 z 轴的柱面方程中缺失 z 变量. 比如：$\frac{y^2}{b^2}+\frac{z^2}{c^2}=1$，$\frac{y^2}{b^2}-\frac{x^2}{a^2}=1$，$x^2=2pz$ 分别表示母线平行于 x 轴的椭圆柱面、母线平行于 z 轴的双曲柱面、母线平行于 y 轴的抛物柱面.

例 7.3.1 已知柱面的准线 C：$\begin{cases}x^2+y^2+z^2=1,\\2x^2+2y^2+z^2=2,\end{cases}$ 试求母线平行于 z 轴的柱面方程，以及母线平行于 $\boldsymbol{r}=\{-1,0,1\}$ 的柱面方程.

解 (1) 考虑化简准线方程 C：$x^2+y^2+z^2=1,2x^2+2y^2+z^2=2$，消去 z 变量，即得母线平行于 z 轴的柱面方程

$$x^2+y^2=1.$$

(2) 记 $M_0(x_0,y_0,z_0)$ 为准线 C 上的点，则过 M_0 的母线方程为

$$\frac{x-x_0}{-1}=\frac{y-y_0}{0}=\frac{z-z_0}{1}.$$

进而，联立 $\begin{cases}x_0^2+y_0^2+z_0^2=1,\\2x_0^2+2y_0^2+z_0^2=2,\\x_0=x+t,y_0=y,z_0=z-t,\end{cases}$ 可得

$$\begin{cases}(x+t)^2+y^2+(z-t)^2=1,\\2(x+t)^2+2y^2+(z-t)^2=2,\end{cases}\Rightarrow\quad(z-t)^2=0,$$

再整理即得母线平行于 $\boldsymbol{r}$ 的柱面方程

$$(x+z)^2+y^2=1.$$

□

2. 球面

与定点 $M_0(a,b,c)$ 的距离恒为常数 R 的点的集合所形成的曲面 S 称为以 M_0 为球心、R 为半径的**球面**，如图 7-24 所示.

显然，点 $M(x,y,z)$ 在球面 S 上的充要条件是 $|M_0M|=R$，也即

$$(x-a)^2+(y-b)^2+(z-c)^2=R^2.$$

整理可得

$$x^2+y^2+z^2+Ax+By+Cz+D=0,\qquad(7.3.4)$$

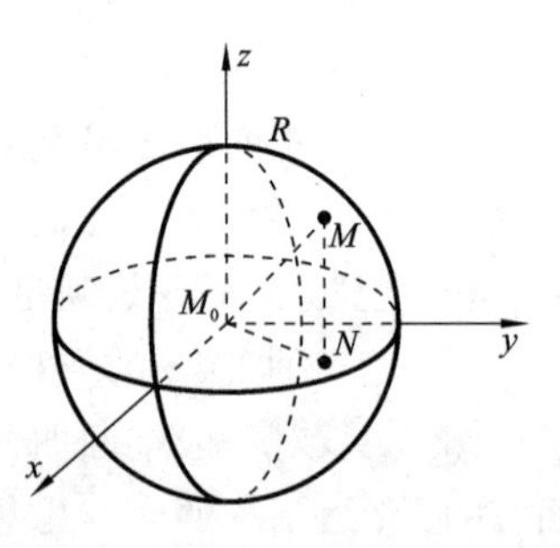

图 7-24 球面

其中 A,B,C,D 为实数. 反之，对于(7.3.4)式也可以改写为

$$\left(x+\frac{A}{2}\right)^2+\left(y+\frac{B}{2}\right)^2+\left(z+\frac{C}{2}\right)^2=\gamma,$$

其中 $\gamma=\frac{1}{4}(A^2+B^2+C^2)-D$. 通常，称(7.3.4)式为**球面的一般式方程**.

例 7.3.2 令 $a>0$，(1)试写出圆柱面 $x^2+y^2=a^2$ 的参数式方程；(2)试写出球面 $x^2+y^2+z^2=a^2$ 的参数式方程.

解 (1) 圆柱面 $x^2+y^2=a^2$ 的参数式方程为

$$\begin{cases}x=a\cos\theta,\\y=a\sin\theta,\\z=z,\end{cases}$$

其中 $0\leqslant\theta\leqslant2\pi,z\in\mathbf{R}$.

(2) 应该先将球面分成上半球面和下半球面，再给出其参数式刻画：

$$\begin{cases}\text{上半球面}: x=u, y=v, z=\sqrt{a^2-u^2-v^2}, \text{其中 } u^2+v^2\leqslant a^2;\\ \text{下半球面}: x=u, y=v, z=-\sqrt{a^2-u^2-v^2}, \text{其中 } u^2+v^2\leqslant a^2.\end{cases}$$

通常，也使用球面的如下参数式方程

$$\begin{cases}x=a\cos\theta\sin\varphi,\\ y=a\sin\theta\sin\varphi,\\ z=a\cos\varphi,\end{cases}$$

其中 $0\leqslant\theta\leqslant2\pi, 0\leqslant\varphi\leqslant\pi$. 这里，应注意体会参数 θ 和 φ 的几何意义！ □

更一般地，称

$$Ux^2+Vy^2+Wz^2+Ax+By+Cz+D=0 \tag{7.3.5}$$

为**椭球面的一般式方程**，其中二次项系数 U,V,W 非负且不相等. 也称

$$\frac{x^2}{a^2}+\frac{y^2}{b^2}+\frac{z^2}{c^2}=1 \tag{7.3.6}$$

为**椭球面的标准方程**.

例 7.3.3 如果椭球面分别关于直角坐标系的三条坐标轴对称，且通过 xOy 面上椭圆 $\frac{x^2}{9}+\frac{y^2}{25}=1$ 以及点 $M(1,\sqrt{5},\sqrt{31})$，试求此椭球面方程.

解 注意到三条坐标轴即为所求椭球面的轴，不妨设椭球面方程为

$$\frac{x^2}{a^2}+\frac{y^2}{b^2}+\frac{z^2}{c^2}=1.$$

又此椭球面与 xOy 面的交线为椭圆 $\begin{cases}\frac{x^2}{a^2}+\frac{y^2}{b^2}=1,\\ z=0,\end{cases}$ 从而比较可得 $a^2=9, b^2=25$.

再由此椭球面通过点 $M(1,\sqrt{5},\sqrt{31})$，可得 $\frac{1}{9}+\frac{5}{25}+\frac{31}{c^2}=1$，从而有 $c^2=45$.

这样，所求椭球面方程为 $\frac{x^2}{9}+\frac{y^2}{25}+\frac{z^2}{45}=1$. □

3. 旋转曲面

空间曲线 C 绕着定直线 L 旋转一周所形成的曲面 S 称为**旋转曲面**，其中曲线 C 称为旋转曲面的**母线**，定直线 L 称为旋转曲面的**旋转轴**，如图 7-25 所示.

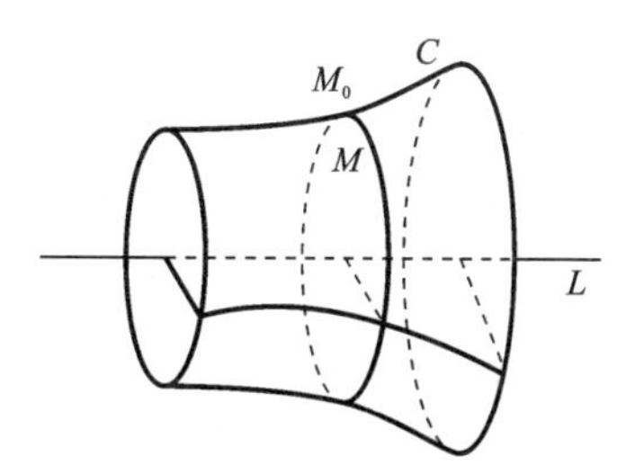

图 7-25　旋转面

特别地，若旋转曲面 S 由 yOz 平面上的曲线 C：$F(y,z)=0$ 绕 z 轴旋转而成，则任一点 $M(x,y,z)$ 在曲面 S 上的充要条件是：在曲线 C 上存在一点 $M_0(0,y_0,z_0)$ 使得 M 在 M_0 绕 z 轴旋转所形成的圆周上. 此即，M 和 M_0 到 z 轴的距离相等，则有

$$x^2+y^2=y_0^2,\quad z=z_0.$$

又由点 M_0 在曲线 C：$F(y,z)=0$ 上，也即有

$$F(\pm\sqrt{x^2+y^2}, z)=0, \tag{7.3.7}$$

称(7.3.5)式为旋转曲面 S 的**一般式方程**. 通常，我们称与旋转轴垂直的平面截得旋转曲面上的曲线为旋转曲面的**纬线**，称通过旋转轴的半平面截得旋转曲面上的曲线为旋转曲面的**经线**.

对于其他坐标面上的曲线绕坐标轴旋转所形成的旋转曲面方程,可类似刻画.

将 xOy 面上的椭圆 C: $\frac{x^2}{a^2}+\frac{y^2}{b^2}=1, z=0$ 分别绕 x 轴和 y 轴旋转,可得如下旋转椭球面:

$$\frac{x^2}{a^2}+\frac{y^2}{b^2}+\frac{z^2}{b^2}=1,\quad \frac{x^2}{a^2}+\frac{y^2}{b^2}+\frac{z^2}{a^2}=1.$$

将 yOz 面上的双曲线 C: $\frac{y^2}{b^2}-\frac{z^2}{c^2}=1, x=0$ 分别绕 y 轴和 z 轴旋转,可得如下旋转双曲面:

$$\frac{y^2}{b^2}-\frac{x^2}{c^2}-\frac{z^2}{c^2}=1,\quad \frac{x^2}{b^2}+\frac{y^2}{b^2}-\frac{z^2}{c^2}=1.$$

将 yOz 面上的双曲线 C: $y^2=2pz, x=0\ (p>0)$ 绕 z 轴旋转,可得如下旋转抛物面:

$$x^2+y^2=2pz.$$

例 7.3.4 已知空间旋转曲面 S 的母线 C: $F_1(x,y,z)=0, F_2(x,y,z)=0$,以及旋转轴 L: $\frac{x-x_0}{l}=\frac{y-y_0}{m}=\frac{z-z_0}{n}$,试求此旋转曲面方程.

解 在母线 C 上任取点 $M_1(x_1,y_1,z_1)$,则显然有

$$\begin{cases} F_1(x_1,y_1,z_1)=0, \\ F_2(x_1,y_1,z_1)=0. \end{cases}$$

又过点 M_1 的纬线方程为

$$\begin{cases} l(x-x_1)+m(y-y_1)+n(z-z_1)=0, \\ (x-x_0)^2+(y-y_0)^2+(z-z_0)^2=K^2, \end{cases}$$

其中

$$K^2=(x_1-x_0)^2+(y_1-y_0)^2+(z_1-z_0)^2.$$

从而联立上述方程组,整理化简即可得母线 C 绕轴 L 旋转所形成的曲面 S 的**一般式方程**:

$$F(x,y,z)=0.$$

□

7.3.3 二次曲面

一般地,由二次方程

$$a_1x^2+a_2y^2+a_3z^2+b_1xy+b_2yz+b_3zx+c_1x+c_2y+c_3z+d=0$$

高次曲面的三维重建

所确定的曲面 S 称为**二次曲面**. 通常,可以通过线性变换化简得到二次曲面的标准方程,要注意线性变换的几何意义;也可以通过投影法或截痕法考察曲面特征. 所谓**截痕法**是用平行于坐标轴或坐标面的直线或平面去截曲面,考察其交点、交线(截痕)的几何特征,并加以综合而获得曲面的精细分析. 事实上,这样的截痕总可以表示为特定的柱面与垂直于该柱面的平面的交线.

1. 椭球面

由方程

$$\frac{x^2}{a^2}+\frac{y^2}{b^2}+\frac{z^2}{c^2}=1 \tag{7.3.8}$$

所确定的曲面 S 称为**椭球面**,称 $a,b,c\ (a\geqslant b\geqslant c>0)$ 分别为椭球面的**长半轴**、**中半轴**、**短半轴**. 显然,椭球面 S 关于三个坐标面对称,关于坐标原点对称. 在 xOy 面的投影区域为

$$G=\left\{(x,y)\,\middle|\,\frac{x^2}{a^2}+\frac{y^2}{b^2}\leqslant 1\right\}.$$

用平面 $z=h(|h|\leqslant c)$ 截割椭球面 S，当 $|h|<c$ 时，有截痕是椭圆 $\begin{cases}\dfrac{x^2}{a^2}+\dfrac{y^2}{b^2}=1-\dfrac{h^2}{c^2},\\ z=h;\end{cases}$ 当 $|h|=c$ 时，所截取的是 $z=h$ 平面上的点 $(0,0,c)$ 或 $(0,0,-c)$. 用平面 $x=h(|h|\leqslant a)$ 或 $y=h(|h|\leqslant b)$ 截割椭球面 S 的情形有类似结论，如图 7-26 所示.

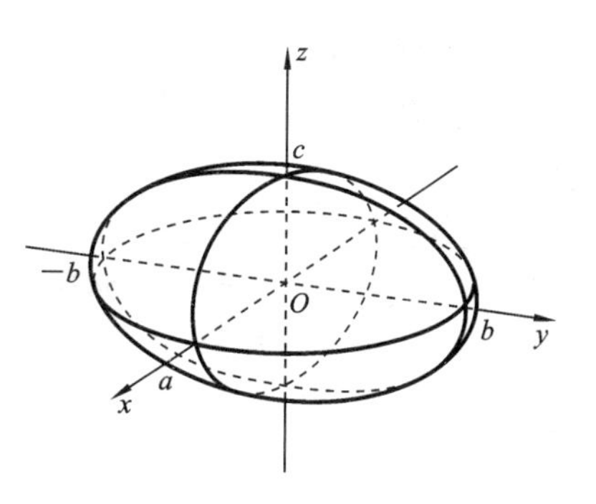

图 7-26　椭球面

2. 单叶双曲面

由方程

$$\frac{x^2}{a^2}+\frac{y^2}{b^2}-\frac{z^2}{c^2}=1 \qquad (7.3.9)$$

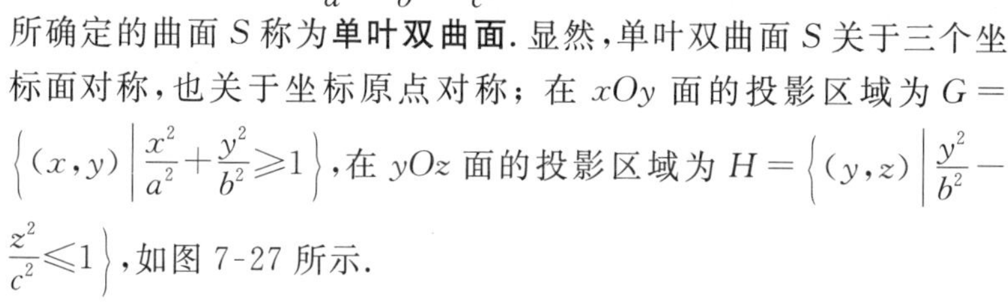

所确定的曲面 S 称为**单叶双曲面**. 显然，单叶双曲面 S 关于三个坐标面对称，也关于坐标原点对称；在 xOy 面的投影区域为 $G=\left\{(x,y)\left|\dfrac{x^2}{a^2}+\dfrac{y^2}{b^2}\geqslant 1\right.\right\}$，在 yOz 面的投影区域为 $H=\left\{(y,z)\left|\dfrac{y^2}{b^2}-\dfrac{z^2}{c^2}\leqslant 1\right.\right\}$，如图 7-27 所示.

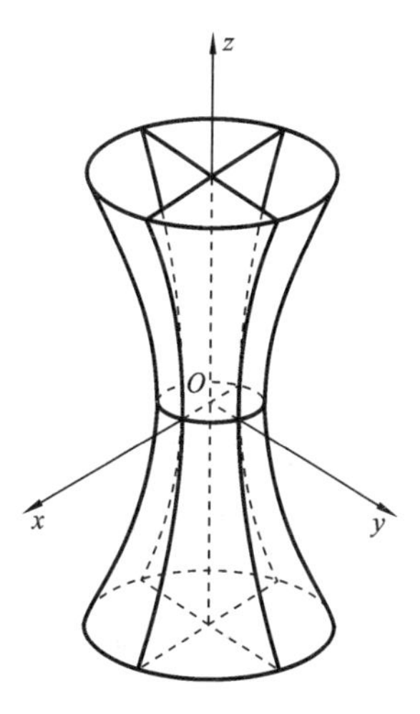

图 7-27　单叶双曲面

用平面 $z=h(|h|<\infty)$ 截割单叶双曲面 S，总有截痕是椭圆 $\begin{cases}\dfrac{x^2}{a^2}+\dfrac{y^2}{b^2}=1+\dfrac{h^2}{c^2},\\ z=h,\end{cases}$ 特别在 $|h|=c$ 时所截取的是一个最小的椭圆，称为**腰椭圆**.

用平面 $y=h(|h|<\infty)$ 截割单叶双曲面 S，总有截痕是双曲线 $\begin{cases}\dfrac{x^2}{a^2}-\dfrac{z^2}{c^2}=1-\dfrac{h^2}{b^2},\\ y=h.\end{cases}$ 当 $|h|<b$ 时，截痕双曲线的实轴与 x 轴平行；当 $|h|>b$ 时，截痕双曲线的实轴与 z 轴平行；当 $|h|=b$ 时，截痕双曲线退化为一对相交的直线. 用平面 $x=h(|h|<\infty)$ 截割单叶双曲面 S 的情形有类似结论，如图 7-28 所示.

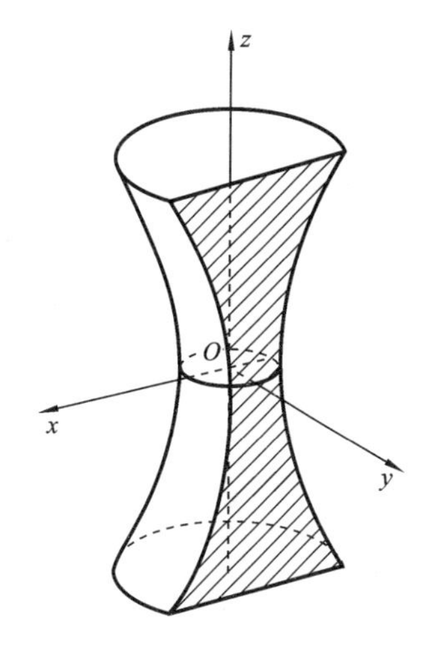

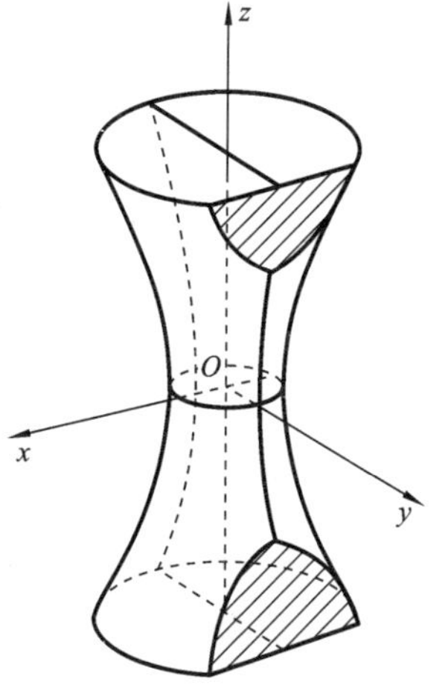

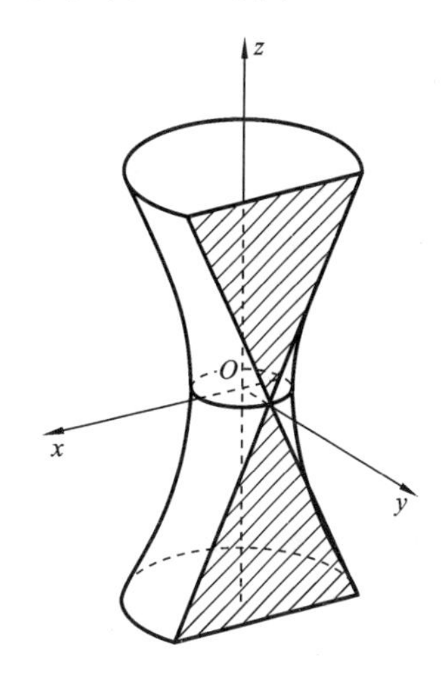

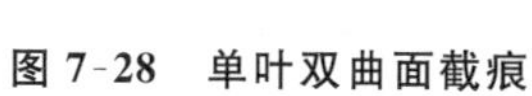

图 7-28　单叶双曲面截痕

3. 双叶双曲面

由方程

$$\frac{x^2}{a^2}+\frac{y^2}{b^2}-\frac{z^2}{c^2}=-1 \tag{7.3.10}$$

所确定的曲面 S 称为**双叶双曲面**. 显然,双叶双曲面 S 关于三个坐标面对称,也关于坐标原点对称. 在 xOy 面的投影区域为 $\mathbf{R}$,在 yOz 面的投影区域为 $H=\left\{(y,z)\left|\frac{y^2}{b^2}-\frac{z^2}{c^2}\leqslant -1\right.\right\}$,如图7-29所示.

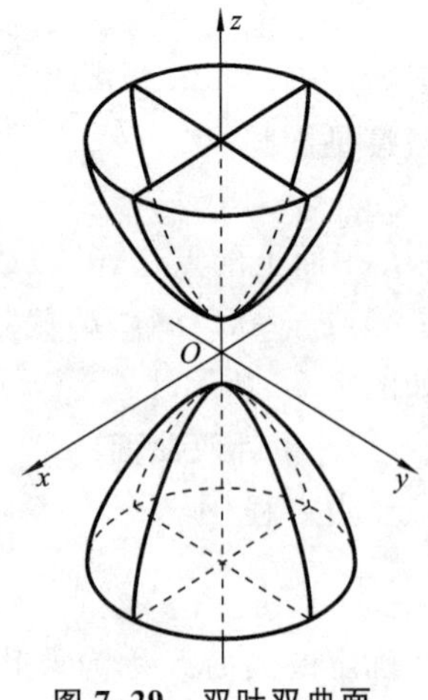

图 7-29　双叶双曲面

用平面 $z=h(|h|>c)$ 截割双叶双曲面 S,有截痕是椭圆 $\begin{cases}\frac{x^2}{a^2}+\frac{y^2}{b^2}=\frac{h^2}{c^2}-1,\\ z=h;\end{cases}$ 在 $|h|=c$ 时所截取的是 $z=h$ 平面上的点 $(0,0,c)$ 或 $(0,0,-c)$.

用平面 $x=h(|h|<\infty)$ 截割双叶双曲面 S,总有截痕是双曲线 $\begin{cases}\frac{y^2}{b^2}-\frac{z^2}{c^2}=-1-\frac{h^2}{a^2},\\ x=h,\end{cases}$ 其实轴平行于 z 轴. 用平面 $y=h(|h|<\infty)$ 截割双叶双曲面 S 的情形有类似结论.

例 7.3.5　已知一族平行平面 $z=h(|h|<\infty)$ 截割单叶双曲面 S:$\frac{x^2}{a^2}+\frac{y^2}{b^2}-\frac{z^2}{c^2}=1(a>b)$ 可得一族椭圆,试求这族椭圆焦点的轨迹方程.

解　注意到这族椭圆的方程为 $\begin{cases}\frac{x^2}{a^2}+\frac{y^2}{b^2}=1+\frac{h^2}{c^2},\\ z=h,\end{cases}$ 这里椭圆长半轴为 $a\sqrt{1+\frac{h^2}{c^2}}$,短半轴为 $b\sqrt{1+\frac{h^2}{c^2}}$.

从而这族椭圆焦点坐标为

$$\begin{cases}x=\pm\sqrt{(a^2-b^2)\left(1+\frac{h^2}{c^2}\right)},\\ y=0,\\ z=h,\end{cases}$$

消去参数 h,可得这族椭圆焦点的轨迹是在 xOz 面上以 x 轴为实轴、z 轴为虚轴的双曲线,其方程为

$$\begin{cases}\frac{x^2}{a^2-b^2}-\frac{z^2}{c^2}=1,\\ y=0.\end{cases}$$

4. 椭圆抛物面

由方程

$$z=\frac{x^2}{a^2}+\frac{y^2}{b^2} \tag{7.3.11}$$

所确定的曲面 S 称为**椭圆抛物面**. 显然,椭圆抛物面 S 关于坐标面 xOz,yOz 对称. 在 xOy 面

的投影区域为 $\mathbf{R}$，在 yOz 面的投影区域为 $H=\left\{(y,z)\left|z\geqslant\frac{y^2}{b^2}\right.\right\}$.

用平面 $z=h(h>0)$ 截割椭圆抛物面 S，有截痕是椭圆 $\begin{cases}z=\dfrac{x^2}{a^2}+\dfrac{y^2}{b^2},\\ z=h;\end{cases}$ 当 $z=0$ 时所截取的是 xOy 平面上的点 $(0,0,0)$.

用平面 $x=h(|h|<\infty)$ 截割椭圆抛物面 S，总有截痕是抛物线 $\begin{cases}z=\dfrac{h^2}{a^2}+\dfrac{y^2}{b^2},\\ x=h.\end{cases}$ 用平面 $y=h(|h|<\infty)$ 截割椭圆抛物面 S 的情形有类似结论，如图 7-30 所示.

5. 双曲抛物面

由方程

$$z=\frac{x^2}{a^2}-\frac{y^2}{b^2}\tag{7.3.12}$$

所确定的曲面 S 称为**双曲抛物面**. 显然，双曲抛物面 S 关于坐标面 xOz，yOz 对称. 在 xOy 面的投影区域为 $G_1=\left\{(x,y)\left|\frac{x^2}{a^2}\geqslant\frac{y^2}{b^2}\right.\right\}(z\geqslant0)$ 或者为 $G_2=\left\{(x,y)\left|\frac{x^2}{a^2}\leqslant\frac{y^2}{b^2}\right.\right\}(z\leqslant0)$；在 xOz 面的投影区域为 $H=\left\{(x,z)\left|z\leqslant\frac{x^2}{a^2}\right.\right\}$.

用平面 $z=h(h\neq0)$ 截割双曲抛物面 S，总有截痕是双曲线 $\begin{cases}\dfrac{x^2}{a^2}-\dfrac{y^2}{b^2}=h,\\ z=h;\end{cases}$ 当 $z=0$ 时所截取的是 xOy 平面上的两条直线 $\begin{cases}y=\pm\dfrac{b}{a}x,\\ z=0.\end{cases}$

用平面 $y=h(|h|<\infty)$ 截割双曲抛物面 S，总有截痕是抛物线 $\begin{cases}z=\dfrac{x^2}{a^2}-\dfrac{h^2}{b^2},\\ y=h.\end{cases}$ 用平面 $x=h(|h|<\infty)$ 截割双曲抛物面 S 的情形有类似结论，如图 7-31 所示.

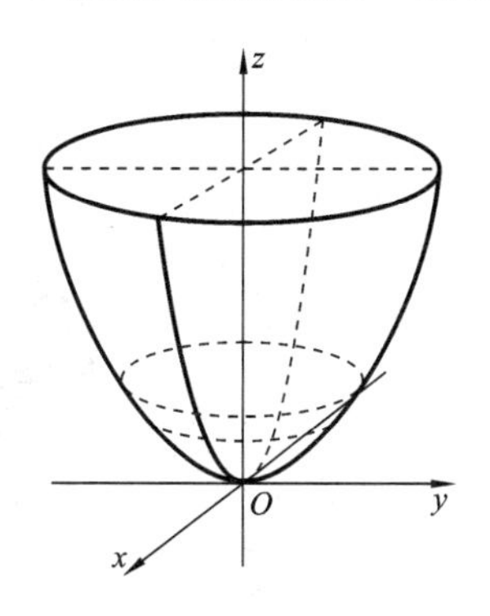

图 7-30　椭圆抛物面

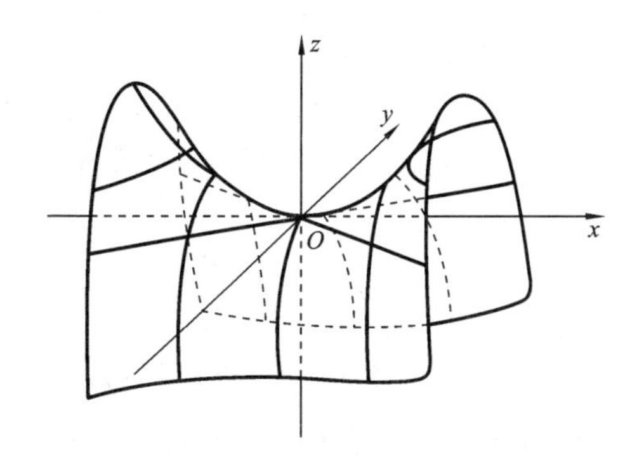

图 7-31　双曲抛物面

例 7.3.6　考虑恰当的变换化简二次方程 $z=xy$，并证明它是双曲抛物面方程.

证　事实上，考虑正交变换

$$\begin{cases}x=\dfrac{\sqrt{2}}{2}(u-v),\\ y=\dfrac{\sqrt{2}}{2}(u+v),\\ z=z,\end{cases}$$

此即保持 z 轴不变，x 轴、y 轴同时绕 z 轴逆时针方向旋转 $\frac{\pi}{4}$ 做正交变换. 这使得 $z=xy$ 变换为

$$2z=u^2-v^2,$$ □

此即双曲抛物面的标准方程.

6. 椭圆锥面

由方程

$$\frac{x^2}{a^2}+\frac{y^2}{b^2}=\frac{z^2}{c^2} \tag{7.3.13}$$

所确定的曲面 S 称为**椭圆锥面**. 显然，椭圆锥面 S 关于三个平面对称，也关于坐标原点对称. 在 xOy 面的投影区域为 $\mathbf{R}$，在 xOz 面的投影区域为 $H=\left\{(x,z)\,\middle|\,\frac{x^2}{a^2}\leqslant\frac{z^2}{c^2}\right\}$. 特别地，椭圆锥面 S 的方程有齐次性，也即若点 $M_0(x_0,y_0,z_0)$ 在椭圆锥面上，则对任意实数 λ，有任意点 $M(\lambda x_0,\lambda y_0,\lambda z_0)$ 也在该椭圆锥面上.

用平面 $z=h(h\neq 0)$ 截割椭圆锥面 S，总有截痕是椭圆 $\begin{cases}\frac{x^2}{a^2}+\frac{y^2}{b^2}=\frac{h^2}{c^2},\\ z=h;\end{cases}$ 当 $z=0$ 时所截取的是 xOy 平面上的点 $(0,0,0)$，如图 7-32 所示.

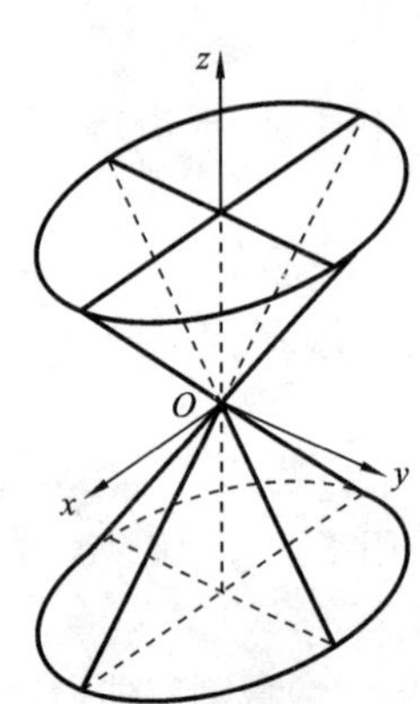

图 7-32 椭圆锥面

另一方面，椭圆锥面 S：$\frac{x^2}{a^2}+\frac{y^2}{b^2}=\frac{z^2}{c^2}$ 也可以做如下理解：考虑截痕椭圆 $\begin{cases}\frac{x^2}{a^2}+\frac{y^2}{b^2}=\frac{h^2}{c^2},\\ z=h\neq 0,\end{cases}$ 则其上任意点 P 与原点所确定的直线，从点 P 出发沿截痕椭圆运动时，这些直线族所形成的曲面.

一般地，给定平面上定曲线 C 以及平面外一点 Q，则所有过点 Q 且与曲线 C 相交的直线族形成一曲面，称此曲面为以点 Q 为**顶点**。以曲线 C 为**准线**的**锥面**，也称每条过顶点与准线相交的直线为锥面的**母线**.

习 题 7.3

习题 7.3

1. 试求满足下列约束的动点 M 的轨迹方程：

(1) 动点 M 在过定点 $(2,-4,5)$ 并包含圆 $\begin{cases}x^2+y^2=5,\\ z=0\end{cases}$ 的球面上；

(2) 动点 M 与定点 $(0,1,0)$ 的距离等于从这点到平面 $y=3$ 的距离的一半；

(3) 动点 M 到定直线 L：$\frac{x-1}{1}=\frac{y+2}{-2}=\frac{z-5}{3}$ 以及到该定直线上定点 $(1,-2,5)$ 的距离平

方和为常数；

(4) 动点 M 到定平面 π：$x+y-z=9$ 的距离与其到定点 $(1,-2,5)$ 的距离之比为常数.

2. 如果由椭球面 $\frac{x^2}{a^2}+\frac{y^2}{b^2}+\frac{z^2}{c^2}=1$ 的中心引三条两两互相垂直的射线，与椭球面分别交于点 M_1,M_2,M_3. 记 $|OM_1|=\lambda$，$|OM_2|=\mu$，$|OM_3|=\nu$，试证如下方程并解释其几何意义：

$$\frac{1}{a^2}+\frac{1}{b^2}+\frac{1}{c^2}=\frac{1}{\lambda^2}+\frac{1}{\mu^2}+\frac{1}{\nu^2}.$$

3. 已知椭球面 $\frac{x^2}{a^2}+\frac{y^2}{b^2}+\frac{z^2}{c^2}=1(c<a<b)$，试求过 x 轴且与曲面交线为圆的平面方程.

4. 已知柱面准线 $\begin{cases}x^2+y^2=z,\\ z=x+1,\end{cases}$ 试求：

(1) 母线平行于 z 轴的柱面方程；

(2) 母线平行于直线 $\frac{x-1}{3}=\frac{y+4}{6}=\frac{z-6}{4}$ 的柱面方程.

5. 试求过三条平行直线 L_1：$x=y=z$，L_2：$x+1=y=z-1$，L_3：$x-1=y-3=z+1$ 的圆柱面方程.

6. 试证明球面 $x^2+y^2+z^2=1$ 的外切柱面是圆柱面；假如此外切柱面的母线垂直于平面 $x+y-2z+9=0$，试求此圆柱面方程.

7. 试求下列旋转曲面方程：

(1) 曲线 C：$\begin{cases}(y-2)^2+z^2=16,\\ x=0\end{cases}$ 绕 z 轴旋转；

(2) 曲线 C：$\begin{cases}z=x^2,\\ x^2+y^2=1\end{cases}$ 绕 z 轴旋转；

(3) 曲线 C：$\begin{cases}4x^2-9y^2=36,\\ z=0\end{cases}$ 绕 y 轴旋转；

(4) 直线 L：$\frac{x}{\alpha}=\frac{y-\beta}{0}=\frac{z}{1}$ 绕 z 轴旋转（注意参数 α,β 的变化）；

(5) 直线 L：$\frac{x}{3}=\frac{y}{1}=\frac{z-1}{-1}$ 绕直线 l：$\frac{x}{1}=\frac{y}{-1}=\frac{z-1}{2}$ 旋转.

8. 试证明方程 $z=\frac{1}{x^2+y^2}$ 是一个旋转曲面方程，并求它的母线和旋转轴.

9. 试求下列锥面方程：

(1) 以点 $(3,-1,-2)$ 为顶点且准线为 C：$\begin{cases}x^2+y^2-z^2=1,\\ x-y+z=0\end{cases}$ 的锥面；

(2) 以点 $(1,2,4)$ 为顶点且经过点 $(3,2,1)$，轴与平面 π：$2x+2y+z=0$ 垂直锥面.

10. 给定方程：

$$\frac{x^2}{a-\lambda}=\frac{y^2}{b-\lambda}=\frac{z^2}{c-\lambda},\quad (a>b>c>0)$$

试讨论参数 λ 取异于 a,b,c 的不同数值时，上述方程分别确定怎样的曲面？

11. 设有两直线 L_1：$\begin{cases}x=\frac{3}{\sqrt{2}}+3t,\\ y=-1+2t,\\ z=-t\end{cases}$ 和 L_2：$\begin{cases}x=3t,\\ y=2t,\\ z=0,\end{cases}$ 试求所有由 L_1,L_2 上有相同参数 t 值的

点的连线所形成的曲面方程.

12. 试求平面 $\pi: x+y+z=1$ 和曲面 $S: yz+zx+xy+a^2=0$ 经过坐标变换:

$$\begin{cases} x=\frac{1}{\sqrt{3}}u+\frac{1}{\sqrt{2}}v+\frac{1}{\sqrt{6}}w, \\ y=\frac{1}{\sqrt{3}}u-\frac{2}{\sqrt{6}}w, \\ z=\frac{1}{\sqrt{3}}u-\frac{1}{\sqrt{2}}v+\frac{1}{\sqrt{6}}w, \end{cases}$$

在新坐标系 $Ouvw$ 下的方程,并讨论它们的位置关系.

13. 试验证单叶双曲面 $S_1: \frac{x^2}{a^2}+\frac{y^2}{b^2}-\frac{z^2}{c^2}=1$ 和双叶双曲面 $S_2: \frac{x^2}{a^2}+\frac{y^2}{b^2}-\frac{z^2}{c^2}=-1$ 有如下参数式方程;确定参变量 u,v 的变化范围并解释参变量的几何意义.

(1) $S_1: \begin{cases} x=a\cdot\sec u\cdot\cos v, \\ y=b\cdot\sec u\cdot\sin v, \\ z=c\cdot\tan u; \end{cases}$

(2) $S_2: \begin{cases} x=a\cdot\tan u\cdot\cos v, \\ y=b\cdot\tan u\cdot\sin v, \\ z=c\cdot\sec u. \end{cases}$

14. 指出下列方程所表示的曲面类型,确定其与平面 $y=1$ 的交线,并给出其在 xOy 面上的投影区域:

(1) $x=-y^2-z^2$; (2) $x^2+4z^2=y^2$; (3) $x=y^2-z^2$;

(4) $\frac{x^2}{9}+\frac{y^2}{36}=1-\frac{z^2}{25}$; (5) $\frac{x^2}{9}-\frac{z^2}{9}=1-\frac{y^2}{16}$; (6) $5x^2=z^2-3y^2$;

(7) $\frac{y^2}{16}=1-\frac{x^2}{9}+z$; (8) $\frac{x^2}{9}-1=\frac{y^2}{16}+\frac{z^2}{2}$; (9) $y-\sqrt{4-z^2}=0$.

7.4 空间曲线

曲线是空间中更为基本的元素,刻画或表现空间中只有一个自由度的质点运动轨迹. 本节先建立一般空间曲线的方程,再介绍空间曲线的投影.

7.4.1 曲线方程

非常直观,具有可塑性的矩形薄片上连接两个对角点的直线,会随着薄片形状的各种变化形成不同的空间曲线,并且这些曲线总是和薄片的边缘线一一对应.

一般地,给定平面上一条开直线段 $I: a<t<b$,则 I 中的点在双向连续且既是单射又是满射的映射 f 下的像,在三维空间直角坐标系中形成一条曲线 C. 如果曲线 C 上点的坐标为 (x,y,z),其对应于 $t\in I$ 的映射 f 可解析表达为

$$x=x(t),\quad y=y(t),\quad z=z(t),\quad t\in I, \tag{7.4.1}$$

称(7.4.1)式为曲线 C 的**参数式方程**,其中 t 称为曲线 C 的参数. 通常,考虑将曲线 C 向特定直线(或简单曲线)作**投影**,以获得曲线的参数式方程.

由曲线的参数式方程,可以直接地给出其**矢量式方程**

$$\boldsymbol{r}(t)=x(t)\boldsymbol{i}+y(t)\boldsymbol{j}+z(t)\boldsymbol{k},\quad t\in I.$$

空间曲线 C 可以看作是通过它的任意两曲面 S_1：$F_1(x,y,z)=0$，S_2：$F_2(x,y,z)=0$ 的交线. 曲线 C 上的点 (x,y,z) 之所以在曲线上,是因为受到特定的约束

$$\begin{cases}F_1(x,y,z)=0,\\F_2(x,y,z)=0;\end{cases}\tag{7.4.2}$$

另一方面,满足约束方程(7.4.2)的点一定也在曲线 C 上. 此即,曲线 C 是这样一些点的集合 $S=\{(x,y,z)\,|\,F_1(x,y,z)=0,F_2(x,y,z)=0\}$,通常,称(7.4.2)式为曲线 C 的**一般式方程**.

例 7.4.1　设一质点从 $(a,0,0)(a>0)$ 出发沿着圆柱面 $x^2+y^2=a^2$ 以等角速度 ω 绕 z 轴旋转,同时以均匀线速度 v 沿平行于 z 轴正向上升,试求此质点 M 的轨迹方程.

解　取 t 为质点运动的时间参数,记 $M(x,y,z)$. 由质点以等角速度 ω 绕 z 轴旋转,可得 $x=a\cos\omega t,y=a\sin\omega t$；又由质点以均匀线速度 v 沿平行于 z 轴正向上升,可得 $z=vt$.

从而质点 M 的运动轨迹可表为如下参数式方程和一般式方程：

$$\begin{cases}x=a\cos\omega t,\\y=a\sin\omega t,\\z=vt;\end{cases}\qquad\begin{cases}x^2+y^2=a^2,\\z=vt.\end{cases}$$

如图 7-33 所示,此曲线就是圆柱螺旋线.　□

例 7.4.2　试考察方程组 $\begin{cases}z=\sqrt{R^2-x^2-y^2},\\x^2+y^2-Rx=0\end{cases}$ 表示的曲线,并给出其参数式方程.

解　显然,$z=\sqrt{R^2-x^2-y^2}$ 表示球心在原点,半径为 $R>0$ 的上半球面；$x^2+y^2-Rx=0$ 表示母线平行于 z 的圆柱面.

此即,方程组表示的是上半球面与圆柱面的交线. 事实上,此曲线就是上半维维安尼(Viviani)曲线,如图 7-34 所示.

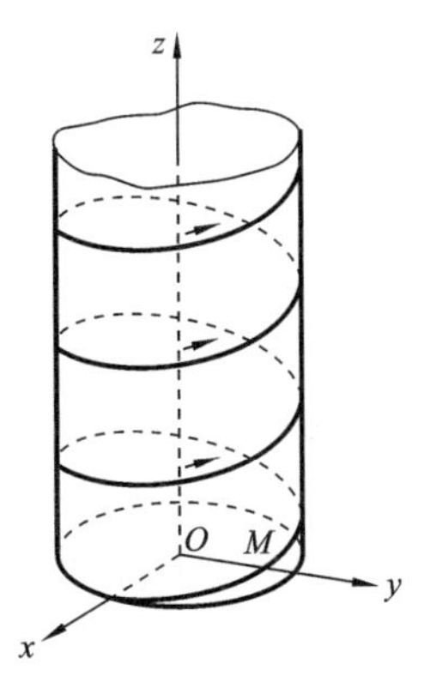

图 7-33　圆柱螺旋线

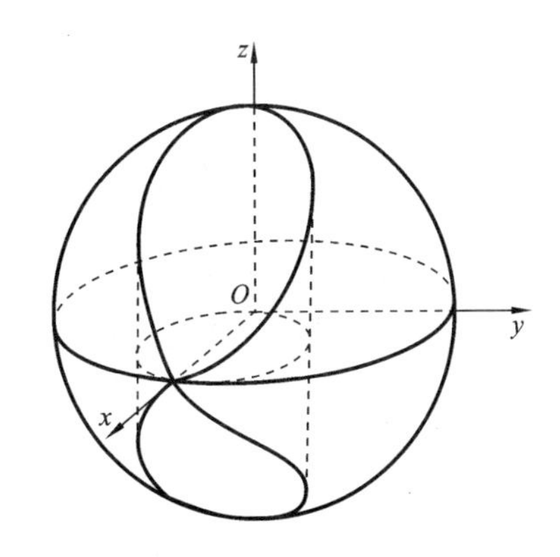

图 7-34　Viviani 曲线

先参数化圆柱面与 xOy 面的交线 $x=R\cos\theta\cos\theta,y=R\cos\theta\sin\theta\left(-\dfrac{\pi}{2}\leqslant\theta\leqslant\dfrac{\pi}{2}\right)$,再代入上半球面方程,可得曲线的参数式方程 $\begin{cases}x=R\cos\theta\cos\theta,\\y=R\cos\theta\sin\theta,\\z=R\,|\sin\theta|,\end{cases}\quad -\dfrac{\pi}{2}\leqslant\theta\leqslant\dfrac{\pi}{2}.$　□

例 7.4.3 试将圆 $\Gamma:\begin{cases}x^2+y^2+z^2=25,\\2x+2y+z=12\end{cases}$ 表示成如下参数式方程：

$$\Gamma:\begin{cases}x=a+R\cos\alpha,\\y=b+R\cos\beta,\\z=c+R\cos\gamma,\end{cases}$$

其中 a,b,c 为常数，R 为圆 Γ 的半径，参数 α,β,γ 为圆 Γ 半径的方向角.

(1) 试确定 a,b,c,R 的值，并指明 a,b,c 的几何意义；

(2) 参数 α,β,γ 是否独立，它们之间满足什么关系？

解 (1) 显然，球心(0,0,0)到平面 π：$2x+2y+z=12$ 的距离等于球心与圆心的距离

$$d=\frac{|-12|}{\sqrt{2^2+2^2+1^2}}=4,$$

又由勾股定理知，圆 Γ 的半径为

$$R=\sqrt{R_{\text{sphere}}^2-d^2}=\sqrt{5^2-4^2}=3.$$

过球心作垂直于平面 π 的直线 L：$x=2t,y=2t,z=t$，其与平面 π 的交点就是圆心，为此将其代入平面方程可得 $t=\frac{4}{3}$，从而有圆心坐标为 $\left(\frac{8}{3},\frac{8}{3},\frac{4}{3}\right)$，此即有

$$a=\frac{8}{3},\quad b=\frac{8}{3},\quad c=\frac{4}{3}.$$

(2) 注意到，圆 Γ 的动半径与三个坐标轴分别夹角为 α,β,γ，从而其参数式方程为

$$\Gamma:\begin{cases}x=\dfrac{8}{3}+3\cos\alpha,\\[2mm]y=\dfrac{8}{3}+3\cos\beta,\\[2mm]z=\dfrac{4}{3}+3\cos\gamma,\end{cases}$$

并且 $\cos^2\alpha+\cos^2\beta+\cos^2\gamma=1$. 又由于上述参数式方程满足平面 π 的方程，从而还有

$$2\cos\alpha+2\cos\beta+\cos\gamma=0.$$

□

7.4.2 空间曲线的投影

对空间曲线 C：$F_1(x,y,z)=0$，$F_2(x,y,z)=0$，称以 C 为准线且母线平行于 z 轴的柱面 S 为曲线 C 关于 xOy 面的**投影柱面**，并称此投影柱面与 xOy 面的交线为曲线 C 在 xOy 面上的**投影曲线**.

因为投影柱面的母线平行于 z 轴且准线为 C，考虑从曲线 C 的一般式方程

$$\begin{cases}F_1(x,y,z)=0,\\F_2(x,y,z)=0\end{cases}$$

消去 z 变量(可行性源于后面的隐函数存在定理)，即可得其关于 xOy 面的投影柱面方程为

$$F(x,y)=0.$$

进而，联立方程，即有曲线 C 在 xOy 面上的投影曲线方程为

$$\begin{cases}F(x,y)=0,\\z=0.\end{cases}$$

类似地，可以考虑空间曲线关于其他坐标面上的投影柱面和投影曲线．特别的，还可以将曲线 C 理解为通过它的两个投影柱面的交线．

一般地，对平面 π：$l(x-x_1)+m(y-y_1)+n(z-z_1)=0$，先考虑以曲线 C 为准线且母线平行于矢量 $\boldsymbol{s}=\{l,m,n\}$ 的**斜柱面方程**，再联立此斜柱面方程与平面 π 的方程，即可得曲线 C 在平面 π 上的投影曲线方程．

例 7.4.4　试给出空间曲线 C：$\begin{cases}x^2+y^2+z^2=4,\\ y=x\end{cases}$ 的参数式方程，并求其在各坐标面上的投影曲线．

解　注意到曲线 C 在垂直于 xOy 面的平面 $y=x$ 上，其投影为一条线段，直接取 x 为参变量，即有曲线 C 的参数式方程

$$\begin{cases}x=x,\\ y=x,\\ z=\pm\sqrt{4-2x^2},\end{cases}\qquad -\sqrt{2}\leqslant x\leqslant\sqrt{2}.$$

先求曲线 C 关于 xOz 面的投影柱面 $2x^2+z^2=4$，再联立 xOz 面方程，即得其在 xOz 面上的投影曲线 $\begin{cases}2x^2+z^2=4,\\ y=0.\end{cases}$ 进而，参数化曲线 C 关于 xOz 面投影曲线为

$$\begin{cases}x=\sqrt{2}\cos\theta,\\ y=0,\\ z=2\sin\theta,\end{cases}\qquad 0\leqslant\theta\leqslant 2\pi,$$

即得曲线 C 的参数式方程

$$\begin{cases}x=\sqrt{2}\cos\theta,\\ y=\sqrt{2}\cos\theta,\\ z=2\sin\theta,\end{cases}\qquad 0\leqslant\theta\leqslant 2\pi.$$

同理，可以考虑曲线 C 关于 yOz 面的投影曲线及其自身的参数式刻画．□

例 7.4.5　试刻画曲面 S_1：$x^2+2y^2+3z^2=9$ 和曲面 S_2：$z=\sqrt{x^2+y^2}$ 所围的区域 Ω，并给出 Ω 在各坐标面上的投影．

解　这里，区域 Ω 为球心在原点的椭球面 S_1 与顶点在原点的圆锥面 S_2 所围的区域．

注意到曲面 S_1 和 S_2 的位置关系，考虑其交线 $\begin{cases}x^2+2y^2+3z^2=9,\\ z=\sqrt{x^2+y^2}\end{cases}$ 在 xOy 面上的投影是椭圆线：

$$\begin{cases}4x^2+5y^2=9,\\ z=0.\end{cases}$$

从而，有 Ω 在 xOy 面上的投影区域为 $G=\{(x,y)\mid 4x^2+5y^2\leqslant 9\}$．

同理，根据曲面 S_1 和 S_2 的位置关系，可得 Ω 在 xOz 面上的投影区域为 $H=\{(x,z)\mid x^2+3z^2\leqslant 9,|x|\leqslant z\}$．□

这里介绍了空间曲面和曲线的基本解析性质，为能更精细地、动态地研究空间曲面和曲线的形态和特征，则需要发展在空间中的多变量微积分学．

习 题 7.4

习题 7.4

1. 若有曲线 $C:\begin{cases}4x+2y^2+z^2-z=0,\\-8x+y^2+3z^2-12z=0,\end{cases}$ 试将其表为母线平行于 x 轴和 y 轴的两柱面的交线.

2. 若有曲线

$$C:\begin{cases}x=\dfrac{t}{1+t^2+t^4},\\y=\dfrac{t^2}{1+t^2+t^4},\quad(-\infty<t<+\infty),\\x=\dfrac{t^3}{1+t^2+t^4}\end{cases}$$

试证明此曲线在某球面上,并求出它所在的球面方程.

3. 若有曲线 $C:\begin{cases}-9y^2+6xy-2xz+24x-9y+3z-63=0,\\2x-3y+z=0,\end{cases}$ 试求下列柱面方程:

(1) 曲线 C 关于 xOy 面的投影柱面;

(2) 曲线 C 关于 yOz 面的投影柱面;

(3) 曲线 C 关于平面 $\pi:x+2y-z-2=0$ 的投影柱面.

4. 试以多种方式给出下列曲线的参数式方程:

(1) $C_1:\begin{cases}x^2+z^2-3yz-2x+3z-3=0,\\y-z+1=0;\end{cases}$

(2) $C_2:\begin{cases}y^2-4z=0,\\x+z^2=0;\end{cases}$

(3) $C_3:\begin{cases}x^2+y^2+z^2=1,\\x^2+y^2=x.\end{cases}$

5. 画出下列各组曲面所围区域 Ω 的草图,并确定其在各坐标面上的投影区域.

(1) $S_1:x^2+y^2=z$, $S_2:\sqrt{2x^2+y^2}=z$;

(2) $S_1:\sqrt{x^2+2y^2}=z$, $S_2:\sqrt{16-x^2-y^2}=z$;

(3) $S_1:3x^2+y^2=z$, $S_2:9-x^2=z$.

7.5 应用事例与研究课题

1. 应用事例

例 7.5.1 假设如图 7-35 所示,人的眼睛在点 $E(x_0,0,0)$,想看看空间中的点 $P(x_1,y_1,z_1)$在 yOz 面上的表现,可以考虑由 E 出发的射线把 P 投影到 yOz 面来实现,并记点 P 在 yOz 面的投影点为 $Q(0,y,z)$. 试建立矢量$\overrightarrow{EQ}$和$\overrightarrow{EP}$之间的关系式,考察并解释在 $x_1=0,x_1=x_0$ 以及 $x_0\to\infty$时 y 和 z 的变化情形.

解 显然,矢量$\overrightarrow{EQ}=\{-x_0,y,z\}$和$\overrightarrow{EP}=\{x_1-x_0,y_1,z_1\}$,又由相似性,有$\overrightarrow{EQ}=\dfrac{x_0}{x_0-x_1}$

$\overrightarrow{EP}$，此即

$$y=\frac{x_0}{x_0-x_1}y_1,\quad z=\frac{x_0}{x_0-x_1}z_1.$$

特别地，当 $x_1=0$ 时，有 $y=y_1,z=z_1$，也即点 P 在 yOz 面上，其投影就是它自身；当 $x_1=x_0$ 时，有 $y=\infty,z=\infty$，也即点 P 和 E 在垂直于 x 轴的直线上（P 不在眼前），其投影可以理解为在无穷远. 当 $x_0\to\infty$时，有 $y=y_1,z=z_1$，此时点 E 和 P 的连线可以理解为垂直于 yOz 面.

思考：若有一块顶点分别为(1,0,1)，(1,1,0)，(−2,2,2)的三角形不透明薄片，在眼睛位于(6,0,0)时观察从(1,0,0)到(0,2,2)穿过三角形薄片的线段，视野中此线段的哪一部分被三角形薄片遮挡？ □

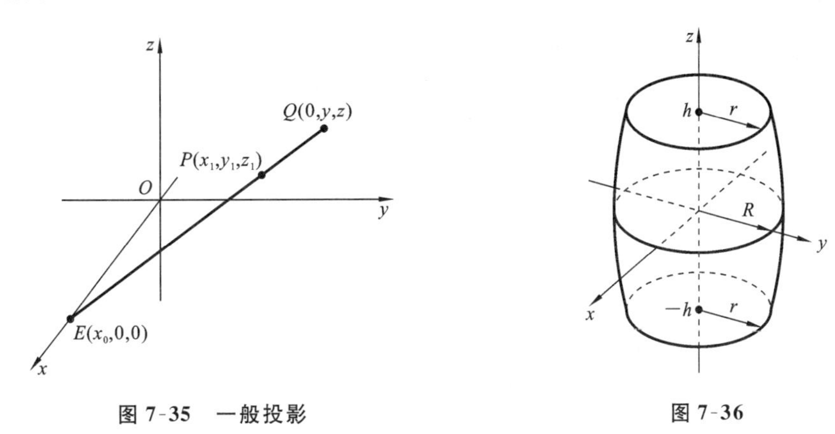

图 7-35　一般投影　　　　图 7-36

例 7.5.2　假设有如图 7-36 所示的桶，像一个椭球面其两端被垂直于 z 轴的平面截下相等的部分. 垂直于 z 轴的平面截得的是圆周，桶高 $2h$ 单位，中间截线的半径是 R 单位，两端截线的半径是 r 单位，试求此桶的体积. 讨论桶的侧面变直成为半径为 R，高为 $2h$ 的圆柱面时，可否由先前的讨论得到圆柱体体积？在 $r=0$ 和 $h=R$ 时，可否由先前的讨论得到球体体积？

解　由于此椭球面被垂直于 z 轴的平面截得的是圆周，中间截线的半径是 R 单位，可得此椭球面方程

$$\frac{x^2}{R^2}+\frac{y^2}{R^2}+\frac{z^2}{c^2}=1,$$

并且有 $r^2=R^2\left(1-\frac{h^2}{c^2}\right)$. 进而，可得此椭球面其两端被 $z=h$ 截下相等的部分所形成的桶的体积

$$V_{\text{Barrel}}=2\int_0^h\pi R^2\left(1-\frac{z^2}{c^2}\right)\mathrm{d}z=2\pi R^2h-2\pi R^2\frac{h^3}{3c^2}.$$

若桶的侧面变直成为半径为 R，高为 $2h$ 的圆柱面（有直母线），则其对应截面半径变化的比例系数趋于 1，即 $\lim\limits_{z\to0}\frac{\sqrt{c^2-z^2}}{c}=1$，从而有圆柱体体积

$$V_{\text{Cylinder}}=2\int_0^h\lim_{z\to0}\pi R^2\left(1-\frac{z^2}{c^2}\right)\mathrm{d}z=2\pi R^2h.$$

当 $r=0$ 和 $h=R=c$ 时，此椭球面变为球面（没有直母线），进而可得所围球体体积

$$V_{\text{Sphere}}=\lim_{h\to R}2\pi R^2h-2\pi R^2\frac{h^3}{3c^2}=\frac{4}{3}\pi R^3.$$ □

例 7.5.3　利用三维激光扫描技术可以获得真实物体表面的空间采样点，即点云数据. 利

用点云数据可以重构三维物体表面，这是逆向工程的主要内容. 可以怎样考虑点云数据的特征提取以及二次曲面的拟合？

解 考虑如下点云数据特征提取的循环遍历求解步骤：

(1) 基于经验和问题背景将点云数据作简单整理；

(2) 考虑数据集中某定点到其他各点的欧氏距离，选取与该定点距离最近的两个点，以此三个点所确定平面的法矢量作为该定点的点法矢量；

(3) 计算数据集中任意两点的点法矢量之间的夹角，并根据点法矢量夹角特征区分点云数据.

在分类数据集中基于最小二乘法构建(拟合)二次曲面：

$$u=f(x,y,z)=a_1x^2+a_2y^2+a_3z^2+a_4xy+a_5xz+a_6yz+a_7x+a_8y+a_9z+c.$$

如果点云数据集容量为 n，记 $\boldsymbol{U}=(u_1,u_2,\cdots,u_n)^{\mathrm{T}}$ 为高程观测值，$\boldsymbol{X}=(a_1,a_2,\cdots,a_9)^{\mathrm{T}}$ 为模型参数，以及数据集矩阵

$$\boldsymbol{A}=\begin{pmatrix} 1 & x_1^2 & y_1^2 & z_1^2 & x_1y_1 & x_1z_1 & y_1z_1 & x_1 & y_1 & z_1 \\ 1 & x_2^2 & y_2^2 & z_2^2 & x_2y_2 & x_2z_2 & y_2z_2 & x_2 & y_2 & z_2 \\ \vdots & \vdots & \vdots & \vdots & \vdots & \vdots & \vdots & \vdots & \vdots & \vdots \\ 1 & x_n^2 & y_n^2 & z_n^2 & x_ny_n & x_nz_n & y_nz_n & x_n & y_n & z_n \end{pmatrix}$$

则模型的矩阵形式为 $\boldsymbol{U}=\boldsymbol{AX}+\boldsymbol{\Delta}$，其中 $\boldsymbol{\Delta}$ 为随机误差项. 进而，根据最小二乘法可得模型的参数估计为

$$\boldsymbol{X}=(\boldsymbol{A}^{\mathrm{T}}\boldsymbol{PA})^{-1}\boldsymbol{A}^{\mathrm{T}}\boldsymbol{PU},$$

其中 $\boldsymbol{P}$ 为权重矩阵，可由数据集中各点的精度确定. □

2. 探究课题

探究 7.5.1 假设空间三维坐标面都是镜子，一条光线沿着 $\boldsymbol{a}=\{a_x,a_y,a_z\}$ 首先射到 xOy 面，试考察光线 $\boldsymbol{a}$ 被三个互相垂直的镜面反射后的情形. 美国科学家基于此思路，把激光射到月球上做成拐角状的一组镜面，以此非常精确地计算了地球到月球的距离.

探究 7.5.2 假设有一边长为 1 的立方体，其中一个顶点位于坐标原点且有三条棱与坐标轴正向重合，现用平面 π：$x+2y+3z=4$ 去截此立方体，试考虑：

(1) 求平面 π 与立方体的棱的交点坐标；

(2) 求截痕所围的在平面 π 上的多边形关于三个坐标面的投影区域；

(3) 求截痕所围的在平面 π 上的多边形面积.

探究 7.5.3 假设地球是一个理想球体，其半径为 6.4×10^6 m. 已知武汉位于北纬 30°，东经 115°，北京位于北纬 40°，东经 116.5°，试求此两地之间的最短球面距离.

探究 7.5.4 试证明抛物面 $\dfrac{x^2}{a^2}+\dfrac{y^2}{b^2}=\dfrac{z}{c}(a,b,c>0)$ 被平面 $z=h(h>0)$ 所围的体积等于其底面积和高的乘积的一半.

探究 7.5.5 假设有直线 L 过原点且与 z 轴夹角为 α，以固定的角速度 ω 绕 z 轴匀速旋转，同时有动点 M 从原点出发以速度 v 沿直线 L 运动. 请分别考虑速度 v 为常数，及速度 v 与 OM 成比例时动点 M 的轨迹.

3. 实验题

实验 7.5.1 试用 Matlab 或者 Mathematica 软件创建函数以判断两个非零矢量的位置关系(同向、反向、垂直或夹角取值).

实验 7.5.2　试用 Matlab 或者 Mathematica 软件画出下列两组平面的图形，并考察它们的位置关系. 思考空间中三个平面所有可能的位置关系.

(1) $\pi_1: x+5y+z-2=0, \pi_2: x-z+4=0, \pi_3: 3x+5y-z+9=0$;

(2) $\pi_1: x+2y+3z-9=0, \pi_2: x+y-z+6=0, \pi_3: 5x+y+2z+1=0$.

实验 7.5.3　试用 Matlab 或者 Mathematica 软件计算下列两条直线间的距离，并判断这两条直线的位置关系.

$$L_1: \frac{x}{1}=\frac{y}{-1}=\frac{z+1}{0},\quad L_2: \frac{x-1}{1}=\frac{y-1}{1}=\frac{z-1}{0}.$$

实验 7.5.4　已知莫比乌斯(Möbius)带的参数式方程：

$$x=r(t,v)\cos t,\quad y=r(t,v)\sin t,\quad z=bv\sin\frac{v}{2},$$

其中 $r(t,v)=a+bv\cos t, a, b$ 为常数，$0\leqslant t\leqslant 2\pi$. 试用 Matlab 或者 Mathematica 软件画出其图形，并考察其特点.

实验 7.5.5　试用 Matlab 或者 Mathematica 软件画出分别过 x 轴和 y 轴的动平面且此两平面的交角为常数 α 的平面交线轨迹，并考察其特点.

实验 7.5.6　试用 Matlab 或者 Mathematica 软件画出摆线 $C: x=3(t-\sin t), y=3(1-\cos t)(0\leqslant t\leqslant 2\pi)$ 分别绕 x 轴和 y 轴旋转所围的立体图形，求出相应立体的体积，并考察其在三个坐标面上的投影区域.

实验 7.5.7　任给空间曲线的参数式方程，试用 Matlab 或者 Mathematica 软件画出其绕直线 $L: \frac{x-1}{7}=\frac{y}{1}=\frac{z+1}{5}$ 旋转所形成的曲面，并考察其在三个坐标面上的投影区域.

第 8 章　空间理论初步

前面介绍了线性空间及其代数结构，为能更精细地、动态地研究空间中复杂多样的变量关系，还必须要赋予空间更多装备，比如拓扑结构、序结构、测度结构等. 本章将介绍线性赋范空间、内积空间以及几个常用基本空间的基础知识和基本特征.

8.1　线性赋范空间

8.1.1　线性赋范空间

为研究一般空间上复杂变量的微积分问题，必须拓展并明确对收敛性的刻画，这样便导出了抽象的线性赋范空间.

定义 8.1.1　若有 S 是某些元素的集合，且 K 是实数域 $\mathbf{R}$ 或复数域 $\mathbf{C}$. 称 S 形成一**实的或复的线性空间**，是指其满足：

(1) 集合 S 构成一个“加法群”，即在 S 中能定义一种运算“$+$”(通常称为**加法**)，使得对 $\forall x,y,z\in S$，必有

(i) $x+y\in S$(封闭性)；

(ii) $x+y=y+x$(交换律)；

(iii) $x+(y+z)=(x+y)+z$(结合律)；

(iv) $\forall x\in S, \exists \theta\in S$，总有 $x+\theta=x$(加法**零元** θ)；

(v) $\forall x\in S, \exists -x\in S$，总有 $x+(-x)=\theta$(加法**逆元** $-x$)；

(2) 数域 K 与集合 S 能定义一种运算“$\cdot$”(通常称为**数乘**，也可以省略符号 $\cdot$)，使得对 $\forall x\in S, \forall \alpha,\beta\in K$，必有

(i) $\alpha\cdot x\in S$(封闭性)；

(ii) $\alpha\cdot(\beta\cdot x)=(\alpha\beta)\cdot x$(结合律)；

(iii) $1\cdot x=x$(数乘**单位元** 1).

(3) 上述加法和数乘运算具有如下分配律，对 $\forall x,y\in S, \forall \alpha,\beta\in K$，必有

(i) $(\alpha+\beta)\cdot x=\alpha\cdot x+\beta\cdot x$ ；

(ii) $\alpha\cdot(x+y)=\alpha\cdot x+\alpha\cdot y$.

定义 8.1.2　若 S 为一实的或复的线性空间. 又对 $\forall x\in S, \alpha\in K$，可以装备一种规则使其与一个非负实数 $\|x\|$ 对应，并满足：

(1) $\|x\|\geqslant 0$，且 $\|x\|=0\Leftrightarrow x=\theta$(非负性)；

(2) $\|x+y\|\leqslant\|x\|+\|y\|$(三角不等式)；

(3) $\|\alpha x\|=|\alpha|\,\|x\|$(绝对齐性).

通常，称 $\|x\|$ 为 S 中元 x 的**范数**；称 $(S,\|\cdot\|)$ 为**线性赋范空间**.

空间中可以装备的范数不见得是唯一的. 显然，空间中任意两个范数的线性组合仍然是该空间的范数. 要注意的是，如果 $\|\cdot\|_1$，$\|\cdot\|_2$ 为某空间 S 中的两种范数，则

$$\|x\|_*=\frac{1}{2}\left(\frac{\|x\|_1}{1+\|x\|_1}\right)+\frac{1}{2^2}\left(\frac{\|x\|_2}{1+\|x\|_2}\right),\quad \forall x\in S$$

不满足绝对齐性，也就不再是一种范数.

例 8.1.1　在 n 维欧式空间 $\mathbf{R}^n$ 中，可以引入下列范数：$\forall x=(x_1,x_2,\cdots,x_n)\in\mathbf{R}^n$，

(1) $\|x\|_p=(|x_1|^p+|x_2|^p+\cdots+|x_n|^p)^{\frac{1}{p}}(p\geqslant1)$；

(2) $\|x\|_\infty=\max(|x_1|,|x_2|,\cdots,|x_n|)$. □

例 8.1.2　定义在区间 $[a,b]$ 上的连续函数全体形成线性空间 $C[a,b]$，对 $\forall x(t)\in C[a,b]$，令

$$\|x\|_1=\max_{a\leqslant t\leqslant b}|x(t)|,\quad \|x\|_2=\int_a^b|x(t)|\,\mathrm{d}t,$$

则容易验证 $\|x\|_1$ 是 $C[a,b]$ 中的一种范数，但 $\|x\|_2$ 不满足定义中的非负性，从而其不能作为 $C[a,b]$ 中的一种范数. □

对于线性赋范空间 $(S,\|\cdot\|)$ 中的任意元 x,y，可以定义(诱导)**距离**为

$$d(x,y)=\|x-y\|.$$

因为，它显然满足距离的公理化条件，即对 $\forall x,y,z\in(S,\|\cdot\|)$，$\forall\alpha\in K$，有

(1) $d(x,y)\geqslant0$，且 $d(x,y)=0\Leftrightarrow x=y$；

(2) $d(x,y)-d(y,x)$；

(3) $d(x,z)\leqslant d(x,y)+d(y,z)$.

事实上，线性赋范空间是一种特殊的距离空间，因为它还具有一般距离空间所没有的平移不变性和绝对齐性：

(4) $d(x+z,y+z)=d(x,y)$；

(5) $d(\alpha x,\alpha y)=|\alpha|d(x,y)$.

通常，装备有距离的线性空间也称为**线性距离空间**. 但必须注意的是，不是所有的距离关系都可以由某一范数诱导出来，即线性距离空间不见得是线性赋范空间.

例 8.1.3　所有实数列形成的线性空间 L，可以装备距离，但不可赋范.

证　对 $\forall x=(x_1,x_2,\cdots,x_n,\cdots)$，$y=(y_1,y_2,\cdots,y_n,\cdots)\in L$，可以定义距离为

$$d(x,y)=\sum_{j=1}^{+\infty}\frac{1}{2^j}\frac{|x_j-y_j|}{1+|x_j-y_j|}.$$

如果定义 $\|x\|=d(x,\theta)$，则对 $\alpha\in\mathbf{R}$，$\|\alpha x\|\neq|\alpha|\,\|x\|$，即其不满足定义中的绝对齐性，不能形成范数.

特别地，考虑有界实数列全体形成的线性空间 l^∞，可定义范数 $\|x\|=\sup_j|x_j|$，使得 $(l^\infty,\|\cdot\|)$ 形成一线性赋范空间. □

引进范数的目的就是为了明确空间中基本元素的集合及其最朴素的、本质的特征，也是为了能刻画抽象空间中点列的“收敛性”，这些对能否准确并系统地描述、分析与解决问题而言是十分基础和关键的.

1. 空间点集

这里，我们介绍一些常用的空间点集及其基本性质和关系.

定义 8.1.3　若集合 $E\subseteq(S,\|\cdot\|)$，点 $x_0\in E$. 如果存在 x_0 的某 $\delta(>0)$ 领域

$$U(x_0,\delta)=\{x\,|\,\|x-x_0\|<\delta\}\subseteq E,$$

则称 x_0 为集合 E 的一个**内点**. 集合 E 的所有内点形成的集合称为 E 的**内部**，记作 E° 或者

$\mathrm{int}E$. 如果集合 E 中的每一点都是内点,则称 E 是**开集**. 显然,$U(x_0,\delta)$是 S 中的开集. 规定,空集为开集.

定理 8.1.1 在线性赋范空间$(S,\|\cdot\|)$中,开集具有如下性质:

(1) 空集$\varnothing$和全空间 S 都是开集;

(2) 任意多个开集的并是开集;

(3) 有限多个开集的交是开集.

证 性质(1)是显然地,这里只证明性质(2)和(3).

性质(2). 设 $E_i(i\in I)$是 S 中一族开集,其中 I 为无穷指标集. 任取 $x\in E\equiv\bigcup\limits_{i\in I}E_i$,则存在 $i_0\in I$,使得 $x\in E_{i_0}$. 注意到 E_{i_0} 是开集,有 $U(x,\delta)\subseteq E_{i_0}\subseteq E$,此即 x 是 E 的内点. 由 x 的任意性,可知$\bigcup\limits_{i\in I}E_i$ 是开集.

性质(3). 设 $E_i(i=1,2,\cdots,k)$是 S 中有限个开集. 任取 $x\in\bigcap\limits_{i=1}^{k}E_i$,则有 $x\in E_i(i=1,2,\cdots,k)$. 注意到 E_i 是开集,有 $U(x,\delta_i)\subseteq E_i$. 取 $\delta=\min(\delta_1,\delta_2,\cdots,\delta_k)$,则有

$$U(x,\delta)\subseteq U(x,\delta_i)\subseteq E_i\subseteq\bigcap_{i=1}^{k}E_i,$$

此即 x 是$\bigcap\limits_{i=1}^{k}E_i$ 的内点. 由 x 的任意性,可知$\bigcap\limits_{i=1}^{k}E_i$ 是开集. □

定义 8.1.4 对于点列$\{x_n\}\subseteq(S,\|\cdot\|)(n=1,2,\cdots)$,若存在 $x\in S$ 使得

$$\lim_{n\to\infty}\|x_n-x\|=0,$$

则称$\{x_n\}$依范数$\|\cdot\|$**收敛**于 x,记作$\lim\limits_{n\to\infty}x_n=x$,或者 $x_n\to x(n\to\infty)$.

例 8.1.4 (1) 在 n 维欧式空间 $\mathbf{R}^n$ 中点列依范数$\|x\|_2=(|x_1|^2+|x_2|^2+\cdots+|x_n|^2)^{\frac{1}{2}}$收敛,其实就是按坐标分量收敛,这使得我们可以很自然地刻画矢量值函数的微积分问题.

(2) 定义在区间$[a,b]$上的连续函数全体形成的线性空间 $C[a,b]$中的点列,依范数$\|x\|=\max\limits_{a\leqslant t\leqslant b}|x(t)|$收敛,其实就是我们后面讨论函数列分析性质所必需的且十分关键的一致收敛.

□

定义 8.1.5 若集合 $E\subseteq(S,\|\cdot\|)$,且点 $x_0\in S$,如果 x_0 的任意领域中都含有 E 的无穷多个点,则称 x_0 为 E 的**极限点**. 若点 $x_0\in E$,且存在某邻域 $U(x_0,\delta)$,使得 $U(x_0,\delta)\cap E=\{x_0\}$,则称 x_0 为 E 的**孤立点**.

定义 8.1.6 集合 E 的所有极限点的集合称为 E 的**导集**,记作 E',也称 $\bar{E}=E\cup E'$为 E 的**闭包**. 若 $E'\subseteq E$,则称 E 为**闭集**. 事实上,闭集 E 中任意收敛点列必收敛于 E 中的点.

注记 8.1.1 (1) 集合 E 是空间$(S,\|\cdot\|)$中开集的充要条件是其余集 E^c 是 S 中的闭集.

(2) 根据 De Morgen 对偶律,容易证明闭集的基本性质:空集$\varnothing$和全空间 S 都是闭集;任意多个闭集的交是闭集;有限多个闭集的并是闭集.

(3) 一个集合不一定是“非开即闭”. 比如,实数域 $\mathbf{R}$ 中的有理点集和无理点集既不是开集,也不是闭集. 虽然每个实数都是它们的极限点,但是它们没有内点.

定义 8.1.7 若有集合 $E\subseteq(S,\|\cdot\|)$,如果对$\forall x,y\in E,0\leqslant\lambda\leqslant1$,必有 $\lambda x+(1-\lambda)y\in E$,则称 E 为 S 中的**凸集**.

定义 8.1.8 若有集合 $E,A\subseteq(S,\|\cdot\|)$,且 E 中任一点的任一邻域中都含有 A 中的点,则称 A 在 E 中(处处)**稠密**,也称 A 为 E 的**稠密子集**.

注记 8.1.2 事实上,集合 A 在集合 E 中(处处)稠密等价于,对 $\forall x\in E$,存在 A 中的点列 $\{x_n\}$ 使得 $x_n\to x(n\to\infty)$. 由此,我们可以先在稠密子空间上考虑问题,再通过极限过渡到较大的空间中. 比如,定义在区间 $[a,b]$ 上的多项式函数全体形成的线性空间 $P[a,b]$,根据 Weierstrass(维尔斯特拉斯)逼近定理可知其在 $C[a,b]$ 中稠密,后面的级数分析将证实这些.

定义 8.1.9 若有集合 $E\subseteq(S,\|\cdot\|)$,如果 E 中任意点列在 S 中有一个收敛子列,则称 E 是**列紧集**;如果这个收敛子列还收敛于 E 中的点,则称 E 是**自列紧集**. 如果空间 $(S,\|\cdot\|)$ 是列紧的,则称其为**列紧空间**.

定义 8.1.10 设 (S,d) 为一距离空间,对 $E\subseteq S$,若存在 $x_0\in S,r>0$,使得 $E\subset B(x_0,r)$,其中

$$B(x_0,r)\equiv\{x\in S\,|\,d(x,x_0)<r\},$$

则称 E 为 S 的**有界子集**.

例 8.1.5 (1) 在 $C[0,1]$ 中的点列

$$x_n(t)=\begin{cases}0, & t\geqslant\dfrac{1}{n},\\ 1-nt, & t\leqslant\dfrac{1}{n}\end{cases}\quad(n=1,2,\cdots)$$

是有界的. 显然 $\{x_n\}\subset B(\theta,1)$,其中 θ 表示恒等于零的函数. 但是 $\{x_n\}$ 中不含有收敛子列.

(2) 在 n 维欧式空间 $\mathbf{R}^n$ 中任意有界集是列紧集,任意有界闭集是自列紧集. □

2. 完备化

完备性有时也称作完全性,其在理论研究和实际应用中是非常基本的、关键的要求,能为复杂分析提供丰富的支撑.

定义 8.1.11 设 $(S,\|\cdot\|)$ 是一个线性赋范空间,d 是由 $\|\cdot\|$ 诱导的距离. 若点列 $\{x_n\}\subseteq S$,对 $\forall\varepsilon>0$,存在 $N(\varepsilon)>0$,使得当 $n,m\geqslant N(\varepsilon)$ 时,有 $d(x_n,x_m)<\varepsilon$,则称点列 $\{x_n\}$ 为 S 中的**基本列**. 如果空间中所有的基本列都是收敛列,则称此空间是**完备**的.

例 8.1.6 (1) 线性空间 $C[a,b]$ 依范数 $\|x\|=\max\limits_{a\leqslant t\leqslant b}|x(t)|$ $(\forall x\in C[a,b])$ 诱导的距离是完备的.

(2) 列紧空间是完备的.

证 (1) 设 $\{x_n\}$ 是 $C[a,b]$ 中一基本列,也即 $\forall\varepsilon>0$,存在 $N(\varepsilon)>0$,使得当 $n,m\geqslant N(\varepsilon)$ 时有

$$d(x_n,x_m)=\max_{a\leqslant t\leqslant b}|x_n(t)-x_m(t)|<\varepsilon.$$

对任意取定的 $t\in[a,b]$,有 $|x_n(t)-x_m(t)|<\varepsilon$ $(\forall n,m\geqslant N(\varepsilon))$,此即数列 $\{x_n(t)\}$ 是基本列,其极限 $\lim\limits_{n\to\infty}x_n(t)=x_0(t)$ 存在. 事实上,对一切的 $t\in[a,b]$,令 $m\to\infty$,有 $|x_n(t)-x_0(t)|\leqslant\varepsilon$ $(\forall n\geqslant N(\varepsilon))$,此即在 $[a,b]$ 上 $\{x_n(t)\}$ 一致收敛于 $x_0(t)$,并且 $x_0(t)$ 也是 $[a,b]$ 上连续函数. 从而,$C[a,b]$ 依范数 $\|x\|=\max\limits_{a\leqslant t\leqslant b}|x(t)|$ 诱导的距离是完备的.

(2) 设 $(S,\|\cdot\|)$ 是一列紧空间,$\{x_n\}$ 是 S 中一基本列. 由列紧性,存在 $\{x_n\}$ 的子列 $\{x_{n_k}\}$ 收敛于 $x_0\in S$. 又注意到,在 $(S,\|\cdot\|)$ 中基本列是收敛列当且仅当其存在一收敛子列,从而有 $\{x_n\}$ 就是 S 中的收敛点列,此即有列紧空间是完备的. □

定理 8.1.2 每个线性赋范空间都有完备化空间.

这里,关于此定理的证明,有兴趣的读者可以参考泛函分析方面的资料. 通常,如果有完备化空间 $(S_\diamond,\|\cdot\|_\diamond)$,又由于 $(S,\|\cdot\|)$ 是其子空间,并且 $\|x\|_\diamond=\|x\|$ $(\forall x\in S)$,则

当 S 在 $S_\diamond$ 中稠密时,称 $S_\diamond$ 为 S 关于范数的 $\|\cdot\|$ 完备化空间. 例如,有理数集依欧氏距离并不是完备的,若把所有有理点列的极限加入便可扩充得到一完备化的实数集.

事实上,大都是在等距同构的意义下实现线性赋范空间的完备化. 在有限维的情形,这也是我们总考虑 n 维欧式空间 $\mathbf{R}^n$ 的原因. 也请思考无穷维完备化空间的基本特征是怎样的?

定义 8.1.12 设 $(S,\|\cdot\|)$ 与 $(S_1,\|\cdot\|_1)$ 是两个线性赋范空间,d 与 d_1 是分别由 $\|\cdot\|$ 和 $\|\cdot\|_1$ 诱导的距离. 如果存在映射 $\varphi: S\mapsto S_1$ 满足:

(1) φ 是满射;

(2) $d(x,y)=d_1(\varphi x,\varphi y)\ (\forall x,y\in S)$.

则称 $(S,\|\cdot\|)$ 与 $(S_1,\|\cdot\|_1)$ 是**等距同构**的,并称 φ 是 S 到 S_1 上的**等距同构映射**. 事实上,φ 还是 S 到 S_1 上的单射.

定义 8.1.13 设 $(S,\|\cdot\|_s)$ 与 $(W,\|\cdot\|_w)$ 是两个线性赋范空间,又有映射

$$T:(S,\|\cdot\|_s)\mapsto(W,\|\cdot\|_w),$$

使得对 S 中任意点列 $\{x_n\}$ 以及点 x_0,有

$$\|x_n-x_0\|_s\to 0\Rightarrow\|Tx_n-Tx_0\|_w\to 0\ (n\to\infty),$$

则称 T 是 S 上的一个**连续映射**. 这也等价于,对 $\forall\varepsilon>0$, $\forall x_0\in S$,存在 $\delta=\delta(x_0,\varepsilon)>0$,使得

$$\|x-x_0\|_s<\delta\Rightarrow\|Tx-Tx_0\|_w<\varepsilon\ (\forall x\in S).$$

特别地,对于映射 $T:(S,\|\cdot\|_s)\mapsto(S,\|\cdot\|_s)$,如果存在 $0<\alpha<1$,使得

$$\|Tx-Ty\|_s\leqslant\alpha\|x-y\|_s\ (\forall x,y\in S),$$

则称 T 是 S 到其自身的一个**压缩映射**.

定理 8.1.3 **(压缩映像原理)** 设 $(S,\|\cdot\|)$ 是一个完备的线性赋范空间,d 是由 $\|\cdot\|$ 诱导的距离,T 是 $(S,\|\cdot\|)$ 到其自身的一个压缩映射,则 T 在 S 上存在唯一的不动点.

证 对 $\forall x_0\in S$,构造迭代序列 $x_{n+1}=Tx_n(n=0,1,2,\cdots)$. 由映射的压缩性,可得

$$d(x_{n+1},x_n)=d(Tx_n,Tx_{n-1})\leqslant d(x_n,x_{n-1})\leqslant\cdots\leqslant\alpha^n d(x_1,x_0),\quad 0<\alpha<1.$$

从而,对 $\forall p\in\mathbf{N}_+$,有

$$d(x_{n+p},x_n)\leqslant\sum_{j=1}^{p}d(x_{n+j},x_{n+j-1})\leqslant\frac{\alpha^n}{1-\alpha}d(x_1,x_0).$$

显然,$\lim\limits_{n\to\infty}\alpha^n=0$. 此即,对 $\forall\varepsilon>0$,存在 $N=N(\varepsilon)$,使得 $n\geqslant N$ 时,对一切 $p\in\mathbf{N}_+$,有

$$d(x_{n+p},x_n)\leqslant\varepsilon.$$

这表明,$\{x_n\}$ 是完备空间 S 中的基本列. 进而,存在 $x\in S$,使得 $x_n\to x(n\to\infty)$.

对 $x_{n+1}=Tx_n$ 两边取极限,结合 T 的连续性,有 $Tx=x$. 此即,x 为映射 T 在 S 中的一个**不动点**.

如果 x,y 为映射 T 在 S 中的两个不动点,则由 $d(x,y)\leqslant\alpha d(x,y)$, $0<\alpha<1$,可得 $x=y$. 此即,T 在 S 中的不动点是唯一的. □

不动点定理是分析学中最常用、最重要的存在性定理,数学分析中的很多存在性定理都是它的特殊情形,比如常微分方程初值问题解的局部存在唯一性、隐函数的存在唯一性等.

8.1.2 Banach 空间

定义 8.1.14 完备的线性赋范空间称作 **Banach 空间**.

显然,n 维欧式空间 $\mathbf{R}^n$ 是 Banach 空间;由等距同构性,可得出任意有限维线性赋范空间

均是 Banach 空间. 为讨论一般的无穷维空间的情形，我们先回顾三个重要的不等式：

Banach

(1)（Young 不等式）　若 $p>1,\frac{1}{p}+\frac{1}{q}=1$，则对 $\forall A,B\geqslant 0$，必有

$$AB\leqslant\frac{A^p}{p}+\frac{B^q}{q}.$$

(2)（Hölder 不等式）　若 $p>1,\frac{1}{p}+\frac{1}{q}=1$，则有

(i) 对定义于区间 $[a,b]$ 上的 p 次幂绝对可积函数 $x(t)$ 和 q 次幂绝对可积函数 $y(t)$，必有

$$\int_a^b |x(t)y(t)|\,\mathrm{d}t\leqslant\left(\int_a^b |x(t)|^p\mathrm{d}t\right)^{\frac{1}{p}}\left(\int_a^b |y(t)|^q\mathrm{d}t\right)^{\frac{1}{q}}.$$

(ii) 对于实数列 $\{x_k\},\{y_k\}$ $(k=1,2,\cdots)$，当 $\sum\limits_{k=1}^{\infty}|x_k|^p<\infty,\sum\limits_{k=1}^{\infty}|y_k|^q<\infty$ 时，必有

$$\sum_{k=1}^{\infty}|x_ky_k|\leqslant\left(\sum_{k=1}^{\infty}|x_k|^p\right)^{\frac{1}{p}}\left(\sum_{k=1}^{\infty}|y_k|^q\right)^{\frac{1}{q}}.$$

(3)（Minkowski 不等式）　若 $p\geqslant 1$，则有

(i) 对定义于区间 $[a,b]$ 上的 p 次幂绝对可积函数 $x(t),y(t)$，必有

$$\left(\int_a^b |x(t)+y(t)|^p\mathrm{d}t\right)^{\frac{1}{p}}\leqslant\left(\int_a^b |x(t)|^p\mathrm{d}t\right)^{\frac{1}{p}}+\left(\int_a^b |y(t)|^p\mathrm{d}t\right)^{\frac{1}{p}}.$$

(ii) 对于实数列 $\{x_k\},\{y_k\}$ $(k=1,2,\cdots)$，当 $\sum\limits_{k=1}^{\infty}|x_k|^p<\infty,\sum\limits_{k=1}^{\infty}|y_k|^p<\infty$ 时，必有

$$\left(\sum_{k=1}^{\infty}|x_k|^p\right)^{\frac{1}{p}}\leqslant\left(\sum_{k=1}^{\infty}|x_k|^p\right)^{\frac{1}{p}}+\left(\sum_{k=1}^{\infty}|y_k|^p\right)^{\frac{1}{p}}.$$

例 8.1.7　设 $(l^p)(p\geqslant 1)$ 表示使得 $\sum\limits_{k=1}^{\infty}|x_k|^p<\infty$ 的实数列 $x=\{x_k\}$ 全体形成的空间，若按普通数列运算意义定义加法和数乘，以及范数

$$\|x\|=\left(\sum_{k=1}^{\infty}|x_k|^p\right)^{\frac{1}{p}},\quad\forall x\in(l^p),$$

则 $((l^p),\|\cdot\|)$ 形成一个 Banach 空间.

证　显然，$\|\cdot\|$ 满足范数定义中条件(1)和条件(3)，由 Minkowski 不等式直接有 $\|\cdot\|$ 满足范数定义中条件(2)，此即 $\|\cdot\|$ 确实是 (l^p) 中一种范数. 进而，由范数的“三角不等式”、“绝对齐性”可得，在 (l^p) 中加法和数乘运算也是封闭的，此即 $((l^p),\|\cdot\|)$ 形成一个线性赋范空间.

如果有序列 $\{X_n\}\subset(l^p)$，$X_n=\{x_k^n\}$，$n=1,2,\cdots$ 是基本列，即有

$$\|X_i-X_j\|\to 0\quad(i,j\to\infty).$$

也即，对 $\forall\varepsilon>0$，存在 $N>0$，当 $i,j>N$ 时，有

$$\|X_i-X_j\|=\left(\sum_{k=1}^{\infty}|x_k^i-x_k^j|^p\right)^{\frac{1}{p}}<\varepsilon.$$

于是，对一切 $k\geqslant 1$，都有

$$|x_k^i-x_k^j|<\varepsilon\quad(i,j\to\infty).$$

从而，$\{x_k^i\}$ 关于指标 i 是 Cauchy 列，令 $\lim\limits_{i\to\infty}x_k^i=x_k^0\,(k=1,2,\cdots)$，则有

$$\left(\sum_{k=1}^{n}|x_k^j-x_k^0|^p\right)^{\frac{1}{p}}\leqslant\varepsilon\quad(j\to\infty).$$

再令 $n\to\infty$,有

$$\left(\sum_{k=1}^{\infty}|x_k^j-x_k^0|^p\right)^{\frac{1}{p}}\leqslant\varepsilon\quad(j\to\infty).$$

记 $X_0=\{x_k^0\}$,则 $X_0\in(l^p)$,并且 $\|X_n-X_0\|\to0\ (n\to\infty)$. 此即 $((l^p),\|\cdot\|)$ 是一个 Banach 空间. □

例 8.1.8 设 $L^p[a,b](p\geqslant1)$ 表示定义在区间 $[a,b]$ 上 p 次幂绝对可积函数全体形成的空间,若按普通函数运算意义定义加法和数乘,以及范数(这里的相等是几乎所有意义下的"概相等")

$$\|x\|=\left(\int_a^b|x(t)|^p\mathrm{d}t\right)^{\frac{1}{p}},\quad\forall x=x(t)\in L^p[a,b],$$

则 $(L^p[a,b],\|\cdot\|)$ 是一个 Banach 空间.

证 显然,$\|\cdot\|$ 满足范数定义中条件(1)和条件(3),由 Minkowski 不等式直接有 $\|\cdot\|$ 满足范数定义中条件(2),此即 $\|\cdot\|$ 确实是 $L^p[a,b]$ 中一种范数. 进而,由范数的"三角不等式"、"绝对齐性"可得,在 $L^p[a,b]$ 中加法和数乘运算也是封闭的,即 $(L^p[a,b],\|\cdot\|)$ 形成一个线性赋范空间.

如果有序列 $\{x_n\}\subset L^p[a,b]$, $n=1,2,\cdots$ 是基本列,即有

$$\|x_i-x_j\|\to0\quad(i,j\to\infty).$$

也即,对 $\forall k>1$,存在 $n_k>1$,当 $i,j>n_k$ 时,有

$$\|x_i-x_j\|<\frac{1}{2^k}.$$

不妨取 $n_1<n_2<n_3<\cdots$,可得

$$\sum_{k=1}^{\infty}\|x_{n_{k+1}}-x_{n_k}\|\leqslant\sum_{k=1}^{\infty}\frac{1}{2^k}=1.$$

令 $y_m=|x_{n_1}|+\sum_{k=1}^{m}|x_{n_{k+1}}-x_{n_k}|$,则显然有 $y_m\in L^p[a,b](m=1,2,\cdots)$. 注意到,$\|y_m\|=\|x_{n_1}\|+\sum_{k=1}^{m}\|x_{n_{k+1}}-x_{n_k}\|\leqslant\|x_{n_1}\|+1$,以及单增函数列 $\{y_m\}$ 满足

$$\int_a^b\liminf_{m\to\infty}|y_m|^p\mathrm{d}t\leqslant\liminf_{m\to\infty}\int_a^b|y_m|^p\mathrm{d}t=\liminf_{m\to\infty}\|y_m\|^p\leqslant(\|x_{n_1}\|+1)^p,$$

可知 $\lim\limits_{m\to\infty}y_m$ 总存在(有限或者无限),进而有

$$\int_a^b[\lim_{m\to\infty}y_m]^p\mathrm{d}t\leqslant(\|x_{n_1}\|+1)^p.$$

此即,$\lim\limits_{m\to\infty}y_m<\infty$,也即有

$$x_{n_{m+1}}=x_{n_1}+\sum_{k=1}^{m}(x_{n_{k+1}}-x_{n_k})$$

在 $m\to\infty$ 时是"几乎所有"意义下收敛的.

记 $x_\infty=\lim\limits_{m\to\infty}x_{n_m}$,则有

$$|x_\infty|\leqslant|x_{n_1}|+\sum_{k=1}^{\infty}|x_{n_{k+1}}-x_{n_k}|=\lim_{m\to\infty}y_m,$$

此即，$x_\infty \in L^p[a,b]$.

又由

$$\| x_\infty - x_{n_m} \| \leqslant \sum_{k=m}^{\infty} \| x_{n_{k+1}} - x_{n_k} \|,$$

可得

$$x_{n_m} \to x_\infty \quad (m \to \infty).$$

注意到，$\{x_{n_m}\}$是 Cauchy 列$\{x_n\}$的子列，利用不等式

$$\| x_\infty - x_n \| \leqslant \| x_\infty - x_{n_m} \| + \| x_{n_m} - x_n \|,$$

可得

$$\| x_\infty - x_n \| \to 0 \quad (n \to \infty).$$

从而有，$(L^p[a,b], \| \cdot \|)$是一个 Banach 空间. □

要特别注意，赋范的线性空间不一定都是完备的，甚至对于同一个线性空间，在一种范数意义下此空间是完备的，而在另一种范数意义下此空间却不是完备的. 因为，赋范线性空间的完备性取决于其范数所决定的收敛方式. 比如，后面我们将证实：$C[a,b]$中连续函数列关于"一致收敛"是完备的，但对于"点点收敛"却不是完备的.

8.1.3　线性拓扑空间

尽管 Banach 空间概括了相当广泛的对象，也有十分强大的功能，但理论发展和工程应用都逐渐显示出其赋范结构的局限. 在微分方程、调和分析、控制论以及广义函数理论中，对很多函数的分析就不能纳入这样的框架. 比如，函数列的"点点收敛"是不能用依距离收敛来刻画的，工程中常见的 Dirac 函数要求拓展可微性等. 通常，装备有"弱收敛"的赋范空间的共轭一般不再是赋范空间，这使得研究具有更一般结构的空间成为必要，更期望既能极大地扩展函数类型又能表现函数的优越性以便付诸应用. 很自然地，线性赋范空间理论逐渐发展成更一般的线性拓扑空间理论，其中最重要的是局部凸线性空间理论，这为现代数学乃至自然和工程科学的各种问题提供了基本的、广泛的、有力的框架和工具.

定义 8.1.15　设 S 是非空集合，$\mathscr{F}$ 是由 S 的某些子集所形成的集簇，如果满足：

(1) $\varnothing \in \mathscr{F}, S \in \mathscr{F}$;

(2) $\mathscr{F}$ 中任意多个集合的并集属于 $\mathscr{F}$;

(3) $\mathscr{F}$ 中有限多个集合的交集属于 $\mathscr{F}$,

则称$(S,\mathscr{F})$为**拓扑空间**，称 $\mathscr{F}$ 为 S 上的**拓扑**，称 $\mathscr{F}$ 中的集合为$(S,\mathscr{F})$中的**开集**.

连续性是拓扑的核心. 自然地，我们期望空间元素之间最基本的线性运算关于相应的拓扑是连续的.

定义 8.1.16　设 S 是数域 K 上的线性空间，$\mathscr{F}$ 是 S 上的拓扑，如果满足：

(1) 加法是 $S \times S \mapsto S$ 的连续映射；

(2) 数乘是 $K \times S \mapsto S$ 的连续映射，

则称$(S,\mathscr{F})$为**线性拓扑空间**，称 $\mathscr{F}$ 为 S 上的**线性拓扑**.

例 8.1.9　(1) n 维欧式空间 $\mathbf{R}^n$ 依欧氏 2-范数 $\| \cdot \|_2$ 所确定的拓扑为

$$\mathscr{F} = \{U \mid \forall x \in U, \exists \delta > 0, \Rightarrow \{y \mid \| x - y \|_2 < \delta\} \subset U \subset \mathbf{R}^n\},$$

且关于线性运算$(\mathbf{R}^n, \mathscr{F})$形成一线性拓扑空间.

(2) 线性空间 $C[a,b]$依范数 $\| x \| = \max\limits_{a \leqslant t \leqslant b} |x(t)|$ $(\forall x \in C[a,b])$所确定的拓扑为

$$\mathscr{F}=\{U \mid \forall x\in U, \exists \delta>0, \Rightarrow \{y \mid \|x-y\|<\delta\}\subset U\subset C[a,b]\},$$

且关于线性运算$(C[a,b],\mathscr{F})$形成一线性拓扑空间.

(3) 设 S_i 是线性拓扑空间,$i\in I$,这里 I 是某指标集. 令 $W=\prod_{i\in I}S_i$ 为笛卡尔乘积空间,则此 W 仍然是一个线性拓扑空间. □

定理 8.1.4 若$(S,\mathscr{F})$为线性拓扑空间,则其有如下性质:

(1) 若 A 是 S 中的凸集,则 $\overline{A}$ 也是 S 中的凸集;

(2) $\overline{x+A}=x+\overline{A}$,$\overline{\lambda A}=\lambda\overline{A}$(这里,$x+A=\{x+y \mid \forall y\in A\}$;$\lambda A=\{\lambda y \mid \forall y\in A\}$);

(3) $\overline{A}+\overline{B}\subset\overline{A+B}$;

(4) $A+\mathrm{int}(B)\subset\mathrm{int}(A+B)$(这里,$\mathrm{int}(B)$表示的内点全体);

(5) 若 S_1,S_2 是紧集,则对任意数 α,β,有 $\alpha S_1+\beta S_2$ 也是紧集;

(6) 若 A 是紧集,B 是闭集,则有 $A+B$ 是闭集;

(7) 若 A 是凸集,且 $\mathrm{int}(A)\neq\varnothing$,则有 $\overline{A}=\overline{\mathrm{int}(A)}$,$\mathrm{int}(A)=\mathrm{int}(\overline{A})$.

证 这里,我们只证明一部分性质,其余的留作练习.

(1) 设 $x,y\in\overline{A}$ 以及 $0\leqslant\alpha\leqslant1$,则存在$\{x_n\},\{y_n\}\subset A$,使得 $x_n\to x$,$y_n\to y(n\to\infty)$. 由于 A 为凸集,有 $\alpha x_n+(1-\alpha)y_n\in A$,进而有

$$\alpha x_n+(1-\alpha)y_n\to\alpha x+(1-\alpha)y(n\to\infty),$$

以及 $\alpha x+(1-\alpha)y\in\overline{A}$.

(3) 设 $x\in\overline{A}$,$y\in\overline{B}$,则存在$\{x_n\}\subset A$,$\{y_n\}\subset B$,使得 $x_n\to x$,$y_n\to y(n\to\infty)$,以及 $x_n+y_n\to x+y\ (n\to\infty)$. 再由 $x_n+y_n\in A+B$,可得 $x+y\in\overline{A+B}$.

(5) 显然,由于 S_1,S_2 是紧集,则 $\alpha S_1,\beta S_2$ 也是紧集. 注意到加法运算是连续的,即有 $\alpha S_1+\beta S_2$ 也是紧集. □

定义 8.1.17 设$(S,\mathscr{F})$为线性拓扑空间,如果 S 的子集 A 能被原点的任何邻域 V 吸收,也即对$\forall V\in\mathscr{F}$,存在 $\lambda>0$,使得 $A\subset\lambda V$,则称 A 为 S 中的**有界集**.

定理 8.1.5 若 A,B 为线性拓扑空间$(S,\mathscr{F})$中的有界集,则其有如下性质:

(1) 若 A,B 是有界的,则 $A\cup B$,$A+B$ 是有界的;

(2) 若 A 是有界的,则 $\overline{A}$,λA 也是有界的(λ 为任意数);

(3) 若 A 是紧集,则 A 是有界的;

(4) 若 A 是有界的,则其在线性连续映射下的像也是有界的;

(5) 乘积空间 $\prod_{i\in I}S_i$ 中的集合 A 是有界的,当且仅当 P_jA 是有界的,这里 $P_j:\prod_{i\in I}S_i\mapsto S_j$ 是投影映射($\forall j\in I$).

证 这里,我们只证明一部分性质,其余的留作练习.

(1) 由于 $A,B\in\mathscr{F}$ 是 S 中的有界集,对原点的任何邻域 V,存在 $\lambda,\mu>0$,使得 $A\subset\lambda V$,$B\subset\mu V$. 取 $\gamma=\max(\lambda,\mu)$,则有 $A\cup B\subset\gamma V$. 此即,$A\cup B$ 是有界的.

注意到,存在原点的 U,使得 $U+U\subset V$. 又存在 $\theta>0$,使得 $A\subset\theta V$,$B\subset\theta V$,进而有 $A+B\subset\theta V$. 此即,$A+B$ 是有界的.

(3) 若 A 是紧集,对原点的任何邻域 V,使得$\{a+V \mid a\in A\}$形成 A 的一个开覆盖,从而存在有限子覆盖,即 $A\subset\bigcup\{a_i+V \mid i=1,2,\cdots,n\}$. 又可选取 $\eta>1$,使得$\{a_1,a_2,\cdots,a_n\}\subset\eta V$. 于是,有 $A\subset\bigcup\{a_i+V \mid i=1,2,\cdots,n\}\subset\eta V+V$. 此即,$A$ 是有界的.

(4) 令 $f: S\mapsto W$ 是线性连续映射,对原点的任何邻域 $U\in\mathscr{O}$($\mathscr{O}$ 是 W 上的拓扑),则有

$f^{-1}(U)$是S中原点的邻域. 又由$A\in\mathscr{F}$是S中的有界集,存在$\lambda>0$,使得$A\subset\lambda f^{-1}(U)$. 进而有,$f(A)\subset\lambda U$. 此即,$A$在线性连续映射下的像也是有界的. □

关于线性拓扑空间的结论是丰富多样的,这里只介绍了它的一些基本属性. 在线性拓扑空间框架下有关泛函与算子还有很多有趣的、有效的结果,比如共鸣定理、开映射定理、闭图像定理、Hahn-Banach定理、凸集分离定理等. 有兴趣的读者可以进一步查阅泛函分析或者专门的线性拓扑空间方面的资料.

习　题　8.1

习题8.1

1. 试证明下列命题:

(1) 设$\{x_n\}$,$\{y_n\}$是线性赋范空间$(S,\|\cdot\|)$中的基本列,则数列$\{\|x_n-y_n\|\}$是收敛的;

(2) 在线性赋范空间$(S,\|\cdot\|)$中的基本列是收敛的,当且仅当其存在一个收敛子列;

(3) 对完备线性赋范空间$(S,\|\cdot\|)$中的点列$\{x_n\}$,如果$\forall\varepsilon>0$,存在基本列$\{y_n\}\subset S$,使得当n充分大时有$\|x_n-y_n\|<\varepsilon$,则点列$\{x_n\}$是收敛的.

2. 试证明:完备空间的闭子集是一个完备的子空间,而且线性赋范空间的完备子空间必是闭子集.

3. 设F是只有有限项不为零的实数列全体,又在F上引进距离

$$d(x,y)=\sup_{k\geqslant 1}|x_k-y_k|,$$

其中$x=\{x_k\}$,$y=\{y_k\}\in F$,则有(F,d)不完备,并指出其完备化空间.

4. 记定义于$[0,1]$上的多项式函数全体为$P[0,1]$,引进距离

$$d(x,y)=\int_0^1|x(t)-y(t)|\,\mathrm{d}t,\ \forall x(t),y(t)\in P[0,1],$$

则有$(P[0,1],d)$不完备,并指出其完备化空间.

5. 记定义于$[a,b]$上的连续可微函数全体为$C^1[a,b]$,又令

$$\|f\|=\left(\int_a^b(|f|^2+|f'|^2)\mathrm{d}x\right)^{\frac{1}{2}},\ \forall f\in C^1[a,b].$$

(1) 求证$\|\cdot\|$是$C^1[a,b]$上的一种范数; (2) 讨论$(C^1[a,b],\|\cdot\|)$是否完备?

6. 记定义于$[0,1]$上的连续函数全体为$C[0,1]$,对$\forall f\in C[0,1]$,定义

$$\|f\|_1=\left(\int_0^1|f|^2\mathrm{d}x\right)^{\frac{1}{2}},\quad \|f\|_2=\left(\int_0^1(1+x^2)|f|^2\mathrm{d}x\right)^{\frac{1}{2}}.$$

(1) 求证$\|\cdot\|_1$,$\|\cdot\|_2$是$C[0,1]$上的两种范数; (2) 试讨论这两种范数之间的关系.

7. 若$(S_1,\|\cdot\|_1)$,$(S_2,\|\cdot\|_2)$是两个Banach空间,对$\forall x_1\in S_1$,$x_2\in S_2$的有序数对(x_1,x_2)所形成的空间$S=S_1\times S_2$,定义范数

$$\|x\|=\max(\|x_1\|_1,\|x_2\|_2),$$

则有$(S,\|\cdot\|)$也是一个Banach空间.

8. 记定义于$[a,b]$上次数不超过n的多项式函数全体为$P_n[a,b]$,则对$\forall f(x)\in C[a,b]$,存在$P_0(x)\in P_n[a,b]$,使得

$$\max_{a\leqslant x\leqslant b}|f(x)-P_0(x)|=\min_{P(x)\in P_n[a,b]}\ \max_{a\leqslant x\leqslant b}|f(x)-P(x)|.$$

9. 试证明线性赋范空间$(S,\|\cdot\|)$中紧集上的连续函数是有界的,并且能达到其上、下

确界.

10. 设 M 是 $C[a,b]$ 中的有界集,试证明

$$\left\{F(x)=\int_a^x f(t)\mathrm{d}t \mid f\in M\right\}$$

是 $C[a,b]$ 中的列紧集.

11. 令 $E=\{\sin nt\}_{n=1}^{\infty}$,试证明 E 在 $C[0,\pi]$ 中不是列紧集.

12. 设 S_0 是 Banach 空间$(S,\|\cdot\|)$的线性子空间,又存在 $c\in(0,1)$,使得

$$\inf_{x\in S_0}\|x-y\|\leqslant c\|y\|,\quad \forall y\in S,$$

则 S_0 在 S 中稠密.

13. (Newton 迭代法) 设 $f(x)$是定义于$[a,b]$上的二次连续可微实值函数,又存在 $\tilde{x}\in(a,b)$,使得 $f(\tilde{x})=0,f'(\tilde{x})\neq 0$. 试证明:存在 $\tilde{x}$ 的邻域 $U(\tilde{x})$,对 $\forall x_0\in U(\tilde{x})$,迭代序列

$$x_{n+1}=x_n-\frac{f(x_n)}{f'(x_n)}\quad(n=0,1,2,\cdots)$$

是收敛的,并且有$\lim\limits_{n\to\infty}x_n=\tilde{x}$.

14. 给定 $y(t)\in C[0,1]$以及常数 $\lambda(|\lambda|<1)$,试证明:积分方程

$$x(t)-\lambda\int_0^1 \mathrm{e}^{t-s}x(s)\mathrm{d}s=y(t)$$

存在唯一解 $x(t)\in C[0,1]$.

15. 设 M 是线性赋范空间$(S,\|\cdot\|)$中的列紧集,又映射 f: $S\mapsto M$ 满足

$$\|f(x_1)-f(x_2)\|<\|x_1-x_2\|,\quad \forall x_1,x_2\in S,x_1\neq x_2,$$

则 f 在 S 中存在唯一的不动点.

8.2 内积空间

线性赋范空间中可以刻画收敛,但是不能刻画元素之间的“角度”与“方位”,比如两元素的“垂直关系”等.本节将在线性空间中引入内积,进而讨论 Hilbert 空间的基本特征,以及正交分解和最佳逼近等问题.

8.2.1 内积空间

定义 8.2.1 设 S 是关于数域 $\mathbf{K}$ 的线性空间,如果对 $\forall x,y,z\in S$,以及 $\forall\alpha,\beta\in\mathbf{K}$,映射 $\langle\cdot,\cdot\rangle$:$S\times S\mapsto\mathbf{K}$ 满足:

(1) $\langle x,y\rangle=\overline{\langle y,x\rangle}$;

(2) $\langle\alpha x+\beta y,z\rangle=\alpha\langle x,z\rangle+\beta\langle y,z\rangle$;

(3) $\langle x,x\rangle\geqslant 0$,且$\langle x,x\rangle=0\Leftrightarrow x=\theta$,

则称$\langle\cdot,\cdot\rangle$为 S 上的一种**内积**,称装备了内积的线性空间$(S,\langle\cdot,\cdot\rangle)$为**内积空间**.

容易验证,内积空间$(S,\langle\cdot,\cdot\rangle)$满足十分关键的 Cauchy-Schwarz 不等式:

$$|\langle x,y\rangle|^2\leqslant\langle x,x\rangle\cdot\langle y,y\rangle,\quad \forall x,y\in S,$$

这里等号成立的充要条件是 x 与 y 完全线性相关.

例 8.2.1 (1) 对 $\forall x=(x_1,x_2,\cdots,x_n),y=(y_1,y_2,\cdots,y_n)\in\mathbf{K}^n$,定义内积

$$\langle x,y\rangle=\sum_{k=1}^n x_k y_k,\quad \forall x,y\in\mathbf{R}^n,$$

$$\langle x,y\rangle = \sum_{k=1}^{n} x_k \overline{y_k}, \quad \forall\, x,y \in \mathbf{C}^n,$$

则有($\mathbf{K}^n$,$\langle\cdot,\cdot\rangle$)是一内积空间.

(2) 记(l^2)为满足条件 $\sum_{k=1}^{\infty} |x_k|^2 < \infty$ 的复数序列,定义内积

$$\langle x,y\rangle = \sum_{k=1}^{\infty} x_k \overline{y_k}, \quad \forall\, x,y \in (l^2),$$

则有((l^2),$\langle\cdot,\cdot\rangle$)是一个内积空间. 特别地,对于只有有限项不为零的复数列全体 F,也能装备内积

$$\langle x,y\rangle = \sum_{k=1}^{\infty} x_k \overline{y_k}, \quad \forall\, x,y \in F,$$

使得(F,$\langle\cdot,\cdot\rangle$)形成一内积空间.

(3) 对定义于区间$[a,b]$上的连续实值函数全体 $C[a,b]$,定义内积

$$\langle f,g\rangle = \int_a^b f(x)g(x)\mathrm{d}x, \quad \forall\, f,g \in C[a,b],$$

则有($C[a,b]$,$\langle\cdot,\cdot\rangle$)形成一内积空间.

(4) 记 $L^2(\mathbf{R})$为满足条件 $\int_{-\infty}^{+\infty} |f(x)|^2 < \infty$ 的平方可积复值函数全体,定义内积

$$\langle f,g\rangle = \int_{-\infty}^{+\infty} f(x)\overline{g(x)}\mathrm{d}x, \quad \forall\, f,g \in L^2(\mathbf{R}),$$

则有($L^2(\mathbf{R})$,$\langle\cdot,\cdot\rangle$)是一个内积空间.

(5) 若 $S=S_1\times S_2 \equiv \{(x,y)\mid x\in S_1, y\in S_2\}$是内积空间($S_1$,$\langle\cdot,\cdot\rangle_1$)与($S_2$,$\langle\cdot,\cdot\rangle_2$)的笛卡尔乘积,定义内积

$$\langle (x_1,y_1),(x_2,y_2)\rangle = \langle x_1,x_2\rangle_1 + \langle y_1,y_2\rangle_2, \quad \forall\,(x_1,y_1),(x_2,y_2)\in S,$$

则有(S,$\langle\cdot,\cdot\rangle$)形成一内积空间. 此时,$S_1$ 与 S_2 可以看作分别是 S 的子空间 $S_1\times\{\theta\}$与$\{\theta\}\times S_2$. □

定义 8.2.2　对$\forall\, x\in(S,\langle\cdot,\cdot\rangle)$,令

$$\|x\| = \sqrt{\langle x,x\rangle},$$

则称映射$\|\cdot\|: S\mapsto R$ 为 S 上由内积$\langle\cdot,\cdot\rangle$诱导的**范数**.

此即,内积空间一定能形成一线性赋范空间;反之,我们需要如下结论.

定理 8.2.1　为在线性赋范空间(S,$\|\cdot\|$)中引入内积$\langle\cdot,\cdot\rangle$,使得$\|\cdot\|$是由内积$\langle\cdot,\cdot\rangle$诱导的范数的充要条件是:范数$\|\cdot\|$满足如下平行四边形等式

$$\|x+y\|^2 + \|x-y\|^2 = 2(\|x\|^2 + \|y\|^2), \quad \forall\, x,y\in S.$$

证　必要性. 注意到,$\|x\|^2 = \langle x,x\rangle$,对$\forall\, x,y\in S$,可得

$$\|x+y\|^2 = \langle x+y,x+y\rangle = \|x\|^2 + \langle x,y\rangle + \langle y,x\rangle + \|y\|^2,$$
$$\|x-y\|^2 = \langle x-y,x-y\rangle = \|x\|^2 - \langle x,y\rangle - \langle y,x\rangle + \|y\|^2.$$

从而两式相加,即有$\|x+y\|^2 + \|x-y\|^2 = 2(\|x\|^2 + \|y\|^2)$.

充分性. 对$\forall\, x,y\in S$,令

$$\langle x,y\rangle = \begin{cases} \dfrac{1}{4}(\|x+y\|^2 - \|x-y\|^2), & K=\mathbf{R}, \\ \dfrac{1}{4}(\|x+y\|^2 - \|x-y\|^2 + \mathrm{i}\|x+\mathrm{i}y\|^2 - \mathrm{i}\|x-\mathrm{i}y\|^2), & K=\mathbf{C}, \end{cases}$$

则容易验证其满足内积定义的条件,并且有$\langle x,x\rangle=\|x\|^2$. □

定义 8.2.3 (1) 对于任意的非零元素 $x,y\in(S,\langle\cdot,\cdot\rangle)$,称由

$$|\cos\theta|=\frac{|\langle x,y\rangle|}{\|x\|\|y\|}\leqslant 1$$

所确定的 $\theta(0\leqslant\theta\leqslant\pi)$为 x 与 y 的**夹角**.

(2) 对于$\forall x,y\in(S,\langle\cdot,\cdot\rangle)$,如果有

$$\langle x,y\rangle=0,$$

则称 x 与 y 是**相互正交**的,也称作 x **垂直**于 y,记作 $x\perp y$.

这样,我们就可以像在形象直观的 n 维欧式空间中一样,对抽象的内积空间刻画元素的距离和角度,进而研究更一般的微积分问题.最经典、最重要的内积空间是 Hilbert 空间,微积分的很多概念只有在 Hilbert 空间中才有严谨的刻画.事实上,Hilbert 空间是研究公式化数学以及数学物理的最基本、最关键的框架.

8.2.2 Hilbert 空间

定义 8.2.4 完备的内积空间称作 **Hilbert 空间**.

Hilbert

例 8.2.2 (1) 容易验证,线性空间 $\mathbf{R}^n,\mathbf{C}^n,(l^2)$以及 $L^2(\mathbf{R})$都是 Hilbert 空间.

(2) 线性空间 $C[a,b]$关于内积$\langle f,g\rangle=\int_a^b f(x)g(x)\mathrm{d}x$ 不是 Hilbert 空间;

对于只有有限项不为零的复数列全体形成的线性空间 F,关于内积$\langle x,y\rangle=\sum_{k=1}^{\infty}x_k\overline{y_k}$ 也不是 Hilbert 空间.

证 (2) 反证法.这里只证明(2)的情形.

(i) 考虑 $C[0,1]$中的连续函数列

$$f_n(x)=\begin{cases}1, & 0\leqslant x\leqslant\frac{1}{2},\\ 1-2n\left(x-\frac{1}{2}\right), & \frac{1}{2}\leqslant x\leqslant\frac{1}{2}+\frac{1}{2n},\\ 0, & \frac{1}{2}+\frac{1}{2n}\leqslant x\leqslant 1.\end{cases}$$

又注意到这是 Cauchy 列,即

$$\|f_n-f_m\|^2\leqslant\left(\frac{1}{n}+\frac{1}{m}\right)\to 0\quad(n,m\to\infty),$$

并且其“点点收敛”的极限是

$$f(x)=\begin{cases}1, & 0\leqslant x\leqslant\frac{1}{2},\\ 0, & \frac{1}{2}<x\leqslant 1.\end{cases}$$

显然,此极限函数 $f(x)$不是区间$[0,1]$上的连续函数,从而有 $C[0,1]$不是 Hilbert 空间.

(ii) 考虑 F 中的点列

$$x_n=\left(1,\frac{1}{2},\frac{1}{3},\cdots,\frac{1}{n},0,0,\cdots\right).$$

又注意到这是 Cauchy 列，即

$$\lim_{n,m\to\infty}\|x_n-x_m\|=\lim_{n,m\to\infty}\left(\sum_{k=\min(m,n)+1}^{\max(m,n)}\frac{1}{k^2}\right)^{\frac{1}{2}}=0,$$

并且其极限点是$\left(1,\frac{1}{2},\frac{1}{3},\cdots\right)$.

由于此极限点不属于 F，从而有 F 也不是 Hilbert 空间. □

例 8.2.3　设 $\rho(x)>0$ 是定义于区间$[a,b]$上的可积函数，令 $L^{2,\rho}([a,b])$是满足条件

$$\int_a^b|f(x)|^2\rho(x)\mathrm{d}x<\infty$$

的实值函数 $f(x)$全体形成的线性空间；又定义内积

$$\langle f,g\rangle=\int_a^b f(x)g(x)\rho(x)\mathrm{d}x,\quad\forall f,g\in L^{2,\rho}([a,b]),$$

则有$(L^{2,\rho}([a,b]),\langle\cdot,\cdot\rangle)$是一个 Hilbert 空间.

证　容易验证，$\langle f,g\rangle=\int_a^b f(x)g(x)\rho(x)\mathrm{d}x$ 确实是 $L^{2,\rho}([a,b])$中一种内积.

现考虑 $L^{2,\rho}([a,b])$中 Cauchy 列

$$\|f_m-f_n\|^2_{L^{2,\rho}([a,b])}=\int_a^b|f_m(x)-f_n(x)|^2\rho(x)\mathrm{d}x\to 0\quad(n,m\to\infty).$$

令 $F_n=f_n\sqrt{\rho}$，$\forall n\in\mathbf{N}_+$. 又注意到

$$\begin{aligned}\|F_m-F_n\|^2_{L^2[a,b]}&=\int_a^b|F_m(x)-F_n(x)|^2\mathrm{d}x=\int_a^b\left|f_m(x)\sqrt{\rho(x)}-f_n(x)\sqrt{\rho(x)}\right|^2\mathrm{d}x\\&=\int_a^b|f_m(x)-f_n(x)|^2\rho(x)\mathrm{d}x=\|f_m-f_n\|^2_{L^{2,\rho}([a,b])},\end{aligned}$$

可知$\{F_n\}$是 $L^2[a,b]$中一个 Cauchy 列. 从而，由 $L^2[a,b]$的完备性，存在 $F\in L^2[a,b]$，使得

$$\|F_m-F\|^2_{L^2[a,b]}=\int_a^b|F_m(x)-F(x)|^2\mathrm{d}x\to 0\quad(n\to\infty).$$

进而，有 $f_n\to\frac{F}{\sqrt{\rho}}\in L^{2,\rho}([a,b])$，这表明 $L^{2,\rho}([a,b])$是完备的，并且$(L^{2,\rho}([a,b]),\langle\cdot,\cdot\rangle)$是一个 Hilbert 空间. □

定义 8.2.5　(1) 对内积空间$(S,\langle\cdot,\cdot\rangle)$中的点列$\{x_n\}$，又$\|\cdot\|$为由内积$\langle\cdot,\cdot\rangle$诱导的范数，如果有

$$\lim_{n\to\infty}\|x_n-x\|=0,\quad\exists x\in S,$$

则称点列$\{x_n\}$**强收敛**于 x.

(2) 对内积空间$(S,\langle\cdot,\cdot\rangle)$中的点列$\{x_n\}$，如果有

$$\lim_{n\to\infty}\langle x_n,y\rangle=\langle x,y\rangle,\quad\exists x\in S,\forall y\in S,$$

则称点列$\{x_n\}$**弱收敛**于 x.

定理 8.2.2　(1) 在内积空间$(S,\langle\cdot,\cdot\rangle)$中的点列$\{x_n\}$强收敛于 x，则必有$\{x_n\}$弱收敛于 x；

(2) 在内积空间$(S,\langle\cdot,\cdot\rangle)$中的点列$\{x_n\}$，$\{y_n\}$分别强收敛于 x,y，则有

$$\lim_{n\to\infty}\langle x_n,y_n\rangle=\langle x,y\rangle;$$

(3) 在内积空间$(S,\langle\cdot,\cdot\rangle)$中的点列$\{x_n\}$弱收敛于 x，并且

$$\lim_{n\to\infty}\|x_n\|=\|x\|,$$

则有$\{x_n\}$强收敛于x.

证 (1) 由 Cauchy-Schwarz 不等式,结论是直接的.

(2) 注意到

$$\lim_{n\to\infty}\|x_n-x\|=0,\quad \lim_{n\to\infty}\|y_n-y\|=0,$$

可得

$$\begin{aligned}|\langle x_n,y_n\rangle-\langle x,y\rangle| &\leqslant|\langle x_n,y_n\rangle-\langle x,y_n\rangle|+|\langle x,y_n\rangle-\langle x,y\rangle|\\ &=|\langle x_n-x,y_n\rangle|+|\langle x,y_n-y\rangle|\\ &\leqslant\|x_n-x\|\ \|y_n\|+\|x\|\ \|y_n-y\|\to 0\quad(n\to\infty),\end{aligned}$$

这里,显然$\{y_n\}$是有界的.

(3) 注意到点列$\{x_n\}$弱收敛于x,也即

$$\lim_{n\to\infty}\langle x_n,y\rangle\to\langle x,y\rangle,\quad \forall y\in S.$$

特别地,$\lim\limits_{n\to\infty}\langle x_n,x\rangle=\langle x,x\rangle=\|x\|^2$. 从而有

$$\begin{aligned}\|x_n-x\|^2&=\langle x_n-x,x_n-x\rangle=\langle x_n,x_n\rangle-\langle x_n,x\rangle-\langle x,x_n\rangle+\langle x,x\rangle\\ &=\|x_n\|^2-2\mathrm{Re}\langle x_n,x\rangle+\|x\|^2\to 0\quad(n\to\infty).\end{aligned}$$

此即,$\{x_n\}$强收敛于x. □

定义 8.2.6 若$E\equiv\{e_i\,|\,i\in I\}$是内积空间$(S,\langle\cdot,\cdot\rangle)$的一个子集,对$\forall i,j\in I\ (i\neq j)$,有$e_i\perp e_j$,则称$E$为**正交集**. 如果还有$\|e_i\|=1(\forall i\in I)$,则称$E$为**正交规范集**. 又如果在$S$中不存在非零元与$E$的元素正交,即$E^{\perp}=\{\theta\}$,则称$E$是**完备的**.

事实上,不是只含零元的内积空间必定存在完备正交集. 线性代数中的 Gram-Schmidt 正交化过程可以毫无困难地搬到内积空间中(请读者自证之).

定义 8.2.7 如果对于内积空间$(S,\langle\cdot,\cdot\rangle)$中的任意元素$x$,其关于正交规范集$E\equiv\{e_i\,|\,i\in I\}$有如下唯一表示:

$$x=\sum_{i\in I}\langle x,e_i\rangle\ e_i,$$

则称E是S的一组**正交规范基**,并称$\{\langle x,e_i\rangle\,|\,i\in I\}$为$x$关于基$E$的 **Fourier 系数**.

例 8.2.4 (1) 令$\boldsymbol{e}_n=(0,\cdots,0,1,0,\cdots)$,这里$\boldsymbol{e}_n$只有第$n$个分量是1,其余为0,则容易验证:$\{\boldsymbol{e}_1,\boldsymbol{e}_2,\cdots,\boldsymbol{e}_n,\cdots\}$是内积空间$((l^2),\langle\cdot,\cdot\rangle)$的一组正交规范基.

(2) 令$\varphi_n(x)=\dfrac{\mathrm{e}^{\mathrm{i}nx}}{\sqrt{2\pi}},n\in\mathbf{Z}$,则有$\{\varphi_n\,|\,n\in\mathbf{Z}\}$形成$(L^2([-\pi,\pi]),\langle\cdot,\cdot\rangle)$的一组正交规范基.

(3) 定义 Legendre 多项式如下:

$$P_0(x)=1,$$

$$P_n(x)=\frac{1}{2^n n!}\frac{\mathrm{d}^n}{\mathrm{d}x^n}(x^2-1)^n,\quad n=1,2,3,\cdots,$$

则有$\{P_n(x)\,|\,n=0,1,2,\cdots\}$能形成$(L^2([-1,1]),\langle\cdot,\cdot\rangle)$的一组正交规范基.

证 (2) 对于$\forall m,n\in\mathbf{Z},m\neq n$,可得

$$\langle\varphi_n,\varphi_m\rangle=\frac{1}{2\pi}\int_{-\pi}^{\pi}\mathrm{e}^{\mathrm{i}(m-n)x}\mathrm{d}x=\frac{\mathrm{e}^{\mathrm{i}\pi(m-n)}-\mathrm{e}^{-\mathrm{i}\pi(m-n)}}{2\mathrm{i}\pi(m-n)}=0,$$

而对于$\forall m,n\in\mathbf{Z},m=n$,可得

$$\langle\varphi_n,\varphi_n\rangle=\frac{1}{2\pi}\int_{-\pi}^{\pi}\mathrm{e}^{\mathrm{i}(n-n)x}\mathrm{d}x=1.$$

此即 $$\langle \varphi_n,\varphi_m\rangle=\delta_{mn}=\begin{cases}0, & m\neq n,\\ 1, & m=n.\end{cases}$$

从而有，$\{\varphi_n \mid n\in \mathbf{Z}\}$形成$(L^2([-\pi,\pi]),\langle\cdot,\cdot\rangle)$的一组正交规范基.

(3) 不妨令 $p_n(x)=(x^2-1)^n$，则有

$$\int_{-1}^{1} P_n(x)x^m\,\mathrm{d}x=\frac{1}{2^n n!}\int_{-1}^{1} p_n^{(n)}(x)x^m\,\mathrm{d}x.$$

不妨设 $m<n$，又注意到

$$p_n^{(k)}(x)=0,\quad x=\pm 1, k=0,1,\cdots,n-1.$$

由分部积分法，可得

$$\begin{aligned}\int_{-1}^{1} p_n^{(n)}(x)x^m\,\mathrm{d}x &= -m\int_{-1}^{1} p_n^{(n-1)}(x)x^{m-1}\,\mathrm{d}x\\ &=(-1)^m m!\int_{-1}^{1} p_n^{(n-m)}(x)\,\mathrm{d}x\\ &=(-1)^m m![p_n^{(n-m-1)}(x)]_{-1}^{1}=0,\end{aligned}$$

从而有

$$\int_{-1}^{1} P_n(x)x^m\,\mathrm{d}x=0,\quad m<n.$$

此即，$$\langle P_m,P_n\rangle=\int_{-1}^{1} P_n(x)P_m(x)\,\mathrm{d}x=0,\quad m<n.$$

考虑由内积诱导的范数

$$\|P_n\|=\sqrt{\int_{-1}^{1}(P_n(x))^2\,\mathrm{d}x},$$

并由分部积分法计算

$$\int_{-1}^{1}(1-x^2)^n\,\mathrm{d}x=\frac{(n!)^2 2^{2n+1}}{(2n)!(2n+1)},$$

以及 $$\int_{-1}^{1}(p_n^{(n)}(x))^2\,\mathrm{d}x=(2n)!\int_{-1}^{1}(1-x^2)^n\,\mathrm{d}x,$$

从而，可得

$$\int_{-1}^{1}(P_n(x))^2\,\mathrm{d}x=\frac{2}{2n+1}.$$

此即有$\left\{\sqrt{n+\frac{1}{2}}P_n(x), n=0,1,2,\cdots\right\}$形成$(L^2([-1,1]),\langle\cdot,\cdot\rangle)$的一组正交规范基. □

定理 8.2.3 **(Bessel 不等式)** 如果$\{e_i \mid i\in I\}$是内积空间$(S,\langle\cdot,\cdot\rangle)$中一个正交规范集，则对于$\forall x\in S$，有

$$\sum_{i\in I}|\langle x,e_i\rangle|^2\leqslant \|x\|^2.$$

证 先考虑 I 为有限子集的情形，不妨设 $I=\{1,2,\cdots,n\}$，显然有

$$\begin{aligned}0&\leqslant\left\|x-\sum_{i=1}^{n}\langle x,e_i\rangle e_i\right\|^2\\ &=\langle x-\sum_{i=1}^{n}\langle x,e_i\rangle e_i, x-\sum_{i=1}^{n}\langle x,e_i\rangle e_i\rangle\\ &=\|x\|^2-\sum_{i=1}^{n}|\langle x,e_i\rangle|^2.\end{aligned}$$

也即，
$$\| x \|^2 \geqslant \sum_{i=1}^{n} |\langle x,e_i\rangle|^2.$$

对于$\forall n\in \mathbf{N}_+$，满足$|\langle x,e_i\rangle|>\dfrac{1}{n}$的指标$i$至多有有限多个. 从而，使得$\langle x,e_i\rangle\neq 0$的指标$i$至多有可数多个. 令$n\to\infty$，即有
$$\sum_{i\in I} |\langle x,e_i\rangle|^2 \leqslant \| x \|^2. \qquad \square$$

特别地，如果S是Hilbert空间，且$\{e_i\mid i\in I\}$是S中一个正交规范集，则对$\forall x\in S$，成立
$$\sum_{i\in I}\langle x,e_i\rangle e_i \in S,$$
以及
$$\left\| x-\sum_{i=1}^{n}\langle x,e_i\rangle e_i\right\|^2 = \| x \|^2 - \sum_{i\in I} |\langle x,e_i\rangle|^2.$$
更进一步，如果$\{e_i\mid i\in I\}$是S中一组正交规范基，则成立如下Parseval等式：
$$\| x \|^2 = \sum_{i\in I} |\langle x,e_i\rangle|^2, \quad \forall x \in S.$$

例 8.2.5 对Hilbert空间$L^2([-\pi,\pi])$以及其上的正交规范集
$$\left\{x_n(t)=\frac{1}{\sqrt{\pi}}\sin nt \mid n\in \mathbf{N}_+\right\},$$
当$x(t)=\cos t$时，却有
$$\sum_{n=1}^{\infty}\langle x,x_n\rangle\, x_n(t) = \sum_{n=1}^{\infty}\left[\frac{1}{\sqrt{\pi}}\int_{-\pi}^{\pi}\cos t\sin nt\,\mathrm{d}t\right]\frac{\sin nt}{\sqrt{\pi}} = 0 \neq \cos t. \qquad \square$$

8.2.3 最佳逼近

很多场合都关心这样的最佳逼近问题：对无穷维线性空间S的闭子空间M，能否找到一点$y\in M$，使得
$$\inf_{z\in M}\| x-z \| = \| x-y \|, \quad \forall x\in S.$$

定理 8.2.4 如果M是Hilbert空间S中的一个闭凸子集，则存在唯一的$x_0\in M$，满足
$$\inf_{z\in M}\| z \| = \| x_0 \|.$$

证 存在性. 如果零元$\theta\in M$，则取$x_0=\theta$即可. 如果$\theta\notin M$，则$d\equiv\inf\limits_{z\in M}\| z \|>0$.

由下确界定义，对$\forall n\in\mathbf{N}_+$，存在$x_n\in M$，使得
$$d\leqslant \| x_n \| < d+\frac{1}{n}.$$
又注意到
$$\begin{aligned}\| x_n-x_m \|^2 &= 2(\| x_n \|^2+\| x_m \|^2)-4\left\|\frac{x_n+x_m}{2}\right\|^2\\ &\leqslant 2\left[\left(d+\frac{1}{n}\right)^2+\left(d+\frac{1}{m}\right)^2\right]-4d^2\to 0 \quad (m,n\to\infty),\end{aligned}$$
可知$\{x_n\}$是Cauchy基本列，并且在S中是收敛的. 令$x_0=\lim\limits_{n\to\infty}x_n$，则有$x_0\in M$. 从而，对$d\leqslant \| x_n \| < d+\dfrac{1}{n}$两边取极限，可得$d=\| x_0 \|$.

唯一性. 如果有$x_0,y_0\in M$，使得$\| x_0 \|=\| y_0 \|=d$，则有

$$\begin{aligned}\|x_0-y_0\|^2&=2(\|x_0\|^2+\|y_0\|^2)-4\left\|\frac{x_0+y_0}{2}\right\|^2\\&\leqslant 4d^2-4d^2=0.\end{aligned}$$

此即有 $x_0=y_0$. □

这表明，如果 M 是 Hilbert 空间 S 中的一个闭凸子集，则对 $\forall x\in S$，存在唯一的 $x_0\in M$ 使得 $\inf\limits_{z\in M}\|x-z\|=\|x-x_0\|$. 如下定理又刻画了最佳逼近元可能是怎样的？

定理 8.2.5　如果 M 是 Hilbert 空间 S 中的一个闭凸子集，对 $\forall x\in S$，则 x_0 是 x 在 M 上的最佳逼近元，当且仅当

$$\mathrm{Re}\langle x-x_0,x_0-z\rangle\geqslant 0,\quad \forall z\in M.$$

证　对 $\forall z\in M$，定义函数

$$\varphi_z(t)=\|x-tz-(1-t)x_0\|^2,\quad \forall t\in(0,1).$$

从而有 x_0 是 x 在 M 上的最佳逼近元，当且仅当 $\varphi_z(t)\geqslant\varphi_z(0)$.

事实上，由

$$\begin{aligned}\varphi_z(t)&=\|(x-x_0)+t(x_0-z)\|^2\\&=\|x-x_0\|^2+2t\mathrm{Re}\langle x-x_0,x_0-z\rangle+t^2\|x_0-z\|^2,\end{aligned}$$

可得 $\varphi'_z(0)=2\mathrm{Re}\langle x-x_0,x_0-z\rangle$，以及 $\varphi_z(t)-\varphi_z(0)=t\varphi'_z(0)+t^2\|x_0-z\|^2$.

此即，$\mathrm{Re}\langle x-x_0,x_0-z\rangle\geqslant 0$ 等价于 $\varphi_z(t)\geqslant\varphi_z(0)$. □

通常，如果 M 是 Hilbert 空间 S 的一个线性闭子空间，对于 $\forall x\in S$，存在如下唯一正交分解：

$$x=x_M+y,\quad x_M\in M,y\in M^{\perp},$$

其中 $M^{\perp}=\{u\,|\,u\perp z,\forall z\in M,u\in S\}$ 称为 M 的**正交补**. 此时，x_M 为 x 在 M 中的**正交投影**，也是 x 在 M 中的最佳逼近元.

习　题　8.2

习题 8.2

1. 试证明：在线性空间 $C[a,b]$ 中不可能引入一种内积 $\langle\cdot,\cdot\rangle$，使其满足

$$\sqrt{\langle f,f\rangle}=\max_{a\leqslant t\leqslant b}|f(x)|,\quad \forall f\in C[a,b].$$

2. 设 E 是内积空间 $(S,\langle\cdot,\cdot\rangle)$ 的子集，并且 $\bar{E}$ 在 S 中稠密. 如果 E 中的有界点列 $\{x_n\}$，使得

$$\lim_{n\to\infty}\langle x_n,y\rangle=\langle x,y\rangle,\quad \forall y\in S,$$

则点列 $\{x_n\}$ 弱收敛于 x.

3. 对于内积空间 $(L^2([-\pi,\pi]),\langle\cdot,\cdot\rangle)$，试证明其有如下两组正交规范基：

(1) $\dfrac{1}{\sqrt{\pi}},\sqrt{\dfrac{2}{\pi}}\cos x,\sqrt{\dfrac{2}{\pi}}\cos 2x,\sqrt{\dfrac{2}{\pi}}\cos 3x,\cdots$;

(2) $\sqrt{\dfrac{2}{\pi}}\sin x,\sqrt{\dfrac{2}{\pi}}\sin 2x,\sqrt{\dfrac{2}{\pi}}\sin 3x,\cdots$.

4. 定义 Hermite 多项式如下：

$$H_n(x)=(-1)^n\mathrm{e}^{x^2}\frac{\mathrm{d}^n}{\mathrm{d}x^n}\mathrm{e}^{-x^2},\quad n=0,1,2,\cdots,$$

试验证$\{e^{-\frac{x^2}{2}}H_n(x)\mid n=0,1,2,\cdots\}$形成$(L^2(\mathbf{R}),\langle\cdot,\cdot\rangle)$的一组正交规范基.

5. 对于内积空间$(L^2([-1,1]),\langle\cdot,\cdot\rangle)$中的点列：

$$f_0(t)=1,f_1(t)=t,f_2(t)=t^2,\cdots,f_n(t)=t^n,\cdots.$$

先将其作 Gram-Schmidt 正交化处理，再证明其就是$L^2([-1,1])$中的一组 Legendre 多项式.

6. 设S_0是 Hilbert 空间S的线性闭子空间，如果$\{e_n\},\{f_n\}$分别是S_0与$S_0^{\perp}$的正交规范基，则$\{e_n\}\cup\{f_n\}$形成S的一组正交规范基.

7. 设$\{e_n\}$是内积空间$(S,\langle\cdot,\cdot\rangle)$中的一个正交规范集，试证明：

$$\left|\sum_{n=1}^{\infty}\langle x,e_n\rangle\overline{\langle y,e_n\rangle}\right|\leqslant\|x\|\|y\|,\quad\forall x,y\in S.$$

8. 试求$(\lambda_1,\lambda_2,\lambda_3)\in\mathbf{R}^3$，使得

$$\int_0^{\frac{\pi}{2}}|\sin t-\lambda_1-\lambda_2 t-\lambda_3 t^2|^2\mathrm{d}t$$

能达到最小值，并求其最小值.

8.3 应用事例与研究课题

1. 应用事例

例 8.3.1 在二维欧式空间$\mathbf{R}^2$中，对$\forall x=(x_1,x_2)\in\mathbf{R}^2$，可以定义范数$\|x\|_p=(|x_1|^p+|x_2|^p)^{\frac{1}{p}}(p\geqslant1)$；$\|x\|_\infty=\max(|x_1|,|x_2|)$. 在不同的范数意义下，$\mathbf{R}^2$中的“单位球”是什么样的呢?

解 显然，$\|x\|_2\leqslant1$刻画的是半径为1的圆盘；$\|x\|_\infty\leqslant1$刻画的是以$(\pm1,\pm1)$为顶点的正方形；而$\|x\|_1\leqslant1$刻画的是以$(0,1),(1,0),(-1,0),(0,-1)$为顶点的正方形.

注意到，

$$\lim_{p\to\infty}\|x\|_p=\lim_{p\to\infty}(|x_1|^p+|x_2|^p)^{\frac{1}{p}}=\max(|x_1|,|x_2|)=\|x\|_\infty.$$

从而有，当参变量p从∞连续地减少到1时，“单位球”将从与$\|x\|_\infty\leqslant1$对应的正方形连续地变化成与$\|x\|_1\leqslant1$对应的正方形(图8.1).

此外，当$p<1$时，如果令$\|x\|_p^*=|x_1|^p+|x_2|^p$，则“单位球”$\|x\|_p^*\leqslant1$仍然经过$(0,1),(1,0),(-1,0),(0,-1)$这四个点，但是其所围区域不再是凸的了. 比如，当$p=\dfrac{2}{3}$时，$\|x\|_p^*\leqslant1$的边界线就是熟知的“星形线”. □

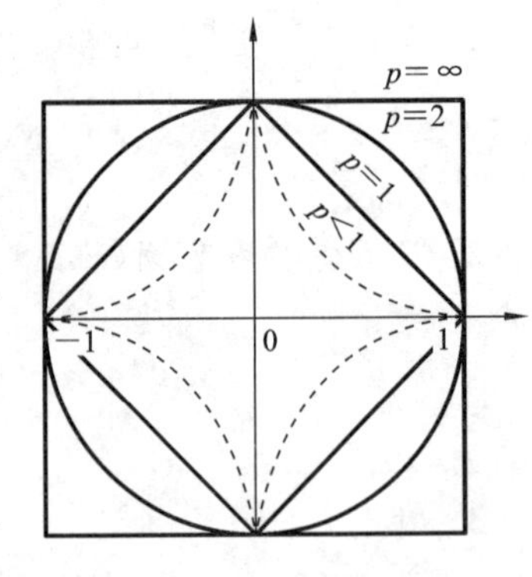

图 8.1 “单位球”

例 8.3.2 n维欧式空间$\mathbf{R}^n$既是 Banach 空间，也是 Hilbert 空间，那么它具有一些什么样的基本结构特征呢?

解 (1) $\mathbf{R}^n$中点列的极限.

① 如果$\{x_k\}$是$\mathbf{R}^n$中的点列，$x_k=(x_{k,1},x_{k,2},\cdots,x_{k,n})$，又$a=(a_1,a_2,\cdots,a_n)$是$\mathbf{R}^n$中一点. 若在$k\to\infty$时，有$d(x_k,a)=\|x_k-a\|\to0$. 也即，$\forall\varepsilon>0,\exists K\in\mathbf{N}_+$，使得$k>K$，有$\|x_k-a\|<\varepsilon$，则称点列$\{x_k\}$的极限存在，并收敛于$a$(有限)，也称$a$为$\{x_k\}$在$k\to\infty$时的极限. 记作$\lim\limits_{k\to\infty}x_k=a$，或者$x_k\to a(k\to\infty)$. 若点列$\{x_k\}$不收敛，则称其为发散点列.

② 如果$\{x_k\}$是$\mathbf{R}^n$中的点列，$x_k=(x_{k,1},x_{k,2},\cdots,x_{k,n})$，又$a=(a_1,a_2,\cdots,a_n)$是$\mathbf{R}^n$中一点，则$\lim\limits_{k\to\infty}x_k=a$的充要条件是：对$\forall i\in\{1,2,\cdots,n\}$，有$\lim\limits_{k\to\infty}x_{k,i}=a_i$.

(2) $\mathbf{R}^n$中的基本定理.

① Heine-Borel 有限覆盖定理：$\mathbf{R}^n$的点集A是紧集，当且仅当A是有界闭集. 如果$\mathbf{R}^n$中一组开集$\{A_i\mid i\in I\}$满足$\bigcup\limits_{i\in I}A_i\supseteq E$，则称$\{A_i\mid i\in I\}$为$E$的一个开覆盖. 如果$E$的任一开覆盖中总存在一个有限子覆盖，即存在$\{A_i\mid i\in I\}$中的有限个子集，使得$\bigcup\limits_{j=1}^{m}A_j\supseteq E$，则称$E$为紧集. 在一般的赋范线性空间中，紧集一定是有界闭集，但反之不然.

② Cauchy-Cantor 闭区间套定理：设$\{[a_k,b_k]\}$是$\mathbf{R}^n$中的一个闭区间套，也即

(i) $[a_1,b_1]\supseteq[a_2,b_2]\supseteq\cdots\supseteq[a_k,b_k]\supseteq\cdots$；

(ii) $\lim\limits_{k\to\infty}\|b_k-a_k\|=0$，其中$a_k=(a_{k,1},a_{k,2},\cdots,a_{k,n})$，$b_k=(b_{k,1},b_{k,2},\cdots,b_{k,n})$，则存在唯一的$\xi=(\xi_1,\xi_2,\cdots,\xi_n)\in\mathbf{R}^n$，使得$\bigcap\limits_{k=1}^{\infty}[a_k,b_k]=\{\xi\}$.

③ Cauchy 收敛定理：如果$\forall\varepsilon>0$，$\exists K>0$，当$\forall i,j>K$时，有$\|x_i-x_j\|<\varepsilon$，则称$\{x_k\}$为$\mathbf{R}^n$中的 Cauchy 点列. $\mathbf{R}^n$中的点列收敛于$\mathbf{R}^n$中的点，当且仅当此点列是 Cauchy 点列.

④ Bolzano-Weierstrass 致密性定理：$\mathbf{R}^n$中的有界点列必有收敛子列，其收敛子列的极限称为此有界点列的一个聚点.

事实上，n维欧氏空间$\mathbf{R}^n$是最经典的、最自然的、最常用的有限维空间，它能满足我们关于有限维空间的一切期望. □

例 8.3.3　如何从本质上刻画科学计算中的函数逼近、最佳估计等问题？

解　考虑在 Hilbert 空间S中有关注的对象x，以及给定的线性无关的元素簇$\{x_1,x_2,\cdots,x_n\}$，其本质就是寻求在恰当的规则(范数$\|\cdot\|$)下找出$(\lambda_1,\lambda_2,\cdots,\lambda_n)\in\mathbf{R}^n$，使得

$$\min_{(\alpha_1,\alpha_2,\cdots,\alpha_n)\in\mathbf{R}^n}\left\|x-\sum_{i=1}^{n}\alpha_i x_i\right\|=\left\|x-\sum_{i=1}^{n}\lambda_i x_i\right\|.$$

事实上，为使$x_0=\sum\limits_{i=1}^{n}\lambda_i x_i$是$x$的最佳逼近元，当且仅当

$$\langle x-x_0,x_j\rangle=0,\quad j=1,2,\cdots,n.$$

从而，只需考虑求解如下线性方程组

$$\sum_{i=1}^{n}\lambda_i\langle x_i,x_j\rangle=\langle x,x_j\rangle,\quad j=1,2,\cdots,n.$$ □

例 8.3.4　空间物体的运动情况，本质上可以通过n元矢量值函数Γ：$\mathbf{R}\mapsto\mathbf{R}^n$来刻画. 比如，三维矢量值函数

$$\boldsymbol{r}(t)=(f(t),g(t),h(t)),\quad\forall t\in I,$$

即可描述质点在三维空间中的运动路径. 那么，该如何刻画向量值函数的微积分呢？

解　通常，我们最常见的是二维或三维矢量值函数，其他情形可以做直接地推广.

(1) 如果三维矢量值函数$\boldsymbol{r}(t)=(f(t),g(t),h(t))$在$t_0$的某去心邻域$U^0(t_0)$有定义，并且

$$\lim_{t\to t_0}f(t)=a,\quad\lim_{t\to t_0}g(t)=b,\quad\lim_{t\to t_0}h(t)=c,$$

则称在$t\to t_0$时矢量值函数$\boldsymbol{r}(t)$的极限存在，记为

$$\lim_{t\to t_0}\boldsymbol{r}(t)=(a,b,c).$$

特别地,如果三维矢量值函数 $\boldsymbol{r}(t)=(f(t),g(t),h(t))$ 在 t_0 的某邻域 $U(t_0)$ 有定义,并且

$$\lim_{t\to t_0} f(t)=f(t_0),\quad \lim_{t\to t_0} g(t)=g(t_0),\quad \lim_{t\to t_0} h(t)=h(t_0),$$

则称矢量值函数 $\boldsymbol{r}(t)$ 在 t_0 处连续,也即有

$$\lim_{t\to t_0}\boldsymbol{r}(t)=\boldsymbol{r}(t_0)=(f(t_0),g(t_0),h(t_0)).$$

(2) 如果三维矢量值函数 $\boldsymbol{r}(t)=(f(t),g(t),h(t))$ 在 t 的某邻域 $U(t)$ 有定义,并且

$$\lim_{\Delta t\to 0}\frac{\Delta \boldsymbol{r}(t)}{\Delta t}=\lim_{\Delta t\to 0}\frac{\boldsymbol{r}(t+\Delta t)-\boldsymbol{r}(t)}{\Delta t}$$

存在(有限),则称矢量值函数 $\boldsymbol{r}(t)$ 在 t 处可导,并称此极限值为 $\boldsymbol{r}(t)$ 在 t 处的导数,记作 $\frac{\mathrm{d}\boldsymbol{r}(t)}{\mathrm{d}t}$ 或 $\boldsymbol{r}'(t)$. 此即

$$\boldsymbol{r}'(t)=(f'(t),g'(t),h'(t)).$$

这表明,$\boldsymbol{r}(t)$ 的可导性、可微性完全等价于其分量函数 $f(t),g(t),h(t)$ 的可导性、可微性. 注意到这些,关于标量值函数导数与微分的很多规则与结论就可以直接地平移过来.

(3) 如果三维矢量值函数 $\boldsymbol{r}(t)=(f(t),g(t),h(t))$ 在区间 I 上有定义,又有 I 上可导矢量值函数 $\boldsymbol{R}(t)=(F(t),G(t),H(t))$,使得

$$\boldsymbol{R}'(t)=\boldsymbol{r}(t),\quad \forall t\in I,$$

则称矢量值函数 $\boldsymbol{R}(t)$ 为 $\boldsymbol{r}(t)$ 在区间 I 上的一个原函数. 这里,显然 $F(t),G(t),H(t)$ 分别是 $f(t),g(t),h(t)$ 在区间 I 上的一个原函数.

进而,称 $\boldsymbol{r}(t)$ 在区间 I 上的原函数全体为其在 I 上的不定积分; 如果 $\boldsymbol{R}(t)$ 为 $\boldsymbol{r}(t)$ 在区间 I 上的一个原函数,则 $\boldsymbol{r}(t)$ 在 I 上的不定积分可表示为

$$\int \boldsymbol{r}(t)\,\mathrm{d}t=\boldsymbol{R}(t)+C,$$

这里 $C=(c_1,c_2,c_3)$ 是任意三维常矢量. 也即

$$\int f(t)\,\mathrm{d}t=F(t)+c_1,\quad \int g(t)\,\mathrm{d}t=G(t)+c_2,\quad \int h(t)\,\mathrm{d}t=H(t)+c_3.$$

同样,也可以直接利用分量函数 $f(t),g(t),h(t)$ 在 $[a,b]$ 上的定积分来刻画三维矢量值函数 $\boldsymbol{r}(t)=(f(t),g(t),h(t))$ 在 $[a,b]$ 上的定积分:

$$\int_a^b \boldsymbol{r}(t)\,\mathrm{d}t=\left(\int_a^b f(t)\,\mathrm{d}t,\int_a^b (t)\,\mathrm{d}t,\int_a^b h(t)\,\mathrm{d}t\right).$$ □

2. 探究课题

探究 8.3.1 假设 $BC[0,\infty)$ 表示 $[0,\infty)$ 上的连续有界函数全体,对于 $\forall f\in BC[0,\infty)$ 以及 $a>0$,定义

$$\| f\|_a=\left(\int_0^\infty \mathrm{e}^{-ax}\,|f(x)|^2\,\mathrm{d}x\right)^{\frac{1}{2}},$$

(1) 求证 $\|\cdot\|_a$ 是 $BC[0,\infty)$ 上的一种范数;

(2) 如果 $a,b>0$,且 $a\neq b$,试讨论 $\|\cdot\|_a$ 与 $\|\cdot\|_b$ 的关系.

探究 8.3.2 对于 $\forall x=(x_1,x_2)\in\mathbf{R}^2$,定义范数 $\|x\|=\max(|x_1|,|x_2|)$,又令 $e_1=(1,0)$,$x_0=(0,1)$. 试求数 γ 使其满足:

$$\|x_0-\gamma e_1\|=\min_{\theta\in\mathbf{R}}\|x_0-\theta e_1\|,$$

讨论这样的 γ 是否唯一,并给出几何解释.

探究 8.3.3 设 M 是线性赋范空间 $(S,\|\cdot\|)$ 的有限维子空间,又有 $\{e_1,e_2,\cdots,e_n\}$ 是 M

的一组基. 给定 $g\in S$,定义函数 $F:K^n\mapsto\mathbf{R}$ 如下:

$$F(c)=\left\|\sum_{i=1}^{n}c_ie_i-g\right\|,\quad \forall c=(c_1,c_2,\cdots,c_n)\in K^n,$$

(1) 求证 F 是一个凸函数;

(2) 如果 F 的最小值点是$(a_1,a_2,\cdots,a_n)$,则有 $f\equiv\sum_{i=1}^{n}a_ie_i$ 是 g 在 M 中的最佳逼近元.

探究 8.3.4　设$(S,\langle\cdot,\cdot\rangle)$是一内积空间,对 $\forall x_0\in S,r>0$,令

$$M\equiv\{x\in S|\ \|x-x_0\|\leqslant r\}.$$

(1) 试证明:M 是 S 中的闭凸集;

(2) 若 $\forall x\in S$,记

$$y=\begin{cases}x, & x\in M,\\ x_0+r\dfrac{(x-x_0)}{\|x-x_0\|}, & x\notin M,\end{cases}$$

则 y 即是 x 在 M 中的最佳逼近元.

探究 8.3.5　在数值分析中,经常要用样条(Spline)函数处理曲线光顺问题:假设在平面上给定一组数据$(x_1,y_1),(x_2,y_2),\cdots,(x_n,y_n)$,其中 $a=x_0<x_1<x_2<\cdots<x_n=b$. 试问,如何作一条尽可能"平滑"的曲线使其通过上述各点? 这里,所谓"平滑"是指曲线 $y=f(x)$的$|y''|$很小.

第9章　无穷级数

无穷级数是由有限规律探索无穷变化的重要途径，是数学分析的核心内容之一，是函数刻画和科学计算的基本工具，也是数学物理以及工程应用的有效手段.

对给定的数列$\{a_n\}$，通常会考虑形式上的如下**无穷加和**：

$$a_1+a_2+a_3+\cdots+a_n+\cdots,$$

并称上述表达是以a_n为**通项**的**无穷级数**，简称**级数**，记为$\sum_{n=1}^{\infty}a_n$. 在不至于引起混淆的时候，也简记为$\sum a_n$.

这里，我们首先了解以下几个有趣的例子.

1. Zeno 问题

假设乌龟在希腊神话英雄 Achilles(阿喀琉斯)前面s_1米处向前爬行，Achilles 从后面追赶乌龟. 当 Achilles 用时t_1秒跑完s_1时，乌龟已经向前爬行了s_2米；当 Achilles 再用时t_2秒跑完s_2时，乌龟又已经向前爬行了s_3米；以此类推，Achilles 将永远也追不上乌龟?! 事实上，这一结论完全有悖于常识，是绝对荒谬的. 如果已知 Achilles 跑步的速度和乌龟爬行的速度，就可以确定 Achilles 在追上乌龟时花费的总时间(跑过的总距离)为

$$t_1+t_2+t_3+\cdots+t_n+\cdots \quad (s_1+s_2+s_3+\cdots+s_n+\cdots).$$

2. 无理数刻画

利用 Taylor 公式

$$\mathrm{e}=1+1+\frac{1}{2!}+\cdots+\frac{1}{n!}+\frac{\mathrm{e}^{\theta}}{(n+1)!}, \quad \theta\in(0,1),$$

可以证明 e 是无理数，为能在科学和工程计算中尽可能提高近似精度，更期望能精确地刻画 e.

事实上，可以证明

$$\mathrm{e}=1+1+\frac{1}{2!}+\cdots+\frac{1}{n!}+\cdots.$$

而且，基于这样的思路还可以表达其他无理数，比如

$$\frac{\pi^2}{6}=1+\frac{1}{2^2}+\frac{1}{3^2}+\cdots+\frac{1}{n^2}+\cdots,$$

甚至也可以探寻新的无理数.

3. 特殊函数分析

数学物理和工程技术中很多函数并不能用初等函数的解析式来刻画，而且其相关的微积分运算也需要拓展. 比如，积分$\int_0^x \frac{\sin t}{t}\mathrm{d}t$的计算或许可以利用

$$\sin x=x-\frac{x^3}{3!}+\frac{x^5}{5!}+\cdots+(-1)^{n-1}\frac{x^{2n-1}}{(2n-1)!}+\cdots;$$

著名的 Bessel 方程$x^2y''+xy'(x^2-1)y=0$的求解应该考虑如下特殊的 Bessel 函数

$$\sum_{n=0}^{\infty}\frac{x^{2n+1}}{n!(n+1)!2^{2n+1}}.$$

为能深入细致地分析并解决上述问题，本章将介绍数项级数的概念与敛散性、函数列以及函数项级数的收敛性、幂级数收敛性及其应用、Fourier 级数收敛性及其应用等.

9.1　数项级数

9.1.1　数项级数的敛散性

在现实中，我们经常会遇到无穷个对象相加的问题. 很自然地，我们会关心这样一些问题：形式上的“无穷相加”在什么条件下“和”才有意义？如果“和”存在，又该如何刻画“和”？以及“和”会具有什么样的分析性质？可以有什么样的一些应用？

《庄子·天下篇》中“一尺之棰，日取其半，万世不竭”的数学表述即是

$$\frac{1}{2}+\frac{1}{4}+\frac{1}{8}+\cdots+\frac{1}{2^n}+\cdots=1,$$

而由等比求和公式以及数列极限，可得

$$\frac{1}{2}+\frac{1}{4}+\frac{1}{8}+\cdots+\frac{1}{2^n}=\frac{1-0.5^{n+1}}{1-0.5}-1\to 1\quad (n\to\infty).$$

这里的情形是不是巧合？事实上，这种由有限和的规律性刻画无穷变化的趋势，是基本的认识论、方法论.

又对著名的 Glandi 级数

$$1+(-1)+1+(-1)+\cdots+1+(-1)+\cdots,$$

如果“加和”有意义(记为 S)，则加括号 $[1+(-1)]+[1+(-1)]+\cdots+[1+(-1)]+\cdots$ 可得 $S=0$；而另一种加括号 $1+[(-1)+1]+[(-1)+1]+\cdots+1+[(-1)+1]+\cdots$ 可得 $S=1$；由 $1-[1+(-1)+1+(-1)+\cdots+1+(-1)+\cdots]=1+(-1)+1+(-1)+\cdots+1+(-1)+\cdots$，也即 $1-S=S$，又有 $S=\frac{1}{2}$. 这里显然是矛盾的！所以要求我们的分析应该力求自然、严谨.

定义 9.1.1　如果级数 $a_1+a_2+a_3+\cdots+a_n+\cdots\ \left(\sum a_n\right)$ 的通项 a_n 为数值，通常称其为**数项级数**(数值级数). 记

$$S_n=\sum_{k=1}^{n}a_k=a_1+a_2+a_3+\cdots+a_n,$$

称其为数项级数 $\sum_{n=1}^{\infty}a_n$ 的**前 n 项部分和**，简称**部分和**；称 $\{S_n\}$ 为 $\sum_{n=1}^{\infty}a_n$ 的**前 n 项部分和数列**，简称**部分和数列**.

给定数列 $\{S_n\}$，对 $n\in\mathbf{N}_+$，令 $a_1=S_1$，$a_n=S_n-S_{n-1}$，则可唯一地确定以 $\{S_n\}$ 为部分和的级数 $\sum_{n=1}^{\infty}a_n$. 此即，级数与其部分和数列之间是互相唯一确定的.

定义 9.1.2　如果数项级数 $\sum_{n=1}^{\infty}a_n$ 的前 n 项部分和数列收敛于 S(有限)，则称

$$S=\lim_{n\to\infty}S_n$$

为 $\sum\limits_{n=1}^{\infty}a_n$ 的**和**；也称 $\sum\limits_{n=1}^{\infty}a_n$ **收敛**于 S，记作

$$a_1+a_2+a_3+\cdots+a_n+\cdots=\sum_{n=1}^{\infty}a_n=S.$$

如果 $\sum\limits_{n=1}^{\infty}a_n$ 不是收敛的，则称其是**发散**的. 收敛级数的和与其部分和的差

$$R_n=S-S_n=\sum_{k=n+1}^{\infty}a_k$$

称为该级数的**余项**.

例 9.1.1 试讨论等比级数(几何级数)

$$\sum_{n=0}^{\infty}r^n=1+r+r^2+\cdots+r^n+\cdots\quad(r\neq 0)$$

的敛散性.

解 注意到级数的部分和

$$S_n=1+r+r^2+\cdots+r^{n-1}=\begin{cases}\dfrac{1-r^n}{1-r}, & r\neq 1,\\ n, & r=1,\end{cases}$$

从而有

$$\lim_{n\to\infty}S_n=\begin{cases}\dfrac{1}{1-r}, & |r|<1,\\ +\infty, & r\geqslant 1,\\ \text{不存在}, & r\leqslant -1.\end{cases}$$

此即，等比级数 $\sum\limits_{n=0}^{\infty}r^n$ 在 $|r|<1$ 时收敛于 $\dfrac{1}{1-r}$，在 $|r|\geqslant 1$ 时是发散的. 特别地，有 Glandi(格兰迪)级数 $\sum\limits_{n=0}^{\infty}(-1)^n$ 是发散的. □

例 9.1.2 试讨论 p 级数

$$\sum_{n=1}^{\infty}\frac{1}{n^p}=1+\frac{1}{2^p}+\cdots+\frac{1}{n^p}+\cdots\quad(p\in\mathbf{R})$$

的敛散性.

解 注意到 p 级数的部分和

$$S_n=1+\frac{1}{2^p}+\cdots+\frac{1}{n^p},$$

显然是单调递增的，从而只需讨论 $\{S_n\}$ 是否有界.

(1) 当 $p>1$ 时，记 $r=\dfrac{1}{2^{p-1}}$，则显然 $0<r<1$. 注意到

$$\frac{1}{2^p}+\frac{1}{3^p}<\frac{1}{2^p}+\frac{1}{2^p}=r,$$

$$\frac{1}{4^p}+\frac{1}{5^p}+\frac{1}{6^p}+\frac{1}{7^p}<\frac{1}{4^p}+\frac{1}{4^p}+\frac{1}{4^p}+\frac{1}{4^p}=r^2,$$

$$\vdots$$

$$\frac{1}{2^{kp}}+\frac{1}{(2^k+1)^p}+\cdots+\frac{1}{(2^{k+1}-1)^p}<\frac{2^k}{2^{kp}}=r^k,$$

从而有

$$S_n \leqslant S_{2^n-1} < 1+r+r^2+\cdots+r^{n-1} < \frac{1}{1-r},$$

这表明$\{S_n\}$有界，p级数$\sum_{n=1}^{\infty}\frac{1}{n^p}$是收敛的.

（2）当$p\leqslant 1$时，注意到

$$\frac{1}{2^p}\geqslant\frac{1}{2},$$

$$\frac{1}{3^p}+\frac{1}{4^p}>\frac{1}{4}+\frac{1}{4}=\frac{1}{2},$$

$$\frac{1}{5^p}+\frac{1}{6^p}+\frac{1}{7^p}+\frac{1}{8^p}>\frac{1}{2},$$

$$\vdots$$

$$\frac{1}{(2^k+1)^p}+\frac{1}{(2^k+2)^p}+\cdots+\frac{1}{(2^{k+1})^p}>\frac{2^k}{2^{k+1}}=\frac{1}{2},$$

从而有

$$S_{2^n}\geqslant 1+\frac{n}{2},$$

这表明$\{S_{2^n}\}$以及$\{S_n\}$都无上界，有p级数$\sum_{n=1}^{\infty}\frac{1}{n^p}$是发散的.

Riemann-zeta 函数

事实上，借此还可以定义 Riemann-zeta 函数

$$\zeta(z)=\sum_{n=1}^{\infty}\frac{1}{n^{1+z}},\quad z>0. \qquad \square$$

这是一个非常重要的函数，与现代数论有十分紧密的关联. 特别地，有调和级数$\sum_{n=1}^{\infty}\frac{1}{n}$是发散的.

9.1.2 收敛级数的性质

注意到级数的敛散性是通过其部分和数列的敛散性来刻画的，容易验证级数如下的一些性质.

定理 9.1.1 **（线性性）** 若级数$\sum_{n=1}^{\infty}a_n$，$\sum_{n=1}^{\infty}b_n$分别收敛于A,B，则对$\forall k,l\in\mathbf{R}$，级数$\sum_{n=1}^{\infty}(ka_n+lb_n)$也收敛，并且有

$$\sum_{n=1}^{\infty}(ka_n+lb_n)=k\sum_{n=1}^{\infty}a_n+l\sum_{n=1}^{\infty}b_n=kA+lB.$$

证 以$A_n=\sum_{j=1}^{n}a_j$，$B_n=\sum_{j=1}^{n}b_j$分别记级数$\sum a_n$，$\sum b_n$的部分和，则有

$$\lim_{n\to\infty}A_n=A,\quad \lim_{n\to\infty}B_n=B.$$

从而可得级数$\sum(ka_n+lb_n)$的部分和

$$T_n=\sum_{j=1}^{n}(ka_j+lb_j)=kA_n+lB_n,$$

以及

$$\lim_{n\to\infty}T_n=\lim_{n\to\infty}(kA_n+lB_n)=kA+lB,$$

此即
$$\sum_{n=1}^{\infty}(ka_n + lb_n) = kA + lB.$$

注记 9.1.1 显然,任意删除、增加或改变级数 $\sum_{n=1}^{\infty}a_n$ 的有限多项,并不改变其敛散性.

注记 9.1.2 若级数 $\sum_{n=1}^{\infty}a_n, \sum_{n=1}^{\infty}b_n$ 分别收敛于 A,B,又有其通项满足 $a_n \leqslant b_n (\forall n \in \mathbf{N}_+)$,则有 $A \leqslant B$.

定理 9.1.2 (结合律) 若级数 $\sum_{n=1}^{\infty}a_n$ 收敛于 S,则在不改变它的各项次序的情形下任意加括号所得的新级数是收敛的,并且也收敛于 S.

证 以 $S_n = \sum_{j=1}^{n}a_j$ 记级数 $\sum a_n$ 的部分和,$\lim\limits_{n\to\infty}S_n = S$. 而对于不改变各项次序任意加括号的新级数

$$(a_1 + a_2 + \cdots + a_{n_1}) + (a_{n_1+1} + a_{n_1+2} + \cdots + a_{n_2}) + \cdots + (a_{n_{(k-1)}+1} + a_{n_{(k-1)}+2} + \cdots + a_{n_k}) + \cdots,$$

其部分和数列 $\{T_k\}$ 满足

$$T_1 = S_{n_1}, T_2 = S_{n_2}, \cdots, T_k = S_{n_k}, \cdots.$$

这表明 $\{T_k\}$ 为 $\{S_n\}$ 子列,必有 $\lim\limits_{k\to\infty}T_k = S$. 此即,不改变各项次序任意加括号的新级数收敛于 S. □

注记 9.1.3 若一个级数适当加括号之后是发散的,则原级数一定是发散的. 但是,如果对级数 $\sum_{n=1}^{\infty}a_n$ 适当加括号,使得括号内各项的符号相同,又这样构造的新级数是收敛的,必有原级数 $\sum_{n=1}^{\infty}a_n$ 收敛.

事实上,记级数 $\sum a_n$ 的部分和为 $S_n = \sum_{j=1}^{n}a_j$,加括号之后的级数

$$\sum_{k=1}^{\infty}v_k = \sum_{k=1}^{\infty}(a_{n_k+1} + a_{n_k+2} + \cdots + a_{n_{(k+1)}})$$

的部分和为 T_k,则有

$$T_k = \sum_{i=1}^{k}v_i = \sum_{i=1}^{k}(a_{n_i+1} + a_{n_i+2} + \cdots + a_{n_{(i+1)}}) = \sum_{j=1}^{n_{(k+1)}}a_j = S_{n_{(k+1)}}.$$

由于级数 $\sum_{k=1}^{\infty}v_k$ 同一括号中的加数不变号,对于 $n_k \leqslant n \leqslant n_{(k+1)}$,可得 $\{S_n\}$ 是分段单调的,从而有

$$T_{k-1} = S_{n_k} \leqslant S_n \leqslant S_{n_{(k+1)}} = T_k \quad (T_k \geqslant S_n \geqslant T_{k-1}).$$

又由 $\sum_{k=1}^{\infty}v_k$ 收敛,可得 $\lim\limits_{k\to\infty}T_{k-1} = \lim\limits_{k\to\infty}T_k = T$ 存在且有限,进而有

$$\lim_{n\to\infty}S_n = T.$$

定理 9.1.3 若级数 $\sum_{n=1}^{\infty}a_n$ 收敛,则必有

(1) $\lim\limits_{n\to\infty}a_n = 0$;

(2) $\lim\limits_{n\to\infty}R_n = 0$.

证 记级数 $\sum a_n$ 的部分和为 $S_n = \sum_{j=1}^{n} a_j$，不妨设 $\lim_{n\to\infty} S_n = S$. 注意到

$$a_n = S_n - S_{n-1}, \quad R_n = S - S_n,$$

即有

$$\lim_{n\to\infty} a_n = 0, \quad \lim_{n\to\infty} R_n = 0.$$

□

注记 9.1.4 级数 $\sum_{n=1}^{\infty} a_n$ 的通项满足 $\lim_{n\to\infty} a_n = 0$，这是其收敛的必要而非充分条件. 比如，虽然有 $\lim_{n\to\infty}\frac{1}{\sqrt{n}}=0$，但是级数 $\sum_{n=1}^{\infty}\frac{1}{\sqrt{n}}$ 却是发散的. 这也是非常直观地，只有无穷多个无穷小量的和才**可能**是有限的. 为寻求更有效的方法来判定级数的敛散性，或许可以考虑从对级数通项作更深入细致的无穷小分析入手？

9.1.3 级数敛散性判别

通过级数部分和数列的敛散性来考察级数的敛散性，虽然是自然地、直接地，但很多场合却很难得到关于部分和的简洁高效的表达. 结合级数收敛的必要条件，也就期望最好可以直接通过考察级数的通项特征来解决其敛散性判别问题.

定理 9.1.4 **（Cauchy 准则）** 级数 $\sum_{n=1}^{\infty} a_n$ 收敛的充要条件是，对 $\forall \varepsilon>0$，存在 $N>0$，使得 $\forall m,n>N(n>m)$，有

$$|a_{m+1}+a_{m+2}+\cdots+a_n|<\varepsilon \quad (|S_n-S_m|<\varepsilon).$$

利用级数 $\sum_{n=1}^{\infty} a_n$ 的部分和数列 $\{S_n\}$ 的 Cauchy 收敛准则，可以直接得到上述结论.

Cauchy 准则

注记 9.1.5 级数 $\sum_{n=1}^{\infty} a_n$ 收敛也等价于，对 $\forall \varepsilon>0$，存在 $N>0$，使得 $\forall n>N$，$\forall p\in \mathbf{N}_+$，有

$$|a_{n+1}+a_{n+2}+\cdots+a_{n+p}|<\varepsilon \quad (|S_{n+p}-S_n|<\varepsilon).$$

特别地，取 $p=1$，又有级数 $\sum_{n=1}^{\infty} a_n$ 收敛的必要条件

$$\lim_{n\to\infty} a_{n+1} = 0.$$

例 9.1.3 讨论下列级数的敛散性：

(1) $\sum_{n=1}^{\infty}\frac{2n+1}{(n^2+1)[(n+1)^2+1]}$； (2) $\sum_{n=1}^{\infty}\frac{\sqrt[n]{n}}{\left(1+\frac{1}{n}\right)^n}$.

解 (1) 注意到级数 $\sum_{n=1}^{\infty}\frac{2n+1}{(n^2+1)[(n+1)^2+1]}$ 的部分和

$$S_n = \sum_{j=1}^{n}\left[\frac{1}{j^2+1}-\frac{1}{(j+1)^2+1}\right]=\frac{1}{2}-\frac{1}{(n+1)^2+1},$$

可得

$$\sum_{n=1}^{\infty}\frac{2n+1}{(n^2+1)[(n+1)^2+1]}=\frac{1}{2}.$$

一般地，如果有数列 $\{b_n\}$ 使得 $\lim_{n\to\infty} b_n=+\infty$，则有级数 $\sum_{n=1}^{\infty}(b_{n+1}-b_n)$ 是发散的；如果又有

$b_n\neq 0$,则有级数 $\sum\limits_{n=1}^{\infty}\left(\dfrac{1}{b_n}-\dfrac{1}{b_{n+1}}\right)=\dfrac{1}{b_1}$.

(2) 由于
$$\lim_{n\to\infty}\frac{\sqrt[n]{n}}{\left(1+\dfrac{1}{n}\right)^n}=\frac{1}{\mathrm{e}}\neq 0,$$
可知 $\sum\limits_{n=1}^{\infty}\dfrac{\sqrt[n]{n}}{\left(1+\dfrac{1}{n}\right)^n}$ 是发散的. □

例 9.1.4 若级数 $\sum\limits_{n=1}^{\infty}a_n$ 发散,又 $a_n>0$,$S_n=\sum\limits_{j=1}^{n}a_j$,则有级数 $\sum\limits_{n=1}^{\infty}\dfrac{a_n}{S_n}$ 也是发散的.

证 先取 $\varepsilon_0=\dfrac{1}{2}$,再对 $\forall N>0$,取 $m_0=N+1>N$. 由 $\lim\limits_{n\to\infty}S_n=+\infty$,可知,存在 $p_0>0$,使得
$$S_{m_0+p_0}>2S_{m_0},$$
进而可得
$$\begin{aligned}\left|\frac{a_{m_0+1}}{S_{m_0+1}}+\frac{a_{m_0+2}}{S_{m_0+2}}+\cdots+\frac{a_{m_0+p_0}}{S_{m_0+p_0}}\right|&\geqslant\frac{a_{m_0+1}+\cdots+a_{m_0+p_0}}{S_{m_0+p_0}}\\&=\frac{S_{m_0+p_0}-S_{m_0}}{S_{m_0+p_0}}=1-\frac{S_{m_0}}{S_{m_0+p_0}}>\frac{1}{2}.\end{aligned}$$
此即表明级数 $\sum\limits_{n=1}^{\infty}\dfrac{a_n}{S_n}$ 是发散的. □

例 9.1.5 试求下列级数的和:

(1) $\sum\limits_{n=1}^{\infty}\dfrac{2n-1}{3^n}$;　(2) $\sum\limits_{n=0}^{\infty}\dfrac{(-1)^n}{2n+1}$;　(3) $\sum\limits_{n=1}^{\infty}x_n\left(x_n=\int_0^1 x^2(1-x)^n\mathrm{d}x\right)$.

解 (1) 注意到级数 $\sum\limits_{n=1}^{\infty}\dfrac{2n-1}{3^n}$ 的部分和
$$S_n=\frac{1}{3}+\frac{3}{3^2}+\frac{5}{3^3}+\cdots+\frac{2n-3}{3^{n-1}}+\frac{2n-1}{3^n},$$
$$\frac{1}{3}S_n=\frac{1}{3^2}+\frac{3}{3^3}+\frac{5}{3^4}+\cdots+\frac{2n-3}{3^n}+\frac{2n-1}{3^{n+1}},$$
可得
$$\begin{aligned}\frac{2}{3}S_n&=S_n-\frac{1}{3}S_n=\frac{1}{3}+\frac{2}{3^2}+\frac{2}{3^3}+\cdots+\frac{2}{3^n}-\frac{2n-1}{3^{n+1}}\\&=\frac{1}{3}+\frac{2}{3^2}\left(1+\frac{1}{3}+\cdots+\frac{1}{3^{n-2}}\right)-\frac{2n-1}{3^{n+1}}\\&=\frac{2}{3}-\frac{1}{3^n}-\frac{2n-1}{3^{n+1}}\to\frac{2}{3}\quad(n\to\infty).\end{aligned}$$
此即有
$$\sum_{n=1}^{\infty}\frac{2n-1}{3^n}=1.$$

(2) 注意到级数 $\sum\limits_{n=0}^{\infty}\dfrac{(-1)^n}{2n+1}$ 的部分和
$$\begin{aligned}S_n&=\sum_{k=0}^{n-1}(-1)^k\frac{1}{2k+1}=\sum_{k=0}^{n-1}(-1)^k\int_0^1 x^{2k}\mathrm{d}x=\int_0^1\sum_{k=0}^{n-1}(-1)^k x^{2k}\mathrm{d}x\\&=\int_0^1\frac{1-(-x^2)^n}{1+x^2}\mathrm{d}x=\int_0^1\frac{\mathrm{d}x}{1+x^2}-(-1)^n\int_0^1\frac{x^{2n}\mathrm{d}x}{1+x^2}\to\frac{\pi}{4}\quad(n\to\infty),\end{aligned}$$

这里用到下述事实

$$0 \leqslant \int_0^1 \frac{x^{2n}\mathrm{d}x}{1+x^2} \leqslant \int_0^1 x^{2n}\mathrm{d}x \to 0 \quad (n \to \infty).$$

此即有

$$\sum_{n=0}^{\infty} \frac{(-1)^n}{2n+1} = \frac{\pi}{4}.$$

(3) 首先考察

$$\begin{aligned} x_n &= \int_0^1 x^2(1-x)^n \mathrm{d}x = \int_0^1 x^n(1-x)^2 \mathrm{d}x \\ &= \int_0^1 (x^n - 2x^{n+1} + x^{n+2})\mathrm{d}x \\ &= \frac{1}{n+1} - \frac{2}{n+2} + \frac{1}{n+3}, \end{aligned}$$

从而有级数 $\sum\limits_{n=1}^{\infty} x_n$ 的部分和

$$\begin{aligned} S_n &= \sum_{k=1}^{n} x_k = \sum_{k=1}^{n}\left[\left(\frac{1}{k+1} - \frac{1}{k+2}\right) - \left(\frac{1}{k+2} - \frac{1}{k+3}\right)\right] \\ &= \left(\frac{1}{2} - \frac{1}{3}\right) - \left(\frac{1}{n+2} - \frac{1}{n+3}\right) \to \frac{1}{6} \quad (n \to \infty). \end{aligned}$$

此即有

$$\sum_{n=1}^{\infty} x_n = \frac{1}{6}.$$

请思考：

$$\sum_{n=1}^{\infty}\left(\int_0^1 x^2(1-x)^n \mathrm{d}x\right) = \int_0^1 \left(\sum_{n=1}^{\infty} x^2(1-x)^n\right)\mathrm{d}x,$$

这样的处理方式可行否？在什么条件下是可行的？ □

习题 9.1

习　题　9.1

1. 试讨论下列级数的敛散性．如果收敛，试求出级数的和．

(1) $\sum\limits_{n=1}^{\infty} \ln\frac{1}{n}$；　　(2) $\sum\limits_{n=1}^{\infty} \frac{\cos n\pi}{9^n}$；

(3) $\sum\limits_{n=1}^{\infty} \frac{1}{n^{1+\frac{1}{n}}}$；　　(4) $\sum\limits_{n=1}^{\infty} 3^{n-1}\sin^3\left(\frac{2}{3^n}\right)$；

(5) $\sum\limits_{n=1}^{\infty} \operatorname{arccot}(n^2+n+1)$；　　(6) $\sum\limits_{n=1}^{\infty} (-1)^{n-1}\ln\left[1+\frac{1}{n}\right]$；

(7) $\sum\limits_{n=1}^{\infty} a_n \quad \left(a_1 = 1, a_{n+1} = \frac{1}{a_1+a_2+\cdots+a_n} - \sqrt{2}\right)$.

2. 试求八进制无限循环小数 $(10.37103710371037\cdots)_8$ 的值．

3. 设数列 $\{na_n\}$ 收敛，且级数 $\sum\limits_{n=2}^{\infty} n(a_n - a_{n-1})$ 也收敛，试证明级数 $\sum\limits_{n=1}^{\infty} a_n$ 是收敛的．

4. 设 $|a_n| \leqslant b_n (\forall n \in \mathbf{N}_+)$，且级数 $\sum\limits_{n=1}^{\infty} b_n$ 收敛，试证明级数 $\sum\limits_{n=1}^{\infty} a_n$ 是收敛的．

5. 若级数 $\sum\limits_{n=1}^{\infty} |a_{n+1} - a_n|$ 收敛，试证明数列 $\{a_n\}$ 是收敛的．

6. 若$\lim\limits_{n\to\infty}a_n=a>1$,试证明级数$\sum\limits_{n=1}^{\infty}\dfrac{1}{n^{a_n}}$是收敛的.

7. 若级数$\sum\limits_{n=1}^{\infty}a_n$是发散的,试证明级数$\sum\limits_{n=1}^{\infty}\min(a_n,1)$也是发散的.

8. 若级数$\sum\limits_{n=1}^{\infty}a_n^2$,$\sum\limits_{n=1}^{\infty}b_n^2$都收敛,试证明级数$\sum\limits_{n=1}^{\infty}a_nb_n$是收敛的,并且有如下Cauchy-Schwartz不等式

$$\left|\sum_{n=1}^{\infty}a_nb_n\right|\leqslant\left(\sum_{n=1}^{\infty}a_n^2\right)^{\frac{1}{2}}\left(\sum_{n=1}^{\infty}b_n^2\right)^{\frac{1}{2}}.$$

9. 设数列$\{\lambda_n\}$是严格单调递增且趋于正无穷的正数列,试证明:若级数$\sum\limits_{n=1}^{\infty}\lambda_na_n$收敛,则有级数$\sum\limits_{n=1}^{\infty}a_n$也是收敛的.

10. 试讨论下列级数的敛散性:

(1) $\sum\limits_{n=1}^{\infty}\sin(\alpha n+\beta)$,其中参变量$\alpha,\beta$为常数;

(2) $\sum\limits_{n=1}^{\infty}a_n^{\alpha}$与$\sum\limits_{n=1}^{\infty}a_n^{\beta}$,其中通项满足$a_{n+1}=a_n\exp(-a_n^{\alpha})(\forall n\in\mathbf{N}_+)$,这里$a_1>0$,参变量$\alpha$,$\beta$为正的常数.

11. 设$\{a_n\}$是非负数列,且级数$\sum\limits_{n=1}^{\infty}a_n$发散,试证明级数

$$\sum_{n=1}^{\infty}\frac{a_n}{(a_1+a_2+\cdots+a_n)^{\mu}}$$

在$\mu>1$时收敛,在$0<\mu\leqslant1$时发散.

12. 分析讨论下列命题.若是正确的,请证明之;若是错误的,请举例说明之.

(1) 若数列$\{a_n\}$非负单调递减,且$\lim\limits_{n\to\infty}na_n=0$,则级数$\sum\limits_{n=1}^{\infty}a_n$是收敛的;

(2) 若级数$\sum\limits_{n=1}^{\infty}a_n$收敛,则有$\lim\limits_{n\to\infty}na_n=0$;

(3) 若级数$\sum\limits_{n=1}^{\infty}a_n^2$收敛,则级数$\sum\limits_{n=1}^{\infty}a_n$与$\sum\limits_{n=1}^{\infty}(-1)^{n-1}a_n$至少有一个收敛;

(4) 对任意正整数$a>1$,则级数$\sum\limits_{n=1}^{\infty}\dfrac{1}{a^{\ln n}}$是发散的;

(5) 若级数$\sum\limits_{n=1}^{\infty}a_n=A$,$\sum\limits_{n=1}^{\infty}b_n=B$,则有$\sum\limits_{n=1}^{\infty}a_nb_n$必收敛,且收敛于$AB$;

(6) 若级数$\sum\limits_{n=1}^{\infty}a_n=A$,$\sum\limits_{n=1}^{\infty}b_n=B$,且$b_n\neq0(\forall n\in\mathbf{N}_+)$,则有$\sum\limits_{n=1}^{\infty}\dfrac{a_n}{b_n}$必收敛,且收敛于$\dfrac{A}{B}$.

9.2 正项级数

虽然有Cauchy准则这样的级数敛散性的充分必要刻画,但很多情形下讨论具体的任意项级数的敛散性还是有困难的.本节讨论一类特殊级数的敛散性,这将为后续研究任意项级数

的敛散性提供便利.

9.2.1 正项级数的敛散性

定义 9.2.1 如果通项 $a_n \geqslant 0(\forall n \in \mathbf{N}_+)$,则称级数 $\sum\limits_{n=1}^{\infty} a_n$ 为**正项级数**.

定理 9.2.1 (**收敛原理**) 正项级数 $\sum\limits_{n=1}^{\infty} a_n$ 收敛当且仅当其部分和数列$\{S_n\}$有上界.

证 显然,正项级数 $\sum\limits_{n=1}^{\infty} a_n$ 的部分和数列$\{S_n\}$是单调递增的,从而有

$$\sum_{n=1}^{\infty} a_n \text{ 收敛} \Leftrightarrow \{S_n\} \text{收敛} \Leftrightarrow \{S_n\} \text{有上界}.$$ □

例 9.2.1 设 $q>1$ 为正整数,$0 \leqslant a_n \leqslant q-1(\forall n \in \mathbf{N}_+)$,试讨论级数 $\sum\limits_{n=1}^{\infty} \frac{a_n}{q^n}$ 的敛散性.

解 注意到 $0 \leqslant a_n \leqslant q-1$,可得

$$0 \leqslant S_n = \sum_{k=1}^{n} \frac{a_k}{q^k} \leqslant (q-1)\sum_{k=1}^{n} \frac{1}{q^k} = 1 - q^{-n} < 1.$$

此即,原级数收敛且其和介于 0 与 1 之间. □

特别地,如果 a_n 都是整数,则此级数的和 S 可记为

$$S = S_{(q)} = 0.a_1 a_2 a_3 \cdots a_n \cdots,$$

这即是 S 的 q 进制小数表示. 要注意,$[0,1]$区间上的数都可以用 q 进制小数表示,但表示方式不是唯一的. 比如,在十进制中

$$0.999\cdots = \sum_{n=1}^{\infty} \frac{9}{10^n} = \lim_{n\to\infty} \frac{9}{10} \frac{1-10^{-n}}{1-10^{-1}} = 1.$$

当 $q=2$ 时,即是广泛应用于计算机和信息科学中的二进制.

9.2.2 正项级数敛散性判别

定理 9.2.2 (**比较判别法**) 设 $\sum\limits_{n=1}^{\infty} a_n$ 和 $\sum\limits_{n=1}^{\infty} b_n$ 为正项级数,如果存在常数 $M>0$ 以及整数 $N>0$,使得

$$a_n \leqslant M b_n, \quad \forall n > N,$$

则(1) 当 $\sum\limits_{n=1}^{\infty} b_n$ 收敛时,$\sum\limits_{n=1}^{\infty} a_n$ 也收敛;(2) 当 $\sum\limits_{n=1}^{\infty} a_n$ 发散时,$\sum\limits_{n=1}^{\infty} b_n$ 也发散.

证 不妨设 $a_n \leqslant M b_n, \forall n \in \mathbf{N}_+$.

(1) 若记 S_n 和 T_n 分别为 $\sum\limits_{n=1}^{\infty} a_n$ 和 $\sum\limits_{n=1}^{\infty} b_n$ 的前 n 项部分和,则有

$$S_n = \sum_{k=1}^{n} a_k \leqslant M \sum_{k=1}^{n} b_k = M T_n.$$

当级数 $\sum\limits_{n=1}^{\infty} b_n$ 收敛时,其部分和数列$\{T_n\}$有界,从而部分和数列$\{S_n\}$也有界,此即有级数 $\sum\limits_{n=1}^{\infty} a_n$ 收敛.

(2) 此时的情形是(1)的逆否命题,结论显然成立. □

注记 9.2.1 (1) 比较判别法极限形式:通过极限形式刻画定理中 M 的存在性,如果

$$\lim_{n\to\infty}\frac{a_n}{b_n}=\lambda,$$

则当 $0<\lambda<+\infty$ 时,级数 $\sum\limits_{n=1}^{\infty}a_n$ 和 $\sum\limits_{n=1}^{\infty}b_n$ 有相同的敛散性;当 $\lambda=0$ 时,有级数 $\sum\limits_{n=1}^{\infty}b_n$ 收敛时级数 $\sum\limits_{n=1}^{\infty}a_n$ 也收敛;当 $\lambda=+\infty$ 时,有级数 $\sum\limits_{n=1}^{\infty}b_n$ 发散时级数 $\sum\limits_{n=1}^{\infty}a_n$ 也发散.

(2) 如果数列 $\left\{\frac{a_n}{b_n}\right\}$ 单调递减,也即

$$\frac{a_{n+1}}{a_n}\leqslant\frac{b_{n+1}}{b_n},$$

则有级数 $\sum\limits_{n=1}^{\infty}b_n$ 收敛时 $\sum\limits_{n=1}^{\infty}a_n$ 也收敛;级数 $\sum\limits_{n=1}^{\infty}a_n$ 发散时 $\sum\limits_{n=1}^{\infty}b_n$ 也发散.

例 9.2.2 试讨论下列级数的敛散性:

(1) $\sum\limits_{n=1}^{\infty}\frac{n+9}{6n^3-n}$; (2) $\sum\limits_{n=1}^{\infty}\sin^2\frac{\pi}{\sqrt{n}}$; (3) $\sum\limits_{n=1}^{\infty}\left[\frac{1}{n}-\ln\left(1+\frac{1}{n}\right)\right]$.

解 (1) 对于 $\forall\, n>2$,显然有

$$\frac{n+9}{6n^3-n}<\frac{1}{n^2},$$

从而由 $\sum\limits_{n=1}^{\infty}\frac{1}{n^2}$ 收敛,可得 $\sum\limits_{n=1}^{\infty}\frac{n+9}{6n^3-n}$ 是收敛的.

(2) 注意到对 $\forall\, x\in\left[0,\frac{\pi}{2}\right]$,成立 $\sin x\geqslant\frac{2}{\pi}x$,从而有

$$\sin^2\frac{\pi}{\sqrt{n}}\geqslant\frac{4}{\pi^2}\frac{\pi^2}{n}=\frac{4}{n},$$

进而由 $\sum\limits_{n=1}^{\infty}\frac{1}{n}$ 发散,可得 $\sum\limits_{n=1}^{\infty}\sin^2\frac{\pi}{\sqrt{n}}$ 是发散的.

(3) 利用 Taylor 公式,可得

$$0<\frac{1}{n}-\ln\left(1+\frac{1}{n}\right)=\frac{1}{2n^2}+o\left(\frac{1}{n^2}\right).$$

从而有

$$\lim_{n\to+\infty}\left[\frac{1}{n}-\ln\left(1+\frac{1}{n}\right)\right]\Big/\frac{1}{n^2}=\frac{1}{2},$$

又由 $\sum\limits_{n=1}^{\infty}\frac{1}{n^2}$ 收敛,可得 $\sum\limits_{n=1}^{\infty}\left[\frac{1}{n}-\ln\left(1+\frac{1}{n}\right)\right]$ 是收敛的. □

事实上,在很多情形下直接用比较判别法并不是那么容易,比如上例中的情形(3),所以通常考虑使用比较判别法的极限形式,基于无穷小分析解决问题. 注意到

$$\frac{n+9}{6n^3-n}\sim\frac{1}{6n^2},\quad \sin^2\frac{\pi}{\sqrt{n}}\sim\frac{\pi^2}{n}\quad (n\to+\infty)$$

即有级数 $\sum\limits_{n=1}^{\infty}\frac{n+9}{6n^3-n}$ 收敛,级数 $\sum\limits_{n=1}^{\infty}\sin^2\frac{\pi}{\sqrt{n}}$ 发散.

比较判别法需要先对所考虑级数的敛散性有大致的估计，再寻找一个敛散性已知的合适级数与之相比较来判定. 但就绝大多数情形而言，这两个步骤可能都有相当难度，因此就期望能直接通过考察级数通项之间的关系，去判定级数的敛散性.

定理 9.2.3 （**d'Alembert 判别法，比式判别法**） 设 $\sum_{n=1}^{\infty} a_n$ 为正项级数，又有整数 $N>0$ 以及常数 $0<q<1$，使得：

(1) 若对 $\forall n>N$，有 $\frac{a_{n+1}}{a_n}\leqslant q$，则级数 $\sum_{n=1}^{\infty} a_n$ 收敛；

(2) 若对 $\forall n>N$，有 $\frac{a_{n+1}}{a_n}\geqslant 1$，则级数 $\sum_{n=1}^{\infty} a_n$ 发散.

证 (1) 不妨设对 $\forall n\in \mathbf{N}_+$，有 $\frac{a_{n+1}}{a_n}\leqslant q$，从而可得

$$\frac{a_2}{a_1}\cdot\frac{a_3}{a_2}\cdot\cdots\cdot\frac{a_{n+1}}{a_n}\leqslant q^n,$$

也即有

$$a_{n+1}\leqslant a_1 q^n.$$

注意到 $0<q<1$，等比级数 $\sum_{n=1}^{\infty} q^n$ 收敛，根据比较判别法可得级数 $\sum_{n=1}^{\infty} a_n$ 收敛.

(2) 若对 $\forall n>N$，有 $\frac{a_{n+1}}{a_n}\geqslant 1$，从而可得

$$a_{n+1}\geqslant a_n\geqslant\cdots\geqslant a_n>0.$$

此即有 $\lim\limits_{n\to+\infty} a_n\neq 0$，显然级数 $\sum_{n=1}^{\infty} a_n$ 发散. □

推论 9.2.1 （**d'Alembert 判别法极限形式**） 设 $\sum_{n=1}^{\infty} a_n$ 为正项级数，且 $\lim\limits_{n\to+\infty}\frac{a_{n+1}}{a_n}=q$，则有

(1) 当 $q<1$ 时，级数 $\sum_{n=1}^{\infty} a_n$ 收敛；

(2) 当 $q>1$ 或 $q=+\infty$ 时，级数 $\sum_{n=1}^{\infty} a_n$ 发散.

证 由于对 $\forall \varepsilon>0$，存在 $N>0$，当 $n>N$ 时，有

$$q-\varepsilon<\frac{a_{n+1}}{a_n}<q+\varepsilon.$$

(1) 若 $q<1$，取 $\varepsilon_0=\frac{1-q}{2}$ 使得 $q+\varepsilon_0<1$，从而由定理 9.2.3 可得级数 $\sum_{n=1}^{\infty} a_n$ 收敛.

(2) 若 $q>1$，取 $\varepsilon_0=\frac{q-1}{2}$ 使得 $q-\varepsilon_0>1$，从而由定理 9.2.3 可得级数 $\sum_{n=1}^{\infty} a_n$ 发散.

若 $q=+\infty$，则存在 $N>0$，对 $\forall n>N$，有 $\frac{a_{n+1}}{a_n}\geqslant 1$，也有级数 $\sum_{n=1}^{\infty} a_n$ 发散. □

定理 9.2.4 （**Cauchy 判别法，根式判别法**） 设 $\sum_{n=1}^{\infty} a_n$ 为正项级数，又有整数 $\mathrm{N}>0$ 以及常数 $0<\mathrm{q}<1$，使得：

(1) 若对 $\forall \mathrm{n}>\mathrm{N}$，有 $\sqrt[\mathrm{n}]{\mathrm{a_n}}\leqslant \mathrm{q}$，则级数 $\sum_{n=1}^{\infty} a_n$ 收敛；

(2) 若对 $\forall n>N$,有 $\sqrt[n]{a_n}\geqslant 1$,则级数 $\sum\limits_{n=1}^{\infty}a_n$ 发散.

证 (1) 注意到 $\sqrt[n]{a_n}\leqslant q$,直接有 $a_n\leqslant q^n$. 又当 $0<q<1$ 时,等比级数 $\sum\limits_{n=1}^{\infty}q^n$ 收敛,根据比较判别法可得级数 $\sum\limits_{n=1}^{\infty}a_n$ 收敛.

(2) 注意到 $\sqrt[n]{a_n}\geqslant 1$,直接有 $a_n\geqslant 1$,此即有 $\lim\limits_{n\to+\infty}a_n\neq 0$,显然级数 $\sum\limits_{n=1}^{\infty}a_n$ 发散. □

推论 9.2.2 (**Cauchy 判别法极限形式**) 设 $\sum\limits_{n=1}^{\infty}a_n$ 为正项级数,且 $\lim\limits_{n\to+\infty}\sqrt[n]{a_n}=q$,则有

(1) 当 $q<1$ 时,级数 $\sum\limits_{n=1}^{\infty}a_n$ 收敛;

(2) 当 $q>1$ 时,级数 $\sum\limits_{n=1}^{\infty}a_n$ 发散.

证 由于对 $\forall\varepsilon>0$,存在 $N>0$,当 $n>N$ 时,有

$$q-\varepsilon<\sqrt[n]{a_n}<q+\varepsilon.$$

特别地,取 $\varepsilon_0=\dfrac{|1-q|}{2}$,结合上式,再由定理 9.2.4 即有结论成立. □

例 9.2.3 试讨论下列级数的敛散性:

(1) $\sum\limits_{n=1}^{\infty}\dfrac{n!2^n}{n^n}$;

(2) $\sum\limits_{n=1}^{\infty}\dfrac{\gamma^n}{\sqrt{n}}\ (\gamma>0)$;

(3) $\sum\limits_{n=1}^{\infty}\dfrac{n^2}{\left(2+\dfrac{1}{n}\right)^n}$;

(4) $\sum\limits_{n=1}^{\infty}\dfrac{(n+1)^{\frac{n+1}{2}}}{(2n+1)^n}$.

解 (1) 令 $a_n=\dfrac{n!\,2^n}{n^n}$,则有

$$\frac{a_{n+1}}{a_n}=\frac{(n+1)!\,2^{(n+1)}}{(n+1)^{(n+1)}}\bigg/\frac{n!\,2^n}{n^n}=2\left(\frac{n}{n+1}\right)^n\to\frac{2}{\mathrm{e}}<1\quad(n\to+\infty),$$

从而有 $\sum\limits_{n=1}^{\infty}\dfrac{n!2^n}{n^n}$ 收敛.

(2) 令 $a_n=\dfrac{\gamma^n}{\sqrt{n}}$,则有

$$\frac{a_{n+1}}{a_n}=\frac{\gamma^{n+1}}{\sqrt{n+1}}\bigg/\frac{\gamma^n}{\sqrt{n}}=\gamma\sqrt{\frac{n}{n+1}}\to\gamma\quad(n\to+\infty),$$

从而有 $\sum\limits_{n=1}^{\infty}\dfrac{n!2^n}{n^n}$ 在 $\gamma<1$ 时收敛,在 $\gamma\geqslant 1$ 时发散.

(3) 令 $a_n=\dfrac{n^2}{\left(2+\dfrac{1}{n}\right)^n}$,则有

$$\sqrt[n]{a_n}=\frac{\sqrt[n]{n^2}}{\left(2+\dfrac{1}{n}\right)}\to\frac{1}{2}<1\quad(n\to+\infty),$$

从而有 $\sum_{n=1}^{\infty}\frac{n^2}{\left(2+\frac{1}{n}\right)^n}$ 收敛.

(4) 令 $a_n=\frac{(n+1)^{\frac{n+1}{2}}}{(2n+1)^n}$,则有

$$\sqrt[n]{a_n}=\frac{(n+1)^{\frac{1}{2}+\frac{1}{2n}}}{n}\Big/\left(2+\frac{1}{n}\right)\to 0<1\quad(n\to+\infty),$$

从而有 $\sum_{n=1}^{\infty}\frac{(n+1)^{\frac{n+1}{2}}}{(2n+1)^n}$ 收敛. □

注记 9.2.2 (1) 比式判别法和根式判别法所刻画的都是**正项级数**敛散性的**充分性**判别条件.

(2) 如果 $\lim\limits_{n\to+\infty}\frac{a_{n+1}}{a_n}=q$,必有 $\lim\limits_{n\to+\infty}\sqrt[n]{a_n}=q$. 这表明,凡是可用比式判别敛散性的一定可用根式判别敛散性,根式判别法比比式判别法更有效. 比如,对于级数 $\sum_{n=1}^{\infty}\frac{2+(-1)^n}{2^n}$, 依据比式极限

$$\lim_{m\to+\infty}\frac{a_{2m+1}}{a_{2m}}=\lim_{m\to+\infty}\frac{1}{2^{2m+1}}\Big/\frac{3}{2^{2m}}=\frac{1}{6},$$

$$\lim_{m\to+\infty}\frac{a_{2m}}{a_{2m-1}}=\lim_{m\to+\infty}\frac{3}{2^{2m}}\Big/\frac{1}{2^{2m-1}}=\frac{3}{2},$$

不能判定其敛散性, 但是由根式极限

$$\lim_{n\to+\infty}\sqrt[n]{a_n}=\lim_{n\to+\infty}\frac{\sqrt[n]{2+(-1)^n}}{2}=\frac{1}{2}$$

可知此级数是收敛的.

(3) 当比式判别法和根式判别法极限形式中的 $q=1$ 时,级数 $\sum_{n=1}^{\infty}a_n$ 的敛散性不确定,需要进一步探究. 比如,对级数 $\sum\frac{1}{n}$ 和 $\sum\frac{1}{n^2}$ 都有

$$\lim_{n\to+\infty}\frac{a_{n+1}}{a_n}=1,\quad \lim_{n\to+\infty}\sqrt[n]{a_n}=1,$$

但是级数 $\sum\frac{1}{n}$ 发散,而级数 $\sum\frac{1}{n^2}$ 收敛.

(4)(**比式对数型判别法**) 若正项级数 $\sum_{n=1}^{\infty}a_n$ 使得

$$\lim_{n\to+\infty}\left(n\ln\frac{a_n}{a_{n+1}}\right)=l,\quad -\infty\leqslant l\leqslant+\infty,$$

则当 $l>1$ 时,级数 $\sum_{n=1}^{\infty}a_n$ 收敛; 当 $l<1$ 时,级数 $\sum_{n=1}^{\infty}a_n$ 发散;当 $l=1$ 时,级数 $\sum_{n=1}^{\infty}a_n$ 敛散性不确定. 比如,级数 $\sum_{n=1}^{\infty}\frac{1}{a^{\ln n}}(a>0)$ 对应于 $\lim\limits_{n\to+\infty}\left(n\ln\frac{a_n}{a_{n+1}}\right)=\ln a$,从而当 $a>\mathrm{e}$ 时,级数 $\sum_{n=1}^{\infty}a_n$ 收敛;当 $a\leqslant\mathrm{e}$ 时,级数 $\sum_{n=1}^{\infty}a_n$ 发散.

(5) 在很多情形下,若定理中关于级数通项的极限不存在,可以尝试利用相应的上下极限

去判别级数的敛散性.

定义 9.2.2 (1) 对有界数列$\{a_n\}$,如果存在子列$\{a_{n_k}\}$使得

$$\lim_{k\to+\infty} a_{n_k}=\xi,$$

则称ξ为数列$\{a_n\}$的一个**极限点(聚点)**.

(2) 令E为有界数列$\{a_n\}$的所有极限点的集合,则有E的上确界M和下确界m都属于E.通常,称E的上确界M和下确界m分别为$\{a_n\}$的**上极限**和**下极限**,记为

$$\overline{\lim_{n\to+\infty}}\, a_n=M,\quad \underline{\lim_{n\to+\infty}}\, a_n=m.$$

下面,我们直接介绍一些关于上下极限的基本性质,以及比式判别法和根式判别法基于上下极限的一般刻画.

定理 9.2.5 (1) 若数列$\{a_n\}$是有界的,则其收敛的充分必要条件是

$$\overline{\lim_{n\to+\infty}}\, a_n=\underline{\lim_{n\to+\infty}}\, a_n=\lim_{n\to+\infty} a_n.$$

(2) 若数列$\{a_n\}$和$\{b_n\}$是有界的,则有

$$\overline{\lim_{n\to+\infty}}\,(a_n+b_n)\leqslant\overline{\lim_{n\to+\infty}}\, a_n+\overline{\lim_{n\to+\infty}}\, b_n,$$

$$\underline{\lim_{n\to+\infty}}\,(a_n+b_n)\geqslant\underline{\lim_{n\to+\infty}}\, a_n+\underline{\lim_{n\to+\infty}}\, b_n.$$

(3) 若非负数列$\{a_n\}$和$\{b_n\}$是有界的,则有

$$\overline{\lim_{n\to+\infty}}\,(a_n\cdot b_n)\leqslant\overline{\lim_{n\to+\infty}}\, a_n\cdot\overline{\lim_{n\to+\infty}}\, b_n,$$

$$\underline{\lim_{n\to+\infty}}\,(a_n\cdot b_n)\geqslant\underline{\lim_{n\to+\infty}}\, a_n\cdot\underline{\lim_{n\to+\infty}}\, b_n.$$

定理 9.2.6 (1) 设$\sum\limits_{n=1}^{\infty}a_n$为正项级数,则有

(i) 当$\overline{\lim\limits_{n\to+\infty}}\dfrac{a_{n+1}}{a_n}<1$时,级数$\sum\limits_{n=1}^{\infty}a_n$收敛;

(ii) 当$\underline{\lim\limits_{n\to+\infty}}\dfrac{a_{n+1}}{a_n}>1$时,级数$\sum\limits_{n=1}^{\infty}a_n$发散;

(iii) 当$\overline{\lim\limits_{n\to+\infty}}\dfrac{a_{n+1}}{a_n}\geqslant1$或$\underline{\lim\limits_{n\to+\infty}}\dfrac{a_{n+1}}{a_n}\leqslant1$时,级数$\sum\limits_{n=1}^{\infty}a_n$的敛散性需要再探究.

(2) 设$\sum\limits_{n=1}^{\infty}a_n$为正项级数,则有

(i) 当$\overline{\lim\limits_{n\to+\infty}}\sqrt[n]{a_n}<1$时,级数$\sum\limits_{n=1}^{\infty}a_n$收敛;

(ii) 当$\overline{\lim\limits_{n\to+\infty}}\sqrt[n]{a_n}>1$时,级数$\sum\limits_{n=1}^{\infty}a_n$发散;

(iii) 当$\overline{\lim\limits_{n\to+\infty}}\sqrt[n]{a_n}=1$时,级数$\sum\limits_{n=1}^{\infty}a_n$的敛散性需要再探究.

例 9.2.4 试讨论下列级数的敛散性.

(1) $\sum\limits_{n=1}^{\infty}\dfrac{3+(-1)^n}{3^n}$; (2) $\sum\limits_{n=1}^{\infty}\dfrac{n^3(\sqrt{2}+(-1)^n)^n}{3^n}$.

证 (1) 令$a_n=\dfrac{3+(-1)^n}{3^n}$,由于

$$\lim_{m\to+\infty}\frac{a_{2m+1}}{a_{2m}}=\lim_{m\to+\infty}\frac{2}{3^{2m+1}}\bigg/\frac{4}{3^{2m}}=\frac{1}{6},$$

$$\lim_{m\to+\infty}\frac{a_{2m}}{a_{2m-1}}=\lim_{m\to+\infty}\frac{4}{3^{2m}}\Big/\frac{2}{3^{2m-1}}=\frac{2}{3},$$

可得 $\overline{\lim_{n\to+\infty}}\frac{a_{n+1}}{a_n}<1$,从而有 $\sum_{n=1}^{\infty}\frac{3+(-1)^n}{3^n}$ 是收敛的.

(2) 令 $a_n=\frac{n^3(\sqrt{2}+(-1)^n)^n}{3^n}$,由于

$$\overline{\lim_{n\to+\infty}}\sqrt[n]{a_n}=\overline{\lim_{n\to+\infty}}\frac{(\sqrt[n]{n})^3(\sqrt{2}+(-1)^n)}{3}<1,$$

从而有 $\sum_{n=1}^{\infty}\frac{n^3(\sqrt{2}+(-1)^n)^n}{3^n}$ 是收敛的. □

比式判别法和根式判别法是以几何级数为标准而构建的,又有很多正项级数的收敛比几何级数的收敛要慢,这就要求考虑另外的比较标准以构建更有效的敛散性判别法. 比如,p 级数 $\sum_{n=1}^{\infty}\frac{1}{n^p}$ 在 $p>1$ 时是收敛的,但是 $\lim_{n\to+\infty}\frac{q^n}{1/n^p}=0(|q|<1)$;而级数 $\sum_{n=2}^{\infty}\frac{1}{n\ln^{\gamma}n}$ 在 $\gamma>1$ 时是收敛的,却有 $\lim_{n\to+\infty}\frac{1}{n^p}\Big/\frac{1}{n\ln^{\gamma}n}=0$.

定理 9.2.7 (**Kummer 判别法**) 设 $\sum_{n=1}^{\infty}a_n$ 和 $\sum_{n=1}^{\infty}b_n$ 为正项级数,如果存在整数 $N>0$ 以及常数 $q>0$,且对 $\forall n>N$ 满足

(1) $\frac{1}{b_n}\frac{a_n}{a_{n+1}}-\frac{1}{b_{n+1}}\geqslant q>0$,则级数 $\sum_{n=1}^{\infty}a_n$ 收敛;

(2) $\frac{1}{b_n}\frac{a_n}{a_{n+1}}-\frac{1}{b_{n+1}}\leqslant 0$ 且级数 $\sum_{n=1}^{\infty}b_n$ 发散,则级数 $\sum_{n=1}^{\infty}a_n$ 发散.

证 (1) 注意到

$$a_{n+1}\leqslant\frac{1}{q}\left(\frac{a_n}{b_n}-\frac{a_{n+1}}{b_{n+1}}\right)\quad(\forall n>N),$$

从而有

$$\begin{aligned}S_n&=\sum_{k=1}^{n}a_k\leqslant S_N+\frac{1}{q}\sum_{k=N}^{n}\left(\frac{a_k}{b_k}-\frac{a^{k+1}}{b_{k+1}}\right)\\&=S_N+\frac{1}{q}\left(\frac{a_N}{b_N}-\frac{a_{n+1}}{b_{n+1}}\right)\leqslant S_N+\frac{1}{q}\frac{a_N}{b_N},\end{aligned}$$

此即部分和数列 $\{S_n\}$ 有上界,进而级数 $\sum_{n=1}^{\infty}a_n$ 收敛.

(2) 根据

$$\frac{1}{b_n}\frac{a_n}{a_{n+1}}-\frac{1}{b_{n+1}}\leqslant 0,$$

直接有

$$\frac{a_n}{b_n}\leqslant\frac{a_{n+1}}{b_{n+1}},$$

此即数列 $\left\{\frac{a_n}{b_n}\right\}$ 单调递增,从而有 $a_n\geqslant\frac{a_1}{b_1}b_n$. 又由级数 $\sum_{n=1}^{\infty}b_n$ 发散,可得级数 $\sum_{n=1}^{\infty}a_n$ 发散. □

注记 9.2.3 (1) Kummer 判别法中 q 的存在性通常利用如下极限判定. 如果

$$\lim_{n\to+\infty}\left(\frac{1}{b_n}\frac{a_n}{a_{n+1}}-\frac{1}{b_{n+1}}\right)=q,$$

则当 $q>0$ 时,级数 $\sum\limits_{n=1}^{\infty}a_n$ 收敛；当 $q<0$ 且级数 $\sum\limits_{n=1}^{\infty}b_n$ 发散时,级数 $\sum\limits_{n=1}^{\infty}a_n$ 发散.

(2) 特别地,取 $b_n=1$,即由 Kummer 判别法得到 d'Alembert 比式判别法.

(3) (**Raabe 判别法**) 若考虑取 $b_n=\dfrac{1}{n}$,又存在常数 r,使得

$$\lim_{n\to+\infty}n\left(\frac{a_n}{a_{n+1}}-1\right)=r,$$

则当 $r>1$ 时,级数 $\sum\limits_{n=1}^{\infty}a_n$ 收敛；当 $r<1$ 时,级数 $\sum\limits_{n=1}^{\infty}a_n$ 发散；当 $r=1$ 时,级数 $\sum\limits_{n=1}^{\infty}a_n$ 的敛散性需要再讨论.

(4) (**Bertrand 判别法**) 若 *Raabe* 判别法失效,又有 $\lim\limits_{n\to+\infty}(\ln n)\left[n\left(\dfrac{a_n}{a_{n+1}}-1\right)-1\right]=t$,则当 $t>1$ 时,级数 $\sum\limits_{n=1}^{\infty}a_n$ 收敛；当 $t<1$ 时,级数 $\sum\limits_{n=1}^{\infty}a_n$ 发散；当 $t=1$ 时,级数 $\sum\limits_{n=1}^{\infty}a_n$ 的敛散性需要再讨论.

(5) (**Gauss 判别法**) 若考虑取 $b_n=\dfrac{1}{n\ln n}$,又存在常数 s,使得

$$\frac{a_n}{a_{n+1}}=1+\frac{s}{n}+o\left(\frac{1}{n\ln n}\right),$$

则当 $s>1$ 时,级数 $\sum\limits_{n=1}^{\infty}a_n$ 收敛；当 $s\leqslant 1$ 时,级数 $\sum\limits_{n=1}^{\infty}a_n$ 发散.

例 9.2.5　试讨论下列级数的敛散性：

(1) $\sum\limits_{n=1}^{\infty}\dfrac{n!}{(\alpha+1)(\alpha+2)\cdots(\alpha+n)}\quad(\alpha>0)$；

(2) $\sum\limits_{n=3}^{\infty}\dfrac{n!a^n}{n^n}\quad(a>0)$.

解　(1) 令 $a_n=\dfrac{n!}{(\alpha+1)(\alpha+2)\cdots(\alpha+n)}$,则有

$$\lim_{n\to+\infty}n\left(\frac{a_n}{a_{n+1}}-1\right)=\lim_{n\to+\infty}n\left(\frac{\alpha+n+1}{n+1}-1\right)=\alpha.$$

根据 Raabe 判别法,可得当 $\alpha>1$ 时,原级数收敛；当 $\alpha<1$ 时,原级数发散. 显然,当 $\alpha=1$ 时,有 $a_n=\dfrac{1}{n+1}$,从而原级数发散.

(2) 令 $a_n=\dfrac{n!\ a^n}{n^n}$,则有

$$\lim_{n\to+\infty}\frac{a_n}{a_{n+1}}=\lim_{n\to+\infty}\frac{1}{a}\left(1+\frac{1}{n}\right)^n=\frac{e}{a},$$

根据比式判别法,可得当 $a<e$ 时,原级数收敛；当 $a>e$ 时,原级数发散；当 $a=e$ 时,注意到

$$\frac{a_n}{a_{n+1}}=e^{n\ln\left(1+\frac{1}{n}\right)-1}=e^{n\left[\frac{1}{n}-\frac{1}{2n^2}+O\left(\frac{1}{n^3}\right)\right]-1}$$

$$=\mathrm{e}^{-\frac{1}{2n}+o\left(\frac{1}{n^2}\right)}=1-\frac{1}{2n}+o\left(\frac{1}{n^2}\right)\quad(n\to+\infty).$$

根据 Gauss 判别法，这里有 $s=-\frac{1}{2}<1$，从而原级数收敛. □

定理 9.2.8 **（积分判别法）** 设 $f(x)$是定义于$[1,+\infty)$上的非负单调递减函数，记 $a_n=f(n)(\forall n\in\mathbf{N}_+)$，则有级数 $\sum\limits_{n=1}^{\infty}a_n$ 的敛散性与广义积分 $\int_1^{+\infty}f(x)\mathrm{d}x$ 的敛散性相同.

证 令 $F(x)=\int_1^x f(t)\mathrm{d}t,\forall x\geqslant 1$. 由于 $f(x)$单调递减，在 $n\leqslant x\leqslant n+1$ 时，可得

$$a_{n+1}=f(n+1)\leqslant f(x)\leqslant f(n)=a_n,$$

进而有

$$a_{n+1}\leqslant\int_n^{n+1}f(t)\mathrm{d}t\leqslant a_n.$$

记 $S_n=\sum\limits_{k=1}^{n}a_k$ 为级数的部分和，则有

$$S_n\leqslant a_1+F(n),\quad F(n)\leqslant S_{n-1}.$$

又注意到$\{S_n\}$与$\{F(n)\}$关于 n 都是单调递增的，上式表明二者同时有界或无界. 从而，级数 $\sum\limits_{n=1}^{\infty}a_n$ 与广义积分$\int_1^{+\infty}f(x)\mathrm{d}x$ 有相同的敛散性. □

例 9.2.6 试讨论下列级数的敛散性.

(1) $\sum\limits_{n=1}^{\infty}\frac{1}{n^p}\quad(\forall p\in\mathbf{R})$；　　(2) $\sum\limits_{n=2}^{\infty}\frac{1}{n(\ln n)^p}\quad(\forall p\in\mathbf{R})$.

解 (1) 显然，当 $p\leqslant 0$ 时，级数发散. 当 $p>0$ 时，考虑非负单调递减函数 $f(x)=x^{-p}$，有

$$F(x)=\int_1^x f(t)\mathrm{d}t=\int_1^x t^{-p}\mathrm{d}t=\begin{cases}\ln x, & p=1,\\ \dfrac{1}{1-p}(x^{1-p}-1), & p\neq 1.\end{cases}$$

从而，当 $0<p\leqslant 1$ 时，$F(x)\to+\infty(x\to+\infty)$；当 $p>1$ 时，$F(x)\to\frac{1}{p-1}(x\to+\infty)$. 此即，当 $p\leqslant 1$ 时，级数 $\sum\limits_{n=1}^{\infty}\frac{1}{n^p}$ 发散；当 $p>1$ 时，级数 $\sum\limits_{n=1}^{\infty}\frac{1}{n^p}$ 收敛.

(2) 令 $a=\max(2,\mathrm{e}^{-p})$，则有 $f(x)=\frac{1}{x(\ln x)^p}$为$[a,+\infty)$上的单调递减函数. 由于广义积分 $\int_2^{+\infty}\frac{1}{x(\ln x)^p}\mathrm{d}x$ 在 $p>1$ 时收敛，在 $p\leqslant 1$ 时发散，从而有级数$\sum\limits_{n=2}^{\infty}\frac{1}{n(\ln n)^p}$ 在 $p>1$ 时收敛，在 $p\leqslant 1$ 时发散. □

对正项级数而言，前面的探讨表明：选择收敛更慢的级数作为比较对象可以进一步构建其他的敛散性判别法，而且这一过程是没有穷尽的. 事实上，不存在收敛最慢的正项级数，也不存在发散最慢的正项级数. 更一般的，我们有如下定理：

定理 9.2.9 设 $\sum\limits_{n=1}^{\infty}a_n$ 为正项级数且 $a_n>0(\forall n\in\mathbf{N}_+)$，又记 $S_n=\sum\limits_{k=1}^{n}a_k$ 为其部分和.

(1) 若 $\sum\limits_{n=1}^{\infty}a_n$ 发散，则级数$\sum\limits_{n=1}^{\infty}\frac{a_n}{S_n}$ 也发散.

(2) 若 $\sum\limits_{n=1}^{\infty}a_n$ 收敛，则存在收敛的正项级数$\sum\limits_{n=1}^{\infty}b_n$，使得 $\lim\limits_{n\to+\infty}\frac{a_n}{b_n}=0$.

证 (1) 若 $\sum_{n=1}^{\infty}a_n$ 发散,则有 $\lim_{n\to+\infty}S_n=+\infty$. 任意取定 $n\geqslant 2$,考虑 $N>n$,可得

$$\sum_{k=n}^{\infty}\frac{a_k}{S_k}\geqslant\sum_{k=n}^{N}\frac{a_k}{S_k}\geqslant\frac{S_N-S_{n-1}}{S_N}\to 1\quad(N\to+\infty),$$

此即,余项 $\sum_{k=n}^{\infty}\frac{a_k}{S_k}\geqslant 1$,从而有级数$\sum_{n=1}^{\infty}\frac{a_n}{S_n}$ 发散.

(2) 若 $\sum_{n=1}^{\infty}a_n$ 收敛,则存在 $1=n_0<n_1<n_2<\cdots$,使得

$$\sum_{n=n_k}^{\infty}a_n\leqslant\frac{1}{4^k},\quad\forall k=1,2,\cdots.$$

令 $b_n=2^ka_n,n_k\leqslant n\leqslant n_{k+1},k=0,1,\cdots$,则有 $\lim_{n\to+\infty}\frac{a_n}{b_n}=0$. 而且

$$\begin{aligned}\sum_{n=1}^{\infty}b_n&=\sum_{k=1}^{n_1-1}a_k+\sum_{k=n_1}^{n_2-1}2a_k+\sum_{k=n_2}^{n_3-1}2^2a_k+\cdots\\&\leqslant\sum_{k=1}^{n_1-1}a_k+\sum_{k=1}^{+\infty}\frac{2^k}{4^k}=\sum_{k=1}^{n_1-1}a_k+1.\end{aligned}$$

此即级数 $\sum_{n=1}^{\infty}b_n$ 收敛. □

定理 9.2.10 (Cauchy 凝聚判别法) 设非负数列$\{a_n\}$单调递减趋于零,则有正项级数 $\sum_{n=1}^{\infty}a_n$ 收敛,当且仅当正项级数$\sum_{k=0}^{\infty}2^ka_{2^k}$ 收敛.

证 记 $S_n=\sum_{k=1}^{n}a_k,T_n=\sum_{k=0}^{n}2^ka_{2^k}$. 当 $2^k\leqslant n<2^{k+1}$时,有

$$\begin{aligned}S_n&\geqslant a_1+a_2+(a_3+a_4)+\cdots+(a_{2^{k-1}+1}+\cdots+a_{2^k})\\&\geqslant a_1+a_2+2a_4+\cdots+2^{k-1}a_{2^k}\\&\geqslant\frac{1}{2}(a_1+2a_2+\cdots+2^ka_{2^k})=\frac{T_k}{2}.\end{aligned}$$

此即表明,若$\{S_n\}$有界,则$\{T_n\}$也有界. 从而有级数 $\sum_{n=1}^{\infty}a_n$ 收敛时,级数$\sum_{k=0}^{\infty}2^ka_{2^k}$ 也收敛.

类似地,又有

$$\begin{aligned}S_n&\leqslant a_1+(a_2+a_3)+\cdots+(a_{2^k}+\cdots+a_{2^{k+1}-1})\\&\leqslant a_1+2a_2+\cdots+2^k a_{2^k}=T_k.\end{aligned}$$

这又表明,若$\{T_n\}$有界,则$\{S_n\}$也有界. 从而有级数 $\sum_{n=1}^{\infty}2^ka_{2^k}$ 收敛时,级数$\sum_{k=0}^{\infty}a_n$ 也收敛. □

例 9.2.7 试讨论下列级数的敛散性:

(1) $\sum_{n=1}^{\infty}\frac{1}{n^p}\ (\forall p\in\mathbf{R})$; (2) $\sum_{n=2}^{\infty}\frac{1}{n(\ln n)^p}\ (\forall p\in\mathbf{R})$.

解 (1) 显然,当 $p\leqslant 0$ 时,级数 $\sum_{n=1}^{\infty}\frac{1}{n^p}$ 是发散的.

对于 $p>0$,由于 $a_n=\frac{1}{n^p}$单调递减趋于零,且

$$\sum_{k=0}^{\infty}2^k\frac{1}{2^{kp}}=\sum_{k=0}^{\infty}2^{k(1-p)}$$

是几何级数，从而，在 $2^{(1-p)}<1$ 时，也即当 $p>1$ 时原级数收敛；在 $2^{(1-p)}\geqslant1$ 时，也即当 $p\leqslant1$ 时原级数发散.

(2) 同理，当 $p\leqslant0$ 时，级数 $\sum\limits_{n=1}^{\infty}\frac{1}{n(\ln n)^p}$ 是发散的.

对于 $p>0$，由于 $a_n=\frac{1}{n(\ln n)^p}$ 单调递减趋于零，且

$$\sum_{k=1}^{\infty}2^k\frac{1}{2^k(k\ln2)^p}=(\ln2)^{-p}\sum_{k=1}^{\infty}\frac{1}{k^p},$$

从而，基于(1)的讨论，当 $p>1$ 时原级数收敛；当 $p\leqslant1$ 时原级数发散. □

习题 9.2

习 题 9.2

1. 试用比较判别法讨论下列级数的敛散性($p>0$).

(1) $\sum\limits_{n=1}^{\infty}\frac{\ln n}{n^p}$；(2) $\sum\limits_{n=1}^{\infty}\frac{1}{n\sqrt[n]{n}}$；(3) $\sum\limits_{n=1}^{\infty}\left[\left(1+\frac{1}{n}\right)^p-1\right]$；

(4) $\sum\limits_{n=3}^{\infty}\frac{1}{(\ln n)^{\ln\ln n}}$；(5) $\sum\limits_{n=3}^{\infty}\frac{1}{(\ln\ln n)^{\ln n}}$；(6) $\sum\limits_{n=1}^{\infty}\frac{1}{[\ln(\sqrt[n]{n}+2)]^n}$；

(7) $\sum\limits_{n=1}^{\infty}\frac{1}{\sqrt{n}}\ln\left(1+\frac{1}{\sqrt{n}}\right)$；(8) $\sum\limits_{n=2}^{\infty}\arctan\frac{\sqrt{n+1}-1}{\sqrt{n(n+1)}}$；(9) $\sum\limits_{n=1}^{\infty}\sqrt{n}\left(1-\cos\frac{1}{n}\right)$；

(10) $\sum\limits_{n=1}^{\infty}\frac{1-\mathrm{e}^{-\frac{1}{n}}}{n}$；(11) $\sum\limits_{n=1}^{\infty}\frac{1}{n^p}\left(1+\frac{1}{n}\right)^n$；(12) $\sum\limits_{n=1}^{\infty}\frac{\arctan\left(\frac{1}{2}\right)^n}{n^p}$；

(13) $\sum\limits_{n=2}^{\infty}\ln^p\sec\frac{1}{n}$；(14) $\sum\limits_{n=2}^{\infty}\left(1-\frac{p\ln n}{\sqrt{n}}\right)^{\sqrt{n}}$；(15) $\sum\limits_{n=1}^{\infty}\left(n^{\frac{1}{n^2+1}}-1\right)^p$；

(16) $\sum\limits_{n=1}^{\infty}\left(\cos\frac{1}{n^p}\right)^n$；(17) $\sum\limits_{n=1}^{\infty}\left(\cos\frac{1}{n}\right)^{n^p}$；(18) $\sum\limits_{n=2}^{\infty}\left(1-\frac{1}{n}\right)^{n\ln n}$.

2. 试用比式判别法或根式判别法讨论下列级数的敛散性($p>0$).

(1) $\sum\limits_{n=1}^{\infty}\frac{n!3^n}{n^n}$；(2) $\sum\limits_{n=1}^{\infty}\frac{p^n}{\sqrt{n}}$；(3) $\sum\limits_{n=1}^{\infty}\frac{n!}{\left(n+\frac{1}{n}\right)^n}$；

(4) $\sum\limits_{n=1}^{\infty}\frac{\sqrt[3]{n!+1}}{n^{-\frac{n}{3}}}$；(5) $\sum\limits_{n=1}^{\infty}\frac{2^n}{(1+a^{2^n})}$；(6) $\sum\limits_{n=1}^{\infty}\left(\frac{2n-1}{3n+1}\right)^n$；

(7) $\sum\limits_{n=1}^{\infty}\frac{p^{3n+1}}{3n^3}$；(8) $\sum\limits_{n=1}^{\infty}\frac{(2n^2-3n)^{\frac{n+1}{2}}}{(3n^3+n)^{\frac{n}{3}}}$；(9) $\sum\limits_{n=2}^{\infty}\frac{n^{\ln n}}{(\ln n)^n}$；

(10) $\sum\limits_{n=1}^{\infty}\frac{\ln(1+p^n)}{n^3}$；(11) $\sum\limits_{n=1}^{\infty}\left(\frac{1+\cos n}{2+\cos n}\right)^{2n-\ln n}$；(12) $\sum\limits_{n=1}^{\infty}\frac{p^n}{1+p^{2n}}$.

3. 若正项级数 $\sum\limits_{n=1}^{\infty}a_n$ 收敛，试证明级数 $\sum\limits_{n=1}^{\infty}\frac{n+1}{n}a_n$ 也收敛.

4. 若 $\lim\limits_{n\to+\infty}a_n=l$，试证明级数 $\sum\limits_{n=1}^{\infty}\frac{1}{n^{a_n}}$ 在 $l>1$ 时收敛，在 $l<1$ 时发散. 并讨论该级数在

$l=1$ 时的敛散性,请举例说明之.

5. 若正项级数 $\sum_{n=1}^{\infty} a_n$ 使得

$$\lim_{n\to+\infty}\left(n\ln\frac{a_n}{a_{n+1}}\right)=l,\quad -\infty\leqslant l\leqslant+\infty,$$

则当 $l>1$ 时,级数 $\sum_{n=1}^{\infty} a_n$ 收敛;当 $l<1$ 时,级数 $\sum_{n=1}^{\infty} a_n$ 发散.

6. 若正项级数 $\sum_{n=1}^{\infty} a_n$ 使得

$$\lim_{n\to+\infty}\frac{\ln(1/a_n)}{\ln n}=l,\quad -\infty\leqslant l\leqslant+\infty,$$

则当 $l>1$ 时,级数 $\sum_{n=1}^{\infty} a_n$ 收敛;当 $l<1$ 时,级数 $\sum_{n=1}^{\infty} a_n$ 发散.

7. 设 $\sum_{n=1}^{\infty} a_n$ 为正项级数,试证明:

(1) 若 $\sum_{n=1}^{\infty} a_n$ 收敛,则存在正数列 $\{b_n\}$ 以及 $\lambda>0$,使得对充分大的 n 有

$$b_n\frac{a_n}{a_{n+1}}-b_{n+1}\geqslant\lambda;$$

(2) 若 $\sum_{n=1}^{\infty} a_n$ 发散,则存在正数列 $\{b_n\}$,使得级数 $\sum_{n=1}^{\infty}\frac{1}{b_n}$ 发散,并且对充分大的 n 有

$$b_n\frac{a_n}{a_{n+1}}-b_{n+1}\leqslant 0.$$

8. 试讨论下列级数的敛散性($p,q>0$).

(1) $\sum_{n=1}^{\infty}\frac{(2n-1)!!}{(2n)!!}\frac{1}{3n+1}$; (2) $\sum_{n=1}^{\infty}\left(\frac{(2n-1)!!}{(2n)!!}\right)^p$; (3) $\sum_{n=1}^{\infty}\left(\frac{n^n}{n!\mathrm{e}^n}\right)^p$;

(4) $\sum_{n=1}^{\infty}\frac{n!\mathrm{e}^n}{n^{n+p}}$; (5) $\sum_{n=1}^{\infty}\frac{1}{n^p}\left(1-\frac{a\ln n}{n}\right)^n$; (6) $\sum_{n=1}^{\infty}p^{1+\frac{1}{2}+\frac{1}{3}+\cdots+\frac{1}{n}}$;

(7) $\sum_{n=1}^{\infty}\frac{p(p+1)\cdots(p+n-1)}{n!n^q}$; (8) $\sum_{n=1}^{\infty}\frac{\sqrt{n!}}{(p+1)(p+\sqrt{2})\cdots(p+\sqrt{n})}$;

(9) $\sum_{n=1}^{\infty}\frac{n!n^{-p}}{q(q+1)\cdots(q+n)}$; (10) $\sum_{n=1}^{\infty}\frac{n}{1+2^p+\cdots+n^p}$;

(11) $\sum_{n=2}^{\infty}\frac{1}{n^p(\ln n)^q}$; (12) $\sum_{n=9}^{\infty}\frac{1}{n(\ln n)^p(\ln\ln n)^q}$.

9. 若正项级数 $\sum_{n=1}^{\infty} a_n$ 发散,试用积分判别法证明级数 $\sum_{n=1}^{\infty}\frac{a_{n+1}}{S_n}$ 也发散,其中 $S_n=\sum_{k=1}^{n}a_k$ 为部分和.

10. 对 $\forall n\in\mathbf{N}_+$,有 $a_n>0$. 记 $S_n=a_1+a_2+\cdots+a_n$,试证明:

(1) 当 $\gamma>1$ 时,级数 $\sum_{n=1}^{\infty}\frac{a_n}{S_n^{\gamma}}$ 总是收敛的;

(2) 当 $\gamma\leqslant 1$ 时,级数 $\sum_{n=1}^{\infty}\frac{a_n}{S_n^{\gamma}}$ 收敛,当且仅当级数 $\sum_{n=1}^{\infty}a_n$ 收敛.

11. 对 $\forall n \in \mathbf{N}_+$，有 $a_n > 0$. 又 $\{a_n\}$ 关于 n 单调递增，则级数 $\sum_{n=1}^{\infty}\left(1-\frac{a_n}{a_{n+1}}\right)$ 收敛，当且仅当级数 $\sum_{n=1}^{\infty}\left(\frac{a_{n+1}}{a_n}-1\right)$ 收敛.

12. 对 $\forall n \in \mathbf{N}_+$，有 $a_n > 0$. 又 $\{a_n\}$ 关于 n 单调递减趋于零，试证明：若级数 $\sum_{n=1}^{\infty}a_n$ 发散，则级数 $\sum_{n=1}^{\infty}\min\left(a_n,\frac{1}{n}\right)$ 也发散.

13. 若正项级数 $\sum_{n=1}^{\infty}a_n$ 收敛，则有级数 $\sum_{n=1}^{\infty}\frac{1}{n}(a_n+a_{n+1}+\cdots+a_{2n})$ 收敛.

14. 设 $a_n=\int_0^{\frac{\pi}{4}}\tan^n x\,\mathrm{d}x$，$\forall n \in \mathbf{N}_+$，试证明：

(1) 对 $\forall \lambda > 0$，级数 $\sum_{n=1}^{\infty}\frac{a_n}{n^{\lambda}}$ 收敛；

(2) 求级数 $\sum_{n=1}^{\infty}\frac{a_n+a_{n+2}}{n}$ 的和.

15. 设 $f(x)$ 为定义于区间 $[1,+\infty)$ 上恒取正值的单调递减函数，并且有

$$\lim_{x\to+\infty}\frac{\mathrm{e}^x f(\mathrm{e}^x)}{f(x)}=\lambda.$$

试证明：当 $\lambda<1$ 时，级数 $\sum_{n=1}^{\infty}f(n)$ 收敛；当 $\lambda>1$ 时，级数 $\sum_{n=1}^{\infty}f(n)$ 发散.

16. 设 $0<a_1<a_2<\cdots<a_n<\cdots$，试证明：级数 $\sum_{n=1}^{\infty}\frac{1}{a_n}$ 和 $\sum_{n=1}^{\infty}\frac{n}{a_1+a_2+\cdots+a_n}$ 有相同的敛散性.

9.3 任意项级数

关于任意项级数敛散性的判别要比正项级数的情形复杂、困难，根据级数收敛的 Cauchy 准则，通常利用正项级数的判别法或者 Abel-Dirichlet 判别法去解决任意项级数的敛散性判别.

9.3.1 任意项级数的敛散性

为了刻画一般的 Abel-Dirichlet 判别法，这里先介绍十分关键的 Abel 变换. Abel 变换与定积分的分部积分公式在原理上是类似的，通常也称作分部求和公式.

定理 9.3.1 （Abel 变换） 设 $a_i,b_i(i\geqslant 1)$ 为两组实数，则有

$$\sum_{i=m+1}^{n}a_ib_i=\sum_{i=m+1}^{n-1}(a_i-a_{i+1})B_i+a_nB_n-a_{m+1}B_m,\quad \forall m\geqslant 0,$$

其中 $B_0=0,B_k=b_1+b_2+\cdots+b_k(k\geqslant 1)$.

证 直接计算，即有

$$\sum_{i=m+1}^{n}a_ib_i=\sum_{i=m+1}^{n}a_i(B_i-B_{i-1})=\sum_{i=m+1}^{n}a_iB_i-\sum_{i=m+1}^{n}a_iB_{i-1}$$

$$= \sum_{i=m+1}^{n} a_i B_i - \sum_{i=m}^{n-1} a_{i+1} B_i$$

$$= \sum_{i=m+1}^{n-1} (a_i - a_{i+1}) B_i + a_n B_n - a_{m+1} B_m. \quad \square$$

推论 9.3.1 (**Abel 引理**) 记 $B_k = b_1 + b_2 + \cdots + b_k (k \geqslant 1)$,且存在 $M > 0$,使得 $|B_k| \leqslant M$. 又设 $\{a_n\}$ 为单调数列,则有

$$\left| \sum_{i=m+1}^{n} a_i b_i \right| \leqslant 2M(|a_n| + |a_{m+1}|), \quad \forall m \geqslant 0.$$

证 根据 Abel 变换,即有

$$\begin{aligned}\left| \sum_{i=m+1}^{n} a_i b_i \right| &\leqslant M \sum_{i=m+1}^{n-1} |a_i - a_{i+1}| + M(|a_n| + |a_{m+1}|) \\ &= M \left| \sum_{i=m+1}^{n-1} (a_i - a_{i+1}) \right| + M(|a_n| + |a_{m+1}|) \\ &= M |a_{m+1} - a_n| + M(|a_n| + |a_{m+1}|) \\ &\leqslant 2M(|a_n| + |a_{m+1}|).\end{aligned} \quad \square$$

定理 9.3.2 (**Dirichlet 判别法**) 若数列 $\{a_n\}$ 单调趋于零,又级数 $\sum_{n=1}^{\infty} b_n$ 的部分和数列有界,则级数 $\sum_{n=1}^{\infty} a_n b_n$ 收敛.

证 由假设,存在 $M > 0$,使得

$$\left| \sum_{i=1}^{n} b_i \right| \leqslant M, \quad \forall n \geqslant 1.$$

根据 Abel 变换及其推论,对 $\forall p > 1$,有

$$\left| \sum_{i=n+1}^{n+p} a_i b_i \right| \leqslant 2M(|a_{n+1}| + |a_{n+p}|) \leqslant 4M |a_{n+1}| \to 0 \quad (n \to \infty).$$

从而由 Cauchy 准则,可知级数 $\sum_{n=1}^{\infty} a_n b_n$ 收敛. $\square$

定理 9.3.3 (**Abel 判别法**) 如果数列 $\{a_n\}$ 单调有界,又有级数 $\sum_{n=1}^{\infty} b_n$ 收敛,则级数 $\sum_{n=1}^{\infty} a_n b_n$ 收敛.

证 由数列 $\{a_n\}$ 单调有界,可知极限 $\lim_{n \to \infty} a_n = a$ 存在,此即数列 $\{a_n - a\}$ 单调趋于零. 根据 Dirichlet 判别法,可得级数 $\sum_{n=1}^{\infty} (a_n - a) b_n$ 收敛,从而有级数

$$\sum_{n=1}^{\infty} a_n b_n = \sum_{n=1}^{\infty} (a_n - a) b_n + \sum_{n=1}^{\infty} a b_n$$

也收敛.

当然,也可根据 Abel 变换及其推论,直接证明此定理. $\square$

例 9.3.1 试讨论下列级数的敛散性:

(1) $\sum_{n=1}^{\infty} \frac{\sin nx}{n^p} \ (p > 0)$; (2) $\sum_{n=1}^{\infty} \frac{\cos nx}{n^p} \ (p > 0)$; (3) $\sum_{n=1}^{\infty} \frac{(-1)^n n}{(n+1)\sqrt{n+2}} \tan \frac{1}{n}$.

解 (1) 显然,对 $\forall p>0$, 数列 $\left\{\frac{1}{n^p}\right\}$ 单调递减趋于零. 又根据

$$2\sin\frac{x}{2}\sin kx=\cos\left(k-\frac{1}{2}\right)x-\cos\left(k+\frac{1}{2}\right)x,$$

可得

$$\sum_{k=1}^{n}\sin kx=\begin{cases}0, & x=2k\pi,\\ \dfrac{\cos\dfrac{x}{2}-\cos\left(n+\dfrac{1}{2}\right)x}{2\sin\dfrac{x}{2}}, & x\neq 2k\pi,\end{cases}$$

以及

$$\left|\sum_{k=1}^{n}\sin kx\right|\leqslant\left|\sin\frac{x}{2}\right|^{-\frac{1}{2}},\quad \forall n\geqslant 1,\forall x\neq 2k\pi.$$

从而,对 $\forall x\in\mathbf{R}$,级数 $\sum\limits_{n=1}^{\infty}\sin nx$ 的部分和数列有界.

因此,根据 Dirichlet 判别法,对 $\forall x\in\mathbf{R}$, $\forall p>0$, 级数 $\sum\limits_{n=1}^{\infty}\frac{\sin nx}{n^p}$ 收敛.

(2) 类似地,考虑等式

$$2\sin\frac{x}{2}\sum_{k=1}^{n}\cos kx=\sin\frac{x}{2}-\sin\left(n+\frac{1}{2}\right)x,\quad \forall x\neq 2k\pi,$$

利用 Dirichlet 判别法,对 $\forall x\neq 2k\pi$, $\forall p>0$, 级数 $\sum\limits_{n=1}^{\infty}\frac{\cos nx}{n^p}$ 收敛.

(3) 记

$$a_n=(-1)^n\frac{1}{\sqrt{n+2}}\frac{1}{1+\frac{1}{n}}\tan\frac{1}{n}.$$

显然,数列 $\left\{\frac{1}{\sqrt{n+2}}\tan\frac{1}{n}\right\}$ 单调递减趋于零,且 Glandi 级数 $\sum\limits_{n=1}^{\infty}(-1)^n$ 部分和数列有界. 由 Dirichlet 判别法可知,级数

$$\sum_{n=1}^{\infty}(-1)^n\frac{1}{\sqrt{n+2}}\tan\frac{1}{n}$$

收敛.

又注意到,数列 $\left\{\frac{1}{1+\frac{1}{n}}\right\}$ 单调有界,根据 Abel 判别法,原级数 $\sum\limits_{n=1}^{\infty}a_n$ 收敛. □

注记 9.3.1 (1) 如果数列 $\{a_n\}$ 单调递减趋于零,则科学和工程应用中十分重要的三角级数 $\sum\limits_{n=1}^{\infty}a_n\sin nx$ 对所有实数 x 都收敛;三角级数 $\sum\limits_{n=1}^{\infty}a_n\cos nx$ 对所有实数 $x\neq 2k\pi$ 也都收敛.

(2) 若级数 $\sum\limits_{n=1}^{\infty}a_n$ 发散,则存在数列 $\{b_n\}$, 虽然满足 $\lim\limits_{n\to\infty}b_n=+\infty$,却能使得级数 $\sum\limits_{n=1}^{\infty}a_nb_n$ 收敛. 比如:

$$a_n=\frac{1}{n}+\frac{(-1)^n}{\sqrt{n}\ln n},\quad b_n=\frac{\ln n}{1+(-1)^n\frac{\ln n}{\sqrt{n}}},\quad \forall n\in\mathbf{N}_+.$$

又若数列 $\{b_n\}$ 是递增且趋于 $+\infty$ 的,则级数 $\sum\limits_{n=1}^{\infty}a_nb_n$ 发散. 事实上,如果级数 $\sum\limits_{n=1}^{\infty}a_nb_n$ 收敛,

根据 Dirichlet 判别法,级数$\sum\limits_{n=1}^{\infty}a_n=\sum\limits_{n=1}^{\infty}(a_nb_n)\cdot\dfrac{1}{b_n}$收敛,矛盾.

定义 9.3.1 若级数的各项符号正负相间,即

$$a_1-a_2+a_3-a_4+\cdots+(-1)^{n+1}a_n+\cdots \quad (a_n>0,\forall n\in\mathbf{N}_+),$$

则称其为**交错级数**,记作$\sum\limits_{n=1}^{\infty}(-1)^{n+1}a_n$.

作为 Dirichlet 判别法的特殊情形,下面介绍常用的交错级数判别法.

推论 9.3.2 (**Leibniz 判别法**) 若数列$\{a_n\}$单调递减趋于零,则交错级数$\sum\limits_{n=1}^{\infty}(-1)^{n+1}a_n$收敛.

例 9.3.2 试讨论下列级数的敛散性.

(1) $\sum\limits_{n=1}^{\infty}\dfrac{(-1)^n}{n^{p+\frac{1}{n}}}\ (p>0)$; (2) $\sum\limits_{n=1}^{\infty}(-1)^n\dfrac{\sin^2 n}{n}$;

(3) $\sum\limits_{n=1}^{\infty}\ln\left(1+\dfrac{(-1)^{n-1}}{(n+1)^{\alpha}}\right)$; (4) $\sum\limits_{n=1}^{\infty}\dfrac{(-1)^n}{[2n+(-1)^n]^{\alpha}}$.

证 (1) 令$a_n=\dfrac{(-1)^n}{n^p}\dfrac{1}{\sqrt[n]{n}}$,易知,当$p>0$时交错级数$\sum\limits_{n=1}^{\infty}\dfrac{(-1)^n}{n^p}$收敛.又由数列$\left\{\dfrac{1}{\sqrt[n]{n}}\right\}$单调有界,从而有原级数$\sum\limits_{n=1}^{\infty}a_n$收敛.

(2) 注意到$a_n=(-1)^n\dfrac{\sin^2 n}{n}=(-1)^n\dfrac{(1-\cos 2n)}{2n}$,原级数即为

$$\sum_{n=1}^{\infty}(-1)^n\frac{\sin^2 n}{n}=\sum_{n=1}^{\infty}(-1)^n\frac{1}{2n}+\sum_{n=1}^{\infty}(-1)^{n+1}\frac{\cos 2n}{2n}.$$

由于交错级数$\sum\limits_{n=1}^{\infty}(-1)^n\dfrac{1}{2n}$收敛,以及级数$\sum\limits_{n=1}^{\infty}\cos 2n$的部分和数列有界,则有原级数$\sum\limits_{n=1}^{\infty}a_n$收敛.

(3) 令$a_n=\ln\left(1+\dfrac{(-1)^{n-1}}{(n+1)^{\alpha}}\right)$,由 Taylor 公式,有

$$a_n=\frac{(-1)^{n-1}}{(n+1)^{\alpha}}-\frac{1}{2(n+1)^{2\alpha}}+o\left(\frac{1}{n^{3\alpha}}\right)\quad(n\to\infty).$$

从而可得,原级数$\sum\limits_{n=1}^{\infty}a_n$在$\alpha>\dfrac{1}{2}$时收敛.

(4) 令$a_n=\dfrac{(-1)^n}{[2n+(-1)^n]^{\alpha}}$,由 Taylor 公式,有

$$a_n=\frac{(-1)^n}{(2n)^{\alpha}}\frac{1}{\left(1+\dfrac{(-1)^n}{2n}\right)^{\alpha}}=\frac{(-1)^n}{(2n)^{\alpha}}-\frac{\alpha}{(2n)^{1+\alpha}}+o\left(\frac{1}{n^{2+\alpha}}\right)\quad(n\to\infty).$$

从而可得,原级数$\sum\limits_{n=1}^{\infty}a_n$在$\alpha>0$时收敛. □

例 9.3.3 若$\sum\limits_{n=1}^{\infty}a_n$为正项级数,又有

$$\lim_{n\to\infty}n\left(1-\frac{a_{n+1}}{a_n}\right)=r>0,$$

则交错级数 $\sum_{n=1}^{\infty}(-1)^{n-1}a_n$ 收敛.

解　(1) 由 $\lim_{n\to\infty}n\left(1-\frac{a_{n+1}}{a_n}\right)=r$，对 $\forall\varepsilon>0$，存在整数 $N>0$，当 $\forall n>N$ 时，有

$$0<r-\varepsilon<n\left(1-\frac{a_{n+1}}{a_n}\right)<r+\varepsilon,$$

此即有

$$\frac{a_{n+1}}{a_n}<1\Leftrightarrow a_{n+1}<a_n.$$

又由 $a_n\geqslant 0(\forall n\in\mathbf{N}_+)$，从而存在极限 $\lim_{n\to\infty}a_n=a\geqslant 0$，并且 $a_n\geqslant a$.

如果 $a>0$，取 $\varepsilon_0=\frac{r}{2}$，不妨设对 $\forall n\geqslant 1$，有

$$n\left(1-\frac{a_{n+1}}{a_n}\right)>\frac{r}{2}>0,\quad a_n-a_{n+1}>\frac{r}{2n}a_n\geqslant\frac{ra}{2n}.$$

从而有

$$a_1>a_1-a_{n+1}=\sum_{k=1}^{n}(a_k-a_{k+1})>\frac{ra}{2}\sum_{k=1}^{n}\frac{1}{k},$$

矛盾. 此即 $a=0$.

再由 Dirichlet 判别法，即有级数 $\sum_{n=1}^{\infty}(-1)^{n-1}a_n$ 收敛. □

9.3.2　绝对收敛与条件收敛

为进一步研究任意项级数的敛散性判别和运算性质等，这里引入绝对收敛与条件收敛的概念.

定义 9.3.2　若级数 $\sum_{n=1}^{\infty}|a_n|$ 收敛，则称级数 $\sum_{n=1}^{\infty}a_n$ **绝对收敛**. 若级数 $\sum_{n=1}^{\infty}a_n$ 收敛，但是级数 $\sum_{n=1}^{\infty}|a_n|$ 发散，则称级数 $\sum_{n=1}^{\infty}a_n$ **条件收敛**.

定理 9.3.4　若级数 $\sum_{n=1}^{\infty}|a_n|$ 收敛，则必有级数 $\sum_{n=1}^{\infty}a_n$ 也收敛.

证　注意到

$$0\leqslant a_n+|a_n|\leqslant 2|a_n|,\quad\forall n\in\mathbf{N}_+.$$

由级数 $\sum_{n=1}^{\infty}|a_n|$ 收敛，有级数 $\sum_{n=1}^{\infty}(a_n+|a_n|)$ 收敛，进而级数 $\sum_{n=1}^{\infty}a_n$ 收敛. □

注记 9.3.3　绝对收敛的级数一定是收敛的. 事实上，条件收敛的级数也一定是收敛的. 绝对收敛和条件收敛是收敛的两种不同类型，互相没有蕴涵关系.

例 9.3.4　试判定下列级数的敛散性. 如果收敛，并讨论其是绝对收敛还是条件收敛.

(1) $\sum_{n=1}^{\infty}\frac{\sin n!}{n^3}$；　(2) $\sum_{n=1}^{\infty}\sin(\pi\sqrt{n^2+1})$；　(3) $\sum_{n=2}^{\infty}\frac{(-1)^n}{n^{p+\frac{1}{n}}}$；

(4) $\sum_{n=1}^{\infty}(\sqrt{n+1}-\sqrt{n})^{\alpha}\sin n$；　(5) $\sum_{n=1}^{\infty}\frac{\sin nx}{n^p}(p>0)$.

解　(1) 显然

$$\left|\frac{\sin n!}{n^3}\right|\leqslant\frac{1}{n^3},$$

从而由 p 级数 $\sum\limits_{n=1}^{\infty}\frac{1}{n^3}$ 收敛,可得原级数 $\sum\limits_{n=1}^{\infty}\frac{\sin n!}{n^3}$ 是绝对收敛的.

(2) 注意到

$$\sin(\pi\sqrt{n^2+1})=(-1)^n\sin\left(\pi(\sqrt{n^2+1}-n)\right)=(-1)^n\sin\frac{\pi}{\sqrt{n^2+1}+n}.$$

由比较判别法,可知级数 $\sum\limits_{n=1}^{\infty}\sin\frac{\pi}{\sqrt{n^2+1}+n}$ 发散. 又由 Dirichlet 判别法,可知级数

$$\sum_{n=1}^{\infty}(-1)^n\sin\frac{\pi}{\sqrt{n^2+1}+n}$$

收敛. 从而,原级数 $\sum\limits_{n=1}^{\infty}\sin(\pi\sqrt{n^2+1})$ 是条件收敛的.

(3) 当 $p\leqslant 0$ 时,显然有原级数 $\sum\limits_{n=2}^{\infty}\frac{(-1)^n}{n^{p+\frac{1}{n}}}$ 发散.

当 $p>1$ 时,由 $\left|\frac{(-1)^n}{n^{p+\frac{1}{n}}}\right|\leqslant\frac{1}{n^p}$ 以及 p 级数 $\sum\limits_{n=1}^{\infty}\frac{1}{n^p}$ 收敛,有原级数 $\sum\limits_{n=2}^{\infty}\frac{(-1)^n}{n^{p+\frac{1}{n}}}$ 是绝对收敛的.

当 $0<p\leqslant 1$ 时,交错级数 $\sum\limits_{n=1}^{\infty}\frac{(-1)^n}{n^p}$ 收敛,数列 $\left\{\frac{1}{\sqrt[n]{n}}\right\}$ 单调有界,由 Abel 判别法,可知原级数 $\sum\limits_{n=2}^{\infty}\frac{(-1)^n}{n^{p+\frac{1}{n}}}$ 收敛.

根据

$$\lim_{n\to\infty}n^p\left|\frac{(-1)^n}{n^{p+\frac{1}{n}}}\right|=1,$$

又 p 级数 $\sum\limits_{n=1}^{\infty}\frac{1}{n^p}$ 发散,可知原级数 $\sum\limits_{n=2}^{\infty}\frac{(-1)^n}{n^{p+\frac{1}{n}}}$ 是条件收敛的.

(4) 注意到

$$(\sqrt{n+1}-\sqrt{n})^{\alpha}\sin n=\frac{\sin n}{(\sqrt{n+1}+\sqrt{n})^{\alpha}}.$$

当 $\alpha>2$ 时,由 $\left|\frac{\sin n}{(\sqrt{n+1}+\sqrt{n})^{\alpha}}\right|\leqslant\frac{1}{2^{\alpha}n^{\frac{\alpha}{2}}}$ 以及 p 级数 $\sum\limits_{n=1}^{\infty}\frac{1}{n^{\frac{\alpha}{2}}}$ 收敛,有原级数是绝对收敛的.

当 $0<\alpha\leqslant 2$ 时,由 Dirichlet 判别法,可知原级数 $\sum\limits_{n=2}^{\infty}(\sqrt{n+1}-\sqrt{n})^{\alpha}\sin n$ 收敛.

考虑

$$\left|\frac{\sin n}{(\sqrt{n+1}+\sqrt{n})^{\alpha}}\right|\geqslant\frac{\sin^2 n}{(\sqrt{n+1}+\sqrt{n})^{\alpha}}=\frac{1}{2(\sqrt{n+1}+\sqrt{n})^{\alpha}}-\frac{\cos 2n}{2(\sqrt{n+1}+\sqrt{n})^{\alpha}},$$

又有级数 $\sum\limits_{n=1}^{\infty}\frac{1}{2(\sqrt{n+1}+\sqrt{n})^{\alpha}}$ 发散,级数 $\sum\limits_{n=1}^{\infty}\frac{\cos 2n}{2(\sqrt{n+1}+\sqrt{n})^{\alpha}}$ 收敛,可知级数

$$\sum_{n=1}^{\infty}\left|(\sqrt{n+1}-\sqrt{n})^{\alpha}\sin n\right|$$

发散. 此即,原级数 $\sum\limits_{n=2}^{\infty}(\sqrt{n+1}-\sqrt{n})^{\alpha}\sin n$ 是条件收敛的.

当 $\alpha \leqslant 0$ 时，显然有原级数 $\sum_{n=2}^{\infty}(\sqrt{n+1}-\sqrt{n})^{\alpha}\sin n$ 发散.

(5) 当 $p>1$ 时，由 $\left|\frac{\sin nx}{n^p}\right| \leqslant \frac{1}{n^p}$，有原级数 $\sum_{n=1}^{\infty}\frac{\sin nx}{n^p}$ 是绝对收敛的.

当 $0<p\leqslant 1$ 时，根据

$$\left|\frac{\sin nx}{n^p}\right| \geqslant \frac{\sin^2 nx}{n^p} = \frac{1}{2n^p} - \frac{\cos 2nx}{2n^p},$$

以及级数 $\sum_{n=1}^{\infty}\frac{1}{2n^p}$ 发散，级数 $\sum_{n=1}^{\infty}\frac{\cos 2nx}{2n^p}$ 收敛，可知级数 $\sum_{n=1}^{\infty}\left|\frac{\sin nx}{n^p}\right|$ 发散.

又由原级数 $\sum_{n=1}^{\infty}\frac{\sin nx}{n^p}$ 在 $p>0$ 时收敛，可知此时级数是条件收敛的. □

定理 9.3.5 若级数 $\sum_{n=1}^{\infty}a_n$ 绝对收敛且和为 S，则其重排之后的级数 $\sum_{n=1}^{\infty}a_{j_n}$ 也绝对收敛，并且和也为 S.

证 (1) 记 $M=\sum_{n=1}^{\infty}|a_n|$；对任意重排之后的级数 $\sum_{n=1}^{\infty}a_{j_n}$，其部分和记为 $T_n=\sum_{k=1}^{n}a_{j_k}$. 又显然由

$$\sum_{k=1}^{n}|a_{j_k}| \leqslant \sum_{n=1}^{\infty}|a_n| = M,$$

有正项级数 $\sum_{n=1}^{\infty}|a_{j_n}|$ 的部分和数列有界并收敛，此即级数 $\sum_{n=1}^{\infty}a_{j_n}$ 绝对收敛.

(2) 由级数 $\sum_{n=1}^{\infty}|a_n|$ 收敛，对 $\forall \varepsilon>0$，存在 $N>0$，使得

$$\sum_{k=N+1}^{\infty}|a_k| < \frac{\varepsilon}{2}.$$

又级数 $\sum_{n=1}^{\infty}a_n$ 收敛于 S，对上述 ε 和 N，有

$$\left|\sum_{k=1}^{N}a_k - S\right| = \left|\sum_{k=N+1}^{\infty}a_k\right| < \frac{\varepsilon}{2}.$$

令 $m=\max(i:1\leqslant j_i\leqslant N)$，对 $\forall n>m$，$\sum_{k=1}^{n}a_{j_k}$ 中包含所有 $a_1,a_2,\cdots,a_N$ 作为被加项，也有那些下标大于 N 的项，记其和为 A_n. 此即有

$$\sum_{k=1}^{n}a_{j_k} = \sum_{k=1}^{N}a_k + A_n,$$

并且

$$|A_n| \leqslant \left|\sum_{k=N+1}^{\infty}a_k\right| < \frac{\varepsilon}{2}.$$

从而根据

$$\left|\sum_{k=1}^{n}a_{j_k} - S\right| = \left|\sum_{k=1}^{N}a_k - S + A_n\right| < \varepsilon,$$

可得级数 $\sum_{n=1}^{\infty}a_{j_n}$ 也收敛于 S. □

定理 9.3.6 若级数 $\sum_{n=1}^{\infty}a_n$ 条件收敛，则有

(1) 适当重排,可使新级数发散到 $\pm\infty$;

(2) 对 $\forall S\in\mathbf{R}$, 存在 $\sum\limits_{n=1}^{\infty}a_n$ 的重排,使其收敛且和为 S.

证 (1) 对 $\forall n\in\mathbf{N}_+$, 令

$$a_n^+=\max(a_n,0),\quad a_n^-=\min(a_n,0),$$

也即有

$$a_n^+=\frac{1}{2}(a_n+|a_n|),\quad a_n^+=\frac{1}{2}(a_n-|a_n|).$$

因为级数 $\sum\limits_{n=1}^{\infty}a_n$ 收敛,而级数 $\sum\limits_{n=1}^{\infty}|a_n|$ 发散,有 $\sum\limits_{n=1}^{\infty}a_n^+$ 和 $\sum\limits_{n=1}^{\infty}a_n^-$ 发散.

注意到 $\sum\limits_{n=1}^{\infty}a_n^+=+\infty$, $\sum\limits_{n=1}^{\infty}a_n^-=-\infty$. 先在 $\sum\limits_{n=1}^{\infty}a_n^+$ 中取 n_1 项,使其和大于 1,把这 n_1 项作为新级数的前 n_1 项,再取 $\sum\limits_{n=1}^{\infty}a_n^-$ 的第一项作为新级数的第 n_1+1 项;然后在 $\sum\limits_{n=1}^{\infty}a_n^+$ 剩下的项中依次取 n_2 项,使其与前面已取出的 n_1+1 项相加的和大于 2,并将其作为新级数的第 n_1+2 到 n_1+n_2+1 项,再取 $\sum\limits_{n=1}^{\infty}a_n^-$ 的第二项作为新级数的第 n_1+n_2+2 项;接着在 $\sum\limits_{n=1}^{\infty}a_n^+$ 剩下的项中依次取 n_3 项,使其与前面已取出的 n_1+n_2+2 项相加的和大于 3,并将其作为新级数的第 n_1+n_2+3 到 $n_1+n_2+n_3+2$ 项,再取 $\sum\limits_{n=1}^{\infty}a_n^-$ 的第三项作为新级数的第 $n_1+n_2+n_3+3$ 项. 由数学归纳法,即有原级数 $\sum\limits_{n=1}^{\infty}a_n$ 的一个重排,其部分和数列趋于 $+\infty$.

类似地,可重排使得 $\sum\limits_{n=1}^{\infty}a_n=-\infty$.

(2) 不妨设 $S>0$, 先考虑在 $\sum\limits_{n=1}^{\infty}a_n^+$ 中取部分和 T_{n_1}, 使其刚好大于或等于 S;再在 $\sum\limits_{n=1}^{\infty}a_n^-$ 中依次取 n_2-n_1 项,使其与 T_{n_1} 的和 T_{n_2} 小于 S;然后在 $\sum\limits_{n=1}^{\infty}a_n^+$ 中依次取 n_3-n_2 项,使其与 T_{n_2} 的和 T_{n_3} 大于或等于 S;接着在 $\sum\limits_{n=1}^{\infty}a_n^-$ 中依次取 n_4-n_3 项,使其与 T_{n_3} 的和 T_{n_4} 小于 S. 如此进行,由数学归纳法,即有原级数 $\sum\limits_{n=1}^{\infty}a_n$ 的一个重排,记其部分和数列为 $\{T_n\}$.

前面的构造表明,数列 $\{T_{n_k}\}$ 是 $\{T_n\}$ 的子列. 又显然,对 $\forall n_k\leqslant n\leqslant n_{k+1}$, 有 T_n 夹在 T_{n_k} 和 $T_{n_{k+1}}$ 之间,S 也夹在 T_{n_k} 和 T_{n_k-1} 之间. 此即

$$|T_{n_k}-S|\leqslant|T_{n_k}-T_{n_k-1}|=|a_{j_{n_k}}|.$$

由于 $\lim\limits_{k\to\infty}a_{j_{n_k}}=0$, 有

$$\lim_{k\to\infty}T_{n_k}=S=\lim_{k\to\infty}T_{n_{k+1}},$$

进而可得

$$\lim_{n\to\infty}T_n=S.$$

□

推论 9.3.3 根据定理 9.3.5 和定理 9.3.6,可知以下命题等价:

推论 9.3.3

(1) 级数 $\sum\limits_{n=1}^{\infty}a_n$ 绝对收敛;

(2) 级数$\sum\limits_{n=1}^{\infty}a_n$的任意重排都收敛；

(3) 级数$\sum\limits_{n=1}^{\infty}a_n$的任意重排都收敛，而且和相等.

定理 9.3.7 若级数$\sum\limits_{n=1}^{\infty}a_n$和$\sum\limits_{n=1}^{\infty}b_n$都绝对收敛，且和分别为$S$和$T$，则它们的各项乘积$a_mb_n(m,n=1,2,\cdots)$按任何顺序排列后相加得到的级数都绝对收敛，并且和为ST.

证 (1) 记$\sum\limits_{n=1}^{\infty}c_n$为将所有乘积$a_mb_n(m,n=1,2,\cdots)$按某种方式排列所形成的级数，并记$C_k=\sum\limits_{j=1}^{k}|c_j|=\sum\limits_{j=1}^{k}|a_{m_j}b_{n_j}|$为级数$\sum\limits_{n=1}^{\infty}|c_n|$的部分和.

令$N=\max(m_1,m_2,\cdots,m_k,n_1,n_2,\cdots,n_k)$，则$C_k$中各项$|a_{m_j}b_{n_j}|(j=1,2,\cdots,k)$都包含在$|a_ib_j|(i,j=1,2,\cdots,N)$中，从而有

$$C_k\leqslant\sum_{i,j=1}^{N}|a_ib_j|=(\sum_{i=1}^{N}|a_i|)(\sum_{j=1}^{N}|b_j|)\leqslant M_1M_2,$$

其中
$$M_1=\sum_{n=1}^{\infty}|a_n|<+\infty,M_2=\sum_{n=1}^{\infty}|b_n|<+\infty.$$

此即，级数$\sum\limits_{n=1}^{\infty}|c_n|$的部分和数列有界，进而有级数$\sum\limits_{n=1}^{\infty}c_n$绝对收敛. 无论对其怎样重排，所得级数都绝对收敛，而且和不变.

(2) 不妨考虑以一种特别的方式(按正方形 ⌟ 边顺序) 重排，记所形成的级数为$\sum\limits_{n=1}^{\infty}c'_n$.

显然，此级数的前k^2项部分和为

$$C'_{k^2}=\sum_{j=1}^{k^2}|c'_j|=\sum_{i,j=1}^{k}a_ib_j=(\sum_{i=1}^{k}a_i)(\sum_{j=1}^{k}b_j)=S_kT_k,$$

其中S_k和T_k分别为级数$\sum\limits_{n=1}^{\infty}a_n$和$\sum\limits_{n=1}^{\infty}b_n$的前$n$项部分和.

由$\lim\limits_{k\to\infty}S_k=S$，$\lim\limits_{k\to\infty}T_k=T$，可得$\lim\limits_{k\to\infty}C'_{k^2}=ST$，此即级数$\sum\limits_{n=1}^{\infty}c'_n$的和为$ST$. □

事实上，可以将上述定理的条件减弱. 这里，我们不加证明地给出如下推论.

推论 9.3.4 (1) 如果级数$\sum\limits_{n=1}^{\infty}a_n$和$\sum\limits_{n=1}^{\infty}b_n$都收敛，而且至少其中一个级数是绝对收敛的，则它们的乘积级数也收敛，并且有

推论 9.3.4

$$\sum_{n=1}^{\infty}c_n=(\sum_{n=1}^{\infty}a_n)(\sum_{n=1}^{\infty}b_n).$$

(2) 如果级数$\sum\limits_{n=1}^{\infty}a_n$，$\sum\limits_{n=1}^{\infty}b_n$以及它们的乘积级数$\sum\limits_{n=1}^{\infty}c_n$都收敛，则有

$$\sum_{n=1}^{\infty}c_n=(\sum_{n=1}^{\infty}a_n)(\sum_{n=1}^{\infty}b_n).$$

例 9.3.5 试讨论下列级数自乘一次的敛散性.

(1) $\sum\limits_{n=1}^{\infty}\dfrac{(-1)^{n-1}}{\sqrt{n}}$； (2) $\sum\limits_{n=0}^{\infty}\dfrac{(-1)^n}{n+1}$.

解 (1) 虽然交错级数 $\sum\limits_{n=1}^{\infty}\frac{(-1)^{n-1}}{\sqrt{n}}$ 收敛,但其 Cauchy 自乘一次的通项为

$$c_n=(-1)^{n-1}\left(\frac{1}{1\cdot\sqrt{n}}+\frac{1}{\sqrt{2}\cdot\sqrt{n-1}}+\cdots+\frac{1}{\sqrt{i}\cdot\sqrt{n-i+1}}+\frac{1}{\sqrt{n}\cdot 1}\right).$$

注意到,上式括号中每一项都大于$\frac{1}{n}$,从而有 $|c_n|>1(\forall n>1)$,此即级数

$$\sum_{n=1}^{\infty}c_n=\left(\sum_{n=1}^{\infty}\frac{(-1)^{n-1}}{\sqrt{n}}\right)\left(\sum_{n=1}^{\infty}\frac{(-1)^{n-1}}{\sqrt{n}}\right)$$

是发散的.

(2) 虽然交错级数$\sum\limits_{n=0}^{\infty}\frac{(-1)^n}{n+1}=\ln 2$ 收敛,但其 Cauchy 自乘积为

$$\begin{aligned}\sum_{n=0}^{\infty}(-1)^n\sum_{i+j=n}\frac{1}{(i+1)(j+1)}&=\sum_{n=0}^{\infty}(-1)^n\frac{1}{n+2}\sum_{i+j=n}\left(\frac{1}{i+1}+\frac{1}{j+1}\right)\\&=\sum_{n=0}^{\infty}(-1)^n\frac{2}{n+2}\left(1+\frac{1}{2}+\cdots+\frac{1}{n+1}\right)\\&=\sum_{n=1}^{\infty}\frac{2(-1)^{n-1}}{n+1}\left(1+\frac{1}{2}+\cdots+\frac{1}{n}\right).\end{aligned}$$

注意到,级数$\sum\limits_{n=1}^{\infty}(-1)^{n-1}$ 的部分和数列有界,又

$$c_n=\frac{1}{n+1}\left(1+\frac{1}{2}+\cdots+\frac{1}{n}\right)$$

关于 n 单调递减趋于零,由 Dirichlet 判别法,可知原级数自乘一次所形成的级数是收敛的,并且有

$$\sum_{n=1}^{\infty}\frac{(-1)^{n-1}}{n+1}\left(1+\frac{1}{2}+\cdots+\frac{1}{n}\right)=\frac{1}{2}\ln^2 2.$$ □

习 题 9.3

习题 9.3

1. 试用 Dirichlet 判别法或 Abel 判别法判定下列级数的敛散性($p>0$):

(1) $\sum\limits_{n=1}^{\infty}\frac{(-1)^{\left[\frac{n}{4}\right]}}{n^p}$;

(2) $\sum\limits_{n=2}^{\infty}\sin\frac{\pi}{n}\cos n$;

(3) $\sum\limits_{n=1}^{\infty}\tan\left(\frac{(-1)^{n-1}\pi}{3\sqrt{n}}\right)\sin 3n$;

(4) $\sum\limits_{n=1}^{\infty}\ln\left(1+\frac{1}{n^p}\right)\sin\frac{n\pi}{3}$;

(5) $\sum\limits_{n=1}^{\infty}\frac{\sin^3 2n}{\sqrt{n^p+1}}$;

(6) $\sum\limits_{n=1}^{\infty}(-1)^{n+1}\frac{\ln\left(2+\frac{1}{n}\right)}{\sqrt{9n^2-4}}$;

(7) $\sum\limits_{n=1}^{\infty}\frac{(-1)^{n-1}}{\sqrt[n]{n}}\sin\frac{1}{n^p}$;

(8) $\sum\limits_{n=1}^{\infty}\frac{(-1)^{n+1}}{n^p\sqrt[n]{6n}}$;

(9) $\sum\limits_{n=1}^{\infty}(-1)^n\left(1+\frac{1}{n}\right)^n\frac{1}{\sqrt{n}}$;

(10) $\sum\limits_{n=1}^{\infty}(-1)^n\left(1+\frac{1}{2}+\cdots+\frac{1}{n}\right)\frac{\sin nx}{n}$;

(11) $\sum_{n=1}^{\infty}\frac{\sin n\sin n^2}{n^p}$；　(12) $\sum_{n=1}^{\infty}\frac{1}{\sqrt{n}}\left(1+\frac{1}{2!}+\cdots+\frac{1}{n!}\right)\sin\frac{n\pi}{4}$；

(13) $\sum_{n=2}^{\infty}\frac{\sin\left(n+\frac{1}{n}\right)}{\ln^p n}$；　(14) $\sum_{n=3}^{\infty}\frac{\cos\left(\frac{n^2\pi}{n+1}\right)}{\sqrt{\ln n}}$；

(15) $\sum_{n=1}^{\infty}\frac{(-1)^{n-1}}{n^p+(-1)^{n-1}}$；　(16) $\sum_{n=1}^{\infty}\frac{\ln^3(n+9)}{n+1}\sin\frac{n\pi}{3}$；

(17) $\sum_{n=1}^{\infty}\frac{n^3\sin\left(\frac{n\pi}{3}\right)}{n^7+1}$；　(18) $\sum_{n=1}^{\infty}\left(1+\frac{1}{2!}+\cdots+\frac{1}{n!}\right)\frac{\cos 3n}{\sqrt[5]{n}}$.

2. 试讨论下列级数的敛散性($p>0$)：

(1) $\sum_{n=1}^{\infty}\frac{(-1)^{n-1}}{[\sqrt{n}+(-1)^{n-1}]^p}$；　(2) $\sum_{n=1}^{\infty}\frac{\sin\frac{n\pi}{4}}{n^p+\sin\frac{n\pi}{4}}$；

(3) $\sum_{n=1}^{\infty}\frac{(-1)^n}{\sqrt{n}}\left(1+\frac{(-1)^n}{n^p}\right)^n$；　(4) $\sum_{n=1}^{\infty}\frac{1}{\sqrt[n]{n}}\ln\left(1+\frac{\sin n}{n^p}\right)$；

(5) $\sum_{n=2}^{\infty}e^{\frac{\cos n}{\sqrt{n}}}-\cos\frac{1}{n}$；　(6) $\sum_{n=1}^{\infty}\sqrt{\frac{n^2-1}{n^2+1}}\arctan\left(\frac{\sin n}{n^p}\right)$；

(7) $\sum_{n=2}^{\infty}\frac{(-1)^n}{3^{\frac{n}{2}}+(-1)^{n+1}}$；　(8) $\sum_{n=1}^{\infty}\frac{(-1)^{\left[\frac{n}{3}\right]}}{2n+1}$；

(9) $\sum_{n=1}^{\infty}\frac{(-1)^{[\sqrt[3]{n}]}}{3n-1}$；　(10) $\sum_{n=1}^{\infty}\frac{(-1)^{[\sqrt{n}]}}{n^p}$；

(11) $\sum_{n=1}^{\infty}\frac{(-1)^{\left[\frac{n}{3}\right]}}{(2n+(-1)^{\left[\frac{n}{3}\right]})^p}$；　(12) $\sum_{n=1}^{\infty}\frac{(-1)^{[\sqrt[3]{n}]}}{(2n-1)^p}$.

3. 试讨论下列级数的绝对收敛性或条件收敛性($p>0$)：

(1) $\sum_{n=1}^{\infty}\frac{\sin 3^n x}{2^n}$；　(2) $\sum_{n=1}^{\infty}\ln\left(1+\frac{x^n}{n^p}\right)$；

(3) $\sum_{n=1}^{\infty}\frac{\sin nx}{n^p+\frac{1}{n}}$；　(4) $\sum_{n=1}^{\infty}\frac{2^n}{n^p}\sin\left(\frac{x}{5}\right)^n$；

(5) $\sum_{n=1}^{\infty}\frac{(nx)^n}{n!}$；　(6) $\sum_{n=1}^{\infty}\frac{\sin(n+1)x\cos(n-1)x}{n^p}$；

(7) $\sum_{n=2}^{\infty}\left[\frac{\pi}{2}-\arcsin\left(\frac{n}{n+1}\right)\right]$；　(8) $\sum_{n=1}^{\infty}(-1)^n n!\sin p\sin\frac{p}{2}\sin\frac{p}{3}\cdots\sin\frac{p}{n}$.

4. 设级数 $\sum_{n=1}^{\infty}A_n$ 由级数 $\sum_{n=1}^{\infty}a_n$ 加括号形成，其中 $A_n=\sum_{k=p_n}^{p_{n+1}-1}a_k$. 又有 $\lim_{n\to\infty}a_n=0$，而且数列 $\{p_{n+1}-p_n\}$ 有界，则当级数 $\sum_{n=1}^{\infty}A_n$ 收敛时，级数 $\sum_{n=1}^{\infty}a_n$ 也收敛.

5. 设级数 $\sum_{n=1}^{\infty}a_n$ 和 $\sum_{n=1}^{\infty}b_n$ 都收敛，而且 $a_n\leqslant c_n\leqslant b_n$，$\forall n\in\mathbf{N}_+$. 试证明级数 $\sum_{n=1}^{\infty}c_n$ 也收敛.

6. 若数列 $\{a_n\}$ 单调递减趋于零，试证明如下级数收敛：

$$\sum_{n=1}^{\infty}(-1)^n \frac{a_1+a_2+\cdots+a_n}{n}.$$

7. 设函数 $f(x)$ 在 $x=0$ 的某邻域内二次连续可微，且 $\lim\limits_{x\to 0}\dfrac{f(x)}{x}=0$，试证明级数 $\sum\limits_{n=1}^{\infty} f\left(\dfrac{1}{n}\right)$ 绝对收敛.

8. 若交错级数 $\sum\limits_{n=1}^{\infty}(-1)^n a_n$ 条件收敛，且 $a_n>0(\forall n\geqslant 1)$. 令

$$S_{2n-1}=\sum_{k=1}^{n} a_{2k-1},\ S_{2n}=\sum_{k=1}^{n} a_{2k},$$

试证明：

$$\lim_{n\to\infty}\frac{S_{2n-1}}{S_{2n}}=1.$$

9. 设 $a_n>0(\forall n\geqslant 1)$，使得数列 $\{na_n\}$ 单调趋于零，又级数 $\sum\limits_{n=1}^{\infty} a_n$ 收敛，试证明：

$$\lim_{n\to\infty}(n\ln n)a_n=0.$$

10. 对数列 $\{a_n\}$，如果存在常数 $M>0$，使得

$$\sum_{k=2}^{n}|a_k-a_{k-1}|\leqslant M,\quad n=2,3,\cdots,$$

则称 $\{a_n\}$ 为有限变差数列. 试证明以下命题：

(1) 若 $\{a_n\}$ 为具有有限变差且收敛于零的数列，又级数 $\sum\limits_{n=1}^{\infty} b_n$ 的部分和数列有界，则级数 $\sum\limits_{n=1}^{\infty} a_n b_n$ 收敛；

(2) 若 $\{a_n\}$ 为具有有限变差的数列，又级数 $\sum\limits_{n=1}^{\infty} b_n$ 收敛，则级数 $\sum\limits_{n=1}^{\infty} a_n b_n$ 收敛；

(3) 若 $\{a_n\}$ 为具有有限变差且收敛于零的数列，则级数 $\sum\limits_{n=1}^{\infty}(-1)^n a_n$ 收敛.

11. 考虑对交错级数 $\sum\limits_{n=1}^{\infty}\dfrac{(-1)^{n-1}}{n}$ 进行重排：先依次取 m 个正项，并依次取 n 个负项；再依次取 m 个正项，并依次取 n 个负项；如此一直持续进行下去. 又有公式

$$1+\frac{1}{2}+\frac{1}{3}+\cdots+\frac{1}{n}-\ln n=c+\varepsilon_n,$$

其中 c 是 Euler 常数，$\lim\limits_{n\to\infty}\varepsilon_n=0$. 试证明：这样重排后的级数收敛，且和为 $\dfrac{1}{2}\ln\dfrac{m}{n}+\ln 2$.

12. 试利用级数的 Cauchy 乘积证明下列等式.

(1) $\sum\limits_{n=0}^{\infty}(n+1)x^n=\dfrac{1}{(1-x)^2}\ (|x|<1)$；

(2) $\sum\limits_{n=0}^{\infty}\dfrac{(-1)^n}{n+1}\left(1+\dfrac{1}{3}+\cdots+\dfrac{1}{2n+1}\right)=\dfrac{\pi^2}{16}$.

13. 对交错级数 $\sum\limits_{n=1}^{\infty}\dfrac{(-1)^{n-1}}{n^p}(p>0)$ 与 $\sum\limits_{n=1}^{\infty}\dfrac{(-1)^{n-1}}{n^q}(q>0)$，试证明其 Cauchy 乘积在 $p+q>1$ 时收敛，在 $p+q\leqslant 1$ 时发散.

9.4 应用事例与研究课题1

1. 应用事例

1）数项级数敛散性

例 9.4.1 试讨论下列级数的敛散性：

(1) $\sum_{n=1}^{\infty}\frac{\ln^p\left(1+\sqrt{\arctan\frac{1}{n}}\right)}{\sin(\sqrt{n+1}-\sqrt{n})}$； (2) $\sum_{n=1}^{\infty}\frac{(n+1)\sin 2n}{n^2-\ln n}$.

解 (1) 注意到

$$\ln\left(1+\sqrt{\arctan\frac{1}{n}}\right)=\ln\left[1+\left(\frac{1}{n}+o\left(\frac{1}{n}\right)\right)^{\frac{1}{2}}\right]=\ln\left[1+\frac{1}{\sqrt{n}}+o\left(\frac{1}{\sqrt{n}}\right)\right]=\frac{1}{\sqrt{n}}+o\left(\frac{1}{\sqrt{n}}\right),$$

以及

$$\begin{aligned}\sin(\sqrt{n+1}-\sqrt{n})&=\sin\frac{1}{\sqrt{n}\left(1+\sqrt{1+\frac{1}{n}}\right)}=\sin\frac{1}{\sqrt{n}\left[2+\frac{1}{2n}+o\left(\frac{1}{n}\right)\right]}\\&=\sin\frac{1}{2\sqrt{n}\left[1+\frac{1}{4n}+o\left(\frac{1}{n}\right)\right]}=\sin\frac{1}{2\sqrt{n}}\left[1-\frac{1}{4n}+o\left(\frac{1}{n}\right)\right]\\&=\sin\left[\frac{1}{2\sqrt{n}}+o\left(\frac{1}{\sqrt{n}}\right)\right]=\frac{1}{2\sqrt{n}}+o\left(\frac{1}{\sqrt{n}}\right),\end{aligned}$$

可得

$$\frac{\ln^p\left(1+\sqrt{\arctan\frac{1}{n}}\right)}{\sin(\sqrt{n+1}-\sqrt{n})}=\frac{\left[\frac{1}{\sqrt{n}}+o\left(\frac{1}{\sqrt{n}}\right)\right]^p}{\frac{1}{2\sqrt{n}}+o\left(\frac{1}{\sqrt{n}}\right)}=\frac{2}{n^{\frac{p-1}{2}}}+o\left(\frac{1}{n^{\frac{p-1}{2}}}\right).$$

从而有，原级数在 $p>3$ 时收敛，在 $p\leqslant 3$ 时发散.

(2) 注意到

$$\begin{aligned}\frac{(n+1)\sin 2n}{n^2-\ln n}&=\left(1+\frac{1}{n}\right)\frac{\sin 2n}{n}+\left[1+\frac{\ln 2}{n^2}+o\left(\frac{1}{n^2}\right)\right]\\&\sim\frac{\sin 2n}{n}\left[1+\frac{1}{n^2}+o\left(\frac{1}{n^2}\right)\right]=\frac{\sin 2n}{n}+o\left(\frac{1}{n^2}\right),\end{aligned}$$

又由于级数 $\sum_{n=1}^{\infty}o\left(\frac{1}{n^2}\right)$ 绝对收敛，可知原级数与级数 $\sum_{n=1}^{\infty}\frac{\sin 2n}{n}$ 有相同的敛散性. 而事实上，级数 $\sum_{n=1}^{\infty}\frac{\sin 2n}{n}$ 条件收敛，从而原级数是条件收敛的. □

例 9.4.2 试讨论如下级数的敛散性：

$$\sum_{n=1}^{\infty}\frac{\sin 2n\ln^2 n}{n^{\gamma}}\quad(\gamma>0).$$

解 当 $0<2\mu<\gamma$ 时，由

$$f(x)=\frac{\ln^2 x}{x^{\gamma}}\sim\frac{[O(x^{\mu})]^2}{x^{\gamma}}\leqslant\frac{C^2x^{2\mu}}{x^{\gamma}}\quad(x\to+\infty),$$

以及
$$f'(x)=\frac{2x^{\gamma-1}\ln x-\gamma x^{\gamma-1}\ln^2 x}{x^{2\gamma}}=\frac{x^{\gamma-1}(2-\gamma\ln x)\ln x}{x^{2\gamma}}<0\quad(x\gg 1),$$
可知 $f(x)=\frac{\ln^2 x}{x^\gamma}$单调递减趋于零. 又级数 $\sum\limits_{n=1}^{\infty}\sin 2n$ 的部分和数列有界,从而由 Dirichlet 判别法有,原级数$\sum\limits_{n=1}^{\infty}\frac{\sin 2n\ln^2 n}{n^\gamma}$ 收敛. 令 $b_n=\frac{\ln^2 n}{n^\gamma}$, 可得
$$\begin{aligned}\frac{b_n}{b_{n+1}}&=\frac{(n+1)^\gamma\ln^2 n}{n^\gamma\ln^2(n+1)}=\left(1+\frac{1}{n}\right)^\gamma\left[1+\frac{1}{n\ln n}+o\left(\frac{1}{n\ln n}\right)\right]^{-2}\\&=\left[1+\frac{\gamma}{n}+o\left(\frac{1}{n}\right)\right]\left[1-\frac{2}{n\ln n}+o\left(\frac{1}{n\ln n}\right)\right]\\&=1+\frac{\gamma}{n}-\frac{2}{n\ln n}+o\left(\frac{1}{n\ln n}\right),\end{aligned}$$
进而有级数 $\sum\limits_{n=1}^{\infty}b_n$ 在 $\gamma>1$ 时收敛,在 $\gamma\leqslant 1$ 时发散. 又由
$$|a_n|=|\sin 2n|\frac{\ln^2 n}{n^\gamma}\geqslant\frac{\ln^2 n}{n^\gamma}\sin^2 2n=\frac{\ln^2 n}{n^\gamma}\frac{1-\cos 4n}{2}=\frac{\ln^2 n}{2n^\gamma}-\frac{\cos 4n\ln^2 n}{2n^\gamma},$$
以及级数 $\sum\limits_{n=1}^{\infty}\frac{\cos 4n\ln^2 n}{n^\gamma}$ 在 $\gamma>0$ 时收敛,可得原级数$\sum\limits_{n=1}^{\infty}\frac{\sin 2n\ln^2 n}{n^\gamma}$ 在 $\gamma>1$ 时绝对收敛,在 $0<\gamma\leqslant 1$ 时条件收敛. □

2) 二重级数

定义 9.4.1 形如 $\sum\limits_{m=1}^{\infty}\sum\limits_{n=1}^{\infty}a_{mn}$ 的级数,称作**二重级数**. 若对每个自然数 m,级数 $\sum\limits_{n=1}^{\infty}a_{mn}$ 都收敛,而且级数$\sum\limits_{m=1}^{\infty}A_m$ 收敛,其中 A_m 是级数 $\sum\limits_{n=1}^{\infty}a_{mn}$ 的和,则称二重级数是**收敛**的,也称级数 $\sum\limits_{m=1}^{\infty}A_m$ 和为二重级数$\sum\limits_{m=1}^{\infty}\sum\limits_{n=1}^{\infty}a_{mn}$ 的和.

必须注意,$\sum\limits_{m=1}^{\infty}\sum\limits_{n=1}^{\infty}a_{mn}$ 与 $\sum\limits_{n=1}^{\infty}\sum\limits_{m=1}^{\infty}a_{mn}$ 是两个不同的二重级数,其中一个收敛不能确保另一个收敛,而且即使两个都收敛,也不能确保一定相等. 关于二重级数敛散性的研究是十分丰富多样的,这里我们只是简单介绍一些常用的基本结论,更一般的情形可以参照下一节的讨论.

定义 9.4.2 考虑将二重级数的所有元素按照一定的顺序排成数列,并对此数列依顺序相加求和,从而形成一个单重级数. 如果二重级数依任意顺序排列所得到的单重级数都收敛且相等,则称此二重级数 $\sum\limits_{m=1}^{\infty}\sum\limits_{n=1}^{\infty}a_{mn}$ **绝对收敛**.

定理 9.4.1 若二重级数 $\sum\limits_{m=1}^{\infty}\sum\limits_{n=1}^{\infty}a_{mn}$ 绝对收敛,则有如下结论:

(1) 通项取绝对值所形成的二重级数$\sum\limits_{m=1}^{\infty}\sum\limits_{n=1}^{\infty}|a_{mn}|$ 绝对收敛;

定理 9.4.1

(2) 二重级数$\sum\limits_{m=1}^{\infty}\sum\limits_{n=1}^{\infty}a_{mn}$ 与 $\sum\limits_{n=1}^{\infty}\sum\limits_{m=1}^{\infty}a_{mn}$ 都收敛,而且有
$$\sum_{m=1}^{\infty}\sum_{n=1}^{\infty}a_{mn}=\sum_{n=1}^{\infty}\sum_{m=1}^{\infty}a_{mn}=\sum_{m,n=1}^{\infty}a_{mn};\qquad(*)$$

(3) 若 $a_{mn} \geqslant 0, m, n = 1, 2, \cdots$，又二重级数 $\sum_{m=1}^{\infty}\sum_{n=1}^{\infty} a_{mn}$ 与 $\sum_{n=1}^{\infty}\sum_{m=1}^{\infty} a_{mn}$ 中任意一个收敛，则它们都绝对收敛并且(*)式成立.

定义 9.4.3 如果对 $\forall \varepsilon > 0$，存在 $N \in \mathbf{N}_+$，当 $n > N$ 时，有

$$\left|\sum_{j=1}^{n} a_{ij} - A_i\right| < \varepsilon, \quad \forall i \geqslant 1,$$

则称此级数序列 $\sum_{j=1}^{\infty} a_{ij}$ 关于指标 i **一致收敛**，记作 $\sum_{j=1}^{\infty} a_{ij} = A_i, \forall i \geqslant 1$.

定理 9.4.2

定理 9.4.2 若级数序列 $\sum_{n=1}^{\infty} a_{mn} = A_m$ 关于指标 m 一致收敛，又存在极限

$$\lim_{m\to\infty} a_{mn} = a_n (\forall n \geqslant 1),$$

则极限 $\lim_{m\to\infty} A_m$ 也存在，级数 $\sum_{n=1}^{\infty} a_n$ 收敛，并且有

$$\lim_{m\to\infty}\sum_{n=1}^{\infty} a_{mn} = \sum_{n=1}^{\infty} \lim_{m\to\infty} a_{mn}. \tag{**}$$

特别地，若 $\lim_{m\to\infty} a_{mn} = a_n (\forall n \geqslant 1)$，而且有 $|a_{mn}| \leqslant b_n (\forall n \geqslant 1)$，使得级数 $\sum_{n=1}^{\infty} b_n$ 收敛，则有如上(**)式成立.

定理 9.4.3

定理 9.4.3 若 $\sum_{m=1}^{\infty} |a_{mn}| \leqslant A_n \quad (\forall n \geqslant 1)$，级数 $\sum_{n=1}^{\infty} A_n$ 收敛，则对一切 $m \geqslant 1$，级数 $\sum_{n=1}^{\infty} a_{mn}$ 收敛，并且有

$$\sum_{m=1}^{\infty}\sum_{n=1}^{\infty} a_{mn} = \sum_{n=1}^{\infty}\sum_{m=1}^{\infty} a_{mn}.$$

例 9.4.3 设级数 $\sum_{n=2}^{\infty} |a_n|$ 收敛，令 $f(x) = \sum_{n=2}^{\infty} a_n x^n, x \in [-1, 1]$，则有

$$\sum_{n=1}^{\infty} f\left(\frac{1}{n}\right) = \sum_{n=2}^{\infty} a_n \zeta(n),$$

其中 $\zeta(s)$ 是 Riemann-zeta 函数.

解 注意到

$$\sum_{n=2}^{\infty} \frac{|a_n|}{m^n} \leqslant \frac{1}{m^2}\sum_{n=2}^{\infty} |a_n|, \quad \forall m \geqslant 1,$$

以及级数 $\sum_{m=1}^{\infty} \frac{1}{m^2}$ 收敛，可得

$$\sum_{n=2}^{\infty}\sum_{m=1}^{\infty} \frac{a_n}{m^n} = \sum_{m=1}^{\infty}\sum_{n=2}^{\infty} \frac{a_n}{m^n},$$

此即

$$\sum_{n=2}^{\infty} a_n \zeta(n) = \sum_{m=1}^{\infty} f\left(\frac{1}{m}\right).$$

特别地，由

$$\lim_{n\to\infty}\int_0^1 \frac{x^n}{1+x} \mathrm{d}x = 0,$$

可得

$$\ln 2=\int_0^1\frac{1}{1+x}\mathrm{d}x=\lim_{n\to\infty}\int_0^1\frac{1+(-1)^n x^{n+1}}{1+x}\mathrm{d}x=\lim_{n\to\infty}\int_0^1\sum_{k=0}^{n}(-x)^k\mathrm{d}x$$
$$=\lim_{n\to\infty}\sum_{k=0}^{n}\int_0^1(-x)^k\mathrm{d}x=\sum_{k=0}^{\infty}\frac{(-1)^k}{1+k}.$$

进而有
$$\ln 2=\sum_{n=1}^{\infty}\left(\frac{1}{2n-1}-\frac{1}{2n}\right)=\sum_{n=1}^{\infty}\frac{1}{(2n-1)2n}.$$

此时,考虑函数
$$f(x)=\sum_{n=2}^{\infty}\frac{1}{2^n}x^n=\frac{x^2}{2(2-x)},$$

以及
$$\sum_{n=1}^{\infty}f\left(\frac{1}{n}\right)=\sum_{n=1}^{\infty}\frac{n^{-2}}{2(2-n^{-1})}=\ln 2,$$

即有
$$\ln 2=\sum_{n=2}^{\infty}\frac{1}{2^n}\zeta(n).$$ □

3）乘积级数

定义 9.4.4 (1) 设 $p_1,p_2,\cdots,p_n,\cdots$ ($p_n\neq 0$) 是无穷可数个实数,通常将如下形式积
$$\prod_{n=1}^{\infty}p_n=p_1p_2\cdots p_n\cdots,$$
称作**无穷乘积级数**或**无穷乘积**,其中 p_n 为无穷乘积的**通项**.

(2) 记 $P_n=\prod_{k=1}^{n}p_k$, $\forall n\geqslant 1$, 称其为无穷乘积 $\prod_{n=1}^{\infty}p_n$ 的**有限部分乘积**. 如果有限部分乘积数列 $\{P_n\}$ 的极限存在(有限或无穷大),则称此极限为无穷乘积级数的**积**,也即
$$\prod_{n=1}^{\infty}p_n=\lim_{n\to\infty}P_n.$$
若无穷乘积级数的积为有限且非零的数 P,称无穷乘积 $\prod_{n=1}^{\infty}p_n$ 收敛于 P;否则,称此无穷乘积是发散的.

显然,如果无穷乘积 $\prod_{n=1}^{\infty}p_n$ 收敛,则有
$$\lim_{n\to\infty}p_n=\lim_{n\to\infty}\frac{P_n}{P_{n-1}}=1,$$
$$\lim_{m\to\infty}\prod_{n=m+1}^{\infty}p_n=\lim_{m\to\infty}\frac{\prod_{n=1}^{\infty}p_n}{\prod_{n=1}^{m}p_n}=1.$$

注意到
$$P_n=\prod_{k=1}^{n}p_k=\mathrm{e}^{\sum_{k=1}^{n}\ln p_k},$$
我们通常将无穷乘积转化为无穷级数进行讨论.

定理 9.4.4 (1) 无穷乘积 $\prod_{n=1}^{\infty}p_n$ 收敛当且仅当级数 $\sum_{n=1}^{\infty}\ln p_n$ 收敛,并且有
$$\prod_{n=1}^{\infty}p_n=\mathrm{e}^{\sum_{n=1}^{\infty}\ln p_n};$$

定理 9.4.4

(2) 记 $p_n = 1+a_n$，对 $\forall n \geqslant 1$，有 $a_n > 0$(或 $a_n < 0$)，则无穷乘积 $\prod_{n=1}^{\infty} p_n$ 收敛，当且仅当级数 $\sum_{n=1}^{\infty} a_n$ 收敛；

(3) 若级数 $\sum_{n=1}^{\infty} a_n$ 收敛，则无穷乘积 $\prod_{n=1}^{\infty}(1+a_n)$ 收敛，当且仅当级数 $\sum_{n=1}^{\infty} a_n^2$ 收敛.

例 9.4.4 试证明 Wallis 公式的乘积表示为

$$\frac{\pi}{2} = \lim_{n\to\infty}\left[\frac{(2n)!!}{(2n-1)!!}\right]^2 \frac{1}{2n+1}.$$

证 令 $p_n = 1-\frac{1}{(2n)^2}, n = 1,2,\cdots$，则其有限部分乘积为

$$P_n = \prod_{k=1}^{n}\left(1-\frac{1}{(2k)^2}\right) = \prod_{k=1}^{n}\frac{(2k-1)(2k+1)}{(2k)(2k)} = \left[\frac{(2n-1)!!}{(2n)!!}\right]^2(2n+1).$$

为研究有限部分乘积数列 $\{P_n\}$ 的敛散性，考虑

$$I_n = \int_0^{\frac{\pi}{2}} \sin^n x\,\mathrm{d}x,$$

可得
$$I_{2n} = \frac{(2n-1)!!}{(2n)!!}\,\frac{\pi}{2},\quad I_{2n+1} = \frac{(2n)!!}{(2n+1)!!}.$$

因此，有
$$\frac{\pi}{2}P_n = \frac{I_{2n}}{I_{2n+1}}.$$

由于 $I_{2n+1} < I_{2n} < I_{2n-1}$，有

$$1 < \frac{I_{2n}}{I_{2n+1}} < \frac{I_{2n-1}}{I_{2n+1}};$$

又由
$$\lim_{n\to\infty}\frac{I_{2n-1}}{I_{2n+1}} = \lim_{n\to\infty}\frac{2n+1}{2n} = 1,$$

可得
$$\lim_{n\to\infty}P_n = \lim_{n\to\infty}\frac{I_{2n}}{I_{2n+1}}\,\frac{2}{\pi} = \frac{2}{\pi}.$$

此即
$$\prod_{n=1}^{\infty}\left(1-\frac{1}{(2n)^2}\right) = \frac{2}{\pi},$$

也即
$$\frac{\pi}{2} = \lim_{n\to\infty}\left[\frac{(2n)!!}{(2n-1)!!}\right]^2\frac{1}{2n+1}.$$
□

例 9.4.5 试讨论如下级数的敛散性：

$$\prod_{n=1}^{\infty}\left(1+\frac{(-1)^{n+1}}{n^p}\right).$$

解 显然，当 $p \leqslant 0$ 时，无穷乘积级数 $\prod_{n=1}^{\infty}\left(1+\frac{(-1)^{n+1}}{n^p}\right)$ 是发散的.

当 $p > 0$ 时，级数

$$\sum_{n=1}^{\infty} a_n = \sum_{n=1}^{\infty}\frac{(-1)^{n+1}}{n^p}$$

收敛；又有级数

$$\sum_{n=1}^{\infty} a_n^2 = \sum_{n=1}^{\infty}\frac{1}{n^{2p}}$$

在 $0 < p \leqslant \frac{1}{2}$ 时发散，在 $p > \frac{1}{2}$ 时收敛.

从而,原无穷乘积级数$\prod_{n=1}^{\infty}\left(1+\frac{(-1)^{n+1}}{n^p}\right)$在$p\leqslant\frac{1}{2}$时发散,在$p>\frac{1}{2}$时收敛. □

2. 探究课题

探究 9.4.1 试讨论下列级数的敛散性. 若收敛,请指明绝对收敛性还是条件收敛性.

(1) $\sum_{n=1}^{\infty}(n^{n^p}-1)\quad(p<0)$;

(2) $\sum_{n=1}^{\infty}(n^{\frac{1}{n^3+1}}-1)^p\quad(p>0)$;

(3) $\sum_{n=1}^{\infty}\int_0^{\frac{1}{n}}\frac{\sqrt{x}}{1+x^2}\mathrm{d}x$;

(4) $\sum_{n=1}^{\infty}(-1)^{n+1}\frac{2^n\sin^{2n}x}{n}$;

(5) $\sum_{n=2}^{\infty}\frac{x^n}{n^p\ln^q n}$;

(6) $\sum_{n=1}^{\infty}\int_{n\pi}^{(n+1)\pi}\frac{\sin^2 x}{x}\mathrm{d}x$.

探究 9.4.2 若级数$\sum_{n=1}^{\infty}a_n$收敛,其中$a_n\geqslant 0,n=1,2,\cdots$,试证明如下二重级数收敛:

$$\sum_{m=1}^{\infty}\sum_{n=1}^{\infty}\frac{na_n}{n^2+m^2}.$$

探究 9.4.3 已知当$-1\leqslant x<1$时,有$\sum_{n=1}^{\infty}\frac{x^n}{n}=-\ln(1-x)$. 令$S_n=\sum_{k=2}^{\infty}\frac{1}{k^n}$, 试证明如下等式(其中$c$为 Euler 常数):

(1) $\sum_{n=2}^{\infty}S_n=1$;

(2) $\sum_{n=1}^{\infty}S_{2n}=\frac{3}{4}$;

(3) $\sum_{n=1}^{\infty}\frac{S_n}{n}=1-c$;

(4) $\sum_{n=1}^{\infty}\frac{S_{2n}}{n}=\ln 2$.

探究 9.4.4 试证明 Riemann-Zeta 函数满足下列等式:

(1) $\sum_{n=2}^{\infty}[\zeta(n)-1]=1$;

(2) $\sum_{n=1}^{\infty}[\zeta(2n)-1]=\frac{3}{4}$.

探究 9.4.5 设级数$\sum_{n=2}^{\infty}\frac{|a_n|}{2^n}$收敛,令$f(x)=\sum_{n=2}^{\infty}a_n x^n,x\in\left[-\frac{1}{2},\frac{1}{2}\right]$,则有

$$\sum_{n=2}^{\infty}f\left(\frac{1}{n}\right)=\sum_{n=2}^{\infty}a_n[\zeta(n)-1],$$

其中$\zeta(s)$是 Riemann-Zeta 函数.

探究 9.4.6 试证明下列等式:

(1) $\lim_{n\to\infty}\left[\sum_{k=1}^{n}\frac{1}{k}-\ln n\right]=\sum_{n=1}^{\infty}\left[\frac{1}{n}-\ln\left(1+\frac{1}{n}\right)\right]=\sum_{n=2}^{\infty}\frac{(-1)^n}{n}\zeta(n)$;

(2) $\lim_{n\to\infty}\left[\sum_{k=1}^{n}\frac{1}{k}-\ln n\right]=1+\sum_{n=2}^{\infty}\left[\frac{1}{n}+\ln\left(1-\frac{1}{n}\right)\right]=1-\sum_{n=2}^{\infty}\frac{\zeta(n)-1}{n}$.

探究 9.4.7 试证明下列等式:

(1) $\prod_{n=1}^{\infty}(1+x^{2^{n-1}})=\frac{1}{1-x}\quad(|x|<1)$;

(2) $\prod_{n=1}^{\infty}\cos\frac{x}{2^n}=\frac{\sin x}{x}$.

探究 9.4.8 若对$\forall n\geqslant 1$,有

$$a_{2n-1}=-\frac{1}{\sqrt{n}},\quad a_{2n}=\frac{1}{\sqrt{n}}+\frac{1}{n}\left(1+\frac{1}{\sqrt{n}}\right).$$

试证明:虽然级数$\sum_{n=1}^{\infty}a_n$与$\sum_{n=1}^{\infty}a_n^2$都发散,但无穷乘积$\prod_{n=2}^{\infty}(1+a_n)$却是收敛的.

3. 实验题

实验 9.4.1　设数列$\{a_n\}$单调递减且$a_n > 0(\forall n \geqslant 1)$，又级数$\sum\limits_{n=1}^{\infty} a_{2n}$发散，试证明级数$\sum\limits_{n=1}^{\infty} \frac{a_n}{n}$发散；并借此证明级数$\sum\limits_{n=2}^{\infty} \frac{1}{n\ln n}$发散. 尝试用 Matlab 或者 Mathematica 软件设计算法，证实相应的理论分析结果.

实验 9.4.2　尝试用 Matlab 或者 Mathematica 软件设计算法，探索级数$\sum\limits_{n=1}^{\infty} \frac{1}{n^3 \sin^2 n}$的敛散性(这是当前一个神秘的开问题).

实验 9.4.3　令$2 = p_1 < p_2 < p_3 < \cdots < p_n < \cdots$为素数全体，试讨论级数$\sum\limits_{n=1}^{\infty} \frac{1}{p_n}$的敛散性. 尝试用 Matlab 或者 Mathematica 软件设计算法，证实相应的理论分析结果.

9.5　函数列和函数项级数

考虑有公共定义域的一列函数的无穷形式"加和"，很自然会想象仿照数项级数的情形去分析，但函数自变量的变化可能会给无穷"加和"的敛散性以及"和"的性质带来一些奇妙的影响. 为此，本节介绍函数列与函数项级数的一致收敛性，以及一致收敛意义下函数列与函数项级数的分析性质，这也将为后续研究幂级数和 Fourier 级数的敛散性及其他分析性质等做准备.

9.5.1　函数列的一致收敛

定义 9.5.1　(1) 如果对$\forall n \in \mathbf{N}_+$，函数$f_n(x)$有公共定义域$I$，通常称

$$f_1(x), f_2(x), \cdots, f_n(x), \cdots \ (\forall n \in \mathbf{N}_+, x \in I)$$

为定义在集合I上的**函数列**，简记为$\{f_n(x)\}_{n=1}^{\infty}$或$\{f_n\}$；也称$f_n(x)$为函数列$\{f_n(x)\}$的**通项**.

(2) 若函数列$\{f_n(x)\}$的公共定义域I中有点x_0，使得数列$\{f_n(x_0)\}$收敛于$f(x_0)$，也即

$$\lim_{n\to\infty} f_n(x_0) = f(x_0),$$

则称x_0为函数列$\{f_n(x)\}$的一个**收敛点**；若数列$\{f_n(x_0)\}$发散，称x_0为函数列$\{f_n(x)\}$的一个**发散点**. 函数列$\{f_n(x)\}$的所有收敛点的集合D，称其为它的**收敛域**. 显然，$D \subseteq I$.

(3) 对收敛域D中任意(取定)的点x，由极限

$$\lim_{n\to\infty} f_n(x) = f(x)$$

可确定一个定义在D上的函数$f(x)$，通常称$f(x)$为函数列$\{f_n(x)\}$在D上的**逐点收敛极限函数**或**极限函数**，也称函数列$\{f_n(x)\}$在D上**逐点收敛**于$f(x)$.

自然地，我们期望能基于函数列通项的分析性质去研究其极限函数的分析性质. 事实上，很多场合却是不尽人意的. 这里，先考察下面的一些例子：

例 9.5.1　(1) 考虑定义于$\mathbf{R}$上的函数列

$$f_n(x) = x^n, \quad n = 1, 2, \cdots,$$

显然，其收敛域为$(-1,1]$，并且其通项f_n在区间$(-1,1]$上连续甚至无穷次可微. 但是，其极限函数为

$$f(x)=\begin{cases}0, & |x|<1,\\ 1, & x=1,\end{cases}$$

在 $x=1$ 处不连续.

(2) 考虑定义于区间 $[0,1]$ 上的函数列

$$g_n(x)=\begin{cases}1, & n!x\in \mathbf{Z}_+,\\ 0, & n!x\notin \mathbf{Z}_+,\end{cases}\quad n=1,2,\cdots.$$

对任意取定的 n,由于在区间 $[0,1]$ 中使得 $n!x\in \mathbf{Z}_+$ 至多有有限多个 x,也即

$$x=\frac{m}{n!},\quad m=0,1,\cdots,n!,$$

从而,函数列的通项 g_n 在区间 $[0,1]$ 上至多有有限多个不连续点且是可积的.

显然,其收敛域仍为 $[0,1]$. 但是,其极限函数为 Dirichlet 函数

$$D(x)=\begin{cases}1, & x\in \mathbf{Q},\\ 0, & x\in \mathbf{R}\backslash \mathbf{Q},\end{cases}$$

在区间 $[0,1]$ 上不可积.

(3) 考虑定义于 $\mathbf{R}$ 上的函数列

$$h_n(x)=\frac{\sin nx}{n},\quad n=1,2,\cdots,$$

显然,其收敛域为 $\mathbf{R}$. 对于 $\forall x\in \mathbf{R}$, 有极限函数为 $h(x)=0$ 以及其导函数 $h'(x)=0$.

但是,函数列通项 h_n 的导函数列

$$h'_n(x)=\cos nx,\quad \forall x\in \mathbf{R}, n=1,2,\cdots$$

在 $x\neq 0$ 时极限不存在.

(4) 考虑定义于 $\mathbf{R}$ 上的函数列

$$u_n(x)=x\mathrm{e}^{-nx^2},\quad n=1,2,\cdots,$$

显然,其收敛域为 $\mathbf{R}$. 对于 $\forall x\in \mathbf{R}$, 有极限函数为 $u(x)=0$ 以及其导函数 $u'(x)=0$.

即使,函数列通项 u_n 的导函数列

$$u'_n(x)=\mathrm{e}^{-nx^2}-2nx^2\mathrm{e}^{-nx^2},\quad \forall x\in \mathbf{R}, n=1,2,\cdots$$

有极限函数

$$U'(x)=\begin{cases}1, & x=0,\\ 0, & x\neq 0.\end{cases}$$

也不如预期,却是

$$\lim_{n\to\infty}u'_n(x)\neq (\lim_{n\to\infty}u_n(x))'.$$

(5) 考虑定义于区间 $[0,1]$ 上的函数列

$$v_n(x)=nx(1-x^2)^n,\quad n=1,2,\cdots,$$

显然,其收敛域仍为 $[0,1]$,且其极限函数为 $v(x)=0$.

虽然,函数列通项 v_n 在区间 $[0,1]$ 上可积

$$\int_0^1 v_n(x)\mathrm{d}x=\int_0^1 nx(1-x^2)^n\mathrm{d}x=\frac{n}{2(n+1)},\quad n=1,2,\cdots,$$

但是,却有

$$\lim_{n\to\infty}\int_0^1 v_n(x)\mathrm{d}x\neq \int_0^1 \lim_{n\to\infty}v_n(x)\mathrm{d}x.$$

□

这些例子表明,函数列通项的连续性、可微性与可积性等并不一定能确保其逐点收敛的极限函数也有相应的性质;即使有相应的分析性质,也不见得可以通过逐项求极限、逐项求导数、

逐项求积分的方法刻画其极限函数的连续性、可微性与可积性等. 能不能通过加强某些条件，以便从函数列通项的分析性质了解其极限函数的分析性质呢?

例 9.5.2 设函数列$\{f_n(x)\}$在收敛域 D 上有逐点收敛的极限函数 $f(x)$，又对 $\forall n\in\mathbf{N}_+$ 以及 $\forall x_0\in D$，通项函数 $f_n(x)$在 x_0 处连续，试讨论如何确保极限函数 $f(x)$在 x_0 处也连续?

解 若极限函数 $f(x)$在 x_0 处连续，也即有：对 $\forall\varepsilon>0$，存在 $\delta=\delta(x_0)>0$，只要 $|x-x_0|<\delta$，则成立

$$|f(x)-f(x_0)|<\varepsilon.$$

为此，考虑

$$|f(x)-f(x_0)|\leqslant|f(x)-f_n(x)|+|f_n(x)-f_n(x_0)|+|f_n(x_0)-f(x_0)|.$$

首先，注意到 x_0 是函数列$\{f_n(x)\}$的收敛点，从而存在 $N_1>0$，只要 $n>N_1$，即有

$$|f_n(x_0)-f(x_0)|<\frac{\varepsilon}{3};$$

又由通项函数 $f_n(x)$在 x_0 处连续，从而存在 $\delta_1=\delta(n,x_0)$，只要 $|x-x_0|<\delta_1$，则有

$$|f_n(x)-f_n(x_0)|<\frac{\varepsilon}{3}.$$

虽然，对每个 $x\in D$，都有$\lim\limits_{n\to\infty}f_n(x)=f(x)$，从而存在 N_x，只要 $n>N_x$，即有

$$|f_n(x)-f(x)|<\frac{\varepsilon}{3}.$$

但是，这里的 N_x 依赖于 x，在 x_0 附近有无穷多个 x，也就可能有无穷多个 N_x. 如果这些 N_x 没有上界，这样就不存在一个正整数 n，使得对 x_0 附近的每个 x 都有 $n>N_x$，进而先前对 $|f_n(x)-f_n(x_0)|$的讨论也就没有意义了.

因此，如果对 x_0 附近所有的 x，都存在不依赖于 x 的 $N>N_1$ 以及 $0<\delta<\delta_1$，只要 $|x-x_0|<\delta,n>N$，则有

$$|f(x)-f_n(x)|<\frac{\varepsilon}{3}.$$

综合来看，即有极限函数 $f(x)$在 x_0 处连续. □

事实上，上例中的 N_x 是衡量函数列$\{f_n(x)\}$趋于极限函数 $f(x)$的快慢尺度：N_x 越大，则意味着$\{f_n(x)\}$趋于 $f(x)$越慢. 如果对 x_0 附近的一切 x，$\{f_n(x)\}$趋于 $f(x)$的快慢是“一致(uniform)”的，则通项函数 $f_n(x)$在 x_0 处连续可以保证极限函数 $f(x)$在 x_0 处也连续. 比如，函数列$\{x^n\}$在从左边趋近于 1 的不同点位，$\lim\limits_{n\to\infty}x^n=0$ 的快慢尺度是不一致的，正是由此导致其极限函数在 $x=1$ 处有间断.

定义 9.5.2 设函数列$\{f_n(x)\}$和函数 $f(x)$均定义于非空集合 D，若对 $\forall\varepsilon>0$，存在 $N=N(\varepsilon)>0$，当 $n>N$ 时，对一切(所有)的 $x\in D$，都有

$$|f_n(x)-f(x)|<\varepsilon,$$

则称函数列$\{f_n(x)\}$在 D 上**一致收敛**于函数 $f(x)$. 通常，记作

$$f_n(x)\rightrightarrows f(x)\quad(n\to\infty),\quad\forall x\in D.$$

函数列$\{f_n(x)\}$在集合 D 上一致收敛于函数 $f(x)$，刻画的是 $f_n(x)$随 n 变化在 D 上的整体表现. 显然，如果函数列$\{f_n(x)\}$在集合 D 上一致收敛于函数 $f(x)$，则一定有函数列$\{f_n(x)\}$在集合 D 上逐点收敛于函数 $f(x)$.

定理 9.5.1 **(Cauchy 准则)** 函数列$\{f_n(x)\}$在集合 D 上一致收敛于函数 $f(x)$的充要

条件是,对$\forall\varepsilon>0$,存在$N=N(\varepsilon)>0$,对$\forall n,m>N$,一切的$x\in D$,都有
$$|f_m(x)-f_n(x)|<\varepsilon.$$

证 必要性的证明是显然的,这里只考虑定理条件的充分性.

如果对$\forall\varepsilon>0$,存在$N=N(\varepsilon)>0$,对$\forall n,m>N$,一切的$x\in D$,都有
$$|f_m(x)-f_n(x)|<\varepsilon.$$
从而,对每个取定的$x\in D$,由数列极限的Cauchy准则,可知数列$\{f_n(x)\}$有极限,不妨记为
$$\lim_{n\to\infty}f_n(x)=f(x).$$
又对一切的$x\in D$,在$|f_m(x)-f_n(x)|<\varepsilon$中令$m\to\infty$取极限,可得当$\forall n>N$时,成立
$$|f(x)-f_n(x)|<\varepsilon.$$
此即表明,函数列$\{f_n(x)\}$在集合D上一致收敛于函数$f(x)$. □

接下来,再介绍一些更便于操作的关于函数列一致收敛的判别法,其中定理9.5.3通常用于判定函数列是不一致收敛的.

定理9.5.2 函数列$\{f_n(x)\}$在集合D上一致收敛于函数$f(x)$的充要条件是
$$\lim_{n\to\infty}\sup_{x\in D}|f_n(x)-f(x)|=0.$$

证 必要性. 如果
$$f_n(x)\rightrightarrows f(x)\quad(n\to\infty),\quad\forall x\in D,$$
此即对$\forall\varepsilon>0$,存在$N=N(\varepsilon)>0$,对$\forall n>N$,一切的$x\in D$,都有
$$|f_n(x)-f(x)|<\varepsilon.$$
这表明
$$\sup_{x\in D}|f_n(x)-f(x)|\leqslant\varepsilon,$$
亦即
$$\lim_{n\to\infty}\sup_{x\in D}|f_n(x)-f(x)|=0.$$

充分性. 如果对$\forall\varepsilon>0$,存在$N=N(\varepsilon)>0$,对$\forall n>N$,有
$$\sup_{x\in D}|f_n(x)-f(x)|<\varepsilon,$$
从而对一切的$x\in D$,成立
$$|f_n(x)-f(x)|\leqslant\sup_{x\in D}|f_n(x)-f(x)|<\varepsilon.$$

此即表明,函数列$\{f_n(x)\}$在集合D上一致收敛于函数$f(x)$. □

推论9.5.1 设函数列$\{f_n(x)\}$在集合D上收敛于函数$f(x)$,且数列$\{a_n\}$收敛于0.若对一切的$x\in D$,存在$N=N(\varepsilon)>0$,当$\forall n>N$时,有
$$|f_n(x)-f(x)|\leqslant a_n,$$
则函数列$\{f_n(x)\}$在集合D上一致收敛于函数$f(x)$.

定理9.5.3 函数列$\{f_n(x)\}$在集合D上一致收敛于函数$f(x)$,当且仅当对D中任意数列$\{x_n\}$都有
$$\lim_{n\to\infty}|f_n(x_n)-f(x_n)|=0.$$

证 必要性. 由函数列$\{f_n(x)\}$在集合D上一致收敛于函数$f(x)$,有
$$\lim_{n\to\infty}\sup_{x\in D}|f_n(x)-f(x)|=0,$$
从而,对$\forall\{x_n\}\subseteq D$,即有
$$0\leqslant|f_n(x_n)-f(x_n)|\leqslant\sup_{x\in D}|f_n(x)-f(x)|\to0\quad(n\to\infty).$$

充分性(反证). 若函数列$\{f_n(x)\}$在集合D上不一致收敛于函数$f(x)$,则存在D中某数列$\{x_n\}$使得

$$\lim_{n\to\infty}|f_n(x_n)-f(x_n)|\neq 0.$$

此即，存在 $\varepsilon_0>0$，对 $\forall N>0$，存在 $n>N$ 以及 $x_n\in D$，使得

$$|f_n(x_n)-f(x_n)|\geqslant\varepsilon_0.$$

不妨取 $N_1=1$，存在 $n_1>1$ 以及 $x_{n_1}\in D$，使得 $|f_{n_1}(x_{n_1})-f(x_{n_1})|\geqslant\varepsilon_0$；再取 $N_2=n_1$，存在 $n_2>n_1$ 以及 $x_{n_2}\in D$，使得 $|f_{n_2}(x_{n_2})-f(x_{n_2})|\geqslant\varepsilon_0$；……；依次取 $N_k=n_{k-1}$，存在 $n_k>n_{k-1}$ 以及 $x_{n_k}\in D$，使得 $|f_{n_k}(x_{n_k})-f(x_{n_k})|\geqslant\varepsilon_0$. 这表明，数列 $\{x_n\}$ 存在子列数列 $\{x_{n_k}\}$，使得

$$|f_{n_k}(x_{n_k})-f(x_{n_k})|\geqslant\varepsilon_0,$$

此即有

$$\lim_{n\to\infty}|f_n(x_n)-f(x_n)|\neq 0,$$

矛盾！

因此，函数列 $\{f_n(x)\}$ 在集合 D 上一致收敛于函数 $f(x)$. □

如果只是考察函数列 $\{f_n(x)\}$ 的极限函数 $f(x)$ 在某点 x_0 附近的局部性质，往往只需要关注通项函数 $f_n(x)$ 在点 x_0 的某 δ 邻域 $(x_0-\delta,x_0+\delta)$ 内的性态就好. 这就引出如下拓展概念和一些直接的结论：

定义 9.5.3　设函数列 $\{f_n(x)\}$ 和函数 $f(x)$ 均在点 x_0 的某 δ 邻域 $(x_0-\delta,x_0+\delta)$ 内有定义，若函数列 $\{f_n(x)\}$ 在 $(x_0-\delta,x_0+\delta)$ 内一致收敛于函数 $f(x)$，则称函数列 $\{f_n(x)\}$ 在点 x_0 附近**局部一致收敛**于函数 $f(x)$.

定义 9.5.4　设函数列 $\{f_n(x)\}$ 和函数 $f(x)$ 均定义于非空集合 D，若对任意的闭区间 $[a,b]\subseteq D$，都有函数列 $\{f_n(x)\}$ 在 $[a,b]$ 上一致收敛于函数 $f(x)$，则称函数列 $\{f_n(x)\}$ 在集合 D 上**内闭一致收敛**于函数 $f(x)$.

定理 9.5.4　(1) 若函数列 $\{f_n(x)\}$ 在非空集合 D 上一致收敛于函数 $f(x)$，则对集合 D 的任意非空子集 E，都有函数列 $\{f_n(x)\}$ 在集合 E 上一致收敛于函数 $f(x)$.

(2) 若函数列 $\{f_n(x)\}$ 在有限多个非空集合 $D_1,D_2,\cdots,D_m$ 上都一致收敛于函数 $f(x)$，则函数列 $\{f_n(x)\}$ 在这有限多个集合的并集 $E=\bigcup\limits_{k=1}^{m}D_k$ 上也一致收敛于函数 $f(x)$.

定理 9.5.4

定理 9.5.5　若函数列 $\{f_n(x)\}$ 在有界闭区间 $[a,b]$ 中每一点 x_0 附近都局部一致收敛于 $f(x)$，则其在整个闭区间 $[a,b]$ 上都一致收敛于函数 $f(x)$.

定理 9.5.5

例 9.5.3　试讨论如下函数列在给定集合 D 上的一致收敛性：

(1) $f_n(x)=x^n,D=(-1,1)$；

(2) $g_n(x)=(1-x)x^n,D=[0,1]$；

(3) $h_n(x)=\begin{cases} nx^2, & 0\leqslant x\leqslant\dfrac{1}{n},\\ n^2\left(\dfrac{2}{n}-x\right), & \dfrac{1}{n}<x<\dfrac{2}{n},\\ 0, & \dfrac{2}{n}\leqslant x\leqslant 1,\end{cases}\quad D=[0,1]$；

(4) $u_n(x)=\mathrm{e}^{-(x-n)^2},D_1=(-l,l)\ (l>0),D_2=\mathbf{R}$.

解　(1) 显然，函数列 $\{f_n(x)\}$ 在区间 $(-1,1)$ 上有极限函数 $f(x)=0$. 由于

$$\sup_{x\in(-1,1)}|f_n(x)-f(x)|=\sup_{x\in(-1,1)}|x^n|=1\not\to 0\quad(n\to\infty),$$

即有函数列 $\{f_n(x)\}$ 在区间 $(-1,1)$ 上不一致收敛于其极限函数 $f(x)$.

(2) 显然,函数列$\{g_n(x)\}$在区间$[0,1]$上有极限函数$g(x)=0$.由于

$$\sup_{x\in[0,1]}|g_n(x)-g(x)|=\sup_{x\in[0,1]}|(1-x)x^n|=\left(1-\frac{n}{n+1}\right)\left(\frac{n}{n+1}\right)^n\to 0\quad(n\to\infty),$$

即有函数列$\{g_n(x)\}$在区间$[0,1]$上一致收敛于其极限函数$g(x)$.

(3) 当$x=0$时,显然$h_n(x)\to 0(n\to\infty)$. 当$0<x\leqslant 1$时,对$\forall\varepsilon>0$,存在$N>\frac{1}{[\varepsilon]}+1$,使得$\frac{2}{N}\leqslant x$,进而有:在$\forall n>N$时,成立$\frac{2}{n}<\frac{2}{N}\leqslant x$,以至于$h_n(x)\to 0\ (n\to\infty)$. 这表明,函数列$\{h_n(x)\}$在区间$[0,1]$上有极限函数$h(x)=0$.

考虑取区间$[0,1]$上的数列$\{x_n\}$为$\left\{\frac{1}{n^2}\right\}$,使得

$$\lim_{n\to\infty}|h_n(x_n)-h(x_n)|=1\neq 0,$$

从而,函数列$\{h_n(x)\}$在区间$[0,1]$上不一致收敛于其极限函数$h(x)$.

(4) 显然,函数列$\{u_n(x)\}$在$\mathbf{R}$上有极限函数$u(x)=0$.由于

$$\sup_{x\in D_1}|u_n(x)-u(x)|\leqslant \mathrm{e}^{-(l-n)^2}\to 0\quad(n\to\infty),$$

即有函数列$\{u_n(x)\}$在区间$D_1=(-l,l)$上一致收敛于其极限函数$u(x)$.

如果考虑取数列$\{x_n\}$为$\{n\}$,使得

$$\lim_{n\to\infty}|u_n(x_n)-u(x_n)|=\mathrm{e}^0\neq 0,$$

从而,函数列$\{u_n(x)\}$在$D_2=\mathbf{R}$上不一致收敛于其极限函数$u(x)$. □

例 9.5.4 设$f(x)$为$\mathbf{R}$上连续函数,记$f_n(x)=\sum_{k=1}^{n}\frac{1}{n}f\left(x+\frac{k}{n}\right)$,则函数列$\{f_n(x)\}$在任意有限区间$[a,b]$上一致收敛.

证 对$\forall x\in\mathbf{R}$,函数列$\{f_n(x)\}$有极限函数

$$f(x)=\lim_{n\to\infty}f_n(x)=\int_0^1 f(x+t)\mathrm{d}t.$$

由于函数$f(x)$在$\mathbf{R}$上连续,从而在$[a,b+1]$上一致连续. 也即,对$\forall\varepsilon>0$,存在$\delta>0$, $\forall x',x''\in[a,b+1]$,只要$|x'-x''|<\delta$,有

$$|f(x')-f(x'')|<\varepsilon.$$

特别地,取$N=\frac{1}{\delta}$,对$\forall n>N$, $\forall x\in[a,b]$, $\forall t\in\left[\frac{k-1}{n},\frac{k}{n}\right](k=1,2,\cdots,n)$,有$x+\frac{k}{n}$, $x+t\in[a,b+1]$,使得

$$\left|\left(x+\frac{k}{n}\right)-(x+t)\right|=\left|\frac{k}{n}-t\right|\leqslant\frac{1}{n}<\delta,$$

以至于

$$\left|f\left(x+\frac{k}{n}\right)-f(x+t)\right|<\varepsilon.$$

因此,对$\forall n>N$,一切的$x\in[a,b]$,可得

$$\left|f_n(x)-\int_0^1 f(x+t)\mathrm{d}t\right|=\left|\sum_{k=1}^{n}\int_{\frac{k-1}{n}}^{\frac{k}{n}}f\left(x+\frac{k}{n}\right)\mathrm{d}t-\sum_{k=1}^{n}\int_{\frac{k-1}{n}}^{\frac{k}{n}}f(x+t)\mathrm{d}t\right|$$

$$\leqslant\sum_{k=1}^{n}\int_{\frac{k-1}{n}}^{\frac{k}{n}}\left|f\left(x+\frac{k}{n}\right)-f(x+t)\right|\mathrm{d}t<\varepsilon.$$

此即,函数列$\{f_n(x)\}$在任意有限区间$[a,b]$上是一致收敛的. □

定理 9.5.6 (Dini 判别法) 设函数列$\{f_n(x)\}$在区间$[a,b]$上收敛于函数$f(x)$,并且对

$\forall x\in[a,b]$，函数列$\{f_n(x)\}$关于n单调. 又对$\forall n\geqslant 1$，函数$f_n(x)$与$f(x)$在区间$[a,b]$上连续，则函数列$\{f_n(x)\}$在区间$[a,b]$上一致收敛于函数$f(x)$.

证 反证法. 若函数列$\{f_n(x)\}$在区间$[a,b]$上不是一致收敛于函数$f(x)$，也即存在$\varepsilon_0>0$，对$\forall N\geqslant 1$，存在$n>N$以及$x_n\in[a,b]$，使得

$$|f_n(x_n)-f(x_n)|\geqslant\varepsilon_0.$$

依次取$N=1$，存在$n_1>1$以及$x_1\in[a,b]$，使得$|f_{n_1}(x_1)-f(x_1)|\geqslant\varepsilon_0$；取$N=n_1$，存在$n_2>n_1$以及$x_2\in[a,b]$，使得$|f_{n_2}(x_2)-f(x_2)|\geqslant\varepsilon_0$；……；取$N=n_{k-1}$，存在$n_k>n_{k-1}$以及$x_k\in[a,b]$，使得$|f_{n_k}(x_k)-f(x_k)|\geqslant\varepsilon_0$；……. 此即，形成区间$[a,b]$中的一个数列$\{x_k\}$.

根据 Weierstrass 致密性定理，数列$\{x_k\}$必有收敛子列，不妨记为

$$\lim_{k\to\infty}x_k=x_0\in[a,b].$$

由于

$$\lim_{n\to\infty}f_n(x_0)=f(x_0),$$

从而对上述$\varepsilon_0>0$，存在M，使得

$$|f_M(x_0)-f(x_0)|<\frac{\varepsilon_0}{2}.$$

又由于函数$f_M(x)-f(x)$在x_0处连续，从而存在K，使得

$$|f_M(x_k)-f(x_k)|<\varepsilon_0\quad(k>K).$$

再由函数列$\{f_n(x)\}$关于n的单调性，当$n>M$且$k>K$时，有

$$|f_n(x_k)-f(x_k)|\leqslant|f_M(x_k)-f(x_k)|<\varepsilon_0.$$

又注意到$n_k\to\infty(k\to\infty)$，当k充分大时，总有$k>K$以及$n_k>M$，使得

$$|f_{n_k}(x_k)-f(x_k)|<\varepsilon_0,$$

这与前面的情形$|f_{n_k}(x_k)-f(x_k)|\geqslant\varepsilon_0$矛盾.

此即表明，函数列$\{f_n(x)\}$在区间$[a,b]$上一致收敛于函数$f(x)$. □

9.5.2 一致收敛函数列的性质

基于一致收敛，下面来介绍怎样从函数列通项的连续性、可微性与可积性来推断极限函数相应的连续性、可微性与可积性.

定理 9.5.7 设函数列$\{f_n(x)\}$在点x_0附近局部一致收敛于函数$f(x)$，且对$\forall n\geqslant 1$，有$\lim\limits_{x\to x_0}f_n(x)=a_n$，则极限$\lim\limits_{n\to\infty}a_n$与$\lim\limits_{x\to x_0}f(x)$均存在且相等.

证 (1) 先证极限$\lim\limits_{n\to\infty}a_n$存在.

由函数列$\{f_n(x)\}$在点x_0附近局部一致收敛，可得，对$\forall\varepsilon>0$，存在$N>0$，对$\forall n>N$以及$\forall p\geqslant 1$，一切的$x\in U^\circ(x_0)$，都有

$$|f_n(x)-f_{n+p}(x)|<\varepsilon.$$

再注意到$\lim\limits_{x\to x_0}f_n(x)=a_n$，即有

$$|a_n-a_{n+p}|=\lim_{x\to x_0}|f_n(x)-f_{n+p}(x)|\leqslant\varepsilon.$$

从而由 Cauchy 准则，可知极限$\lim\limits_{n\to\infty}a_n$存在，记其为$\lim\limits_{n\to\infty}a_n=A$.

(2) 再证极限$\lim\limits_{x\to x_0}f(x)=A$.

对$\forall\varepsilon>0$，存在$N>0$，对$\forall n>N$以及一切的$x\in U^\circ(x_0)$，都有

$$|f_n(x)-f(x)|<\frac{\varepsilon}{3},\quad |a_n-A|<\frac{\varepsilon}{3}.$$

特别地,取 $n=N+1$, 有

$$|f_{N+1}(x)-f(x)|<\frac{\varepsilon}{3},\quad |a_{N+1}-A|<\frac{\varepsilon}{3}.$$

又由极限 $\lim\limits_{x\to x_0}f_{N+1}(x)=a_{N+1}$, 从而存在 $\delta>0$, 对 $\forall x\in U^o(x_0)\cap U(x_0,\delta)$,成立

$$|f_{N+1}(x)-a_{N+1}|<\frac{\varepsilon}{3}.$$

综合来看,对上述 $\forall\varepsilon>0$, 存在 $\delta>0$, 当 $\forall x\in U^o(x_0)\cap U(x_0,\delta)$时,有

$$|f(x)-A|\leqslant|f(x)-f_{N+1}(x)|+|f_{N+1}(x)-a_{N+1}|+|a_{N+1}-A|<\varepsilon,$$

此即

$$\lim_{x\to x_0}f(x)=\lim_{n\to\infty}a_n.$$

□

推论 9.5.2 设函数列$\{f_n(x)\}$在区间$[a,b]$上一致收敛于函数 $f(x)$,又对 $\forall n\geqslant1$,通项函数 $f_n(x)$在区间$[a,b]$上连续,则极限函数 $f(x)$也在区间$[a,b]$上连续.也即

$$\lim_{n\to\infty}\lim_{x\to x_0}f_n(x)=\lim_{x\to x_0}\lim_{n\to\infty}f'_n(x).$$

定理 9.5.8 设可微函数列$\{f_n(x)\}$在区间$[a,b]$上逐点收敛于函数 $f(x)$,又其导函数列$\{f'_n(x)\}$在区间$[a,b]$上一致收敛于函数 $g(x)$,则有函数列$\{f_n(x)\}$在区间$[a,b]$上一致收敛于函数 $f(x)$,并且函数 $f(x)$在区间$[a,b]$上也可微,其导数 $f'(x)=g(x)$.也即

$$\left[\lim_{n\to\infty}f_n(x)\right]'=\lim_{n\to\infty}f'_n(x).$$

证 (1) 先证函数列$\{f_n(x)\}$在区间$[a,b]$上一致收敛于函数 $f(x)$.

对 $\forall x_0\in[a,b]$, 由极限 $\lim\limits_{n\to\infty}f_n(x_0)=f(x_0)$,可得,对 $\forall\varepsilon>0$, 存在 $N_1>0$, 对 $\forall m,n>N_1$, 有

$$|f_m(x_0)-f_n(x_0)|<\frac{\varepsilon}{2}.$$

又由导函数列$\{f'_n(x)\}$在区间$[a,b]$上一致收敛于函数 $g(x)$,从而对上述 $\forall\varepsilon>0$, 存在 $N_2>0$, 对 $\forall m,n>N_2$, 一切的 $x\in[a,b]$, 都有

$$|f'_m(x)-f'_n(x)|<\frac{\varepsilon}{2(b-a)}.$$

再由微分中值定理,对 $\forall x,y\in[a,b]$, 当 $\forall m,n>N_2$ 时,成立

$$|[f_m(x)-f_n(x)]-[f_m(y)-f_n(y)]|<\frac{|x-y|\varepsilon}{2(b-a)}\leqslant\frac{\varepsilon}{2}.$$

从而,对一切的 $x\in[a,b]$, 当 $\forall m,n>N=\max(N_1,N_2)$时,有

$$|f_m(x)-f_n(x)|\leqslant|[f_m(x)-f_n(x)]-[f_m(x_0)-f_n(x_0)]|+|f_m(x_0)-f_n(x_0)|<\varepsilon.$$

此即,函数列$\{f_n(x)\}$在区间$[a,b]$上是一致收敛的,收敛于唯一的极限函数 $f(x)$.

(2) 再证函数 $f(x)$在区间$[a,b]$上也可微,其导数 $f'(x)=g(x)$.

对 $\forall x_0\in[a,b]$, 考虑定义在$[a,b]$上的函数列

$$h_n(x)=\begin{cases}\dfrac{f_n(x)-f_n(x_0)}{x-x_0}, & x\neq x_0,\\ f'_n(x_0), & x=x_0,\end{cases}\quad n=1,2,\cdots;$$

以及函数

$$h(x)=\begin{cases}\dfrac{f(x)-f(x_0)}{x-x_0}, & x\neq x_0,\\ g(x_0), & x=x_0.\end{cases}$$

显然，函数 $h_n(x)$ 在区间 $[a,b]$ 上连续. 又对 $\forall x\in[a,b]$，有

$$|[f_m(x)-f_m(x_0)]-[f_n(x)-f_n(x_0)]|<\frac{|x-x_0|\varepsilon}{2(b-a)}\quad(\forall m,n>N_2).$$

进而，对 $\forall x\in[a,b]\setminus\{x_0\}$，有

$$|h_m(x)-h_n(x)|<\frac{\varepsilon}{2(b-a)}\quad(\forall m,n>N_2).$$

事实上，由函数 $h_n(x)$ 的定义，上述这个不等式对 $x=x_0$ 也是成立的.

这即表明，函数列 $\{h_n(x)\}$ 在区间 $[a,b]$ 上是一致收敛的，收敛于极限函数 $h(x)$，并且 $h(x)$ 也在区间 $[a,b]$ 上连续.

从而由 $\lim\limits_{x\to x_0}h(x)=h(x_0)$，也即

$$\lim_{x\to x_0}\frac{f(x)-f(x_0)}{x-x_0}=g(x_0),$$

可知函数 $f(x)$ 在点 x_0 处可微，且 $f'(x_0)=g(x_0)$.

再由点 x_0 的任意性，即有函数 $f(x)$ 在区间 $[a,b]$ 上是可微的，且其导数 $f'(x)=g(x)$.

□

定理 9.5.9 设函数列 $\{f_n(x)\}$ 中的每一项都在区间 $[a,b]$ 上可积，又有 $\{f_n(x)\}$ 在区间 $[a,b]$ 上一致收敛于函数 $f(x)$，则有极限函数 $f(x)$ 在区间 $[a,b]$ 上也可积，且

$$\int_a^b\lim_{n\to\infty}f_n(x)\mathrm{d}x=\lim_{n\to\infty}\int_a^b f_n(x)\mathrm{d}x.$$

证 (1) 先证函数 $f(x)$ 在区间 $[a,b]$ 上可积.

由函数列 $\{f_n(x)\}$ 在区间 $[a,b]$ 上一致收敛于函数 $f(x)$，从而对 $\forall\varepsilon>0$，存在 $N>0$，对 $\forall n>N$，一切的 $x\in[a,b]$，有

$$|f_n(x)-f(x)|<\frac{\varepsilon}{3(b-a)}.$$

又由函数 $f_n(x)$ 在区间 $[a,b]$ 上可积，从而对上述 $\forall\varepsilon>0$，存在 $\delta>0$，使得只要分割 $\Delta: a=x_0<x_1<x_2<\cdots<x_m=b$ 满足 $\|\Delta\|=\max\limits_{1\leqslant k\leqslant m}(\Delta x_k)<\delta$，就有

$$\sum_{k=1}^m\omega_k(f_n)\Delta x_k<\frac{\varepsilon}{3},$$

其中
$$\omega_k(f_n)\equiv\sup_{x,y\in[x_{k-1},x_k]}|f_n(x)-f_n(y)|,\quad k=1,2,\cdots,m.$$

对 $\forall x,y\in[x_{k-1},x_k]$，利用

$$|f(x)-f(y)|\leqslant|f(x)-f_n(x)|+|f_n(x)-f_n(y)|+|f_n(y)-f(y)|,$$

即有
$$\omega_k(f)\leqslant\frac{2\varepsilon}{3(b-a)}+\omega_k(f_n).$$

从而，有
$$\sum_{k=1}^m\omega_k(f)\Delta x_k\leqslant\frac{2\varepsilon}{3}+\sum_{k=1}^m\omega_k(f_n)\Delta x_k<\varepsilon,$$

此即表明，函数 $f(x)$ 在区间 $[a,b]$ 上可积.

(2) 再证极限运算和积分运算可以交换次序. 由函数列 $\{f_n(x)\}$ 在区间 $[a,b]$ 上一致收敛于函数 $f(x)$，从而对 $\forall\varepsilon>0$，存在 $N>0$，对 $\forall n>N$，一切的 $x\in[a,b]$，有

$$|f_n(x)-f(x)|<\frac{\varepsilon}{(b-a)}.$$

从而，使得

$$\left|\int_a^b f_n(x)\mathrm{d}x-\int_a^b f(x)\mathrm{d}x\right|\leqslant\int_a^b |f_n(x)-f(x)|\mathrm{d}x\leqslant\varepsilon,$$

此亦即
$$\int_a^b \lim_{n\to\infty} f_n(x)\mathrm{d}x=\lim_{n\to\infty}\int_a^b f_n(x)\mathrm{d}x.$$
□

注记 9.5.1 (1) 上述三个定理中一致收敛的条件很关键,但都是充分非必要的条件. 通常可以换成内闭一致收敛性条件,但一般不好再做其他情形的减弱或替换. 比如:

① 对连续性定理,函数列$\{x^n\}$在区间$(-1,1)$内非一致收敛,但其极限函数$f(x)$在区间$(-1,1)$内连续;

② 对可微性定理,函数列$\left\{\frac{1}{2n}\ln(1+n^2x^2)\right\}$及其导函数列$\left\{\frac{nx}{1+n^2x^2}\right\}$在区间$[0,1]$上都收敛于0,且其导函数列$\left\{\frac{nx}{1+n^2x^2}\right\}$在区间$[0,1]$上不是一致收敛的,但满足

$$\left[\lim_{n\to\infty}\frac{1}{2n}\ln(1+n^2x^2)\right]'=0=\lim_{n\to\infty}\frac{nx}{1+n^2x^2};$$

③ 对可积性定理,函数列$\{nx\mathrm{e}^{-nx}\}$在区间$[0,1]$上有极限函数$f(x)$,又非一致收敛,却也满足

$$\lim_{n\to\infty}\int_a^b nx\mathrm{e}^{-nx}\mathrm{d}x=0=\int_a^b f(x)\mathrm{d}x.$$

(2) 在可微性定理中,如果要求函数列$\{f_n\}$而不是其导函数列$\{f'_n\}$满足一致收敛性条件,则结论未必成立. 比如,函数列$\{x\mathrm{e}^{-nx^2}\}$在$\mathbf{R}$上一致收敛于极限函数$f(x)=0$,而其导函数列$\{(1-2nx^2)\mathrm{e}^{-nx^2}\}$在$\mathbf{R}$上非一致收敛,以至于

$$[\lim_{n\to\infty}x\mathrm{e}^{-nx^2}]'=0\neq f'(x)=\begin{cases}0, & x\neq 0,\\ 1, & x=0.\end{cases}$$

9.5.3 函数项级数的一致收敛

定义 9.5.5 (1) 设$\{a_n(x)\}$为定义在数集I上的函数列,通常称$\sum\limits_{n=1}^{\infty}a_n(x)$为定义在集合$I$上的**函数项级数**,称$a_n(x)$为其**通项**或**一般项**,称$S_n(x)=\sum\limits_{k=1}^{n}a_k(x)$为其**部分和函数列**.

(2) 若点$x_0\in I$,使得级数$\sum\limits_{n=1}^{\infty}a_n(x_0)$的部分和数列$\{S_n(x_0)\}$收敛于$S(x_0)$,也即

$$\lim_{n\to\infty}S_n(x_0)=S(x_0),$$

则称x_0为函数项级数$\sum\limits_{n=1}^{\infty}a_n(x)$的一个**收敛点**;若数列$\{S_n(x_0)\}$发散,称$x_0$为函数项级数$\sum\limits_{n=1}^{\infty}a_n(x)$的一个**发散点**. 函数项级数$\sum\limits_{n=1}^{\infty}a_n(x)$的所有收敛点的集合$D$,称其为它的**收敛域**. 显然,$D\subseteq I$.

(3) 对收敛域D中任意(取定)的点x,由极限

$$\lim_{n\to\infty}S_n(x)=S(x)$$

可确定一个定义于D上的函数$S(x)$,通常称$S(x)$为函数项级数$\sum\limits_{n=1}^{\infty}a_n(x)$在$D$上的**逐点收敛**

和函数或**和函数**;也称函数项级数$\sum\limits_{n=1}^{\infty}a_n(x)$在$D$上**逐点收敛**于$S(x)$. 记作

$$\sum_{n=1}^{\infty}a_n(x)=S(x),\quad \forall x\in D.$$

注意到,函数项级数的敛散性完全取决于其部分和函数列的敛散性. 在研究函数项级数的相关分析性质时,其一致收敛性应该也是十分自然且关键的条件.

定义 9.5.6　(1) 若函数项级数$\sum\limits_{n=1}^{\infty}a_n(x)$的部分和函数列$\{S_n(x)\}$在集合$D$上一致收敛于函数$S(x)$,则称函数项级数$\sum\limits_{n=1}^{\infty}a_n(x)$在集合$D$上**一致收敛**于和函数$S(x)$,记作

$$\sum_{k=1}^{n}a_k(x)\rightrightarrows S(x)\quad (n\to\infty),\quad \forall x\in D.$$

(2) 若函数项级数$\sum\limits_{n=1}^{\infty}a_n(x)$在任意的闭区间$[a,b]\subseteq D$上一致收敛,则称其在集合$D$上**内闭一致收敛**.

定理 9.5.10　(**Cauchy 准则**)　函数项级数$\sum\limits_{n=1}^{\infty}a_n(x)$在集合$D$上一致收敛的充要条件是,$\forall\varepsilon>0$, 存在$N>0$, 对$\forall n>N$,$\forall p\geqslant1$以及一切的$x\in D$, 有

$$|a_{n+1}(x)+a_{n+2}(x)+\cdots+a_{n+p}(x)|<\varepsilon.$$

推论 9.5.3　函数项级数$\sum\limits_{n=1}^{\infty}a_n(x)$在集合$D$上一致收敛的必要条件是,通项函数列$\{a_n(x)\}$在集合$D$上一致收敛于0.

定理 9.5.11　函数项级数$\sum\limits_{n=1}^{\infty}a_n(x)$在集合$D$上一致收敛于和函数$S(x)$,当且仅当

$$\lim_{n\to\infty}\sup_{x\in D}|R_n(x)|=\lim_{n\to\infty}\sup_{x\in D}|S(x)-S_n(x)|=0.$$

例 9.5.5　试讨论下列函数项级数在集合D上的一致收敛性:

(1) $\dfrac{x}{1+x^2}+\sum\limits_{n=1}^{\infty}\left(\dfrac{x}{1+n^2x^2}-\dfrac{x}{1+(n-1)^2x^2}\right),D=[0,1]$;

(2) $x+\sum\limits_{n=2}^{\infty}(x^n-x^{n-1}),D=(-1,1)$;

(3) $\sum\limits_{n=1}^{\infty}n\mathrm{e}^{-nx},D_1=(\delta,+\infty)\ (\delta>0),D_2=(0,+\infty)$.

解　(1) 由于级数$\dfrac{x}{1+x^2}+\sum\limits_{n=1}^{\infty}\left(\dfrac{x}{1+n^2x^2}-\dfrac{x}{1+(n-1)^2x^2}\right)$有部分和函数列

$$S_n(x)=\frac{x}{1+n^2x^2}\to S(x)=0\quad (n\to\infty),\forall x\in[0,1],$$

以及

$$|S_n(x)-S(x)|=\frac{x}{1+n^2x^2}\leqslant\frac{1}{2n},\quad \forall x\in[0,1],$$

从而有此级数在$D=[0,1]$上一致收敛于0.

(2) 由于级数$x+\sum\limits_{n=2}^{\infty}(x^n-x^{n-1})$有部分和函数列

$$S_n(x)=x^n\to S(x)=0\quad (n\to\infty),\forall x\in(-1,1),$$

又在区间$(-1,1)$中取$x_n=\left(\frac{1}{2}\right)^{\frac{1}{n}}$，则有

$$|S_n(x_n)-S(x_n)|=\frac{1}{2}\not\to 0\quad(n\to\infty),$$

从而有此级数在$D=(-1,1)$上收敛，但不是一致收敛于0.

(3) 由于级数$\sum_{n=1}^{\infty}ne^{-nx}$有部分和函数列

$$S_n(x)=\sum_{k=1}^{n}ke^{-kx},$$

使得余项

$$R_n(x)=\sum_{k=n+1}^{\infty}ke^{-kx}\leqslant\sum_{k=n+1}^{\infty}ke^{-k\delta}\to 0\quad(n\to\infty),\forall x\in[\delta,+\infty),$$

从而有此级数在$D=[\delta,+\infty)$上一致收敛.

注意到
$$\sup_{0<x<+\infty}|ne^{-nx}|\geqslant ne^{-1}\to+\infty\quad(n\to\infty),$$

或者在区间$(0,+\infty)$中取$x_n=\frac{1}{n}$，则有

$$S_n(x_n)=\sum_{k=1}^{n}ke^{-\frac{k}{n}}\geqslant\sum_{k=1}^{n}\frac{k}{n}\not\to+\infty\quad(n\to\infty),$$

从而有此级数在$D=(0,+\infty)$上非一致收敛. □

在很多情形下，更希望能直接通过级数通项的某些特点去考察级数的一致收敛性.这里，介绍十分方便有效的优级数判别法(Weierstrass判别法).

定理9.5.12 (**Weierstrass判别法**)　若函数项级数$\sum_{n=1}^{\infty}a_n(x)(x\in D)$的每一项$a_n(x)$满足

$$|a_n(x)|\leqslant u_n,\quad\forall x\in D,$$

并且数项级数$\sum_{n=1}^{\infty}u_n$收敛，则函数项级数$\sum_{n=1}^{\infty}a_n(x)$在集合$D$上一致收敛且绝对收敛.

证　对一切的$x\in D$，充分大的n以及任意的$p\geqslant 1$，有

$$\begin{aligned}|a_{n+1}(x)+a_{n+2}(x)+\cdots+a_{n+p}(x)|&\leqslant|a_{n+1}(x)|+|a_{n+2}(x)|+\cdots+|a_{n+p}(x)|\\&\leqslant|u_{n+1}+u_{n+2}+\cdots+u_{n+p}|.\end{aligned}$$

利用Cauchy准则，即有函数项级数$\sum_{n=1}^{\infty}a_n(x)$在集合$D$上一致收敛且绝对收敛. □

例9.5.6　试讨论下列函数项级数在集合D上的一致收敛性：

(1) $\sum_{n=1}^{\infty}\frac{nx}{1+n^5x^2}$，$D=\mathbf{R}$；

(2) $\sum_{n=1}^{\infty}\frac{x}{n^p+n^qx^2}$，$D=[0,+\infty)$；

(3) $\sum_{n=1}^{\infty}\frac{n^2}{e^n}\left(x^n+\frac{1}{x^n}\right)$，$D=\left[\frac{1}{2},2\right]$；

(4) $\sum_{n=1}^{\infty}a_n(x)$，$a_n(x)=\begin{cases}0, & x\neq\frac{1}{n},\\ \frac{1}{n}, & x=\frac{1}{n},\end{cases}\quad D=[0,1]$.

解 (1) 由于 $$\left|\frac{nx}{1+n^5x^2}\right|\leqslant\frac{|nx|}{2n^{2.5}|x|}=\frac{1}{2n^{1.5}},\quad\forall x\in\mathbf{R},$$
即有函数项级数 $\sum\limits_{n=1}^{\infty}\frac{nx}{1+n^5x^2}$ 在 $\mathbf{R}$ 上一致收敛.

(2) 令 $f_n(x)=\frac{x}{n^p+n^qx^2}$，则其在区间$[0,+\infty)$上有最大值点 $x_n=\sqrt{\frac{n^p}{n^q}}$，且使得
$$\sup_{x\in[0,+\infty)}\left|\frac{x}{n^p+n^qx^2}\right|\leqslant\frac{1}{2n^{\frac{p+q}{2}}}.$$
从而，当 $p+q>2$ 时，函数项级数 $\sum\limits_{n=1}^{\infty}\frac{x}{n^p+n^qx^2}$ 在区间$[0,+\infty)$上一致收敛.

(3) 令 $f_n(x)=x^n+\frac{1}{x^n}$，则有
$$\max_{x\in\left[\frac{1}{2},2\right]}f_n(x)=2^n+\frac{1}{2^n},$$
从而 $$\frac{n^2}{e^n}\left(x^n+\frac{1}{x^n}\right)\leqslant\frac{n^2}{e^n}\left(2^n+\frac{1}{2^n}\right)=\frac{n^2(4^n+1)}{2^ne^n}.$$
又由 $$\lim_{n\to\infty}\frac{(n+1)^2(4^{n+1}+1)}{(2e)^{n+1}}\frac{2^ne^n}{n^2(4^n+1)}=\frac{2}{e}<1,$$
有数项级数 $\sum\limits_{n=1}^{\infty}\frac{n^2(4^n+1)}{2^ne^n}$ 收敛，进而函数项级数 $\sum\limits_{n=1}^{\infty}\frac{n^2}{e^n}\left(x^n+\frac{1}{x^n}\right)$ 在区间$\left[\frac{1}{2},2\right]$上一致收敛.

(4) 由于
$$a_{n+1}(x)+a_{n+2}(x)+\cdots+a_{n+p}(x)=\begin{cases}\frac{1}{n+1}, & x=\frac{1}{n+1},\\ \cdots & \cdots\\ \frac{1}{n+p}, & x=\frac{1}{n+p},\\ 0, & \text{其他}\end{cases}\quad\forall n>N,\forall p\geqslant 1,$$
从而对一切的 $x\in D$，有
$$\left|\sum_{k=n+1}^{n+p}a_k(x)\right|<\frac{1}{n}.$$
对 $\forall\varepsilon>0$，取 $N=\frac{1}{[\varepsilon]}+1$，当 $\forall n>N$ 时，对一切的 $x\in D$ 以及 $\forall p\geqslant 1$，有
$$\left|\sum_{k=n+1}^{n+p}a_k(x)\right|<\frac{1}{n}<\varepsilon.$$
此即，函数项级数 $\sum\limits_{n=1}^{\infty}a_n(x)$ 在区间$[0,1]$上一致收敛.

但是，这里不存在优级数 $\sum\limits_{n=1}^{\infty}u_n$，使得 $|a_n(x)|\leqslant u_n(\forall x\in D)$，否则与级数 $\sum\limits_{n=1}^{\infty}\frac{1}{n}$ 发散相矛盾. □

定理 9.5.13 (**A-D 判别法**) 若函数项级数 $\sum\limits_{n=1}^{\infty}a_n(x)b_n(x)(x\in D)$ 满足如下两个条件之一，则其在集合 D 上一致收敛.

(1) (**Abel 判别法**) 对任意取定的 $x\in D$，函数列$\{a_n(x)\}$关于 n 单调，且其在集合 D 上一

致有界,即

$$|a_n(x)|\leqslant M,\quad \forall x\in D,\forall n\geqslant 1;$$

函数项级数$\sum\limits_{n=1}^{\infty}b_n(x)$在集合$D$上一致收敛.

(2)(**Dirichlet 判别法**)对任意取定的$x\in D$,函数列$\{a_n(x)\}$关于n单调,且其在集合D上一致收敛于0;函数项级数$\sum\limits_{n=1}^{\infty}b_n(x)$的部分和函数列在集合$D$上一致有界,即

$$\left|\sum_{k=1}^{n}b_k(x)\right|\leqslant M,\quad \forall x\in D,\forall n\geqslant 1.$$

证 (1) 由函数项级数$\sum\limits_{n=1}^{\infty}b_n(x)$在集合$D$上一致收敛,从而对$\forall\varepsilon>0$,存在$N>0$,对$\forall m>n>N$以及一切的$x\in D$,有

$$\left|\sum_{k=n+1}^{m}b_k(x)\right|<\varepsilon.$$

进而由 Abel 引理,有

$$\left|\sum_{k=n+1}^{m}a_k(x)b_k(x)\right|\leqslant\varepsilon(|a_{n+1}(x)|+2|a_m(x)|)<3M\varepsilon.$$

利用 Cauchy 准则,即有函数项级数$\sum\limits_{n=1}^{\infty}a_n(x)b_n(x)$在集合$D$上一致收敛.

(2) 由函数列$\{a_n(x)\}$在集合D上一致收敛于0,从而对$\forall\varepsilon>0$,存在$N>0$,对$\forall n>N$以及一切的$x\in D$,有

$$|a_n(x)|<\varepsilon,$$

又对$\forall m>n>N$,有

$$\left|\sum_{k=n+1}^{m}b_k(x)\right|=\left|\sum_{k=1}^{m}b_k(x)-\sum_{k=1}^{n}b_k(x)\right|\leqslant 2M.$$

进而由 Abel 引理,有

$$\left|\sum_{k=n+1}^{m}a_k(x)b_k(x)\right|\leqslant 2M(|a_{n+1}(x)|+2|a_m(x)|)<6M\varepsilon.$$

利用 Cauchy 准则,即有函数项级数$\sum\limits_{n=1}^{\infty}a_n(x)b_n(x)$在集合$D$上一致收敛. □

例 9.5.7 试讨论下列函数项级数在集合D上的一致收敛性:

(1) $\sum\limits_{n=1}^{\infty}\dfrac{\cos nx}{\sqrt[3]{n+x}},D=[\alpha,2\pi-\alpha]\ (0<\alpha<\pi)$;

(2) $\sum\limits_{n=1}^{\infty}\dfrac{(-1)^{n-1}x^2}{(1+x^2)^n},D=\mathbf{R}$;

(3) $\sum\limits_{n=1}^{\infty}\dfrac{(-1)^n}{n+\cos x},D=\left[-\dfrac{\pi}{2},\dfrac{\pi}{2}\right]$;

(4) $\sum\limits_{n=1}^{\infty}\dfrac{n^p\sin nx}{n^q+1},D=(0,\pi)\quad(q>0)$.

解 (1) 对任意取定的$x\in D=[\alpha,2\pi-\alpha](0<\alpha<\pi)$,函数列$\left\{\dfrac{1}{\sqrt[3]{n+x}}\right\}$关于$n$单调递

减，且在集合 D 上一致收敛于 0，也即

$$0 \leqslant \frac{1}{\sqrt[3]{n+x}} \leqslant \frac{1}{\sqrt[3]{n}} \rightrightarrows 0 \quad (n \to \infty), \forall x \in D.$$

又由

$$\left|\sum_{k=1}^{n} \cos kx\right| = \left|\frac{\sin\left(n+\frac{1}{2}\right)x}{2\sin\frac{x}{2}} - \frac{1}{2}\right| = \frac{1}{2\left|\sin\frac{x}{2}\right|} + \frac{1}{2} \leqslant \frac{1}{2\left|\sin\frac{\alpha}{2}\right|} + \frac{1}{2},$$

有函数项级数 $\sum_{n=1}^{\infty} \cos nx$ 的部分和函数列在 D 上一致有界.

从而由 Dirichlet 判别法，函数项级数 $\sum_{n=1}^{\infty} \frac{\cos nx}{\sqrt[3]{n+x}}$ 在 D 上一致收敛.

(2) 令 $a_n(x) = (-1)^{n-1}, b_n(x) = \frac{x^2}{(1+x^2)^n}$，则函数项级数 $\sum_{n=1}^{\infty} a_n(x)$ 的部分和函数列一致有界，即

$$\left|\sum_{k=1}^{n} a_k(x)\right| \leqslant 1, \quad \forall x \in \mathbf{R}, \forall n \geqslant 1.$$

又函数列 $\{b_n(x)\}$ 关于 n 单调，且其在集合 D 上一致收敛于 0，也即

$$0 \leqslant b_n(x) \leqslant \frac{1}{n} \rightrightarrows 0 \quad (n \to \infty), \forall x \in D.$$

从而由 Dirichlet 判别法，函数项级数 $\sum_{n=1}^{\infty} \frac{(-1)^{n-1} x^2}{(1+x^2)^n}$ 在 D 上一致收敛.

(3) 方法 1. 令 $a_n(x) = \frac{(-1)^n}{n}, b_n(x) = \frac{1}{1+\frac{\cos x}{n}}$，则对一切的 $x \in D = \left[-\frac{\pi}{2}, \frac{\pi}{2}\right]$，函数项级数 $\sum_{n=1}^{\infty} a_n(x)$ 显然是一致收敛的；由于函数列 $\{b_n(x)\}$ 关于 n 单调，且其在集合 D 上一致有界，即

$$|b_n(x)| \leqslant 1, \quad \forall x \in D, \forall n \geqslant 1.$$

从而由 Abel 判别法，函数项级数 $\sum_{n=1}^{\infty} \frac{(-1)^n}{n+\cos x}$ 在 D 上一致收敛.

方法 2. 令 $u_n(x) = (-1)^n, v_n(x) = \frac{1}{n+\cos x}$，则显然有函数项级数 $\sum_{n=1}^{\infty} u_n(x)$ 的部分和函数列一致有界，即

$$\left|\sum_{k=1}^{n} u_k(x)\right| \leqslant 1, \quad \forall x \in D, \forall n \geqslant 1.$$

又由于函数列 $\{v_n(x)\}$ 关于 n 单调，且其在集合 D 上一致收敛于 0，也即

$$\sup_{x \in D} |v_n(x)| = \frac{1}{n} \to 0 \quad (n \to \infty).$$

从而由 Dirichlet 判别法，也可判定函数项级数 $\sum_{n=1}^{\infty} \frac{(-1)^n}{n+\cos x}$ 在 D 上一致收敛.

(4) 显然，欲使函数项级数 $\sum_{n=1}^{\infty} \frac{n^p \sin nx}{n^q+1}$ $(q>0)$ 在 $D=(0,\pi)$ 上一致收敛，必须 $q>p$.

如果 $q-p>1$，注意到

$$\left|\frac{n^p\sin nx}{n^q+1}\right|\leqslant\frac{n^p}{n^q+1},$$

即有函数项级数 $\sum\limits_{n=1}^{\infty}\frac{n^p\sin nx}{n^q+1}$ $(q>0)$ 在集合 D 上一致收敛且绝对收敛.

如果 $0<q-p\leqslant 1$，令 $a_n(x)=\frac{\sin nx}{n^{q-p}}$, $b_n(x)=\frac{1}{1+n^{-q}}$,则类似于(1) 的情形由 Dirichlet 判别法,可知函数项级数 $\sum\limits_{n=1}^{\infty}a_n(x)$ 在集合 D 上是一致收敛的;又由于函数列 $\{b_n(x)\}$ 关于 n 单调,且其在集合 D 上显然一致有界. 进而由 Dirichlet 判别法,可判定函数项级数 $\sum\limits_{n=1}^{\infty}\frac{n^p\sin nx}{n^q+1}$ 在 D 上一致收敛. □

注记 9.5.2 事实上,前面一系列 Abel-Dirichlet 判别法的条件不仅是充分的,也是必要的.

定理 9.5.14 (Dini 判别法) 若函数项级数 $\sum\limits_{n=1}^{\infty}a_n(x)$ 在区间$[a,b]$上逐点收敛于函数 $S(x)$,并且对 $\forall n\geqslant 1$, 通项函数 $a_n(x)$ 与和函数 $S(x)$ 都在$[a,b]$上连续;又对任意取定的 $x\in[a,b]$, $\sum\limits_{n=1}^{\infty}a_n(x)$ 为正项级数或者负项级数,则函数项级数 $\sum\limits_{n=1}^{\infty}a_n(x)$ 在区间$[a,b]$上一致收敛于函数 $S(x)$.

定理 9.5.14

9.5.4 一致收敛函数项级数的性质

注意到在一致收敛情形下关于函数列相关分析性质的讨论,很自然地有函数项级数在一致收敛时相关分析性质的刻画.

定理 9.5.15 若对 $\forall n\geqslant 1$, 函数 $a_n(x)$ 都在区间$[a,b]$上连续,又函数项级数 $\sum\limits_{n=1}^{\infty}a_n(x)$ 在$[a,b]$上一致收敛于函数 $S(x)$,则和函数 $S(x)$ 也在$[a,b]$上连续,并且对 $\forall x_0\in[a,b]$, 有

$$\lim_{x\to x_0}\Big(\sum_{n=1}^{\infty}a_n(x)\Big)=\sum_{n=1}^{\infty}\Big(\lim_{x\to x_0}a_n(x)\Big).$$

定理 9.5.16 若对 $\forall n\geqslant 1$, 函数 $a_n(x)$ 都在区间$[a,b]$上可微,又满足

(1) 函数项级数 $\sum\limits_{n=1}^{\infty}a_n(x)$ 在$[a,b]$上逐点收敛于函数 $S(x)$;

(2) 函数项级数 $\sum\limits_{n=1}^{\infty}a'_n(x)$ 在$[a,b]$上一致收敛.

则和函数 $S(x)$ 也在$[a,b]$上可微,并且有

$$\Big(\sum_{n=1}^{\infty}a_n(x)\Big)'=\sum_{n=1}^{\infty}a'_n(x),\quad \forall x\in[a,b].$$

定理 9.5.17 若对 $\forall n\geqslant 1$, 函数 $a_n(x)$ 都在区间$[a,b]$上可积,又函数项级数 $\sum\limits_{n=1}^{\infty}a_n(x)$ 在$[a,b]$上一致收敛于函数 $S(x)$,则和函数 $S(x)$ 也在$[a,b]$上可积,并且有

$$\int_a^b\left(\sum_{n=1}^{\infty}a_n(x)\right)\mathrm{d}x=\sum_{n=1}^{\infty}\int_a^b a_n(x)\mathrm{d}x.$$

例 9.5.8　试讨论下列函数项级数在集合 D 上的一致收敛性：

(1) $\sum_{n=1}^{\infty}(1-\cos x)\cos^n x, D=(-\pi,\pi)$；　　(2) $\sum_{n=1}^{\infty}x^{2n}\ln x, D=(0,1)$.

解　(1) 由于函数项级数 $\sum_{n=1}^{\infty}(1-\cos x)\cos^n x$ 的部分和函数列 $\{S_n(x)\}$ 满足，对 $\forall x\in D=(-\pi,\pi)$，有

$$S_n(x)=\cos x-\cos^{n+1}x\to S(x)=\begin{cases}\cos x, & x\neq 0,\\ 0, & x=0\end{cases}\quad(n\to\infty).$$

又由
$$\lim_{x\to 0}S(x)=1\neq\sum_{n=1}^{\infty}\lim_{x\to 0}[(1-\cos x)\cos^n x]=0$$
可知，原级数不能在点 $x=0$ 处逐项求极限，从而原级数在点 $x=0$ 附近不是一致收敛的.

(2) 由于函数项级数 $\sum_{n=1}^{\infty}x^{2n}\ln x$ 的部分和函数列 $\{S_n(x)\}$ 满足，对 $\forall x\in D=(0,1)$，有

$$S_n(x)=\sum_{k=1}^{n}x^{2k}\ln x=\frac{x^2(1-x^{2n})}{1-x^2}\ln x\to S(x)=\frac{x^2}{1-x^2}\ln x\quad(n\to\infty).$$

特别地，取 $x_n=\sqrt{\frac{n-1}{n}}$，则有

$$\lim_{n\to\infty}|S_n(x_n)-S(x_n)|=\lim_{n\to\infty}\left|\frac{\left(\frac{n-1}{n}\right)^{n+1}}{1-\frac{n-1}{n}}\ln\sqrt{\frac{n-1}{n}}\right|$$

$$=\lim_{n\to\infty}\frac{1}{2}\left(1-\frac{1}{n}\right)^n(n-1)\ln\left(1+\frac{1}{n-1}\right)=\frac{1}{2\mathrm{e}}\neq 0,$$

此即，原级数在集合 D 上不一致收敛.

注意到

$$|R_n(x)|=|S(x)-S_n(x)|=\left|\frac{x^{2(n+1)}}{1-x^2}\ln x\right|=\left|\frac{x^2}{1-x^2}\ln x\right|x^{2n}.$$

又由
$$\lim_{x\to 0^+}\frac{x^2}{1-x^2}\ln x=0,\quad\lim_{x\to 1^-}\frac{x^2}{1-x^2}\ln x=-\frac{1}{2},$$
可知，函数 $\frac{x^2}{1-x^2}\ln x$ 在区间 $(0,1)$ 内有界，即存在 $M>0$，使得

$$\left|\frac{x^2}{1-x^2}\ln x\right|\leqslant M.$$

进而有

$$\left|\int_0^1 S(x)\mathrm{d}x-\int_0^1 S_n(x)\mathrm{d}x\right|\leqslant\int_0^1\left|\frac{x^2}{1-x^2}\ln x\right|x^{2n}\mathrm{d}x\leqslant M\int_0^1 x^{2n}\mathrm{d}x=\frac{M}{2n+1}\to 0\quad(n\to\infty).$$

此即表明，函数项级数 $\sum_{n=1}^{\infty}x^{2n}\ln x$ 虽然在 D 上不一致收敛，但仍然可以逐项求积分.　□

例 9.5.9　若有函数项级数 $\sum_{n=1}^{\infty}\left(x+\frac{1}{n}\right)^n$，

(1) 试确定其和函数 $S(x)$ 的定义域 D；

(2) 试证明此函数项级数在集合 D 上不一致收敛,却是内闭一致收敛的;

(3) 试证明其和函数 $S(x)$ 在集合 D 上连续,并可以逐项求极限;

(4) 试证明其和函数 $S(x)$ 在集合 D 上可导,并可以逐项求导数.

解 (1) 注意到
$$\lim_{n\to\infty}\sqrt[n]{\left|x+\frac{1}{n}\right|^n}=|x|,$$
从而,函数项级数 $\sum\limits_{n=1}^{\infty}\left(x+\frac{1}{n}\right)^n$ 在 $|x|>1$ 时发散,在 $|x|<1$ 时收敛,而且是绝对收敛的.

又当 $x=1$ 时,有
$$\lim_{n\to\infty}\left(1+\frac{1}{n}\right)^n=\mathrm{e}.$$
从而,当 $x=\pm1$ 时,函数项级数 $\sum\limits_{n=1}^{\infty}\left(x+\frac{1}{n}\right)^n$ 发散.

这表明,原函数项级数的收敛域为 $D=(-1,1)$,亦即其和函数 $S(x)=\sum\limits_{n=1}^{\infty}\left(x+\frac{1}{n}\right)^n$ 的定义域为 $(-1,1)$.

(2) 由于
$$\lim_{n\to\infty}\sup_{|x|<1}\left|x+\frac{1}{n}\right|^n=\lim_{n\to\infty}\left(1+\frac{1}{n}\right)^n=\mathrm{e}\neq0,$$
此即,通项函数 $\left(x+\frac{1}{n}\right)^n$ 在集合 D 上不一致收敛于 0,从而原级数在集合 D 上不一致收敛.

对 $\forall[a,b]\subset(-1,1)$,存在 $0<r<1$,使得 $\max(|a|,|b|)<r$,则对充分大的 n 以及一切的 $x\in[a,b]$,有
$$\left|x+\frac{1}{n}\right|^n<r^n.$$

又由级数 $\sum\limits_{n=1}^{\infty}r^n$ 收敛,可知原级数在集合 D 上内闭一致收敛.

(3) 对 $\forall x_0\in(-1,1)$,存在 $a,b\in(-1,1)$,使得 $a<x_0<b$. 由原级数在 D 上的内闭一致收敛性,以及通项函数 $\left(x+\frac{1}{n}\right)^n$ 在点 x_0 处连续,可知其和函数 $S(x)$ 也在点 x_0 处连续.

又由点 x_0 在 D 中的任意性,即有和函数 $S(x)$ 在集合 D 上连续且可逐项求极限.

(4) 考虑函数项级数
$$\sum_{n=1}^{\infty}n\left(x+\frac{1}{n}\right)^{n-1},\quad\forall x\in(-1,1),$$
对 $\forall[a,b]\subset(-1,1)$,存在 $0<r<1$,使得 $\max(|a|,|b|)<r$,则对充分大的 n 以及一切的 $x\in[a,b]$,有
$$n\left|x+\frac{1}{n}\right|^{n-1}<nr^{n-1}.$$

又由级数 $\sum\limits_{n=1}^{\infty}nr^{n-1}$ 收敛,可知函数项级数 $\sum\limits_{n=1}^{\infty}n\left(x+\frac{1}{n}\right)^{n-1}$ 在集合 D 上内闭一致收敛. 进而,原级数的和函数 $S(x)$ 在集合 D 上可导,并可以逐项求导数. □

9.5.5 函数逼近

如果函数 $f(x)$ 充分光滑,就可以用 Taylor 多项式去近似 $f(x)$;然而,在很多情形下期望能有连续函数的多项式逼近. 这里,我们简单介绍两个函数逼近定理和一个紧致性定理:

Weierstrass 第一定理表明，有界闭区间上的连续函数可用多项式函数列一致逼近；Weierstrass 第二定理表明，连续的周期函数可用三角多项式函数列一致逼近；Arzelà-Ascoli 定理表明，有界闭区间上一致有界且等度连续的函数列必有一致收敛的子列. 这些定理在理论分析和工程应用的很多场合都有十分重要的作用.

定义 9.5.7 若定义在区间$[a,b]$上的多项式函数列$\{P_n(x)\}$，对$\forall\varepsilon>0$，存在$N>1$，对任意的$n>N$以及一切的$x\in[a,b]$，都有

$$|f(x)-P_n(x)|<\varepsilon,$$

则称函数$f(x)$在区间$[a,b]$上可用多项式函数列$P_n(x)$**一致逼近**，也称多项式函数列$P_n(x)$在区间$[a,b]$上可**一致逼近**函数$f(x)$.

定理 9.5.18 若函数$f(x)$在有界闭区间$[a,b]$上连续，则对$\forall\varepsilon>0$，存在多项式函数$P(x)$，使得

$$|f(x)-P(x)|<\varepsilon,\quad \forall x\in[a,b],$$

并且$P(a)=f(a)$，$P(b)=f(b)$.

定理 9.5.18

特别地，基于$|f(x)-P_n(x)|<\dfrac{1}{n}$即可构造在区间$[a,b]$上的一个多项式函数列$\{P_n(x)\}$，使其一致收敛于函数$f(x)$.

通常，在区间$[0,1]$上，可以考虑构造 Bernstein 多项式

$$B_n(f,x)=\sum_{k=0}^{n}f\left(\frac{k}{n}\right)C_n^k x^k(1-x)^{n-k}$$

逼近有界连续函数$f(x)$，并且$B_n(f,0)=f(0)$，$B_n(f,1)=f(1)$.

定义 9.5.8 对一族实数$a_0,a_k,b_k(k=1,2,\cdots,n)$，其中$a_n$和$b_n$至少有一个不等于0，称形如

$$T_n(x)=\frac{a_0}{2}+\sum_{k=1}^{n}(a_k\cos kx+b_k\sin kx)$$

的函数$T_n(x)$为周期2π的n阶**三角多项式函数**.

定理 9.5.19 若$f(x)$是连续的2π周期函数，则对$\forall\varepsilon>0$，存在三角多项式函数$Q(x)$，使得

$$|f(x)-Q(x)|<\varepsilon,\quad \forall x\in\mathbf{R}.$$

定理 9.5.19

定义 9.5.9 若$\{f_n(x)\}$为定义在区间I上的连续函数列，对$\forall\varepsilon>0$，存在$\delta>0$，使得对$\forall x,y\in I$，只要$|x-y|<\delta$，就有

$$|f_n(x)-f_n(x)|<\varepsilon,\quad \forall n\in\mathbf{N}_+,$$

则称函数列$\{f_n(x)\}$在区间I上**等度一致连续**. 特别地，若I是有界闭区间，则简称函数列$\{f_n(x)\}$在区间I上**等度连续**.

定理 9.5.20

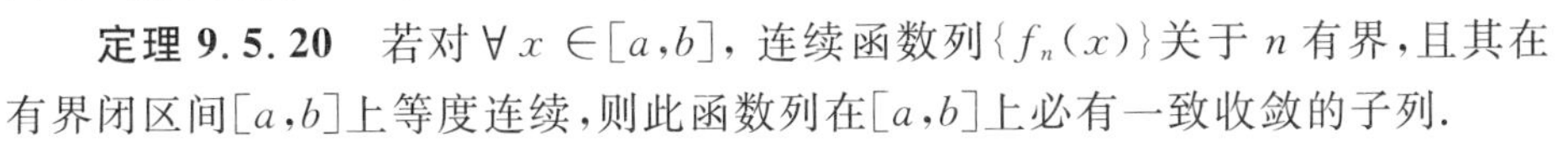

定理 9.5.20 若对$\forall x\in[a,b]$，连续函数列$\{f_n(x)\}$关于n有界，且其在有界闭区间$[a,b]$上等度连续，则此函数列在$[a,b]$上必有一致收敛的子列.

9.5.6 积分平均收敛

虽然在函数列一致收敛时可以研究通项函数与其极限函数的分析性质，但在很多场合很难满足一致收敛这样较强的收敛条件，这使得很多问题的讨论受到很大的限制. 这里，我们介绍一种相对较弱的函数列收敛性刻画——积分平均收敛，可以满足如积分与极限交换次序等运算的需要.

定义 9.5.10 若函数 $f(x)$在区间$[a,b]$上黎曼可积,或在任意不含(有限多个)瑕点的闭子区间$[c,d]\subseteq[a,b]$上黎曼可积,且使得积分

$$\int_a^b |f(x)|^p \mathrm{d}x < \infty, \quad p \geqslant 1,$$

则称函数 $f(x)$在区间$[a,b]$上 **p 方可积**. 特别地,当 $p=1$ 时,称函数 $f(x)$在区间$[a,b]$上**绝对可积**;当 $p=2$ 时,称函数 $f(x)$在区间$[a,b]$上**平方可积**.

定义 9.5.11 若函数 $f(x)$以及 $f_n(x)(\forall n\geqslant 1)$都在区间$[a,b]$上 $p(p\geqslant 1)$方可积,又有

$$\lim_{n\to\infty}\int_a^b |f_n(x)-f(x)|^p \mathrm{d}x = 0,$$

则称函数列$\{f_n(x)\}$在区间$[a,b]$上 **p 方平均收敛**于函数 $f(x)$. 特别地,当 $p=1$ 时,称函数列$\{f_n(x)\}$在区间$[a,b]$上**积分平均收敛**于函数 $f(x)$;当 $p=2$ 时,称函数列$\{f_n(x)\}$在区间$[a,b]$上**平方平均收敛**于函数 $f(x)$.

值得注意的是,p 方平均收敛与一致收敛一样是整体性的概念,在考虑关于 n 收敛时应把每一个函数 $f_n(x)$看作区间$[a,b]$上的整体量. 虽然 p 方平均收敛与逐点收敛没有必然联系,但是一致收敛必然有 $p(p\geqslant 1)$方平均收敛.

例 9.5.10 (1) 对$\forall k,r\in\mathbf{N}_+$,使得 $0\leqslant r<2^k$. 令 $n=2^k+r$,

$$f_n(x)=\begin{cases}1, & \dfrac{r}{2^k}\leqslant x\leqslant\dfrac{r+1}{2^k},\\ 0, & \text{其他 } x\in[0,1].\end{cases}$$

对任意取定 $x\in[0,1]$, 函数列$\{f_n(x)\}$的极限都不存在,也即其在$[0,1]$上处处不收敛. 但是

$$\lim_{n\to\infty}\int_0^1 |f_n(x)| \mathrm{d}x = 0,$$

此即函数列$\{f_n(x)\}$在区间$[0,1]$上积分平均收敛于 0.

(2) 对$\forall n\in\mathbf{N}_+$,令

$$f_n(x)=\begin{cases}n^2, & 0<x<\dfrac{1}{n},\\ 0, & \text{其他 } x\in[0,1].\end{cases}$$

对任意取定 $x\in[0,1]$, 函数列$\{f_n(x)\}$都收敛于 0. 但是

$$\int_0^1 |f_n(x)| \mathrm{d}x = n\to\infty \quad (n\to\infty),$$

此即函数列$\{f_n(x)\}$在区间$[0,1]$上并不是积分平均收敛. □

下面,介绍在积分平均收敛情形下函数列与函数项级数的相关分析性质,相应的定理证明可以作为补充练习.

定理 9.5.21 若函数列$\{f_n(x)\}$在区间$[a,b]$上积分平均收敛于函数 $f(x)$,令 $F_n(x)=\int_a^x f_n(t)\mathrm{d}t,\forall x\in[a,b],\forall n\geqslant 1$, 以及 $F(x)=\int_a^x f(t)\mathrm{d}t,\forall x\in[a,b]$,则函数列$\{F_n(x)\}$在区间$[a,b]$上一致收敛于函数 $F(x)$,且

$$\lim_{n\to\infty}\int_a^b f_n(x)\mathrm{d}x = \int_a^b f(x)\mathrm{d}x.$$

定理 9.5.22 若$\{f_n(x)\}$为区间$[a,b]$上的一列连续可微函数,且在$[a,b]$上逐点收敛于函数 $f(x)$,又函数列$\{f'_n(x)\}$在区间$[a,b]$上积分平均收敛于连续函数 $g(x)$,则函数列$\{f_n(x)\}$的极限函数 $f(x)$在区间$[a,b]$上可微,且 $f'(x)=g(x)$,也即

$$(\lim_{n\to\infty} f_n(x))' = \lim_{n\to\infty} f'_n(x).$$

定理 9.5.23　若 $f(x)$为区间$[a,b]$上的 $p(p\geqslant 1)$方可积函数，又 α 与 β 为任意实数，则对 $\forall \varepsilon>0$，存在$[a,b]$上的连续函数 $g(x)$，使得

$$\int_a^b |f(x)-g(x)|\,\mathrm{d}x < \varepsilon,$$

且 $g(a)=\alpha, g(b)=\beta$.

定义 9.5.12　若函数 $a_n(x)(\forall n\geqslant 1)$都在区间$[a,b]$上 $p(p\geqslant 1)$方可积，又函数项级数 $\sum_{n=1}^{\infty} a_n(x)$ 的部分和函数列$\{S_n(x)\}$ 在$[a,b]$ 上 p 方平均收敛于函数 $S(x)$，也即

$$\lim_{n\to\infty}\int_a^b |S_n(x)-S(x)|^p\,\mathrm{d}x = 0,$$

则称函数项级数 $\sum_{n=1}^{\infty} a_n(x)$ 在$[a,b]$ 上 p **方平均收敛于和函数** $S(x)$. 特别地，当 $p=1$ 时，称函数项级数 $\sum_{n=1}^{\infty} a_n(x)$ 在$[a,b]$ 上**积分平均收敛**于函数 $S(x)$.

定理 9.5.24　(1) 若函数 $a_n(x)(\forall n\geqslant 1)$都在区间$[a,b]$上连续，且除开有限个点外处处可微，函数 $a'_n(x)(\forall n\geqslant 1)$都在$[a,b]$上广义可积. 又函数项级数 $\sum_{n=1}^{\infty} a_n(x)$ 在$[a,b]$ 上逐点收敛于和函数 $S(x)$，函数项级数 $\sum_{n=1}^{\infty} a'_n(x)$ 在$[a,b]$ 上积分平均收敛于广义可积函数 $G(x)$. 则和函数 $S(x)$ 在$[a,b]$ 上连续；在 $G(x)$ 的连续点处，有 $S'(x)=G(x)$；并且函数项级数 $\sum_{n=1}^{\infty} a_n(x)$ 在$[a,b]$ 上一致收敛于和函数 $S(x)$.

(2) 若函数项级数 $\sum_{n=1}^{\infty} a_n(x)$ 在区间$[a,b]$ 上积分平均收敛于广义可积函数 $S(x)$，则有函数项级数 $\sum_{n=1}^{\infty}\int_a^x a_n(t)\,\mathrm{d}t$ 在$[a,b]$ 上一致收敛于函数 $\int_a^x S(t)\,\mathrm{d}t$. 特别地，有

$$\sum_{n=1}^{\infty}\int_a^b a_n(x)\,\mathrm{d}x = \int_a^b S(x)\,\mathrm{d}x.$$

习　题　9.5

习题 9.5

1. 试讨论下列函数列在指定区间上的一致收敛性：

(1) $f_n(x)=\dfrac{x^n}{1+x^n}, D_1=\left[0,\dfrac{1}{2}\right], D_2=\left[\dfrac{1}{2},2\right], D_3=[2,+\infty)$；

(2) $f_n(x)=\sin\dfrac{x}{n}, D_1=(-\infty,+\infty), D_2=[-1,1]$；

(3) $f_n(x)=\arctan nx, D_1=(0,1), D_2=(1,+\infty)$；

(4) $f_n(x)=\dfrac{x}{n}\ln\dfrac{x}{n}, D_1=(0,1), D_2=(1,+\infty)$；

(5) $f_n(x)=(\sin x)^{\frac{1}{n}}, D_1=[0,\pi], D_2=[\delta,\pi-\delta](\delta>0)$；

(6) $f_n(x)=n\left(\sqrt{x+\dfrac{1}{n}}-\sqrt{x}\right), D_1=(0,+\infty), D_2=[\delta,+\infty)(\delta>0)$；

(7) $f_n(x)=\dfrac{\ln nx}{nx^2}, D_1=(0,1), D_2=(1,+\infty)$;

(8) $f_n(x)=n\sin\dfrac{1}{nx}, D_1=(0,1), D_2=[1,+\infty)$;

(9) $f_n(x)=e^{n\left(\frac{1}{x}-1\right)}, D_1=(1,+\infty), D_2=(2,+\infty)$;

(10) $f_n(x)=\ln\left(1+\sin\dfrac{\sqrt{nx}}{n+x^2}\right), D_1=(0,1), D_2=(1,+\infty)$;

(11) $f_n(x)=\dfrac{1}{x^3}\cos\dfrac{x}{n}, D_1=(0,1), D_2=(1,+\infty)$;

(12) $f_n(x)=n^2(e^{x^n}-\cos x^n), D_1=\left(0,\dfrac{1}{2}\right), D_2=\left(\dfrac{1}{2},1\right)$;

(13) $f_n(x)=\cos\left(\dfrac{1}{1+|\ln nx|}\right), D_1=(0,1), D_2=(1,2)$;

(14) $f_n(x)=n\sin\sqrt{4\pi^2n^2+x^2}, D_1=[0,1], D_2=(-\infty,+\infty)$;

(15) $f_n(x)=n\arctan\dfrac{1}{nx}, D_1=[1,+\infty), D_2=(0,+\infty)$;

(16) $f_n(x)=\arctan\left(\dfrac{1-x^n}{1+x^n}\right), D_1=(0,1), D_2=\left(0,\dfrac{1}{2}\right]$;

(17) $f_n(x)=\begin{cases}2x+\dfrac{1}{n^2}, & 0\leqslant x<1,\\ e^{\frac{x}{n}}, & 1\leqslant x<2,\\ 1-\dfrac{1}{n}, & x\geqslant 2,\end{cases}\quad D=(0,+\infty)$;

(18) $f_n(x)=\begin{cases}(1-x)^n, & 0\leqslant x\leqslant 1,\\ e^{nx}, & -1\leqslant x<0,\end{cases}\quad D=[-1,1]$.

2. 试讨论下列函数项级数的收敛域,并指明其绝对收敛性或条件收敛性.

(1) $\displaystyle\sum_{n=1}^{\infty}\frac{(-1)^{n-1}}{n^x}$; (2) $\displaystyle\sum_{n=1}^{\infty}\frac{\sin^2 x}{x+n^3x^2}$;

(3) $\displaystyle\sum_{n=1}^{\infty}\frac{(-1)^n}{3n+\sin x}$; (4) $\displaystyle\sum_{n=1}^{\infty}\frac{1}{n^2}\left(\frac{x}{1+3x}\right)^n$;

(5) $\displaystyle\sum_{n=1}^{\infty}\frac{\cos nx}{n\sqrt[5]{n}}$; (6) $\displaystyle\sum_{n=1}^{\infty}\ln\left(1+(-1)^{n-1}\frac{x}{n}\right)$;

(7) $\displaystyle\sum_{n=1}^{\infty}\frac{x^{[n]}}{n!}$; (8) $\displaystyle\sum_{n=1}^{\infty}\frac{n^2}{n+1}\frac{x^2\sin x}{n^5x^4+1}$.

3. 试讨论下列函数项级数在指定区间上的一致收敛性:

(1) $\displaystyle\sum_{n=1}^{\infty}\frac{(-1)^n}{x+2^n}, D_1=[0,+\infty), D_2=(-\infty,+\infty)$;

(2) $\displaystyle\sum_{n=1}^{\infty}\frac{x^n}{1+x^{2n}}, D_1=(-1+\varepsilon,1-\varepsilon)(0<\varepsilon\ll 1), D_2=[-1,1]$;

(3) $\displaystyle\sum_{n=1}^{\infty}\frac{n^n}{n!n}(x^n+x^{-n}), D_1=(e^{-1},e), D_2=(-\infty,+\infty)$;

(4) $\displaystyle\sum_{n=1}^{\infty}\ln\left(1+\frac{x}{n\ln^2 n}\right), D_1=[-1,1], D_2=(1,+\infty)$;

(5) $\sum\limits_{n=1}^{\infty}\dfrac{(-1)^{\frac{n(n-1)}{2}}}{\sqrt{n+3^x}}, D_1=[-1,1], D_2=(-\infty,+\infty)$;

(6) $\sum\limits_{n=1}^{\infty}\dfrac{\sin(2n-1)x}{n^p}(p>0), D_1=[\varepsilon,\pi-\varepsilon](0<\varepsilon\ll 1), D_2=[0,\pi]$;

(7) $\sum\limits_{n=1}^{\infty}2^n\sin\dfrac{1}{3^n x}, D_1=(0,+\infty), D_2=(\delta,+\infty)\ (\delta>0)$;

(8) $\sum\limits_{n=1}^{\infty}\dfrac{\sin x\sin nx}{\sqrt[3]{n}}, D_1=(-1,1), D_2=(-\infty,+\infty)$;

(9) $\sum\limits_{n=1}^{\infty}\dfrac{\sin\left(\dfrac{x}{n}\right)\sin\left(\dfrac{n}{x}\right)}{1+nx^2}, D_1=(0,+\infty), D_2=(-\infty,+\infty)$;

(10) $\sum\limits_{n=1}^{\infty}\dfrac{\arctan\left(\dfrac{x}{\ln n}\right)}{(n\ln n+x)^2}, D_1=(0,+\infty), D_2=(-\infty,+\infty)$;

(11) $\sum\limits_{n=1}^{\infty}\dfrac{x^2}{1+n^3x}\cos\dfrac{n}{x}, D_1=(0,1), D_2=(0,+\infty)$;

(12) $\sum\limits_{n=1}^{\infty}nx^2\mathrm{e}^{-nx}, D_1=(0,1), D_2=(1,+\infty)$;

(13) $\sum\limits_{n=1}^{\infty}\dfrac{x}{x^3-2nx+n^2}, D_1=(0,1), D_2=(1,+\infty)$;

(14) $\sum\limits_{n=1}^{\infty}\dfrac{\sin nx}{\mathrm{e}^{n^3x}}, D_1=(0,1), D_2=(1,+\infty)$;

(15) $\sum\limits_{n=1}^{\infty}\dfrac{(-1)^n}{n^2+x^3}\arctan nx, D_1=[-1,1], D_2=(-\infty,+\infty)$;

(16) $\sum\limits_{n=1}^{\infty}\dfrac{(-1)^n\cos\left(\dfrac{x}{n}\right)}{\sqrt{n}+2\cos x}, D_1=[-1,1], D_2=(-\infty,+\infty)$.

4. 试证明一致收敛函数列的如下性质：

(1) 若函数列$\{f_n(x)\}$与$\{g_n(x)\}$都在区间I上一致收敛，又对任意的n，函数$f_n(x)$和$g_n(x)$都在I上有界，则函数列$\{f_n(x)g_n(x)\}$也在I上一致收敛.

(2) 若函数列$\{f_n(x)\}$在区间I上一致收敛于函数$f(x)$；对任意的n，函数$f_n(x)$在I上有界且其值域含于闭区间J. 又函数$g(x)$在J上连续，则函数列$\{g(f_n(x))\}$在I上一致收敛于函数$g(f(x))$.

5. 若函数列$\{f_n(x)\}$在有界闭区间I上逐点收敛于函数$f(x)$，又存在$M>0$，对$\forall n\geqslant 1$，$\forall x,y\in I$，当$0<\alpha\leqslant 1$时，满足

$$|f_n(x)-f_n(y)|\leqslant M|x-y|^{\alpha},$$

则函数列$\{f_n(x)\}$在I上一致收敛于函数$f(x)$.

6. 若对$\forall n\geqslant 1$，函数$f_n(x)$都在区间I上有界，又函数列$\{f_n(x)\}$在I上一致收敛于函数$f(x)$. 试证明：极限函数$f(x)$也在I上有界，且函数列$\{f_n(x)\}$在I上一致有界.

7. 若函数$f'(x)$在区间(a,b)内连续，记

$$f_n(x)=n\left[f\left(x+\frac{1}{n}\right)-f(x)\right],\quad \forall n\geqslant 1, \forall x\in(a,b),$$

则函数列$\{f_n(x)\}$在(a,b)上一致收敛于函数$f'(x)$.

8. 若函数$f_0(x)$在区间$[0,a]$上连续,记

$$f_n(x)=\int_0^x f_{n-1}(t)\mathrm{d}t,\quad \forall n\geqslant 1,\forall x\in[0,a],$$

则函数列$\{f_n(x)\}$在$[0,a]$上一致收敛于0.

9. 若函数$f(x)$在区间$(-\infty,+\infty)$上连续,记

$$f_n(x)=\frac{1}{n}\sum_{k=0}^{n-1}f\left(x+\frac{1}{n}\right),\quad \forall n\geqslant 1,\forall x\in(-\infty,+\infty),$$

则函数列$\{f_n(x)\}$在$(-\infty,+\infty)$上内闭一致收敛,而在$(-\infty,+\infty)$上不一定一致收敛.

10. 设函数$f(x)$在区间$[0,1]$上可积,且在$x=0$处右连续,试证明:

$$\lim_{n\to\infty}\int_0^{\frac{1}{n}}\frac{nf(x)}{1+n^2x^2}\mathrm{d}x=\frac{\pi}{4}f(0).$$

11. 设函数$f(x)$在区间$[0,+\infty)$上有界,在$x=0$处右连续,且对$\forall a>0$,$f(x)$在区间$[0,a]$上可积,试证明:

$$\lim_{n\to\infty}\int_0^{+\infty}f(x)\mathrm{e}^{-nx}\mathrm{d}x=f(0).$$

12. 若连续函数列$\{f_n(x)\}$在区间(a,b)上内闭一致收敛于函数$f(x)$,又存在定义于(a,b)上的可积函数$F(x)$,使得

$$|f_n(x)|\leqslant F(x),\quad \forall n\geqslant 1,\forall x\in(a,b).$$

试证明:

(1) 函数$f(x)$在(a,b)上绝对可积;

(2) 函数列$\{f_n(x)\}$在(a,b)上积分平均收敛于函数$f(x)$,且

$$\lim_{n\to\infty}\int_a^b f_n(x)\mathrm{d}x=\int_a^b f(x)\mathrm{d}x.$$

13. 函数列$\{f_n(x)\}$在区间(a,b)上$p(p>1)$方平均收敛于函数$f(x)$,函数列$\{g_n(x)\}$在区间(a,b)上$q(q>1)$方平均收敛于函数$g(x)$,且$\frac{1}{p}+\frac{1}{q}=\frac{1}{r}(r\geqslant 1)$.试证明:

$$\lim_{n\to\infty}\int_a^b|f_n(x)g_n(x)-f(x)g(x)|^r\mathrm{d}x=0.$$

14. 设$\lim\limits_{n\to\infty}|a_n|=\infty$,且级数$\sum\limits_{n=1}^{\infty}\frac{1}{|a_n|}$收敛,则函数项级数$\sum\limits_{n=1}^{\infty}\frac{1}{x-a_n}$在不包含$a_n(n=1,2,\cdots)$的任意有界闭区间上一致收敛.

15. 若对$\forall n\geqslant 1$,函数$f_n(x)$都在$x=a$处右连续,又函数项级数$\sum\limits_{n=1}^{\infty}f_n(x)$在$x=a$处发散.试证明:对任意的$\gamma>0$,函数项级数$\sum\limits_{n=1}^{\infty}f_n(x)$在区间$(a,a+\gamma)$上非一致收敛.

16. 试证明下列等式:

(1) $\lim\limits_{x\to 1^-}\sum\limits_{n=1}^{\infty}\dfrac{x^n(1-x)}{n(1-x^{2n+1})}=2(1-\ln 2)$;

(2) $\displaystyle\int_0^{+\infty}\sum_{n=1}^{\infty}\frac{\sin nx}{n^2}\mathrm{d}x=\sum_{n=1}^{\infty}\frac{2}{(2n-1)^3}$;

(3) $\displaystyle\sum_{n=1}^{\infty}\frac{(-1)^{n+1}}{\sqrt{n}}\arctan\left(\frac{x}{\sqrt{n}}\right)=\sum_{n=1}^{\infty}\frac{(-1)^{n+1}}{n+x^2}$.

17. 设函数项级数 $\sum_{n=1}^{\infty}\frac{1}{x+2^n}$ 在区间$[0,+\infty)$上收敛于函数 $f(x)$，试证明：虽然 $f(x)$ 在 $[0,+\infty)$ 上可微且一致连续，但是反常积分$\int_0^{+\infty} f(x)\mathrm{d}x$ 发散.

18. 设函数项级数 $\sum_{n=1}^{\infty} f_n(x)$ 在区间$[a,b]$上收敛，记其部分和为 $S_n(x)$. 如果存在$M>0$，使得

$$|S'_n(x)|\leqslant M,\quad \forall x\in[a,b],\quad \forall n\geqslant 1,$$

试证明：函数项级数 $\sum_{n=1}^{\infty} f_n(x)$ 在$[a,b]$上一致收敛.

9.6 应用事例与研究课题 2

1. 应用事例

例 9.6.1 试讨论函数列$\{f_n(x)\}$的一致收敛性，其中

$$f_n(x)=\ln\frac{n^2x+n\sqrt{x}+1}{n^2x-n\sqrt{x}+1},\quad x>0.$$

解 (1) 显然，对任意取定的 $x>0$，有

$$\lim_{n\to\infty} f_n(x)=0=f(x).$$

又由

$$f'_n(x)=\frac{n^2x-n\sqrt{x}+1}{n^2x+n\sqrt{x}+1}\frac{1}{n\sqrt{x}}\left(\frac{1}{n^2}-x\right),$$

取 $x_n=\frac{1}{n^2}$，则有

$$\sup_{x>0} f_n(x)\leqslant f_n(x_n)=\ln 3\not\to 0\quad (n\to\infty),$$

从而，原函数列在$(0,+\infty)$上不一致收敛.

(2) 又对$\forall\delta>0$，有

$$\begin{aligned}\sup_{x\geqslant\delta} f_n(x)\leqslant f_n(\delta)&=\ln\frac{n^2\delta+n\sqrt{\delta}+1}{n^2\delta-n\sqrt{\delta}+1}=\ln\left(1+\frac{1}{n\sqrt{\delta}}+\frac{1}{n^2\delta}\right)-\ln\left(1-\frac{1}{n\sqrt{\delta}}+\frac{1}{n^2\delta}\right)\\&=\frac{1}{n\sqrt{\delta}}+o\left(\frac{1}{n}\right)-\left[-\frac{1}{n\sqrt{\delta}}+o\left(\frac{1}{n}\right)\right]\\&=\frac{2}{n\sqrt{\delta}}+o\left(\frac{1}{n}\right)\to 0\quad (n\to\infty),\end{aligned}$$

从而，原函数列在$[\delta,+\infty)$上一致收敛. □

例 9.6.2 (1) 因为

$$\begin{aligned}\frac{1}{\sin^2 x}&=\frac{1}{4}\left(\frac{1}{\sin^2\frac{x}{2}}+\frac{1}{\sin^2\frac{x+\pi}{2}}\right)\\&=\frac{1}{4^2}\left(\frac{1}{\sin^2\frac{x}{4}}+\frac{1}{\sin^2\frac{x+2\pi}{4}}+\frac{1}{\sin^2\frac{x+\pi}{4}}+\frac{1}{\sin^2\frac{x+3\pi}{4}}\right)\\&\quad\vdots\end{aligned}$$

$$=\frac{1}{2^{2n}}\sum_{k=0}^{2^n-1}\frac{1}{\sin^2\dfrac{x+k\pi}{2^n}},$$

以及对 $2^{n-1}\leqslant k\leqslant 2^n-1$，有

$$\sin^2\frac{x+k\pi}{2^n}=\sin^2\frac{x+(k-2^n)\pi}{2^n},$$

可得
$$\frac{1}{\sin^2 x}=\frac{1}{2^{2n}}\sum_{k=-2^{n-1}}^{2^{n-1}-1}\frac{1}{\sin^2\dfrac{x+k\pi}{2^n}}=E_n+\sum_{k=-2^{n-1}}^{2^{n-1}-1}\frac{1}{(x+k\pi)^2},$$

其中
$$E_n=\frac{1}{2^{2n}}\sum_{k=-2^{n-1}}^{2^{n-1}-1}\left[\frac{1}{\sin^2\dfrac{x+k\pi}{2^n}}-\frac{1}{\left(\dfrac{x+k\pi}{2^n}\right)^2}\right].$$

又由
$$0<\frac{1}{\sin^2 x}-\frac{1}{x^2}=1+\frac{\cos^2 x}{\sin^2 x}-\frac{1}{x^2}<1,\quad \forall x\in\left[-\frac{\pi}{2},\frac{\pi}{2}\right],$$

可得
$$0<E_n<\frac{1}{2^n},\quad \forall x\in\left[0,\frac{\pi}{2}\right].$$

从而有
$$\frac{1}{\sin^2 x}=\sum_{k\in\mathbf{Z}}\frac{1}{(x+k\pi)^2},\quad \forall x\neq k\pi,$$

也即
$$\frac{1}{\sin^2 x}=\frac{1}{x^2}+\sum_{n=1}^{\infty}\left(\frac{1}{(x+n\pi)^2}+\frac{1}{(x-n\pi)^2}\right),\quad \forall x\neq k\pi,$$

且此级数在不包含$\{k\pi\}$的任何闭区间上都是一致收敛的.

特别地,依据
$$\frac{1}{3}=\lim_{x\to 0}\left(\frac{1}{\sin^2 x}-\frac{1}{x^2}\right)=2\sum_{n=1}^{\infty}\frac{1}{(n\pi)^2},$$

即有
$$\sum_{n=1}^{\infty}\frac{1}{n^2}=\frac{\pi^2}{6}.$$

(2) 对 $\forall x\in(-\pi,\pi)$，考虑

$$\int_0^x\left(\frac{1}{\sin^2 t}-\frac{1}{t^2}\right)\mathrm{d}t=\frac{1}{x}-\frac{\cos x}{\sin x},$$

可得
$$\frac{\cos x}{\sin x}-\frac{1}{x}=\sum_{n=1}^{\infty}\left(\frac{1}{x+n\pi}+\frac{1}{x-n\pi}\right).$$

再对上式两边积分,即有

$$\frac{\sin x}{x}=\prod_{n=1}^{\infty}\left[1-\left(\frac{x}{n\pi}\right)^2\right],\quad \forall x\in[-\pi,\pi].$$

特别地,取 $x=\frac{\pi}{2}$，也就有 Wallis 公式

$$\frac{2}{\pi}=\prod_{n=1}^{\infty}\left(1-\frac{1}{4n^2}\right).$$

(3) 利用
$$\tan x=\cot\left(\frac{\pi}{2}-x\right),\quad \frac{1}{\sin x}=\cot\frac{x}{2}-\cot x,$$

可得
$$\frac{\sin x}{\cos x}=\sum_{n=1}^{\infty}\left[\frac{1}{(2n-1)\dfrac{\pi}{2}-x}-\frac{1}{(2n-1)\dfrac{\pi}{2}+x}\right],$$

以及
$$\frac{1}{\sin x}=\frac{1}{x}+\sum_{n=1}^{\infty}(-1)^n\left(\frac{1}{x+n\pi}+\frac{1}{x-n\pi}\right).$$

进而,可以计算 Poisson 积分

$$\int_0^{\infty}\frac{\sin x}{x}dx=\sum_{n=0}^{\infty}\int_{n\pi}^{(n+1)\pi}\frac{\sin x}{x}dx=\sum_{n=0}^{\infty}\int_{n\pi}^{n\pi+\frac{\pi}{2}}\frac{\sin x}{x}dx+\sum_{n=0}^{\infty}\int_{n\pi+\frac{\pi}{2}}^{(n+1)\pi}\frac{\sin x}{x}dx$$

$$=\sum_{n=0}^{\infty}\int_0^{\frac{\pi}{2}}(-1)^n\frac{\sin t}{n\pi+t}dt+\sum_{n=0}^{\infty}\int_0^{\frac{\pi}{2}}(-1)^n\frac{\sin t}{(n+1)\pi-t}dt$$

$$=\int_0^{\frac{\pi}{2}}\frac{\sin t}{t}dt+\sum_{n=1}^{\infty}\int_0^{\frac{\pi}{2}}(-1)^n\left(\frac{1}{t+n\pi}+\frac{1}{t-n\pi}\right)\sin t dt$$

$$=\int_0^{\frac{\pi}{2}}\frac{\sin t}{t}dt+\int_0^{\frac{\pi}{2}}\sum_{n=1}^{\infty}(-1)^n\left(\frac{1}{t+n\pi}+\frac{1}{t-n\pi}\right)\sin t dt$$

$$=\int_0^{\frac{\pi}{2}}\frac{\sin t}{t}dt+\int_0^{\frac{\pi}{2}}\left(\frac{1}{\sin t}-\frac{1}{t}\right)\sin t dt=\frac{\pi}{2}.$$

□

例 9.6.3 (1) 存在处处不可微的连续函数.

设函数 $\varphi(x)$表示 x 与最近的整数之间的距离,则显然 $\varphi(x)$是周期为 1 的连续函数,且 $|\varphi(x)|\leqslant\frac{1}{2}$. 令

$$f(x)=\sum_{n=0}^{\infty}\frac{\varphi(10^n x)}{10^n},$$

则此函数项级数在 $\mathbf{R}$ 上一致收敛,和函数 $f(x)$在 $\mathbf{R}$ 上连续,但是在任一点处都不可微.

(2) 存在导函数在有理点不连续的函数.

记$\{r_n\}=\mathbf{Q}\cap[0,1]$, 令 $f(x)=x^2\sin\frac{1}{x}$ $(0<x\leqslant1)$,定义

$$S(x)=\begin{cases}\sum\limits_{n=1}^{\infty}\dfrac{f(x-r_n)}{2^n}, & x\neq0,\\ 0, & x=0,\end{cases}$$

则有导函数

$$S'(x)=\sum_{n=1}^{\infty}\frac{f'(x-r_n)}{2^n}$$

在区间[0,1]上的有理点处不连续.

(3) 存在在无理点可导,在有理点不可导的函数.

记$\{r_n\}=\mathbf{Q}\cap[0,1]$,定义

$$f(x)=\sum_{r_n<x}\frac{(x-r_n)}{2^n},\quad\forall x\in[0,1],$$

则 $f(x)$在 $\mathbf{R}$ 上是严格单增的凸函数,且

$$f'(x)=\sum_{r_n<x}\frac{1}{2^n},\quad\forall x\notin\mathbf{Q},\quad x\in[0,1].$$

□

2. 探究课题

探究 9.6.1 若 $0\leqslant k\leqslant3$, $f_n(x)=\frac{x^k}{x^2+n}$ $(\forall n\geqslant1)$,试讨论 k 如何取值才能使得函数列$\{f_n(x)\}$在 $\mathbf{R}$ 或者有界区域 D 上一致收敛.

探究 9.6.2 试判定下列函数项级数的收敛域 D,并指明其是否在 D 上一致收敛.

(1) $\sum\limits_{n=1}^{\infty}a_n e^{-S_n x}$, $S_n=\sum\limits_{k=1}^{n}a_k$ $(a_k\geqslant0,k=1,2,\cdots)$;

(2) $\sum_{n=1}^{\infty}\left(\frac{1}{n}\csc\frac{1}{n}-1\right)^{x}$.

探究 9.6.3 试证明函数

$$f(x)=\sum_{n=1}^{\infty}\frac{1}{2^n}\tan\frac{x}{2^n}$$

在区间$\left[0,\frac{\pi}{2}\right]$上连续,并求其表达式. 计算积分$\int_{\frac{\pi}{6}}^{\frac{\pi}{2}}f(x)\mathrm{d}x$以及级数$\sum_{n=1}^{\infty}\arctan\frac{1}{2n^2}$.

探究 9.6.4 试证明:

(1) Riemann-zeta 函数 $\zeta(x)=\sum_{n=1}^{\infty}\frac{1}{n^x}$ 在 $x>1$ 时无穷次可微;

(2) Theta 函数 $\theta(x)=\sum_{n=-\infty}^{\infty}\mathrm{e}^{-\pi n^2 x}$ 在 $x>0$ 时无穷次可微;

(3) 函数 $F(x)=\sum_{n=1}^{\infty}a_n\mathrm{e}^{-nx}$ 在 $x>0$ 时无穷次可微,其中级数$\sum_{n=1}^{\infty}a_n$收敛.

探究 9.6.5 试证明下列函数项级数在指定的区间 D 上积分平均收敛.

(1) $\sum_{n=1}^{\infty}\frac{(2n-1)!!}{(2n)!!}x^{2n}, D=(-1,1)$;

(2) $\sum_{n=1}^{\infty}\arctan\frac{\sqrt{x}}{1+n(n+1)x}, D=(0,1)$.

探究 9.6.6 试证明如下等式:

$$\cos x=\prod_{n=1}^{\infty}\left[1-\frac{x^2}{\left(\frac{2n-1}{2}\pi\right)^2}\right].$$

3. 实验题

实验 9.6.1 若对 $\forall n\geqslant 1$, 定义函数

$$f_n(x)=n|x|(1-x^2)^n,\quad \forall x\in[-1,1].$$

试证明函数列$\{f_n(x)\}$在区间$[-1,1]$上非一致收敛,并尝试用 Matlab 或者 Mathematica 软件设计算法,考察函数列的极限变化.

实验 9.6.2 定义多项式函数列$\{P_n(x)\}$如下:

$$P_1(x)=\frac{1}{2}x^2,\quad P_{n+1}(x)=\frac{1}{2}x^2+P_n(x)-\frac{1}{2}P_n^2(x),\quad n=1,2,\cdots.$$

试证明$\{P_n(x)\}$在区间$[-1,1]$上一致收敛于函数$|x|$,并尝试用 Matlab 或者 Mathematica 软件设计算法,考察函数列的极限变化.

实验 9.6.3 若函数 $f(x)$是区间$[0,1]$上的连续函数,且 $f(0)=0=f(1)$. 令

$$c_n=\int_{-1}^{1}(1-t^2)^n\mathrm{d}t,$$

并定义多项式函数列$\{P_n(x)\}$如下:

$$P_n(x)=\frac{1}{c_n}\int_0^1 f(t)[1-(t-x)^2]^n\mathrm{d}t,\quad n=1,2,\cdots.$$

试证明$\{P_n(x)\}$在$[0,1]$上一致收敛于函数 $f(x)$;并尝试用 Matlab 或者 Mathematica 软件设计算法,考察函数列的极限变化.

实验 9.6.4 若函数 $f(x)$在 $\mathbf{R}$ 上连续,且极限 $\lim\limits_{x\to-\infty}f(x)$与 $\lim\limits_{x\to+\infty}f(x)$存在并相等. 试证

明：存在 $2n$ 阶多项式函数 $P_{2n}(x)$ $(n=1,2,\cdots)$，使得有理函数列

$$Q_n(x)=\frac{1}{(1+x^2)^n}P_{2n}(x),\quad n=1,2,\cdots$$

在 $\mathbf{R}$ 上一致收敛. 尝试用 Matlab 或者 Mathematica 软件设计算法，证实相应的理论分析结果.

9.7 幂级数

幂级数作为“无穷阶的多项式”，在理论分析和工程应用中都有十分重要且关键的地位. 本节，将讨论幂级数的敛散性、其和函数的分析性质、函数其幂级数展开的条件以及如何实现函数的幂级数展开等问题.

9.7.1 幂级数的敛散性

定义 9.7.1 形如

$$\sum_{n=0}^{\infty}a_n(x-x_0)^n$$

的函数项级数称作**幂级数**，其中 $a_n(n=0,1,2,\cdots)$ 称作幂级数的**系数**.

通常，只需考虑基本形式的幂级数 $\sum\limits_{n=0}^{\infty}a_nx^n$. 若幂级数 $\sum\limits_{n=0}^{\infty}a_nx^n$ 收敛，则系数 $a_n(n=0,1,2,\cdots)$ 即为 $\sum\limits_{n=0}^{\infty}a_nx^n$ 关于正交集 $E=\{x^n\mid n=0,1,2,\cdots\}$ 的表出系数(坐标). 因此，幂级数 $\sum\limits_{n=0}^{\infty}a_nx^n$ 的敛散性及其和函数的分析性质，可由系数数列 $\{a_n\}$ 完全确定.

定理 9.7.1 (**Abel 第一定理**) 若幂级数 $\sum\limits_{n=0}^{\infty}a_nx^n$ 在某点 $x_0\neq 0$ 处收敛，则对任意满足 $|x|<|x_0|$ 的点 x，幂级数 $\sum\limits_{n=0}^{\infty}a_nx^n$ 都收敛且绝对收敛；若幂级数 $\sum\limits_{n=0}^{\infty}a_nx^n$ 在某点 x_1 处发散，则对任意满足 $|x|>|x_1|$ 的点 x，幂级数 $\sum\limits_{n=0}^{\infty}a_nx^n$ 都发散.

证 (1) 设级数 $\sum\limits_{n=0}^{\infty}a_nx_0^n$ 收敛，则有 $\lim\limits_{n\to\infty}a_nx_0^n=0$，从而存在 $M>0$，对 $\forall\, n\geqslant 0$，成立 $|a_nx_0^n|\leqslant M$.

对 $\forall\,|x|<|x_0|$，有

$$|a_nx^n|=|a_nx_0^n|\left|\frac{x}{x_0}\right|^n\leqslant M\left|\frac{x}{x_0}\right|^n.$$

又由级数 $\sum\limits_{n=0}^{\infty}\left|\frac{x}{x_0}\right|^n$ 收敛，从而幂级数 $\sum\limits_{n=0}^{\infty}a_nx^n$ 收敛且绝对收敛.

(2) 设级数 $\sum\limits_{n=0}^{\infty}a_nx_1^n$ 发散，若存在 $|\gamma|>|x_1|$，使得级数 $\sum\limits_{n=0}^{\infty}a_n\gamma^n$ 收敛，从而由(1)可知，级数 $\sum\limits_{n=0}^{\infty}a_nx_1^n$ 收敛. 矛盾！

此即，对 $\forall\ |x|>|x_1|$，幂级数 $\sum\limits_{n=0}^{\infty}a_nx^n$ 都发散. □

定义 9.7.2 幂级数 $\sum\limits_{n=0}^{\infty}a_nx^n$ 的收敛域是以原点为中心的区间. 事实上,若记 R 为使得幂级数 $\sum\limits_{n=0}^{\infty}a_nx^n$ 收敛的那些点的绝对值的上确界,则称 R 为幂级数 $\sum\limits_{n=0}^{\infty}a_nx^n$ 的**收敛半径**,称$(-R,R)$为幂级数 $\sum\limits_{n=0}^{\infty}a_nx^n$ 的**收敛区间**. 对幂级数 $\sum\limits_{n=0}^{\infty}a_nx^n$ 在端点 $x=\pm R$ 的敛散性另外讨论,综合在收敛区间及其端点的敛散性即有**收敛域**.

定理 9.7.2 对幂级数 $\sum\limits_{n=0}^{\infty}a_nx^n$,若有极限 $\lim\limits_{n\to\infty}\sqrt[n]{|a_n|}=\rho$,则有

(1) 当 $0<\rho<+\infty$ 时,此幂级数有收敛半径 $R=\dfrac{1}{\rho}$;

(2) 当 $\rho=0$ 时,此幂级数有收敛半径 $R=+\infty$;

(3) 当 $\rho=+\infty$ 时,此幂级数有收敛半径 $R=0$.

证 注意到
$$\lim_{n\to\infty}\sqrt[n]{|a_nx^n|}=\rho|x|.$$
由 Cauchy 判别法,当 $0<\rho<+\infty$ 时,使得 $\rho|x|<1$,则级数 $\sum\limits_{n=0}^{\infty}|a_nx^n|$ 收敛;使得 $\rho|x|>1$,则级数 $\sum\limits_{n=0}^{\infty}|a_nx^n|$ 发散. 从而,此时幂级数 $\sum\limits_{n=0}^{\infty}a_nx^n$ 的收敛半径为 $R=\dfrac{1}{\rho}$.

显然,当 $\rho=0$ 时,任意的 $x\in\mathbf{R}$ 都使得 $\rho|x|<1$,级数 $\sum\limits_{n=0}^{\infty}|a_nx^n|$ 都收敛,即有收敛半径为 $R=+\infty$. 当 $\rho=+\infty$ 时,任意的 $x\neq 0$ 都使得 $\rho|x|>1$,级数 $\sum\limits_{n=0}^{\infty}|a_nx^n|$ 都发散,即有收敛半径为 $R=0$. □

注记 9.7.1 (1) 由 Abel 第一定理,幂级数的条件收敛只可能发生在收敛域的端点.

(2) 对幂级数 $\sum\limits_{n=0}^{\infty}a_nx^n$,若有极限 $\lim\limits_{n\to\infty}\left|\dfrac{a_{n+1}}{a_n}\right|=\rho$,则一定有极限 $\lim\limits_{n\to\infty}\sqrt[n]{|a_n|}=\rho$.

(3) (**Cauchy-Hadamard 定理**) 对幂级数 $\sum\limits_{n=0}^{\infty}a_nx^n$,若有极限 $\overline{\lim\limits_{n\to\infty}}\sqrt[n]{|a_n|}=\rho$,则此幂级数的收敛半径为 $R=\dfrac{1}{\rho}$.

例 9.7.1 试确定下列幂级数的收敛半径和收敛域.

(1) $\sum\limits_{n=1}^{\infty}\dfrac{\ln n}{n}x^n$; (2) $\sum\limits_{n=1}^{\infty}\dfrac{(x-1)^{2n}}{n-3^{2n}}$; (3) $\sum\limits_{n=1}^{\infty}\dfrac{1}{x^n}\sin\dfrac{\pi}{2^n}$.

解 (1) 对 $\forall\, n\geqslant 4$,由 $\dfrac{1}{n}<\dfrac{\ln n}{n}<1$,可得
$$\lim_{n\to\infty}\sqrt[n]{\frac{\ln n}{n}}=1.$$
从而,幂级数 $\sum\limits_{n=1}^{\infty}\dfrac{\ln n}{n}x^n$ 的收敛半径为 $R=1$.

又在 $x=1$ 时,由 $\dfrac{1}{n}<\dfrac{\ln n}{n}$,可知正项级数 $\sum\limits_{n=1}^{\infty}\dfrac{\ln n}{n}$ 发散;而在 $x=-1$ 时,由 Leibniz 判别法,可知交错级数 $\sum\limits_{n=1}^{\infty}(-1)^n\dfrac{\ln n}{n}$ 收敛.

综上可知，幂级数$\sum_{n=1}^{\infty}\frac{\ln n}{n}x^n$的收敛域为$[-1,1)$.

(2) ① 令$z=(x-1)^2$，原级数化为基本形式$\sum_{n=1}^{\infty}\frac{z^n}{n-3^{2n}}$，其收敛半径为

$$\widetilde{R}=\frac{1}{\rho}=\lim_{n\to\infty}\sqrt[n]{|n-3^{2n}|}=9\lim_{n\to\infty}\sqrt[n]{\left|1-\frac{n}{3^{2n}}\right|}=9.$$

从而，原级数收敛半径为$R=3$.

② 令$u_n(x)=\frac{(x-1)^{2n}}{n-3^{2n}}$，直接考虑正项级数的 d'Alembert 判别法，有

$$\lim_{n\to\infty}\left|\frac{u_{n+1}(x)}{u_n(x)}\right|=(x-1)^2\lim_{n\to\infty}\left|\frac{n-3^{2n}}{n+1-3^{2n+2}}\right|=\frac{1}{9}(x-1)^2.$$

从而，原级数收敛半径为$R=3$.

③ 令$x-1=t$，直接考虑 Cauchy-Hadamard 判别法，有

$$\rho=\overline{\lim_{n\to\infty}}\sqrt[2n]{\left|\frac{1}{n-3^{2n}}\right|}=\frac{1}{3}\overline{\lim_{n\to\infty}}\sqrt[2n]{\left|\frac{1}{1-\frac{n}{3^{2n}}}\right|}=\frac{1}{3}.$$

从而，也可得原级数收敛半径为$R=\frac{1}{\rho}=3$，收敛区间为$(-2,4)$.

又在$x=-2$或$x=4$时，原级数通项满足

$$\lim_{n\to\infty}\left|\frac{3^{2n}}{n-3^{2n}}\right|=1,$$

此即，幂级数$\sum_{n=1}^{\infty}\frac{(x-1)^{2n}}{n-3^{2n}}$在$x=-2,4$时发散，其收敛域为$(-2,4)$.

(3) 令$t=\frac{1}{x}$，原级数化为基本形式$\sum_{n=1}^{\infty}t^n\sin\frac{\pi}{2^n}$，其收敛半径为

$$R=\lim_{n\to\infty}\left|\frac{a_n}{a_{n+1}}\right|=\lim_{n\to\infty}\frac{\sin\frac{\pi}{2^n}}{\sin\frac{\pi}{2^{n+1}}}=2.$$

从而，原级数在$|x|>\frac{1}{2}$时收敛，在$|x|<\frac{1}{2}$时发散.

又由$\lim_{n\to\infty}2^n\sin\frac{\pi}{2^n}\neq 0$，可知原级数$\sum_{n=1}^{\infty}\frac{1}{x^n}\sin\frac{\pi}{2^n}$在$x=\pm\frac{1}{2}$时发散，其收敛域为$D=\left\{x\,\middle|\,|x|>\frac{1}{2}\right\}$. □

定理 9.7.3 （Abel 第二定理） 若幂级数$\sum_{n=0}^{\infty}a_nx^n$的收敛半径为$R>0$，则有

(1) 对$\forall\, 0<s<R$，幂级数$\sum_{n=0}^{\infty}a_nx^n$在区间$[-s,s]$上一致收敛；

(2) 若幂级数$\sum_{n=0}^{\infty}a_nx^n$在$x=R$(或$x=-R$)处收敛，则其在区间$[0,R]$(或$[-R,0]$)上一致收敛.

证 (1) 对 $\forall 0 < s < R$，由数项级数 $\sum\limits_{n=0}^{\infty} |a_n s^n|$ 收敛，以及对一切的 $x \in [-s,s]$，有

$$|a_n x^n| \leqslant |a_n s^n|,$$

从而由 Weierstrass 判别法，幂级数 $\sum\limits_{n=0}^{\infty} a_n x^n$ 在区间 $[-s,s]$ 上一致收敛.

(2) 考虑幂级数

$$\sum_{n=0}^{\infty} a_n x^n = \sum_{n=0}^{\infty} a_n R^n \left(\frac{x}{R}\right)^n,$$

这里对一切的 $x \in [0,R]$，函数列 $\left\{\left(\frac{x}{R}\right)^n\right\}$ 在区间 $[0,R]$ 上一致有界，且其关于 n 单调递减；又有数项级数 $\sum\limits_{n=0}^{\infty} a_n R^n$ 收敛. 从而由 Abel-Dirichlet 判别法，幂级数 $\sum\limits_{n=0}^{\infty} a_n x^n$ 在 $[0,R]$ 上一致收敛.

同理可证，若幂级数 $\sum\limits_{n=0}^{\infty} a_n x^n$ 在 $x=-R$ 处收敛，则其在区间 $[-R,0]$ 上一致收敛. □

9.7.2 幂级数的性质

基于幂级数的 Abel 定理，能明确其在怎样的范围内绝对收敛或一致收敛，从而可以很自然地刻画幂级数的如下运算性质.

定理 9.7.4 若幂级数 $\sum\limits_{n=0}^{\infty} a_n x^n$ 与 $\sum\limits_{n=0}^{\infty} b_n x^n$ 在 $x=0$ 的某邻域内收敛且相等，则它们有相同的和函数，且 $a_n = b_n (\forall n \geqslant 0)$.

定理 9.7.5 若幂级数 $\sum\limits_{n=0}^{\infty} a_n x^n$ 与 $\sum\limits_{n=0}^{\infty} b_n x^n$ 的收敛半径分别为 R_a, R_b，则有

(1) $\lambda\left(\sum\limits_{n=0}^{\infty} a_n x^n\right) = \sum\limits_{n=0}^{\infty} (\lambda a_n) x^n, \ \forall |x| < R_a, \lambda \neq 0$；

(2) $\left(\sum\limits_{n=0}^{\infty} a_n x^n\right) \pm \left(\sum\limits_{n=0}^{\infty} b_n x^n\right) = \sum\limits_{n=0}^{\infty} (a_n \pm b_n) x^n, \ \forall |x| < R = \min(R_a, R_b)$；

(3) $\left(\sum\limits_{n=0}^{\infty} a_n x^n\right)\left(\sum\limits_{n=0}^{\infty} b_n x^n\right) = \sum\limits_{n=0}^{\infty} c_n x^n, \ c_n = \sum\limits_{k=0}^{n} a_k b_{n-k}, \ \forall |x| < R = \min(R_a, R_b)$.

注记 9.7.2 一般地，两个幂级数相除所得的幂级数其收敛半径可能小很多. 比如，幂级数 $\sum\limits_{n=0}^{\infty} a_n x^n = 1, a_0 = 1, a_n = 0 \ (n=1,2,\cdots)$ 与幂级数 $\sum\limits_{n=0}^{\infty} b_n x^n = 1-x, b_0 = 1, b_1 = -1, b_n = 0 \ (n=2,3,\cdots)$ 的收敛半径都是 $R = +\infty$，但这两个幂级数的商

$$\frac{\sum\limits_{n=0}^{\infty} a_n x^n}{\sum\limits_{n=0}^{\infty} b_n x^n} = \frac{1}{1-x} = \sum_{n=0}^{\infty} x^n$$

的收敛半径却是 $R=1$.

定理 9.7.6 幂级数 $\sum\limits_{n=0}^{\infty} a_n x^n$ 的和函数在其收敛域内任意点处都连续.

定理 9.7.7 设幂级数 $\sum\limits_{n=0}^{\infty} a_n x^n$ 的收敛半径为 $R > 0$，收敛域为 I，和函数为 $S(x)$；幂级数

$\sum_{n=1}^{\infty} n a_n x^{n-1}$ 的收敛半径为 R_1，收敛域为 I_1，和函数为 $S_1(x)$. 则有(1) $R_1 = R$；(2) $I_1 \subseteq I$；(3) $S'(x) = S_1(x), \forall x \in I_1$.

证 (1) 先证 $R_1 \leqslant R$. 若 $R_1 = 0$，则结论显然成立. 下设 $R_1 > 0$，只需证 $(-R_1, R_1) \subseteq [-R, R]$.

对 $\forall x_0 \in (-R_1, R_1)$，有数项级数 $\sum_{n=1}^{\infty} n a_n x_0^{n-1}$ 绝对收敛. 又由

$$|a_n x_0^n| \leqslant |x_0| |n a_n x_0^{n-1}|,$$

可知数项级数 $\sum_{n=0}^{\infty} a_n x_0^n$ 绝对收敛. 此即，$R \geqslant |x_0|$，也即，$\forall x_0 \in [-R, R]$，从而，$R_1 \leqslant R$.

再证 $R_1 \geqslant R$. 对 $\forall x_0 \in (-R, R)$，存在 $s > 0$，满足 $|x_0| < s < R$，使得级数 $\sum_{n=0}^{\infty} a_n s^n$ 绝对收敛. 注意到

$$|n a_n x_0^{n-1}| = |a_n s^n| \left| \frac{n x_0^{n-1}}{s^n} \right|;$$

又由

$$\lim_{n \to \infty} \left| \frac{n x_0^{n-1}}{s^n} \right| = 0,$$

存在 $M > 0$，对 $\forall n \geqslant 0$，有

$$\left| \frac{n x_0^{n-1}}{s^n} \right| \leqslant M.$$

从而由 Weierstrass 判别法，数项级数 $\sum_{n=1}^{\infty} n a_n x_0^{n-1}$ 也绝对收敛. 此即，$R_1 \geqslant |x_0|$. 也即，$\forall x_0 \in [-R_1, R_1]$，从而有 $R \leqslant R_1$.

(2) 只需考虑：若幂级数 $\sum_{n=1}^{\infty} n a_n x^{n-1}$ 在 $x = R_1$(或 $x = -R_1$) 处收敛，则必有幂级数 $\sum_{n=0}^{\infty} a_n x^n$ 在 $x = R_1$(或 $x = -R_1$) 处收敛.

若数项级数 $\sum_{n=1}^{\infty} n a_n R_1^{n-1}$ 收敛，由

$$\sum_{n=1}^{\infty} a_n R_1^n = \sum_{n=1}^{\infty} n a_n R_1^{n-1} \left(\frac{R_1}{n} \right),$$

结合 Abel-Dirichlet 判别法，可知数项级数 $\sum_{n=0}^{\infty} a_n R_1^n$ 收敛. 此即，$I_1 \subseteq I$.

(3) 根据 Abel 第二定理，对 $\forall x_0 \in I_1$，幂级数 $\sum_{n=1}^{\infty} n a_n x^{n-1}$ 在 $[0, x_0]$ 上一致收敛，且幂级数 $\sum_{n=0}^{\infty} a_n x^n$ 在 $[0, x_0]$ 上收敛. 从而可以逐项求导，并且有

$$S'(x) = \left(\sum_{n=0}^{\infty} a_n x^n \right)' = \sum_{n=1}^{\infty} n a_n x^{n-1} = S_1(x), \quad \forall x \in [0, x_0].$$ □

定理 9.7.8 设幂级数 $\sum_{n=0}^{\infty} a_n x^n$ 的收敛半径为 $R > 0$，和函数为 $S(x)$，则有

(1) 幂级数 $\sum_{n=0}^{\infty} a_n x^n$ 在区间 $(-R, R)$ 上可以逐项求积分，且对 $\forall x \in (-R, R)$，有

$$\int_0^x S(t)\mathrm{d}t = \sum_{n=0}^{\infty} \frac{a_n}{n+1} x^{n+1};$$

(2) 若幂级数$\sum\limits_{n=0}^{\infty} \frac{a_n}{n+1} x^{n+1}$ 在 $x = R$(或 $x = -R$) 处收敛，则上式在 $x = R$(或 $x = -R$) 处也成立.

证 (1) 由幂级数$\sum\limits_{n=0}^{\infty} a_n x^n$ 在区间$(-R,R)$上内闭一致收敛，从而对 $\forall x \in (-R,R)$，其在区间$[0,x]$上可逐项求积分. 又由 x 的任意性，可得

$$\int_0^x S(t)\mathrm{d}t = \sum_{n=0}^{\infty} \frac{a_n}{n+1} x^{n+1}, \quad \forall x \in (-R,R).$$

(2) 令$\sum\limits_{n=0}^{\infty} \frac{a_n}{n+1} x^{n+1} = T(x)$，又幂级数$\sum\limits_{n=0}^{\infty} \frac{a_n}{n+1} x^{n+1}$ 在 $x = R$ 处收敛，由 Abel 第二定理，有和函数 $T(x)$ 在 $x = R$ 处连续，且

$$T(R) = \sum_{n=0}^{\infty} \frac{a_n}{n+1} R^{n+1};$$

又对 $\forall x \in (-R,R)$，考虑 $T(x) = \int_0^x S(t)\mathrm{d}t$ 关于 $x \to R^-$ 取极限，有

$$T(R) = \int_0^R S(t)\mathrm{d}t.$$

同理可证，在 $x = -R$ 的情形，有

$$\int_{-R}^0 S(t)\mathrm{d}t = \sum_{n=0}^{\infty} (-1)^n \frac{a_n}{n+1} R^{n+1}.$$ □

注记 9.7.3 (1) 若 $f(x)$ 为幂级数$\sum\limits_{n=0}^{\infty} a_n x^n$ 的和函数，则在 $x = 0$ 处，$f(x)$ 的各阶导数满足

$$a_0 = f(0), \quad a_n = \frac{f^{(n)}(0)}{n!}.$$

(2) 幂级数的和函数在其收敛区间上无穷可微，并且满足逐项求各阶导数的公式. 比如，为求解 Bessel 方程

$$x^2 y'' + xy' + (x^2 - 1)y = 0,$$

可以考虑幂级数形式的解

$$y(x) = c\sum_{n=0}^{\infty} \frac{(-1)^n}{4^n n!(n+1)!} x^{2n+1},$$

其中 c 为任意常数. 事实上，此幂级数的收敛域为$(-\infty,+\infty)$，和函数 $y(x)$ 在$(-\infty,+\infty)$上无穷可微. 容易验证

$$y'(x) = c\sum_{n=0}^{\infty} \frac{(-1)^n(2n+1)}{4^n n!(n+1)!} x^{2n}, \quad y''(x) = c\sum_{n=1}^{\infty} \frac{(-1)^n(2n+1)(2n)}{4^n n!(n+1)!} x^{2n-1},$$

以此代入 Bessel 方程，即可验证 $y(x)$ 确实是方程的解.

(3) 幂级数经过逐项求导或者逐项求积分后收敛半径不变，但在收敛区间端点的敛散性可能会改变. 比如：

$$\frac{1}{1-x} = \sum_{n=0}^{\infty} x^n, \quad \forall x \in (-1,1);$$

$$\ln(1-x) = \sum_{n=1}^{\infty} (-1)\frac{x^n}{n}, \quad \forall x \in [-1,1);$$

$$\frac{1}{(1-x)^2}=\sum_{n=1}^{\infty}nx^{n-1},\quad \forall x\in(-1,1).$$

9.7.3 幂级数求和

关于级数求和，先前大都考察的是级数部分和的极限，现在注意到幂级数的良好性质，可以考虑通过对原级数进行恰当的变形或变换，再利用已有的幂级数求和公式解决问题. 这里，我们先介绍一些基本的幂级数求和结果.

例 9.7.2 试确定下列幂级数的和函数：

(1) $\sum_{n=0}^{\infty}\frac{x^n}{n!}$；　(2) $\sum_{n=0}^{\infty}(-1)^n x^n$；　(3) $\sum_{n=1}^{\infty}(-1)^{n-1}\frac{x^n}{n}$.

解 (1) 由于
$$\lim_{n\to\infty}\left|\frac{a_{n+1}}{a_n}\right|=\lim_{n\to\infty}\frac{n!}{(n+1)!}=0,$$
可知幂级数 $\sum_{n=0}^{\infty}\frac{x^n}{n!}$ 的收敛半径为 $R=+\infty$.

对 $\forall x\in\mathbf{R}$，令 $S(x)=\sum_{n=0}^{\infty}\frac{x^n}{n!}$，由逐项求导可得
$$S'(x)=\sum_{n=1}^{\infty}\frac{x^{n-1}}{(n-1)!}=S(x),\quad S(x)=Ce^x.$$
又 $S(0)=1$，从而有
$$S(x)=e^x,\quad \forall x\in\mathbf{R}.$$

(2) 由于
$$\sum_{n=0}^{\infty}t^n=\frac{1}{1-t},\quad \forall t\in(-1,1),$$
令 $t=-x$，则有
$$\sum_{n=0}^{\infty}(-1)^n x^n=\frac{1}{1+x},\quad \forall x\in(-1,1).$$

一般地，还可以证明
$$\sum_{n=0}^{\infty}C_\alpha^n x^n=(1+x)^\alpha,\quad \forall x\in(-1,1),$$
这里，C_α^n 为组合数.

特别地，考虑幂级数
$$S(x)=1+\sum_{n=1}^{\infty}\frac{(2n-1)!!}{(2n)!!}x^n,$$
易知其收敛域为$[-1,1)$. 对 $\forall x\in(-1,1)$，逐项求导可得
$$\begin{aligned}S'(x)&=\sum_{n=1}^{\infty}\frac{(2n-1)!!}{(2n)!!}nx^{n-1}=\frac{1}{2}\sum_{n=1}^{\infty}\frac{(2n-1)!!}{(2n-2)!!}x^{n-1}\\&=\frac{1}{2}\sum_{n=0}^{\infty}\frac{(2n+1)!!}{(2n)!!}x^n=\frac{1}{2}+\frac{1}{2}\sum_{n=1}^{\infty}\frac{(2n-1)!!}{(2n)!!}(2n+1)x^n\\&=\frac{1}{2}+\frac{1}{2}\sum_{n=1}^{\infty}\frac{(2n-1)!!}{(2n)!!}x^n+\sum_{n=1}^{\infty}\frac{(2n-1)!!}{(2n)!!}nx^n\\&=\frac{1}{2}S(x)+xS'(x),\end{aligned}$$

此即
$$S'(x)=\frac{1}{2(1-x)}S(x).$$

又 $S(0)=1$，从而有
$$S(x)=\frac{1}{\sqrt{1-x}},\quad \forall x\in(-1,1).$$

根据 Abel 第二定理，其和函数 $S(x)$ 在 $x=-1$ 处连续，从而有
$$1+\sum_{n=1}^{\infty}(-1)^n\frac{(2n-1)!!}{(2n)!!}=S(-1)=\lim_{x\to-1^+}\frac{1}{\sqrt{1-x}}=\frac{1}{\sqrt{2}}.$$

(3) 令 $S(x)=\sum\limits_{n=1}^{\infty}(-1)^{n-1}\frac{x^n}{n}$，易知其收敛域为$(-1,1]$.

对 $\forall x\in(-1,1)$，考虑对 $\sum\limits_{n=0}^{\infty}(-1)^n x^n=\frac{1}{1+x}$ 逐项求积分可得
$$\begin{aligned}a_0+\sum_{n=0}^{\infty}(-1)^n\frac{x^{n+1}}{n+1}&=a_0+\sum_{n=0}^{\infty}\int_0^x(-1)^n t^n\mathrm{d}t=a_0+\int_0^x\Big(\sum_{n=0}^{\infty}(-1)^n t^n\Big)\mathrm{d}t\\&=a_0+\int_0^x\frac{1}{1+t}\mathrm{d}t=a_0+\ln(1+x).\end{aligned}$$

由 $S(0)=0$，可得 $a_0=0$，进而有
$$S(x)=\ln(1+x),\quad \forall x\in(-1,1].$$
□

例 9.7.3 试确定下列幂级数的和函数：

(1) $\sum\limits_{n=1}^{\infty}n^2x^n$；　(2) $\sum\limits_{n=1}^{\infty}\frac{x^{4n-1}}{4n+1}$；　(3) $\sum\limits_{n=1}^{\infty}\frac{x^n}{n(n+1)}$.

解 (1) 易知，幂级数 $\sum\limits_{n=1}^{\infty}n^2x^n$ 的收敛域为$(-1,1)$.

对 $\forall x\in(-1,1)$，令 $S(x)=\sum\limits_{n=1}^{\infty}n^2x^n$，则有
$$S(x)=x\sum_{n=1}^{\infty}n^2x^{n-1}=x\Big(\sum_{n=1}^{\infty}nx^n\Big)'=xT'(x),$$

其中
$$T(x)=x\sum_{n=1}^{\infty}nx^{n-1}=x\Big(\sum_{n=0}^{\infty}x^n\Big)'=x\left(\frac{1}{1-x}\right)'=\frac{x}{(1-x)^2}.$$

此即有
$$S(x)=\frac{x(1+x)}{(1-x)^3},\quad \forall x\in(-1,1).$$

(2) 易知，幂级数 $\sum\limits_{n=1}^{\infty}\frac{x^{4n-1}}{4n+1}$ 的收敛域为$(-1,1)$.

对 $\forall x\in(-1,1)$，令 $S(x)=\sum\limits_{n=1}^{\infty}\frac{x^{4n-1}}{4n+1}$，则有
$$S(x)=\frac{1}{x^2}\sum_{n=1}^{\infty}\frac{x^{4n+1}}{4n+1}=\frac{1}{x^2}T(x),\quad x\neq 0,$$

其中
$$T'(x)=\sum_{n=1}^{\infty}x^{4n}=\frac{x^4}{1-x^4},$$

从而
$$T(x)=T(0)+\int_0^x\left(\frac{t^4}{1-t^4}\right)\mathrm{d}t=-x+\frac{1}{2}\arctan x+\frac{1}{4}\ln\left(\frac{1+x}{1-x}\right).$$

此即有

$$S(x)=\begin{cases}-\dfrac{1}{x}+\dfrac{1}{2x^2}\arctan x+\dfrac{1}{4x^2}\ln\left(\dfrac{1+x}{1-x}\right), & x\in(-1,0)\cup(0,1),\\ 0, & x=0.\end{cases}$$

(3) 易知,幂级数$\sum\limits_{n=1}^{\infty}\dfrac{x^n}{n(n+1)}$的收敛域为$[-1,1]$.

对 $\forall x\in(-1,1)$, 令 $S(x)=\sum\limits_{n=1}^{\infty}\dfrac{x^n}{n(n+1)}$,则有

$$S(x)=\sum_{n=1}^{\infty}\frac{x^n}{n}-\frac{1}{x}\sum_{n=1}^{\infty}\frac{x^{n+1}}{n+1},\quad x\neq 0.$$

注意到
$$\sum_{n=1}^{\infty}\frac{x^n}{n}=-\ln(1-x),\quad \forall x\in[-1,1),$$

以及
$$\frac{1}{x}\sum_{n=1}^{\infty}\frac{x^{n+1}}{n+1}=-\frac{1}{x}[x+\ln(1-x)],\quad \forall x\in[-1,1),x\neq 0.$$

又由 $S(0)=0,S(1)=1$, 从而有

$$S(x)=\begin{cases}-\ln(1-x)+\dfrac{x+\ln(1-x)}{x}, & x\in[-1,0)\cup(0,1),\\ 0, & x=0,\\ 1, & x=1.\end{cases}$$

□

例 9.7.4　试求下列数项级数的和.

(1) $\sum\limits_{n=1}^{\infty}\dfrac{2n-1}{2^n}$;　　(2) $\sum\limits_{n=2}^{\infty}\dfrac{1}{(n^2-1)2^n}$.

解　(1) ① 考虑幂级数

$$S(x)=\sum_{n=1}^{\infty}\frac{2n-1}{2^n}x^{2n-2},\quad \forall x\in(-\sqrt{2},\sqrt{2}),$$

可得
$$S(x)=\left(\sum_{n=1}^{\infty}\frac{1}{2^n}x^{2n-1}\right)'=\left(\frac{1}{x}\sum_{n=1}^{\infty}\frac{x^{2n}}{2^n}\right)'$$
$$=\left(\frac{1}{x}\frac{\dfrac{x^2}{2}}{1-\dfrac{x^2}{2}}\right)'=\frac{2+x^2}{(2-x^2)^2},\quad x\neq 0.$$

令 $x=1$, 则有

$$\sum_{n=1}^{\infty}\frac{2n-1}{2^n}=S(1)=3.$$

② 考虑幂级数

$$T(x)=\sum_{n=1}^{\infty}(2n-1)x^{2n-2},\quad \forall x\in(-1,1),$$

可得
$$T(x)=\left(\sum_{n=1}^{\infty}x^{2n-1}\right)'=\left(\frac{x}{1-x^2}\right)'=\frac{1+x^2}{(1-x^2)^2}.$$

令 $x=\dfrac{\sqrt{2}}{2}$, 则有

$$\sum_{n=1}^{\infty}\frac{2n-1}{2^n}=\frac{1}{2}T\left(\frac{\sqrt{2}}{2}\right)=3.$$

(2) 考虑幂级数

$$S(x)=\sum_{n=2}^{\infty}\frac{x^n}{(n^2-1)},\quad \forall x\in(-1,1),$$

可得
$$S(x)=\frac{1}{2}\sum_{n=2}^{\infty}\left(\frac{1}{n-1}-\frac{1}{n+1}\right)x^n=\frac{x}{2}\sum_{n=1}^{\infty}\frac{x^n}{n}-\frac{1}{2x}\sum_{n=2}^{\infty}\frac{x^{n+1}}{n+1}$$
$$=-\frac{x}{2}\ln(1-x)+\frac{1}{2x}\left[x+\frac{x^2}{2}+\ln(1-x)\right].$$

令 $x=\frac{1}{2}$,则有

$$\sum_{n=2}^{\infty}\frac{1}{(n^2-1)2^n}=S\left(\frac{1}{2}\right)=\frac{5}{8}-\frac{3}{4}\ln 2.$$ □

9.7.4 幂级数展开

定义 9.7.3 设函数 $f(x)$ 定义于区间 I,对 $\forall x_0\in I$,存在充分小的 $r>0$,使得 $(x_0-r,x_0+r)\subseteq I$,以及数列 $\{a_n\}$ 使得

$$f(x)=\sum_{n=0}^{\infty}a_n(x-x_0)^n,\quad \forall x\in(x_0-r,x_0+r).$$

这里,右端幂级数在区间 (x_0-r,x_0+r) 上收敛,且和函数为 $f(x)$,则称函数 $f(x)$ 在 (x_0-r,x_0+r) 上可以**展开成幂级数**,也称函数 $f(x)$ 在点 x_0 处有**幂级数展开**.

自然地,关于函数 $f(x)$ 的幂级数展开,有这样的基本问题:函数 $f(x)$ 满足什么条件时,才可以在给定点展开成幂级数?如果函数 $f(x)$ 能展开成幂级数,怎么求其幂级数展开?

定理 9.7.9 **(幂级数展开唯一性)** 设函数 $f(x)$ 在点 x_0 处可以展开成幂级数,则其必在 x_0 的某邻域内无穷次可微,且所展成的幂级数系数为

$$a_n=\frac{f^{(n)}(x_0)}{n!},\quad \forall n\geqslant 0.$$

证 若对 $\forall x\in(x_0-r,x_0+r)$,函数 $f(x)$ 有幂级数展开 $f(x)=\sum_{n=0}^{\infty}a_n(x-x_0)^n$,则显然右端幂级数收敛半径 $R\geqslant r$,从而由 Abel 第二定理可知,函数 $f(x)$ 在区间 (x_0-r,x_0+r) 上无穷次可微. 从而有

$$f^{(m)}(x)=\sum_{n=m}^{\infty}n(n-1)(n-2)\cdots(n-m+1)a_n(x-x_0)^{n-m},\quad \forall x\in(x_0-r,x_0+r),$$

令 $x=x_0$,即有

$$a_n=\frac{f^{(n)}(x_0)}{n!},\quad \forall n\geqslant 0.$$ □

定义 9.7.4 若函数 $f(x)$ 在点 x_0 的某邻域内无穷次可微,则称幂级数

$$\sum_{n=0}^{\infty}\frac{f^{(n)}(x_0)}{n!}(x-x_0)^n$$

为 $f(x)$ 在 x_0 处的 **Taylor(泰勒)级数**. 特别的,$f(x)$ 在 $x_0=0$ 处的 Taylor 级数,称为 **Maclaurin(麦克劳林)级数**.

如果函数 $f(x)$ 可以在点 x_0 处展开成幂级数,则此幂级数就是其在 x_0 处的 Taylor 级数. 如果函数 $f(x)$ 在点 x_0 的某邻域内无穷次可微,即可构造其在 x_0 处的 Taylor 级数. 但是,其对应的 Taylor 级数不见得收敛;即使其收敛,也不见得收敛于 $f(x)$ 本身.

例 9.7.5 试讨论下列函数的 Taylor 级数：

(1) $f(x)=\sum\limits_{n=0}^{\infty}\mathrm{e}^{-n}\cos(n^2x)$, $\forall x\in\mathbf{R}$； (2) $f(x)=\begin{cases}\mathrm{e}^{-\frac{1}{x^2}}, & x\neq 0,\\ 0, & x=0.\end{cases}$

解 (1) 由于 $|\mathrm{e}^{-n}\cos(n^2x)|\leqslant\mathrm{e}^{-n}(\forall x\in\mathbf{R})$，有函数项级数 $\sum\limits_{n=0}^{\infty}\mathrm{e}^{-n}\cos(n^2x)$ 及其各阶导数都在 $\mathbf{R}$ 上一致收敛，从而有函数 $f(x)$ 在 $\mathbf{R}$ 上无穷次可微. 又函数 $f(x)$ 为 $\mathbf{R}$ 上的偶函数，其在点 $x=0$ 处的导数为

$$f^{(2k+1)}(0)=0,\quad k=0,1,2,\cdots,$$

$$f^{(2k)}(0)=(-1)^k\sum_{n=0}^{\infty}n^{4k}\mathrm{e}^{-n},\quad k=0,1,2,\cdots.$$

因此，其在 $x=0$ 处的 Taylor 级数为

$$\sum_{k=0}^{\infty}\frac{f^{(2k)}(0)}{(2k)!}x^{2k}=\sum_{k=0}^{\infty}\frac{(-1)^k}{(2k)!}\left(\sum_{n=0}^{\infty}n^{4k}\mathrm{e}^{-n}\right)x^{2k}.$$

但是，

$$\frac{1}{(2k)!}\left(\sum_{n=0}^{\infty}n^{4k}\mathrm{e}^{-n}\right)x^{2k}=\sum_{n=0}^{\infty}\frac{(n^2x)^{2k}}{(2k)^{2k}}\mathrm{e}^{-n}\geqslant\frac{(k^2x)^{2k}}{(2k)^{2k}}\mathrm{e}^{-k}$$
$$=\left(\frac{k^2x^2}{4\mathrm{e}}\right)^k\geqslant 1,\quad k\geqslant\frac{2\sqrt{\mathrm{e}}}{|x|},\quad x\neq 0.$$

此即表明，函数 $f(x)$ 在 $x=0$ 处对应的 Taylor 级数不收敛.

(2) 容易验证，函数

$$f(x)=\begin{cases}\mathrm{e}^{-\frac{1}{x^2}}, & x\neq 0,\\ 0, & x=0.\end{cases}$$

在 $\mathbf{R}$ 上无穷次可微，且

$$f^{(n)}(0)=0,\quad n=0,1,2,\cdots.$$

因此，函数 $f(x)$ 在任何区间 $(-r,r)$ $(r>0)$ 上，其对应的 Taylor 级数恒为零，除在 $x=0$ 之外，都不收敛于 $f(x)$. □

这里的两种情形都表明，虽然函数 $f(x)$ 在 $\mathbf{R}$ 上无穷次可微，但都不能在 $x=0$ 处展开成幂级数. 一个函数为了能够在某点展开成幂级数，除了必须在该点附近无穷次可微外，还必须满足一些其他条件.

定理 9.7.10 设函数 $f(x)$ 在区间 $[a,b]$ 上无穷次可微，且各阶导数非负，则对 $\forall x_0,x\in(a,b)$，当 $|x-x_0|<b-x_0$ 时，$f(x)$ 的幂级数展开

$$f(x)=\sum_{n=0}^{\infty}\frac{f^{(n)}(x_0)}{n!}(x-x_0)^n$$

证 记 $M=f(b)-f(a)$，由于 $f'(x),f''(x)\geqslant 0$，有 $f(x),f'(x)$ 为单调递增函数. 又由微分中值定理，可得

$$M\geqslant f(b)-f(x)=(b-x)f'(\xi)\geqslant(b-x)f'(x),$$

$$M\geqslant f(b)-f(x)=(b-x)f'(x)+\frac{1}{2}f''(\xi)(b-x)^2\geqslant\frac{1}{2}f''(x)(b-x)^2,$$

进而以此类推，有

$$0\leqslant f^{(n)}(x)\leqslant\frac{n!\ M}{(b-x)^n},\quad\forall x\in(a,b).$$

对 $\forall x_0, x\in(a,b)$，考虑估计函数 $f(x)$ 在点 x_0 处的如下 Taylor 展开式

$$f(x)=\sum_{k=0}^{n}\frac{f^{(k)}(x_0)}{k!}(x-x_0)^k+\int_{x_0}^{x}\frac{f^{(n+1)}(t)}{n!}(x-t)^n\mathrm{d}t$$

的余项：

(1) $|x-x_0|<b-x_0\,(x>x_0)$，

$$0\leqslant R_n(x)\leqslant\int_{x_0}^{x}(n+1)M\frac{(x-t)^n}{(b-t)^{n+1}}\mathrm{d}t\leqslant\frac{(n+1)M}{b-x}\int_{x_0}^{x}\left(\frac{x-t}{b-t}\right)^n\mathrm{d}t$$

$$\leqslant\frac{(n+1)M}{b-x}\left(\frac{x-x_0}{b-x_0}\right)^n(x-x_0)\to 0\quad(n\to\infty);$$

(2) $|x-x_0|<b-x_0\,(x<x_0)$，

$$0\leqslant|R_n(x)|=\frac{1}{(n+1)!}(x_0-x)^{n+1}f^{(n+1)}(\xi)\leqslant\frac{1}{(n+1)!}(x_0-x)^{n+1}f^{(n+1)}(x_0)$$

$$\leqslant M\left(\frac{x_0-x}{b-x_0}\right)^{n+1}\to 0\quad(\xi\in(x,x_0),n\to\infty).$$

此即表明，函数 $f(x)$ 有幂级数展开

$$f(x)=\sum_{n=0}^{\infty}\frac{f^{(n)}(x_0)}{n!}(x-x_0)^n,\quad\forall x_0,x\in(a,b).$$ □

定理 9.7.11 设函数 $f(x)$ 在区间 $(x_0-r,x_0+r)\,(0<r<+\infty)$ 上无穷次可微，且存在 $M>0$，使得对 $\forall x\in(x_0-r,x_0+r)$，有

$$|f^{(n)}(x)|\leqslant Mn!\ r^{-n},\quad\forall n\geqslant 0,$$

则有函数 $f(x)$ 在 x_0 处的 Taylor 级数在 (x_0-r,x_0+r) 上逐点收敛于 $f(x)$，此即

$$f(x)=\sum_{n=0}^{\infty}\frac{f^{(n)}(x_0)}{n!}(x-x_0)^n,\quad\forall x\in(x_0-r,x_0+r).$$

又对 $\forall\,0<s<r$，$f(x)$ 在 x_0 处的 Taylor 级数在区间 $[x_0-s,x_0+s]$ 上一致收敛于 $f(x)$.

证 (1) 考虑函数 $f(x)$ 在点 x_0 处的如下 Taylor 展开式

$$f(x)=\sum_{k=0}^{n}\frac{f^{(k)}(x_0)}{k!}(x-x_0)^k+\frac{1}{(n+1)!}f^{(n+1)}(\xi)(x_0-x)^{n+1},\quad\forall x\in(x_0-r,x_0+r)$$

的 Lagrange 型余项（ξ 在 x_0 与 x 之间）：

$$0\leqslant R_n(x)\leqslant\frac{1}{(n+1)!}|f^{(n+1)}(\xi)||x_0-x|^{n+1}$$

$$\leqslant\frac{1}{(n+1)!}M(n+1)!r^{-(n+1)}|x_0-x|^{n+1}$$

$$\leqslant M\left(\frac{|x-x_0|}{r}\right)^{n+1}\to 0\quad(n\to\infty).$$

此即表明，函数 $f(x)$ 在 x_0 处的幂级数展开为

$$f(x)=\sum_{n=0}^{\infty}\frac{f^{(n)}(x_0)}{n!}(x-x_0)^n,\quad\forall x\in(x_0-r,x_0+r).$$

(2) 对 $\forall\,0<s<r$，一切的 $x\in[x_0-s,x_0+s]$，有

$$\left(\frac{|x-x_0|}{r}\right)^{n+1}\leqslant\left(\frac{s}{r}\right)^{n+1}.$$

又数项级数 $\sum\limits_{n=0}^{\infty}\left(\frac{s}{r}\right)^{n+1}$ 收敛，从而由 Weierstrass 判别法知，函数 $f(x)$ 在 x_0 处的 Taylor 级数

在区间$[x_0-s,x_0+s]$上一致收敛于$f(x)$. □

例 9.7.6 试确定下列初等函数的 Maclaurin 级数展开.

(1) $f(x)=e^x$; (2) $g(x)=\sin x$;

(3) $h(x)=\ln(1+x)$; (4) $p(x)=(1+x)^{\alpha}\quad(\alpha\neq 0)$.

解 (1) 对$\forall x\in\mathbf{R}$,有$f^{(n)}(x)=e^x>0$,从而有

$$e^x=\sum_{n=0}^{\infty}\frac{x^n}{n!},\quad \forall x\in\mathbf{R}.$$

(2) 由于函数$g(x)=\sin x$在$x=0$处的 Taylor 公式为

$$\sin x=x-\frac{x^3}{3!}+\frac{x^5}{5!}-\cdots+(-1)^n\frac{x^{2n+1}}{(2n+1)!}+R_{2n+1}(x),$$

其中 $$R_{2n+1}(x)=\frac{g^{(2n+2)}(\theta x)}{(2n+2)!}x^{2n+2}=\frac{x^{2n+2}}{(2n+2)!}\sin\left(\theta x+\frac{2n+2}{2}\pi\right),\quad 0<\theta<1.$$

显然,对$\forall x\in\mathbf{R}$,有

$$|R_{2n+1}(x)|\leqslant\frac{|x|^{2n+2}}{(2n+2)!}\to 0\quad(n\to\infty).$$

此即有 $$\sin x=\sum_{n=0}^{\infty}(-1)^n\frac{x^{2n+1}}{(2n+1)!},\quad \forall x\in\mathbf{R}.$$

同理可得 $$\cos x=\sum_{n=0}^{\infty}(-1)^n\frac{x^{2n}}{(2n)!},\quad \forall x\in\mathbf{R}.$$

(3) 由于函数$h(x)$在区间$(-1,1]$上有 Taylor 公式

$$\ln(1+x)=x-\frac{x^2}{2}+\frac{x^3}{3}-\cdots+(-1)^{n-1}\frac{x^n}{n}+R_n(x).$$

又对$\forall\, 0<\delta<1$,一切的$x\in[-1+\delta,1]$,有

$$|h^{(n)}(x)|=\left|(-1)^{n-1}\frac{(n-1)!}{(1+x)^n}\right|\leqslant\frac{(n-1)!}{\delta^n}.$$

从而有 $$\ln(1+x)=\sum_{n=1}^{\infty}(-1)^{n-1}\frac{x^n}{n},\quad \forall x\in(-1,1].$$

(4) 当α为正整数时,函数$p(x)$的 Maclaurin 级数其实就是其二项式展开.

当α不是正整数时,由于

$$p^{(n)}(x)=\alpha(\alpha-1)\cdots(\alpha-n+1)(1+x)^{\alpha-n},\quad n=1,2,\cdots,$$

可得$p(x)$对应的 Maclaurin 级数为

$$S_{\alpha}(x)=1+\sum_{n=1}^{\infty}\frac{\alpha(\alpha-1)\cdots(\alpha-n+1)}{n!}x^n,\quad \forall x\in(-1,1).$$

又对$\forall x\in(-1,1)$,有$S'_{\alpha}(x)=\alpha S_{\alpha-1}(x)$,以及

$$(1+x)S'_{\alpha}(x)=\alpha(1+x)S_{\alpha-1}(x)=\alpha S_{\alpha}(x),$$

$$S'_{\alpha}(x)=\frac{\alpha}{1+x}S_{\alpha}(x).$$

此即表明,$S_{\alpha}(x)=(1+x)^{\alpha}$,亦即

$$(1+x)^{\alpha}=1+\sum_{n=1}^{\infty}\frac{\alpha(\alpha-1)\cdots(\alpha-n+1)}{n!}x^n,\quad \forall x\in(-1,1).$$ □

特别地,有如下常用结论:

$$\frac{1}{1+x}=\sum_{n=0}^{\infty}(-1)^n x^n,\quad \forall x\in(-1,1);$$

$$\frac{1}{\sqrt{1+x}}=1+\sum_{n=1}^{\infty}(-1)^n\frac{(2n-1)!!}{(2n)!!}x^n,\quad \forall x\in(-1,1];$$

$$\arctan x=\int_0^x\frac{\mathrm{d}t}{1+t^2}=\sum_{n=0}^{\infty}(-1)^n\frac{x^{2n+1}}{2n+1},\quad \forall x\in[-1,1];$$

$$\arcsin x=\int_0^x\frac{\mathrm{d}t}{\sqrt{1-t^2}}=x+\sum_{n=1}^{\infty}\frac{(2n-1)!!}{(2n)!!}\frac{x^{2n+1}}{2n+1},\quad \forall x\in[-1,1].$$

注记 9.7.4 (1) 基于函数 $\ln(1+x)$ 和 $\arctan x$ 的 Maclaurin 级数展开式,令 $x=1$,即可得到历史上非常著名的无穷级数和式:

$$1-\frac{1}{2}+\frac{1}{3}-\cdots+(-1)^n\frac{1}{n}+\cdots=\ln 2;$$

$$1-\frac{1}{3}+\frac{1}{5}-\cdots+(-1)^n\frac{1}{2n+1}+\cdots=\frac{\pi}{4}.$$

(2) 尽管函数 $\arctan x$ 在整个实数域上无穷可微,但它在 $x=0$ 处的 Taylor 级数却只在区间 $[-1,1]$ 上收敛,在此区间外发散. 为什么?

(3) 根据函数 $\arcsin x$ 的幂级数展开,令 $x=\sin t$, 即有

$$t=\sum_{n=0}^{\infty}\frac{(2n-1)!!}{(2n)!!}\frac{\sin^{2n+1}t}{2n+1},\quad \forall t\in\left[-\frac{\pi}{2},\frac{\pi}{2}\right].$$

再逐项积分,可得

$$\frac{\pi^2}{8}=\int_0^{\frac{\pi}{2}}t\mathrm{d}t=\sum_{n=0}^{\infty}\frac{(2n-1)!!}{(2n)!!}\frac{1}{2n+1}\int_0^{\frac{\pi}{2}}\sin^{2n+1}t\mathrm{d}t$$

$$=\sum_{n=0}^{\infty}\frac{(2n-1)!!}{(2n)!!}\frac{1}{2n+1}\frac{(2n)!!}{(2n+1)!!}=\sum_{n=0}^{\infty}\frac{1}{(2n+1)^2}.$$

通常,我们大都是注意到幂结构的基本特性,利用变形或变换(逐项求导数、逐项求积分等),结合已有的幂级数展开公式去寻求目标函数的幂级数展开.

例 9.7.7 试确定下列函数的 Maclaurin 级数展开:

(1) $f(x)=\dfrac{x}{x^2+x-2}$; (2) $g(x)=\ln(1-x-2x^2)$;

(3) $h(x)=a^x(1+x)$ $(a>0)$; (4) $u(x)=\left(\dfrac{\mathrm{e}^x-1}{x}\right)'$;

(5) $v(x)=\arctan\left(\dfrac{1+x}{1-x}\right)$; (6) $w(x)=\mathrm{e}^x\cos x$.

解 (1) 注意到

$$f(x)=-\frac{x}{3}\left(\frac{1}{2+x}+\frac{1}{1-x}\right),$$

又由

$$\frac{1}{1-x}=\sum_{n=0}^{\infty}x^n,\quad \forall x\in(-1,1);$$

以及

$$\frac{1}{2+x}=\sum_{n=0}^{\infty}\frac{(-1)^n}{2^{n+1}}x^n,\quad \forall x\in(-2,2).$$

从而,可得

$$f(x)=\frac{x}{x^2+x-2}=\sum_{n=0}^{\infty}\frac{(-1)^{n+1}-2^{n+1}}{3\cdot 2^{n+1}}x^{n+1},\quad \forall x\in(-1,1).$$

（2）考虑到
$$g(x)=\ln(1-2x)+\ln(1+x),$$
再利用
$$\ln(1-x)=-\sum_{n=1}^{\infty}\frac{x^n}{n},\quad \forall x\in[-1,1),$$
即有
$$g(x)=\sum_{n=1}^{\infty}-\frac{(-1)^n+2^n}{n}x^n,\quad \forall x\in\left[-\frac{1}{2},\frac{1}{2}\right).$$
（3）由于
$$a^x=\mathrm{e}^{x\ln a}=\sum_{n=0}^{\infty}\frac{\ln^n a}{n!}x^n(a>0),\quad \forall x\in\mathbf{R},$$
从而有
$$\begin{aligned}h(x)&=a^x(1+x)=(1+x)\sum_{n=0}^{\infty}\frac{\ln^n a}{n!}x^n\\&=1+\sum_{n=1}^{\infty}\left(\frac{\ln^n a}{n!}+\frac{\ln^{n-1}a}{(n-1)!}\right)x^n,\quad \forall x\in\mathbf{R}.\end{aligned}$$
（4）由于$\lim\limits_{x\to 0}\dfrac{\mathrm{e}^x-1}{x}=1$，补充定义 $u(0)=1$. 又由
$$\frac{\mathrm{e}^x-1}{x}=\frac{1}{x}\left(\sum_{n=0}^{\infty}\frac{x^n}{n!}-1\right)=\sum_{n=1}^{\infty}\frac{x^{n-1}}{n!},\quad \forall x\neq 0,$$
从而有
$$u(x)=\left(\frac{\mathrm{e}^x-1}{x}\right)'=\left(\sum_{n=1}^{\infty}\frac{x^{n-1}}{n!}\right)'=\sum_{n=2}^{\infty}\frac{x^{n-2}}{n(n-2)!},\quad \forall x\neq 0;\ u(0)=\frac{1}{2}.$$
（5）注意到
$$v(x)=\arctan\left(\frac{1+x}{1-x}\right)=\frac{\pi}{4}+\arctan x,$$
$$v'(x)=\frac{1}{1+x^2},$$
以及
$$\frac{1}{1+x^2}=\sum_{n=0}^{\infty}(-1)^n x^{2n},\quad \forall x\in(-1,1).$$
从而，可得
$$\begin{aligned}v(x)&=v(0)+\int_0^x\frac{1}{1+t^2}\mathrm{d}t=\frac{\pi}{4}+\sum_{n=0}^{\infty}(-1)^n\int_0^x t^{2n}\mathrm{d}t\\&=\frac{\pi}{4}+\sum_{n=0}^{\infty}(-1)^n\frac{x^{2n+1}}{2n+1},\quad \forall x\in[-1,1].\end{aligned}$$
（6）方法 1. 注意到
$$\mathrm{e}^x=\sum_{n=0}^{\infty}\frac{x^n}{n!},\quad \cos x=\sum_{n=0}^{\infty}(-1)^n\frac{x^{2n}}{(2n)!},\quad \forall x\in\mathbf{R}.$$
考虑 Cauchy 乘积，即有
$$w(x)=\mathrm{e}^x\cos x=\left(\sum_{n=0}^{\infty}\frac{x^n}{n!}\right)\left(\sum_{n=0}^{\infty}(-1)^n\frac{x^{2n}}{(2n)!}\right),\quad \forall x\in\mathbf{R}.$$
方法 2. 利用 Euler 公式，可得
$$\begin{aligned}\mathrm{e}^x\mathrm{e}^{\mathrm{i}x}&=\mathrm{e}^x(\cos x+\mathrm{i}\sin x)=\mathrm{e}^{(1+\mathrm{i})x}=\sum_{n=0}^{\infty}\frac{[(1+\mathrm{i})x]^n}{n!}\\&=\sum_{n=0}^{\infty}\frac{x^n}{n!}(1+\mathrm{i})^n=\sum_{n=0}^{\infty}\frac{x^n}{n!}\left[\sqrt{2}\left(\cos\frac{\pi}{4}+\mathrm{i}\sin\frac{\pi}{4}\right)\right]^n\\&=\sum_{n=0}^{\infty}\frac{x^n}{n!}2^{\frac{n}{2}}\left(\cos\frac{n\pi}{4}+\mathrm{i}\sin\frac{n\pi}{4}\right),\quad \forall x\in\mathbf{R}.\end{aligned}$$
从而，可得

$$w(x)=e^x\cos x=\sum_{n=0}^{\infty}\frac{x^n}{n!}2^{\frac{n}{2}}\cos\frac{n\pi}{4},\quad \forall x\in\mathbf{R}.$$ □

最后,我们举例说明幂级数在近似计算中的应用.

例 9.7.8 利用函数的幂级数展开,近似计算下列表达式.

(1) $I=\sqrt[5]{240}$; (2) $J=\ln 2$; (3) $K=\int_0^1 e^{-x^2}\,dx$.

解 (1) 由于
$$\sqrt[5]{240}=3\left(1-\frac{1}{3^4}\right)^{\frac{1}{5}},$$
结合函数$(1-x)^{\frac{1}{5}}$的幂级数展开,即有
$$I=\sqrt[5]{240}=3\left(1-\frac{1}{5}\frac{1}{3^4}-\frac{1\cdot 4}{5^2\cdot 2!}\frac{1}{3^8}-\frac{1\cdot 4\cdot 9}{5^3\cdot 3!}\frac{1}{3^{12}}-\cdots\right).$$
从而,$\sqrt[5]{240}\approx 2.9926$,且对应有近似误差:
$$|R_3|=3\left(\frac{1\cdot 4\cdot 9}{5^3\cdot 3!}\frac{1}{3^{12}}+\frac{1\cdot 4\cdot 9\cdot 14}{5^4\cdot 4!}\frac{1}{3^{16}}+\cdots\right)$$
$$<3\,\frac{1\cdot 4\cdot 9}{5^3\cdot 3!}\frac{1}{3^{12}}\left(1+\frac{1}{81}+\frac{1}{81^2}+\cdots\right)\approx 0.00293.$$

(2) 利用
$$\ln(1+x)=\sum_{n=1}^{\infty}(-1)^{n-1}\frac{x^n}{n},\quad \forall x\in(-1,1],$$
可得
$$\ln\frac{1+x}{1-x}=\ln(1+x)-\ln(1-x)=2\left(x+\frac{x^3}{3}+\frac{x^5}{5}+\cdots\right),\quad \forall x\in(-1,1).$$
令$\frac{1+x}{1-x}=2$,有 $x=\frac{1}{3}$,进而可得
$$\ln 2=2\left(\frac{1}{3}+\frac{1}{3}\frac{1}{3^3}+\frac{1}{5}\frac{1}{3^5}+\frac{1}{7}\frac{1}{3^7}+\cdots\right),$$
从而,$\ln 2\approx 0.69313$,且对应有近似误差
$$|R_4|=2\left(\frac{1}{9}\frac{1}{3^9}+\frac{1}{11}\frac{1}{3^{11}}+\cdots\right)<\frac{2}{3^{11}}\left(1+\frac{1}{9}+\frac{1}{9^2}+\cdots\right)\approx 0.000013.$$

(3) 由于
$$e^{-x^2}=\sum_{n=0}^{\infty}(-1)^n\frac{x^{2n}}{n!},\quad \forall x\in\mathbf{R},$$
可得
$$K=\int_0^1 e^{-x^2}\,dx=\sum_{n=0}^{\infty}(-1)^n\frac{1}{n!}\int_0^1 x^{2n}\,dx=1-\frac{1}{3}+\frac{1}{10}-\frac{1}{42}+\frac{1}{216}-\frac{1}{1320}+\cdots,$$
从而,$K\approx 0.7485$,且对应有近似误差
$$|R_6|<\frac{1}{9360}\approx 0.00011.$$ □

习 题 9.7

习题 9.7

1. 试确定下列幂级数的收敛域:

(1) $\sum_{n=1}^{\infty}\frac{(-1)^{n-1}}{\sqrt{1+n^2}}x^n$; (2) $\sum_{n=1}^{\infty}\frac{2^n+(-3)^n}{n^p}x^{2n}\,(p>0)$;

(3) $\sum_{n=1}^{\infty}\left(1+\frac{1}{n}\right)^{n^2}x^n$；

(4) $\sum_{n=1}^{\infty}\left(\ln\frac{n^2+p^2}{n^2}\right)x^n(p>0)$；

(5) $\sum_{n=0}^{\infty}\frac{n!}{p^{n^2}}x^n(p>1)$；

(6) $\sum_{n=1}^{\infty}\frac{[3+(-1)^n]^n}{n}x^n$；

(7) $\sum_{n=1}^{\infty}\frac{(n!)^2}{(2n)!}x^n$；

(8) $\sum_{n=1}^{\infty}(-1)^{n-1}\left[\frac{(2n)!!}{(2n+1)!!}\right]^p x^{3n}(p>0)$；

(9) $\sum_{n=1}^{\infty}\frac{\sin np}{n}x^n(p>0)$；

(10) $\sum_{n=1}^{\infty}\ln\left(\cos\frac{1}{3^n}\right)x^n$；

(11) $\sum_{n=1}^{\infty}\arctan(\mathrm{e}^{-n})x^n$；

(12) $\sum_{n=1}^{\infty}\left(\frac{a^n}{n}+\frac{b^n}{n^2}\right)x^n(a,b>0)$；

(13) $\sum_{n=1}^{\infty}\frac{\left(1+2\cos\frac{n\pi}{4}\right)^n}{\ln^2(n^3+1)}x^n$；

(14) $\sum_{n=1}^{\infty}\frac{1}{1+\frac{1}{2}+\cdots+\frac{1}{n}}x^n$.

2. 试确定下列函数项级数的收敛域：

(1) $\sum_{n=0}^{\infty}\frac{(x-1)^n}{a^n+b^n}\ (a,b>0)$；

(2) $\sum_{n=1}^{\infty}\left(1-\frac{1}{n}\right)^{-n^2}\mathrm{e}^{-nx}$；

(3) $\sum_{n=0}^{\infty}\frac{a^n(n!)^2}{(3n)!}\tan^n x\ (a>0)$；

(4) $\sum_{n=1}^{\infty}\frac{3^n}{n^3}\ln^{3n}x$；

(5) $\sum_{n=1}^{\infty}\frac{2^{-n}}{\sqrt{n}x^{2n}}$；

(6) $\sum_{n=1}^{\infty}x^{1+\frac{1}{2}+\cdots+\frac{1}{n}}$.

3. 若 $S(x)=\sum_{n=1}^{\infty}\frac{2^n}{n^2}x^n$，试证明：函数 $S(x)$ 在区间 $\left[-\frac{1}{2},\frac{1}{2}\right]$ 上连续，在区间 $\left[-\frac{1}{2},\frac{1}{2}\right)$ 上可导；并讨论 $S(x)$ 在 $x=\frac{1}{2}$ 处左导数的存在性.

4. 若函数 $f(x)$ 在区间$[0,1]$上二阶可导，且满足 $f''(0)>0$ 以及 $\lim_{x\to0^+}\frac{f(x)}{x}=0$. 令 $a_n=f\left(\frac{1}{n}\right)$，试求幂级数 $\sum_{n=1}^{\infty}a_nx^n$ 的收敛域.

5. 设幂级数 $\sum_{n=0}^{\infty}a_nx^n$ 的收敛半径为 $R>0$，且 $a_n\geqslant0,n=0,1,\cdots$. 又有此幂级数的和函数在区间 $(0,R)$ 上有界，试证明其在点 $x=R$ 处收敛.

6. 若数项级数 $\sum_{n=0}^{\infty}a_nx_0^n(x_0\neq0)$ 的部分和数列有界，试证明：幂级数 $\sum_{n=0}^{\infty}a_nx^n$ 的收敛半径 $R\geqslant|x_0|$；并且当 $xx_0>0$ 以及 $|x|<|x_0|$ 时，有

$$\left|\sum_{n=0}^{\infty}a_nx^n\right|\leqslant\sup_n\left|\sum_{k=0}^{n}a_kx_0^k\right|.$$

7. 若数项级数 $\sum_{n=1}^{\infty}na_n$ 收敛，试证明：幂级数 $\sum_{n=0}^{\infty}a_nx^n$ 的收敛半径 $R\geqslant1$，并且其在点 $x=1$ 处收敛，和函数 $S(x)$ 在点 $x=1$ 处左可导，有 $S'(1)=\sum_{n=1}^{\infty}na_n$.

8. 设幂级数 $\sum_{n=0}^{\infty}a_nx^n$ 的收敛半径为 $R=1$，且 $\lim_{n\to\infty}na_n=0$. 又有此幂级数在区间$(-1,1)$上

的和函数为 $S(x)$，且 $\lim\limits_{x\to1^-}S(x)=S$，则其在点 $x=1$ 处收敛，和为 S.

9. 应用逐项求导或逐项积分，求下列幂级数的和函数：

(1) $\sum\limits_{n=1}^{\infty}n^3x^n$；　(2) $\sum\limits_{n=1}^{\infty}\frac{n^2}{n!}x^n$；

(3) $\sum\limits_{n=1}^{\infty}\frac{(-1)^n}{n(2n-1)}x^{2n}$；　(4) $\sum\limits_{n=1}^{\infty}\frac{1}{4n+1}x^n$；

(5) $\sum\limits_{n=2}^{\infty}\frac{(n-1)^2}{n+1}x^n$；　(6) $\sum\limits_{n=0}^{\infty}\frac{(-1)^n(n^2+1)}{n!}x^{2n}$；

(7) $\sum\limits_{n=1}^{\infty}\frac{1}{(2n)!}x^{2n}$；　(8) $\sum\limits_{n=0}^{\infty}\frac{2n+1}{n!3^n}x^n$；

(9) $\sum\limits_{n=0}^{\infty}\frac{(n+2)^3}{(n+1)!}x^{2n+1}$；　(10) $\sum\limits_{n=1}^{\infty}\frac{(-1)^{n+1}n^2}{(n+3)!}x^n$；

(11) $\sum\limits_{n=0}^{\infty}\frac{(2n+1)!!}{(2n)!!}x^{2n}$；　(12) $\sum\limits_{n=1}^{\infty}\frac{(2n-1)!!}{n!}x^{n+1}$；

(13) $\sum\limits_{n=1}^{\infty}\frac{(-1)^{n-1}(2n+1)}{(2n-1)!}x^{2n}$；　(14) $\sum\limits_{n=1}^{\infty}\left(1+\frac{1}{2}+\cdots+\frac{1}{n}\right)x^n$.

10. 若函数 $y=y(x)$ 由隐函数方程 $\int_0^x e^{-t^2}\,dt=ye^{-x^2}$ 确定，试证明 y 满足微分方程 $y'-2xy=1$，并尝试将 y 展成 x 的幂级数.

11. 试求下列函数的 Maclaurin 级数展开：

(1) $\sin^4x$；　(2) $\frac{x^2}{1+x+x^2}$；　(3) $\ln\sqrt{\frac{1+x^2}{1-x^2}}$；

(4) $\ln\cos x$；　(5) $\frac{e^{-x}}{1-x}$；　(6) $\ln^2(1-x)$；

(7) $\arctan^2x$；　(8) e^{-x^2+2x}；　(9) $\sin^2(x^2+1)$；

(10) $\arctan\frac{2x}{2-x^2}$；　(11) $\arcsin\frac{3x}{2+x^2}$；　(12) $\frac{x^2-\sin^2x}{x^2\sin^2x}$；

(13) $\int_0^x\frac{dt}{\sqrt{1-t^4}}$；　(14) $\int_0^x\frac{1}{t}\ln\left(\frac{1+t}{1-t}\right)dt$；　(15) $\ln(1+e^x)$.

12. 试证明如下等式：

$$\ln(x+\sqrt{1+x^2})=\sum_{n=0}^{\infty}(-1)^n\frac{(2n-1)!!}{(2n)!!}\frac{x^{2n+1}}{2n+1},\quad \forall x\in[-1,1];$$

$$1+\sum_{n=1}^{\infty}\frac{(2n-1)!!}{(2n)!!}\frac{1}{(2n+1)^2}=\frac{\pi}{2}\ln 2.$$

13. 试求下列级数的和：

(1) $\sum\limits_{n=1}^{\infty}\frac{(-1)^n}{n(n+1)}$；　(2) $\sum\limits_{n=0}^{\infty}\frac{1}{(4n+1)(4n+2)}$；

(3) $\sum\limits_{n=0}^{\infty}\frac{(n!)^2}{(2n)!}$；　(4) $\sum\limits_{n=0}^{\infty}(-1)^n\left(\frac{1}{4n+1}+\frac{1}{4n+3}\right)$；

(5) $\sum\limits_{n=1}^{\infty}\frac{(2n)!}{2^{2n}(2n+1)(n!)^2}$；　(6) $\sum\limits_{n=1}^{\infty}\frac{\sin nx}{n}$.

14. 试求下列函数按指定方式的级数展开：

(1) $f(x)=\cos^2 x$，按 $x-2$ 的整数次幂展开；

(2) $g(x)=\ln(2-2x+x^2)$，按 $x-1$ 的整数次幂展开；

(3) $u(x)=\dfrac{x}{\sqrt{1+x}}$，按分式 $\dfrac{x}{1+x}$ 的正整数次幂展开；

(4) $v(x)=\dfrac{1}{1-x}$，按 x 的负整数次幂展开.

15. 利用恰当的幂级数展开，计算下列积分值，要求精确到 10^{-5}.

(1) $\displaystyle\int_0^1 \frac{\ln x}{1-x^2}\mathrm{d}x$；　　(2) $\displaystyle\int_1^3 \mathrm{e}^{-\frac{1}{x}}\mathrm{d}x$；　　(3) $\displaystyle\int_0^\pi \ln^2\left(2\sin\frac{x}{2}\right)\mathrm{d}x$.

9.8 Fourier 级数

如果考虑函数的 Taylor 级数刻画，则要求其是无穷次可微的，然而现实中很多重要的函数甚至不连续(比如矩形波函数等)，而且 Taylor 多项式仅在某点的附近与函数本身吻合较为理想. 19 世纪初，法国数学家和工程师 Fourier(傅里叶)在研究热传导问题时，找到了在有限区间上用三角级数表示一般函数的方法. Fourier 的三角级数刻画对函数的要求要宽容很多，并且其部分和在整个区间上都与函数有很好的吻合，这使其成为比 Taylor 级数更有力、更普适的工具，在现代分析学中具有关键的核心地位，在很多工程应用中也都有十分基本的作用. 本节，将讨论函数的 Fourier 展开、Fourier 级数的敛散性、Fourier 级数的分析性质及其应用等问题.

9.8.1 函数的 Fourier 级数

Fourier

定义 9.8.1 形如

$$\frac{a_0}{2}+\sum_{n=1}^{\infty}(a_n\cos ncx+b_n\sin ncx)\quad (c>0)$$

的函数项级数称作**三角级数**，其中 $a_0,a_n,b_n(n=1,2,\cdots)$称作三角级数的**系数**.

通常，只需考虑基本形式的三角级数

$$\frac{a_0}{2}+\sum_{n=1}^{\infty}(a_n\cos nx+b_n\sin nx).$$

这里，构成级数的是下面称之为**基本三角函数系**的一组函数：

$$1,\sin x,\cos 2x,\sin 2x,\cdots,\cos nx,\sin nx,\cdots.$$

事实上，基本三角函数系中的每一个函数都是 2π 周期的，而且其中任意两个不同函数的乘积在区间$[-\pi,\pi]$上的积分为零，任意两个相同函数的乘积在$[-\pi,\pi]$上的积分非零. 此即，基本三角函数系是正交系，也即

$$\int_{-\pi}^{\pi}\cos nx\,\mathrm{d}x=0,\quad \int_{-\pi}^{\pi}\sin nx\,\mathrm{d}x=0,\quad n=1,2,\cdots;$$

$$\int_{-\pi}^{\pi}\cos mx\cos nx\,\mathrm{d}x=0,\quad \int_{-\pi}^{\pi}\sin mx\sin nx\,\mathrm{d}x=0,\quad m,n=1,2,\cdots\ (m\neq n);$$

$$\int_{-\pi}^{\pi}\cos mx\sin nx\,\mathrm{d}x=0,\quad m,n=1,2,\cdots;$$

$$\int_{-\pi}^{\pi}\cos^2 nx\,\mathrm{d}x=\pi,\quad \int_{-\pi}^{\pi}\sin^2 nx\,\mathrm{d}x=\pi,\quad n=1,2,\cdots.$$

若函数 $f(x)$ 是 2π 周期的,很自然地,应该研究其能展开成三角级数所需要的条件,以及其对应的三角级数所具有的特征等.

定理 9.8.1 若在 **R** 上有

$$f(x)=\frac{a_0}{2}+\sum_{n=1}^{\infty}(a_n\cos nx+b_n\sin nx),$$

且等式右端三角级数一致收敛,则有

$$a_n=\frac{1}{\pi}\int_{-\pi}^{\pi}f(x)\cos nx\,\mathrm{d}x,\quad n=0,1,2,\cdots;$$

$$b_n=\frac{1}{\pi}\int_{-\pi}^{\pi}f(x)\sin nx\,\mathrm{d}x,\quad n=1,2,\cdots.$$

证 考虑对一致收敛级数逐项求积分,可得

$$\int_{-\pi}^{\pi}f(x)\mathrm{d}x=\pi a_0+\sum_{n=1}^{\infty}\left(a_n\int_{-\pi}^{\pi}\cos nx\,\mathrm{d}x+b_n\int_{-\pi}^{\pi}\sin nx\,\mathrm{d}x\right)=\pi a_0,$$

从而有

$$a_0=\frac{1}{\pi}\int_{-\pi}^{\pi}f(x)\mathrm{d}x.$$

又由

$$\begin{aligned}\int_{-\pi}^{\pi}f(x)\cos mx\,\mathrm{d}x&=\frac{a_0}{2}\int_{-\pi}^{\pi}\cos mx\,\mathrm{d}x+\sum_{n=1}^{\infty}\left(a_n\int_{-\pi}^{\pi}\cos mx\cos nx\,\mathrm{d}x+b_n\int_{-\pi}^{\pi}\cos mx\sin nx\,\mathrm{d}x\right)\\&=\pi a_m,\end{aligned}$$

可得

$$a_m=\frac{1}{\pi}\int_{-\pi}^{\pi}f(x)\cos mx\,\mathrm{d}x,\quad m=1,2,\cdots.$$

同理,也有

$$b_m=\frac{1}{\pi}\int_{-\pi}^{\pi}f(x)\sin mx\,\mathrm{d}x,\quad m=1,2,\cdots.$$

□

注意到,上述定理中级数一致收敛的条件很强,其实也并非是必须的. 如果要求 2π 周期的函数 $f(x)$ 在区间 $[-\pi,\pi]$ 上绝对可积,且级数在 $[-\pi,\pi]$ 上积分平均收敛于函数 $f(x)$,也有相应的结论.

定义 9.8.2 若以 2π 为周期的函数 $f(x)$ 在区间 $[-\pi,\pi]$ 上绝对可积,通常称由下式

$$a_n=\frac{1}{\pi}\int_{-\pi}^{\pi}f(x)\cos nx\,\mathrm{d}x\quad(n=0,1,2,\cdots),$$

$$b_n=\frac{1}{\pi}\int_{-\pi}^{\pi}f(x)\sin nx\,\mathrm{d}x\quad(n=1,2,\cdots)$$

确定的实数 $a_0,a_n,b_n(n=1,2,\cdots)$ 为函数 $f(x)$ 的 **Fourier 系数**,称以这些实数为系数构造的三角级数

$$\frac{a_0}{2}+\sum_{n=1}^{\infty}(a_n\cos nx+b_n\sin nx)$$

为函数 $f(x)$ 的 **Fourier 级数**,记作

$$f(x)\sim\frac{a_0}{2}+\sum_{n=1}^{\infty}(a_n\cos nx+b_n\sin nx).$$

对于由函数 $f(x)$ 所确定的 Fourier 级数,还需讨论其敛散性. 若其对应的 Fourier 级数收

敛,又是否收敛于 $f(x)$本身?这里,我们先不加证明地给出一个常用的收敛定理,后面再详细讨论 Fourier 级数的敛散性.

定理 9.8.2 若以 2π 为周期的函数 $f(x)$在区间$[-\pi,\pi]$上分段光滑,则对 $\forall x\in[-\pi,\pi]$,函数 $f(x)$的 Fourier 级数都收敛于其在 x 处左右极限的算术平均值.此即表明,和函数

$$S(x)=\frac{a_0}{2}+\sum_{n=1}^{\infty}(a_n\cos nx+b_n\sin nx)=\begin{cases}\frac{1}{2}[f(x^-)+f(x^+)], & x\in(-\pi,\pi),\\ \frac{1}{2}[f(-\pi^+)+f(\pi^-)], & x=\pm\pi.\end{cases}$$

注记 9.8.1 (1) 定理中分段光滑的条件是十分关键的,若仅假定函数连续,不足以保证其 Fourier 级数收敛. Reymond 于 1876 年指出,存在连续的 2π 周期函数,其对应的 Fourier 级数至少在一点处发散.

(2) 关于函数周期性的限制不是本质的. 如果函数 $f(x)$定义于区间$(-\pi,\pi]$,可以考虑其延拓后的 2π 周期函数

$$\hat{f}(x)=\begin{cases}f(x), & x\in(-\pi,\pi],\\ f(x-2k\pi), & x\in((2k-1)\pi,(2k+1)\pi],\end{cases}\quad k=\pm 1,\pm 2,\cdots.$$

延拓的函数$\hat{f}(x)$在$(-\pi,\pi]$上的限制就是 $f(x)$. 通常,函数 $f(x)$的 Fourier 级数其实是指$\hat{f}(x)$的 Fourier 级数.

(3) 通常,按照这样的步骤考虑函数的 Fourier 级数展开:① 确定函数的奇偶性,连续点与不连续点;② 根据函数的周期性、奇偶性计算相应的 Fourier 系数;③ 写出相应的 Fourier 级数;④ 考察收敛条件,确定函数其 Fourier 级数收敛的和函数.

例 9.8.1 试求函数 $f(x)=4\sin^2 x(1+\sin x)$在$[-\pi,\pi]$上的 Fourier 级数展开.

解 注意到

$$\begin{aligned}f(x)&=2(1-\cos 2x)(1+\sin x)=2(1+\sin x-\cos 2x)-(\sin 3x+\sin x)\\&=2+\sin x-2\cos 2x-\sin 3x,\end{aligned}$$

又由 Fourier 级数展开式的唯一性可知,上式即是函数 $f(x)$的 Fourier 级数展开. □

例 9.8.2 试求函数 $f(x)=x^3$ 在区间$(0,2\pi]$上的 Fourier 级数展开,以及数项级数$\sum_{n=1}^{\infty}\frac{1}{n^2}$ 的和.

解 延拓函数 $f(x)$(指明延拓方式即可),使之成为 **R** 上以 2π 为周期的分段光滑函数,有不连续点 $x=2k\pi$ $(k=\pm 1,\pm 2,\cdots)$.

计算函数 $f(x)$的 Fourier 系数:

$$a_0=\frac{1}{\pi}\int_0^{2\pi}x^3\,\mathrm{d}x=4\pi^3;$$

$$a_n=\frac{1}{\pi}\int_0^{2\pi}x^3\cos nx\,\mathrm{d}x=\frac{12}{n^2}\pi,\quad n=1,2,\cdots;$$

$$b_n=\frac{1}{\pi}\int_0^{2\pi}x^3\sin nx\,\mathrm{d}x=\frac{12}{n^3}-\frac{8}{n}\pi,\quad n=1,2,\cdots.$$

考察函数 $f(x)$的 Fourier 级数:

$$f(x)\sim 2\pi^3+4\sum_{n=1}^{\infty}\left(\frac{3\pi}{n^2}\cos nx+\frac{3-2n^2\pi^2}{n^3}\sin nx\right)=S(x)=\begin{cases}x^3, & x\in(0,2\pi),\\ 4\pi^3, & x=0,2\pi.\end{cases}$$

特别地,令 $x=2\pi$, 可得

$$S(2\pi) = 4\pi^3 = 2\pi^3 + 4\sum_{n=1}^{\infty}\frac{3\pi}{n^2},$$

从而有

$$\sum_{n=1}^{\infty}\frac{1}{n^2} = \frac{\pi^2}{6}.$$ □

例 9.8.3 试求如下函数 $f(x)$在区间$[0,2\pi]$上的 Fourier 级数展开,

$$f(x)=\begin{cases}\frac{1}{2}(\pi-x), & x\in(0,2\pi),\\ 0, & x=0,2\pi,\end{cases}$$

并求数项级数 $\sum_{n=1}^{\infty}\frac{\sin n}{n}$ 的和.

解 延拓函数 $f(x)$,使之成为 **R** 上以 2π 为周期的分段光滑函数,有不连续点 $x=2k\pi$ $(k=\pm1,\pm2,\cdots)$.

计算函数 $f(x)$的 Fourier 系数:

$$\begin{aligned}a_n &= \frac{1}{2\pi}\int_0^{2\pi}(\pi-x)\cos nx\,\mathrm{d}x = \frac{1}{2}\int_0^{2\pi}\cos nx\,\mathrm{d}x - \frac{1}{2\pi}\int_0^{2\pi}x\cos nx\,\mathrm{d}x\\ &= -\frac{1}{2n\pi}x\sin nx\Big|_0^{2\pi} + \frac{1}{2n\pi}\int_0^{2\pi}\sin nx\,\mathrm{d}x = 0 \quad (\forall n\geqslant 0);\\ b_n &= \frac{1}{2\pi}\int_0^{2\pi}(\pi-x)\sin nx\,\mathrm{d}x = \frac{1}{2}\int_0^{2\pi}\sin nx\,\mathrm{d}x - \frac{1}{2\pi}\int_0^{2\pi}x\sin nx\,\mathrm{d}x\\ &= \frac{1}{2n\pi}x\cos nx\Big|_0^{2\pi} - \frac{1}{2n\pi}\int_0^{2\pi}\cos nx\,\mathrm{d}x = \frac{1}{n} \quad (\forall n\geqslant 1).\end{aligned}$$

考察函数 $f(x)$的 Fourier 级数:

$$f(x)\sim\sum_{n=1}^{\infty}\frac{\sin nx}{n} = S(x) = \begin{cases}\frac{1}{2}(\pi-x), & x\in(0,2\pi);\\ 0, & x=0,2\pi.\end{cases}$$

特别地,令 $x=1$, 可得

$$S(1) = \frac{\pi-1}{2} = \sum_{n=1}^{\infty}\frac{\sin n}{n}.$$ □

9.8.2 Fourier 级数的其他形式

1. 正弦级数与余弦级数

定义 9.8.3 (1) 若函数 $f(x)$为定义在区间$[-\pi,\pi]$上的奇函数(以 2π 为周期的奇函数),则有

$$a_n = \frac{1}{\pi}\int_{-\pi}^{\pi}f(x)\cos nx\,\mathrm{d}x = 0 \quad (n=0,1,2,\cdots),$$

$$b_n = \frac{1}{\pi}\int_{-\pi}^{\pi}f(x)\sin nx\,\mathrm{d}x = \frac{2}{\pi}\int_0^{\pi}f(x)\sin nx\,\mathrm{d}x \quad (n=1,2,\cdots).$$

从而,函数 $f(x)$的 Fourier 级数为

$$f(x)\sim\sum_{n=1}^{\infty}b_n\sin nx.$$

通常,称形如 $\sum_{n=1}^{\infty}b_n\sin nx$ 的级数为**正弦级数**; 此时,也称函数 $f(x)$ 有**正弦级数展开**.

(2) 若函数 $f(x)$ 为定义在区间 $[-\pi,\pi]$ 上的偶函数(以 2π 为周期的偶函数),则有

$$a_n=\frac{1}{\pi}\int_{-\pi}^{\pi}f(x)\cos nx\,dx=\frac{2}{\pi}\int_{0}^{\pi}f(x)\cos nx\,dx\quad(n=0,1,2,\cdots),$$

$$b_n=\frac{1}{\pi}\int_{-\pi}^{\pi}f(x)\sin nx\,dx=0\quad(n=1,2,\cdots).$$

从而,函数 $f(x)$ 的 Fourier 级数为

$$f(x)\sim\frac{a_0}{2}+\sum_{n=1}^{\infty}a_n\cos nx.$$

通常,称形如 $\frac{a_0}{2}+\sum\limits_{n=1}^{\infty}a_n\cos nx$ 的级数为**余弦级数**;此时,也称函数 $f(x)$ 有**余弦级数展开**.

通常,按照这样的步骤考虑函数的正弦级数或余弦级数展开:① 明确函数的定义域,连续点与不连续点,先做奇延拓或者偶延拓,再做周期延拓;② 根据函数的周期性、奇偶性计算相应的 Fourier 系数;③ 写出相应的 Fourier 级数;④ 考察收敛条件,确定函数其 Fourier 级数收敛的和函数.

奇延拓:
$$\tilde{f}(x)=\begin{cases}f(x), & x\in(0,\pi],\\ -f(-x), & x\in(-\pi,0).\end{cases}$$

偶延拓:
$$\bar{f}(x)=\begin{cases}f(x), & x\in[0,\pi],\\ f(-x), & x\in(-\pi,0).\end{cases}$$

例 9.8.4 试将函数 $f(x)=\pi-x(0\leqslant x\leqslant\pi)$ 展开为 2π 周期的正弦级数与余弦级数.

解 (1) 先对函数 $f(x)$ 做奇延拓(指明延拓方式即可),令 $\tilde{f}(0)=0$,

$$\tilde{f}(x)=\begin{cases}\pi-x, & x\in(0,\pi],\\ -\pi-x, & x\in(-\pi,0);\end{cases}$$

再做周期延拓使之成为在 $\mathbf{R}$ 上以 2π 为周期的分段光滑函数.

计算函数 $\tilde{f}(x)$ 的 Fourier 系数:

$$b_n=\frac{1}{\pi}\int_{-\pi}^{\pi}\tilde{f}(x)\sin nx\,dx=\frac{2}{\pi}\int_{0}^{\pi}(\pi-x)\sin nx\,dx$$
$$=\frac{2}{\pi}\left[\frac{1-(-1)^n}{n}\pi+\frac{(-1)^n}{n}\pi\right]=\frac{2}{n}\quad(\forall n\geqslant1).$$

考察函数 $\tilde{f}(x)$ 的正弦级数:

$$\tilde{f}(x)\sim\sum_{n=1}^{\infty}\frac{2}{n}\sin nx=S(x)=\begin{cases}\pi-x, & x\in(0,\pi),\\ -\pi-x, & x\in(-\pi,0),\\ 0, & x=0,\pm\pi.\end{cases}$$

(2) 先对函数 $f(x)$ 做偶延拓(指明延拓方式即可),令

$$\bar{f}(x)=\begin{cases}\pi-x, & x\in[0,\pi],\\ \pi+x, & x\in(-\pi,0),\end{cases}$$

再做周期延拓使之成为在 $\mathbf{R}$ 上以 2π 为周期的分段光滑函数.

计算函数 $\bar{f}(x)$ 的 Fourier 系数:

$$a_0=\frac{1}{\pi}\int_{-\pi}^{\pi}\bar{f}(x)\,dx=\frac{2}{\pi}\int_{0}^{\pi}(\pi-x)\,dx=\pi,$$

$$a_n=\frac{1}{\pi}\int_{-\pi}^{\pi}\bar{f}(x)\cos nx\,dx=\frac{2}{\pi}\int_{0}^{\pi}(\pi-x)\cos nx\,dx=\frac{1-(-1)^n}{n^2}\frac{2}{\pi}\quad(\forall n\geqslant1).$$

考察函数 $\bar{f}(x)$ 的正弦级数:

$$\bar{f}(x) \sim \frac{\pi}{2} + \sum_{n=1}^{\infty} \frac{4}{\pi} \frac{\cos(2n-1)x}{(2n-1)^2} = S(x) = \begin{cases} \pi - x, & x \in (0,\pi), \\ \pi + x, & x \in (-\pi,0), \\ 0, & x = \pm\pi, \\ \pi, & x = 0. \end{cases}$$

□

例 9.8.5 试将函数 $f(x)=\sin x(0\leqslant x\leqslant\pi)$展开为 2π 周期的余弦级数.

解 先对函数 $f(x)$做偶延拓,再做周期延拓使之成为在 $\mathbf{R}$ 上以 2π 为周期的分段光滑函数.

计算函数 $f(x)$的 Fourier 系数:

$$a_0 = \frac{2}{\pi}\int_0^{\pi} \sin x \mathrm{d}x = \frac{4}{\pi},$$

$$a_n = \frac{2}{\pi}\int_0^{\pi} \sin x \cos nx \mathrm{d}x = \frac{1-(-1)^{n+1}}{1-n^2}\frac{2}{\pi} \quad (\forall n \geqslant 1).$$

考察函数 $f(x)$的正弦级数:

$$f(x) = \frac{2}{\pi} - \frac{4}{\pi}\sum_{n=1}^{\infty} \frac{\cos 2nx}{(2n)^2-1}, \quad \forall x \in [0,\pi].$$

□

2. 一般区间上函数的 Fourier 级数

若以 $2l$ 为周期的函数 $f(x)$在区间$[-l,l]$上满足收敛定理的条件,令 $x=\frac{l}{\pi}t$,则有以 2π 为周期的函数 $g(x)=f\left(\frac{l}{\pi}t\right)$在区间$[-\pi,\pi]$上满足收敛定理的条件,并且

$$a_n = \frac{1}{\pi}\int_{-\pi}^{\pi} g(t)\cos nt \mathrm{d}t = \frac{1}{l}\int_{-l}^{l} f(x)\cos\frac{n\pi x}{l}\mathrm{d}x, \quad n = 0,1,2,\cdots;$$

$$b_n = \frac{1}{\pi}\int_{-\pi}^{\pi} g(t)\sin nt \mathrm{d}t = \frac{1}{l}\int_{-l}^{l} f(x)\sin\frac{n\pi x}{l}\mathrm{d}x, \quad n = 1,2,\cdots.$$

此时,函数 $f(x)$的 Fourier 级数为

$$f(x) \sim \frac{a_0}{2} + \sum_{n=1}^{\infty}\left(a_n\cos\frac{n\pi x}{l} + b_n\sin\frac{n\pi x}{l}\right).$$

例 9.8.6 试求函数 $f(x)$在区间$[-1,1)$上的 Fourier 级数,其中

$$f(x)=\begin{cases} 0, & x\in[-1,0), \\ x^2, & x\in[0,1). \end{cases}$$

解 对函数 $f(x)$做周期延拓使之成为 $\mathbf{R}$ 上以 2 为周期的分段光滑函数.

计算函数 $f(x)$的 Fourier 系数:

$$a_0 = \frac{1}{l}\int_{-l}^{l} f(x)\mathrm{d}x = \int_0^1 x^2\mathrm{d}x = \frac{1}{3},$$

$$a_n = \frac{1}{l}\int_{-l}^{l} f(x)\cos\frac{n\pi x}{l}\mathrm{d}x = \int_0^1 x^2\cos n\pi x\mathrm{d}x = \frac{2(-1)^n}{n^2\pi^2} \quad (\forall n \geqslant 1);$$

$$b_n = \frac{1}{l}\int_{-l}^{l} f(x)\sin\frac{n\pi x}{l}\mathrm{d}x = \int_0^1 x^2\sin n\pi x\mathrm{d}x = \frac{(-1)^{n+1}}{n\pi} + \frac{2[(-1)^n-1]}{n^3\pi^3} \quad (\forall n \geqslant 1).$$

考察函数 $f(x)$的正弦级数:

$$f(x) \sim \frac{1}{6} + \sum_{n=1}^{\infty}\left(\frac{2(-1)^n}{n^2\pi^2}\cos n\pi x + \left[\frac{(-1)^{n+1}}{n\pi} + \frac{2[(-1)^n-1]}{n^3\pi^3}\right]\sin n\pi x\right)$$

$$= S(x) = \begin{cases} f(x), & x \in (-1,1), \\ \frac{1}{2}, & x = \pm 1. \end{cases}$$

□

例 9.8.7 试将函数 $f(x)$在区间$[0,2]$上展开成正弦级数，其中

$$f(x)=\begin{cases} x, & x\in[0,1), \\ 2-x, & x\in[1,2). \end{cases}$$

解 对函数 $f(x)$做奇延拓，再做周期延拓使之成为 **R** 上以 $2l=4$ 为周期的分段光滑函数.

计算函数 $f(x)$的 Fourier 系数：

$$\begin{aligned} b_n &= \frac{2}{l}\int_0^l f(x)\sin\frac{n\pi x}{l}\mathrm{d}x = \int_0^1 x\sin\frac{n\pi x}{2}\mathrm{d}x + \int_1^2 (2-x)\sin\frac{n\pi x}{2}\mathrm{d}x \\ &= \frac{8}{n^2\pi^2}\sin\frac{n\pi}{2} \quad (\forall n\geqslant 1). \end{aligned}$$

考察函数 $f(x)$的正弦级数：

$$f(x)\sim\frac{8}{\pi^2}\sum_{n=1}^{\infty}\frac{(-1)^{n-1}}{(2n-1)^2}\sin\frac{(2n-1)\pi x}{2} = f(x), \quad \forall x\in[0,2].$$ □

更一般地，若函数 $f(x)$在区间$[a,b]$上满足收敛定理的条件，也可以延拓成周期为 $b-a$ 的函数，令 $2l=b-a$，则有其对应的 Fourier 系数：

$$a_n = \frac{2}{b-a}\int_a^b f(x)\cos\frac{2n\pi x}{b-a}\mathrm{d}x, \quad n=0,1,2,\cdots;$$

$$b_n = \frac{2}{b-a}\int_a^b f(x)\sin\frac{2n\pi x}{b-a}\mathrm{d}x, \quad n=1,2,\cdots.$$

此时，函数 $f(x)$ 的 Fourier 级数为

$$f(x)\sim\frac{a_0}{2}+\sum_{n=1}^{\infty}\left(a_n\cos\frac{2n\pi x}{b-a}+b_n\sin\frac{2n\pi x}{b-a}\right).$$

例 9.8.8 试将函数 $f(x)=2+|x|(-1\leqslant x\leqslant 1)$展开成以 2 为周期的 Fourier 级数，并求数项级数 $\sum\limits_{n=1}^{\infty}\frac{1}{n^2}$ 的和.

解 对函数 $f(x)$做周期延拓使之成为 **R** 上以 $b-a=2$ 为周期的分段光滑函数.

计算函数 $f(x)$的 Fourier 系数：

$$a_0 = \frac{2}{b-a}\int_a^b f(x)\mathrm{d}x = 2\int_0^1 (2+x)\mathrm{d}x = 5, \quad b_n = 0\ (\forall n\geqslant 1);$$

$$\begin{aligned} a_n &= \frac{2}{b-a}\int_a^b f(x)\cos\frac{2n\pi x}{b-a}\mathrm{d}x = 2\int_0^1 (2+x)\cos n\pi x\mathrm{d}x \\ &= \frac{2[(-1)^n-1]}{n^2\pi^2} \quad (\forall n\geqslant 1). \end{aligned}$$

考察函数 $f(x)$的 Fourier 级数：

$$f(x) = \frac{5}{2}-\frac{4}{\pi^2}\sum_{n=1}^{\infty}\frac{1}{(2n-1)^2}\cos(2n-1)\pi x, \quad \forall x\in[-1,1].$$

特别地，令 $x=0$，有

$$f(0)=2=\frac{5}{2}-\frac{4}{\pi^2}\sum_{n=1}^{\infty}\frac{1}{(2n-1)^2},$$

再利用

$$\sum_{n=1}^{\infty}\frac{1}{n^2}=\sum_{n=1}^{\infty}\frac{1}{(2n-1)^2}+\sum_{n=1}^{\infty}\frac{1}{(2n)^2},$$

可得

$$\sum_{n=1}^{\infty}\frac{1}{n^2}=\frac{\pi^2}{6}.$$ □

9.8.3 收敛定理

设函数 $f(x)$ 以 2π 为周期，在区间$[-\pi,\pi]$上绝对可积，又有

$$f(x) \sim \frac{a_0}{2} + \sum_{n=1}^{\infty}(a_n \cos nx + b_n \sin nx).$$

令
$$S_n(x) = \frac{a_0}{2} + \sum_{k=1}^{n}(a_k \cos kx + b_k \sin kx),$$

则有

$$\begin{aligned} S_n(x) &= \frac{1}{2\pi}\int_{-\pi}^{\pi} f(t)\mathrm{d}t + \frac{1}{\pi}\sum_{k=1}^{n}\int_{-\pi}^{\pi} f(t)(\cos kt\cos kx + \sin kt\sin kx)\mathrm{d}t \\ &= \frac{1}{\pi}\int_{-\pi}^{\pi} f(t)\left(\frac{1}{2} + \sum_{k=1}^{n}\cos k(x-t)\right)\mathrm{d}t \\ &= \int_{-\pi}^{\pi} f(t)D_n(x-t)\mathrm{d}t, \end{aligned}$$

这里，称
$$D_n(x-t) = \frac{1}{\pi}\left(\frac{1}{2} + \sum_{k=1}^{n}\cos k(x-t)\right)$$

为 **Dirichlet(狄里克雷)核函数.**

引理 9.8.1 在区间$[-\pi,\pi]$上，Dirichlet 核函数满足

$$D_n(0)=\frac{1}{2\pi}+\frac{n}{\pi} \quad (x=0), \quad D_n(x)=\frac{\sin\left(n+\frac{1}{2}\right)x}{2\pi\sin\frac{x}{2}} \quad (x\neq 0),$$

以及
$$\int_{-\pi}^{\pi} D_n(x)\mathrm{d}x = 2\int_{0}^{\pi} D_n(x)\mathrm{d}x = 1.$$

证 对 $x\neq 0$，直接验算，可得

$$\begin{aligned} 2\pi\sin\frac{x}{2}D_n(x) &= \sin\frac{x}{2} + \sum_{k=1}^{n} 2\sin\frac{x}{2}\cos kx \\ &= \sin\frac{x}{2} + \sum_{k=1}^{n}\left[\sin\left(k+\frac{1}{2}\right)x - \sin\left(k-\frac{1}{2}\right)x\right] \\ &= \sin\left(n+\frac{1}{2}\right)x, \end{aligned}$$

此即
$$D_n(x) = \frac{\sin\left(n+\frac{1}{2}\right)x}{2\pi\sin\frac{x}{2}} \quad (x\neq 0).$$

从而，有

$$\int_{-\pi}^{\pi} D_n(x)\mathrm{d}x = 2\int_{0}^{\pi} D_n(x)\mathrm{d}x = \frac{1}{\pi}\left(\frac{1}{2}\int_{-\pi}^{\pi}\mathrm{d}x + \sum_{k=1}^{n}\int_{-\pi}^{\pi}\cos kx\,\mathrm{d}x\right) = 1.$$ □

引理 9.8.2 以 2π 为周期且在区间$[-\pi,\pi]$上绝对可积的函数 $f(x)$，其 Fourier 级数的前 n 项部分和也可表示为

$$S_n(x) = \frac{1}{2\pi}\int_{0}^{\pi}[f(x+t)+f(x-t)]\frac{\sin\left(n+\frac{1}{2}\right)t}{\sin\frac{t}{2}}\mathrm{d}t.$$

证 注意到 $D_n(x)$ 是以 2π 为周期的偶函数，即有

$$\begin{aligned}S_n(x) &= \int_{-\pi}^{\pi} f(t)D_n(x-t)\,\mathrm{d}t = \int_{x-\pi}^{x+\pi} f(x-t)D_n(t)\,\mathrm{d}t \\ &= \int_{-\pi}^{\pi} f(x-t)D_n(t)\,\mathrm{d}t = \int_0^{\pi} [f(x+t)+f(x-t)]D_n(t)\,\mathrm{d}t \\ &= \frac{1}{2\pi}\int_0^{\pi}[f(x+t)+f(x-t)]\frac{\sin\left(n+\frac{1}{2}\right)t}{\sin\frac{t}{2}}\mathrm{d}t.\end{aligned}$$ □

考虑
$$A = 2A\int_0^{\pi} D_n(t)\,\mathrm{d}t = 2A\int_0^{\pi}\frac{\sin\left(n+\frac{1}{2}\right)t}{2\pi\sin\frac{t}{2}}\mathrm{d}t,$$

则有
$$S_n(x) - A = \frac{1}{2\pi}\int_0^{\pi}([f(x+t)+f(x-t)]-2A)\frac{\sin\left(n+\frac{1}{2}\right)t}{\sin\frac{t}{2}}\mathrm{d}t.$$

自然地，我们会关心这样的问题：当函数 $f(x)$ 满足什么条件时，有
$$\lim_{n\to\infty} S_n(x) - A = 0.$$
为此，我们接下来介绍两个常用的收敛定理.

1. Dini-Lipschitz 收敛定理

引理 9.8.3 （Riemann 引理） 设函数 $f(x)$ 在区间 $[a,b]$ 上绝对可积，则有
$$\lim_{\lambda\to\infty}\int_a^b f(x)\sin\lambda x\,\mathrm{d}x = 0 = \lim_{\lambda\to\infty}\int_a^b f(x)\cos\lambda x\,\mathrm{d}x.$$

证 在区间 $[a,b]$ 上绝对可积的函数 $f(x)$，存在阶梯函数 $g(x)$ 可以无限逼近于 $f(x)$. 此即，对 $\forall\varepsilon>0$，存在阶梯函数 $g(x)$，使得

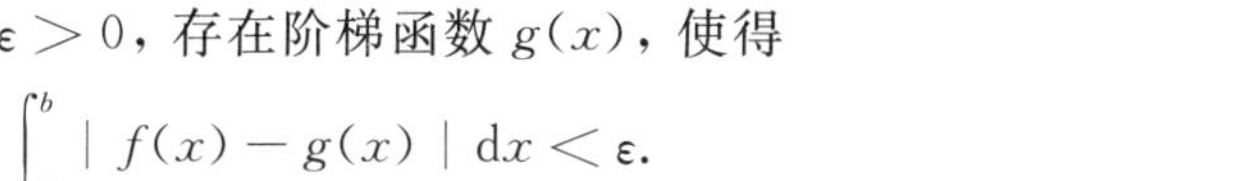
$$\int_a^b |f(x)-g(x)|\,\mathrm{d}x < \varepsilon.$$

阶梯函数

进而，可得
$$\left|\int_a^b f(x)\cos\lambda x\,\mathrm{d}x - \int_a^b g(x)\cos\lambda x\,\mathrm{d}x\right| \leqslant \int_a^b |f(x)-g(x)|\,\mathrm{d}x < \varepsilon.$$

因此，只需对阶梯函数 $g(x)$，证明
$$\lim_{\lambda\to\infty}\int_a^b g(x)\cos\lambda x\,\mathrm{d}x = 0.$$
事实上，只需要对区间 $[c,d]\subset[a,b]$ 上的常值函数证明即可. 不妨设 $g(x)=\mu(x\in[c,d])$，则有
$$\left|\int_c^d g(x)\cos\lambda x\,\mathrm{d}x\right| = \left|\int_c^d \mu\cos\lambda x\,\mathrm{d}x\right| = \left|\frac{\mu}{\lambda}(\sin\lambda d - \sin\lambda c)\right| \leqslant \frac{2|\mu|}{|\lambda|} \to 0 \quad (\lambda\to\infty).$$

此即表明，
$$\lim_{\lambda\to\infty}\int_a^b f(x)\cos\lambda x\,\mathrm{d}x = 0.$$

同理可证，
$$\lim_{\lambda\to\infty}\int_a^b f(x)\sin\lambda x\,\mathrm{d}x = 0.$$ □

引理 9.8.4 （Riemann 局部化引理） 设函数 $f(x)$ 和 $g(x)$ 的周期为 2π，且在区间 $[-\pi,\pi]$ 上绝对可积. 又对 $\forall x_0\in[-\pi,\pi]$，若 $f(x)$ 和 $g(x)$ 在 x_0 的某邻域 $U(x_0,\delta)$ 上相等，则 $f(x)$ 的 Fourier 级数在点 x_0 处收敛当且仅当 $g(x)$ 的 Fourier 级数在点 x_0 处收敛，并且它们收

敛时的和相等.

证 令

$$S_n(f,x_0)=\frac{1}{2\pi}\int_0^{\pi}[f(x_0+t)+f(x_0-t)]\frac{\sin\left(n+\frac{1}{2}\right)t}{\sin\frac{t}{2}}dt.$$

由于 $f(x)$ 和 $g(x)$ 在 x_0 的某邻域$(x_0-\delta,x_0+\delta)(\delta>0)$上相等,因此有

$$\begin{aligned}&S_n(f,x_0)-S_n(g,x_0)\\&=\frac{1}{2\pi}\int_0^{\pi}\left\{[f(x_0+t)+f(x_0-t)]-[g(x_0+t)+g(x_0-t)]\right\}\frac{\sin\left(n+\frac{1}{2}\right)t}{\sin\frac{t}{2}}dt\\&=\frac{1}{2\pi}\int_{\delta}^{\pi}\frac{[f(x_0+t)+f(x_0-t)]-[g(x_0+t)+g(x_0-t)]}{\sin\frac{t}{2}}\sin\left(n+\frac{1}{2}\right)tdt.\end{aligned}$$

又由函数 $\sin\frac{t}{2}$ 在区间$[\delta,\pi]$上有正的下界,从而使得在该区间上函数

$$\frac{[f(x_0+t)+f(x_0-t)]-[g(x_0+t)+g(x_0-t)]}{\sin\frac{t}{2}}$$

也绝对可积.

根据 Riemann 引理,即有

$$\lim_{n\to\infty}[S_n(f,x_0)-S_n(g,x_0)]=0.$$

此即,函数 $f(x)$ 的 Fourier 级数在 x_0 处收敛,当且仅当函数 $g(x)$ 的 Fourier 级数在 x_0 处收敛,并且它们收敛时其和相等. □

引理 9.8.5 若以 2π 为周期的函数 $f(x)$ 在区间$[-\pi,\pi]$上绝对可积,则其 Fourier 级数在点 x_0 处收敛于实数 A 的充要条件是:存在 $\delta>0$,使得

$$\lim_{n\to\infty}\int_0^{\delta}\frac{f(x_0+t)+f(x_0-t)-2A}{t}\sin\left(n+\frac{1}{2}\right)tdt=0.$$

证 令 $$S_n(f,x_0)=\frac{1}{2\pi}\int_0^{\pi}[f(x_0+t)+f(x_0-t)]\frac{\sin\left(n+\frac{1}{2}\right)t}{\sin\frac{t}{2}}dt.$$

直接整理,可得

$$\begin{aligned}S_n(f,x_0)-A&=\frac{1}{2\pi}\int_0^{\delta}\frac{f(x_0+t)+f(x_0-t)-2A}{\sin\frac{t}{2}}\sin\left(n+\frac{1}{2}\right)tdt\\&\quad+\frac{1}{2\pi}\int_{\delta}^{\pi}\frac{f(x_0+t)+f(x_0-t)-2A}{\sin\frac{t}{2}}\sin\left(n+\frac{1}{2}\right)tdt\\&=\frac{1}{\pi}\int_0^{\delta}\frac{f(x_0+t)+f(x_0-t)-2A}{t}\sin\left(n+\frac{1}{2}\right)tdt\\&\quad+\frac{1}{\pi}\int_0^{\delta}[f(x_0+t)+f(x_0-t)-2A]\frac{t-2\sin\frac{t}{2}}{2t\sin\frac{t}{2}}\sin\left(n+\frac{1}{2}\right)tdt\end{aligned}$$

$$+\frac{1}{2\pi}\int_{\delta}^{\pi}\frac{f(x_0+t)+f(x_0-t)-2A}{\sin\frac{t}{2}}\sin\left(n+\frac{1}{2}\right)t\mathrm{d}t$$

$$=I_1+I_2+I_3.$$

对于 I_2，由于

$$\lim_{t\to0^+}\frac{t-2\sin\frac{t}{2}}{2t\sin\frac{t}{2}}=0,$$

可补充定义函数$\dfrac{t-2\sin\frac{t}{2}}{2t\sin\frac{t}{2}}$在 $t=0$ 处的值，使得其在区间$[0,\delta]$上连续. 于是，即有函数

$$[f(x_0+t)+f(x_0-t)-2A]\frac{t-2\sin\frac{t}{2}}{2t\sin\frac{t}{2}}$$

在区间$[0,\delta]$绝对可积. 再由 Riemann 引理可知，$\lim\limits_{n\to\infty}I_2=0$. 同理易知，$\lim\limits_{n\to\infty}I_3=0$.

从而有

$$\lim_{n\to\infty}S_n(f,x_0)=A\quad\Leftrightarrow\quad\lim_{n\to\infty}I_1=0.$$ □

定义 9.8.4 (1) 若函数 $f(x)$ 在点 x_0 的某邻域有定义，又存在 $\delta>0$，以及定义于区间$[0,\delta]$上的非负连续函数 $\varphi(x)$，使得

$$|f(x_0\pm t)-f(x_0)|\leqslant\varphi(t)\quad(\forall t\in[0,\delta]),$$

且

$$\int_0^{\delta}\frac{\varphi(t)}{t}\mathrm{d}t<\infty,$$

则称函数 $f(x)$ 在 x_0 处 **Dini 连续**.

(2) 如果存在 $\delta>0,0<\alpha\leqslant1$，以及 $C>0$，使得

$$|f(x_0\pm t)-f(x_0)|\leqslant C|t|^{\alpha}\quad(\forall t\in(0,\delta]),$$

则称函数 $f(x)$ 在 x_0 处 α 阶 **Hölder 连续**. 当 $\alpha=1$ 时，也称函数 $f(x)$ 在 x_0 处 **Lipschitz 连续**.

(3) 若函数 $f(x)$ 在点 x_0 的某邻域有定义，且在 x_0 处有第一类间断. 又存在 $\delta>0$，以及定义于区间$[0,\delta]$上的非负连续函数 $\varphi(x)$，使得

$$|f(x_0\pm t)-f(x_0^{\pm})|\leqslant\varphi(t)\quad(\forall t\in[0,\delta]),$$

且

$$\int_0^{\delta}\frac{\varphi(t)}{t}\mathrm{d}t<\infty,$$

则称函数 $f(x)$ 在 x_0 处 **Dini 间断**.

(4) 如果存在 $\delta>0,0<\alpha\leqslant1$，以及 $C>0$，使得

$$|f(x_0\pm t)-f(x_0^{\pm})|\leqslant C|t|^{\alpha}\quad(\forall t\in(0,\delta]),$$

则称函数 $f(x)$ 在 x_0 处 α 阶 **Hölder 间断**. 当 $\alpha=1$ 时，也称函数 $f(x)$ 在 x_0 处 **Lipschitz 间断**.

事实上，也容易验证：可微 $\Rightarrow$Lipschitz 连续 $\Rightarrow$Hölder 连续 $\Rightarrow$Dini 连续 $\Rightarrow$ 连续.

定理 9.8.3 设以 2π 为周期的函数 $f(x)$ 在区间$[-\pi,\pi]$上绝对可积，则有

(1) 若 $f(x)$ 在点 x_0 处 Dini 连续，则其 Fourier 级数收敛于在该点处的函数值 $f(x_0)$；

(2) 若 $f(x)$ 在点 x_0 处 Dini 间断，则其 Fourier 级数收敛于在该点处的函数左右极限的算

术平均值$\frac{1}{2}[f(x_0^-)+f(x_0^+)]$.

证 (1) 若函数 $f(x)$ 在点 x_0 处 Dini 连续,令 $A=f(x_0)$, 则存在定义于区间$[0,\delta]$上的非负连续函数 $\varphi(x)$,使得

$$\begin{aligned}&\int_0^\delta\left|\frac{f(x_0+t)+f(x_0-t)-2A}{t}\right|\mathrm{d}t\\ \leqslant&\int_0^\delta\left|\frac{f(x_0+t)-f(x_0)}{t}\right|\mathrm{d}t+\int_0^\delta\left|\frac{f(x_0-t)-f(x_0)}{t}\right|\mathrm{d}t\\ \leqslant&2\int_0^\delta\frac{\varphi(t)}{t}\mathrm{d}t<\infty.\end{aligned}$$

(2) 若函数 $f(x)$ 在点 x_0 处 Dini 间断,令 $A=\frac{1}{2}[f(x_0^-)+f(x_0^+)]$, 则存在定义于区间$[0,\delta]$上的非负连续函数 $\varphi(x)$,使得

$$\begin{aligned}&\int_0^\delta\left|\frac{f(x_0+t)+f(x_0-t)-2A}{t}\right|\mathrm{d}t\\ \leqslant&\int_0^\delta\left|\frac{f(x_0+t)-f(x_0^+)}{t}\right|\mathrm{d}t+\int_0^\delta\left|\frac{f(x_0-t)-f(x_0^-)}{t}\right|\mathrm{d}t\\ \leqslant&2\int_0^\delta\frac{\varphi(t)}{t}\mathrm{d}t<\infty.\end{aligned}$$

这里两种情形都表明,函数

$$\frac{f(x_0+t)+f(x_0-t)-2A}{t}$$

在区间$[0,\delta]$上绝对可积,从而由前面的一系列引理,即有函数 $f(x)$ 的 Fourier 级数在点 x_0 处的收敛性. □

2. Dirichlet 收敛定理

引理 9.8.6 (Diriclet 积分)

$$\int_0^{+\infty}\frac{\sin x}{x}\mathrm{d}x=\frac{\pi}{2}.$$

证 注意到
$$\lim_{x\to0^+}\frac{\sin x}{x}=1.$$

又由 Abel-Dirichlet 判别法知,广义积分$\int_0^{+\infty}\frac{\sin x}{x}\mathrm{d}x$ 收敛,从而可以考虑

$$\int_0^{+\infty}\frac{\sin x}{x}\mathrm{d}x=\lim_{n\to\infty}\int_0^{n\pi+\frac{\pi}{2}}\frac{\sin x}{x}\mathrm{d}x=\lim_{n\to\infty}\int_0^{\frac{\pi}{2}}\frac{\sin(2n+1)t}{t}\mathrm{d}t=\lim_{n\to\infty}\int_0^{\frac{\pi}{2}}\frac{\sin(2n+1)t}{\sin t}\mathrm{d}t.$$

这是因为,函数

$$\frac{1}{t}-\frac{1}{\sin t}=\frac{\sin t-t}{t\sin t}$$

在区间$\left(0,\frac{\pi}{2}\right]$上连续有界,必绝对可积. 从而由 Riemann 引理,有

$$\lim_{n\to\infty}\int_0^{\frac{\pi}{2}}\left(\frac{1}{t}-\frac{1}{\sin t}\right)\sin(2n+1)t\mathrm{d}t=0.$$

由于
$$\sin(2n+1)t=\sin[(2n-1)t+2t]=\sin(2n-1)t+2\cos2nt\sin t,$$

则有
$$I_n=\int_0^{\frac{\pi}{2}}\frac{\sin(2n+1)t}{\sin t}\mathrm{d}t=\int_0^{\frac{\pi}{2}}\frac{\sin(2n-1)t}{\sin t}\mathrm{d}t+2\int_0^{\frac{\pi}{2}}\cos2nt\,\mathrm{d}t$$

$$= I_{n-1} + \frac{1}{n}\sin 2nt \Big|_0^{\frac{\pi}{2}} = I_{n-1} = \cdots = I_0 = \int_0^{\frac{\pi}{2}} \mathrm{d}t = \frac{\pi}{2}.$$

因此,可得

$$\int_0^{+\infty} \frac{\sin x}{x}\mathrm{d}x = \lim_{n\to\infty}\int_0^{\frac{\pi}{2}} \frac{\sin(2n+1)t}{\sin t}\mathrm{d}t = \lim_{n\to\infty} I_n = \frac{\pi}{2}.$$

□

引理 9.8.7　设函数 $f(x)$ 在区间 $(0,\delta)$ 上单调有界,则有

$$\lim_{\lambda\to+\infty}\int_0^{\delta} f(x)\,\frac{\sin\lambda x}{x}\mathrm{d}x = \frac{\pi}{2}f(0^+).$$

证　不妨设函数 $f(x)$ 单调递增,再考虑

$$\begin{aligned}\int_0^{\delta} f(x)\,\frac{\sin\lambda x}{x}\mathrm{d}x &= f(0^+)\int_0^{\delta}\frac{\sin\lambda x}{x}\mathrm{d}x + \int_0^{\delta}[f(x)-f(0^+)]\,\frac{\sin\lambda x}{x}\mathrm{d}x \\ &= I+J.\end{aligned}$$

这里,当 $\lambda\to+\infty$ 时,

$$\begin{aligned}I &= f(0^+)\int_0^{\delta}\frac{\sin\lambda x}{x}\mathrm{d}x = f(0^+)\int_0^{\lambda\delta}\frac{\sin x}{x}\mathrm{d}x \\ &\to f(0^+)\int_0^{+\infty}\frac{\sin x}{x}\mathrm{d}x = \frac{\pi}{2}f(0^+).\end{aligned}$$

而对于 J,令 $0<\gamma<\delta$, 则有

$$J = \int_0^{\gamma}[f(x)-f(0^+)]\,\frac{\sin\lambda x}{x}\mathrm{d}x + \int_{\gamma}^{\delta}[f(x)-f(0^+)]\,\frac{\sin\lambda x}{x}\mathrm{d}x = J_1+J_2.$$

又有函数 $\dfrac{f(x)-f(0^+)}{x}$ 在区间 $[\gamma,\delta]$ 上绝对可积,从而由 Riemann 引理知

$$\lim_{\lambda\to+\infty} J_2 = \lim_{\lambda\to+\infty}\int_{\gamma}^{\delta}\frac{f(x)-f(0^+)}{x}\sin\lambda x\,\mathrm{d}x = 0.$$

注意到,存在 $M>0$, 使得

$$\left|\int_0^{x}\frac{\sin t}{t}\mathrm{d}t\right| \leqslant M,\quad \forall\, x\geqslant 0,$$

以及对 $\forall\,\varepsilon>0$, 可以取 $\gamma>0$ 充分小. 当 $0<x\leqslant\gamma$ 时,有

$$0\leqslant f(x)-f(0^+)\leqslant\frac{\varepsilon}{2M}.$$

再利用积分第二中值定理,存在 $\xi\in[0,\gamma]$, 使得

$$J_1 = \int_0^{\gamma}[f(x)-f(0^+)]\,\frac{\sin\lambda x}{x}\mathrm{d}x = [f(\gamma)-f(0^+)]\int_{\xi}^{\gamma}\frac{\sin\lambda x}{x}\mathrm{d}x,$$

从而,有

$$\begin{aligned}|J_1| &\leqslant \frac{\varepsilon}{2M}\left|\int_{\xi}^{\gamma}\frac{\sin\lambda x}{x}\mathrm{d}x\right| = \frac{\varepsilon}{2M}\left|\int_{\lambda\xi}^{\lambda\gamma}\frac{\sin x}{x}\mathrm{d}x\right| = \frac{\varepsilon}{2M}\left|\int_0^{\lambda\gamma}\frac{\sin x}{x}\mathrm{d}x - \int_0^{\lambda\xi}\frac{\sin x}{x}\mathrm{d}x\right| \\ &\leqslant \frac{\varepsilon}{2M}\cdot 2M = \varepsilon.\end{aligned}$$

综合来看,即有

$$\lim_{\lambda\to+\infty}\int_0^{\delta} f(x)\,\frac{\sin\lambda x}{x}\mathrm{d}x = \frac{\pi}{2}f(0^+).$$

□

定理 9.8.4　设以 2π 为周期的函数 $f(x)$ 在区间 $[-\pi,\pi]$ 上绝对可积, 又对 $\forall\, x_0\in\mathbf{R}$,存在 $\delta>0$, 使得 $f(x)$ 分别在区间 $(x_0-\delta,x_0)$ 与 $(x_0,x_0+\delta)$ 上单调有界,则有 $f(x)$ 的 Fourier

级数在点 x_0 处收敛于$\frac{1}{2}[f(x_0^+)+f(x_0^-)]$.

证 根据 Riemann 局部化引理,只需考虑,

$$\lim_{n\to\infty}\frac{1}{\pi}\int_0^\delta \frac{f(x_0+t)+f(x_0-t)}{t}\sin\left(n+\frac{1}{2}\right)t\mathrm{d}t=\frac{1}{2}[f(x_0^+)+f(x_0^-)].$$

事实上,由于函数 $f(x_0+t)$ 与 $f(x_0-t)$ 都在区间$(0,\delta)$ 上单调有界,从而由引理 9.8.7,可得

$$\lim_{n\to\infty}\frac{1}{\pi}\int_0^\delta \frac{f(x_0+t)+f(x_0-t)}{t}\sin\left(n+\frac{1}{2}\right)t\mathrm{d}t$$

$$=\frac{1}{\pi}\cdot\frac{\pi}{2}[f(0^+)+f(x_0^-)]=\frac{1}{2}[f(x_0^+)+f(x_0^-)].$$ □

9.8.4 Fourier 级数的性质与应用

一般地,函数 $f(x)$ 越光滑,其 Fourier 系数 a_n,b_n 收敛于零的速度就越快;另一方面,函数 $f(x)$ 的 Fourier 系数 a_n,b_n 收敛于零的速度越快,它也就越光滑.

定理 9.8.5 (1) 设 $f(x)$ 是以 2π 为周期的函数,且在区间$[-\pi,\pi]$ 上绝对可积,则有 $f(x)$ 的 Fourier 系数 a_n,b_n 满足

定理 9.8.5

$$\lim_{n\to\infty}a_n=0=\lim_{n\to\infty}b_n.$$

(2) 设 $f(x)$ 是以 2π 为周期的函数,具有 $m-1$ 阶连续导数,又在$[-\pi,\pi]$ 上除开有限个点外处处有 m 阶导数,且其 m 阶导数在$[-\pi,\pi]$ 上绝对可积,则有 $f(x)$ 的 Fourier 系数 a_n,b_n 满足

$$\lim_{n\to\infty}n^m a_n=0=\lim_{n\to\infty}n^m b_n\quad(\forall m\in\mathbf{N}_+).$$

定理 9.8.6 (1)(**Bessel 不等式**)设以 2π 为周期的函数 $f(x)$ 在区间$[-\pi,\pi]$ 上绝对可积或平方可积,则有 $f(x)$ 的 Fourier 系数 a_n,b_n 满足

$$\frac{{a_0}^2}{2}+\sum_{n=1}^{\infty}(a_n^2+b_n^2)\leqslant\frac{1}{\pi}\int_{-\pi}^{\pi}f^2(x)\mathrm{d}x.$$

(2)(**Parseval 等式**)设以 2π 为周期的函数 $f(x)$ 在区间$[-\pi,\pi]$ 上绝对可积或平方可积,又 $f(x)$ 的 Fourier 级数一致收敛或平方平均收敛于 $f(x)$,则有 $f(x)$ 的 Fourier 系数 a_n,b_n 满足

$$\frac{{a_0}^2}{2}+\sum_{n=1}^{\infty}(a_n^2+b_n^2)=\frac{1}{\pi}\int_{-\pi}^{\pi}f^2(x)\mathrm{d}x.$$

证 (1) Bessel 不等式的证明是直接的.

这里,我们只介绍 Parseval 等式的证明.

(2) 记函数 $f(x)$ 的 Fourier 级数前 n 项部分和

$$S_n(x)=\frac{a_0}{2}+\sum_{k=1}^{n}(a_k\cos kx+b_k\sin kx),$$

直接计算,可得

$$\frac{1}{\pi}\int_{-\pi}^{\pi}[f(x)-S_n(x)]^2\mathrm{d}x=\frac{1}{\pi}\int_{-\pi}^{\pi}f^2(x)\mathrm{d}x-\frac{{a_0}^2}{2}-\sum_{k=1}^{n}({a_k}^2+{b_k}^2).$$

由于函数列$\{S_n(x)\}$ 在区间$[-\pi,\pi]$ 上一致收敛或平方平均收敛于 $f(x)$,从而有

$$\lim_{n\to\infty}\frac{1}{\pi}\int_{-\pi}^{\pi}[f(x)-S_n(x)]^2\mathrm{d}x=0.$$

此即表明，

$$\frac{1}{\pi}\int_{-\pi}^{\pi} f^2(x)\mathrm{d}x = \lim_{n\to\infty}\frac{a_0{}^2}{2} + \sum_{k=1}^{n}(a_k{}^2 + b_k{}^2)$$

$$= \frac{a_0{}^2}{2} + \sum_{n=1}^{\infty}(a_n^2 + b_n^2).$$

□

例 9.8.9 试求如下数项级数的和：

(1) $\displaystyle\sum_{n=1}^{\infty}\frac{1}{n^4}$；　　(2) $\displaystyle\sum_{n=1}^{\infty}\frac{\sin^2 n}{n^4}$.

解 (1) 考虑函数 $f(x) = x^2(-\pi \leqslant x \leqslant \pi)$ 的 Fourier 展开.

由于 $f(x)$ 为偶函数，有 $b_n = 0(n = 1,2,\cdots)$. 又由

$$a_0 = \frac{2}{\pi}\int_0^{\pi} x^2\mathrm{d}x = \frac{2}{3}\pi^2,$$

$$a_n = \frac{2}{\pi}\int_0^{\pi} x^2\cos nx\mathrm{d}x = (-1)^n\frac{4}{n^2}\quad(n = 1,2,\cdots),$$

可得 $f(x)$ 的 Fourier 展开为

$$x^2 = \frac{1}{3}\pi^2 + 4\sum_{n=1}^{\infty}\frac{(-1)^n}{n^2}\cos nx\quad(-\pi \leqslant x \leqslant \pi).$$

再由 Parseval 等式，即有

$$\frac{1}{\pi}\int_{-\pi}^{\pi} x^4\mathrm{d}x = \frac{1}{2}\left(\frac{2}{3}\pi^2\right)^2 + \sum_{n=1}^{\infty}\left(\frac{4}{n^2}\right)^2,$$

从而可得

$$\zeta(4) = \sum_{n=1}^{\infty}\frac{1}{n^4} = \frac{\pi^4}{90}.$$

(2) 考虑函数 $g(x) = \begin{cases}(\pi - 1)x, & x \in [0,1],\\ \pi - x, & x \in (1,\pi]\end{cases}$ 的 Fourier 展开.

先对 $g(x)$ 做奇延拓，其 Fourier 系数为

$$a_n = 0\ (n = 0,1,2,\cdots);$$

$$b_n = \frac{2}{\pi}\int_0^{\pi} g(x)\sin nx\mathrm{d}x = \frac{2}{\pi}\int_0^1(\pi - 1)x\sin nx\mathrm{d}x + \frac{2}{\pi}\int_1^{\pi}(\pi - x)\sin nx\mathrm{d}x$$

$$= \frac{2}{n^2}\sin n\quad(n = 1,2,\cdots).$$

从而有 $g(x)$ 的 Fourier 展开为

$$g(x) = \sum_{n=1}^{\infty}\frac{2\sin n}{n^2}\sin nx\quad(0 \leqslant x \leqslant \pi).$$

特别地，令 $x = 1$，又结合前面已有的结论

$$\sum_{n=1}^{\infty}\frac{\sin n}{n} = \frac{\pi - 1}{2},$$

即可得

$$\sum_{n=1}^{\infty}\frac{\sin^2 n}{n^2} = \frac{\pi - 1}{2} = \sum_{n=1}^{\infty}\frac{\sin n}{n}.$$

再由 Parseval 等式，即有

$$\sum_{n=1}^{\infty} b_n^2 = 4\sum_{n=1}^{\infty}\frac{\sin^2 n}{n^4} = \frac{1}{\pi}\int_{-\pi}^{\pi} g^2(x)\mathrm{d}x = \frac{2}{\pi}\int_0^{\pi} g^2(x)\mathrm{d}x$$

$$= \frac{2}{\pi}\int_0^1 (\pi-1)^2 x^2 \mathrm{d}x + \frac{2}{\pi}\int_1^\pi (\pi - x)^2 \mathrm{d}x = \frac{2}{3}(\pi-1)^2,$$

从而可得

$$\sum_{n=1}^{\infty} \frac{\sin^2 n}{n^4} = \frac{(\pi-1)^2}{6}.$$ □

定理 9.8.7 (1) 设 $f(x)$ 是以 2π 为周期的函数,且在区间$[-\pi,\pi]$上绝对可积,又 $f(x)$ 的 Fourier 系数 a_n, b_n 满足

$$\sum_{n=1}^{\infty}(|a_n|+|b_n|)<\infty,$$

则函数 $f(x)$ 在 $\mathbf{R}$ 上与一个连续函数几乎处处相等,且其 Fourier 级数在 $\mathbf{R}$ 上一致收敛于此连续函数.

(2) 设 $f(x)$ 是以 2π 为周期的函数,且在区间$[-\pi,\pi]$上绝对可积,又 $f(x)$ 的 Fourier 系数 a_n, b_n 满足

$$\sum_{n=1}^{\infty} n^m (|a_n|+|b_n|)<\infty \quad (\forall m \in \mathbf{N}_+),$$

则函数 $f(x)$ 在 $\mathbf{R}$ 上有连续的 m 阶导数,且其 m 阶导函数 $f^{(m)}(x)$ 等于其 Fourier 级数逐项求导所得三角级数的和函数.

证 (1) 设函数 $f(x)$ 对应如下 Fourier 级数

$$f(x) \sim \frac{a_0}{2} + \sum_{n=1}^{\infty}(a_n \cos nx + b_n \sin nx),$$

结合 $\sum\limits_{n=1}^{\infty}(|a_n|+|b_n|)<\infty$, 以及级数各项函数的连续性,即有此 Fourier 级数一致收敛,且和函数也连续.

记和函数

$$\tilde{f}(x) = \frac{a_0}{2} + \sum_{n=1}^{\infty}(a_n \cos nx + b_n \sin nx),$$

下证 $f(x)$ 与 $\tilde{f}(x)$ 几乎处处相等. 显然, $f(x)$ 与 $\tilde{f}(x)$ 有相同的 Fourier 系数,从而只需考虑:两个在区间$[-\pi,\pi]$上绝对可积且有相同 Fourier 系数的函数是几乎处处相等的. 此即,一个在区间$[-\pi,\pi]$上绝对可积且 Fourier 系数全为零的函数是几乎处处为零的.

事实上,如果函数 $g(x)$ 的 Fourier 系数全为零,对任意的三角多项式 $Q(x)$, 都有

$$\int_{-\pi}^{\pi} g(x)Q(x)\mathrm{d}x = 0.$$

又由 Weierstrass 逼近定理知,对区间$[-\pi,\pi]$上任意连续函数 $\varphi(x)$, 都有$[-\pi,\pi]$上的三角多项式序列$\{Q_k(x)\}$一致收敛于 $\varphi(x)$. 从而有

$$\int_{-\pi}^{\pi} g(x)\varphi(x)\mathrm{d}x = \lim_{k\to\infty}\int_{-\pi}^{\pi} g(x)Q_k(x)\mathrm{d}x = 0,$$

此即表明, $g(x)$ 在 $\mathbf{R}$ 上几乎处处为零.

令 $g(x)=f(x)-\tilde{f}(x)$, 即有 $f(x)$ 与 $\tilde{f}(x)$ 在 $\mathbf{R}$ 上几乎处处相等.

(2) 注意到

$$\sum_{n=1}^{\infty}(|a_n|+|b_n|) \leqslant \sum_{n=1}^{\infty} n^m(|a_n|+|b_n|)<\infty \quad (m \geqslant 1),$$

再由(1) 可得函数 $f(x)$ 在 $\mathbf{R}$ 上连续.

考虑对 $f(x)$ 的 Fourier 级数逐项求导所得的级数

$$S'(x)=\sum_{n=1}^{\infty}(-na_n\sin nx+nb_n\cos nx),$$

又其系数满足条件

$$\sum_{n=1}^{\infty}n(|a_n|+|b_n|)\leqslant\sum_{n=1}^{\infty}n^m(|a_n|+|b_n|)<\infty\quad(m\geqslant 1).$$

此即表明,该逐项求导所得的级数在$[-\pi,\pi]$上一致收敛,从而 $f(x)$ 在$[-\pi,\pi]$($\mathbf{R}$)上一阶可导,而且其导函数等于 $S'(x)$.

对 $m\geqslant 2$ 的情形,类似处理,即有定理结论成立. □

定理 9.8.8　若以 2π 为周期的函数 $f(x)$ 在区间$[-\pi,\pi]$上绝对可积,又 $f(x)$ 的 Fourier 级数为

$$f(x)\sim\frac{a_0}{2}+\sum_{n=1}^{\infty}(a_n\cos nx+b_n\sin nx),$$

则其 Fourier 级数在$[-\pi,\pi]$上可以逐项求积分,也即对 $\forall a,b\in[-\pi,\pi]$,有

$$\int_a^b f(x)\mathrm{d}x=\int_a^b\frac{a_0}{2}\mathrm{d}x+\sum_{n=1}^{\infty}\int_a^b(a_n\cos nx+b_n\sin nx)\mathrm{d}x.$$

证　定义特征函数

$$\varphi(x)=\begin{cases}1, & x\in[a,b],\\ 0, & x\in[-\pi,a)\cup(b,\pi],\end{cases}$$

并记其 Fourier 系数

$$\alpha_0=\frac{1}{\pi}\int_{-\pi}^{\pi}\varphi(x)\mathrm{d}x=\frac{b-a}{\pi},$$

$$\alpha_n=\frac{1}{\pi}\int_{-\pi}^{\pi}\varphi(x)\cos nx\mathrm{d}x=\frac{1}{\pi}\int_a^b\cos nx\mathrm{d}x\quad(n=1,2,\cdots),$$

$$\beta_n=\frac{1}{\pi}\int_{-\pi}^{\pi}\varphi(x)\sin nx\mathrm{d}x=\frac{1}{\pi}\int_a^b\sin nx\mathrm{d}x\quad(n=1,2,\cdots).$$

由广义 Parseval 等式

$$\frac{1}{\pi}\int_{-\pi}^{\pi}\varphi(x)f(x)\mathrm{d}x=\frac{a_0\alpha_0}{2}+\sum_{n=1}^{\infty}(a_n\alpha_n+b_n\beta_n),$$

再简单整理,即得

$$\int_a^b f(x)\mathrm{d}x=\int_a^b\frac{a_0}{2}\mathrm{d}x+\sum_{n=1}^{\infty}\int_a^b(a_n\cos nx+b_n\sin nx)\mathrm{d}x.$$ □

例 9.8.10　试用间接法求函数 $g(x)=x^2$ 在区间$[-\pi,\pi]$上的 Fourier 展开,并求数项级数$\sum_{n=1}^{\infty}\frac{1}{n^2}$与$\sum_{n=1}^{\infty}\frac{(-1)^{n-1}}{n^2}$的和.

解　注意到,函数 $f(x)=x\ (-\pi<x<\pi)$ 的 Fourier 展开为

$$f(x)=x=2\sum_{n=1}^{\infty}\frac{(-1)^{n-1}}{n}\sin nx\quad(-\pi<x<\pi).$$

考虑逐项求积分,即有

$$\begin{aligned}x^2&=2\int_0^x t\mathrm{d}t=4\sum_{n=1}^{\infty}\frac{(-1)^{n-1}}{n}\int_0^x\sin nt\mathrm{d}t=4\sum_{n=1}^{\infty}\frac{(-1)^{n-1}}{n^2}(1-\cos nx)\\&=\frac{\pi^2}{3}+4\sum_{n=1}^{\infty}\frac{(-1)^n}{n^2}\cos nx,\end{aligned}$$

这里,要特别注意常数项

$$\frac{\pi^2}{3}=\frac{a_0}{2}=\frac{1}{2\pi}\int_{-\pi}^{\pi}x^2\,\mathrm{d}x.$$

特别地,令 $x=\pi$,有

$$\zeta(2)=\sum_{n=1}^{\infty}\frac{1}{n^2}=\frac{\pi^2}{6};$$

令 $x=0$,有

$$\sum_{n=1}^{\infty}\frac{(-1)^{n-1}}{n^2}=\frac{\pi^2}{12}.$$

□

例 9.8.11 试证明:三角级数

$$\frac{a_0}{2}+\sum_{n=1}^{\infty}(a_n\cos nx+b_n\sin nx)$$

为某个在区间$[-\pi,\pi]$上绝对可积函数 $f(x)$ 的 Fourier 级数的必要条件是数项级数$\sum\limits_{n=1}^{\infty}\frac{b_n}{n}$ 收敛.

解 若有 $f(x)$ 的 Fourier 级数为

$$f(x)\sim\frac{a_0}{2}+\sum_{n=1}^{\infty}(a_n\cos nx+b_n\sin nx),$$

则对 $\forall\, c,x\in[-\pi,\pi]$,有

$$F(x)=\int_c^x\left(f(t)-\frac{a_0}{2}\right)\mathrm{d}t=\frac{A_0}{2}+\sum_{n=1}^{\infty}\left(-\frac{b_n}{n}\cos nx+\frac{a_n}{n}\sin nx\right).$$

特别地,令 $x=0$,有

$$F(0)=\frac{A_0}{2}-\sum_{n=1}^{\infty}\frac{b_n}{n}.$$

此即表明,数项级数$\sum\limits_{n=1}^{\infty}\frac{b_n}{n}$ 收敛. □

例 9.8.12 **(Wirtinger 不等式)** 设 $f(x)$ 为区间$[-\pi,\pi]$上(分段)连续可微函数,且 $f(-\pi)=f(\pi)$,又如果$\int_{-\pi}^{\pi}f(x)\mathrm{d}x=0$,则有

$$\int_{-\pi}^{\pi}f^2(x)\mathrm{d}x\leqslant\int_{-\pi}^{\pi}[f'(x)]^2\mathrm{d}x,$$

这里,等号成立当且仅当 $f(x)=a\cos x+b\sin x$.

解 先将 $f(x)$ 延拓为以 2π 为周期的函数,记其 Fourier 级数为

$$f(x)\sim\frac{a_0}{2}+\sum_{n=1}^{\infty}(a_n\cos nx+b_n\sin nx),\quad\forall\, x\in[-\pi,\pi],$$

其中 $a_0=0$. 从而有 $f'(x)$ 的 Fourier 级数为

$$f'(x)\sim\sum_{n=1}^{\infty}(nb_n\cos nx-na_n\sin nx),\quad\forall\, x\in[-\pi,\pi].$$

再根据 Parseval 等式,可得

$$\begin{aligned}\int_{-\pi}^{\pi}f^2(x)\mathrm{d}x&=\pi^2\sum_{n=1}^{\infty}(a_n^2+b_n^2)\leqslant\pi^2\sum_{n=1}^{\infty}n^2(a_n^2+b_n^2)\\&=\int_{-\pi}^{\pi}[f'(x)]^2\mathrm{d}x,\end{aligned}$$

等号成立当且仅当 $a_n=b_n=0(\forall\, n\geqslant 2)$,此亦即 $f(x)=a\cos x+b\sin x$. □

例 9.8.13 **(等周不等式)** 设平面区域 Ω 的边界 Γ 是一条长为 L 的连续可微简单闭曲

线，则有 Ω 的面积 A 满足不等式

$$A \leqslant \frac{L^2}{4\pi},$$

等号成立当且仅当 Ω 是半径为 $\frac{L}{2\pi}$ 的圆盘.

解　设曲线 L 以弧长为参数的方程为

$$\begin{cases} x = x(t), \\ y = y(t), \end{cases} \quad \forall t \in [0, L],$$

则有

$$\sqrt{[x'(t)]^2 + [y'(t)]^2} = 1.$$

又不妨设边界 Γ 的重心在原点，从而有

$$\int_0^L x(t)\mathrm{d}t = 0 = \int_0^L y(t)\mathrm{d}t.$$

注意到 T 是闭曲线，又有 $x(0) = x(L), y(0) = y(L)$. 进而根据 Wirtinger 不等式，可得

$$\int_0^L x^2(t)\mathrm{d}t \leqslant \left(\frac{L}{2\pi}\right)^2 \int_0^L [x'(t)]^2 \mathrm{d}t,$$

$$\int_0^L y^2(t)\mathrm{d}t \leqslant \left(\frac{L}{2\pi}\right)^2 \int_0^L [y'(t)]^2 \mathrm{d}t.$$

利用面积公式(在曲线积分部分会介绍)

$$A = \frac{1}{2}\left|\int_0^L [x(t)y'(t) - x'(t)y(t)]\mathrm{d}t\right|,$$

以及 Cauchy-Schwarz 不等式，即有

$$\begin{aligned} A^2 &= \frac{1}{4}\left[\int_0^L [x(t)y'(t) - x'(t)y(t)]\mathrm{d}t\right]^2 \\ &\leqslant \frac{1}{4}\int_0^L [x^2(t) + y^2(t)]\mathrm{d}t \int_0^L [(x'(t))^2 + (y'(t))^2]\mathrm{d}t \\ &\leqslant \frac{1}{4}\left(\frac{L}{2\pi}\right)^2 \left(\int_0^L [(x'(t))^2 + (y'(t))^2]\mathrm{d}t\right)^2 \\ &= \frac{1}{4}\left(\frac{L}{2\pi}\right)^2 L^2, \end{aligned}$$

$$A \leqslant \frac{L^2}{4\pi},$$

并且有等号成立当且仅当 Ω 是半径为 $\frac{L}{2\pi}$ 的圆盘.　□

习　题　9.8

习题 9.8

1. 试求下列函数在区间 $(-\pi, \pi)$ 上的 Fourier 展开：

(1) $f(x) = \mathrm{e}^{3x}$；　(2) $f(x) = x^2 \sin^2 x$；

(3) $f(x) = \sin ax, a \overline{\in} \mathbf{Z}$；　(4) $f(x) = \pi^2 - x^2$；

(5) $f(x) = \left|\sin\frac{x}{2}\right|$；　(6) $f(x) = |\cos 3x|$；

(7) $f(x) = \ln\left|\sin\frac{x}{2}\right|$；　(8) $f(x) = \mathrm{sgn}\cos 2x$；

(9) $f(x)=e^{\sin x}$；　　(10) $f(x)=\ln(1+\cos x)$.

2. 设 $f(x)$ 是以 2π 为周期且在区间$[-\pi,\pi]$上绝对可积的函数，又有 $f(x)$ 的 Fourier 级数为

$$f(x)\sim\frac{a_0}{2}+\sum_{n=1}^{\infty}(a_n\cos nx+b_n\sin nx),\quad \forall x\in[-\pi,\pi].$$

试证明：函数 $f(x)\sin x$ 与 $f(x)\cos x$ 在$[-\pi,\pi]$上的 Fourier 级数分别为

$$f(x)\sin x\sim\frac{b_1}{2}+\sum_{n=1}^{\infty}\left(\frac{b_{n+1}-b_{n-1}}{2}\cos nx+\frac{a_{n-1}-a_{n+1}}{2}\sin nx\right),$$

$$f(x)\cos x\sim\frac{a_1}{2}+\sum_{n=1}^{\infty}\left(\frac{a_{n-1}+a_{n+1}}{2}\cos nx+\frac{b_{n-1}+b_{n+1}}{2}\sin nx\right),$$

其中 $b_0=1$. 并尝试求以下函数在$[-\pi,\pi]$上的 Fourier 级数：

(1) $f(x)=x\cos^3 x$；　　(2) $f(x)=|x|\sin x$；　　(3) $f(x)=|\sin^3 x|$.

3. (1) 设 $f(x)$ 是以 2π 为周期的连续函数，又 $a_0,a_n,b_n(n=1,2,\cdots)$ 为其 Fourier 系数，试求卷积函数 $F(x)=\dfrac{1}{\pi}\displaystyle\int_{-\pi}^{\pi}f(t)f(x-t)\mathrm{d}t$ 的 Fourier 系数.

(2) 试求函数 $f(x)=\displaystyle\sum_{n=1}^{\infty}\varepsilon^n\frac{\sin nx}{\sin x}$ 的 Fourier 级数，其中 $|\varepsilon|<1$.

4. 试将下列函数展开成余弦级数：

(1) $f(x)=\pi x+x^2, x\in[-\pi,0]$；　　(2) $f(x)=\begin{cases}1, & x\in[0,2),\\ 0, & x\in[2,\pi];\end{cases}$

(3) $f(x)=\begin{cases}x, & x\in[0,1],\\ 3-x, & x\in(1,3].\end{cases}$

5. 试将下列函数展开成正弦级数：

(1) $f(x)=2\cos\dfrac{x}{3}, x\in[0,\pi]$；　　(2) $f(x)=\pi x-x^2, x\in[-\pi,0]$；

(3) $f(x)=\begin{cases}x-\dfrac{x^2}{2}, & x\in[0,1),\\ 2-x, & x\in[1,2].\end{cases}$

6. (1) 验证函数

$$f(x)=\begin{cases}\left(\ln\dfrac{|x|}{2\pi}\right)^{-1}, & x\neq 0,\\ 0, & x=0\end{cases}$$

满足 Dirichlet 收敛定理的判别条件，而不满足 Dini-Lipschitz 收敛定理的判别条件.

(2) 验证函数

$$f(x)=\begin{cases}x\cos\dfrac{\pi}{2x}, & x\neq 0,\\ 0, & x=0\end{cases}$$

满足 Dini-Lipschitz 收敛定理的判别条件，而不满足 Dirichlet 收敛定理的判别条件.

7. (1) 设函数 $f(x)$ 在区间$[0,+\infty)$上的无穷积分$\displaystyle\int_0^{\infty}f(x)\mathrm{d}x$ 绝对收敛，则有

$$\lim_{\lambda\to+\infty}\int_0^{\infty}f(x)\sin\lambda x\,\mathrm{d}x=0.$$

(2) 设函数 $f(x)$ 在区间 $[0,a](0<a<\pi)$ 上连续,则有

$$\lim_{\lambda\to+\infty}\frac{1}{\lambda}\int_0^a f(x)\frac{\sin^2\lambda x}{\sin^2 x}\mathrm{d}x=\frac{\pi}{2}f(0).$$

8. 设函数 $f(x)$ 在区间 $[a,b]$ 上可积分,又 $g(x)$ 是以 $T>0$ 为周期且在区间 $[0,T]$ 上可积的函数,则有

$$\lim_{\lambda\to\infty}\int_a^b f(x)g(\lambda x)\mathrm{d}x=\left(\frac{1}{T}\int_0^T g(x)\mathrm{d}x\right)\left(\int_a^b f(x)\mathrm{d}x\right).$$

9. 对于 $\forall\, 0<\delta<\pi$,定义函数

$$f(x)=\begin{cases}1, & |x|\leqslant\delta,\\ 0, & \delta<|x|\leqslant\pi.\end{cases}$$

(1) 试求 $f(x)$ 在区间 $(0,\pi)$ 上的 Fourier 级数;

(2) 证明 $\displaystyle\sum_{n=1}^{\infty}\frac{\sin n\delta}{n}=\frac{\pi-\delta}{2},\quad \sum_{n=1}^{\infty}\frac{\sin^2(n\delta)}{n^2\delta}=\frac{\pi-\delta}{2}$;

(3) 证明 $\displaystyle\int_0^{+\infty}\left(\frac{\sin x}{x}\right)^2\mathrm{d}x=\frac{\pi}{2}$,再思考在(2)中令 $\delta\to\dfrac{\pi}{2}$ 会有怎样的结论?

10. (1) 设数列 $\{a_n\}$ 单调递减趋于零,则有三角级数 $\displaystyle\sum_{n=1}^{\infty}a_n\sin(2n-1)x$ 在 $\mathbf{R}$ 上收敛,且其和函数在所有 $x\neq k\pi(k\in\mathbf{Z})$ 处都连续.

(2) 考虑函数

$$f(x)=\begin{cases}1, & 0<x<\pi,\\ 0, & x=0,\pm\pi,\\ -1, & -\pi<x<0,\end{cases}$$

在区间 $(-\pi,\pi)$ 上的 Fourier 展开,并验证此级数满足(1)中的条件.

11. 试证明下列等式:

(1) $\displaystyle\sum_{n=1}^{\infty}\frac{(-1)^{n-1}}{n^4}=\frac{\pi^4}{720}$;

(2) $\displaystyle\frac{1}{2}+\sum_{n=1}^{\infty}\frac{(-1)^{n-1}}{4n^2-1}=\frac{\pi}{4}$;

(3) $\displaystyle\sum_{n=2}^{\infty}\frac{(-1)^n}{n^2-1}=\frac{1}{4}$;

(4) $\displaystyle\sum_{n=0}^{\infty}(-1)^n\int_0^1\frac{\sin\pi x}{n+x}\mathrm{d}x=\frac{\pi}{2}$;

(5) $\displaystyle\int_0^1\frac{\ln x}{1+x}\mathrm{d}x=-\frac{\pi^2}{12}$;

(6) $\displaystyle\sum_{n=1}^{\infty}(-1)^{n-1}\frac{\sin nx}{n^3}=\frac{\pi^2 x}{12}-\frac{x^3}{12}$.

12. 设 $0<p\leqslant\dfrac{1}{2}$,则三角级数

$$f(x)=\sum_{n=1}^{\infty}\frac{\sin nx}{n^p}$$

在 $\mathbf{R}$ 上收敛,而且和函数 $f(x)$ 在所有 $x\neq k\pi(k\in\mathbf{Z})$ 处都连续,但是其在区间 $[0,2\pi]$ 上非平方可积,也非 Riemann 可积.

9.9 应用事例与研究课题 3

1. 应用事例

例 9.9.1 试求下面三角级数的和:

$$1+\sum_{n=1}^{\infty}r^n\cos nx,\quad \forall x\in\mathbf{R},\ |r|<1;$$

并计算 Poisson 积分

$$\int_0^{\pi}\ln(1-2r\cos x+r^2)\mathrm{d}x.$$

解 对 $\forall x\in\mathbf{R},\ |r|<1$,考虑如下乘积

$$\begin{aligned}
&(1-2r\cos x+r^2)\left(1+\sum_{n=1}^{\infty}r^n\cos nx\right)\\
&=1-2r\cos x+r^2+\sum_{n=1}^{\infty}r^n\cos nx-2\sum_{n=1}^{\infty}r^{n+1}\cos x\cos nx+\sum_{n=1}^{\infty}r^{n+2}\cos nx\\
&=1-2r\cos x+r^2+\sum_{n=1}^{\infty}r^n\cos nx-r\sum_{n=1}^{\infty}r^n[\cos(n-1)x+\cos(n+1)x]+\sum_{n=1}^{\infty}r^{n+2}\cos nx\\
&=1-r\cos x,
\end{aligned}$$

即有

$$1+\sum_{n=1}^{\infty}r^n\cos nx=\frac{1-r\cos x}{1-2r\cos x+r^2}.$$

再整理化简,可得

$$\sum_{n=1}^{\infty}r^{n-1}\cos nx=\frac{r\cos x-r^2}{1-2r\cos x+r^2},$$

两边关于 r 逐项求积分,即有

$$\ln(1-2r\cos x+r^2)=-2\sum_{n=1}^{\infty}\frac{r^n}{n}\cos nx,\quad \forall r\in(-1,1).$$

进而,有

$$\int_0^{\pi}\ln(1-2r\cos x+r^2)\mathrm{d}x=0,\quad \forall r\in(-1,1).$$

□

一般地,可以将幂级数的除法运算看作乘法运算的逆运算. 若幂级数 $\sum_{n=0}^{\infty}a_nx^n$ 在区间 $(-R,R)$ $(R>0)$ 上收敛,又 $a_0\neq 0$,则存在幂级数 $\sum_{n=0}^{\infty}b_nx^n$ 在区间 $(-r,r)(r>0)$ 上收敛,且

$$\left(\sum_{n=0}^{\infty}a_nx^n\right)\left(\sum_{n=0}^{\infty}b_nx^n\right)=1,\quad \forall x\in(-r,r).$$

例 9.9.2 Bernoulli 数与 Euler 数.

解 (1) 考虑函数 $\dfrac{x}{\mathrm{e}^x-1}$ 的幂级数展开

$$\frac{x}{\mathrm{e}^x-1}=\sum_{n=0}^{\infty}\frac{B_n}{n!}x^n,$$

其中,系数 B_n 称为第 n 个 **Bernoulli 数**. 事实上,

$$\begin{aligned}
\frac{x}{\mathrm{e}^x-1}&=\left(\frac{\mathrm{e}^x-1}{x}\right)^{-1}=\left(\sum_{n=0}^{\infty}\frac{x^n}{(n+1)!}\right)^{-1}\\
&=1-\frac{x}{2}+\frac{x^2}{12}-\frac{x^4}{720}+\frac{x^6}{30240}+\cdots,
\end{aligned}$$

从而有关于 B_n 的递推公式:

$$B_0=1,\quad B_n=-\frac{1}{n+1}\sum_{k=0}^{n-1}\mathrm{C}_{n+1}^kB_k.$$

比如，

$$B_1=-\frac{1}{2},\ B_2=\frac{1}{6},\ B_3=B_5=B_7=0,\ B_4=-\frac{1}{30},\ B_6=\frac{1}{42},\cdots.$$

（2）考虑函数$\frac{2\mathrm{e}^{2x}}{\mathrm{e}^{2x}+1}$的幂级数展开

$$\frac{2\mathrm{e}^{2x}}{\mathrm{e}^{2x}+1}=\sum_{n=0}^{\infty}\frac{E_n}{n!}x^n,$$

其中，系数 E_n 称为第 n 个 **Euler 数**. 事实上，

$$\frac{2\mathrm{e}^{2x}}{\mathrm{e}^{2x}+1}=\left(\frac{\mathrm{e}^{2x}+1}{2\mathrm{e}^{2x}}\right)^{-1}=\left(\sum_{n=0}^{\infty}\frac{x^{2n}}{(2n)!}\right)^{-1},$$

从而类似可得，关于 E_n 的递推公式：

$$E_0=1,\quad E_{2n-1}=0,\quad E_{2n}=-\sum_{k=0}^{n-1}\mathrm{C}_{2n}^{2k}E_{2k},\quad \forall\, n\geqslant 1.$$ □

在 $\mathbf{R}$ 上绝对可积的非周期函数 $f(x)$ 可以看作周期函数的极限. 由此，可以定义函数

$$\frac{1}{2\pi}\int_{-\infty}^{+\infty}\left(\int_{-\infty}^{+\infty}f(t)\mathrm{e}^{-\mathrm{i}\omega t}\mathrm{d}t\right)\mathrm{e}^{\mathrm{i}\omega x}\mathrm{d}\omega$$

为 $f(x)$ 的 **Fourier 积分**. 若函数 $f(x)$ 在 $\mathbf{R}$ 上绝对可积，且在任何闭子区间上分段光滑，则有其 Fourier 积分满足：

$$\frac{1}{2\pi}\int_{-\infty}^{+\infty}\left(\int_{-\infty}^{+\infty}f(t)\mathrm{e}^{-\mathrm{i}\omega t}\mathrm{d}t\right)\mathrm{e}^{\mathrm{i}\omega x}\mathrm{d}\omega=\frac{f(x^+)+f(x^-)}{2},\quad \forall\, x\in\mathbf{R}.$$

通常，我们称函数

$$F[f](\omega)=\hat{f}(\omega)=\int_{-\infty}^{+\infty}f(t)\mathrm{e}^{-\mathrm{i}\omega t}\mathrm{d}t\quad(\omega\in\mathbf{R})$$

为 $f(x)$ 的 **Fourier 变换**；称函数

$$F^{-1}[\hat{f}](x)=\frac{1}{2\pi}\int_{-\infty}^{+\infty}\hat{f}(\omega)\mathrm{e}^{\mathrm{i}\omega x}\mathrm{d}\omega\quad(x\in\mathbf{R})$$

为$\hat{f}(\omega)$ 的 **Fourier 逆变换**.

例 9.9.3　对矩形波函数

$$f(x)=\begin{cases}h, & |x|\leqslant\delta,\\ 0, & |x|>\delta,\end{cases}$$

试求其 Fourier 变换和 Fourier 逆变换.

解　（1）当 $\omega=0$ 时，

$$\hat{f}(0)=\int_{-\infty}^{+\infty}f(t)\mathrm{d}t=2h\delta;$$

当 $\omega\neq 0$ 时，

$$\hat{f}(\omega)=\int_{-\infty}^{+\infty}f(t)\mathrm{e}^{-\mathrm{i}\omega t}\mathrm{d}t=h\int_{-\delta}^{\delta}\mathrm{e}^{-\mathrm{i}\omega t}\mathrm{d}t=\frac{2h}{\omega}\sin\omega\delta.$$

（2）注意到

$$\int_0^{+\infty}\frac{\sin ax}{x}\mathrm{d}x=\mathrm{sgn}(a)\frac{\pi}{2},$$

可得

$$F^{-1}[\hat{f}](x)=\frac{1}{2\pi}\int_{-\infty}^{+\infty}\hat{f}(\omega)\mathrm{e}^{\mathrm{i}\omega x}\mathrm{d}\omega=\frac{h}{\pi}\int_{-\infty}^{+\infty}\frac{\sin\omega\delta}{\omega}\mathrm{e}^{\mathrm{i}\omega x}\mathrm{d}\omega$$

$$= \frac{2h}{\pi}\int_0^{+\infty} \frac{\sin\omega\delta}{\omega}\cos\omega x\,\mathrm{d}\omega = \begin{cases} h, & |x| < \delta, \\ \dfrac{h}{2}, & x = \pm\delta, \\ 0, & |x| > \delta. \end{cases}$$ □

2. 探究课题

探究 9.9.1 对 $\forall x \in (0,\pi)$, $|r| < 1$,试证明:

$$\sum_{n=0}^{\infty} r^n \sin(n+1)x = \frac{\sin x}{1 - 2r\cos x + r^2};$$

并利用该等式给出函数

$$f(r) = \frac{1}{a + br + cr^2} \quad (b^2 < 4ac)$$

的 Maclaurin 级数.

探究 9.9.2 若已知

$$\int_0^{\frac{\pi}{2}} \sin^{2n} x\,\mathrm{d}x = \frac{\pi}{2}\,\frac{(2n-1)!!}{(2n)!!},$$

试求下列函数的 Maclaurin 级数:

(1) 第一型椭圆积分

$$\mathrm{F}(x) = \int_0^{\frac{\pi}{2}} \frac{\mathrm{d}t}{\sqrt{1 - x^2\sin^2 t}};$$

(2) 第二型椭圆积分

$$\mathrm{E}(x) = \int_0^{\frac{\pi}{2}} \sqrt{1 - x^2\sin^2 t}\,\mathrm{d}t.$$

探究 9.9.3 试证明下列等式(其中 B_{2n}, E_{2n} 分别为 Bernoulli 数和 Euler 数):

(1) $x\cot x = \sum\limits_{n=0}^{\infty} (-1)^n \dfrac{2^{2n} B_{2n}}{(2n)!} x^{2n}, \forall x \in (-\pi, \pi)$;

(2) $\sec x = \sum\limits_{n=0}^{\infty} (-1)^n \dfrac{E_{2n}}{(2n)!} x^{2n}, \forall x \in \left(-\dfrac{\pi}{2}, \dfrac{\pi}{2}\right)$.

探究 9.9.4 若函数 $f(x)$ 的周期为 2π,且在区间$[-\pi,\pi]$上绝对可积,请给出 $f(x)$ 的 Fourier 级数的复数形式

$$f(x) \sim \sum_{n=-\infty}^{\infty} c_n \mathrm{e}^{\mathrm{i}nx},$$

其中

$$c_n = \frac{1}{2\pi}\int_{-\pi}^{\pi} f(x)\mathrm{e}^{-\mathrm{i}nx}\,\mathrm{d}x, \quad \forall n \in \mathbf{Z};$$

并由此推导出 $f(x)$ 的 Fourier 积分刻画.

探究 9.9.5 设 α 为无理数,以 $x_k = (k\alpha)(k \in \mathbf{Z}_+)$ 记无理数 $k\alpha$ 的小数部分,记区间$[a,b)$上的特征函数为

$$\chi_{[a,b)}(x) = \begin{cases} 1, & x \in [a,b), \\ 0, & x \notin [a,b), \end{cases}$$

这里,$\forall a,b \in [0,1]$ 且 $a < b$. 试证明:

$$\lim_{n\to\infty} \frac{1}{n}\sum_{k=1}^{n} \chi_{[a,b)}(x_k) = b - a,$$

亦即,数列$\{x_k\}$在区间$(0,1)$内是一致均匀分布的.

3. 实验题

实验 9.9.1 试计算下列各数的近似值,使得精度达到 10^{-5}.

(1) $\sqrt{e}$; (2) $\int_0^1 \sin(x^2)\,dx$; (3) $\int_0^1 \frac{\ln x}{1-x}\,dx$.

实验 9.9.2 基于下列函数的级数展开式,试用 Matlab 或者 Mathematica 软件画出其对应的前 n 次多项式或前 n 次三角多项式的图像($n = 3,5,9,\cdots$),观察并评价近似效果.

(1) $\sin x = \sum_{n=1}^{\infty}(-1)^{n+1}\frac{x^{2n-1}}{(2n-1)!}, \forall x \in \mathbf{R}$;

(2) $x = \sum_{n=1}^{\infty}(-1)^{n-1}\frac{2}{n}\sin nx, \forall x \in [-\pi,\pi]$.

第 10 章　多元函数微分学及其应用

在很多问题中，我们都会遇到一个变量依赖于两个或两个以上变量的情形，这自然需要多元函数以及多元函数的微积分学. 前面关于多维空间结构和性质的讨论，使得多元函数的引入，以及多元函数微积分的基本概念、理论和方法与一元函数的情形应该具有很多形式上的一致性. 随着空间维度的拓展，也应预期多元函数的微积分一定有更为丰富多彩的内容，更一般的价值. 本章将讨论多元函数的极限、连续性、可微性，以及微分应用等.

10.1　多元函数极限和连续性

10.1.1　多元函数的概念

在有限维的情形，我们不妨就直接在 n 维欧氏空间 $\mathbf{R}^n$ 中考虑问题. 事实上，$\mathbf{R}^n$ 不仅直观，也具有很多期望的好性质.

定义 10.1.1　设点 $P_0 \in \mathbf{R}^n$，常数 $\delta > 0$，记

$$U^{\circ}(P_0, \delta) = \{P \in \mathbf{R}^n \mid 0 < d(P, P_0) < \delta\};$$

$$U(P_0, \delta) = \{P \in \mathbf{R}^n \mid d(P, P_0) < \delta\};$$

$$\overline{U}(P_0, \delta) = \{P \in \mathbf{R}^n \mid d(P, P_0) \leqslant \delta\}.$$

通常，称 $U^{\circ}(P_0, \delta)$ 为以 P_0 为中心且半径为 δ 的**空心开球**，也称其为 P_0 的**空心 δ 邻域**；称 $U(P_0, \delta)$ 为以 P_0 为中心且半径为 δ 的**开球**，也称其为 P_0 的 **δ 邻域**；称 $\overline{U}(P_0, \delta)$ 为以 P_0 为中心且半径为 δ 的**闭球**，也称其为 P_0 的 **δ 闭邻域**.

定义 10.1.2　设 D 是 $\mathbf{R}^n$ 的一个非空子集. 又对 $\forall x \in D$，有唯一的 $y \in \mathbf{R}$ 与之对应，则称此从 D 到 $\mathbf{R}$ 的映射为定义在集合 D 上的一个 **n 元函数**，记作：$y = f(x)$，$x \in D$. 集合 D 称作函数 f 的**定义域**，$\mathbf{R}$ 的子集

$$f(D) = \{f(x) \mid x \in D\}$$

称作 f 的**值域**.

多元函数在空间中也有直观的几何表现，这对分析和解决高维空间中复杂变量之间的各种问题能提供有效的思路. 接下来，我们主要讨论二元函数或三元函数的分析性质及应用等，其结论在很多情形可以直接地推广到一般 n 元函数的情形. 比如，二元函数 $z = f(x, y)$，$(x, y) \in D$，其几何表现就是三维空间 $\mathbf{R}^3$ 中的曲面：

$$S = \{(x, y, z) \mid (x, y) \in D, z = f(x, y)\}.$$

这里，f 的定义域 D 正是曲面 S 在 xOy 面上的投影.

通常，对函数 $f(x, y)$ 的值域内任意取定的 C，方程 $f(x, y) = C$ 对应 xOy 面上一条曲线，称其为 $f(x, y)$ 的**等值线**（或**等位线**）. 当 C 取遍 f 的值域，这些等值线簇也能给出函数 $f(x, y)$ 的一种直观、有效的刻画. 其实，也可以考虑一般的截痕法研究函数图像.

例 10.1.1　试求下列函数的定义域 D：

(1) $z = \ln(y^2 - 2x + 1)$；　　　(2) $z = \sqrt{\sin(x^2 + y^2)}$.

解　(1) $D=\{(x,y)\mid y^2-2x+1>0\}$，它表示 xOy 面上抛物线 $y^2-2x+1=0$ 左边的区域.

(2) $D=\{(x,y)\mid 2k\pi\leqslant x^2+y^2\leqslant(2k+1)\pi,k\in\mathbf{Z}\}$，它表示 xOy 面上可数条圆环.　□

10.1.2　多元函数的极限与连续性

与一元函数情形一样，多元函数极限用来研究当 $P\to P_0$ 时，$f(P)$ 的变化趋势，其与函数 f 在 P_0 处有无定义，以及 f 在 P_0 处的函数值 $f(P_0)$ 的大小都无关. 另外，为了能研究函数 f 的变化趋势，应要求 P_0 的任何空心邻域内都有 f 的定义域中的点. 这也表明，f 在 P_0 的空心邻域内每一点都有定义，这样的要求可能是太强了.

定义 10.1.3　设 D 为 $\mathbf{R}^2$ 中非空集合，$P_0(x_0,y_0)$ 为 D 的一个聚点，又二元函数 $f(x,y)$ 在 D 上有定义，a 为常数. 若对 $\forall\varepsilon>0$，存在 $\delta>0$，则当 $P(x,y)\in U^\circ(P_0,\delta)\cap D$ 时，有

$$|f(P)-a|<\varepsilon\quad\text{或}\quad|f(x,y)-a|<\varepsilon,$$

则称当 $P(x,y)\to P_0(x_0,y_0)$ 时，二元函数 $f(x,y)$ **有极限** a，记作：

$$\lim_{P\to P_0}f(P)=a,\quad\text{或}\quad\lim_{\substack{x\to x_0\\y\to y_0}}f(x,y)=a,\quad\text{或}\quad\lim_{(x,y)\to(x_0,y_0)}f(x,y)=a.$$

通常，称 $\lim\limits_{P\to P_0}f(P)$ 为 $f(P)$ 在 $P\to P_0$ 时的**重极限**. 否则，称函数 $f(P)$ 在 $P\to P_0$ 时**没有极限**.

定理 10.1.1　设多元函数 f 定义于非空集合 D，则 $\lim\limits_{\substack{P\to P_0\\P\in D}}f(P)=a$ 的充要条件是，对于 D 的任何非空子集 E，只要 P_0 为 E 的聚点，即有

$$\lim_{\substack{P\to P_0\\P\in E}}f(P)=a.$$

应该注意到，在多元函数 f 有定义的情形，空间点 P 可能以任何方式、沿任何路径趋于点 P_0. 而上述定理 10.1.1 表明，考察多元函数 f 在 $P\to P_0$ 时的极限，必须讨论自变量变化的所有容许的情形. 这其实和一元函数极限的 Heine 定理所刻画的本质是一致的.

事实上，由于多元函数极限的本质与一元函数极限类似，这使得多元函数极限也有相应的存在唯一性、局部有界性、局部保号性、局部迫敛性、四则运算法则、复合运算以及等价代换等性质.

例 10.1.2　试用定义证明函数极限 $\lim\limits_{\substack{x\to0\\y\to0}}(x^2+y^2)\cos\dfrac{x^2y}{x^2+y^2}=0$.

证　由于 $\left|(x^2+y^2)\cos\dfrac{x^2y}{x^2+y^2}-0\right|\leqslant x^2+y^2$，从而对 $\forall\varepsilon>0$，取 $\delta=\sqrt{\varepsilon}$，当 $\forall(x,y)\in U^\circ((0,0),\delta)$ 时，即有

$$\left|(x^2+y^2)\cos\frac{x^2y}{x^2+y^2}-0\right|\leqslant x^2+y^2<\delta^2=\varepsilon.$$　□

例 10.1.3　试讨论下列函数在原点处的极限：

(1) $f(x,y)=\dfrac{xy^2}{x^2+y^2+y^4}$；　　(2) $f(x,y)=\dfrac{y^2}{x^2+y^2}$；

(3) $f(x,y)=\dfrac{x^2y^2}{x^3+y^3}$；　　(4) $f(x,y)=\dfrac{xy^2}{x^2+y^2}$.

解　(1) 令 $x=r\cos\theta,y=r\sin\theta$，则

$$x\to0,\quad y\to0\Leftrightarrow r\to0\quad\text{且 }\theta\in[0,2\pi].$$

由于
$$0\leqslant\left|\frac{xy^2}{x^2+y^2+y^4}\right|=\left|\frac{r^3\cos\theta\sin^2\theta}{r^2+r^4\sin^4\theta}\right|=r\left|\frac{\cos\theta\sin^2\theta}{1+r^2\sin^4\theta}\right|\leqslant r,$$
从而根据夹挤准则，有
$$\lim_{\substack{x\to0\\y\to0}}\frac{xy^2}{x^2+y^2+y^4}=\lim_{\substack{r\to0^+\\\theta\in[0,2\pi]}}\frac{r^3\cos\theta\sin^2\theta}{r^2+r^4\sin^4\theta}=0.$$

(2) 令 $y=kx\ (k\neq0)$，则有
$$x\to0\Leftrightarrow y\to0.$$
由于
$$\lim_{\substack{x\to0\\y\to0}}\frac{y^2}{x^2+y^2}\xlongequal{y=kx}\lim_{x\to0}\frac{k^2x^2}{(1+k^2)x^2}=\frac{k^2}{1+k^2},$$
随着 k 的变化，函数 f 在 $x\to0,y\to0$ 时有不同趋势，从而 $\lim\limits_{\substack{x\to0\\y\to0}}\dfrac{y^2}{x^2+y^2}$ 不存在.

(3) ① 令 $x=r\cos\theta,y=r\sin\theta$，则有
$$\lim_{\substack{x\to0\\y\to0}}\frac{x^2y^2}{x^3+y^3}=\lim_{\substack{r\to0^+\\\theta\in[0,2\pi]}}\frac{r^4\cos^2\theta\sin^2\theta}{r^3(\cos^3\theta+\sin^3\theta)}=\lim_{\substack{r\to0^+\\\theta\in[0,2\pi]}}r\cdot\frac{\cos^2\theta\sin^2\theta}{\cos^3\theta+\sin^3\theta}.$$
又 $\lim\limits_{\theta\to3\pi/4}\dfrac{\cos^2\theta\sin^2\theta}{\cos^3\theta+\sin^3\theta}=\infty$，可知 $\lim\limits_{\substack{x\to0\\y\to0}}\dfrac{x^2y^2}{x^3+y^3}$ 不存在.

② 令 $x^3+y^3=kx^\alpha(\alpha>0)$，则有
$$\lim_{\substack{x\to0\\y\to0}}\frac{x^2y^2}{x^3+y^3}=\lim_{x\to0}\frac{x^4(kx^{\alpha-3}-1)^{2/3}}{kx^\alpha}\xlongequal{\alpha=4}\lim_{x\to0}\frac{(kx-1)^{2/3}}{k}=\frac{1}{k}.$$
此亦表明 $\lim\limits_{\substack{x\to0\\y\to0}}\dfrac{x^2y^2}{x^3+y^3}$ 不存在.

(4) 令 $x=r\cos\theta,y=r\sin\theta$，则
$$\lim_{\substack{x\to0\\y\to0}}\frac{xy^2}{x^2+y^2}=\lim_{\substack{r\to0^+\\\theta\in[0,2\pi]}}\frac{r^3\cos\theta\sin^2\theta}{r^2}=\lim_{\substack{r\to0^+\\\theta\in[0,2\pi]}}r^3\cos\theta\sin^2\theta=0.$$

在这里，令 $x^2+y^2=kx^\alpha(\alpha>0)$，再考察极限 $\lim\limits_{x\to0}\dfrac{x(kx^\alpha-x^2)}{kx^\alpha}$ 是没有基础的，因为方程 $x^2+y^2=kx^\alpha(\alpha>0)$ 并不能确定过原点的曲线. □

定义 10.1.4 (1) 对 $\mathbf{R}^n$ 中非零矢量 $\boldsymbol{l}$. 令 L 为以 P_0 为端点，以 $\boldsymbol{l}$ 为方向的射线，称极限 $\lim\limits_{\substack{P\to P_0\\P\in L}}f(P)$ 为多元函数 $f(P)$ 在 $P_0\in\mathbf{R}^n$ 处**沿方向 $\boldsymbol{l}$ 的极限**.

(2) 若 C 为 $\mathbf{R}^n$ 中过点 P_0 的一条曲线，则称极限 $\lim\limits_{\substack{P\to P_0\\P\in C}}f(P)$ 为多元函数 $f(P)$ 在 $P_0\in\mathbf{R}^n$ 处**沿着曲线 C 的极限**.

定理 10.1.2 设 P_0 为 $\mathbf{R}^n$ 中的点，又多元函数 f 在 P_0 附近可能除 P_0 外处处有定义. 若 $\lim\limits_{P\to P_0}f(P)=a$，则对 $\mathbf{R}^n$ 中任何以 P_0 为顶点的射线 L 和任何通过 P_0 的曲线 C，都有
$$\lim_{\substack{P\to P_0\\P\in L}}f(P)=a=\lim_{\substack{P\to P_0\\P\in C}}f(P).$$

定理 10.1.2

例 10.1.4 试讨论下列函数在原点处的极限：

(1) $f(x,y)=\begin{cases}\dfrac{x^2-y^2}{x^2+y^2}, & x^2+y^2\neq 0,\\ 0, & x^2+y^2=0;\end{cases}$

(2) $f(x,y)=\begin{cases}\dfrac{x^2}{y}, & y\neq 0,\\ 0, & y=0.\end{cases}$

解　(1) 令 $x=r\cos\theta, y=r\sin\theta$，记单位矢量 $\boldsymbol{l}=(\cos\theta,\sin\theta)$. 此时，有

$$f(r\cos\theta,r\sin\theta)=\begin{cases}\cos^2\theta-\sin^2\theta=\cos 2\theta, & r\neq 0,\\ 0, & r=0.\end{cases}$$

虽然，重极限 $\lim\limits_{\substack{r\to 0^+\\ \theta\in[0,2\pi]}} f(r\cos\theta,r\sin\theta)$ 不存在，但是，对任意取定的方向 $\boldsymbol{l}$(θ 固定)，f 在原点处沿 $\boldsymbol{l}$ 的方向极限为

$$\lim_{r\to 0^+} f(r\cos\theta,r\sin\theta)=\cos 2\theta.$$

(2) 令 $x=r\cos\theta, y=r\sin\theta$，记单位矢量 $\boldsymbol{l}=(\cos\theta,\sin\theta)$. 对任意取定 $\theta\neq 0,\pi$，有

$$f(r\cos\theta,r\sin\theta)=\frac{r\cos^2\theta}{\sin\theta};$$

对 $\theta=0,\pi$，有

$$f(r\cos\theta,r\sin\theta)=f(\pm r,0)=0.$$

从而总有 f 在原点处沿 $\boldsymbol{l}$ 的方向极限 $\lim\limits_{r\to 0^+} f(r\cos\theta,r\sin\theta)=0$.

由于 $\lim\limits_{\substack{(x,y)\to(0,0)\\ y=x^2}} f(x,y)=\lim\limits_{x\to 0}\dfrac{x^2}{x^2}=1$，则 f 在原点处沿曲线 $y=x^2$ 的极限存在且为 1. 又由 $\lim\limits_{\substack{(x,y)\to(0,0)\\ y=x^3}} f(x,y)=\lim\limits_{x\to 0}\dfrac{x^2}{x^3}=\infty$，则 f 在原点处沿曲线 $y=x^3$ 的极限不存在.

此亦表明，重极限 $\lim\limits_{\substack{x\to 0\\ y\to 0}} f(x,y)$ 不存在.　□

定义 10.1.5　设二元函数 $f(x,y)$ 定义于 $D\subseteq\mathbf{R}^2$，又 D 在 x 轴，y 轴上的投影分别记为

$$X=\{x\,|\,(x,y)\in D\},\quad Y=\{y\,|\,(x,y)\in D\}.$$

令 x_0, y_0 分别为 X 与 Y 的聚点. 若 $\forall\, y\in Y(y\neq y_0)$，存在极限 $\varphi(y)=\lim\limits_{x\to x_0} f(x,y)$ 与 $L=\lim\limits_{y\to y_0}\varphi(y)$，则称 L 为 $f(x,y)$ 先对 $x\to x_0$ 后对 $y\to y_0$ 的**累次极限**. 记为

$$L=\lim_{y\to y_0}\lim_{x\to x_0} f(x,y).$$

同理，可定义累次极限 $K=\lim\limits_{x\to x_0}\lim\limits_{y\to y_0} f(x,y)$.

例 10.1.5　试讨论下列函数在原点处的极限：

(1) $f(x,y)=\begin{cases}\dfrac{x^2-y^2}{x^2+y^2}, & x^2+y^2\neq 0,\\ 0, & x^2+y^2=0;\end{cases}$

(2) $f(x,y)=\begin{cases}(x+y)\sin\dfrac{1}{x}\sin\dfrac{1}{y}, & x^2+y^2\neq 0,\\ 0, & x^2+y^2=0;\end{cases}$

(3) $f(x,y)=\begin{cases}\dfrac{xy}{x^2+y^2}, & x^2+y^2\neq 0,\\ 0, & x^2+y^2=0.\end{cases}$

解 (1) 前面已知重极限$\lim\limits_{\substack{x\to 0\\ y\to 0}}\dfrac{x^2-y^2}{x^2+y^2}$不存在,但是累次极限为

$$\lim_{x\to 0}\lim_{y\to 0}\frac{x^2-y^2}{x^2+y^2}=\lim_{x\to 0}\frac{x^2}{x^2}=1,$$

$$\lim_{y\to 0}\lim_{x\to 0}\frac{x^2-y^2}{x^2+y^2}=\lim_{y\to 0}\frac{-y^2}{y^2}=-1.$$

(2) 易知重极限$\lim\limits_{\substack{x\to 0\\ y\to 0}}(x+y)\sin\dfrac{1}{x}\sin\dfrac{1}{y}=0$,但是累次极限

$$\lim_{x\to 0}\lim_{y\to 0}(x+y)\sin\frac{1}{x}\sin\frac{1}{y}=\lim_{x\to 0}\lim_{y\to 0}x\sin\frac{1}{x}\sin\frac{1}{y}\text{不存在}.$$

同理,累次极限$\lim\limits_{y\to 0}\lim\limits_{x\to 0}(x+y)\sin\dfrac{1}{x}\sin\dfrac{1}{y}$也不存在.

(3) 前面已知重极限$\lim\limits_{\substack{x\to 0\\ y\to 0}}\dfrac{xy}{x^2+y^2}$不存在,但是累次极限

$$\lim_{x\to 0}\lim_{y\to 0}\frac{xy}{x^2+y^2}=\lim_{x\to 0}\frac{0}{x^2}=0,$$

$$\lim_{y\to 0}\lim_{x\to 0}\frac{xy}{x^2+y^2}=\lim_{y\to 0}\frac{0}{y^2}=0.$$ □

虽然期望能将二元函数重极限的自变量变化$(x,y)\to(x_0,y_0)$,分解成两个独立的情形$x\to x_0$和$y\to y_0$依次考察,但上述例子表明,重极限与累次极限之间一般没有必然联系.下面的定理也只是给出了两个累次极限相等的充分条件.

定理 10.1.3 若二元函数$f(x,y)$在点$P_0(x_0,y_0)$的δ邻域上可能除开P_0外处处有定义,且重极限$\lim\limits_{(x,y)\to(x_0,y_0)}f(x,y)$存在.又对$\forall\, x\neq x_0$,极限$\lim\limits_{y\to y_0}f(x,y)$存在,则有

$$\lim_{x\to x_0}\lim_{y\to y_0}f(x,y)=\lim_{(x,y)\to(x_0,y_0)}f(x,y).$$

同理,若对$\forall\, y\neq y_0$,极限$\lim\limits_{x\to x_0}f(x,y)$存在,则有

$$\lim_{y\to y_0}\lim_{x\to x_0}f(x,y)=\lim_{(x,y)\to(x_0,y_0)}f(x,y).$$

证 不妨设重极限$\lim\limits_{(x,y)\to(x_0,y_0)}f(x,y)=A<\infty$,并记$\lim\limits_{y\to y_0}f(x,y)=\varphi(x)(\forall\, x\neq x_0)$.

对$\forall\,\varepsilon>0$,由$\lim\limits_{(x,y)\to(x_0,y_0)}f(x,y)=A$,存在$0<\delta_1<\delta$,使得当$0<\sqrt{(x-x_0)^2+(y-y_0)^2}<\delta_1$时,有

$$|f(x,y)-A|<\frac{\varepsilon}{2}.$$

又$\forall\, x\in U^\circ(x_0,\delta_2)$,令$y\to y_0$,即有

$$|\varphi(x)-A|\leqslant\frac{\varepsilon}{2}<\varepsilon.$$

此即表明,对$\forall\,\varepsilon>0$,取$\gamma=\min(\delta_1,\delta_2,\delta)$,使得当$0<|x-x_0|<\gamma$时,有$|\varphi(x)-A|<\varepsilon$.亦即

$$\lim_{x\to x_0}\lim_{y\to y_0}f(x,y)=\lim_{(x,y)\to(x_0,y_0)}f(x,y).$$

类似地,也可以证明$\lim\limits_{y\to y_0}\lim\limits_{x\to x_0}f(x,y)=\lim\limits_{(x,y)\to(x_0,y_0)}f(x,y)$. □

注记 10.1.1 (1) 累次极限并不是考虑特殊路径下的沿曲线的极限.

(2) 若累次极限$\lim\limits_{x\to x_0}\lim\limits_{y\to y_0}f(x,y)$,$\lim\limits_{y\to y_0}\lim\limits_{x\to x_0}f(x,y)$和重极限$\lim\limits_{(x,y)\to(x_0,y_0)}f(x,y)$都存在,则它们

必相等.

（3）若累次极限$\lim\limits_{x\to x_0}\lim\limits_{y\to y_0}f(x,y)$与$\lim\limits_{y\to y_0}\lim\limits_{x\to x_0}f(x,y)$存在但不相等，则重极限$\lim\limits_{(x,y)\to(x_0,y_0)}f(x,y)$必不存在.

定义 10.1.6　设二元函数 $f(x,y)$定义于非空集合 $D\subseteq\mathbf{R}^2$，又当 $P_0(x_0,y_0)\in D$ 且 P_0 为 D 的聚点时，有$\lim\limits_{\substack{P\to P_0\\P\in D}}f(P)=f(P_0)$或$\lim\limits_{\substack{(x,y)\to(x_0,y_0)\\(x,y)\in D}}f(x,y)=f(x_0,y_0)$，则称 $f(x,y)$**关于集合 D 在点 P_0 处连续**.

注记 10.1.2　（1）若二元函数 $f(x,y)$在 D 上每一点都关于 D 连续，则称 $f(x,y)$在 D 上连续. 通常，规定 $f(x,y)$在定义域 D 的孤立点是连续的.

（2）若有极限$\lim\limits_{\substack{P\to P_0\\P\in C}}f(P)=f(P_0)$，则称函数 f 沿着曲线 C 在点 P_0 处连续. 比如，对函数

$$f(x,y)=\begin{cases}\dfrac{xy}{x^2+y^2}, & (x,y)\in\{(x,y)\mid y=mx,x\neq0\},\\[2mm] \dfrac{m}{1+m^2}, & (x,y)\in(0,0),\end{cases}$$

有$\lim\limits_{\substack{(x,y)\to(0,0)\\y=mx}}f(x,y)=\dfrac{m}{1+m^2}=f(0,0)$，从而其在原点沿着直线 $y=mx$ 是连续的.

（3）对二元函数 $z=f(x,y)$，$(x,y)\in D$，定义**全增量**为

$$\Delta z=f(x,y)-f(x_0,y_0)=f(x_0+\Delta x,y_0+\Delta y)-f(x_0,y_0);$$

偏增量为

$$\Delta_x z=f(x_0+\Delta x,y_0)-f(x_0,y_0),$$
$$\Delta_y z=f(x_0,y_0+\Delta y)-f(x_0,y_0).$$

从而，函数 $f(x,y)$关于 D 在(x_0,y_0)处连续的充要条件是

$$\lim_{\substack{\Delta x\to0\\\Delta y\to0\\(x,y)\in D}}\Delta z=0.$$

又若函数 $f(x,y)$关于 D 在(x_0,y_0)处连续，则一定有 $f(x,y)$关于 x 在 x_0 处连续，且关于 y 在 y_0 连续. 此即有

$$\lim_{\substack{\Delta x\to0\\\Delta y\to0\\(x,y)\in D}}\Delta z=0\Rightarrow\lim_{\substack{\Delta x\to0\\(x,y)\in D}}\Delta_x z=0,\quad\lim_{\substack{\Delta y\to0\\(x,y)\in D}}\Delta_y z=0.$$

（4）多元连续函数在有意义情形下的四则运算、复合运算也仍然是连续的.

例 10.1.6　试讨论下列函数在原点的连续性：

（1）$f(x,y)=\dfrac{\sqrt{xy+1}-1}{xy}$，　$x^2+y^2\neq0$；

（2）$f(x,y)=\begin{cases}\dfrac{x^2y}{x^4+y^2}, & x^2+y^2\neq0,\\ 0, & x^2+y^2=0.\end{cases}$

解　（1）由于函数$\dfrac{\sqrt{xy+1}-1}{xy}$在 $x^2+y^2=0$ 时无定义，则原点$(0,0)$为此函数的间断点. 又

$$\lim_{\substack{x\to0\\y\to0}}\frac{\sqrt{1+xy}-1}{xy}=\lim_{\substack{x\to0\\y\to0}}\frac{\frac{1}{2}xy}{xy}=\frac{1}{2},$$

从而可以补充定义 $f(0,0)=\dfrac{1}{2}$,使原函数在原点处连续.

(2) 令 $x=r\cos\alpha, y=r\sin\alpha$,记单位矢量 $\boldsymbol{l}=(\cos\alpha,\sin\alpha)$. 对任意取定 $\alpha\neq 0,\pi$,有

$$\lim_{\substack{x\to 0\\ y\to 0}} f(x,y)=\lim_{\substack{r\to 0^+\\ \alpha\text{取定}}}\frac{r\cos^2\alpha\sin\alpha}{r^2\cos^4\alpha+\sin^2\alpha}=0=f(0,0);$$

对 $\alpha=0,\pi$,有

$$\lim_{\substack{x\to 0\\ y\to 0}} f(x,y)=\lim_{r\to 0^+} f(\pm r,0)=0=f(0,0).$$

此即,函数 $f(x,y)$ 在原点处沿任何射线都连续. 又由

$$\lim_{\substack{x\to 0\\ y\to 0\\ y=kx^2}} f(x,y)=\lim_{\substack{x\to 0\\ y\to 0\\ y=kx^2}}\frac{kx^4}{x^4+k^2x^4}=\frac{k}{1+k^2},\quad \forall k\neq 0$$

可知,函数 $f(x,y)$ 在原点处沿曲线 $y=kx^2(k\neq 0)$ 都不连续. 进而,其在原点处关于包含原点的区域是不连续的. □

例 10.1.7 设二元函数 $f(x,y)$ 定义于矩形区域 $[a,b]\times[c,d]$,又 $f(x,y)$ 关于 y 在 $[c,d]$ 上处处连续,关于 x 在 $[a,b]$ 上一致连续,则有 $f(x,y)$ 在 $[a,b]\times[c,d]$ 上处处连续.

证 对 $\forall(x_0,y_0)\in[a,b]\times[c,d]$,由 $f(x_0,y)$ 关于 y 在 $[c,d]$ 上连续,从而对 $\forall\varepsilon>0$,存在 $\delta_1>0$,$\forall|y-y_0|<\delta$,有

$$|f(x_0,y)-f(x_0,y_0)|<\frac{\varepsilon}{2}.$$

又二元函数 $f(x,y)$ 关于 x 在 $[a,b]$ 上一致连续,从而存在 $\delta_2>0$,对一切 $|x-x_0|<\delta_2$, $|y-y_0|<\delta_2$,有

$$|f(x,y)-f(x_0,y)|<\frac{\varepsilon}{2}.$$

令 $\delta=\min(\delta_1,\delta_2)$,当 $|x-x_0|<\delta$, $|y-y_0|<\delta$ 时,即有

$$|f(x,y)-f(x_0,y_0)|\leqslant|f(x,y)-f(x_0,y)|+|f(x_0,y)-f(x_0,y_0)|<\varepsilon.$$

此即,$\lim\limits_{\substack{x\to x_0\\ y\to y_0}} f(x,y)=f(x_0,y_0)$. 又由 (x_0,y_0) 的任意性,即有二元函数 $f(x,y)$ 在 $[a,b]\times[c,d]$ 上连续. □

10.1.3 多元连续函数的性质

类似于讨论一元连续函数的性质,可以在有界闭集上刻画多元连续函数的有界性定理、最大最小定理和一致连续性定理,在有界闭区域上刻画多元连续函数的介值定理等.

定理 10.1.4 (有界性定理) 设 E 为 $\mathbf{R}^2$ 中非空有界闭集,$f(x,y)$ 为定义在 E 上的二元连续函数,则 $f(x,y)$ 在 E 上必有界. 亦即,存在 $M>0$,使得

$$|f(x,y)|\leqslant M,\quad \forall(x,y)\in E.$$

证 反证法. 若定理结论不成立,即对 $\forall n\in\mathbf{N}^+$,存在 $(x_n,y_n)\in E$,使得

$$|f(x_n,y_n)|>n.$$

又 E 为有界闭集,是紧集,其中任何点列都有收敛子列,此即点列 $\{(x_n,y_n)\}$ 有收敛子列 $\{(x_{n_k},y_{n_k})\}$,并记为

$$\lim_{k\to\infty}(x_{n_k},y_{n_k})=(x_0,y_0).$$

因为 E 为闭集，从而有 $(x_0,y_0)\in E$. 再由二元函数 $f(x,y)$ 在 E 上的连续性，有

$$\lim_{k\to\infty}f(x_{n_k},y_{n_k})=f(x_0,y_0).$$

另一方面，由于 $|f(x_{n_k},y_{n_k})|>n_k$，有 $\lim\limits_{k\to\infty}f(x_{n_k},y_{n_k})=\infty$. 这是矛盾的.

此即，$f(x,y)$ 在 E 上必有界. □

定理 10.1.5 （最大最小定理） 设 E 为 $\mathbf{R}^2$ 中非空有界闭集，又 $f(x,y)$ 为定义在 E 上的二元连续函数，则 $f(x,y)$ 在 E 上有最大值和最小值. 也即存在 $(\bar{x},\bar{y}),(\tilde{x},\tilde{y})\in E$，使得

$$f(\bar{x},\bar{y})\leqslant f(x,y)\leqslant f(\tilde{x},\tilde{y}),\quad \forall\,(x,y)\in E.$$

证 由于二元函数 $f(x,y)$ 在有界闭集 E 上连续，可知其在 E 上有界，从而有上、下确界，记为

$$m=\inf_{(x,y)\in E}f(x,y),\quad M=\sup_{(x,y)\in E}f(x,y).$$

关于上确界 M，对 $\forall\,n\in\mathbf{N}_+$，存在 $(x_n,y_n)\in E$，使得

$$M-\frac{1}{n}<f(x_n,y_n)\leqslant M.$$

又这样的点列 $\{(x_n,y_n)\}$ 是有界的，从而存在收敛子列 $\{(x_{n_k},y_{n_k})\}$，使得 $\lim\limits_{k\to\infty}(x_{n_k},y_{n_k})=(\tilde{x},\tilde{y})$. 又因为 E 是闭集，有 $(\tilde{x},\tilde{y})\in E$. 再注意到 $f(x,y)$ 在 $(\tilde{x},\tilde{y})$ 处的连续性，即有

$$\lim_{k\to\infty}f(x_{n_k},y_{n_k})=M=f(\tilde{x},\tilde{y}).$$

此即表明，存在点 $(\tilde{x},\tilde{y})$，使得 $f(x,y)$ 在 E 上达到最大值.

同理，也可证明存在点 $(\bar{x},\bar{y})$，使得 $f(x,y)$ 在 E 上达到最小值. □

定理 10.1.6 （介值定理） 设 E 为 $\mathbf{R}^2$ 中非空有界闭区域，又二元函数 f 为定义在 E 上的连续函数. 令 $a=\inf\limits_{P\in E}f(P)$，$b=\sup\limits_{P\in E}f(P)$，则对 $\forall\,\eta\in[a,b]$，存在 $P_0\in E$，使得 $f(P_0)=\eta$.

证 对在非空有界闭区域 E 上的连续函数，存在 $P_1,P_2\in E$，使得

$$f(P_1)=a,\quad f(P_2)=b.$$

令 $F(P)=f(P)-\eta$，则 $F(P)$ 在 E 上也连续，且 $F(P_1)<0$，$F(P_2)>0$. 下证：存在 $P_0\in E$，使得 $F(P_0)=0$.

不妨设 P_1,P_2 为 E 的内点，否则考虑其在使得 f 有定义情形下的特定邻域即可.

由于 E 为区域（图 10-1），有连通性，即存在 E 中有限段折线联结 P_1,P_2. 若有某一个联结点对应的 F 函数值为 0，则已得证. 否则，从某一端开始逐个检查直线段，必定存在某一直线段，F 在其两端点函数值异号.

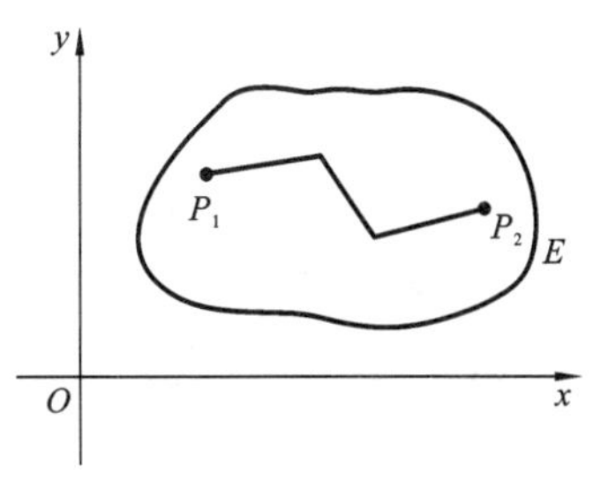

图 10-1

对 $P_1(x_1,y_1)$，$P_2(x_2,y_2)$，不失一般性，设这一段直线为

$$\begin{cases}x=x_1+t(x_2-x_1),\\ y=y_1+t(y_2-y_1),\end{cases}\quad 0\leqslant t\leqslant 1.$$

从而，复合函数

$$G(t)=F(x_1+t(x_2-x_1),y_1+t(y_2-y_1))\quad(0\leqslant t\leqslant 1)$$

在区间 $[0,1]$ 上连续，且

$$F(P_1)=G(0)<0<G(1)=F(P_2).$$

由一元连续函数 $G(t)$ 在 $[0,1]$ 上的介值定理可知，存在 $t_0\in(0,1)$，使 $G(t_0)=0$. 记

$$P_0(x_1+t_0(x_2-x_1),y_1+t_0(y_2-y_1)),$$

则有

$$F(P_0)=0.$$ □

定理 10.1.7 **(一致连续性定理)** 设 E 为 $\mathbf{R}^2$ 中非空有界闭集，又 $f(x,y)$ 为定义于 E 上的二元连续函数，则 $f(x,y)$ 在 E 上一致连续. 也即，对 $\forall\, \varepsilon>0$，存在 $\delta>0$，且对 $\forall\, P$、$Q\in E$，只要 $d(P,Q)=|PQ|<\delta$，就有

$$|f(P)-f(Q)|<\varepsilon.$$

证 反证法. 假设 $f(x,y)$ 在 E 上不一致连续，则存在 $\varepsilon_0>0$，对 $\forall\,\delta>0$，存在相应的 $P_\delta,Q_\delta\in E$，虽然满足 $d(P_\delta,Q_\delta)<\delta$，但有

$$|f(P_\delta)-f(Q_\delta)|\geqslant\varepsilon_0.$$

特别地，对 $\forall\, n\in\mathbf{N}_+$，令 $\delta=\frac{1}{n}$，则有相应的点 $P_n,Q_n\in E$，满足 $d(P_n,Q_n)<\delta$，但有

$$|f(P_n)-f(Q_n)|\geqslant\varepsilon_0.$$

注意到 $\{P_n\}$ 为有界闭集 E 中的点列，从而存在子列 $\{P_{n_k}\}$ 收敛于 E 中的某点 P_0. 又由 $d(P_n,Q_n)<\frac{1}{n}$，可得 $\{Q_n\}$ 对应的子列 $\{Q_{n_k}\}$ 也收敛于 P_0.

由于 f 在 P_0 处连续，有

$$\lim_{k\to\infty}|f(P_{n_k})-f(Q_{n_k})|=|f(P_0)-f(P_0)|=0.$$

另一方面，由 $|f(P_{n_k})-f(Q_{n_k})|\geqslant\varepsilon_0>0$，有

$$\lim_{k\to\infty}|f(P_{n_k})-f(Q_{n_k})|\geqslant\varepsilon_0>0.$$

这是矛盾的.

因此，f 在 E 上是一致连续的. □

例 10.1.8 设二元函数 $f(x,y)=\begin{cases}\dfrac{x^2y^2}{x^2+y^2}, & x^2+y^2\neq 0,\\ 0, & x^2+y^2=0,\end{cases}$ 则其在 $\mathbf{R}^2$ 上不一致连续.

证 (1) $\forall\,(x,y)\in\mathbf{R}^2$，$x^2+y^2\neq 0$，$f(x,y)=\dfrac{x^2y^2}{x^2+y^2}$ 为初等函数，显然在有定义的每一点处连续. 又

$$\lim_{\substack{x\to 0\\ y\to 0}}f(x,y)=\lim_{\substack{x\to 0\\ y\to 0}}\frac{x^2y^2}{x^2+y^2}=0=f(0,0),$$

从而，$f(x,y)$ 在 $(0,0)$ 处也连续.

此即表明，$f(x,y)$ 在 $\mathbf{R}^2$ 上连续.

(2) 令 $x_i=r_i\cos\theta$，$y_i=r_i\sin\theta$，以及 $\theta=\frac{\pi}{4}$.

对 $\varepsilon_0\leqslant\frac{1}{2}$，任意的 $\delta>0$，取 $r_1=\frac{1}{\delta}$，$r_2=r_1+\delta$，有 $|r_1-r_2|\leqslant\delta$，使得 $P_1(x_1,y_1)$，$P_2(x_2,y_2)\in\mathbf{R}^2$ 满足

$$\left|\frac{x_1^2y_1^2}{x_1^2+y_1^2}-\frac{x_2^2y_2^2}{x_2^2+y_2^2}\right|=|r_1^2\cos^2\theta\sin^2\theta-r_2^2\cos^2\theta\sin^2\theta|=\frac{1}{4}|r_1^2-r_2^2|$$

$$=\frac{1}{4}|2\delta r_1+\delta^2|>\frac{1}{2}\geqslant\varepsilon_0.$$

此即，$f(x,y)$ 在 $\mathbf{R}^2$ 上不一致连续. □

习　题　10.1

习题10.1

1. 试确定并画出下列函数的定义域：

(1) $z=\sqrt{\dfrac{3x-x^2-y^2}{2x^2+3y^2-x}}$；　(2) $z=\arcsin\dfrac{x}{y^2}+\arccos(1-y^3)$；

(3) $z=\dfrac{\sqrt{4x-y^2}}{\ln(1-x^2-y^2)}$；　(4) $z=\dfrac{\ln(1+xy)}{x(x+y)}$.

2. 画出下列函数对应的等值线，并讨论函数图像.

(1) $z=xy$；　(2) $z=\sqrt{1-x^2-2y^2}$.

3. 若函数 $z(x,y)=\sqrt{y}+f(\sqrt{x}-1)$，且当 $y=4$ 时，$z=x+1$，试求 $f(x)$ 与 $z(x,y)$ 的表达式.

4. 试用定义证明下列二重极限：

(1) $\lim\limits_{\substack{x\to1\\y\to2}}3x-4y=-5$；　(2) $\lim\limits_{\substack{x\to0\\y\to1}}\dfrac{1-xy}{x^2+y^2}=1$；

(3) $\lim\limits_{\substack{x\to0^+\\y\to0^+}}\sqrt{x-\sqrt{y}}=0$；　(4) $\lim\limits_{\substack{x\to0\\y\to0}}\dfrac{9xy^2}{x^2+y^2}=0$.

5. 试讨论下列函数在原点处重极限的存在性.若存在，请求出极限.

(1) $f(x,y)=\dfrac{x^2y^3}{x^4+y^8}$；　(2) $f(x,y)=\dfrac{\sin(xy^2)}{x^2+y^2}$；

(3) $f(x,y)=\dfrac{x^3+y^3}{x^2+y}$；　(4) $f(x,y)=\dfrac{x^3y^2}{x^4+y^4}$；

(5) $f(x,y)=(x+y)\ln(x^2+y^2)$；　(6) $f(x,y)=\dfrac{x^2+y^2}{|x|+|y|}$；

(7) $f(x,y)=\dfrac{|x|-|y|}{|x|+|y|}$；　(8) $f(x,y)=xy\arctan\dfrac{1}{x}\arctan\dfrac{1}{y}$；

(9) $f(x,y)=\dfrac{x^2-y^2}{x^3-y^3}$；　(10) $f(x,y)=\dfrac{x^{-y}}{1+x^{-y}}$；

(11) $f(x,y)=\begin{cases}1, & 0<y<x^2,\\ 0, & \text{其他}；\end{cases}$　(12) $f(x,y)=\begin{cases}y, & x\in\mathbf{Q},\\ 0, & x\notin\mathbf{Q}.\end{cases}$

6. 试讨论下列函数在原点处的累次极限，沿直线的极限以及沿曲线的极限等.

(1) $f(x,y)=\dfrac{x^3y^3}{x^3y^3+(x-y)^3}$；

(2) $f(x,y)=(x^2+y^2)\arctan\dfrac{1}{x}\arctan\dfrac{1}{y}$.

7. 试确定下列函数的连续范围：

(1) $f(x,y)=[xy]$；　(2) $f(x,y)=\dfrac{x^2y^2}{x^2y^2+(x-y)^2}$；

(3) $f(x,y)=\begin{cases}e^{-\frac{|y|}{x^2+y^2}}, & x^2+y^2\neq0,\\ 0, & x^2+y^2=0；\end{cases}$

(4) $f(x,y)=\begin{cases}\dfrac{\sin xy}{y}, & y\neq 0,\\ x, & y=0.\end{cases}$

8. 设二元函数 $f(x,y)$ 在开集 $D\subseteq\mathbf{R}^2$ 内对变量 x 是连续的，对变量 y 满足 Lipschitz(利普希茨)条件，即对 $\forall(x,y'),(x,y'')\in D$，有

$$|f(x,y')-f(x,y'')|\leqslant L|y'-y''|,$$

其中 L 为常数.试证明，$f(x,y)$ 在 D 上连续.

9. 设函数 $f(x)$ 在区间 (a,b) 内具有连续导数，又令 $D=(a,b)\times(a,b)$，定义二元函数

$$F(x,y)=\begin{cases}\dfrac{f(x)-f(y)}{x-y}, & x\neq y,\\ f'(x), & x=y.\end{cases}$$

试证明：对 $\forall c\in(a,b)$，有 $\lim\limits_{\substack{x\to c\\ y\to c}}F(x,y)=f'(c)$.

10. 设二元函数 $f(x,y)$ 在非空区域 D 上关于变量 x 和 y 分别都连续，并且关于其中一个变量是单调的，则有 $f(x,y)$ 在 D 上是连续函数.

11. 若定义在 $\mathbf{R}^n\backslash\{0\}$ 上的函数 $f(x)$ 满足

$$f(\lambda x)=\lambda^\mu f(x),\quad \forall x\in\mathbf{R}^n\backslash\{0\},\quad \forall\lambda>0,$$

则称其为 μ 次**齐次函数**.又设 $f(x)$ 在 $\mathbf{R}^n\backslash\{0\}$ 上连续，试证明：

(1) 存在常数 $C>0$，使得

$$|f(x)|\leqslant C|x|^\mu,\quad \forall x\in\mathbf{R}^n\backslash\{0\};$$

(2) 若 $f(x)>0$，则也存在常数 $k>0$，使得

$$f(x)\geqslant k|x|^\mu,\quad \forall x\in\mathbf{R}^n\backslash\{0\}.$$

12. 设 D 为 $\mathbf{R}^m$ 中的非空开集，E 为 $\mathbf{R}^n$ 中非空有界闭区域，又 $f(x,y)$ 为定义在 $D\times E$ 上的连续函数.令

$$g(x)=\max_{y\in E}f(x,y),\quad \forall x\in D,$$

则函数 $g(x)$ 在 D 上连续.

13. 试证明：(1) 二元函数 $f(x,y)=\dfrac{1}{1-xy}$ 在区域 $[0,1)\times[0,1)$ 上不一致连续；

(2) 距离函数 $d(x,y)=\|x-y\|$ 在 $\mathbf{R}^n\times\mathbf{R}^n$ 上一致连续.

10.2 多元函数微分学

虽然多元函数微分学可以尝试自然推广一元函数微分学的相应情形，但由于有多元函数的多变量变化时的关联与协变效应，使得多元函数微分学在事实上会更丰富、更微妙.

10.2.1 可微性与全微分

定义 10.2.1 设二元函数 $z=f(x,y)$ 在 $P_0(x_0,y_0)$ 的某邻域 $U(P_0)$ 上有定义，若对 $U(P_0)$ 中的点 $P(x_0+\Delta x,y_0+\Delta y)$，函数 $f(x,y)$ 在 P_0 处的全增量 Δz 可表为

$$\begin{aligned}\Delta z&=f(x_0+\Delta x,y_0+\Delta y)-f(x_0,y_0)=A\Delta x+B\Delta y+\alpha\Delta x+\beta\Delta y\\&=A\Delta x+B\Delta y+o(\rho),\end{aligned}$$

其中，A,B 仅与 P_0 有关，

$$\lim_{\substack{\Delta x\to 0\\ \Delta y\to 0}}\alpha=0=\lim_{\substack{\Delta x\to 0\\ \Delta y\to 0}}\beta,\quad \lim_{\substack{\Delta x\to 0\\ \Delta y\to 0}}\rho=\lim_{\substack{\Delta x\to 0\\ \Delta y\to 0}}\sqrt{\Delta x^2+\Delta y^2}=0.$$

则称 $f(x,y)$ 在 P_0 处**可微分**；称 $A\Delta x+B\Delta y$ 为 $f(x,y)$ 在 P_0 处的**全微分**. 记为

$$\mathrm{d}z|_{P_0}=A\Delta x+B\Delta y,\quad 或\quad \mathrm{d}f(x_0,y_0)=A\Delta x+B\Delta y.$$

与一元函数的微分一样，多元函数在 P_0 处的全微分其实就是函数在 P_0 处改变量的线性主部. 而且，若多元函数 f 在区域 D 上每一点都可微，也称 f 在 D 上可微分.

特别地，令 $z=x$，则有 $\mathrm{d}z=\mathrm{d}x=\Delta x$；又令 $z=y$，则有 $\mathrm{d}z=\mathrm{d}y=\Delta x$. 从而，有全微分

$$\mathrm{d}z|_{P_0}=A\mathrm{d}x+B\mathrm{d}y.$$

下面，我们将讨论多元函数全微分的基本问题：函数 f 在什么条件下可微？如果 f 可微，又该如何具体刻画其全微分？函数的可微性与连续性有什么联系等？

为此，先介绍多元函数偏导数的概念.

定义 10.2.2　(1) 设二元函数 $z=f(x,y)$ 在点 $P_0(x_0,y_0)$ 的某邻域 $U(P_0)$ 有定义，则当极限 $\lim\limits_{\Delta x\to 0}\dfrac{f(x_0+\Delta x,y_0)-f(x_0,y_0)}{\Delta x}$ 存在时，称该极限为 f 在 P_0 处**关于 x 的偏导数**，记作 $f_x(x_0,y_0)$，$z_x(x_0,y_0)$，$\left.\dfrac{\partial f}{\partial x}\right|_{P_0}$ 或 $\dfrac{\partial z}{\partial x}(x_0,y_0)$. 若极限存在且有限，则称 f 在 P_0 处**关于 x 可偏导**.

同理，也可定义 f 在 P_0 处**关于 y 的偏导数**：

$$\lim_{\Delta y\to 0}\frac{f(x_0,y_0+\Delta y)-f(x_0,y_0)}{\Delta y}=z_y(x_0,y_0).$$

(2) 若二元函数 $f(x,y)$ 在非空区域 D 中每一点 P 关于 x 都可偏导，从而有映射

$$D(x,y)\mapsto f_x(x,y),\quad D\in(x,y)\mapsto f_x(x,y),$$

称此映射确定的函数为 f 在 D **上关于 x 的偏导函数**，也记作 $f_x(x,y)$.

同理，也可定义 f 在 D 上**关于 y 的偏导函数** $f_y(x,y)$.

注记 10.2.1　(1) 偏导数在本质上是多元函数固定其他变量，关于特定单变量的导数. 因此，一元函数的求导法则都可以直接平行地用于求多元函数的偏导数.

(2) 二元函数 $z=f(x,y)$，$(x,y)\in D$ 在几何上表现为三维空间的曲面，一元函数 $f(x,y_0)$ 在几何上可以看作曲面 $z=f(x,y)$ 与平面 $y=y_0$ 的交线，即

$$C_x:\begin{cases}z=f(x,y),\\ y=y_0.\end{cases}$$

由偏导数的定义，偏导数 $f_x(x_0,y_0)$ 就是曲线 C_x 在点 $M(x_0,y_0,f(x_0,y_0))$ 处的切线 T_x 关于 x 轴正向的斜率. 同理，偏导数 $f_y(x_0,y_0)$ 就是曲线 $C_y:\begin{cases}z=f(x,y),\\ x=x_0\end{cases}$ 在点 M 处的切线 T_y 关于 y 轴正向的斜率.

例 10.2.1　试讨论二元函数 $f(x,y)=\begin{cases}\dfrac{xy}{x^2+y^2}, & x^2+y^2\neq 0,\\ 0, & x^2+y^2=0\end{cases}$ 在原点处的偏导数.

解　由于　$\dfrac{f(0+\Delta x,0)-f(0,0)}{\Delta x}=0$，　$\dfrac{f(0,0+\Delta y)-f(0,0)}{\Delta y}=0$，

即函数 $f(x,y)$ 在原点处的两个偏导数均存在且为 0.　□

事实上，这里 $f(x,y)$ 在原点处并不连续.

例 10.2.2　试讨论函数 $f(x,y)=|xy|$ 在原点附近的偏导数.

解　(1) 由于 $f(x,y)=|x||y|$,从而对 $x\neq 0$,有 $f_x(x,y)=(\mathrm{sgn}x)|y|$,对 $y\neq 0$,有

$$f_y(x,y)=(\mathrm{sgn}y)|x|.$$

(2) 对 $x=0,y\neq 0$,有

$$f_x(0,y)=\lim_{\Delta x\to 0}\frac{f(\Delta x,y)-f(0,y)}{\Delta x}=\lim_{\Delta x\to 0}\frac{|\Delta x||y|}{\Delta x}$$

不存在.

同理,对 $x\neq 0,y=0$,有 $f_y(x,0)$ 不存在.

(3) 对 $x=0=y$,有

$$f_x(0,0)=\lim_{\Delta x\to 0}\frac{f(\Delta x,0)-f(0,0)}{\Delta x}=0.$$

同理,也有 $f_y(0,0)=0$.

综合,即有

$$f_x(x,y)=\begin{cases}|y|\mathrm{sgn}x, & x\neq 0,\\ \text{不存在}, & x=0,y\neq 0,\\ 0, & x=0,y=0.\end{cases}$$

事实上,易知此函数 $f(x,y)=|xy|$ 在 $\mathbf{R}^2$ 上连续. 一般地,多元函数在某点的连续性与可偏导与否没有必然联系. □

10.2.2　可微性条件

定理 10.2.1　(必要条件)　若二元函数 $z=f(x,y)$ 在其定义域 D 内每一点 $P_0(x_0,y_0)$ 处都可微,则有 $f(x,y)$ 在 P_0 处连续,且 f 关于每个自变量在 P_0 处的偏导数都存在.

证　由于函数 $f(x,y)$ 在 $P_0(x_0,y_0)$ 处可微,则有

$$\Delta z|_{P_0}=\Delta f(x_0,y_0)=A\Delta x+B\Delta y+o(\sqrt{\Delta x^2+\Delta y^2}),$$

从而 $\lim\limits_{\substack{\Delta x\to 0\\ \Delta y\to 0}}\Delta z|_{P_0}=0$,此即 f 在 P_0 处连续. 又

$$\left.\frac{\partial z}{\partial x}\right|_{P_0}=\lim_{\Delta x\to 0}\frac{f(x_0+\Delta x,y_0)-f(x_0,y_0)}{\Delta x}=\lim_{\Delta x\to 0}\frac{A\Delta x+o(|\Delta x|)}{\Delta x}=A,$$

$$\left.\frac{\partial z}{\partial y}\right|_{P_0}=\lim_{\Delta y\to 0}\frac{f(x_0,y_0+\Delta y)-f(x_0,y_0)}{\Delta y}=\lim_{\Delta y\to 0}\frac{B\Delta y+o(|\Delta y|)}{\Delta y}=B.$$

此即表明,$f(x,y)$ 在 P_0 处的偏导数存在,且 f 在 P_0 处的微分为

$$\mathrm{d}z|_{P_0}=\left.\frac{\partial z}{\partial x}\right|_{P_0}\cdot\mathrm{d}x+\left.\frac{\partial z}{\partial y}\right|_{P_0}\cdot\mathrm{d}y.$$ □

定理 10.2.2　(充分条件)　设多元函数 $u=f(P)=f(x_1,\cdots,x_n)$ 关于每个自变量的偏导数在点 $P_0(x_{10},x_{20},\cdots,x_{n0})$ 的某邻域内均存在,且至多有一个偏导数在 P_0 处不连续,则有 f 在 P_0 处可微分.

证　不妨设 $n=3$,考虑三元函数 $u=f(x,y,z)$ 的情形.

设 f_x,f_y 在 $P_0(x_0,y_0,z_0)$ 处连续,f_z 存在但在 P_0 处不连续,从而有

$$\begin{aligned}f(x,y,z)-f(x_0,y,z)&=f_x(x_0,y,z)\Delta x+o(\Delta x)\\&=[f_x(x_0,y_0,z_0)+\alpha(\Delta y,\Delta z)]\Delta x+o(\Delta x)\\&=f_x(x_0,y_0,z_0)\Delta x+o_1(\rho),\end{aligned}$$

其中 $o_1(\rho)=\alpha\cdot\Delta x+o(\Delta x),\rho=\sqrt{\Delta x^2+\Delta y^2+\Delta z^2}$,以及 $\lim\limits_{\rho\to0^+}\alpha(\Delta y,\Delta z)=0$;

$$\begin{aligned}f(x_0,y,z)-f(x_0,y_0,z)&=f_y(x_0,y_0,z)\Delta y+o(\Delta y)\\&=[f_y(x_0,y_0,z_0)+\beta(\Delta z)]\Delta y+o(\Delta y)\\&=f_y(x_0,y_0,z_0)\Delta y+o_2(\rho),\end{aligned}$$

其中 $o_2(\rho)=\beta\cdot\Delta y+o(\Delta y)$,以及 $\lim\limits_{\rho\to0^+}\beta(\Delta z)=0$;

$$f(x_0,y_0,z)-f(x_0,y_0,z_0)=f_z(x_0,y_0,z_0)\Delta z+o(\Delta z).$$

综合起来,即有

$$\begin{aligned}\Delta z&=f(x,y,z)-f(x_0,y_0,z_0)\\&=[f(x,y,z)-f(x_0,y,z)]+[f(x_0,y,z)-f(x_0,y_0,z)]\\&\quad+[f(x_0,y_0,z)-f(x_0,y_0,z_0)]\\&=f_x(x_0,y_0,z_0)\Delta x+f_y(x_0,y_0,z_0)\Delta y+f_z(x_0,y_0,z_0)\Delta z+\gamma,\end{aligned}$$

其中

$$\gamma=o_1(\rho)+o_2(\rho)+o(\Delta z)=o(\rho).$$

此即表明,函数 $f(x,y,z)$ 在点 $P_0(x_0,y_0,z_0)$ 处可微分. □

例 10.2.3 试讨论下列函数在原点处的可微性:

(1) $f(x,y)=\sqrt{|xy|}$;　(2) $g(x,y)=\begin{cases}(x^2+y^2)\sin\dfrac{1}{x^2+y^2}, & x^2+y^2\neq0,\\ 0, & x^2+y^2=0.\end{cases}$

解 (1) 由 $f(x,0)=0=f(0,y)$,即有

$$f_x(0,0)=0=f_y(0,0).$$

又

$$\lim_{\substack{\Delta x\to0\\ \Delta y\to0}}\frac{f(\Delta x,\Delta y)-f(0,0)-f_x(0,0)\Delta x-f_y(0,0)\Delta y}{\sqrt{\Delta x^2+\Delta y^2}}=\lim_{\substack{\Delta x\to0\\ \Delta y\to0}}\frac{\sqrt{|\Delta x\Delta y|}}{\sqrt{\Delta x^2+\Delta y^2}}$$

不存在,可知函数 $f(x,y)=\sqrt{|xy|}$ 在原点处不可微.

(2) 显然有

$$\lim_{\substack{x\to0\\ y\to0}}g(x,y)=\lim_{\substack{x\to0\\ y\to0}}(x^2+y^2)\sin\frac{1}{x^2+y^2}=0=g(0,0),$$

即 $g(x,y)$ 在 $(0,0)$ 处连续. 又

$$g_x(0,0)=\lim_{\Delta x\to0}\frac{g(\Delta x,0)-g(0,0)}{\Delta x}=\lim_{\Delta x\to0}\frac{\Delta x^2\sin\dfrac{1}{\Delta x^2}}{\Delta x}=0,$$

同理,$g_y(0,0)=0$.

再由

$$\begin{aligned}&\lim_{\substack{\Delta x\to0\\ \Delta y\to0}}\frac{g(\Delta x,\Delta y)-g(0,0)-g_x(0,0)\Delta x-g_y(0,0)\Delta y}{\sqrt{\Delta x^2+\Delta y^2}}\\&=\lim_{\substack{\Delta x\to0\\ \Delta y\to0}}\frac{1}{\sqrt{\Delta x^2+\Delta y^2}}(\Delta x^2+\Delta y^2)\sin\frac{1}{\Delta x^2+\Delta y^2}=0\end{aligned}$$

可得函数 $g(x,y)$ 在原点处可微分.

这里,对 $x^2+y^2\neq0$,有

$$g_x(x,y)=2x\sin\frac{1}{x^2+y^2}-\frac{2x}{x^2+y^2}\cos\frac{1}{x^2+y^2},$$

$$g_y(x,y)=2y\sin\frac{1}{x^2+y^2}-\frac{2y}{x^2+y^2}\cos\frac{1}{x^2+y^2}.$$

从而,

$$\lim_{\substack{x\to 0\\ y\to 0}} g_x(x,y)=\lim_{\substack{x\to 0\\ y\to 0}} 2x\sin\frac{1}{x^2+y^2}-\frac{2x}{x^2+y^2}\cos\frac{1}{x^2+y^2}$$

不存在;同理,$\lim\limits_{\substack{x\to 0\\ y\to 0}} g_y(x,y)$也不存在.

此即,函数 $g(x,y)$的偏导函数在原点处并不连续. □

10.2.3 微分中值定理

微分中值定理是研究函数的有力工具,能刻画函数的整体性与其导函数的局部性之间的关联,有十分广泛的应用.

定理 10.2.3 设二元函数 $z=f(x,y)$在点 $P_0(x_0,y_0)$的某邻域内存在偏导数,对 $\forall P(x,y)\in U(P_0,\delta)$,则存在

$$\xi=x_0+\theta_1(x-x_0),\quad \eta=y_0+\theta_2(y-y_0),\quad 0<\theta_1,\theta_2<1,$$

使得
$$f(x,y)-f(x_0,y_0)=f_x(\xi,y)(x-x_0)+f_y(x_0,\eta)(y-y_0).$$

证 对 $f(x,y)-f(x_0,y_0)=f(x,y)-f(x_0,y)+f(x_0,y)-f(x_0,y_0)$,直接用一元函数的微分中值定理即可. □

定理 10.2.4 设 $D\subseteq\mathbf{R}^2$ 为非空开凸区域,$f(x,y)$为定义于 D 上的可微二元函数,则对 $\forall P,Q\in D$,存在位于 P 和 Q 连线上的点 W,使得

$$f(P)-f(Q)=\sum_{i=1}^{2}f_i(W)(p_i-q_i),$$

其中,$f_1=f_x,f_2=f_y$,且 $P(p_1,p_2)$与 $Q(q_1,q_2)$有连通道路.

证 令 $\varphi(t)=f(Q+t(P-Q))$. 事实上,由于 D 为凸区域,对 $\forall t\in[0,1]$,仍有 $Q+t(P-Q)\in D$. 此即,$\varphi(t)$定义合理. 又由函数 f 在 D 上可微,有 φ 在$[0,1]$上可微,且

$$\varphi'(t)=f_x(Q+t(P-Q))(p_1-q_1)+f_y(Q+t(P-Q))(p_2-q_2).$$

事实上,由

$$f(Q_0+\Delta Q)=f(Q_0)+f_x(Q_0)\Delta q_1+f_y(Q_0)\Delta q_2+o(\|\Delta q\|),$$

其中 $\Delta q=(\Delta q_1,\Delta q_2)$. 进而,对 $\forall t\in[0,1]$,有充分小的 $\Delta t>0$,取

$$Q_0=Q+t(P-Q),\quad \Delta q_1=(p_1-q_1)\Delta t,\quad \Delta q_2=(p_2-q_2)\Delta t,$$

则有
$$\begin{aligned}f(Q+(t+\Delta t)(P-Q))=&f(Q+t(P-Q))+f_x(Q+t(P-Q))(p_1-q_1)\Delta t\\&+f_y(Q+t(P-Q))(p_2-q_2)\Delta t+o(\Delta t).\end{aligned}$$

此即

$$\varphi(t+\Delta t)=\varphi(t)+f_x(Q+t(P-Q))(p_1-q_1)\Delta t+f_y(Q+t(P-Q))(p_2-q_2)\Delta t+o(\Delta t),$$

使得

$$\lim_{\Delta t\to 0}\frac{\varphi(t+\Delta t)-\varphi(t)}{\Delta t}=f_x(Q+t(P-Q))(p_1-q_1)+f_y(Q+t(P-Q))(p_2-q_2).$$

于是,令 $W=Q+\tau(P-Q)$,利用 $\varphi(1)-\varphi(0)=\varphi'(\tau)$,即有定理结论成立. □

10.2.4 多元函数微分的几何意义与应用

一般地,若二元函数 $z=f(x,y)$在点 $P_0(x_0,y_0)$处可微分,即有

$$f(x,y)-f(x_0,y_0)\approx f_x(x_0,y_0)(x-x_0)+f_y(x_0,y_0)(y-y_0).$$

这在几何上可以理解为,在 P_0 处可用平面

$$z=f(x_0,y_0)+f_x(x_0,y_0)(x-x_0)+f_y(x_0,y_0)(y-y_0)$$

近似曲面 $z=f(x,y)$，在局部可以平直近似弯曲.

定义 10.2.3 若二元函数 $z=f(x,y)$ 在点 $P_0(x_0,y_0)$ 处可微分，交线

$$C_x:\begin{cases}z=f(x,y),\\ y=y_0\end{cases} \text{与 } C_y:\begin{cases}z=f(x,y),\\ x=x_0\end{cases}$$

在 (x_0,y_0,z_0) 处分别有关于 x 轴与 y 轴的切线 T_x 与 T_y. 通常，称由过点 (x_0,y_0,z_0) 的 T_x 与 T_y 张成的平面 π: $z=z_0+f_x(x_0,y_0)(x-x_0)+f_y(x_0,y_0)(y-y_0)$ 为曲面 $z=f(x,y)((x,y)\in D)$ 在 (x_0,y_0,z_0) 处的**切平面**.

定理 10.2.5 空间曲面 $z=f(x,y)((x,y)\in D)$ 在点 $P_0(x_0,y_0,z_0)$ 处存在不平行于 z 轴的切平面 π 的充要条件是，函数 $f(x,y)$ 在 (x_0,y_0) 处可微分.

定义 10.2.4 对空间曲面 $z=f(x,y)((x,y)\in D)$，过切点 P 且与切平面垂直的直线称为该曲面在 P 处的**法线**.

一般地，由于曲面 $z=f(x,y)((x,y)\in D)$ 的切平面法向为 $\boldsymbol{n}=\pm(f_x,f_y,-1)$，则有其在切点处的法线方向为

$$\boldsymbol{s}=k\boldsymbol{n}\quad(k\neq 0).$$

例 10.2.4 试在曲面 $z=xy$ 上求一点，使得该点处的法线垂直于平面 $\frac{x}{6}+\frac{y}{2}+\frac{z}{3}=1$，并给出曲面在该点处的切平面方程与法线方程.

解 设点 $P_0(x_0,y_0,z_0)$ 满足要求，则有

$$x_0y_0=z_0,\quad (y_0,x_0,-1)/\!/(1,3,2),$$

从而有所求点 P_0 的坐标为 $\left(-\frac{3}{2},-\frac{1}{2},\frac{3}{4}\right)$.

曲面 $z=xy$ 在 P_0 处的切平面方程为

$$\left(x+\frac{3}{2}\right)+3\left(y+\frac{1}{2}\right)+2\left(z-\frac{3}{4}\right)=0;$$

在 P_0 处的法线方程为

$$\frac{x+\frac{3}{2}}{1}=\frac{y+\frac{1}{2}}{3}=\frac{z-\frac{3}{4}}{2}.$$

□

注记 10.2.2 若曲线 C 是曲面 S_1 与 S_2 的交线，S_i 由方程 $F_i(x,y,z)=0(i=1,2)$ 给出，则 C 在某点处的切线是曲面 S_1 与 S_2 在该点处切平面的交线. 于是，C 在该点处的切线方向 $\boldsymbol{\tau}$ 应垂直于 S_1 与 S_2 在该点处的法线方向 $\boldsymbol{n}_1$ 与 $\boldsymbol{n}_2$，从而有

$$\boldsymbol{\tau}=\boldsymbol{n}_1\times\boldsymbol{n}_2.$$

进而，可以刻画曲线在该点处与其切线垂直的平面，通常称其为曲线的**法平面**.

若二元函数 $z=f(x,y)$ 在点 $P_0(x_0,y_0)$ 处可微分，还可以利用微分主部作近似计算：

$$f(x,y)\approx f(x_0,y_0)+f_x(x_0,y_0)(x-x_0)+f_y(x_0,y_0)(y-y_0).$$

因为丢掉了高阶无穷小 $o(\rho)$，所以为提高近似计算效果，应恰当选择函数 $f(x,y)$，Δx 与 Δy，以使得 $f(x_0,y_0)$，$f_x(x_0,y_0)$ 与 $f_y(x_0,y_0)$ 容易计算，而且 Δx 与 Δy 尽可能小. 事实上，为能更深入、细致地应用多元函数微分，需要多元函数的 Taylor 公式.

例 10.2.5 近似计算 $(1.03)^{1.98}$.

解 考虑函数 $f(x,y)=x^y$，取 $x_0=1$，$y_0=2$，则有

$$\Delta x=0.03,\quad \Delta y=-0.02.$$

又 $f_x=yx^{y-1}$，$f_y=x^y\ln x$，从而可得

$$\begin{aligned}(x_0+\Delta x)^{y_0+\Delta y}&\approx x_0^{y_0}+y_0x_0^{y_0-1}\cdot\Delta x+x_0^{y_0}\ln x_0\cdot\Delta y\\&=1^2+2\times0.03+0\times(-0.02)=1.06.\end{aligned}$$

□

10.2.5 复合函数的微分

设二元函数组 $\begin{cases}x=\varphi(s,t),\\y=\psi(s,t),\end{cases}$ $(s,t)\in D$，又有二元函数 $z=f(x,y)$，$(x,y)\in E$，若

$$\{(x,y)\mid x=\varphi(s,t),y=\psi(s,t),(s,t)\in D\}\subseteq E,$$

则可以定义二元复合函数

$$z=F(s,t)=f(\varphi(s,t),\psi(s,t)).$$

定理 10.2.6 **(链式规则)** 若二元函数 $x=\varphi(s,t)$，$y=\psi(s,t)$ 在非空区域 D 上可微，$z=f(x,y)$ 在 $(x,y)=(\varphi(s,t),\psi(s,t))$ 处可微，则复合函数 $z=f(\varphi(s,t),\psi(s,t))$ 在 (s,t) 处可微，且其关于 s,t 的偏导数分别为

$$\frac{\partial z}{\partial s}=\frac{\partial z}{\partial x}\frac{\partial x}{\partial s}+\frac{\partial z}{\partial y}\frac{\partial y}{\partial s},\quad \frac{\partial z}{\partial t}=\frac{\partial z}{\partial x}\frac{\partial x}{\partial t}+\frac{\partial z}{\partial y}\frac{\partial y}{\partial t}.$$

证 由函数 $x=\varphi(s,t)$，$y=\psi(s,t)$ 在点 (s,t) 处可微，有

$$\Delta x=\frac{\partial x}{\partial s}\Delta s+\frac{\partial x}{\partial t}\Delta t+o(\rho_1),\quad \Delta y=\frac{\partial y}{\partial s}\Delta s+\frac{\partial y}{\partial t}\Delta t+o(\rho_2),$$

其中 $\rho_1=\sqrt{\Delta s^2+\Delta t^2}$.

又由函数 $z=f(x,y)$ 在点 (x,y) 处可微，有

$$\Delta z=\frac{\partial z}{\partial x}\Delta x+\frac{\partial z}{\partial y}\Delta y+o(\rho),$$

其中 $\rho=\sqrt{\Delta x^2+\Delta y^2}$. 代入整理，即有

$$\begin{aligned}\Delta z&=\frac{\partial z}{\partial x}\left(\frac{\partial x}{\partial s}\Delta s+\frac{\partial x}{\partial t}\Delta t+o(\rho_1)\right)+\frac{\partial z}{\partial y}\left(\frac{\partial x}{\partial s}\Delta s+\frac{\partial x}{\partial t}\Delta t+o(\rho_1)\right)+o(\rho)\\&=\left(\frac{\partial z}{\partial x}\frac{\partial x}{\partial s}+\frac{\partial z}{\partial y}\frac{\partial y}{\partial s}\right)\Delta s+\left(\frac{\partial z}{\partial x}\frac{\partial x}{\partial t}+\frac{\partial z}{\partial y}\frac{\partial y}{\partial t}\right)\Delta t+o(\rho_1).\end{aligned}$$

此即表明，$z=f(\varphi(s,t),\psi(s,t))$ 在 (s,t) 处可微分，且关于 s,t 的偏导数分别为

$$\frac{\partial z}{\partial s}=\frac{\partial z}{\partial x}\frac{\partial x}{\partial s}+\frac{\partial z}{\partial y}\frac{\partial y}{\partial s},\quad \frac{\partial z}{\partial t}=\frac{\partial z}{\partial x}\frac{\partial x}{\partial t}+\frac{\partial z}{\partial y}\frac{\partial y}{\partial t}.$$

□

注记 10.2.3 (1) 求复合函数的偏导关键在于明确中间变量、自变量以及函数的复合关联结构.

(2) 若 $z=f(u,v)$，$u=\varphi(x)$，$v=\psi(x)$ 均在定义域内可微分，则复合函数 $z=f(\varphi(x),\psi(x))$ 也在其定义域内可微，且有

$$\frac{\mathrm{d}z}{\mathrm{d}x}=\frac{\partial z}{\partial u}\frac{\mathrm{d}u}{\mathrm{d}x}+\frac{\partial z}{\partial v}\frac{\mathrm{d}v}{\mathrm{d}x},$$

称其为 z 对 x 的**全导数**.

(3) 定理条件中外层函数的可微性十分关键. 即使减弱为外层函数在该点的邻域内连续且有关于各个变量的偏导数，又有内层函数可微也不行. 但是，若仅放松关于内层函数的条件，比如只要求内层函数偏导存在，其结论仍成立.

譬如：① 二元函数

$$f(x,y)=\begin{cases}\dfrac{x^2y}{x^2+y^2}, & x^2+y^2\neq 0,\\ 0, & x^2+y^2=0,\end{cases}$$

有偏导数 $f_x(0,0)=0=f_y(0,0)$，但是在原点处不可微. 即使考虑连续可微的内层函数 $x=t,y=t$，复合函数却有

$$z=f(t,t)=\frac{t}{2},\quad \left.\frac{\mathrm{d}z}{\mathrm{d}t}\right|_{t=0}=\frac{1}{2},$$

以及
$$\left.\frac{\partial z}{\partial x}\right|_{(0,0)}\cdot\left.\frac{\mathrm{d}x}{\mathrm{d}t}\right|_{t=0}+\left.\frac{\partial z}{\partial y}\right|_{(0,0)}\cdot\left.\frac{\mathrm{d}y}{\mathrm{d}t}\right|_{t=0}=0.$$

② 二元函数

$$g(x,y)=\begin{cases}\dfrac{xy}{\sqrt[3]{x^4+y^4}}, & x^2+y^2\neq 0,\\ 0, & x^2+y^2=0,\end{cases}$$

有偏导数 $g_x(0,0)=0=g_y(0,0)$，且在原点处连续. 虽然有内层函数 $x=t,y=t$ 在 $\mathbf{R}$ 上无穷可微，但复合函数 $\varphi(t)=g(t,t)=\dfrac{t^{2/3}}{\sqrt[3]{2}}$ 在 $t=0$ 处不可导，不可微.

例 10.2.6　试求下列函数的偏导数：

(1) $z=y\sin x,x=t^3,y=5t+3$；

(2) $z=(x+y)^{xy}$；

(3) $u=f\left(\dfrac{x}{y},\dfrac{y}{z}\right)$，其中 f 可微分.

解　(1) 由 $\dfrac{\partial z}{\partial y}=\sin x,\dfrac{\partial z}{\partial x}=y\cos x$，以及 $\dfrac{\mathrm{d}x}{\mathrm{d}t}=3t^2,\dfrac{\mathrm{d}y}{\mathrm{d}t}=5$，有

$$\begin{aligned}\frac{\mathrm{d}z}{\mathrm{d}t}&=\frac{\partial z}{\partial x}\frac{\mathrm{d}x}{\mathrm{d}t}+\frac{\partial z}{\partial y}\frac{\mathrm{d}y}{\mathrm{d}t}=(y\cos x)3t^2+(\sin x)\cdot 5\\&=(15t^3+9t^2)\cos t^3+5\sin t^3.\end{aligned}$$

(2) 令 $z=u^v,u=x+y,v=xy$，则有

$$\frac{\partial z}{\partial u}=vu^{v-1},\quad \frac{\partial z}{\partial v}=u^v\ln u,$$

以及
$$\frac{\partial u}{\partial x}=1=\frac{\partial u}{\partial y},\quad \frac{\partial v}{\partial x}=y,\quad \frac{\partial v}{\partial y}=x.$$

从而，可得

$$\begin{aligned}\frac{\partial z}{\partial x}&=\frac{\partial z}{\partial u}\frac{\partial u}{\partial x}+\frac{\partial z}{\partial v}\frac{\partial v}{\partial x}=(vu^{v-1})\cdot 1+(u^v\ln u)\cdot y\\&=xy\cdot(x+y)^{xy-1}+(x+y)^{xy}y\ln(x+y),\\ \frac{\partial z}{\partial y}&=\frac{\partial z}{\partial u}\frac{\partial u}{\partial y}+\frac{\partial z}{\partial v}\frac{\partial v}{\partial y}=(vu^{v-1})\cdot 1+(u^v\ln u)\cdot x\\&=xy(x+y)^{xy-1}+(x+y)^{xy}x\ln(x+y).\end{aligned}$$

(3) 令 $s=\dfrac{x}{y},t=\dfrac{y}{z}$，则有

$$\frac{\partial s}{\partial x}=\frac{1}{y},\quad \frac{\partial s}{\partial y}=-\frac{x}{y^2},\quad \frac{\partial s}{\partial z}=0;$$

$$\frac{\partial t}{\partial x}=0,\quad \frac{\partial t}{\partial y}=\frac{1}{z},\quad \frac{\partial t}{\partial z}=-\frac{y}{z^2}.$$

从而,有

$$\frac{\partial u}{\partial x}=\frac{\partial u}{\partial s}\frac{\partial s}{\partial x}+\frac{\partial u}{\partial t}\frac{\partial t}{\partial x}=f_1\cdot\frac{1}{y}+f_2\cdot 0=\frac{1}{y}f_1\left(\frac{x}{y},\frac{y}{z}\right),$$

$$\frac{\partial u}{\partial y}=\frac{\partial u}{\partial s}\frac{\partial s}{\partial y}+\frac{\partial u}{\partial t}\frac{\partial t}{\partial y}=f_1\cdot\left(-\frac{x}{y^2}\right)+f_2\cdot\frac{1}{z}=-\frac{x}{y^2}f_1\left(\frac{x}{y},\frac{y}{z}\right)+\frac{1}{z}f_2\left(\frac{x}{y},\frac{y}{z}\right),$$

$$\frac{\partial u}{\partial z}=\frac{\partial u}{\partial s}\frac{\partial s}{\partial z}+\frac{\partial u}{\partial t}\frac{\partial t}{\partial z}=f_1\cdot 0+f_2\cdot\left(-\frac{y}{z^2}\right)=-\frac{y}{z^2}f_2\left(\frac{x}{y},\frac{y}{z}\right).$$ □

注记 10.2.4 设二元函数 $z=f(x,y)$,$x=\varphi(s,t)$,$y=\psi(s,t)$都在定义域内可微分,则复合函数 $z=f(x,y)=f(\varphi(s,t),\psi(s,t))$关于中间变量有 $\mathrm{d}z=\frac{\partial z}{\partial x}\mathrm{d}x+\frac{\partial z}{\partial y}\mathrm{d}y$;关于自变量有 $\mathrm{d}z=\frac{\partial z}{\partial s}\mathrm{d}s+\frac{\partial z}{\partial t}\mathrm{d}t$. 此即,二元函数的**一阶微分形式不变性**.

例 10.2.7 试求下列函数的全微分:

(1) 设 $z=f\left(\frac{x^2}{y},3y\sin x\right)$,其中 $f(u,v)$可微分;

(2) 设 $z=f(x,y)$由方程 $z^3-3xyz=a^3$ 确定.

解 (1) 方法 1. 由$\frac{\partial z}{\partial x}=f_1\frac{2x}{y}+f_2 3y\cos x$,$\frac{\partial z}{\partial y}=f_1\left(-\frac{x^2}{y^2}\right)+f_2 3\sin x$,有

$$\mathrm{d}z=\frac{\partial z}{\partial x}\mathrm{d}x+\frac{\partial z}{\partial y}\mathrm{d}y=\left(f_1\frac{2x}{y}+f_2 3y\cos x\right)\mathrm{d}x+\left(-\frac{x^2}{y^2}f_1+3f_2\sin x\right)\mathrm{d}y.$$

方法 2. 由二元函数一阶微分形式不变性,有

$$\begin{aligned}\mathrm{d}z&=f_1\mathrm{d}\left(\frac{x^2}{y}\right)+f_2\mathrm{d}(3y\sin x)=f_1\frac{2xy\mathrm{d}x-x^2\mathrm{d}y}{y^2}+3f_2(\sin x\mathrm{d}y+y\cos x\mathrm{d}x)\\&=\left(\frac{2x}{y}f_1+3f_2 y\cos x\right)\mathrm{d}x+\left(-\frac{x^2}{y^2}f_1+3f_2\sin x\right)\mathrm{d}y.\end{aligned}$$

(2) 对方程两边微分,由一阶微分形式不变性,有

$$\mathrm{d}(z^3)-3\mathrm{d}(xyz)=0,$$

$$3z^2\mathrm{d}z-3(yz\mathrm{d}x+xz\mathrm{d}y+yx\mathrm{d}z)=0.$$

进而,有

$$\mathrm{d}z=\frac{yz}{z^2-xy}\mathrm{d}x+\frac{xz}{z^2-xy}\mathrm{d}y.$$ □

10.2.6 高阶偏导与高阶微分

类似于一元函数的情形,可以递进地定义高阶偏导与高阶微分,其关键在于理清函数结构. 下面,我们主要介绍二阶偏导与二阶微分.

定义 10.2.5 若二元函数 $z=f(x,y)$的一阶偏导函数 $f_x(x,y)$与 $f_y(x,y)$在(x,y)处仍然关于 x,y 可偏导,则称

$$\frac{\partial^2 z}{\partial x^2}=\frac{\partial}{\partial x}\left(\frac{\partial z}{\partial x}\right),\quad \frac{\partial^2 z}{\partial y\partial x}=\frac{\partial}{\partial y}\left(\frac{\partial z}{\partial x}\right),\quad \frac{\partial^2 z}{\partial x\partial y}=\frac{\partial}{\partial x}\left(\frac{\partial z}{\partial y}\right),\quad \frac{\partial^2 z}{\partial y^2}=\frac{\partial}{\partial y}\left(\frac{\partial z}{\partial y}\right)$$

为 $f(x,y)$关于 x,y 的二阶偏导数,分别记作 z_{xx},z_{yx},z_{xy},z_{yy},或 f_{xx},f_{yx},f_{xy},f_{yy}.

通常,称 z_{yx}与 z_{xy}为 $f(x,y)$关于 x,y 的二阶混合偏导. 类似地,也可以定义三阶偏导,n 阶偏导($n\geqslant 4$)等.

例 10.2.8 设 $z=\sin x^2\cdot\ln y$,求 $z_{xx},z_{xy},z_{yx},z_{yy}$.

解 由 $z_x=\cos x^2\cdot 2x\cdot\ln y$, $z_y=\dfrac{1}{y}\sin x^2$,有

$$z_{xx}=2\cos x^2\ln y-4x^2\sin x^2\ln y=2\ln y\cdot(\cos x^2-2x^2\sin x^2).$$

同理,可得 $$z_{yx}=\frac{2x}{y}\cos x^2,\quad z_{xy}=\frac{2x}{y}\cos x^2,\quad z_{yy}=-\frac{1}{y^2}\sin x^2.$$ □

关于混合偏导,事实上它们并不总是相等,这里有两个容易验证的刻画混合偏导关系的定理.

定理 10.2.7 若二元函数 $z=f(x,y)$在点 $P_0(x_0,y_0)$的某邻域有定义,且在此邻域上两个混合偏导$\dfrac{\partial^2 f}{\partial x\partial y}$与$\dfrac{\partial^2 f}{\partial y\partial x}$都存在,又这两个混合偏导在 P_0 处连续,则它们在 P_0 处相等,即

$$\left.\frac{\partial^2 f}{\partial y\partial x}\right|_{P_0}=\left.\frac{\partial^2 f}{\partial x\partial y}\right|_{P_0}.$$

证 令 $F(\Delta x,\Delta y)=f(x_0+\Delta x,y_0+\Delta y)-f(x_0+\Delta x,y_0)-f(x_0,y_0+\Delta y)+f(x_0,y_0)$,

$$\varphi(x)=f(x,y_0+\Delta y)-f(x,y_0),$$

则有 $$F(\Delta x,\Delta y)=\varphi(x_0+\Delta x)-\varphi(x_0).$$

由于 f_x 存在,根据一元函数微分中值定理,有

$$\begin{aligned}\varphi(x_0+\Delta x)-\varphi(x_0)&=\varphi'(x_0+\theta_1\Delta x)\Delta x\\&=[f_x(x_0+\theta_1\Delta x,y_0+\Delta y)-f_x(x_0+\theta_1\Delta x,y_0)]\Delta x\quad(0<\theta_1<1).\end{aligned}$$

又由于 f_{yx}存在,再对 f_x 关于变量 y 用一元函数中值定理,有

$$\varphi(x_0+\Delta x)-\varphi(x_0)=f_{yx}(x_0+\theta_1\Delta x,y_0+\theta_2\Delta y)\Delta x\Delta y\quad(\theta<\theta_2<1).$$

此即

$$F(\Delta x,\Delta y)=f_{yx}(x_0+\theta_1\Delta x,y_0+\theta_2\Delta y)\Delta x\Delta y\quad(0<\theta_1,\theta_2<1).$$

同理,令 $\psi(y)=f(x_0+\Delta x,y)-f(x_0,y)$,则有

$$F(\Delta x,\Delta y)=f_{xy}(x_0+\theta_3\Delta x,y_0+\theta_4\Delta y)\Delta x\Delta y\quad(0<\theta_3,\theta_4<1).$$

从而,有

$$f_{yx}(x_0+\theta_1\Delta x,y_0+\theta_2\Delta y)=f_{xy}(x_0+\theta_3\Delta x,y_0+\theta_4\Delta y),$$

又由 f_{xy}与 f_{yx}在 P_0 处的连续性,即可得

$$f_{yx}(P_0)=f_{xy}(P_0).$$ □

定理 10.2.8 若二元函数 $z=f(x,y)$在点 $P_0(x_0,y_0)$的某邻域有定义,且在此邻域上有偏导 f_x 与 f_y,又这两个偏导 f_x 与 f_y 都在 P_0 处可微,则有

$$\left.\frac{\partial^2 f}{\partial y\partial x}\right|_{P_0}=\left.\frac{\partial^2 f}{\partial x\partial y}\right|_{P_0}.$$

证 令 $g(h)=f(x_0+h,y_0+h)-f(x_0+h,y_0)-f(x_0,y_0+h)+f(x_0,y_0)$,则只需证明

$$g(h)=f_{yx}(x_0,y_0)h^2+o(h^2),\quad 且\ g(h)=f_{xy}(x_0,y_0)h^2+o(h^2).$$

对充分小的 $h\neq 0$,令 $\varphi(x)=f(x,y_0+h)-f(x,y_0)$,则有

$$g(h)=\varphi(x_0+h)-\varphi(x_0).$$

又由 $g(h)=\varphi'(x_0+\theta_1 h)h=[f_x(x_0+\theta_1 h,y_0+h)-f_x(x_0+\theta_1 h,y_0)]h$,以及 f_x 在(x_0,y_0)处可微,有

$$f_x(x_0+\theta_1 h,y_0+h)=f_x(x_0,y_0)+f_{xx}(x_0,y_0)\theta_1 h+f_{yx}(x_0,y_0)h+o(h),$$

$$f_x(x_0+\theta_1 h,y_0)=f_x(x_0,y_0)+f_{xx}(x_0,y_0)\theta_1 h+o(h),$$

整理有

$$g(h)=f_{yx}(x_0,y_0)h^2+o(h^2).$$

同理,令 $\psi(y)=f(x_0+h,y)-f(x_0,y)$,可类似证明 $g(h)=f_{xy}(x_0,y_0)h^2+o(h^2)$. □

例 10.2.9 试讨论下列二元函数在原点处的二阶混合偏导的关系:

(1) $f(x,y)=\begin{cases}\dfrac{xy(x^2-y^2)}{x^2+y^2}, & x^2+y^2\neq 0,\\ 0, & x^2+y^2=0;\end{cases}$

(2) $g(x,y)=\begin{cases}\dfrac{xy^2}{x^2+y^2}, & x^2+y^2\neq 0,\\ 0, & x^2+y^2=0.\end{cases}$

解 (1) 由

$$f_x(x,y)=\begin{cases}\dfrac{x^4y+4x^2y^3-y^5}{(x^2+y^2)^2}, & x^2+y^2\neq 0,\\ 0, & x^2+y^2=0,\end{cases}$$

$$f_y(x,y)=\begin{cases}\dfrac{x^5-4x^3y^2-xy^4}{(x^2+y^2)^2}, & x^2+y^2\neq 0,\\ 0, & x^2+y^2=0\end{cases}$$

可知 f_x,f_y 在原点处连续,但在原点处不可微.事实上,也有

$$f_{yx}(0,0)=\lim_{y\to 0}\frac{f_x(0,y)-f_x(0,0)}{y}=\lim_{x\to 0}\frac{-y}{y}=-1,$$

$$f_{xy}(0,0)=\lim_{x\to 0}\frac{f_y(x,0)-f_y(0,0)}{x}=1.$$

(2) 由

$$g_x(x,y)=\begin{cases}\dfrac{y^4-x^2y^2}{(x^2+y^2)^2}, & x^2+y^2\neq 0,\\ 0, & x^2+y^2=0,\end{cases}$$

$$g_y(x,y)=\begin{cases}\dfrac{2x^3y}{(x^2+y^2)^2}, & x^2+y^2\neq 0,\\ 0, & x^2+y^2=0\end{cases}$$

可知 g_x,g_y 在原点处不连续,也不可微.事实上,也有

$$g_{yx}(0,0)=\lim_{y\to 0}\frac{g_x(0,y)-g_x(0,0)}{y}=\lim_{y\to 0}\frac{1}{y}\text{不存在},$$

$$g_{xy}(0,0)=\lim_{x\to 0}\frac{g_y(x,0)-g_y(0,0)}{x}=\lim_{x\to 0}\frac{0}{x}=0.$$ □

定理 10.2.9 若二元函数 $z=f(x,y),x=\varphi(s,t),y=\psi(s,t)$ 都在定义域内有连续二阶偏导,且函数复合有意义,则复合函数 $z=f(x,y)=f(\varphi(s,t),\psi(s,t))$ 在定义域内有二阶连续偏导,且

$$\frac{\partial^2 z}{\partial s^2}=z_{xx}\varphi_s^2+z_x\varphi_{ss}+2z_{xy}\varphi_s\psi_s+z_{yy}\psi_s^2+z_y\psi_{ss}.$$

证 由 $\dfrac{\partial z}{\partial s}=z_x\varphi_s+z_y\psi_s$, $\dfrac{\partial z}{\partial t}=z_x\varphi_t+z_y\psi_t$,并注意到 z_x,z_y 仍是以 x,y 为中间变量,以 s,t 为自变量的复合函数,从而有

$$\begin{aligned}\frac{\partial^2 z}{\partial s^2}&=\left(\frac{\partial z_x}{\partial x}\frac{\partial x}{\partial s}+\frac{\partial z_x}{\partial y}\frac{\partial y}{\partial s}\right)\varphi_s+z_x\frac{\partial \varphi_s}{\partial s}+\left(\frac{\partial z_y}{\partial x}\frac{\partial x}{\partial s}+\frac{\partial z_y}{\partial y}\frac{\partial y}{\partial s}\right)\psi_s+z_y\frac{\partial \psi_s}{\partial s}\\&=z_{xx}\varphi_s^2+z_{yx}\psi_s\varphi_s+z_x\varphi_{ss}+z_{xy}\varphi_s\psi_s+z_{yy}\psi_s^2+z_y\psi_{ss}\end{aligned}$$

$$=z_{xx}\varphi_s^2+z_x\varphi_{ss}+2z_{xy}\varphi_s\psi_s+z_{yy}\psi_s^2+z_y\psi_{ss}.$$

同理，也能给出$\frac{\partial^2 z}{\partial s\partial t}$，$\frac{\partial^2 z}{\partial t^2}$的相应表达式. □

例 10.2.10　设二元函数 f 有二阶连续偏导，$z=f\left(xy,\frac{x}{y}\right)$，试求 z_{xx}，z_{xy}，z_{yy}.

解　令 $u=xy$，$v=\frac{x}{y}$，则 $z=f(u,v)$. 由

$$z_x=\frac{\partial z}{\partial u}\frac{\partial u}{\partial x}+\frac{\partial z}{\partial v}\frac{\partial v}{\partial x}=f_1\cdot y+f_2\cdot\frac{1}{y},$$

$$z_y=\frac{\partial z}{\partial u}\frac{\partial u}{\partial y}+\frac{\partial z}{\partial v}\frac{\partial v}{\partial y}=f_1\cdot x+f_2\cdot\left(-\frac{x}{y^2}\right),$$

可得

$$\begin{aligned}z_{xx}=\frac{\partial z_x}{\partial x}&=y\left(\frac{\partial f_1}{\partial u}\frac{\partial u}{\partial x}+\frac{\partial f_1}{\partial v}\frac{\partial v}{\partial x}\right)+\frac{1}{y}\left(\frac{\partial f_2}{\partial u}\frac{\partial u}{\partial x}+\frac{\partial f_2}{\partial v}\frac{\partial v}{\partial x}\right)\\&=y\left(yf_{11}+\frac{1}{y}f_{12}\right)+\frac{1}{y}\left(f_{21}y+\frac{1}{y}f_{22}\right)\\&=y^2f_{11}+2f_{12}+\frac{1}{y^2}f_{22};\end{aligned}$$

$$\begin{aligned}z_{yx}=\frac{\partial z_x}{\partial y}&=f_1+y\left(\frac{\partial f_1}{\partial u}\frac{\partial u}{\partial y}+\frac{\partial f_1}{\partial v}\frac{\partial v}{\partial y}\right)+\left(-\frac{1}{y^2}\right)f_2+\frac{1}{y}\left(\frac{\partial f_2}{\partial u}\frac{\partial u}{\partial y}+\frac{\partial f_2}{\partial v}\frac{\partial v}{\partial y}\right)\\&=f_1+y\left(xf_{11}-\frac{x}{y^2}f_{12}\right)-\frac{1}{y^2}f_2+\frac{1}{y}\left(xf_{21}+\left(-\frac{x}{y^2}\right)f_{22}\right)\\&=f_1+xyf_{11}-\frac{1}{y^2}f_2-\frac{x}{y^3}f_{22};\end{aligned}$$

$$\begin{aligned}z_{yy}=\frac{\partial z_y}{\partial y}&=x\left(\frac{\partial f_1}{\partial u}\frac{\partial u}{\partial y}+\frac{\partial f_1}{\partial v}\frac{\partial v}{\partial y}\right)+\frac{2x}{y^3}f_2-\frac{x}{y^2}\left(\frac{\partial f_2}{\partial u}\frac{\partial u}{\partial y}+\frac{\partial f_2}{\partial v}\frac{\partial v}{\partial y}\right)\\&=x\left(xf_{11}-\frac{x}{y^2}f_{12}\right)+\frac{2x}{y^3}f_2-\frac{x}{y^2}\left(xf_{21}-\frac{x}{y^2}f_{22}\right)\\&=x^2f_{11}-\frac{2x^2}{y^2}f_{12}+\frac{x^2}{y^4}f_{22}+\frac{2x}{y^3}f_2.\end{aligned}$$

□

例 10.2.11　试考虑恰当的变换化简弦振动方程：

$$\frac{\partial^2 u}{\partial t^2}=a^2\frac{\partial^2 u}{\partial x^2},\quad\forall a\neq 0.$$

解　令$\begin{cases}t=\frac{s-y}{a},\\x=s+y,\end{cases}$则有$\begin{cases}s=\frac{1}{2}(at+x),\\y=\frac{1}{2}(x-at).\end{cases}$由

$$\frac{\partial u}{\partial t}=\frac{\partial u}{\partial s}\frac{\partial s}{\partial t}+\frac{\partial u}{\partial y}\frac{\partial y}{\partial t}=u_s\cdot\frac{a}{2}+u_y\cdot\left(-\frac{a}{2}\right)=\frac{a}{2}(u_s-u_y),$$

$$\frac{\partial u}{\partial x}=\frac{\partial u}{\partial s}\frac{\partial s}{\partial x}+\frac{\partial u}{\partial y}\frac{\partial y}{\partial x}=\frac{1}{2}(u_s+u_y),$$

可得

$$\frac{\partial^2 u}{\partial t^2}=\frac{a}{2}\left[\frac{\partial u_s}{\partial s}\frac{\partial s}{\partial t}+\frac{\partial u_s}{\partial y}\frac{\partial y}{\partial t}-\left(\frac{\partial u_y}{\partial s}\frac{\partial s}{\partial t}+\frac{\partial u_y}{\partial y}\frac{\partial y}{\partial t}\right)\right]$$

$$=\frac{a}{2}\left[\frac{a}{2}(u_{ss}-u_{sy})-\frac{a}{2}(u_{ys}-u_{yy})\right]$$

$$=\frac{a^2}{4}(u_{ss}-2u_{sy}+u_{yy}),$$

$$\frac{\partial^2 u}{\partial x^2}=\frac{1}{2}\left[\frac{\partial u_s}{\partial s}\frac{\partial s}{\partial x}+\frac{\partial u_s}{\partial y}\frac{\partial y}{\partial x}+\frac{\partial u_y}{\partial s}\frac{\partial s}{\partial x}+\frac{\partial u_y}{\partial y}\frac{\partial y}{\partial x}\right]$$

$$=\frac{1}{2}\left[\frac{1}{2}(u_{ss}+u_{sy})+\frac{1}{2}(u_{ys}+u_{yy})\right]$$

$$=\frac{1}{4}(u_{ss}+2u_{sy}+u_{yy}),$$

进而代入原方程,即有 $u_{sy}=\frac{\partial^2 u}{\partial s\partial y}=0$. □

思考:为什么这里选择的变换 $\begin{cases}t=\frac{s-y}{a},\\ x=s+y\end{cases}$ 有效?依据 $\frac{\partial^2 u}{\partial s\partial y}=0$,可以判断弦振动方程的解有什么特点?

定义 10.2.6 若二元函数 $z=f(x,y)$ 在点 $P(x,y)$ 处有二阶连续偏导,从而 $\mathrm{d}z$ 可微,称 $\mathrm{d}z$ 的微分为 z 的**二阶微分**,记为

$$\mathrm{d}^2 z=\mathrm{d}(\mathrm{d}z).$$

一般地,若 $\mathrm{d}^k z$ 可微分,则称 $\mathrm{d}^{k+1}z=\mathrm{d}(\mathrm{d}^k z)$ 为 z 的 k **阶微分**.

由于对自变量 x,y,总有 $\mathrm{d}^2x=\mathrm{d}(\mathrm{d}x)=0,\mathrm{d}^2y=\mathrm{d}(\mathrm{d}y)=0$. 从而 $z=f(x,y)$ 的二阶微分为

$$\begin{aligned}\mathrm{d}^2 z&=\mathrm{d}(\mathrm{d}z)=\mathrm{d}(f_x\mathrm{d}x+f_y\mathrm{d}y)\\&=(f_{xx}\mathrm{d}x+f_{yx}\mathrm{d}y)\mathrm{d}x+f_x\mathrm{d}^2x+(f_{xy}\mathrm{d}x+f_{yy}\mathrm{d}y)\mathrm{d}y+f_y\mathrm{d}^2y\\&=f_{xx}(\mathrm{d}x)^2+2f_{xy}\mathrm{d}x\mathrm{d}y+f_{yy}(\mathrm{d}y)^2.\end{aligned}$$

若二元函数 $z=f(x,y),x=\varphi(s,t),y=\psi(s,t)$ 都在定义域内二阶可微,又复合函数 $z=f(\varphi(s,t),\psi(s,t))$ 有意义,则 $z=f(\varphi(s,t),\psi(s,t))$ 关于 s,t 也二阶可微分,并且有

$$\begin{aligned}\mathrm{d}z&=(f_x\varphi_s+f_y\psi_s)\mathrm{d}s+(f_x\varphi_t+f_y\psi_t)\mathrm{d}t,\\ \mathrm{d}^2 z&=\mathrm{d}(f_x\varphi_s+f_y\psi_s)\cdot\mathrm{d}s+\mathrm{d}(f_x\varphi_t+f_y\psi_t)\mathrm{d}t\\&=[(f_{xx}\varphi_s+f_{yx}\psi_s)\mathrm{d}s+(f_{xx}\varphi_t+f_{yx}\psi_t)\mathrm{d}t]\varphi_s\mathrm{d}s\\&\quad+f_x\cdot(\varphi_{ss}\mathrm{d}s+\varphi_{st}\mathrm{d}t)\mathrm{d}s+\mathrm{d}(f_y\psi_s)\cdot\mathrm{d}s+\mathrm{d}(f_x\varphi_t)\cdot\mathrm{d}t+\mathrm{d}(f_y\psi_t)\cdot\mathrm{d}t.\end{aligned}$$

这里,二阶微分并没有形式不变性.

10.2.7 多元函数的 Taylor 公式

Taylor 公式在函数分析与应用中有着十分关键的、基础的作用,基于对多元函数高阶微分的本质理解,也可类似刻画多元函数的 Taylor 公式.

定理 10.2.10 设二元函数 $z=f(x,y)$ 在点 $P_0(x_0,y_0)$ 的某邻域有直到 $n+1$ 阶连续偏导,则对该邻域内任意点 $P(x_0+h,y_0+k)$,存在相应的 $\theta\in(0,1)$,使得

$$\begin{aligned}f(x_0+h,y_0+k)=f(x_0,y_0)&+\left(h\frac{\partial}{\partial x}+k\frac{\partial}{\partial y}\right)f(x_0,y_0)\\&+\frac{1}{2!}\left(h^2\frac{\partial^2}{\partial x^2}+2hk\frac{\partial^2}{\partial x\partial y}+\frac{\partial^2}{\partial y^2}\right)f(x_0,y_0)+\cdots\\&+\frac{1}{n!}\left(h\frac{\partial}{\partial x}+k\frac{\partial}{\partial y}\right)^n f(x_0,y_0)\end{aligned}$$

$$+\frac{1}{(n+1)!}\left(h\frac{\partial}{\partial x}+k\frac{\partial}{\partial y}\right)^{n+1}f(x_0+\theta h,y_0+\theta k),$$

其中,算子记号表示

$$\left(h\frac{\partial}{\partial x}+k\frac{\partial}{\partial y}\right)^{m}f(x_0,y_0)=\sum_{i=0}^{m}C_m^i\frac{\partial^m}{\partial x^i\partial y^{m-i}}f(x_0,y_0)h^ik^{m-i}.$$

通常,称

$$f(x_0,y_0)+\left(h\frac{\partial}{\partial x}+k\frac{\partial}{\partial y}\right)f(x_0,y_0)+\cdots+\frac{1}{n!}\left(h\frac{\partial}{\partial x}+k\frac{\partial}{\partial y}\right)^{n}f(x_0,y_0)$$

为 f 在 P_0 处的 n **阶 Taylor 多项式**,称

$$\frac{1}{(n+1)!}\left(h\frac{\partial}{\partial x}+k\frac{\partial}{\partial y}\right)^{n+1}f(x_0+\theta h,y_0+\theta k)$$

为 f 在 P_0 处的 Taylor 展开的 **Lagrange 型余项**.

证　令 $\varphi(t)=f(x_0+th,y_0+tk)$,则 $\varphi(t)$ 在区间 $[0,1]$ 上满足一元函数 Taylor 公式的条件,有

$$\varphi(1)=\varphi(0)+\varphi'(0)+\frac{1}{2!}\varphi''(0)+\cdots+\frac{1}{n!}\varphi^{(n)}(0)+\frac{1}{(n+1)!}\varphi^{n+1}(\theta),\quad 0<\theta<1.$$

由复合函数高阶求导公式,有

$$\varphi^{(m)}(t)=\left(h\frac{\partial}{\partial x}+k\frac{\partial}{\partial y}\right)^{m}f(x_0+th,y_0+tk),\quad \forall m\geqslant 1.$$

从而有

$$\varphi^{(m)}(0)=\left(h\frac{\partial}{\partial x}+k\frac{\partial}{\partial y}\right)^{m}f(x_0,y_0),$$

$$\varphi^{(n+1)}(\theta)=\left(h\frac{\partial}{\partial x}+k\frac{\partial}{\partial y}\right)^{n+1}f(x_0+\theta h,y_0+\theta k).$$

又由 $\varphi(1)=f(x_0+h,y_0+k)$,$\varphi(0)=f(x_0,y_0)$,代入整理,有 $f(x,y)$ 在 P_0 处的上述 Taylor 公式.　□

例 10.2.12　试求二元函数 $z=\sqrt{1+x^2+y^2}$ 在原点处的二阶 Taylor 公式.

解　(1) 由　$f(0,0)=1,\quad f_x(x,y)=\dfrac{x}{\sqrt{1+x^2+y^2}},\quad f_x(0,0)=0,$

$$f_y(x,y)=\frac{y}{\sqrt{1+x^2+y^2}},\quad f_y(0,0)=0,$$

$$f_{xx}=\frac{1+y^2}{(1+x^2+y^2)^{3/2}},\quad f_{xx}(0,0)=1,$$

$$f_{yy}=\frac{1+x^2}{(1+x^2+y^2)^{3/2}},\quad f_{yy}(0,0)=1,$$

$$f_{yx}=-\frac{xy}{(1+x^2+y^2)^{3/2}},\quad f_{yx}(0,0)=0;$$

以及

$$f_{xxx}=-\frac{3x(1+y^2)}{(1+x^2+y^2)^{5/2}},\quad f_{yxx}=-\frac{y^3+y-2x^2y}{(1+x^2+y^2)^{5/2}},$$

$$f_{xyy}=-\frac{x^3+x-2xy^2}{(1+x^2+y^2)^{5/2}},\quad f_{yyy}=-\frac{3y(1+x^2)}{(1+x^2+y^2)^{5/2}}.$$

从而,有

$$\sqrt{1+x^2+y^2}=f(0,0)+f_x(0,0)x+f_y(0,0)y$$

$$+\frac{1}{2}[f_{xx}(0,0)x^2+2f_{xy}(0,0)xy+f_{yy}(0,0)y^2]+R_2$$

$$=1+\frac{1}{2}(x^2+y^2)+R_2,$$

其中,Lagrange 型余项为

$$R_2=-\frac{1}{2}\frac{\theta(x^2+y^2)^2}{(1+\theta^2x^2+\theta^2y^2)^{5/2}},\quad 0<\theta<1.$$

(2) 先考虑一元函数 $y=\sqrt{1+x}$的 Taylor 展开

$$\sqrt{1+x}=1+\frac{1}{2}x+\frac{1}{2!}\left(-\frac{1}{4}\right)\frac{x^2}{(1+\tau x)^{3/2}},\quad 0<\tau<1.$$

再以 x^2+y^2 代入上式,即有

$$\sqrt{1+x^2+y^2}=1+\frac{1}{2}(x^2+y^2)-\frac{1}{8}\frac{(x^2+y^2)^2}{(1+\tau(x^2+y^2))^{3/2}}.$$ □

例 10.2.13 近似计算$(1.08)^{3.96}$.

解 考虑函数 $f(x,y)=x^y$,取 $x_0=1,y_0=2$,则有

$$\Delta x=0.03,\quad \Delta y=-0.02.$$

又由 $f_x=yx^{y-1}$, $f_y=x^y\ln x$,以及

$$f_{xx}=y\cdot(y-1)x^{y-2},\quad f_{yx}=x^{y-1}+yx^{y-1}\ln x,\quad f_{yy}=x^y(\ln x)^2,$$

可得

$$f(x_0,y_0)=1,\quad f_x(x_0,y_0)=2,\quad f_y(x_0,y_0)=0,$$

$$f_{xx}(x_0,y_0)=2,\quad f_{xy}(x_0,y_0)=1,\quad f_{yy}(x_0,y_0)=0.$$

从而利用 Taylor 公式,即有

$$(1.08)^{3.96}\approx 1^2+2\times(0.03)+0\times(-0.02)$$

$$+\frac{1}{2}[2\times(0.03)^2+2\times1\times(0.03)\times(-0.02)+0\times(-0.03)^2]$$

$$=1.0603.$$ □

注记 10.2.5 (1) 类似地,若二元函数 $z=f(x,y)$在点 $P_0(x_0,y_0)$处有直到 n 阶的连续偏导,则其有如下带 Peano 型余项的 Taylor 公式

$$f(x_0+h,y_0+k)=f(x_0,y_0)+\left(h\frac{\partial}{\partial x}+k\frac{\partial}{\partial y}\right)f(x_0,y_0)+\cdots$$

$$+\frac{1}{n!}\left(h\frac{\partial}{\partial x}+k\frac{\partial}{\partial y}\right)^n f(x_0,y_0)+o(\rho^n),$$

其中,$\rho=\sqrt{h^2+k^2}$.

(2) 若二元函数 $z=f(x,y)$在原点的某邻域内无穷次可微,则也可以考虑其在原点处的 Taylor 级数

$$f(h,k)=f(0,0)+hf_x(0,0)+kf_y(0,0)+\frac{1}{2!}\left(h\frac{\partial}{\partial x}+k\frac{\partial}{\partial y}\right)^2 f(0,0)$$

$$+\sum_{n=3}^{\infty}\frac{1}{n!}\left(h\frac{\partial}{\partial x}+k\frac{\partial}{\partial y}\right)^n f(0,0).$$

特别地,

$$f(h,0)=f(0,0)+hf_x(0,0)+\frac{h^2}{2}f_{xx}(0,0)+\sum_{n=3}^{\infty}\frac{h^n}{n!}\frac{\partial^n f}{\partial x^n}(0,0);$$

$$f(0,k)=f(0,0)+\sum_{n=1}^{\infty}\frac{k^n}{n!}\frac{\partial^n f}{\partial y^n}(0,0).$$

例 10.2.14　设二元函数 $z=f(x,y)$ 在原点的某邻域有二阶连续偏导，则

$$\lim_{h\to 0}\frac{f(2h,\mathrm{e}^{-\frac{1}{2h}})-2f(h,\mathrm{e}^{-\frac{1}{h}})+f(0,0)}{h^2}=f_{xx}(0,0).$$

证　由于 $f(2h,\mathrm{e}^{-\frac{1}{2h}})=f(0,0)+f_x(0,0)\cdot 2h+f_y(0,0)\mathrm{e}^{-\frac{1}{2h}}$

$$+\frac{1}{2}[f_{xx}(2\theta_1 h,\theta_1\mathrm{e}^{-\frac{1}{2h}})(2h)^2+2f_{xy}(2\theta_1 h,\theta_1\mathrm{e}^{-\frac{1}{2h}})\cdot 2h\mathrm{e}^{-\frac{1}{2h}}$$

$$+f_{yy}(2\theta_1 h,\theta_1\mathrm{e}^{-\frac{1}{2h}})(\mathrm{e}^{-\frac{1}{2h}})^2],\quad 0<\theta_1<1;$$

$$f(h,\mathrm{e}^{-\frac{1}{h}})=f(0,0)+f_x(0,0)h+f_y(0,0)\mathrm{e}^{-\frac{1}{h}}$$

$$+\frac{1}{2}[f_{xx}(\theta_2 h,\theta_2\mathrm{e}^{-\frac{1}{h}})h^2+2f_{xy}(\theta_2 h,\theta_2\mathrm{e}^{-\frac{1}{h}})h\mathrm{e}^{-\frac{1}{h}}$$

$$+f_{yy}(\theta_2 h,\theta_2\mathrm{e}^{-\frac{1}{h}})\mathrm{e}^{-\frac{2}{h}}],\quad 0<\theta_2<1,$$

以及 $\mathrm{e}^{-\frac{1}{h}}=o(h^2)$，$\mathrm{e}^{-\frac{1}{2h}}=o(h^2)$，可得

$$f(2h,\mathrm{e}^{-\frac{1}{2h}})-2f(h,\mathrm{e}^{-\frac{1}{h}})+f(0,0)=[2f_{xx}(4\theta_1 h,\theta_1\mathrm{e}^{-\frac{1}{2h}})-f_{xx}(\theta_2 h,\theta_2\mathrm{e}^{-\frac{1}{h}})]h^2+o(h^2).$$

又由二阶偏导 f_{xx} 在原点的连续性，即有

$$\lim_{h\to 0}\frac{f(2h,\mathrm{e}^{-\frac{1}{2h}})-2f(h,\mathrm{e}^{-\frac{1}{h}})+f(0,0)}{h^2}=f_{xx}(0,0).$$

□

习　题　10.2

习题 10.2

1. 试求下列函数的偏导数：

(1) $z=xy\mathrm{e}^{\sin xy}$；　(2) $z=\arctan\dfrac{x+y}{1+xy}$；

(3) $z=(1+xy)^{y^2}$；　(4) $z=\sin\dfrac{x}{y}\cos\dfrac{y}{x}$；

(5) $u=\dfrac{y}{x}+\dfrac{z}{y}-\dfrac{x}{z}$；　(6) $u=x^{y^z}$；

(7) $u=\ln\sqrt{x^2+y^2+z^2}$；　(8) $u=x^y y^z z^x$.

2. 试讨论下列函数在原点处的连续性、可偏导性以及可微性等.

(1) $f(x,y)=\begin{cases}x\sin\dfrac{1}{x^2+y^3}, & x^2+y^2\neq 0,\\ 0, & x^2+y^2=0;\end{cases}$

(2) $f(x,y)=\begin{cases}xy\sin\dfrac{1}{x+y^2}, & x^2+y^2\neq 0,\\ 0, & x^2+y^2=0;\end{cases}$

(3) $f(x,y)=\sqrt[3]{xy}$；

(4) $f(x,y)=\begin{cases}\mathrm{e}^{-\frac{1}{(x^2+y^2)}}, & x^2+y^2\neq 0,\\ 0, & x^2+y^2=0;\end{cases}$

(5) $f(x,y)=\begin{cases} x^{\frac{4}{3}}\sin\dfrac{y}{x}, & x^2+y^2\neq 0, \\ 0, & x^2+y^2=0; \end{cases}$

(6) $f(x,y)=\begin{cases} x^3\ln(x^2+y^2), & x^2+y^2\neq 0, \\ 0, & x^2+y^2=0; \end{cases}$

(7) $f(x,y)=\begin{cases} (x+y)^3\sin\dfrac{1}{x+y}, & x^2+y^2\neq 0, \\ 0, & x^2+y^2=0; \end{cases}$

(8) $f(x,y)=\begin{cases} yx^2\sin\dfrac{1}{x}, & x\neq 0, \\ 0, & x=0. \end{cases}$

3. 试求下列函数二阶偏导数与二阶全微分:

(1) $f(x,y)=(x+y)\ln(x+y^2)$;　　(2) $f(x,y)=x^{\frac{1}{2}}\sin^2 y$;

(3) $f(x,y)=e^{xy}\sin\sqrt{x^2+y^2}$;　　(4) $f(x,y)=e^{\arctan\frac{x}{y}}$;

(5) $f(x,y,z)=e^{xyz}$;　　(6) $f(x,y)=\sin\left(\dfrac{x}{y}\right)^z$.

4. 试求下列复合函数的三阶偏导数,其中 f 有三阶连续偏导.

(1) $z=f(x^2-y^2,3xy)$;　　(2) $z=\dfrac{\sin x}{f(x^2+y^2)}$;

(3) $z=f\left(x^2+y^2,\dfrac{y^3}{x}\right)$;　　(4) $u=f(xy^2,yz^2,zx^2)$;

(5) $u=f(x^2+y^2,x^2-y^2,axy)$;　　(6) $u=f(\sin(x-y),\cos(y-z),e^{z-x})$.

5. (1) 设 $z=f(x,y)$在非空区域 D 上满足方程

$$\frac{\partial^2 z}{\partial x^2}-\frac{\partial^2 z}{\partial y^2}+\lambda\frac{\partial z}{\partial x}+\lambda\frac{\partial z}{\partial y}=0,$$

试求 α、β 的值,使得方程在变换 $u=ze^{\alpha x+\beta y}$ 下消失一阶偏导项.

(2) 设 $z=f(x,y)$在 $\mathbf{R}^2$ 上满足方程

$$6\frac{\partial^2 z}{\partial x^2}+\frac{\partial^2 z}{\partial x\partial y}-\frac{\partial^2 z}{\partial y^2}=0,$$

试寻求恰当的变换使之化为$\dfrac{\partial^2 z}{\partial u\partial v}=0$ 的形式.

6. (1) 设 $u=u(r,t)$有二阶连续偏导,试证明

$$u(r,t)=\frac{1}{r}[f(r+t)+g(r-t)]$$

满足方程$\dfrac{1}{r^2}\dfrac{\partial}{\partial r}\left(r^2\dfrac{\partial u}{\partial r}\right)=\dfrac{\partial^2 u}{\partial t^2}$,其中 f,g 有二阶连续导数.

(2) 设 $u=u(x,y)=u(\sqrt{x^2+y^2})$有二阶连续偏导,又满足方程

$$\frac{\partial^2 u}{\partial x^2}+\frac{\partial^2 u}{\partial y^2}=x^2+y^2\quad(x^2+y^2\neq 0),$$

试求 $u(x,y)$.

7. (1) 对二元函数 $z=f(x,y)$,令 $x=r\cos\theta$,$y=r\sin\theta$,试求$\dfrac{\partial u}{\partial r}$与$\dfrac{\partial u}{\partial \theta}$,并证明

$$\frac{\partial^2 z}{\partial x^2}+\frac{\partial^2 z}{\partial y^2}=\frac{\partial^2 z}{\partial r^2}+\frac{1}{r}\frac{\partial z}{\partial r}+\frac{1}{r^2}\frac{\partial^2 z}{\partial \theta^2}.$$

(2) 对三元函数 $u=f(x,y,z)$，令 $x=r\cos\theta\cos\varphi, y=r\sin\theta\cos\varphi, z=r\sin\varphi$，试求 $\frac{\partial^2 u}{\partial x^2}+\frac{\partial^2 u}{\partial y^2}+\frac{\partial^2 u}{\partial z^2}$，并证明

$$\left(\frac{\partial u}{\partial x}\right)^2+\left(\frac{\partial u}{\partial y}\right)^2+\left(\frac{\partial u}{\partial z}\right)^2=\left(\frac{\partial u}{\partial r}\right)^2+\frac{1}{r^2\cos^2\varphi}\left(\frac{\partial u}{\partial \theta}\right)^2+\frac{1}{r^2}\left(\frac{\partial u}{\partial \varphi}\right)^2.$$

8. 若函数 $u=f(x,y,z)$ 满足 $f(tx,ty,tz)=t^k f(x,y,z)(t>0)$，则称 $f(x,y,z)$ 为 k 次齐次函数. 试证明关于齐次函数的 Euler 定理：可微函数 $f(x,y,z)$ 为 k 次齐次函数，当且仅当

$$xf_x(x,y,z)+yf_y(x,y,z)+zf_z(x,y,z)=kf(x,y,z).$$

9. (1) 若二元函数 $z=f(x,y)$ 在 $\mathbf{R}^2$ 上连续可微，又 $xf_x(x,y)+yf_y(x,y)=0$，则 $f(x,y)$ 在 $\mathbf{R}^2$ 上为常数.

(2) 若二元函数 $z=f(x,y)$ 在 $\mathbf{R}^2$ 上连续可微，又 $f_x(x,y)+f(x,y)\cdot f_y(x,y)=0$，则 $f(x,y)$ 在 $\mathbf{R}^2$ 上为常数.

10. (1) 设二元函数 $f(x,y)=\mathrm{e}^{x+y}$，试给出其在原点处的 n 阶 Taylor 展开式，并讨论余项的估计.

(2) 设二元函数 $f(x,y)=\frac{\sin y}{x^2}$，试给出其在点(1,0)处的 n 阶 Taylor 展开式，并证明其余项 R_k 在(1,0)的邻域内可以充分小($k\to\infty$).

11. 若三元函数 $u=f(x,y,z)$ 关于 z 连续，又偏导函数 $f_x(x,y,z)$ 与 $f_y(x,y,z)$ 在 $\mathbf{R}^3$ 上存在且连续，则 $f(x,y,z)$ 在 $\mathbf{R}^3$ 上连续.

12. 试求下列曲面在指定点处的切平面与法线：

(1) 曲面 $z=4-x^2-y^2$ 在点 $P_0(x_0,y_0,z_0)$ 处的切平面平行于平面 $2x+2y+z-9=0$；

(2) 曲面 $x^2+y^2+z^2-x=0$ 在 $P_0(x_0,y_0,z_0)$ 处的切平面垂直于平面 $x-y-z=3$ 和 $x-y-\frac{z}{2}=5$.

13. 试求下列曲线在指定点处的切线与法平面：

(1) $x^2+y^2=1, x^2+z^2=1, P_0(1,0,0)$；

(2) $x^2+y^2+z^2=4, \frac{1}{2}(x^2-y^2)=2, P_0(2,0,0)$.

14. 近似计算下列数值，使得精度达到 10^{-5}.

(1) $\sin 29^\circ\tan 46^\circ$；　　(2) $(2.01)^{\frac{1}{1.98}}$；　　(3) $\frac{1.03^2}{\sqrt{0.98}\sqrt[3]{1.06}}$.

10.3 方向导数与梯度

在很多问题中，不仅要知道函数在坐标轴方向上的变化率(即偏导数)，也要关注在其他特定方向上的变化率，以及在哪个方向上变化率最大，最大变化率能有多大等. 为此，本节将介绍多元函数的方向导数与梯度.

10.3.1 方向导数

定义 10.3.1　设三元函数 $u=f(x,y,z)$ 在点 $P_0(x_0,y_0,z_0)$ 的某邻域 $U(P_0)$ 内有定义，又

$\boldsymbol{l}$ 为非零矢量,L 为从 P_0 出发且方向为 $\boldsymbol{l}$ 的射线,$P(x,y,z)$为 L 上且含有 $U(P_0)$的任一点,以 ρ 表示 P 与 P_0 两点间的距离.若极限

$$\lim_{\rho\to0^+}\frac{f(P)-f(P_0)}{\rho}$$

存在,则称此极限为 $f(x,y,z)$在 P_0 处沿方向 $\boldsymbol{l}$ 的**方向导数**.记作

$$\left.\frac{\partial f}{\partial \boldsymbol{l}}\right|_{P_0},\quad f_{\boldsymbol{l}}(P_0)\quad 或\quad f_{\boldsymbol{l}}(x_0,y_0,z_0).$$

注记 10.3.1 (1) 记 $\boldsymbol{l}^0=\{\cos\alpha,\cos\beta,\cos\gamma\}$为非零矢量 $\boldsymbol{l}$ 的单位矢量,则三元函数 $f(x,y,z)$在 $P_0(x_0,y_0,z_0)$处沿方向 $\boldsymbol{l}$ 的方向导数为

$$\left.\frac{\partial f}{\partial \boldsymbol{l}}\right|_{P_0}=\lim_{\rho\to0^+}\frac{f(x_0+\rho\cos\alpha,y_0+\rho\cos\beta,z_0+\rho\cos\gamma)-f(x_0,y_0,z_0)}{\rho}.$$

(2) 若三元函数 $f(x,y,z)$在点 $P_0(x_0,y_0,z_0)$处存在关于 x 的偏导数,则 f 在 P_0 处沿 x 轴正向的方向导数为$\frac{\partial f}{\partial \boldsymbol{i}}(P_0)=\frac{\partial f}{\partial x}(P_0)$;沿 x 轴负向的方向导数为

$$\frac{\partial f}{\partial(-\boldsymbol{i})}(P_0)=\lim_{\rho\to0^+}\frac{f(x_0+\Delta x,y_0,z_0)-f(x_0,y_0,z_0)}{-\Delta x}=-\frac{\partial f}{\partial x}(P_0).$$

正如多元函数在某点的极限存在蕴涵着其在该点沿任何方向的方向极限存在且相等,自然也期望:如果函数在某点可微分,那么其在该点沿任何方向都有方向导数,且能通过全微分来计算方向导数.

定理 10.3.1 若三元函数 $u=f(x,y,z)$在点 $P_0(x_0,y_0,z_0)$处可微分,又非零矢量 $\boldsymbol{l}$ 的方向余弦为 $\cos\alpha,\cos\beta,\cos\gamma$,则 f 在 P_0 处沿任何方向 $\boldsymbol{l}$ 的方向导数都存在,且

$$f_{\boldsymbol{l}}(P_0)=f_x(P_0)\cos\alpha+f_y(P_0)\cos\beta+f_z(P_0)\cos\gamma.$$

证 令 $\Delta x=\rho\cos\alpha,\Delta y=\rho\cos\beta,\Delta z=\rho\cos\gamma$,使得 $P(x_0+\Delta x,y_0+\Delta y,z_0+\Delta z)$在$U(P_0)$内.由 f 在 P_0 处可微分,有

$$\Delta u=f(P)-f(P_0)=f_x(P_0)\Delta x+f_y(P_0)\Delta y+f_z(P_0)\Delta z+o(\rho),$$

其中 $\rho=\sqrt{\Delta x^2+\Delta y^2+\Delta z^2}$.

再由方向导数的定义,即知结论成立. □

例 10.3.1 试讨论下列函数在原点处的偏导数、方向导数与可微性:

(1) $f(x,y)=|x+y|$;

(2) $f(x,y)=\begin{cases}\dfrac{x^3}{x^2+y^2}, & x^2+y^2\neq0,\\ 0, & x^2+y^2=0;\end{cases}$

(3) $f(x,y)=\begin{cases}\dfrac{xy^2}{x^2+y^4}, & x^2+y^2\neq0,\\ 0, & x^2+y^2=0;\end{cases}$

(4) $f(x,y)=\begin{cases}\dfrac{xy^2}{x^3+y^4}, & x^2+y^2\neq0,\\ 0, & x^2+y^2=0.\end{cases}$

解 (1) 由 $f(x,0)=|x|,f(0,y)=|y|$,可知 $f_x(0,0)$与 $f_y(0,0)$都不存在,从而 f 在原点处不可微分.

但对 $\forall\,\boldsymbol{l}\neq\boldsymbol{0}$,记 $\boldsymbol{l}^0=\{\cos\alpha,\cos\beta\}$,$\rho=\sqrt{\Delta x^2+\Delta y^2}$,则有

$$\frac{\partial f}{\partial \boldsymbol{l}}(0,0)=\lim_{\rho\to0^+}\frac{f(\rho\cos\alpha,\rho\cos\beta)-f(0,0)}{\rho}=\lim_{\rho\to0^+}\frac{|\rho\cos\alpha+\rho\cos\beta|}{\rho}=|\cos\alpha+\cos\beta|.$$

此即表明,f 在原点沿任意非零矢量的方向导数存在.

(2) 由 $f(x,0)=x,f(0,y)=0$,可知 $f_x(0,0)=1,f_y(0,0)=0$.令 $\rho=\sqrt{\Delta x^2+\Delta y^2}$,$\Delta x=$

$\rho\cos\alpha, \Delta y=\rho\cos\beta$，又由

$$\lim_{\rho\to0^+}\frac{f(\Delta x,\Delta y)-f(0,0)-f_x(0,0)\Delta x-f_y(0,0)\Delta y}{\rho}$$
$$=\lim_{\rho\to0^+}\frac{1}{\rho}\left(\frac{\Delta x^3}{\Delta x^2+\Delta y^2}-\frac{\Delta x^3+\Delta y^2\cdot\Delta x}{\Delta x^2+\Delta y^2}\right)$$
$$=\lim_{\rho\to0^+}-\frac{\rho^3\cos\alpha\cos^2\beta}{\rho^3}=-\cos\alpha\cos^2\beta$$

不存在，可知 $f(x,y)$ 在原点处不可微分.

但对 $\forall\, \boldsymbol{l}\neq\mathbf{0}$，记 $\boldsymbol{l}^\circ=\{\cos\alpha,\cos\beta\}, \rho=\sqrt{\Delta x^2+\Delta y^2}$，则有

$$f(x,y)=f(\rho\cos\alpha,\rho\cos\beta)=\rho\cos^3\alpha.$$

从而，有

$$\frac{\partial f}{\partial \boldsymbol{l}}(0,0)=\frac{\mathrm{d}}{\mathrm{d}\rho}f(\rho\cos\alpha,\rho\cos\beta)=\cos^3\alpha,$$

此即表明，$f(x,y)$ 在原点处沿任意非零矢量的方向导数都存在. 也确有

$$\frac{\partial f}{\partial \boldsymbol{l}}(0,0)=\frac{\partial f}{\partial x}(0,0)\cdot\cos\alpha+\frac{\partial f}{\partial y}(0,0)\cdot\cos\beta$$

在除开 x 轴的情形并不成立.

(3) 由 $f(x,0)=0=f(0,y)$，可知 $f_x(0,0)=0=f_y(0,0)$. 令 $\rho=\sqrt{\Delta x^2+\Delta y^2}, \Delta x=\rho\cos\alpha$，$\Delta y=\rho\cos\beta$，由

$$\lim_{\rho\to0^+}\frac{f(\Delta x,\Delta y)-f(0,0)-f_x(0,0)\Delta x-f_y(0,0)\Delta y}{\rho}$$
$$=\lim_{\rho\to0^+}\frac{1}{\rho}\frac{\rho^3\cos\alpha\cos^2\beta}{\rho^2(\cos^2\alpha+\rho^2\cos^4\beta)}=\begin{cases}\dfrac{\cos\alpha\cos^2\beta}{\cos^2\alpha}, & \cos\alpha\neq0,\\ 0, & \cos\alpha=0,\end{cases}$$

即有 f 在原点处不可微分.

对 $\forall\, \boldsymbol{l}\neq\mathbf{0}$，记 $\boldsymbol{l}^\circ=\{\cos\alpha,\cos\beta\}, \rho=\sqrt{\Delta x^2+\Delta y^2}$，则有

$$\frac{\partial f}{\partial \boldsymbol{l}}(0,0)=\lim_{\rho\to0^+}\frac{\dfrac{\rho^3\cos\alpha\cos^2\beta}{\rho^2(\cos^2\alpha+\rho^2\cos^4\beta)}-0}{\rho}=\lim_{\rho\to0^+}\frac{\cos\alpha\cos^2\beta}{\cos^2\alpha+\rho^2\cos^4\beta}$$
$$=\begin{cases}\dfrac{\cos^2\beta}{\cos\alpha}, & \cos\alpha\neq0,\\ 0, & \cos\alpha=0.\end{cases}$$

此即表明，$f(x,y)$ 在原点处沿任何非零矢量的方向导数都存在.

(4) 由 $f(x,0)=f(0,y)=0$，有 $f_x(0,0)=0=f_y(0,0)$.

对 $\forall\, \boldsymbol{l}\neq\mathbf{0}$，记 $\boldsymbol{l}^\circ=\{\cos\alpha,\cos\beta\}, \rho=\sqrt{\Delta x^2+\Delta y^2}$，则在 $\cos\alpha\neq0$ 且 $\cos\beta\neq0$ 时，有

$$\frac{\partial f}{\partial \boldsymbol{l}}(0,0)=\lim_{\rho\to0^+}\frac{1}{\rho}[f(\Delta x,\Delta y)-f(0,0)]=\lim_{\rho\to0^+}\frac{1}{\rho}\frac{\rho^3\cos\alpha\cos^2\beta}{\rho^3(\cos^3\alpha+\rho\cos^4\beta)}$$
$$=\lim_{\rho\to0^+}\frac{\cos\alpha\cos^2\beta}{\rho(\cos^3\alpha+\rho\cos^4\beta)}$$

不存在，也即 $f(x,y)$ 在原点处沿这样的方向 $\boldsymbol{l}(\cos\alpha\cdot\cos\beta\neq0)$ 的方向导数不存在. 但在原点处沿方向 $\boldsymbol{l}(\cos\alpha=0$ 或 $\cos\beta=0)$ 的方向导数存在且为 0. □

这些例子表明，多元函数在某点可微，是其在该点的方向导数存在的充分而非必要条件.

多元函数在某点连续,也不是其在该点的方向导数存在的必要条件,当然也不是充分条件.

10.3.2 梯度

若三元函数 $u=f(x,y,z)$ 在点 P_0 处可微分,令 $\boldsymbol{g}=\{f_x(P_0),f_y(P_0),f_z(P_0)\}$,又 $\boldsymbol{l}^\circ=\{\cos\alpha,\cos\beta,\cos\gamma\}$ 为非零矢量 $\boldsymbol{l}$ 的单位矢量,则有

$$\frac{\partial f}{\partial \boldsymbol{l}}(P_0)=\boldsymbol{g}\cdot\boldsymbol{l}^\circ=|\boldsymbol{g}|\cos\theta,$$

其中 $\theta=(\boldsymbol{g},\boldsymbol{l})$ 为矢量 $\boldsymbol{g}$ 与 $\boldsymbol{l}$ 的夹角,且 $0\leqslant\theta\leqslant\pi$. 显然,方向导数 $\frac{\partial f}{\partial \boldsymbol{l}}(P_0)$ 在 $\theta=0$ 时达到最大值 $|\boldsymbol{g}|$. 此即表明,$\boldsymbol{g}$ 的方向和模应该具有特别的、重要的意义;也表明,只有"相向而行,同心协力",才会有最大效益.

定义 10.3.2 设三元函数 $u=f(x,y,z)$ 在点 P_0 处存在连续偏导数,则称矢量 $\{f_x(P_0),f_y(P_0),f_z(P_0)\}$ 为 f 在点 P_0 处的梯度,记作 $\mathbf{grad}f(P_0)$,$\mathbf{grad}u|_{P_0}$ 或 $\nabla f(P_0)$,即

$$\mathbf{grad}f(P_0)=\{f_x(P_0),f_y(P_0),f_z(P_0)\}.$$

例 10.3.2 试求二元函数 $u=x^2-xy+y^2$ 在点 $P(-1,1)$ 处沿方向 $\boldsymbol{l}=(2,1)$ 的方向导数,并讨论此方向导数的变化情况.

解 由 $u_x=2x-y,u_y=2y-x$,有函数 $u=x^2-xy+y^2$ 在 $P(-1,1)$ 处的梯度为

$$\mathbf{grad}u(P)=(-3,3),$$

从而,u 在 P 处沿 $\boldsymbol{l}$ 的方向导数为

$$\frac{\partial u}{\partial \boldsymbol{l}}(P)=\mathbf{grad}u(P)\cdot\boldsymbol{l}^\circ=\frac{-3}{\sqrt{5}}.$$

这里,在 P 处的方向导数沿梯度方向 $\boldsymbol{g}^\circ=\frac{1}{\sqrt{2}}(-1,1)$ 才能达到最大值 $\left\|\frac{\partial u}{\partial \boldsymbol{g}^\circ}(P)\right\|=3\sqrt{2}$;在 P 处沿梯度的负向减少最快.

又由

$$\frac{\partial u}{\partial \boldsymbol{s}}(P)=-3\cos\theta+3\sin\theta=3\sqrt{2}\sin\left(\theta-\frac{\pi}{4}\right),$$

其中 $\boldsymbol{s}=\{\cos\theta,\sin\theta\}$,为使 u 在 P 处沿 $\boldsymbol{s}$ 方向的变化率 $\frac{\partial u}{\partial \boldsymbol{s}}(P)$ 为零,则有 $\theta=\frac{\pi}{4}$ 或 $\pi+\frac{\pi}{4}$.

事实上,函数 $u=x^2-xy+y^2$ 的等值线 $x^2-xy+y^2=C$ 为一族椭圆. u 在 P 处沿等值线的法线方向变化最快,在 P 处沿等值线的切线方向变化率为零(图 10-2). □

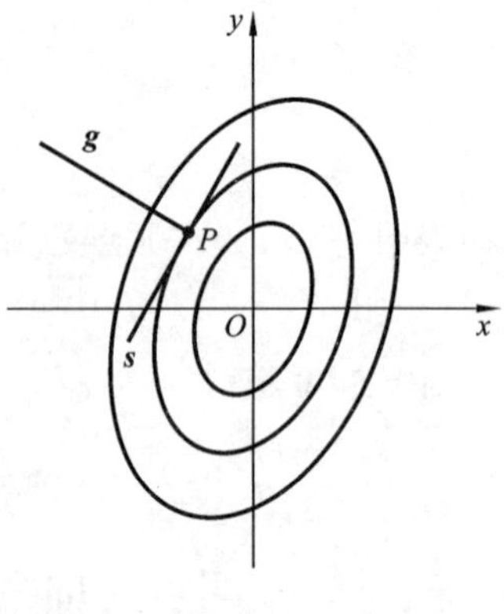

图 10-2

注记 10.3.2 在多元函数 f 可微时,求其梯度实际上就是求偏导数. 从而类似于求导法则,有如下梯度运算法则(其中 C_1,C_2 为任意常数,函数 u,v,f 均可微):

(1) $\mathbf{grad}(C_1u+C_2v)=C_1\mathbf{grad}u+C_2\mathbf{grad}v$;

(2) $\mathbf{grad}(uv)=v\mathbf{grad}u+u\mathbf{grad}v$;

(3) $\mathbf{grad}\left(\frac{u}{v}\right)=\frac{v\mathbf{grad}u-u\mathbf{grad}v}{v^2}\ (v\neq0)$;

(4) $\mathbf{grad}f(u)=f'(u)\mathbf{grad}u$.

定义 10.3.3 若二元函数 $f(P)$ 在 $\mathbf{R}^2$ 上连续,又 $P_0\in\mathbf{R}^2$,$\boldsymbol{s}$ 为二维非零矢量. 如果存在 $\delta>0$,使得对一切 $\lambda\in(0,\delta)$,有

$$f(P_0+\lambda \boldsymbol{s})>f(P_0),$$

则称 $\boldsymbol{s}$ 为 f 在点 P_0 处的**上升方向**；如果对一切 $\lambda\in(0,\delta)$，有

$$f(P_0+\lambda \boldsymbol{s})<f(P_0),$$

则称 $\boldsymbol{s}$ 为 f 在点 P_0 处的**下降方向**.

定理 10.3.2　设二元函数 $z=f(x,y)$ 在点 $P_0(x_0,y_0)$ 处可微，$\boldsymbol{l}$ 为二维非零矢量. 若 $\dfrac{\partial f}{\partial \boldsymbol{l}}(P_0)>0$，则 $\boldsymbol{l}$ 为 f 在 P_0 处的一个上升方向；若 $\dfrac{\partial f}{\partial \boldsymbol{l}}(P_0)<0$，则 $\boldsymbol{l}$ 为 f 在 P_0 处的一个下降方向.

证　令 $\boldsymbol{l}^\circ$ 为 $\boldsymbol{l}$ 的单位矢量，ρ 为沿 $\boldsymbol{l}$ 改变的模，则有

$$\frac{\partial f}{\partial \boldsymbol{l}}(P_0)=\lim_{\rho\to 0^+}\frac{f(P_0+\rho \boldsymbol{l}^\circ)-f(P_0)}{\rho}>0.$$

根据极限的保号性，存在 $\delta>0$，对 $\forall\rho\in(0,\delta)$，有

$$\frac{f(P_0+\rho \boldsymbol{l}^\circ)-f(P_0)}{\rho}>0,$$

从而，有 $f(P_0+\rho \boldsymbol{l}^\circ)>f(P_0)$.

此即，$\boldsymbol{l}$ 为 f 在 P_0 处的一个上升方向. 同理，可证另一种情形. □

通常，把梯度方向及其负方向分别称作函数的**最速上升方向**与**最速下降方向**. 事实上，梯度下降方法是机器学习等领域中十分常用的、有效的优化方法.

定义 10.3.4　若 n 元函数 f 在点 $P(x_1,\cdots,x_n)$ 处有连续的二阶偏导数 $\dfrac{\partial^2 f}{\partial x_i\partial x_j}(i,j=1,2,\cdots,n)$，则称矩阵

$$\boldsymbol{H}=\begin{pmatrix}\dfrac{\partial^2 f}{\partial x_1^2} & \dfrac{\partial^2 f}{\partial x_2\partial x_1} & \cdots & \dfrac{\partial^2 f}{\partial x_n\partial x_1}\\ \dfrac{\partial^2 f}{\partial x_1\partial x_2} & \dfrac{\partial^2 f}{\partial x_2^2} & \cdots & \dfrac{\partial^2 f}{\partial x_n\partial x_2}\\ \vdots & \vdots & & \vdots\\ \dfrac{\partial^2 f}{\partial x_1\partial x_n} & \dfrac{\partial^2 f}{\partial x_2\partial x_n} & \cdots & \dfrac{\partial^2 f}{\partial x_n^2}\end{pmatrix}$$

Hesse 矩阵

为 f 在点 P 处的**二阶导数**或 Hesse 矩阵，记作 $\nabla^2 f(P)$.

例 10.3.3　试求二元函数 $f(x,y)=x^4+xy+(1+y)^2$ 的梯度矢量与 Hesse 矩阵；并求 $\nabla f(0,0)$，$\nabla^2 f(0,0)$.

解　由 $f_x=4x^3+y$，$f_y=x+2(1+y)$，有

$$\nabla f=\{f_x,f_y\}=\{4x^3+y,x+2(1+y)\}.$$

又由 $f_{xx}=12x^2$，$f_{xy}=1=f_{yx}$，$f_{yy}=2$，有

$$\nabla^2 f=\begin{pmatrix}f_{xx} & f_{yx}\\ f_{xy} & f_{yy}\end{pmatrix}=\begin{pmatrix}12x^2 & 1\\ 1 & 2\end{pmatrix}.$$

特别地，有 $\nabla f(0,0)=\{0,2\}$，$\nabla^2 f(0,0)=\begin{pmatrix}0 & 1\\ 1 & 2\end{pmatrix}$. □

习　题　10.3

习题 10.3

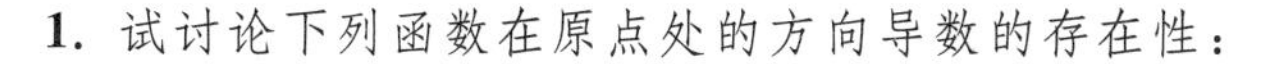

1. 试讨论下列函数在原点处的方向导数的存在性：

(1) $f(x,y)=\sqrt[3]{xy}$；　　(2) $f(x,y)=\begin{cases} e^{-xy}\dfrac{\sin x}{x}, & x\neq 0, \\ 1, & x=0; \end{cases}$

(3) $f(x,y)=\begin{cases} \dfrac{x^2y-y^3}{x^2+y^2}, & x^2+y^2\neq 0, \\ 0, & x^2+y^2=0; \end{cases}$　　(4) $f(x,y)=\begin{cases} \dfrac{\sin(xy)}{\sqrt{x^2+y^2}}, & x^2+y^2\neq 0, \\ 0, & x^2+y^2=0. \end{cases}$

2. 试求函数 $u=xy^2+z^3-xyz$ 在点 $P(1,1,2)$ 处沿方向角为 $\alpha=\dfrac{\pi}{3},\beta=\dfrac{\pi}{4},\gamma=\dfrac{\pi}{3}$ 的方向上的方向导数.

3. 试求函数 $z=\ln\dfrac{y}{x^2}$ 在点 $A(1,3)$ 与 $B(-1,1)$ 处的梯度间的夹角.

4. 试求函数 $u=x^2+2y^2+3z^2+4xy+3x-2y-z$ 在点 $(1,1,1)$ 处的梯度矢量与 Hesse 矩阵.

5. 对三元函数 $u=\dfrac{z^2}{c^2}-\dfrac{x^2}{a^2}-\dfrac{y^2}{b^2}$，试讨论其在点 $P(a,b,c)$ 处沿哪个方向增大最快？沿哪个方向减小最快？沿哪个方向的变化率为零.

6. 设二元函数 $z=f(x,y)$ 在点 P_0 处可微，又矢量 $\boldsymbol{l}_1=\left(\dfrac{1}{\sqrt{2}},\dfrac{1}{\sqrt{2}}\right)$，$\boldsymbol{l}_2=\left(-\dfrac{1}{\sqrt{2}},\dfrac{1}{\sqrt{2}}\right)$，$\dfrac{\partial f}{\partial \boldsymbol{l}_1}(P_0)=1$，$\dfrac{\partial f}{\partial \boldsymbol{l}_2}(P_0)=0$，试确定矢量 $\boldsymbol{l}$，使得 $\dfrac{\partial f}{\partial \boldsymbol{l}}(P_0)=\dfrac{7}{5\sqrt{2}}$.

7. 若 n 元函数 $f(P)$ 在点 $P_0\in\mathbf{R}^n$ 的邻域内可微，且在该点沿 n 个线性无关的方向 $\boldsymbol{l}_1,\boldsymbol{l}_2,\cdots,\boldsymbol{l}_n$ 的方向导数都等于零，则有 $\nabla f(P_0)=0$.

8. 试证明下列命题：

(1) 若二元函数 $z=f(x,y)$ 在 $\mathbf{R}^2$ 上可微分，又非零矢量 $\boldsymbol{l}_1,\boldsymbol{l}_2$ 有夹角 $\varphi(0<\varphi<\pi)$，则有

$$\max\left(\left|\frac{\partial f}{\partial x}\right|,\left|\frac{\partial f}{\partial y}\right|\right)\leqslant\frac{\sqrt{2}}{\sin\varphi}\sqrt{\left(\frac{\partial f}{\partial \boldsymbol{l}_1}\right)^2+\left(\frac{\partial f}{\partial \boldsymbol{l}_2}\right)^2}.$$

(2) 若三元函数 $u=f(x,y,z)$ 有连续一阶偏导，又 $\boldsymbol{l}_1,\boldsymbol{l}_2,\boldsymbol{l}_3$ 为过点 P_0 的三个互相正交的单位矢量，则对任意过 P_0 的单位矢量 $\boldsymbol{l}$，有

$$\left.\frac{\partial f}{\partial \boldsymbol{l}}\right|_{P_0}=\left.\frac{\partial f}{\partial \boldsymbol{l}_1}\right|_{P_0}\cdot\cos(\boldsymbol{l}_1,\boldsymbol{l})+\left.\frac{\partial f}{\partial \boldsymbol{l}_2}\right|_{P_0}\cdot\cos(\boldsymbol{l}_2,\boldsymbol{l})+\left.\frac{\partial f}{\partial \boldsymbol{l}_3}\right|_{P_0}\cdot\cos(\boldsymbol{l}_3,\boldsymbol{l}).$$

10.4 隐函数定理及其应用

在理论分析与实际应用的很多场合，变量之间的函数关系可能无法用显式来刻画. 比如，反映行星运动的 Kepler 方程 $F(x,y)=y-x-\varepsilon\sin y=0(0<\varepsilon<1)$，这里 x 是时间，y 是行星与太阳的连线扫过的扇形的弧度，ε 为行星运动的椭圆轨道的离心率. 虽然由物理背景可知，y 必定是 x 的函数，但却不能显式表为 $y=f(x)$ 的形式. 自然地，我们也希望能研究这种由方程(组)所确定的函数关系的存在性，以及存在时所确定的函数具有的分析性质等.

10.4.1 隐函数定理

定义 10.4.1 设 $E\subseteq\mathbf{R}^2$ 为非空集合，有二元函数 F 定义于 E 上. 对于方程 $F(x,y)=0$，

若存在集合 $I,J\subseteq\mathbf{R}$，对任意 $x\in I$，有唯一确定的 $y\in J$，使得 $(x,y)\in E$，且 $F(x,y)=0$，则称 $F(x,y)=0$ 确定了一个定义于 I 上且值域含于 J 的**隐函数**.

比如，方程 $x^3-y^3=0$ 在原点附近可以确定函数 $y=x$；方程 $x^2+y=\sin xy$ 在原点附近可以确定以 x 为自变量的函数 $y=f(x)$，但不能确定以 y 为自变量的函数 $x=g(y)$；方程 $(x^2+y^2)^2-x^2+y^2=0$ 在原点附近不能确定任何函数关系.

定理 10.4.1　(隐函数存在定理)　设二元函数 $F(x,y)$ 满足如下条件：

(1) 在点 $P_0(x_0,y_0)$ 处有 $F(x_0,y_0)=0$；

(2) 在点 P_0 的邻域 $U(P_0)$ 内有连续偏导数；

(3) $F_y(x_0,y_0)\neq 0$. 则方程 $F(x,y)=0$ 在 x_0 的某邻域 $U(x_0)$ 内可以确定一个连续函数 $y=f(x)$，且满足 $y_0=f(x_0)$，以及 $F(x,f(x))=0$，$\forall\,(x,f(x))\in U(P_0)$. 又有 $y=f(x)$ 在 $U(x_0)$ 内有连续导数，且 $\dfrac{\mathrm{d}y}{\mathrm{d}x}=-\dfrac{F_x}{F_y}$.

证　(1) 不妨设 $F_y(x_0,y_0)>0$. 由 F_y 在 P_0 处的连续性，及连续函数的保号性，存在 P_0 的一个矩形邻域 $D=\{(x,y)\mid |x-x_0|\leqslant a,|y-y_0|\leqslant b\}\subseteq U(P_0)$，使得

$$F_y(x,y)>0,\quad \forall\,(x,y)\in D.$$

又由连续函数 F_y 的最值定理，存在 $m,M>0$，使得

$$0<m\leqslant F_y(x,y)\leqslant M,\quad \forall\,(x,y)\in D.$$

现以 $C[x_0-a,x_0+a]$ 记为定义于区间 $[x_0-a,x_0+a]$ 上的连续函数全体. 对任意 $f(x)\in C[x_0-a,x_0+a]$，定义映射

$$(Tf)(x)=f(x)-\frac{1}{M}F(x,f(x)),$$

并且有 $(Tf)(x)\in C[x_0-a,x_0+a]$.

对 $\forall\,f_1,f_2\in C[x_0-a,x_0+a]$，由中值定理，存在 $0<\theta<1$，使得

$$\begin{aligned}|(Tf_2)(x)-(Tf_1)(x)|&=\left|f_2(x)-\frac{1}{M}F(x,f_2(x))-f_1(x)+\frac{1}{M}F(x,f_1(x))\right|\\&=\left|f_2(x)-f_1(x)-\frac{1}{M}F_y(x,f_1+\theta(f_2-f_1))\cdot[f_2(x)-f(x)]\right|\\&\leqslant|f_2(x)-f_1(x)|\left(1-\frac{m}{M}\right).\end{aligned}$$

若令 $\alpha=1-\dfrac{m}{M}$，则 $0<\alpha<1$，且有

$$|Tf_2-Tf_1|\leqslant\alpha|f_2-f_1|,$$

或

$$\rho(Tf_2,Tf_1)\leqslant\alpha\rho(f_2,f_1),$$

其中 ρ 为 $C[x_0-a,x_0+a]$ 中的距离.

于是，T 为压缩映射，从而存在唯一 $f(x)\in C[x_0-a,x_0+a]$，使得

$$(Tf)(x)=f(x),\quad \forall\,x\in[x_0-a,x_0+a].$$

此即，$f(x)\equiv f(x)-\dfrac{1}{M}F(x,f(x))$，亦即 $F(x,f(x))\equiv 0$，$\forall\,x\in[x_0-a,x_0+a]$.

事实上，若还有 $g(x)\in C[x_0-a,x_0+a]$，使得 $(Tg)(x)=g(x)$，则有

$$\rho(f(x),g(x))=\rho((Tf)(x),(Tg)(x))\leqslant\alpha\rho(f(x),g(x)).$$

从而有

$$f(x)=g(x),\quad \forall\,x\in[x_0-a,x_0+a].$$

(2) 对 $\forall\,x,x+\Delta x\in U(x_0)$，令 $y=f(x)$，$y+\Delta y=f(x+\Delta x)$，则有

$$F(x,y)=0,\quad F(x+\Delta x,y+\Delta y)=0.$$

从而
$$\begin{aligned}0&=F(x+\Delta x,y+\Delta y)-F(x,y)\\&=F(x+\Delta x,y+\Delta y)-F(x,y+\Delta y)+F(x,y+\Delta y)-F(x,y)\\&=F_x(x+\theta_1\Delta x,y+\Delta y)\cdot\Delta x+F_y(x,y+\theta_2\Delta y)\cdot\Delta y\end{aligned}$$

其中,$0<\theta_1,\theta_2<1$.

再利用 $F_y(x,y+\theta_2\Delta y)>0$,以及 F_x,F_y 在 $U(P_0)$上的连续性,即有

$$\lim_{\Delta x\to0}\frac{\Delta y}{\Delta x}=\lim_{\Delta x\to0}-\frac{F_x(x+\theta_1\Delta x,y+\Delta y)}{F_y(x,y+\theta_2\Delta y)}=-\frac{F_x}{F_y}.$$ □

注记 10.4.1 (1) 隐函数存在定理的条件仅仅是充分的. 比如,方程 $F(x,y)=y^3-x^3=0$ 虽然不满足 $F_y(0,0)\neq0$,但在原点的邻域仍能确定函数 $y=x$. 事实上,条件 $F_y(x_0,y_0)\neq0$ 在定理中也十分关键,若其不满足,往往容易导致结论失效. 比如,方程 $F(x,y)=(x^2+y^2)-x^2+y^2=0$,不满足 $F_y(0,0)\neq0$,致使其在原点的无论多么小的邻域内都不能确定唯一的隐函数.

(2) 在定理的证明过程中,偏导连续与 $F_y(x_0,y_0)\neq0$ 只是用来保证函数 F 在 P_0 的邻域内关于 y 是严格单调的. 因此,可以将定理中的这两个条件减弱为"函数 $F(x,y)$在 P_0 的邻域 $U(P_0)$上关于 y 严格单调". 事实上,定理中的条件是容易操作的.

如果只要求隐函数存在且连续,则定理条件可以改为 $F(x,y)$在 $U(P_0)$上连续,$F(P_0)=0$,且 F 关于 y 在 $U(P_0)$上严格单调即可.

(3) 隐函数存在定理是一个局部性定理. 比如,对方程 $F(x,y)=x^2+y^2-1=0$ 所对应的单位圆周上的任意点 P_0,取充分小 $\delta>0$,则在 $U(P_0,\delta)$上方程总可以确定一个隐函数.

(4) 对任意取定 $x\in U(x_0,a)$,方程 $F(x,y)=0$ 可能不只有一个解,可能确定其他隐函数,但这些隐函数都在 y_0 的邻域 $U(y_0,b)$之外. 比如,方程 $F(x,y)=x^2+y^2-1=0$,由$F(0,1)=0$,$F_y(0,1)\neq0$,从而对 $\forall x\in(-a,a)$,在 $y\in(1-b,1+b)$的情形有函数

$$y=f(x)=\sqrt{1-x^2}.$$

虽然,还有另外一个解 $y=-\sqrt{1-x^2}$,但此时 $y\notin(1-b,1+b)$.

例 10.4.1 试证明:方程 $x^2+y=\sin xy$ 在原点的某邻域内可以确定唯一的隐函数 $y=f(x)$,但在原点的任意小邻域都不能确定函数 $x=g(y)$.

证 令 $F(x,y)=x^2+y-\sin xy$,则有

(1) $F(x,y)$在 $\mathbf{R}^2$ 上连续,且 $F(0,0)=0$;

(2) $F_x=2x-y\cos xy$,$F_y=1-x\cos xy$ 在 $\mathbf{R}^2$ 上连续;

(3) $F_x(0,0)=0$,$F_y(0,0)=1$.

由于 $F_y(0,0)\neq0$,从而在原点的某邻域内存在唯一的连续可微隐函数 $y=f(x)$,使得 $f(0)=0$,且在某区间$(-\alpha,\alpha)(\alpha>0)$内有连续导数

$$y'=\frac{\mathrm{d}y}{\mathrm{d}x}=-\frac{F_x}{F_y}=\frac{y\cos xy-zx}{1-x\cos xy}.$$

因为 $F_x(0,0)=0$,不满足隐函数存在定理的条件,但此时不能断定在原点的附近一定不存在隐函数 $x=g(y)$.

为此,利用 F_y 的连续性及 $F_y(0,0)>0$,在原点的邻域内都有 $F_y(x,y)>0$,从而在该邻域内 $y'=-\dfrac{F_x}{F_y}$与 F_x 的符号相反.

另一方面，由于 $\lim\limits_{x\to 0}\dfrac{y}{x}=\lim\limits_{x\to 0}\dfrac{f(x)-f(0)}{x}=f'(0)=0$，即有 $y=f(x)=o(x)\ (x\to 0)$. 于是，$F_x=2x-y\cos xy=2x-o(x)$，从而可得 $\forall x<0$，有 $F_x<0, y'>0$；$\forall x>0$，有 $F_x>0, y'<0$.

此即表明，$y=f(x)$ 在 $x=0$ 左右两边有不同的单调性，在原点的任意小邻域，对每个 y 都有两个 x 与之对应. 亦即，在原点的邻域内不存在隐函数 $x=g(y)$. □

例 10.4.2　设函数 $y=f(x)$ 由方程 $y=x+\arctan y$ 确定，试求 $\dfrac{dy}{dx}, \dfrac{d^2y}{dx^2}$.

解　方法 1. 直接对方程两边关于 x 求导，即有

$$\frac{dy}{dx}=1+\frac{1}{1+y^2}\frac{dy}{dx},\quad \frac{dy}{dx}=1+\frac{1}{y^2};$$

$$\frac{d^2y}{dx^2}=-\frac{2}{y^3}\cdot\frac{dy}{dx}=-\frac{2(1+y^2)}{y^5}.$$

方法 2. 令 $F(x,y)=y-x-\arctan y$，则

$$F_x=-1,\quad F_y=1-\frac{1}{1+y^2}=\frac{y^2}{1+y^2},$$

$$F_{xx}=0,\quad F_{yx}=0=F_{xy},\quad F_{yy}=\frac{2y}{(1+y^2)^2}.$$

从而，有

$$\frac{dy}{dx}=-\frac{F_x}{F_y}=1+\frac{1}{y^2},$$

$$\frac{d^2y}{dx^2}=\frac{-[(F_{xx}+F_{yx}y')F_y-F_x(F_{xy}+F_{yy}y')]}{F_y^2}$$

$$=\frac{2F_xF_yF_{xy}-F_y^2F_{xx}-F_x^2F_{yy}}{F_y^3}=-\frac{2(1+y^2)}{y^5}.$$ □

注记 10.4.2　关于由方程 $F(x,y)=0$ 所确定的连续可微函数 $y=f(x)$ 的极值，可以先考察方程组 $\begin{cases}F(x,y)=0,\\F_x(x,y)=0,\end{cases}$ 求极值可疑点，再利用一元函数极值判别的充分条件，判断 $y''=-\dfrac{F_{xx}}{F_y}$ 在驻点的符号以确定是否为极值点.

例 10.4.3　设二元函数 $z=z(x,y)$ 是由方程 $x+y+z=e^z$ 所确定的隐函数，试求 z_{xx}, z_{yx}.

解　方法 1. 直接对方程 $x+y+z=e^z$ 两边关于 x, y 求偏导，有

$$1+z_x=e^zz_x,\quad 1+z_y=e^zz_y.$$

此即 $z_x=\dfrac{1}{e^z-1}=z_y$，从而，有

$$z_{xx}=\frac{\partial z_x}{\partial x}=-\frac{e^z}{(e^z-1)^2}\cdot z_x=-\frac{e^z}{(e^z-1)^3},$$

$$z_{yx}=\frac{\partial z_x}{\partial y}=-\frac{e^z}{(e^z-1)^2}z_y=-\frac{e^z}{(e^z-1)^3}.$$

方法 2. 直接对方程 $x+y+z=e^z$ 两边求全微分，有

$$dx+dy+dz=e^zdz,$$

从而有

$$dz=\frac{1}{e^z-1}(dx+dy),\quad z_x=\frac{1}{e^z-1}=z_y.$$

注意到 $d(dx)=0=d(dy)$,再求二阶微分,可得

$$d(dx)+d(dy)+d(dz)=e^z(dz)^2+e^z d(dz).$$

此即,有

$$d^2z=e^z\left(\frac{dx+dy}{e^z-1}\right)^2+e^z d^2z,$$

$$d^2z=\frac{1}{e^z-1}\left(\frac{-e^z}{(e^z-1)^2}d^2x+2\frac{-e^z}{(e^z-1)^2}dxdy+\frac{-e^z}{(e^z-1)^2}d^2y\right).$$

由此,可得

$$z_{xx}=-\frac{e^z}{(e^z-1)^3}=z_{yx}.$$

方法 3. 令 $F(x,y,z)=x+y+z-e^z=0$,则有

$$F_x=1,\quad F_y=1,\quad F_z=1-e^z;$$

$$F_{xx}=0,\quad F_{xy}=0=F_{yx},\quad F_{yy}=0,$$

$$F_{xz}=0,\quad F_{yz}=0,\quad F_{zz}=-e^z.$$

从而,有

$$z_x=-\frac{F_x}{F_z}=\frac{1}{e^z-1},\quad z_y=-\frac{F_y}{F_z}=\frac{1}{e^z-1},$$

$$z_{xx}=-\frac{(F_{xx}+F_{zx}\cdot z_x)F_z-F_x(F_{xz}+F_{zz}\cdot z_x)}{F_z^2}=\frac{-e^z}{(e^z-1)^3}=z_{yx}.$$ □

10.4.2 隐函数组定理

定义 10.4.2 设有方程组 $\begin{cases}F(x,y,u,v)=0,\\G(x,y,u,v)=0,\end{cases}$ 其中 F,G 为定义在 $V\subseteq\mathbf{R}^4$ 上的函数. 若存在平面区域 $D,E\subset\mathbf{R}^2$,对于 D 中任意点 (x,y),有唯一的 $(u,v)\in E$,使得 $(x,y,u,v)\in V$ 且满足 $F(x,y,u,v)=0,G(x,y,u,v)=0$,则称此方程组确定了**隐函数组**

$$\begin{cases}u=f(x,y),\\v=g(x,y),\end{cases}\forall(x,y)\in D,(u,v)\in E;$$

并且 $\begin{cases}F(x,y,f(x,y),g(x,y))=0,\\G(x,y,f(x,y),g(x,y))=0.\end{cases}$

定理 10.4.2 (隐函数组定理) 若多元函数 $F(x,y,u,v)$ 与 $G(x,y,u,v)$ 满足条件:

(1) 在以 $P_0(x_0,y_0,u_0,v_0)$ 为内点的区域 $V\subseteq\mathbf{R}^4$ 上连续;

(2) $F(x_0,y_0,u_0,v_0)=0,G(x_0,y_0,u_0,v_0)=0$;

(3) 在 V 上有一阶连续偏导数;

(4) $J=\dfrac{\partial(F,G)}{\partial(u,v)}=\begin{vmatrix}F_u & F_v\\G_u & G_v\end{vmatrix}$ 在点 P_0 处不为零.

则有

(a)存在 P_0 的某邻域 $U(P_0)\subseteq V$,使得在 $U(P_0)$ 上方程组 $\begin{cases}F(x,y,u,v)=0,\\G(x,y,u,v)=0\end{cases}$ 能唯一确定定义在点 $Q_0(x_0,y_0)$ 的某邻域 $U(Q_0)$ 上的二元隐函数组 $\begin{cases}u=f(x,y),\\v=g(x,y),\end{cases}$ 使得 $u_0=f(x_0,y_0)$,$v_0=f(x_0,y_0)$;并且对 $\forall(x,y)\in U(Q_0)$,有 $(x,y,f(x,y),g(x,y))\in U(P_0)$,以及

$$\begin{cases}F(x,y,f(x,y),g(x,y))=0,\\G(x,y,f(x,y),g(x,y))=0.\end{cases}$$

(b) 二元函数 $f(x,y)$ 与 $g(x,y)$ 在 $U(Q_0)$ 上连续.

(c) 二元函数 $f(x,y)$ 与 $g(x,y)$ 在 $U(Q_0)$ 上有一阶连续偏导数,且

$$\frac{\partial u}{\partial x}=\frac{-1}{J}\frac{\partial(F,G)}{\partial(x,v)},\quad \frac{\partial v}{\partial x}=\frac{-1}{J}\frac{\partial(F,G)}{\partial(u,x)},$$

$$\frac{\partial u}{\partial y}=\frac{-1}{J}\frac{\partial(F,G)}{\partial(y,v)},\quad \frac{\partial v}{\partial y}=\frac{-1}{J}\frac{\partial(F,G)}{\partial(u,y)}.$$

注记 10.4.3　(1) 隐函数组存在定理的证明与前面一元隐函数存在定理的证明,本质上是一样的,利用高维空间中的压缩映照定理即可.

(2) 在刻画隐函数组的偏导数时,注意与线性方程组求解理论的联系.

(3) 隐函数组存在定理有直观的几何意义,可以理解为空间曲线或曲面表示的一般式与参数式的关联. 比如,方程组 $\begin{cases}F(x,y,u,v)=0,\\ G(x,y,u,v)=0\end{cases}$ 为空间曲面 S 的一般式刻画,在上述定理条件下,能确定隐函数组 $\begin{cases}u=f(x,y),\\ v=g(x,y),\end{cases}$ 也即曲面 S 在点 P_0 附近可以和 xOy 面上的某区域建立一一对应(投影),并有参数式刻画 $\begin{cases}u=f(x,y),\\ v=g(x,y).\end{cases}$

(4) 一般地,为讨论方程组 $\begin{cases}F(x,y,z,u,v)=0,\\ G(x,y,z,u,v)=0,\\ H(x,y,z,u,v)=0\end{cases}$ 所能确定的隐函数组的情形,可以考虑其对应的 Jacobi(雅克比)矩阵

$$\boldsymbol{J}=\begin{pmatrix}F_x & F_y & F_z & F_u & F_v\\ G_x & G_y & G_z & G_u & G_v\\ H_x & H_y & H_z & H_u & H_v\end{pmatrix}.$$

Jacobi 矩阵

在其他相应于定理 10.4.2 的条件(1)、(2)、(3)满足时,若该 Jacobi 矩阵 $\boldsymbol{J}$ 的某个三阶子式在 P_0 处不等于零,则此子式所对应的三个变量即能确定关于另外两个变量的隐函数组. 比如,若 $\begin{vmatrix}F_x & F_y & F_u\\ G_x & G_y & G_u\\ H_x & H_y & H_u\end{vmatrix}_{P_0}\neq 0$,则原方程组在 $U(P_0)$ 内可以确定以 z,v 为自变量的隐函数组

$$\begin{cases}x=x(z,v),\\ y=y(z,v),\\ u=u(z,v),\end{cases}$$

并且有

$$\begin{pmatrix}x_z & x_v\\ y_z & y_v\\ u_z & u_v\end{pmatrix}=-\begin{pmatrix}F_x & F_y & F_u\\ G_x & G_y & G_u\\ H_x & H_y & H_u\end{pmatrix}^{-1}\begin{pmatrix}F_z & F_v\\ G_z & G_v\\ H_z & H_v\end{pmatrix}.$$

例 10.4.4　试讨论方程组 $\begin{cases}xy+yz^2+4=0,\\ x^2y+yz-z^2+5=0\end{cases}$ 在点 $P_0(1,-2,1)$ 的邻域能确定怎样的隐函数组?

解 令$\begin{cases}F=xy+yz^2+4,\\G=x^2y+yz-z^2+5,\end{cases}$则 F,G 满足初始条件,即 $F(P_0)=0=G(P_0)$.

又 F,G 在 $\mathbf{R}^3$ 上具有连续的一阶偏导数,其对应的 Jacobi 矩阵为

$$\boldsymbol{J}=\begin{pmatrix}F_x & F_y & F_z\\G_x & G_y & G_z\end{pmatrix}=\begin{pmatrix}y & x+z^2 & 2yz\\2xy & x^2+z & y-2z\end{pmatrix}.$$

特别地,在 P_0 处有 $\boldsymbol{J}|_{P_0}=\begin{pmatrix}-2 & 2 & -4\\-4 & 2 & -4\end{pmatrix}$,从而有

$$\left.\frac{\partial(F,G)}{\partial(x,y)}\right|_{P_0}=\begin{vmatrix}-2 & 2\\-4 & 2\end{vmatrix}=4\neq 0,$$

$$\left.\frac{\partial(F,G)}{\partial(x,z)}\right|_{P_0}=\begin{vmatrix}-2 & -4\\-4 & -4\end{vmatrix}=-8\neq 0,$$

$$\left.\frac{\partial(F,G)}{\partial(y,z)}\right|_{P_0}=\begin{vmatrix}2 & -4\\2 & -4\end{vmatrix}=0.$$

此即表明,原方程组在 P_0 的邻域可以确定隐函数组$\begin{cases}x=x(z),\\y=y(z),\end{cases}$与$\begin{cases}x=x(y),\\z=z(y),\end{cases}$但不能确定是否有隐函数组$\begin{cases}y=y(x),\\z=z(x),\end{cases}$因为定理条件是充分而非必要的.

进一步,由$\dfrac{\mathrm{d}x}{\mathrm{d}y}=-\dfrac{1}{\dfrac{\partial(F,G)}{\partial(x,z)}}\dfrac{\partial(F,G)}{\partial(y,z)}$,有

$$\left.\frac{\mathrm{d}x}{\mathrm{d}y}\right|_{P_0}=0;$$

同理,由$\dfrac{\mathrm{d}z}{\mathrm{d}y}=-\dfrac{1}{\dfrac{\partial(F,G)}{\partial(x,z)}}\dfrac{\partial(F,G)}{\partial(x,y)}$,有

$$\left.\frac{\mathrm{d}z}{\mathrm{d}y}\right|_{P_0}=\frac{1}{2},$$

以及

$$\left.\frac{\mathrm{d}^2x}{\mathrm{d}y^2}\right|_{P_0}=-\frac{1}{4},$$

这里$\dfrac{\mathrm{d}^2x}{\mathrm{d}y^2}$的一般公式很麻烦,但不困难.

此即,函数 $x=x(y)$ 在 $y=-2$ 处取极大值,从而可知在 P_0 的任意小邻域内,对每个 x 都会有多个 y 与之对应,对每个 x 也会有多个 z 与之对应.所以,在 P_0 的邻域内不能确定隐函数组$\begin{cases}y=y(x),\\z=z(x).\end{cases}$ □

例 10.4.5 设函数组$\begin{cases}x=x(z),\\y=y(z)\end{cases}$由方程组$\begin{cases}x+y+z=1,\\x^2+y^2+z^2=1\end{cases}$所确定,试求$\dfrac{\mathrm{d}x}{\mathrm{d}z},\dfrac{\mathrm{d}y}{\mathrm{d}z}$.

解 方法 1. 直接对方程组两边关于 z 求导,有

$$\begin{cases}\dfrac{\mathrm{d}x}{\mathrm{d}z}+\dfrac{\mathrm{d}y}{\mathrm{d}z}+1=0,\\[2mm]2x\,\dfrac{\mathrm{d}x}{\mathrm{d}z}+2y\,\dfrac{\mathrm{d}y}{\mathrm{d}z}+2z=0.\end{cases}$$

根据 Gramer 法则,可得

$$\frac{\mathrm{d}x}{\mathrm{d}z}=\frac{y-z}{x-y},\quad \frac{\mathrm{d}y}{\mathrm{d}z}=\frac{z-x}{x-y},\quad \forall x\neq y.$$

方法 2. 令 $F=x+y+z-1,G=x^2+y^2+z^2-1$,则

$$\frac{\mathrm{d}x}{\mathrm{d}z}=-\frac{\frac{\partial(F,G)}{\partial(z,y)}}{\frac{\partial(F,G)}{\partial(x,y)}}=-\frac{\begin{vmatrix}1&1\\2z&2y\end{vmatrix}}{\begin{vmatrix}1&1\\2x&2y\end{vmatrix}}=\frac{y-z}{x-y},$$

$$\frac{\mathrm{d}y}{\mathrm{d}z}=-\frac{\frac{\partial(F,G)}{\partial(x,z)}}{\frac{\partial(F,G)}{\partial(x,y)}}=-\frac{\begin{vmatrix}1&1\\2x&2z\end{vmatrix}}{\begin{vmatrix}1&1\\2x&2y\end{vmatrix}}=\frac{z-x}{x-y}.$$

方法 3. 令 $F=x+y+z-1,G=x^2+y^2+z^2-1$,则有 Jacobi 矩阵

$$\boldsymbol{J}=\begin{pmatrix}F_x&F_y&F_z\\G_x&G_y&G_z\end{pmatrix}=\begin{pmatrix}1&1&1\\2x&2y&2z\end{pmatrix},$$

进而,可得

$$\begin{pmatrix}\frac{\mathrm{d}x}{\mathrm{d}z}\\\frac{\mathrm{d}y}{\mathrm{d}z}\end{pmatrix}=-\begin{pmatrix}1&1\\2x&2y\end{pmatrix}^{-1}\begin{pmatrix}1\\2z\end{pmatrix}=\frac{-1}{2(y-x)}\begin{pmatrix}2y&-1\\-2x&1\end{pmatrix}\begin{pmatrix}1\\2z\end{pmatrix}.$$ □

例 10.4.6　若方程组 $\begin{cases}x+y^2=u,\\y+z^2=v,\\z+x^2=w,\end{cases}$ 确定了以 u,v,w 为自变量的二次可微函数,试求 $\frac{\partial^2x}{\partial u^2},\frac{\partial^2x}{\partial v\partial u}$.

解　令 $F=x+y^2-u,G=y+z^2-v,H=z+x^2-w$,则有 Jacobi 矩阵

$$\boldsymbol{J}=\begin{pmatrix}1&2y&0&-1&0&0\\0&1&2z&0&-1&0\\2x&0&1&0&0&-1\end{pmatrix}.$$

由此,可得

$$J_{xyz}=\frac{\partial(F,G,H)}{\partial(x,y,z)}=\begin{vmatrix}1&2y&0\\0&1&2z\\2x&0&1\end{vmatrix}=1+8xyz;$$

同理,有

$$J_{uyz}=-1,\quad J_{xuz}=-4xz,\quad J_{xyu}=2x,$$
$$J_{vyz}=2y,\quad J_{xvz}=-1,\quad J_{xyv}=-4xy.$$

于是,有

$$\frac{\partial x}{\partial u}=-\frac{J_{uyz}}{J_{xyz}}=\frac{1}{1+8xyz},$$
$$\frac{\partial x}{\partial v}=-\frac{J_{vyz}}{J_{xyz}}=\frac{-2y}{1+8xyz};$$

以及

$$\frac{\partial^2 x}{\partial u^2}=\frac{\partial}{\partial u}\left(\frac{1}{1+8xyz}\right)=\frac{-[8x_u yz+8xy_u z+8xyz_u]}{(1+8xyz)^2}=\frac{16x^2y-8yz-32x^2z^2}{(1+8xyz)^3},$$

$$\frac{\partial^2 x}{\partial v\partial u}=\frac{\partial}{\partial v}\left(\frac{1}{1+8xyz}\right)=\frac{16y^2z-8xz-32x^2y^2}{(1+8xyz)^3}.$$ □

10.4.3 反函数组与坐标变换

定义 10.4.3 若二元函数组$\begin{cases}u=u(x,y),\\ v=v(x,y),\end{cases}(x,y)\in D$确定了映射$T:D\mapsto\mathbf{R}^2$. 记$E=\{(u,v)\mid u=u(x,y),v=v(x,y),(x,y)\in D\}$,则$E$称为$D$在$T$下的**像**,即$E=T(D)$. 又若$T$为一一映射,对$\forall Q\in E$,由$\begin{cases}u=u(x,y),\\ v=v(x,y)\end{cases}$也可以确定唯一的点$P\in D$与之对应,记此映射为$T^{-1}$,称为$T$的**逆映射**,即

$$T^{-1}:E\mapsto D.$$

此亦即,存在函数组$\begin{cases}x=x(u,v),\\ y=y(u,v),\end{cases}(u,v)\in E$,称其为原函数组的**反函数组**.

定理 10.4.3 (反函数组定理) 设函数组$\begin{cases}u=u(x,y),\\ v=v(x,y),\end{cases}$及其一阶偏导数在区域$D\subseteq\mathbf{R}^2$上连续,又$P_0(x_0,y_0)$为$D$的内点,且$u_0=u(x_0,y_0)$,$v_0=v(x_0,y_0)$,$\left.\frac{\partial(u,v)}{\partial(x,y)}\right|_{P_0}\neq 0$,则在点$Q_0(u_0,v_0)$的某邻域$U(Q_0)$上存在唯一反函数组$\begin{cases}x=x(u,v),\\ y=y(u,v),\end{cases}(u,v)\in U(Q_0)$,使得$x_0=x(u_0,v_0)$,$y_0=y(u_0,v_0)$,并且对$\forall(u,v)\in U(Q_0)$,有

$$(x(u,v),y(u,v))\in U(P_0),$$

$$\begin{cases}u=u(x(u,v),y(u,v)),\\ v=v(x(u,v),y(u,v)).\end{cases}$$

进而,反函数组$\begin{cases}x=x(u,v),\\ y=y(u,v)\end{cases}$在$U(Q_0)$内也存在连续的一阶偏导数,且

$$\frac{\partial x}{\partial u}=\frac{\frac{\partial v}{\partial y}}{\frac{\partial(u,v)}{\partial(x,y)}},\quad \frac{\partial x}{\partial v}=\frac{-\frac{\partial u}{\partial y}}{\frac{\partial(u,v)}{\partial(x,y)}},$$

$$\frac{\partial y}{\partial u}=\frac{-\frac{\partial v}{\partial x}}{\frac{\partial(u,v)}{\partial(x,y)}},\quad \frac{\partial y}{\partial v}=\frac{\frac{\partial u}{\partial x}}{\frac{\partial(u,v)}{\partial(x,y)}},$$

以及

$$\left.\frac{\partial(u,v)}{\partial(x,y)}\cdot\frac{\partial(x,y)}{\partial(u,v)}\right|=1.$$

注记 10.4.4 (1) 令$F=u-u(x,y)$,$G=v-v(x,y)$,则定理 10.4.3 可看作是定理10.4.2的特殊情形. 一元反函数的存在性及可导性,也是这里的特殊情形.

(2) 函数组$\begin{cases}u=u(x,y),\\ v=v(x,y),\end{cases}(x,y)\in D$与反函数组$\begin{cases}x=x(u,v),\\ y=y(u,v),\end{cases}(u,v)\in E$,在$\frac{\partial(u,v)}{\partial(x,y)}\neq 0$

时,可以理解为从 uOv 坐标系到 xOy 坐标系的变换,其中 $\left|\frac{\partial(u,v)}{\partial(x,y)}\right|$ 反映的是变换的尺度因子,$\frac{\partial(u,v)}{\partial(x,y)}$ 的正负号对应于变换导致的方向变化.

(3) 考虑极坐标变换 $\begin{cases} x=r\cos\theta, \\ y=r\sin\theta, \end{cases}$ 其中 $r\geqslant 0,\theta\in[0,2\pi]$,有

$$\frac{\partial(x,y)}{\partial(r,\theta)}=\begin{vmatrix} \cos\theta & -r\sin\theta \\ \sin\theta & r\cos\theta \end{vmatrix}=r.$$

此即,除开原点外,存在反函数组(逆变换)

$$\begin{cases} r=\sqrt{x^2+y^2}, \\ \theta=\begin{cases} \arctan\dfrac{y}{x}, & x>0, \\ \pi+\arctan\dfrac{y}{x}, & x<0. \end{cases} \end{cases}$$

(4) 考虑球面坐标变换 $\begin{cases} x=r\sin\varphi\cos\theta, \\ y=r\sin\varphi\sin\theta, \\ z=r\cos\varphi, \end{cases}$ 其中 $\begin{cases} r\geqslant 0, \\ \theta\in[0,2\pi], \\ \varphi\in[0,\pi], \end{cases}$ 有

$$\frac{\partial(x,y,z)}{\partial(r,\varphi,\theta)}=\begin{vmatrix} \sin\varphi\cos\theta & r\cos\varphi\cos\theta & -r\sin\varphi\sin\theta \\ \sin\varphi\sin\theta & r\cos\varphi\sin\theta & r\sin\varphi\cos\theta \\ \cos\varphi & -r\sin\varphi & 0 \end{vmatrix}=r^2\sin\varphi.$$

此即,除开 z 轴外,可以确定反函数组(逆变换)

$$\begin{cases} r=\sqrt{x^2+y^2+z^2}, \\ \theta=\begin{cases} \arctan\dfrac{y}{x}, & x>0, \\ \pi+\arctan\dfrac{y}{x}, & x<0, \end{cases} \\ \varphi=\arccos\dfrac{z}{r}. \end{cases}$$

例 10.4.7　设 $u=\frac{x}{r^2},v=\frac{y}{r^2},w=\frac{z}{r^2}$,其中 $v=\sqrt{x^2+y^2+z^2}$. 试求(1) 以 u,v,w 为自变量的反函数组;(2) $\frac{\partial(u,v,w)}{\partial(x,y,z)}$.

解　(1) 由 $u^2+v^2+w^2=\frac{1}{r^4}(x^2+y^2+z^2)=\frac{1}{r^2}$,有

$$r^2=\frac{1}{u^2+v^2+w^2}.$$

从而

$$x=r^2u=\frac{u}{u^2+v^2+w^2},\quad y=\frac{v}{u^2+v^2+w^2},\quad z=\frac{w}{u^2+v^2+w^2}.$$

(2) 令 $\boldsymbol{A}=\begin{pmatrix} x_u & x_v & x_w \\ y_u & y_v & y_w \\ z_u & z_v & z_w \end{pmatrix}=\frac{1}{(u^2+v^2+w^2)^2}\begin{pmatrix} v^2+w^2-u^2 & -2uv & -2uw \\ -2vu & u^2+w^2-v^2 & -2vw \\ -2uw & -2vw & u^2+v^2-w^2 \end{pmatrix}$,

有 $$\mathbf{A}^2=r^8\begin{pmatrix}(u^2+v^2+w^2)^2 & & \\ & (u^2+v^2+w^2)^2 & \\ & & (u^2+v^2+w^2)^2\end{pmatrix}=\begin{pmatrix}r^4 & & \\ & r^4 & \\ & & r^4\end{pmatrix},$$

从而

$$\left|\frac{\partial(x,y,z)}{\partial(u,v,w)}\right|^2=|\mathbf{A}|^2=|\mathbf{A}^2|=r^{12}.$$

特别地,在点 $P_0(1,0,0)$处,有

$$\left.\frac{\partial(x,y,z)}{\partial(u,v,w)}\right|_{P_0}=\begin{vmatrix}-1 & 0 & 0\\ 0 & 1 & 0\\ 0 & 0 & 1\end{vmatrix}=-1,$$

从而应该取$\frac{\partial(x,y,z)}{\partial(u,v,w)}=-r^6$,进而有

$$\frac{\partial(u,v,w)}{\partial(x,y,z)}=\left[\frac{\partial(x,y,z)}{\partial(u,v,w)}\right]^{-1}=-\frac{1}{r^6}.$$ □

10.4.4 隐函数定理的几何应用

1. 平面曲线的切线与法线

(1) 平面曲线参数式方程为 $y=f(x)$,其中 f 可微,$y_0=f(x_0)$. 此曲线在点 $P_0(x_0,y_0)$处的切线方程为

$$y-y_0=f'(x_0)(x-x_0),$$

法线方程为

$$y-y_0=-\frac{1}{f'(x_0)}(x-x_0).$$

(2) 平面曲线一般式方程为 $F(x,y)=0$,其中 F 可微,$F(x_0,y_0)=0$. 此曲线在点 $P_0(x_0,y_0)$处的切线方程为

$$F_x(x_0,y_0)(x-x_0)+F_y(x_0,y_0)(y-y_0)=0,$$

法线方程为

$$F_y(x_0,y_0)(x-x_0)-F_x(x_0,y_0)(y-y_0)=0.$$

2. 空间曲线的切线与法平面

(1) 空间曲线参数式方程为$\begin{cases}x=x(t),\\ y=y(t),\\ z=z(t),\end{cases}$ $t\in[\alpha,\beta]$,其中 $x(t),y(t),z(t)$均可微,且

$$x'^2(t)+y'^2(t)+z'^2(t)\neq 0,\quad x_0=x(t_0),\quad y_0=y(t_0),\quad z_0=z(t_0).$$

此曲线在点 $P_0(x_0,y_0,z_0)$处的切线方程为

$$\frac{x-x_0}{x'(t_0)}=\frac{y-y_0}{y'(t_0)}=\frac{z-z_0}{z'(t_0)},$$

法平面方程为

$$x'(t_0)(x-x_0)+y'(t_0)(y-y_0)+z'(t_0)(z-z_0)=0.$$

(2) 空间曲线一般式方程为$\begin{cases}F(x,y,z)=0,\\ G(x,y,z)=0,\end{cases}$其中 F,G 均可微,$\begin{cases}F(x_0,y_0,z_0)=0,\\ G(x_0,y_0,z_0)=0,\end{cases}$ $\left.\frac{\partial(F,G)}{\partial(x,y)}\right|_{P_0}\neq 0$.

此曲线在点 $P_0(x_0,y_0,z_0)$处的切线方程为

$$\frac{x-x_0}{\left.\frac{\partial(F,G)}{\partial(y,z)}\right|_{P_0}}=\frac{y-y_0}{\left.\frac{\partial(F,G)}{\partial(z,x)}\right|_{P_0}}=\frac{z-z_0}{\left.\frac{\partial(F,G)}{\partial(x,y)}\right|_{P_0}},$$

法平面方程为

$$\left.\frac{\partial(F,G)}{\partial(y,z)}\right|_{P_0}\cdot(x-x_0)+\left.\frac{\partial(F,G)}{\partial(z,x)}\right|_{P_0}\cdot(y-y_0)+\left.\frac{\partial(F,G)}{\partial(x,y)}\right|_{P_0}\cdot(z-z_0)=0.$$

3. 空间曲面的切平面与法线

(1) 空间曲面的参数式方程为 $z=f(x,y)$,其中 f 可微,$z_0=f(x_0,y_0)$. 此曲面在点 $P_0(x_0,y_0,z_0)$处的切平面方程为

$$z-z_0=f_x(x_0,y_0)(x-x_0)+f_y(x_0,y_0)(y-y_0),$$

法线方程为

$$\frac{x-x_0}{f_x(x_0,y_0)}=\frac{y-y_0}{f_y(x_0,y_0)}=\frac{z-z_0}{-1}.$$

(2) 空间曲面的一般式方程为 $F(x,y,z)=0$,其中 F 可微,$F(x_0,y_0,z_0)=0$. 此曲面在 $P_0(x_0,y_0,z_0)$处的切平面方程为

$$F_x(x_0,y_0,z_0)(x-x_0)+F_y(x_0,y_0,z_0)(y-y_0)+F_z(x_0,y_0,z_0)(z-z_0)=0,$$

法线方程为

$$\frac{x-x_0}{F_x(x_0,y_0,z_0)}=\frac{y-y_0}{F_y(x_0,y_0,z_0)}=\frac{z-z_0}{F_z(x_0,y_0,z_0)}.$$

(3) 空间曲面的参数式方程为 $\begin{cases}x=x(u,v),\\ y=y(u,v),\\ z=z(u,v),\end{cases}$ 其中 $x(u,v),y(u,v),z(u,v)$ 可微,$x_0=x(u_0,v_0),y_0=y(u_0,v_0),z_0=z(u_0,v_0)$. 此时,曲面在点 $P_0(x_0,y_0,z_0)$处的法向 $\boldsymbol{n}$ 应该垂直于曲面上过 P_0 点的任意两条曲线的切方向 $\boldsymbol{\tau}_1$ 和 $\boldsymbol{\tau}_2$.

现考虑曲面上两条过 P_0 点的曲线

$$C_1:\begin{cases}x=x(u,v_0),\\ y=y(u,v_0),\\ z=z(u,v_0),\end{cases}$$

其切方向 $\boldsymbol{\tau}_1=\{x_u(u_0,v_0),y_u(u_0,v_0),z_u(u_0,v_0)\}$;

$$C_2:\begin{cases}x=x(u_0,v),\\ y=y(u_0,v),\\ z=z(u_0,v),\end{cases}$$

其切方向 $\boldsymbol{\tau}_2=\{x_v(u_0,v_0),y_v(u_0,v_0),z_v(u_0,v_0)\}$.

从而,有

$$\boldsymbol{n}=\boldsymbol{\tau}_1\times\boldsymbol{\tau}_2=\left\{\left.\frac{\partial(y,z)}{\partial(u,v)}\right|_{P_0},\left.\frac{\partial(z,x)}{\partial(u,v)}\right|_{P_0},\left.\frac{\partial(x,y)}{\partial(u,v)}\right|_{P_0}\right\}.$$

于是,此曲面在 P_0 处的切平面方程为

$$\left.\frac{\partial(y,z)}{\partial(u,v)}\right|_{P_0}\cdot(x-x_0)+\left.\frac{\partial(z,x)}{\partial(u,v)}\right|_{P_0}\cdot(y-y_0)+\left.\frac{\partial(x,y)}{\partial(u,v)}\right|_{P_0}\cdot(z-z_0)=0,$$

法线方程为

$$\frac{x-x_0}{\left.\frac{\partial(y,z)}{\partial(u,v)}\right|_{P_0}}=\frac{y-y_0}{\left.\frac{\partial(z,x)}{\partial(u,v)}\right|_{P_0}}=\frac{z-z_0}{\left.\frac{\partial(x,y)}{\partial(u,v)}\right|_{P_0}}.$$

例 10.4.8 若三元函数 $F(x,y,z)$,$G(x,y,z)$连续可微,试求空间曲线$\begin{cases}F(x,y,z)=0,\\G(x,y,z)=0\end{cases}$在 xOy 面上投影曲线的切线方程.

解 记 $C:\begin{cases}x=x(t),\\y=y(t),t\in[\alpha,\beta]\\z=z(t),\end{cases}$为空间曲线$\begin{cases}F(x,y,z)=0,\\G(x,y,z)=0\end{cases}$所对应的参数式表达,其在 xOy 面上的投影线为

$$L:\begin{cases}x=x(t),\\y=y(t), \quad t\in[\alpha,\beta].\\z=0,\end{cases}$$

又设 $P_0(x_0,y_0,z_0)$为曲线 C 上任一点,则在 $P_0(x(t_0),y(t_0),z(t_0))$处的切矢量为 $\boldsymbol{\tau}=\{x'(t_0),y'(t_0),z'(t_0)\}$.

从而 P_0 在 xOy 面有对应点 $Q_0(x_0,y_0,0)$,投影曲线 L 在 Q 处的切矢量为

$$\boldsymbol{s}=\{x'(t_0),y'(t_0),0\}.$$

于是,平面曲线 L 在 Q_0 处的切线方程为

$$\begin{cases}\left.\frac{\partial(F,G)}{\partial(z,x)}\right|_{P_0}\cdot(x-x_0)-\left.\frac{\partial(F,G)}{\partial(y,z)}\right|_{P_0}\cdot(y-y_0)=0,\\z=0.\end{cases}$$

□

例 10.4.9 试证明空间曲线 $x=e^t\cos t,y=e^t\sin t,z=e^t$ 与锥面 $x^2+y^2=z^2$ 的母线相交成固定角度.

证 易知曲线 $C:\begin{cases}x=e^t\cos t,\\y=e^t\sin t,\\z=e^t\end{cases}$在锥面 $S:x^2+y^2=z^2$ 上.

设 $P_0(x_0,y_0,z_0)$为曲线 C 上任一点,则

$$x_0=e^{t_0}\cos t_0, \quad y_0=e^{t_0}\sin t_0, \quad z_0=e^{t_0}.$$

又曲线 C 过 P_0 的切矢量 $\boldsymbol{\tau}=\{e^{t_0}\cos t_0-e^{t_0}\sin t_0,e^{t_0}\sin t_0+e^{t_0}\cos t_0,e^{t_0}\}$,锥面 S 过 P_0 的母线方向 $\boldsymbol{s}=\{e^{t_0}\cos t_0,e^{t_0}\sin t_0,e^{t_0}\}$,从而可得

$$(\boldsymbol{\tau},\boldsymbol{s})=\arccos\frac{\boldsymbol{\tau}\cdot\boldsymbol{s}}{|\boldsymbol{\tau}||\boldsymbol{s}|}=\frac{2}{\sqrt{6}}.$$

此即表明,曲线 C 与锥面 S 的母线相交成固定角度. □

10.4.5 无条件极值、最大值与最小值

为解决多元函数的优化问题,我们先推广给出多元函数极值概念,再讨论取得极值的条件,以及在全域上的最值情况.

定义 10.4.4 若 n 元函数 $f(P)$在点 P_0 的某邻域 $U(P_0)$内有定义,又对 $\forall P\in U^0(P_0)$,都有

$$f(P)<f(P_0) \quad (式\ f(P)>f(P_0)),$$

则称 f 在点 P_0 处取得**极大值**(或**极小值**),称 P_0 为 f 的一个**极大值点**(或**极小值点**). 极大值与极小值统称为**极值**,极大值点与极小值点统称为**极值点**.

比如,二元函数 $f(x,y)=\sqrt{x^2+y^2}$ 在原点处取得极小值;二元函数 $g(x,y)=\sqrt{1-x^2-y^2}$ 在原点处取得极大值;二元函数 $h(x,y)=x^2-y^2$ 在原点处不取极值. 通常,关于多元函数极值的判别不都是这么简单、直接,下面我们给出多元函数极值判别的必要条件与充分条件.

定理 10.4.4 (极值必要条件) 若 n 元函数 $f(P)$ 在点 $P_0\in\mathbf{R}^n$ 处可微,且 P_0 为 f 的极值点,则必有 $\nabla f(P_0)=0$.

证 若 n 元函数 $f(P)$ 在 $P_0(x_{10},x_{20},\cdots,x_{n0})$ 处取得极值,则必有一元函数 $f(x_{10},x_{20},\cdots,x_{i0},x_{i+1,0},\cdots,x_{n0})$ 在 $x_i=x_{i0}$ 处也取得极值. 又 f 关于 x_i 可偏导,从而由一元函数极值存在的必要条件,有

$$f_{x_i}(P_0)=0,\quad \forall i=1,2,\cdots,n.$$

此即,有

$$\nabla f(P_0)=\{f_{x_1}(P_0),f_{x_2}(P_0),\cdots,f_{x_n}(P_0)\}=0.$$ □

通常,称满足 $\nabla f(P_0)=0$ 的点 P_0 为函数 f 的驻点(稳定点). 但一般情况下,驻点不一定是极值点. 比如,二元函数 $f(x,y)=xy$ 有驻点 $(0,0)$,而 $(0,0)$ 却不是它的极值点.

定理 10.4.5 (极值充分条件) 若 n 元函数 $f(P)$ 在点 $P_0\in\mathbf{R}^n$ 处具有二阶连续偏导数,且 $\nabla f(P_0)=0$. 记

$$\boldsymbol{H}_f(P_0)=\begin{pmatrix} f_{x_1x_1}(P_0) & f_{x_2x_1}(P_0) & \cdots & f_{x_nx_1}(P_0) \\ f_{x_1x_2}(P_0) & f_{x_2x_2}(P_0) & \cdots & f_{x_nx_2}(P_0) \\ \vdots & \vdots & & \vdots \\ f_{x_1x_n}(P_0) & f_{x_2x_n}(P_0) & \cdots & f_{x_nx_n}(P_0) \end{pmatrix}$$

为 f 在 P_0 处的 Hesse 矩阵,则有

(1) 如果 $\boldsymbol{H}_f(P_0)$ 正定,则 P_0 为 f 的极小值点;

(2) 如果 $\boldsymbol{H}_f(P_0)$ 负定,则 P_0 为 f 的极大值点;

(3) 如果 $\boldsymbol{H}_f(P_0)$ 不定,则 P_0 为 f 的鞍点(非极值点).

证 由于 $\nabla f(P_0)=0$,则 n 元函数 $f(P)$ 在点 P_0 处的带 Peano 型余项的 Taylor 公式为

$$f(P_0+\boldsymbol{\Delta P})=f(P)=f(P_0)+\frac{1}{2!}\boldsymbol{\Delta P}^{\mathrm{T}}H_f(P_0)\boldsymbol{\Delta P}+o(\|\boldsymbol{\Delta P}\|^2),$$

其中

$$\boldsymbol{\Delta P}=(x_1-x_{10},x_2-x_{20},\cdots,x_n-x_{n0}),\quad \|\boldsymbol{\Delta P}\|=\sqrt{\sum_{i=1}^{n}|x_i-x_{i0}|^2}.$$

由于高阶无穷小量 $o(\|\boldsymbol{\Delta P}\|^2)$ 不会影响前面非零项的符号,从而对非零增量 $\boldsymbol{\Delta P}$,当 $\boldsymbol{H}_f(P_0)$ 正定时,有

$$f(P)-f(P_0)\approx\frac{1}{2}\boldsymbol{\Delta P}^{\mathrm{T}}H_f(P_0)\boldsymbol{\Delta P}>0;$$

当 $\boldsymbol{H}_f(P_0)$ 负定时,有

$$f(P)-f(P_0)\approx\frac{1}{2}\boldsymbol{\Delta P}^{\mathrm{T}}H_f(P_0)\boldsymbol{\Delta P}<0.$$

此即表明,当 $\boldsymbol{H}_f(P_0)$ 正定时,$f(P_0)$ 为 f 的极小值;当 $\boldsymbol{H}_f(P_0)$ 负定时,$f(P_0)$ 为 f 的极

大值.

若 $\boldsymbol{H}_f(P_0)$不定,则二次型 $\boldsymbol{\Delta P}^{\mathrm{T}}\boldsymbol{H}_f(P_0)\boldsymbol{\Delta P}$ 的符号也不定,从而 $f(P_0)$不是 f 的极值,此时 P_0 为 f 的鞍点. □

推论 10.4.1 若二元函数 $z=f(x,y)$在点 $P_0(x_0,y_0)$处有二阶连续偏导数,且$f_x(x_0,y_0)=0=f_y(x_0,y_0)$. 记 $A=f_{xx}(x_0,y_0)$,$B=f_{yx}(x_0,y_0)$,$C=f_{yy}(x_0,y_0)$,从而

(1) 如果 $A>0$,且 $AC-B^2>0$,则 $f(x,y)$在 P_0 处取极小值;

(2) 如果 $A<0$,且 $AC-B^2>0$,则 $f(x,y)$在 P_0 处取极大值;

(3) 如果 $AC-B^2<0$,则 $f(x,y)$在 P_0 处不取极值.

例 10.4.10 试讨论二元函数 $f(x,y)=x^4+y^4-4xy+1$ 在定义域上的极值.

解 由方程组$\begin{cases}f_x=4x^3-4y=0,\\ f_y=4y^3-4x=0,\end{cases}$求得函数 $f(x,y)$的稳定点为$(0,0)$,$(1,1)$和$(-1,-1)$.

又 $f_{xx}=12x^2$,$f_{yy}=12y^2$,$f_{yx}=-4=f_{xy}$,有 $f(x,y)$的 Hesse 矩阵 $\boldsymbol{H}_f=\begin{bmatrix}12x^2 & -4\\ -4 & 12y^2\end{bmatrix}$.

在原点$(0,0)$处,有 $\boldsymbol{H}_f(0,0)=\begin{pmatrix}0 & -4\\ -4 & 0\end{pmatrix}$,从而$|\boldsymbol{H}_f(0,0)|<0$,可知原点$(0,0)$是一个鞍点,即 $f(x,y)$在原点$(0,0)$处既没有取极大值也没有取极小值.

在点$(1,1)$处,有 $\boldsymbol{H}_f(1,1)=\begin{pmatrix}12 & -4\\ -4 & 12\end{pmatrix}$,从而 $A=12>0$,$|\boldsymbol{H}_f(1,1)|>0$,则有 $f(1,1)=-1$ 是极小值.

在点$(-1,-1)$处,有 $\boldsymbol{H}_f(-1,-1)=\begin{pmatrix}12 & -4\\ -4 & 12\end{pmatrix}$,从而 $A=12>0$,$|\boldsymbol{H}_f(-1,-1)|>0$,则有 $f(-1,-1)=-1$ 也是极小值. □

类似于一元函数的情形,为求多元函数 f 在某区域 D 上的最值,可以先求出 f 的一切可能的驻点、不可偏导点以及区域 D 边界上的点,再比较以确定最值点. 事实上,在区域 D 的边界上考察最值,本质上可以看作后面将要介绍的条件极值问题. 当然,在很多情形下可以根据问题背景直接确定最值点.

例 10.4.11 试求二元函数 $f(x,y)=x^2+2x^2y+y^2$ 在区域 $D=\{(x,y)\,|\,x^2+y^2\leqslant 1\}$上的最值.

解 由方程组$\begin{cases}f_x=2x(1+2y)=0,\\ f_y=2(x^2+y)=0,\end{cases}$可求出二元函数 f 在区域 D 上的驻点为$(0,0)$,$\left(\frac{1}{\sqrt{2}},-\frac{1}{2}\right)$与$\left(-\frac{1}{\sqrt{2}},-\frac{1}{2}\right)$,并且有

$$f(0,0)=0,\quad f\left(\frac{1}{\sqrt{2}},-\frac{1}{2}\right)=\frac{1}{4}=f\left(-\frac{1}{\sqrt{2}},-\frac{1}{2}\right).$$

又在 D 的边界 $x^2+y^2=1$ 上,函数 f 可化为一元函数

$$\bar{f}=1+2y-2y^3,\quad -1\leqslant y\leqslant 1.$$

考察 $\bar{f}$ 在区间$[-1,1]$上的驻点 $y=\pm\frac{1}{\sqrt{3}}$,以及边界点 $y=\pm 1$,则有

$$\bar{f}(-1)=f(1)=1,\quad \bar{f}\left(\frac{1}{\sqrt{3}}\right)=1+\frac{4\sqrt{3}}{9},\quad \bar{f}\left(-\frac{1}{\sqrt{3}}\right)=1-\frac{4\sqrt{3}}{9}.$$

将 $f(x,y)$ 在 D 内驻点处的函数值与其在 D 的边界上的最值作比较，即有 $f(x,y)$ 在 D 上的最值：

$$\min_{(x,y)\in D} f(x,y)=0, \quad \max_{(x,y)\in D} f(x,y)=1+\frac{4\sqrt{3}}{9}.$$

□

例 10.4.12　试证明：$xy\leqslant x\ln x-x+e^y$，$\forall x\geqslant 1, y\geqslant 0$.

证　令 $D=\{(x,y)|x\geqslant 1, y\geqslant 0\}$，定义二元函数

$$f(x,y)=x\ln x-x+e^y-xy, \quad \forall (x,y)\in D.$$

对任意取定 $x_0\geqslant 1$，在半直线 $x=x_0(y\geqslant 0)$ 上，函数 $f(x,y)$ 满足

$$\begin{cases} f_y(x_0,y)=e^y-x_0<0, & 0\leqslant y<\ln x_0, \\ f_y(x_0,y)=e^y-x_0>0, & \ln x_0<y<+\infty. \end{cases}$$

此即表明，在半直线 $x=x_0(y\geqslant 0)$ 上，$f(x_0,y)$ 在 $y_0=\ln x_0$ 时达到最小值.

因此，只需考虑在 $y=\ln x(x\geqslant 1)$ 的情形. 此时，有

$$f(x,\ln x)=x\ln x-x+e^{\ln x}-x\ln x=0.$$

此即，函数 $f(x,y)$ 在区域 D 上总有 $f(x,y)\geqslant 0$，亦即

$$xy\leqslant x\ln x-x+e^y, \quad \forall x\geqslant 1, \quad y\geqslant 0,$$

且等号仅在 $y=\ln x(x\geqslant 1)$ 时成立.　□

10.4.6　条件极值和 Lagrange 乘子法

若目标函数中各个自变量独立变化，没有什么附加约束，寻求函数极值点的范围是目标函数的定义域，则称其为**无条件极值问题**. 若对目标函数的自变量还有附加条件，则称其为**条件极值问题**. 通常，表述为

目标函数：

$$u=f(x_1,x_2,\cdots,x_n),$$

满足约束条件：

$$\varphi_k(x_1,x_2,\cdots,x_n)=0 \quad (k=1,2,\cdots,m;m<n).$$

为解决条件极值问题，可以考虑利用消元法或换元法化为无条件极值问题. 比如，

(1) 对问题 $\min f(x,y)$ s.t. $g(x,y)=0$，从 $g(x,y)=0$ 中解出 $y=y(x)$，并代入目标函数 $f(x,y)$，化为一元函数 $f(x,y(x))$ 的无条件极值问题.

(2) 对问题 $\min f(x,y)$ s.t. $g(x,y)=0$，将 $g(x,y)=0$ 参数化为 $x=x(t)$，$y=y(t)$，并代入目标函数 $f(x,y)$，化为一元函数 $f(x(t),y(t))$ 的无条件极值问题.

然而，在很多情形下，虽然约束条件隐函数(组)存在，但不一定能显式表出. 为此，可以尝试用 Lagrange 乘子法解决条件极值问题.

若 $P_0(x_0,y_0)$ 为二元函数 $z=f(x,y)$ 在约束条件 $\varphi(x,y)=0$ 下的条件极值点，且 f,φ 都在 $U(P_0)$ 内连续可微，$\varphi_x(P_0)=0$，$\varphi_y(P_0)\neq 0$. 从而由隐函数存在定理知，方程 $\varphi(x,y)=0$ 存在隐函数 $y=y(x)$，且 $y_0=y(x_0)$.

由于 $x=x_0$ 显然为 $z=f(x,y(x))$ 的极值点，则有

$$\left.\frac{dz}{dx}\right|_{x=x_0}=f_x(x_0,y_0)+f_y(x_0,y_0)\left.\frac{dy}{dx}\right|_{x=x_0}=0.$$

又由 $\left.\dfrac{dy}{dx}\right|_{x=x_0}=-\dfrac{\varphi_x(x_0,y_0)}{\varphi_y(x_0,y_0)}$，可得

$$f_x(x_0,y_0)-f_y(x_0,y_0)\frac{\varphi_x(x_0,y_0)}{\varphi_y(x_0,y_0)}=0,$$

从而有
$$\frac{f_x(P_0)}{\varphi_x(P_0)}=\frac{f_y(P_0)}{\varphi_y(P_0)}=\lambda.$$

为刻画上述关于条件极值可疑点的方程,令

$$L(x,y,\lambda)=f(x,y)+\lambda\varphi(x,y),$$

则在条件极值的可疑点 P_0 处,有

$$\begin{cases}L_x=f_x(P_0)+\lambda\varphi_x(P_0)=0,\\ L_y=f_y(P_0)+\lambda\varphi_y(P_0)=0,\\ L_\lambda=\varphi(P_0)=0.\end{cases}$$

这种构造辅助函数 $L(x,y,\lambda)$ 将条件极值问题转化为无条件极值问题的方法,称为**Lagrange乘子法**,其中 $L(x,y,\lambda)$ 称为 **Lagrange 乘子函数**.

注记 10.4.5 (1) 在几何直观上,方程 $f_x(P_0)\varphi_y(P_0)-f_y(P_0)\varphi_x(P_0)=0$ 表明曲面 $z=f(x,y)$ 的等高线 $f(x,y)=f(P_0)$ 与曲线 $\varphi(x,y)=0$ 在 P_0 处有公共切线.

(2) 等式 $\frac{f_x(P_0)}{\varphi_x(P_0)}=\frac{f_y(P_0)}{\varphi_y(P_0)}=\lambda$ 表明目标函数的变化方向与约束条件的变化方向一致时,才有可能达到极值. 特别地,这里的比例系数 λ 在很多实际问题中也有十分重要的现实价值.

(3) Lagrange 乘子法只能找到极值的可疑点 P_0,其前提条件也需要目标函数与约束条件都可微,否则不能用该方法.

要判别由 Lagrange 乘子法求得的稳定点是否为条件极值点,可以考虑以下几个方面.

① 如果条件函数组满足隐函数的定理条件,可以确定以其中 m 个变量为因变量,剩余 $n-m$ 个为自变量的隐函数组,则将这 m 个函数代入目标函数,得到关于剩余 $n-m$ 个独立变量的函数. 计算此函数的 Hesse 矩阵,利用 Hesse 矩阵的符号判定极值点的类型.

② 利用 Lagrange 乘子函数在可疑点 P_0 处的二阶微分判别. 若 $\mathrm{d}^2L(P_0)>0$,则目标函数 f 在 P_0 处取条件极小值;若 $\mathrm{d}^2L(P_0)<0$,则目标函数 f 在 P_0 处取条件极大值.

③ 根据实际问题的背景特点判别极值类型.

(4) Lagrange 乘子法可以推广到更一般、更复杂的情形. 比如,对条件极值问题:$\min f(x_1,x_2,\cdots,x_n)$ s. t. $\varphi_k(x_1,x_2,\cdots,x_n)=0$ $(k=1,2,\cdots,m;m<n)$.

令

$$L(x_1,x_2,\cdots,x_n,\lambda)=f(x_1,x_2,\cdots,x_n)+\sum_{k=1}^{m}\lambda_k\varphi_k(x_1,x_2,\cdots,x_n),$$

再考虑利用 $\nabla L=0$ 求极值可疑点,并判别极值类型即可.

(5) 若函数 $f(x,y)$ 与 $g(x,y)$ 在点 $P_0(x_0,y_0)$ 的某邻域满足所需的连续性、可微性条件,又 $f(x_0,y_0)=C$, $g(x_0,y_0)=C^*$,且 $f_y(x_0,y_0)\neq0$, $g_y(x_0,y_0)\neq0$,则 P_0 为 f 在约束条件 $g(x,y)=C^*$ 下的稳定点的充要条件为,P_0 是 g 在约束 $f(x,y)=C$ 下的稳定点.

例 10.4.13 试求三元函数 $f(x,y,z)=\ln x+\ln y+\ln z^3$ 在球面 $x^2+y^2+z^2=5R^2$ $(x>0,y>0,z>0)$ 上的最大值,并证明不等式 $abc^3\leqslant27\left(\frac{a+b+c}{5}\right)^5$ $(a,b,c>0)$.

解 令 $L(x,y,z,\lambda)=\ln x+\ln y+3\ln z+\lambda(x^2+y^2+z^2-5R^2)$,考虑方程组

$$\begin{cases} L_x=\dfrac{1}{x}+2\lambda x=0, \\ L_y=\dfrac{1}{y}+2\lambda y=0, \\ L_z=\dfrac{3}{z}+2\lambda z=0, \\ L_\lambda=x^2+y^2+z^2-5R^2=0, \end{cases}$$

可得
$$x^2=y^2=\frac{z^2}{3}\quad (x,y,z>0),$$
$$(x,y,z)=(R,R,\sqrt{3}R).$$

由于函数 xyz^3 在有界闭集 $x^2+y^2+z^2=5R^2(x,y,z\geqslant 0)$ 上必有最值，这里又有唯一的稳定点，即是 xyz^3 的最大值点，从而有
$$\ln x+\ln y+3\ln z\leqslant \ln(3\sqrt{3}R^5),\quad \forall\, x,y,z>0.$$
注意到，$x^2y^2z^6\leqslant 27R^{10}$. 令 $x^2=a, y^2=b, z^2=c$，又由 $x^2+y^2+z^2=5R^2$，即有
$$abc^3\leqslant 27\left(\frac{a+b+c}{5}\right)^5,\quad \forall\, a,b,c>0.$$
□

例 10.4.14　试求函数 $f(x,y,z)=x-2y+2z$ 在条件 $x^2+y^2+z^2=1$ 约束下的最值.

解　令 $L=x-2y+2z+\lambda(x^2+y^2+z^2-1)$，考虑方程组
$$\begin{cases} L_x=1+2\lambda x=0, \\ L_y=-2+2\lambda y=0, \\ L_z=2+2\lambda z=0, \\ L_\lambda=x^2+y^2+z^2-1=0, \end{cases}$$
可得
$$(x,y,z)=\pm\left(\frac{1}{3},-\frac{2}{3},\frac{2}{3}\right).$$

由于函数 $f(x,y,z)$ 在有界闭集 $x^2+y^2+z^2=1$ 上必有最值，又这里只有两个稳定点，比较即知，$f(x,y,z)$ 在约束条件 $x^2+y^2+z^2=1$ 下的最大值为 $f\left(\frac{1}{3},-\frac{2}{3},\frac{2}{3}\right)=3$，最小值为
$$f\left(-\frac{1}{3},\frac{2}{3},-\frac{2}{3}\right)=-3.$$
□

在几何直观上，上述问题可以看作平面 $x-2y+2z=D$ 随着 D 的变化而平移时，与球面 $x^2+y^2+z^2=1$ 有公共交点时所得的 D 的最大值与最小值. 这在事实上，为一般情形下设计条件极值问题的优化算法提供了有益的启示.

习　题　10.4

习题 10.4

1. 试讨论下列方程组在指定点处能确定怎样的隐函数.

(1) $\begin{cases} e^{xu}\cos(yv)=u, \\ e^{xu}\sin(yv)=\dfrac{2}{\pi}v, \end{cases}\quad (x_0,y_0,u_0,v_0)=\left(1,1,0,\dfrac{\pi}{4}\right);$

(2) $\begin{cases} xe^{u+v}+2uv=1, \\ ye^{u-v}-\dfrac{u}{1+v}=2x, \end{cases}\quad (x_0,y_0,u_0,v_0)=(1,2,0,0);$

(3) $\begin{cases}3x+y-z+x^2-y^2+2yz-u^5=0,\\ x-y+2z+u+x^2+y^2-3yz^2+2u^3=0,\\ 2x+2y-3z+2u-2y^2+5yz^2=0,\end{cases}$ $(x_0,y_0,z_0,u_0)=(0,0,0,0)$.

2. 试证明方程组 $\begin{cases}F=xv+yu^3+z+u^4=0,\\ G=xyz+u+v^3+v+1=0\end{cases}$ 在点 $P_0(1,1,0,-1,0)$ 的某邻域内能确定隐函数组 $\begin{cases}u=f(x,y,z),\\ v=g(x,y,z),\end{cases}$ 且使得

$$f(1,1,0)=-1,\quad g(1,1,0)=0;$$

以此再求 $\nabla f(1,1,0)$, $\nabla g(1,1,0)$, $\boldsymbol{H}_f(1,1,0)$, $\boldsymbol{H}_g(1,1,0)$.

3. 令二元函数 $F(x,y)=(\mathrm{e}^x\cos y,\mathrm{e}^x\sin y)$,试证明:

(1) 对 $\forall(x,y)\in\mathbf{R}^2$,都有 $\begin{vmatrix}\mathrm{e}^x\cos y & -\mathrm{e}^x\sin y\\ \mathrm{e}^x\sin y & \mathrm{e}^x\cos y\end{vmatrix}\neq 0$,因此 F 限制在 $\mathbf{R}^2$ 中每个点的一个小邻域上都是单射;

(2) 虽然 F 的值域为 $\mathbf{R}^2\backslash\{(0,0)\}$,但对 $\forall(u,v)\in\mathbf{R}^2\backslash\{(0,0)\}$,方程组 $\begin{cases}\mathrm{e}^x\cos y=u,\\ \mathrm{e}^x\sin y=v\end{cases}$ 都有无穷多个解,即 F 在整个 $\mathbf{R}^2$ 上不是单射.

4. 设 $z=z(x,y)$ 是由以下方程组确定的隐函数:

$$x=u+v,\quad y=u^2+v^2,\quad z=u^3+v^3.$$

试讨论:(1) 该方程组满足隐函数存在定理条件的 (u,v) 对应的区域;(2) 隐函数 $z=z(x,y)$ 的显式表达式及其定义域;(3) 用隐函数求导法和显函数求导法分别求 $\dfrac{\partial z}{\partial x}$ 与 $\dfrac{\partial z}{\partial y}$.

5. 试求下列方程(组)所确定的隐函数的导数(偏导数):

(1) $x^y=y^x$,求 $\dfrac{\mathrm{d}y}{\mathrm{d}x}$;

(2) $\arctan\dfrac{x+y}{a}=\dfrac{y}{a}$,求 $\dfrac{\mathrm{d}y}{\mathrm{d}x},\dfrac{\mathrm{d}^2y}{\mathrm{d}x^2}$;

(3) $z=f(xz,z-y)$,其中 f 可微,求 $\dfrac{\partial z}{\partial x},\dfrac{\partial z}{\partial y},\dfrac{\partial^2 z}{\partial x^2},\dfrac{\partial^2 z}{\partial y\partial x}$;

(4) $f(x,x+y,x+y+z)=0$,求 $\dfrac{\partial z}{\partial x},\dfrac{\partial^2 z}{\partial x^2},\dfrac{\partial^2 z}{\partial y\partial x}$;

(5) $\begin{cases}x=u+\ln v,\\ y=v-\ln u,\\ z=2u+v,\end{cases}$ 求 $\dfrac{\partial z}{\partial x},\dfrac{\partial z}{\partial y}$;

(6) $\begin{cases}u=f(ux,v+y),\\ v=g(u-x,v^2y),\end{cases}$ 其中 f,g 均可微,求 $\dfrac{\partial u}{\partial x},\dfrac{\partial u}{\partial y}$;

(7) $\begin{cases}x=\cos\varphi\cos\psi,\\ y=\cos\varphi\sin\psi,\\ z=\sin\varphi,\end{cases}$ 求 $\dfrac{\partial^2 z}{\partial x^2},\dfrac{\partial^2 z}{\partial y^2}$;

(8) $\begin{cases}x=u\cos\dfrac{v}{u},\\ y=u\sin\dfrac{v}{u},\end{cases}$ 求 $\dfrac{\partial u}{\partial x},\dfrac{\partial u}{\partial y},\dfrac{\partial v}{\partial x},\dfrac{\partial v}{\partial y}$;

(9) $\begin{cases} x=e^u+u\sin v, \\ y=e^u-u\cos v, \end{cases}$ 求$\dfrac{\partial u}{\partial x},\dfrac{\partial v}{\partial y},\dfrac{\partial^2 u}{\partial y\partial x},\dfrac{\partial^2 v}{\partial y^2}$.

6. 试求下列隐函数的全微分：

(1) $x+2y+3z-2\sqrt{xyz}=0$，求 $\mathrm{d}z$；

(2) $\begin{cases} x+y=u+v, \\ \dfrac{x}{y}=\dfrac{\sin u^2}{\sin v}, \end{cases}$ 求 $\mathrm{d}u,\mathrm{d}v$；

(3) $\begin{cases} F(y-x,u+v)=0, \\ G\left(xy,\dfrac{v}{u}\right)=0, \end{cases}$ 其中 F,G 均可微，求 $\mathrm{d}u,\mathrm{d}v$.

7. 试证明由以下方程组确定的隐函数 $z=z(x,y)$ 满足指定的偏微分方程：

(1) 隐函数方程组$\begin{cases} x\cos\theta+y\sin\theta+\ln z=f(\theta), \\ -x\sin\theta+y\cos\theta=f'(\theta), \end{cases}$偏微分方程$\left(\dfrac{\partial z}{\partial x}\right)^2+\left(\dfrac{\partial z}{\partial y}\right)^2=z^2$；

(2) 隐函数方程组$\begin{cases} z=x\eta+\dfrac{y}{\eta}+f(\eta), \\ 0=x-\dfrac{y}{\eta^2}+f'(\eta), \end{cases}$偏微分方程$\dfrac{\partial z}{\partial x}\cdot\dfrac{\partial z}{\partial y}=1$.

8. 试求下列曲面在指定点 P_0 处的切平面与法线：

(1) $e^{\frac{x}{z}}+e^{\frac{y}{z}}=4$，$P_0(\ln 2,\ln 2,1)$；

(2) $\begin{cases} x=u+v, \\ y=u^2+v^2, \\ z=u^3+v^3, \end{cases}$ $P_0(1,1,1,1,0)$.

9. 试证明：(1) 曲面 $z=xf\left(\dfrac{y}{x}\right)(x\neq 0)$ 在任一点处的切平面都过原点，其中 f 为可微函数；

(2) 曲面 $F\left(\dfrac{z}{y},\dfrac{x}{z},\dfrac{y}{x}\right)=0$ 的所有切平面都过某一定点，其中 F 具有连续偏导数.

10. 试讨论下列函数的极值：

(1) $z=(x^2+y^2-1)^2$；

(2) $z=e^{2x}(x+2y+y^2)$；

(3) $z=(y-x^2)(y-x^4)$；

(4) $u=x+\dfrac{y}{x}+\dfrac{z}{y}+\dfrac{x}{z}\ (x,y,z>0)$；

(5) $u=\sin x\sin y\sin z$；

(6) $u=\arctan(x^2+y^2)+e^{\sin z}$.

11. 试求下列函数在指定区域上的最值：

(1) $z=x^2y(4-x-y)$，$D=\{(x,y)\mid x\geqslant 0,y\geqslant 0,x+y\leqslant 4\}$；

(2) $z=\sin x+\sin y-\sin(x+y)$，$D=\{(x,y)\mid |x|+|y|\leqslant\pi\}$.

12. 试求下列方程所确定的隐函数的极值：

(1) $x^2+2xy+2y^2=1$，$y=y(x)$；

(2) $2x^2+2y^2+3z^2+8yz-z+9=0$，$z=z(x,y)$.

13. (1) 求已知正数 a 的三个正的因子，使其倒数之和最小；

(2) 求内接于半径为 R 的圆的三角形，使其面积最大；

(3) 求外切于半径为 R 的圆的三角形，使其周长最小.

14. (1) 求直线 $x+2y-10=0$ 与椭圆 $\frac{x^2}{9}+\frac{y^2}{4}=1$ 之间的最短距离;

(2) 求原点到曲线 $\begin{cases}x^2+y^2=z,\\x+y+z=1\end{cases}$ 的最长距离和最短距离;

(3) 已知平面 $x+2y+3z-4=0$,试求其上面的点 P,使其到点 $A(3,2,1)$,$B(0,0,2)$ 的距离之和最短.

15. 试证明:当 $0<x<1$,$0<y<+\infty$ 时,有

$$yx^y(1-x)<\mathrm{e}^{-1}.$$

16. (1) 设 $p\geqslant 1$,$x_i>0$,$i=1,2,\cdots,m$. 考虑函数 $f(x_1,x_2,\cdots,x_m)=\sum_{i=1}^{m}x_i^p$ 在条件 $\sum_{i=1}^{m}x_i=a$ 下的条件极值,并以此证明不等式

$$\left(\frac{x_1+x_2+\cdots+x_m}{m}\right)^p\leqslant\frac{x_1^p+x_2^p+\cdots+x_m^p}{m};$$

(2) 设 $p>1$,$q>1$,且 $\frac{1}{p}+\frac{1}{q}=1$. 考虑函数 $f(x,y)=\sum_{i=1}^{m}x_iy_i$ 在条件 $\sum_{i=1}^{m}x_i^p=a$ 和 $\sum_{i=1}^{m}y_i^q=b$ 下的条件极值,并证明不等式

$$\sum_{i=1}^{m}x_iy_i\leqslant\left(\sum_{i=1}^{m}x_i^p\right)^{\frac{1}{p}}\left(\sum_{i=1}^{m}y_i^q\right)^{\frac{1}{q}}.$$

10.5 空间曲线的曲率与挠率

10.5.1 Frenet 标架

在很多场合,尤其是在航空、航天、航海等领域的理论与应用研究中,在空间曲线(轨迹)上建立活动的坐标系以取代原有固定的坐标系会带来很多便利. 这里,我们希望寻找三个由空间曲线基本特征所确定的、相互垂直的平面,用它们的交线来构造坐标架.

为方便起见,以下考虑空间曲线 Γ 的以弧长 s 为参数的矢量式方程 $\boldsymbol{r}=\boldsymbol{r}(s)$,$\boldsymbol{r}'$,$\boldsymbol{r}''$分别表示矢量值函数求导$\frac{\mathrm{d}\boldsymbol{r}}{\mathrm{d}s}$,$\frac{\mathrm{d}^2\boldsymbol{r}}{\mathrm{d}s^2}$.

1. 法平面与切线

设空间曲线 Γ:$\boldsymbol{r}=\boldsymbol{r}(s)$,有 $\boldsymbol{r}'(s)\neq\boldsymbol{0}$. 记 $\boldsymbol{T}(s_0)=\boldsymbol{r}'(s_0)$为 Γ 在点 $\boldsymbol{r}(s_0)$处的单位切向量,则有 Γ 在点 $\boldsymbol{r}(s_0)$处的法平面方程为$[\boldsymbol{\rho}-\boldsymbol{r}(s_0)]\cdot\boldsymbol{r}'(s_0)=0$,其中 $\boldsymbol{\rho}$ 为法平面上动点的矢径.

Γ 在点 $\boldsymbol{r}(s_0)$处的切线方程为

$$\boldsymbol{\rho}=\boldsymbol{r}(s_0)+\lambda\boldsymbol{r}'(s_0),$$

其中 $\boldsymbol{\rho}$ 为切线上动点的矢径,$\lambda\in\mathbf{R}$ 为参数.

2. 密切平面与次法线

由于过空间曲线 Γ 上点$\boldsymbol{r}(s_0)$处的切平面有无穷多个,这里,将 Γ 在点$\boldsymbol{r}(s_0)$的切线与 Γ 上与 $\boldsymbol{r}(s_0)$邻近的点 $\boldsymbol{r}(s_0+\Delta s)$所确定的平面记作 π',其法矢量为 $\boldsymbol{r}'(s_0)\times[\boldsymbol{r}(s_0+\Delta s)-\boldsymbol{r}(s_0)]$,当 $\Delta s\to 0$ 时,点 $\boldsymbol{r}(s_0+\Delta s)$将沿着 Γ 趋于点 $\boldsymbol{r}(s_0)$. 如果此时 π'有极限位置 π,则称 π 为曲线 Γ 在$\boldsymbol{r}(s_0)$处的**密切平面**;称密切平面在点 $\boldsymbol{r}(s_0)$处的法线为 Γ 在 $\boldsymbol{r}(s_0)$处的**次法线**.

事实上,由 $\boldsymbol{r}(s_0+\Delta s)-\boldsymbol{r}(s_0)=\boldsymbol{r}'(s_0)\Delta s+\frac{1}{2}(\boldsymbol{r}''(s_0)+\boldsymbol{\varepsilon})\Delta s^2$,其中 $\Delta s\to 0$ 时,$\boldsymbol{\varepsilon}\to\boldsymbol{0}$,可得

$$\boldsymbol{r}'(s_0)\times[\boldsymbol{r}(s_0+\Delta s)-\boldsymbol{r}(s_0)]=\frac{\Delta s^2}{2}\boldsymbol{r}'(s_0)\times(\boldsymbol{r}''(s_0)+\boldsymbol{\varepsilon}).$$

此即，$\boldsymbol{r}'(s_0)\times(\boldsymbol{r}''(s_0)+\boldsymbol{\varepsilon})$也是 π' 的法矢量.

从而，令 $\Delta s\to 0$，即有 Γ 在点 $\boldsymbol{r}(s_0)$处的密切平面方向矢量，也即 Γ 在 $\boldsymbol{r}(s_0)$处的次法线方向矢量(次法矢量)为 $\boldsymbol{r}'(s_0)\times\boldsymbol{r}''(s_0)$.

以 $\boldsymbol{B}(s_0)$记 Γ 在点 $\boldsymbol{r}(s_0)$处单位次法矢量，则有

$$\boldsymbol{B}(s_0)=\frac{\boldsymbol{r}'(s_0)\times\boldsymbol{r}''(s_0)}{\|\boldsymbol{r}'(s_0)\times\boldsymbol{r}''(s_0)\|}=\frac{\boldsymbol{r}'(s_0)\times\boldsymbol{r}''(s_0)}{\|\boldsymbol{r}''(s_0)\|},$$

这里 $\|\boldsymbol{r}'(s_0)\|=1$，$\boldsymbol{r}'(s_0)\perp\boldsymbol{r}''(s_0)$.

于是，Γ 在点 $\boldsymbol{r}(s_0)$处的密切平面方程为

$$\boldsymbol{B}(s_0)\cdot(\boldsymbol{\rho}-\boldsymbol{r}(s_0))=0.$$

Γ 在点 $\boldsymbol{r}(s_0)$处的次法线方程为

$$\boldsymbol{\rho}=\boldsymbol{r}(s_0)+\lambda\boldsymbol{B}(s_0),$$

其中 λ 为参数.

3. 从切平面与主法线

由空间曲线 Γ 在点 $\boldsymbol{r}(s_0)$处的切矢量 $\boldsymbol{T}(s_0)$与次法矢量 $\boldsymbol{B}(s_0)$所确定的平面，称为曲线 Γ 在 $\boldsymbol{r}(s_0)$处的**从切平面**. 显然，它垂直于法平面也垂直于密切平面. 从切平面在点 $\boldsymbol{r}(s_0)$处的法线，称为曲线 Γ 在点 $\boldsymbol{r}(s_0)$处的**主法线**.

记 $\boldsymbol{N}(s_0)$为曲线 Γ 在 $\boldsymbol{r}(s_0)$处的主法线方向矢量，则有

$$\boldsymbol{N}(s_0)=\boldsymbol{B}(s_0)\times\boldsymbol{T}(s_0)=\frac{\boldsymbol{r}''(s_0)}{\|\boldsymbol{r}''(s_0)\|}.$$

于是，曲线 Γ 在点 $\boldsymbol{r}(s_0)$处的从切平面与主法线方程分别为

$$[\boldsymbol{\rho}-\boldsymbol{r}(s_0)]\cdot\boldsymbol{N}(s_0)=0,\quad \boldsymbol{\rho}=\boldsymbol{r}(s_0)+\lambda\boldsymbol{N}(s_0),$$

其中 λ 为参数.

空间曲线 Γ 在点 $\boldsymbol{r}(s_0)$处的从切平面、密切平面和法平面两两相互垂直，三条交线分别为 Γ 在 $\boldsymbol{r}(s_0)$处的切线、法线、次法线(图 10-3). 以切线 $\boldsymbol{T}$，主法线 $\boldsymbol{N}$ 和次法线 $\boldsymbol{B}$ 构成以 $P=\boldsymbol{r}(s_0)$为原点的空间直角坐标系，称为曲线 Γ 在 P 处的 **Frenet 标架**. 当点 P 沿曲线移动时，标架随之作刚体运动，因此这是一个活动标架.

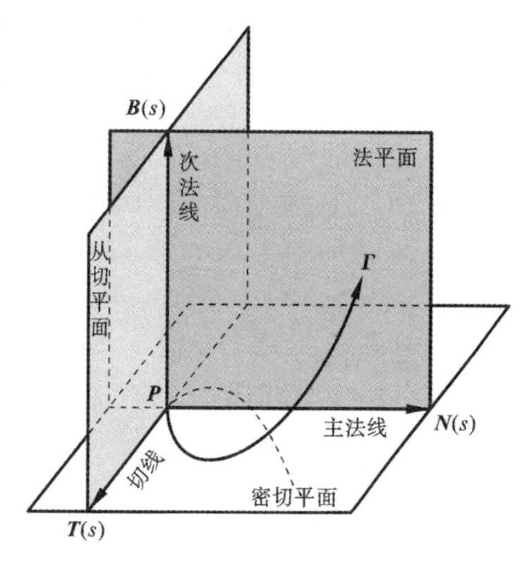

图 10-3

若空间曲线 Γ 由一般的矢量式方程刻画 $\boldsymbol{r}=\boldsymbol{r}(t)$，则当 $\boldsymbol{r}'(t_0)\neq\boldsymbol{0}$，$\boldsymbol{r}''(t_0)\neq\boldsymbol{0}$ 时，Γ 在点$\boldsymbol{r}(t_0)$处的单位切矢量 $\boldsymbol{T}(t_0)$与单位次法矢量 $\boldsymbol{B}(t_0)$可表为

$$\boldsymbol{T}(t_0)=\frac{\boldsymbol{r}'(t_0)}{\|\boldsymbol{r}'(t_0)\|},\quad \boldsymbol{B}(t_0)=\frac{\boldsymbol{r}'(t_0)\times\boldsymbol{r}''(t_0)}{\|\boldsymbol{r}'(t_0)\times\boldsymbol{r}''(t_0)\|}.$$

例 10.5.1　试求螺旋线 $\boldsymbol{r}=(a\cos t,a\sin t,kt)$的 Frenet 标架、密切平面与从切平面方程.

解　由于

$$\boldsymbol{r}'(t)=(-a\sin t,a\cos t,k),$$
$$\boldsymbol{r}''(t)=(-a\cos t,-a\sin t,0),$$
$$\boldsymbol{r}'(t)\times\boldsymbol{r}''(t)=a(k\sin t,-k\cos t,a),$$

可得

$$\|\boldsymbol{r}'\|=\sqrt{a^2+k^2},\quad \|\boldsymbol{r}'\times\boldsymbol{r}''\|=a\sqrt{a^2+k^2}.$$

从而,有

$$\boldsymbol{T}=\frac{\boldsymbol{r}'}{\|\boldsymbol{r}'\|}=\frac{1}{\sqrt{a^2+k^2}}(-a\sin t,a\cos t,k),$$

$$\boldsymbol{B}=\frac{\boldsymbol{r}'\times\boldsymbol{r}''}{\|\boldsymbol{r}'\times\boldsymbol{r}''\|}=\frac{1}{\sqrt{a^2+k^2}}(k\sin t,-k\cos t,a),$$

$$\boldsymbol{N}=\boldsymbol{B}\times\boldsymbol{T}=(-\cos t,-\sin t,0).$$

这里,$\boldsymbol{T},\boldsymbol{N},\boldsymbol{B}$ 所形成的坐标系即为螺旋线对应的 Frenet 标架.

螺旋线对应的密切平面方程为

$$\boldsymbol{B}(t)\cdot(\boldsymbol{\rho}-\boldsymbol{r}(t))=0,$$

即

$$k\sin t(x-a\cos t)-k\cos t(y-a\sin t)+a(z-kt)=0.$$

螺旋线对应的从切平面方程为

$$\boldsymbol{N}(t)\cdot(\boldsymbol{\rho}-\boldsymbol{r}(t))=0,$$

即

$$\cos t(x-a\cos t)+\sin t(y-a\sin t)=0.$$

□

10.5.2 曲率与挠率

曲率就是指曲线上各点的弯曲程度,其本质上刻画了曲线切线的转角 θ 随弧长 s 的非均匀变化情况. 为此,我们引入如下定义.

定义 10.5.1 若空间光滑曲线 $\Gamma:\boldsymbol{r}=\boldsymbol{r}(s)$,$a\leqslant s\leqslant b$,其中 s 为弧长参数. 对 Γ 上的点 $M=\boldsymbol{r}(s)$, $N=\boldsymbol{r}(s+\Delta s)$,其在 M 处的切矢量 $\boldsymbol{r}'(s)$ 与在 N 处的切矢量 $\boldsymbol{r}'(s+\Delta s)$ 的夹角为 $\Delta\theta$,若以下极限存在(有限)

$$\lim_{\Delta s\to 0}\left|\frac{\Delta\theta}{\Delta s}\right|,$$

则称此极限为曲线 Γ 在点 $M=\boldsymbol{r}(s)$ 处的**曲率**,记作 κ(Kappa).

此即

$$\kappa=\lim_{\Delta s\to 0}\left|\frac{\Delta\theta}{\Delta s}\right|.$$

定理 10.5.1 若空间曲线 Γ 的方程为 $\boldsymbol{r}=\boldsymbol{r}(s)$,$s$ 为弧长参数,又 $\boldsymbol{r}(s)$ 有二阶连续导数,则 Γ 在点 $\boldsymbol{r}(s)$ 处的曲率为

$$\kappa(s)=\|\boldsymbol{r}''(s)\|.$$

推论 10.5.1 (1) 若空间曲线 Γ 的方程为 $\boldsymbol{r}=\boldsymbol{r}(t)$,其中 $\boldsymbol{r}(t)$ 有二阶连续导数且 $\boldsymbol{r}'(t)\neq\boldsymbol{0}$,则 Γ 在点 $\boldsymbol{r}(t)$ 处的曲率为

$$\kappa(t)=\frac{\|\boldsymbol{r}'(t)\times\boldsymbol{r}''(t)\|}{\|\boldsymbol{r}'(t)\|^3}.$$

(2) 对平面光滑曲线 $\Gamma:\boldsymbol{r}=(x(t),y(t),0)$,其中 $x(t),y(t)$ 有二阶连续导数,则 Γ 在 $\boldsymbol{r}(t)$ 处的曲率为

$$\kappa(t)=\frac{|x'(t)y''(t)-y'(t)x''(t)|}{[x'^2(t)+y'^2(t)]^{3/2}}.$$

例 10.5.2 试求半径为 R 的圆周线的曲率.

解 以圆心为原点建立直角坐标系,考虑半径为 R 的圆周线的参数方程

$$\begin{cases}x=R\cos t,\\ y=R\sin t,\end{cases}\quad t\in[0,2\pi].$$

因为

$$x'(t)=-R\sin t,\quad x''(t)=-R\cos t,$$
$$y'(t)=R\cos t,\quad y''(t)=-R\sin t,$$

从而可得圆周线的曲率为

$$\kappa(t)=\frac{x'(t)y''(t)-x''(t)y'(t)}{[x'^2(t)+y'^2(t)]^{3/2}}=\frac{1}{R}.$$ □

例 10.5.3　试求螺旋线 $\boldsymbol{r}=(a\cos t,a\sin t,\kappa t)$ 的曲率.

解　由于

$$\boldsymbol{r}'(t)=(-a\sin t,a\cos t,\kappa),$$
$$\boldsymbol{r}''(t)=(-a\cos t,-a\sin t,0),$$

有

$$\boldsymbol{r}'(t)\times\boldsymbol{r}''(t)=(\kappa a\sin t,-\kappa a\cos t,a^2).$$

进而,有

$$\|\boldsymbol{r}'(t)\times r''(t)\|=a\sqrt{a^2+\kappa^2},$$
$$\|\boldsymbol{r}'(t)\|=\sqrt{a^2+\kappa^2}.$$

利用公式,即有此螺旋线的曲率为

$$\kappa(t)=\frac{a}{a^2+\kappa^2}.$$ □

定义 10.5.2　在过空间光滑曲线 Γ 上点 $P=\boldsymbol{r}(s)$ 的主法线上取点 Q,使 $\overrightarrow{PQ}$ 正向与 $\boldsymbol{N}(s)$ 正向相同,且 $\|\overrightarrow{PQ}\|=\dfrac{1}{\kappa}$,其中 κ 为 Γ 在点 P 处的曲率. 以 Q 为圆心,$\dfrac{1}{\kappa}$ 为半径且在密切平面上的圆,称为 Γ 在 P 处的**曲率圆**或**密切圆**. 此曲率圆的圆心 Q 和半径 R 分别称为 Γ 在 P 处的**曲率中心**和**曲率半径**.

例 10.5.4　设工件内表面的截线为抛物线 $y=0.4x^2$(单位:cm)(图 10-4). 现在要用砂轮磨削其内表面,问用直径多大的砂轮才比较合适?

解　为了在磨削时不使砂轮磨削到工件里面去,即多磨掉不应磨去的部分,砂轮的半径应小于工件截线上各点处曲率半径的最小值. 为此先求抛物线 $y=0.4x^2$ 上任一点 (x,y) 处的曲率半径. 由于

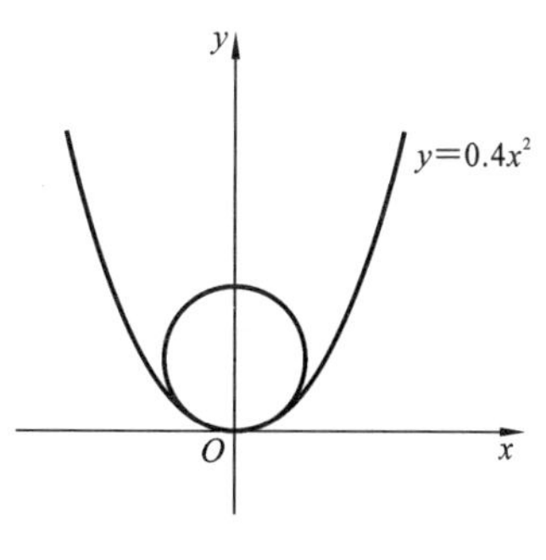

图 10-4

$$y'=0.8x,\quad y''=0.8,$$

所以曲率半径 R 为

$$R=\frac{1}{\kappa}=\frac{(1+y'^2)^{\frac{1}{2}}}{|y''|}=\frac{(1+0.64x^2)^{\frac{1}{2}}}{0.8}.$$

容易求出在抛物线的顶点 $(0,0)$ 处曲率半径 R 取到最小值

$$\min R(x)=\frac{1}{0.8}=1.25,$$

所以选用砂轮的直径应略小于 2.5 cm. □

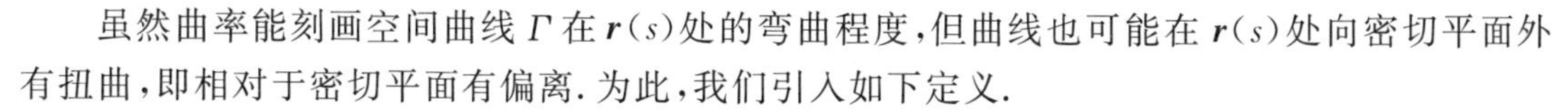
虽然曲率能刻画空间曲线 Γ 在 $\boldsymbol{r}(s)$ 处的弯曲程度,但曲线也可能在 $\boldsymbol{r}(s)$ 处向密切平面外有扭曲,即相对于密切平面有偏离. 为此,我们引入如下定义.

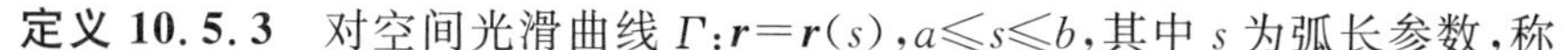
定义 10.5.3　对空间光滑曲线 $\Gamma:\boldsymbol{r}=\boldsymbol{r}(s)$, $a\leqslant s\leqslant b$,其中 s 为弧长参数,称

$$\Gamma(s)=-\boldsymbol{B}'(s)\cdot\boldsymbol{N}(s),$$

或

$$\Gamma(s)=\frac{[\boldsymbol{r}'(s)\quad\boldsymbol{r}''(s)\quad\boldsymbol{r}'''(t)]}{\|\boldsymbol{r}''(s)\|^2}$$

为曲线Γ在点$\boldsymbol{r}(s)$处的**挠率**,其中$[\boldsymbol{r}'(s)\quad\boldsymbol{r}''(s)\quad\boldsymbol{r}'''(s)]$为$\boldsymbol{r}'(s),\boldsymbol{r}''(s),\boldsymbol{r}'''(s)$的混合积.

定理 10.5.2 若空间曲线Γ的方程为$\boldsymbol{r}=\boldsymbol{r}(t)=(x(t),y(t),z(t)),\alpha\leqslant t\leqslant\beta$,其中$x(t)$,$y(t)$,$z(t)$有三阶连续导数,且$\boldsymbol{r}'(t)\times\boldsymbol{r}''(t)\neq\boldsymbol{0}$,则有

$$\Gamma(s)=\frac{[\boldsymbol{r}'(t)\quad\boldsymbol{r}''(t)\quad\boldsymbol{r}'''(t)]}{\|\boldsymbol{r}'(t)\times\boldsymbol{r}''(t)\|^2}.$$

例 10.5.5 试求螺旋线$\boldsymbol{r}=(a\cos t,a\sin t,\kappa t)$的挠率.

解 由于

$$\boldsymbol{r}'(t)=(-a\sin t,a\cos t,\kappa),\quad\boldsymbol{r}''(t)=(-a\cos t,-a\sin t,0),$$
$$\boldsymbol{r}'''(t)=(a\sin t,-a\cos t,0),$$

可得

$$[\boldsymbol{r}'(t)\quad\boldsymbol{r}''(t)\quad\boldsymbol{r}'''(t)]=\begin{vmatrix}-a\sin t & a\cos t & \kappa\\ -a\cos t & -a\sin t & 0\\ a\sin t & -a\cos t & 0\end{vmatrix}=\kappa a^2,$$
$$\|\boldsymbol{r}'(t)\times\boldsymbol{r}''(t)\|^2=a^2(a^2+\kappa^2).$$

从而,有此螺旋线的挠率为$\Gamma(t)=\dfrac{\kappa}{a^2+\kappa^2}$. □

习 题 10.5

习题 10.5

1. 试求下列曲线的 Frenet 标架、曲率与挠率.

(1) $\boldsymbol{r}=(\cos^3t,\sin^3t,\cos2t)$;

(2) $\boldsymbol{r}=(3t-t^3,2t^2,t+t^3)$;

(3) $\boldsymbol{r}=(3(1-\sin t),2(1-\cos t),t)$.

2. 试讨论曲线$y=\ln x$在哪一点处曲率半径最小?求出该点处的曲率半径.

3. 试求曲线$y=e^{x^2}$在点$(0,1)$处的曲率圆的方程.

4. 试证明下列命题:

(1) 曲线L为直线的充要条件是其曲率处处为零;

(2) 螺旋线$\boldsymbol{r}=(a\cos t,a\sin t,\kappa t)$的曲率中心的轨迹仍然是螺旋线;

(3) 曲线Γ为平面曲线的充要条件是其挠率处处为零.

5. 试证明定理 10.5.1 与定理 10.5.2.

10.6 应用事例与探究课题

1. 应用事例

例 10.6.1 对于二元函数

$$f(x,y)=\begin{cases}\tan\dfrac{|x|^\lambda+|y|^\lambda}{x^2+y^2}, & x^2+y^2\neq0,\\ 0, & x^2+y^2=0,\end{cases}$$

试讨论参数 λ,δ 怎样取值才能使得 $f(x,y)$ 在原点处有连续性、可偏导性以及可微性等?

解　令 $\Delta x=r\cos\theta,\Delta y=r\sin\theta$,如果 $f(x,y)$ 在原点处连续,则有

$$\lim_{\substack{\Delta x\to 0\\ \Delta y\to 0}} f(\Delta x,\Delta y)=\lim_{\substack{r\to 0^+\\ \theta\in[0,2\pi]}}\tan(r^{\lambda-2}|\cos\theta|^{\lambda}+r^{\delta-2}|\sin\theta|^{\delta})=0=f(0,0),$$

此即,必须有 $\lambda>2$ 且 $\delta>2$.

又如果 $f(x,y)$ 在原点处有方向导数,即极限

$$\lim_{r\to 0^+}\frac{f(\Delta x,\Delta y)-f(0,0)}{r}=\lim_{r\to 0^+}\frac{1}{r}\tan(r^{\lambda-2}|\cos\theta|^{\lambda}+r^{\delta-2}|\sin\theta|^{\delta})$$

存在,必须有 $\lambda\geqslant 3$ 且 $\delta\geqslant 3$.

为使 $f(x,y)$ 在原点处可微,必须有偏导数 $f_x(0,0),f_y(0,0)$ 存在. 由于

$$f_x(0,0)=\lim_{\Delta x\to 0}\frac{f(\Delta x,0)-f(0,0)}{\Delta x}=\lim_{\Delta x\to 0}\frac{\tan|\Delta x|^{\lambda-2}}{\Delta x}$$

存在,必须有 $\lambda>3$;同理 $f_y(0,0)$ 存在,必须有 $\delta>3$.

从而,如果 $f(x,y)$ 在原点处可微分,即极限

$$\lim_{\substack{\Delta x\to 0\\ \Delta y\to 0}}\frac{\Delta f-f_x(0,0)\Delta x-f_y(0,0)\Delta y}{\sqrt{\Delta x^2+\Delta y^2}}=\lim_{\substack{r\to 0\\ \theta\in[0,2\pi]}}\frac{1}{r}\tan(r^{\lambda-2}|\cos\theta|^{\lambda}+r^{\delta-2}|\sin\theta|^{\delta})=0,$$

必须有 $\lambda>3$ 且 $\delta>3$. □

例 10.6.2　若 $f(x)$ 是定义在 $\mathbf{R}$ 上的连续可微函数,且对 $\forall\, x,y\in\mathbf{R}$,有

$$f(x)-f(y)=\int_{x+2y}^{2x+y}f(t)\mathrm{d}t,$$

则 $f(x)$ 在 $\mathbf{R}$ 上恒为零.

解　由 $f(x)$ 是连续可微函数,对

$$f(x)-f(y)=\int_{x+2y}^{2x+y}f(t)\mathrm{d}t$$

两边关于 x 求导,有

$$f'(x)=2f(2x+y)-f(x+2y),$$

再对两边关于 y 求导,有

$$0=2f'(2x+y)-2f'(x+2y).$$

此即,对 $\forall\, x,y\in\mathbf{R}$,有

$$f'(2x+y)=f'(x+2y).$$

考虑变换 $\begin{cases}u=2x+y,\\ v=x+2y,\end{cases}$ 由于其 Jacobi 矩阵 $\dfrac{\partial(u,v)}{\partial(x,y)}$ 可逆,则此变换是一一对应的. 从而,即有

$$f'(u)=f'(v),\quad \forall\, u,v\in\mathbf{R}.$$

这也表明,f' 在 $\mathbf{R}$ 上是常数,从而 $f(x)=Ax+B$,其中 A,B 为待定常数.

由于

$$A(x-y)=\int_{x+2y}^{2x+y}(At+B)\mathrm{d}t,$$

从而有

$$(x-y)\left[(A-B)-\frac{3}{2}A(x+y)\right]=0,\quad \forall\, x,y\in\mathbf{R}.$$

再取 $x=1,y=-1$,有 $A=B$;又由$\frac{3A}{2}(x^2-y^2)=0,\forall x,y\in\mathbf{R}$,可得 $A=B=0$. 此即有

$$f(x)=0,\quad \forall x\in\mathbf{R}.$$ □

例 10.6.3 若二元函数 $f(r,\theta)=\begin{cases} r^2, & \theta=0,\\ r^2\cos\frac{r}{\theta}, & \theta\neq 0,\end{cases}$ 则 $f(r,\theta)$在原点处连续,且在原点不取局部极小值,但限制在过原点的直线上有严格局部极小值.

证 显然,对$\forall(r,\theta)\in[0,+\infty)\times[0,2\pi]$,有

$$|f(r,\theta)|\leqslant r^2,$$

此即表明,$f(r,\theta)$在原点处连续.

考虑以原点为中心的圆$|r|<a$,其中 $0<a<1$. 取 $\theta_0=\frac{a}{2\pi}$,使得点$(r_0,\theta_0)=\left(\frac{a}{2},\theta\right)$满足$|r_0|<a$ 且$\frac{r_0}{\theta_0}=\pi$. 从而,有

$$f(0,0)=0,\quad f\left(\frac{a}{2},\theta_0\right)=-\frac{a^2}{4}<0,$$

此即表明,$f(r,\theta)$在原点处不取局部极小值.

对过原点的直线 $\theta=\alpha$(常数),若 $\alpha=0$,则 $f(r,\theta)=f(r,0)=r^2$,在原点处显然有严格的局部极小. 若 $\alpha\neq 0$,则当 $0<|r|<\frac{|\alpha|}{2}\pi$ 时,$\cos\frac{r}{\alpha}>0$,因此有 $f(r,\alpha)>0$,从而也有 $f(r,\theta)$在直线 $\theta=\alpha$ 上有严格局部极小值. □

例 10.6.4 (最小二乘法) 设$(x_1,y_1),\cdots,(x_n,y_n)$为平面 $\mathbf{R}^2$ 上的 n 个点,试求一条直线 $y=ax+b$,使得二元函数 $F(a,b)=\sum\limits_{i=1}^{n}(ax_i+b-y_i)^2$ 达到最小.

解 显然,二元函数 $F(a,b)$关于 a,b 有二阶连续偏导数. 令

$$\begin{cases} F_a=2\sum\limits_{i=1}^{n}(ax_i+b-y_i)x_i=0,\\ F_b=2\sum\limits_{i=1}^{n}(ax_i+b-y_i)=0,\end{cases}$$

则在 $n\sum\limits_{i=1}^{n}x_i^2-\left(\sum\limits_{i=1}^{n}x_i\right)^2=\frac{1}{2}\sum\limits_{i\neq j}(x_i-x_j)^2\neq 0$ 时,方程组有唯一解(驻点).

又在此驻点处,F 的 Hesse 矩阵

$$\boldsymbol{H}_F=2\begin{pmatrix}\sum\limits_{i=1}^{n}x_i^2 & \sum\limits_{i=1}^{n}x_i\\ \sum\limits_{i=1}^{n}x_i & n\end{pmatrix}$$

是正定的,从而该驻点即是 F 的极小值点.

又由于$\lim\limits_{\substack{a\to\infty\\ b\to\infty}}F(a,b)=+\infty$,可知该驻点为 F 的最小值点.

注意到

$$\begin{pmatrix} x & y & 1 \\ \sum_{i=1}^{n} x_i & \sum_{i=1}^{n} y_i & n \\ \sum_{i=1}^{n} x_i^2 & \sum_{i=1}^{n} x_i y_i & \sum_{i=1}^{n} x_i \end{pmatrix} \begin{pmatrix} a \\ -1 \\ b \end{pmatrix} = 0,$$

即有所求直线方程为

$$\begin{vmatrix} x & y & 1 \\ \sum_{i=1}^{n} x_i & \sum_{i=1}^{n} y_i & n \\ \sum_{i=1}^{n} x_i^2 & \sum_{i=1}^{n} x_i y_i & \sum_{i=1}^{n} x_i \end{vmatrix} = 0. \qquad \square$$

2. 探究课题

探究 10.6.1　试讨论当参数 λ 取何值时，下列函数在原点处有连续性、可偏导性以及可微性等?

(1) $f(x,y)=\begin{cases} \dfrac{x^\lambda}{\sqrt{x^2+y^2}}\sin\dfrac{y^2}{x}, & x\neq 0, \\ 0, & x=0; \end{cases}$

(2) $f(x,y)=\begin{cases} \dfrac{|xy|^\lambda}{x^2+y^2}, & x^2+y^2\neq 0, \\ 0, & x^2+y^2=0. \end{cases}$

探究 10.6.2　设函数 $g(x)$ 在区间 $[a,b]$ 上连续可微，则由方程

$$g(u)-g(v)=h(u,v)(u-v)$$

所确定的二元函数 $h(u,v)$ 在 $[a,b]\times[a,b]$ 上连续，并尝试给出 $h(u,v)$ 的表达式.

探究 10.6.3　定义二元函数

$$f(x,y)=\begin{cases} x^2+y^2, & y=0, \\ (x^2+y^2)\cos\dfrac{x^2+y^2}{\arctan\dfrac{y}{x}}, & x\neq 0, y\neq 0, \\ (x^2+y^2)\cos\dfrac{2(x^2+y^2)}{\pi}, & x=0, y\neq 0, \end{cases}$$

则有 $f(x,y)$ 在原点处连续，且在原点处不能取局部极小值，但限制在过原点的直线上有严格局部极小值.

探究 10.6.4　如果对定义在 $\mathbf{R}^2$ 上的二元函数 $f(x,y)$，其所有偏导数 $\dfrac{\partial^{m+n}}{\partial x^m \partial x^n} f(x,y)$ 都存在，试讨论 $f(x,y)$ 的连续性，并借此研究特别的情形

$$f(x,y)=\begin{cases} \exp\left(-\dfrac{x^2}{y^2}-\dfrac{y^2}{x^2}\right), & xy\neq 0, \\ 0, & xy=0. \end{cases}$$

探究 10.6.5　试用 Matlab 或 Mathematica 软件求函数 $f(x,y)=x^y$ 在合适位置的一阶和二阶带 Peano 型余项的 Taylor 公式，并利用相应的 Taylor 多项式分别近似计算

$(1.101)^{2.021}$,评价近似效果.

探究 10.6.6 试用 Matlab 或 Mathematica 软件画出函数

$$f(x,y)=x^4+y^2-8x^2-6y+16$$

在区域$[-3,3]\times[-6,6]$上的图形.画出该曲面的等高线,分析等高线上点的梯度.同时求出该函数所有驻点,判断是否为极值点,并根据图形说明极值点和鞍点周围等高线的特点.

探究 10.6.7 设 $\mathbf{A}=(a_{ij})_{n\times n}$为对称矩阵,试求二次型 $f(x)=\sum\limits_{i=1}^{n}a_{ij}x_ix_j$ 在单位球面 $\|x\|=1$上的稳定点以及相应的函数值.并用 Matlab 或 Mathematica 软件设计算法,搜索极值点,比较极值以寻求最值.

第 11 章　含参变量积分

含参变量积分，是指被积函数或积分上下限含有参变量的定积分或反常积分．这种积分函数在理论分析和工程应用中，都有十分重要的价值．比如，利用含参变量积分函数刻画一些微分动力系统的解并研究其分析性质，以及在工程中刻画多维变量的边际（部分）关系等．更直接地，在下一章计算重积分的一个基本方法就是化为累次积分进行处理，而累次积分即是对含参变量积分关于参变量的再积分．本章将介绍含参变量积分的定义、连续性、可微性、可积性，以及特别的 Euler 积分及其应用等．

11.1　含参变量定积分

11.1.1　含参变量定积分

定义 11.1.1　（1）设 I 为任意区间，c,d 为两个实数（$c<d$）．又 $f(x,y)$ 为定义在 $I\times[c,d]$ 上的二元函数，使得对 $\forall x\in I$，$f(x,y)$ 关于 y 在区间 $[c,d]$ 上可积分，从而有唯一的积分 $\int_c^d f(x,y)\mathrm{d}y$ 对应于 x，记为 $I(x)$．此即

$$I(x)=\int_c^d f(x,y)\mathrm{d}y,\quad \forall x\in I,$$

称此映射为**含参变量 x 的定积分（函数）**．

（2）若二元函数 $f(x,y)$ 定义于 $D=\{(x,y)\mid c(x)\leqslant y\leqslant d(x),x\in I\}$，且对 $\forall x\in I$，$f(x,y)$ 关于 y 在区间 $[c(x),d(x)]$ 上可积分，则由此也可确定一含参变量 x 的积分函数：

$$I(x)=\int_{c(x)}^{d(x)} f(x,y)\mathrm{d}y,\quad \forall x\in I.$$

注意到，上述定义中关于参变量 x 是逐点确定的，为研究含参变量积分函数 $I(x)$ 关于 x 的分析性质，需要考虑在 y 变化时 x 的协同影响．类似于前面函数项级数的情形，一致收敛是一个十分关键的条件．

定义 11.1.2　对定义于区域 $I\times[c,d]$ 上的二元函数 $f(x,y)$，以及 $\forall y_0\in[c,d]$，存在定义于区间 I 上的函数 $\varphi(x)$，使得对 $\forall\varepsilon>0$，存在 $\delta>0$，当 $0<|y-y_0|<\delta$ 时，对一切 $x\in I$，都有

$$|f(x,y)-\varphi(x)|<\varepsilon,$$

则称极限 $\lim\limits_{y\to y_0}f(x,y)=\varphi(x)$ 在 I 上一致收敛．

显然，关于一致收敛有 Cauchy 准则：极限 $\lim\limits_{y\to y_0}f(x,y)=\varphi(x)$ 在区间 I 上一致收敛，当且仅当对 $\forall\varepsilon>0$，存在 $\delta>0$，当 $\forall y_1,y_2\in U^\circ(y_0,\delta)$ 时，对一切 $x\in I$，有

$$|f(x,y_1)-f(x,y_2)|<\varepsilon.$$

而且，若对 $\forall y\in[c,d]$，二元函数 $f(x,y)$ 都关于 $x\in I$ 连续，又极限 $\lim\limits_{y\to y_0}f(x,y)=\varphi(x)$ 在区间 I 上一致收敛，则有 $\varphi(x)$ 在 I 上也是连续函数．

11.1.2 含参变量定积分的性质与应用

定理 11.1.1 若对 $\forall y\in[c,d]$，二元函数 $f(x,y)$ 关于 x 在区间 $[a,b]$ 上可积分，又极限 $\lim\limits_{y\to y_0}f(x,y)=\varphi(x)$ 在 $[a,b]$ 上一致收敛，则极限函数 $\varphi(x)$ 也在 $[a,b]$ 上可积分，且

$$\int_a^b\varphi(x)\mathrm{d}x=\lim_{y\to y_0}\int_a^b f(x,y)\mathrm{d}x.$$

证 由极限 $\lim\limits_{y\to y_0}f(x,y)=\varphi(x)$ 在区间 $[a,b]$ 上一致收敛，对 $\forall\varepsilon>0$，存在 $\delta>0$，当 $0<|y-y_0|<\delta$ 时，有

$$|f(x,y)-\varphi(x)|<\frac{\varepsilon}{4(b-a)},\quad \forall x\in[a,b].$$

现取定 y_1，使 $0<|y_1-y_0|<\delta$. 由于二元函数 $f(x,y)$ 关于 x 在 $[a,b]$ 上可积分，从而存在 $[a,b]$ 的分割 T，使得

$$\sum_{i=1}^n\omega_i(f(\cdot,y_1))\Delta x_i<\frac{\varepsilon}{2},$$

其中 $\omega_i(f(\cdot,y_1))$ 为 $f(x,y_1)$ 在小区间 $[x_{i-1},x_i]$ 上的振幅，$\Delta x_i=x_i-x_{i-1}$. 进而，有

$$\omega_i(\varphi)<\omega_i(f(\cdot,y_1))+\frac{\varepsilon}{2(b-a)},$$

使得

$$\sum_{i=1}^n\omega_i(\varphi)\Delta x_i<\sum_{i=1}^n\omega_i(f(\cdot,y_1))\Delta x_i+\frac{\varepsilon}{2(b-a)}\sum_{i=1}^n\Delta x_i<\varepsilon.$$

此即表明，极限函数 $\varphi(x)$ 在 $[a,b]$ 上可积分.

又当 $0<|y-y_0|<\delta$ 时，还有

$$\left|\int_a^b\varphi(x)\mathrm{d}x-\int_a^b f(x,y)\mathrm{d}x\right|\leqslant\int_a^b|\varphi(x)-f(x,y)|\mathrm{d}x\leqslant\frac{\varepsilon}{4},$$

此即有

$$\lim_{y\to y_0}\int_a^b f(x,y)\mathrm{d}x=\int_a^b\lim_{y\to y_0}f(x,y)\mathrm{d}x=\int_a^b\varphi(x)\mathrm{d}x.$$ □

推论 11.1.1 若二元函数 $f(x,y)$ 在区域 $I\times[c,d]$ 上连续，其中 I 为任意区间，则对 $\forall x_0\in I$，有

$$\lim_{\substack{x\to x_0\\x\in I}}\int_c^d f(x,y)\mathrm{d}y=\int_c^d f(x_0,y)\mathrm{d}y=\int_c^d\lim_{\substack{x\to x_0\\x\in I}}f(x,y)\mathrm{d}y.$$

定理 11.1.2 若二元函数 $f(x,y)$ 在区域 $I\times[c,d]$ 上有定义，其中 I 为任意区间. 又对 $\forall x\in I$，$f(x,y)$ 关于 y 在区间 $[c,d]$ 上可积分；$f(x,y)$ 关于 x 有偏导数，且 $f_x(x,y)$ 在 $I\times[c,d]$ 上连续，则有

$$\frac{\mathrm{d}}{\mathrm{d}x}\int_c^d f(x,y)\mathrm{d}y=\int_c^d\frac{\partial}{\partial x}f(x,y)\mathrm{d}y=\int_c^d f_x(x,y)\mathrm{d}y,\quad\forall x\in I.$$

此即，函数 $I(x)=\int_c^d f(x,y)\mathrm{d}y$ 在 I 上可导，且有 Leibniz(莱布尼茨) 公式

$$I'(x)=\int_c^d f_x(x,y)\mathrm{d}y.$$

证 不妨设 x_0 为区间 I 的内点，若 x_0 为 I 的端点，则考虑单边邻域与单侧导数的情形即可.

对充分小的 $a>0$，使得 $[x_0-a,x_0+a]\subseteq I$，从而由二元函数 $f_x(x,y)$ 在区域 $I\times[c,d]$ 上连续，有 $f_x(x,y)$ 在区域 $[x_0-a,x_0+a]\times[c,d]$ 上一致连续. 此即，对 $\forall\varepsilon>0$，$\exists\delta>0$，对一切 $x',x''\in[x_0-a,x_0+a]$，只要 $|x'-x''|<\delta$，即有

$$|f_x(x',y)-f_x(x'',y)|<\varepsilon.$$

现取 $\eta=\min(a,\delta)$，只要 $|x_0-x|<\eta$，对 $\forall y\in[c,d]$，有

$$\left|\frac{f(x,y)-f(x_0,y)}{x-x_0}-f_x(x_0,y)\right|=|f_x(\xi,y)-f_x(x_0,y)|<\varepsilon,$$

由微分中值定理知，ξ 在 x 与 x_0 之间.

从而，可得

$$\left|\frac{I(x)-I(x_0)}{x-x_0}-\int_c^d f_x(x_0,y)\mathrm{d}y\right|\leqslant\int_c^d\left|\frac{f(x,y)-f(x_0,y)}{x-x_0}-f_x(x_0,y)\right|\mathrm{d}y\leqslant(d-c)\varepsilon,$$

此即表明，

$$I'(x)=\frac{\mathrm{d}}{\mathrm{d}x}\int_c^d f(x,y)\mathrm{d}y=\int_c^d f_x(x,y)\mathrm{d}y.$$ □

定理 11.1.3　若二元函数 $f(x,y)$ 在区域 $[a,b]\times[c,d]$ 上连续，则有

$$\int_a^b\left(\int_c^d f(x,y)\mathrm{d}y\right)\mathrm{d}x=\int_c^d\left(\int_a^b f(x,y)\mathrm{d}x\right)\mathrm{d}y.$$

证　令 $g(x,t)=\int_c^t f(x,y)\mathrm{d}y$，$\forall x\in[a,b]$，$t\in[c,d]$，则对任意取定 $t\in[c,d]$，有函数 $g(x,t)$ 关于 x 在区间 $[a,b]$ 上连续且可积.

又 $g(x,t)$ 关于 t 有偏导，且 $g_t(x,t)=f(x,t)$，$\forall x\in[a,b]$，$t\in[c,d]$. 从而，$g_t(x,t)$ 在区域 $[a,b]\times[c,d]$ 上连续.

又由Leibniz公式，有

$$\frac{\mathrm{d}}{\mathrm{d}t}\int_a^b g(x,t)\mathrm{d}x=\int_a^b g_t(x,t)\mathrm{d}x=\int_a^b f(x,t)\mathrm{d}x,\quad\forall t\in[c,d].$$

这表明 $\int_a^b g(x,t)\mathrm{d}x$ 是 $\int_a^b f(x,t)\mathrm{d}x$ 的一个原函数，于是有

$$\int_c^d\int_a^b f(x,t)\mathrm{d}x\mathrm{d}t=\int_a^b g(x,d)\mathrm{d}x-\int_a^b g(x,c)\mathrm{d}x=\int_a^b\int_c^d f(x,y)\mathrm{d}y\mathrm{d}x.$$ □

设二元函数 $f(x,y)$ 定义于区域 $I\times[c,d]$，其中 I 为任意区间. 又 $\alpha(x)$，$\beta(x)$ 定义在区间 I 上，且

$$c\leqslant\alpha(x),\beta(x)\leqslant d,\quad\forall x\in I.$$

对 $\forall x\in I$，$f(x,y)$ 关于 y 在区间 $[c,d]$ 上可积分，从而可以确定含参变量积分函数

$$F(x)=\int_{\alpha(x)}^{\beta(x)}f(x,y)\mathrm{d}y,\quad\forall x\in I.$$

下面讨论 $F(x)$ 的连续性与可微性等.

定理 11.1.4　若二元函数 $f(x,y)$ 在区域 $[a,b]\times[c,d]$ 上连续，令

$$g(x,t)=\int_c^t f(x,y)\mathrm{d}y,\quad\forall x\in[a,b],\quad t\in[c,d],$$

则二元函数 $g(x,t)$ 在 $[a,b]\times[c,d]$ 上连续. 又若 $f(x,y)$ 关于 x 有偏导数，且 $f_x(x,y)$ 在 $[a,b]\times[c,d]$ 上连续，则 $g(x,t)$ 在 $[a,b]\times[c,d]$ 上有连续偏导，且

$$g_t(x,t)=f(x,t),\quad g_x(x,t)=\int_c^t f_x(x,y)\mathrm{d}y.$$

证 (1) 对 $\forall (x_0,t_0),(x,t)\in[a,b]\times[c,d]$,有

$$\begin{aligned}|g(x,t)-g(x_0,t_0)| &= \left|\int_c^t f(x,y)\mathrm{d}y-\int_c^{t_0} f(x_0,y)\mathrm{d}y\right| \\ &\leqslant \int_c^{t_0} |f(x,y)-f(x_0,y)|\mathrm{d}y+\int_{t_0}^t |f(x,y)|\mathrm{d}y \\ &\equiv A+B.\end{aligned}$$

由于二元函数 $f(x,y)$ 在区域 $[a,b]\times[c,d]$ 上一致连续,从而对 $\forall\varepsilon>0$,存在 $\delta_1>0$,当 $|x-x_0|<\delta_1$ 时,对一切 $y\in[c,d]$,有

$$|f(x,y)-f(x_0,y)|<\frac{\varepsilon}{2(d-c)},$$

这使得

$$A=\int_c^{t_0} |f(x,y)-f(x_0,y)|\mathrm{d}y\leqslant\frac{\varepsilon}{2(d-c)}|t_0-c|\leqslant\frac{\varepsilon}{2}.$$

又由 $f(x,y)$ 在 $[a,b]\times[c,d]$ 上连续,有界,从而存在 $M>0$,对 $\forall (x,y)\in[a,b]\times[c,d]$,有 $|f(x,y)|\leqslant M$. 进而,取 $\delta_2=\frac{\varepsilon}{2M}>0$,当 $|t-t_0|<\delta_2$ 时,有

$$B=\int_{t_0}^t |f(x,y)|\mathrm{d}y\leqslant M|t-t_0|\leqslant\frac{\varepsilon}{2}.$$

于是,取 $\delta=\min(\delta_1,\delta_2)$,当 $|x-x_0|<\delta,|t-t_0|<\delta$ 时,即有

$$|g(x,t)-g(x_0,t_0)|\leqslant A+B\leqslant\varepsilon.$$

又由 (x_0,t_0) 的任意性,即有 $g(x,t)$ 在区域 $[a,b]\times[c,d]$ 上连续.

(2) 显然,二元函数 $g(x,t)$ 关于 t 可偏导,且 $g_t(x,t)=f(x,t)$. 又由 Leibniz 公式,当二元函数 $f_x(x,y)$ 在 $[a,b]\times[c,d]$ 上连续时,$g(x,t)$ 关于 x 也可偏导,且 $g_x(x,t)=\int_c^t f_x(x,y)\mathrm{d}y$.

根据前面的定理,显然有

$$f(x,t)=g_t(x,t),\quad \int_c^t f_x(x,y)\mathrm{d}y=g_x(x,t)$$

在区域 $[a,b]\times[c,d]$ 上连续. □

定理 11.1.5 设二元函数 $f(x,y)$ 在区域 $[a,b]\times[c,d]$ 上连续,又 $\alpha(x),\beta(x)$ 为定义在区间 $[a,b]$ 上的可微函数,其中 $c\leqslant\alpha(x),\beta(x)\leqslant d$, $\forall x\in[a,b]$,则含参变量积分函数 $F(x)=\int_{\alpha(x)}^{\beta(x)} f(x,y)\mathrm{d}y$ 在 $[a,b]$ 上连续. 又若二元函数 $f_x(x,y)$ 也在 $[a,b]\times[c,d]$ 上连续,则 $F(x)$ 在 $[a,b]$ 上可微分,且有

$$F'(x)=\int_{\alpha(x)}^{\beta(x)} f_x(x,y)\mathrm{d}y+f(x,\beta(x))\beta'(x)-f(x,\alpha(x))\alpha'(x).$$

证 令 $g(x,t)=\int_c^t f(x,y)\mathrm{d}y,\quad \forall x\in[a,b],\quad t\in[c,d]$,

则有

$$F(x)=g(x,\beta(x))-g(x,\alpha(x)),\quad \forall x\in[a,b].$$

显然,由二元函数 $g(x,t)$ 在区域 $[a,b]\times[c,d]$ 上的连续性,以及函数 $\alpha(x),\beta(x)$ 在区间 $[a,b]$ 上的连续性,即有含参变量积分函数 $F(x)$ 在区间 $[a,b]$ 上连续.

同理,也有 $F(x)$ 在 $[a,b]$ 上可微分,且由链式求导法则,可得

$$F'(x)=g_x(x,\beta(x))+g_t(x,\beta(x))\beta'(x)-g_x(x,\alpha(x))-g_t(x,\alpha(x))\alpha'(x)$$
$$=\int_{\alpha(x)}^{\beta(x)}f_x(x,y)\mathrm{d}y+f(x,\beta(x))\beta'(x)-f(x,\alpha(x))\alpha'(x).$$ □

例 11.1.1　试求下列极限：

(1) $\lim\limits_{\alpha\to0}\int_0^1\frac{\mathrm{d}x}{1+x^2\cos\alpha x}$；　(2) $\lim\limits_{\alpha\to0}\int_0^1\frac{\mathrm{d}x}{1+(1+\alpha x)^{1/\alpha}}$；　(3) $\lim\limits_{x\to0}\int_0^1\frac{y}{x^2}\mathrm{e}^{-\frac{y^2}{x^2}}\mathrm{d}y$.

解　(1) 由于二元函数 $f(x,\alpha)=\frac{1}{1+x^2\cos\alpha x}$ 在区域 $[0,1]\times[-1,1]$ 上连续，从而可以交换求极限与求积分的次序，可得

$$\lim_{\alpha\to0}\int_0^1\frac{\mathrm{d}x}{1+x^2\cos\alpha x}=\int_0^1\lim_{\alpha\to0}\frac{\mathrm{d}x}{1+x^2\cos\alpha x}=\int_0^1\frac{\mathrm{d}x}{1+x^2}=\frac{\pi}{4}.$$

(2) 由于二元函数

$$f(x,\alpha)=\begin{cases}\frac{1}{1+(1+\alpha x)^{1/\alpha}}, & (x,\alpha)\in[0,1]\times[-1,1],\alpha\neq0,\\ \frac{1}{1+\mathrm{e}^x}, & x\in[0,1],\alpha=0\end{cases}$$

在区域 $[0,1]\times[-1,1]$ 上连续，从而交换求极限与求积分的次序，可得

$$\lim_{\alpha\to0}\int_0^1\frac{\mathrm{d}x}{1+(1+\alpha x)^{1/\alpha}}=\int_0^1\lim_{\alpha\to0}f(x,\alpha)\mathrm{d}x=\int_0^1\frac{\mathrm{d}x}{1+\mathrm{e}^x}=\ln\frac{2\mathrm{e}}{1+\mathrm{e}}.$$

(3) 注意到
$$\lim_{x\to0}\int_0^1\frac{y}{x^2}\mathrm{e}^{-\frac{y^2}{x^2}}\mathrm{d}y=\lim_{x\to0}\frac{1}{2}(1-\mathrm{e}^{-\frac{1}{x^2}})=\frac{1}{2},$$
$$\int_0^1\lim_{x\to0}\frac{y}{x^2}\mathrm{e}^{-\frac{y}{x^2}}\mathrm{d}y=0,$$

此即

$$\lim_{x\to0}\int_0^1\frac{y}{x^2}\mathrm{e}^{-\frac{y^2}{x^2}}\mathrm{d}y\neq\int_0^1\lim_{x\to0}\frac{y}{x^2}\mathrm{e}^{-\frac{y^2}{x^2}}\mathrm{d}y.$$

事实上，这是因为二元函数

$$f(x,y)=\begin{cases}\frac{y}{x^2}\mathrm{e}^{-\frac{y^2}{x^2}}, & x\in[-1,1],y\in[0,1],x\neq0,\\ 0, & x=0,y\in[0,1]\end{cases}$$

在区域 $[-1,1]\times[0,1]$ 上不是连续的. □

例 11.1.2　试求下列积分：

(1) $\int_0^1\frac{x^b-x^a}{\ln x}\mathrm{d}x\quad(0<a<b)$；　(2) $\int_0^{\frac{\pi}{2}}\ln\left(\frac{1+a\sin x}{1-a\sin x}\right)\frac{\mathrm{d}x}{\sin x}\quad(0<a<1)$；

(3) $\int_0^{\pi}\ln(1+\theta\cos x)\mathrm{d}x\ (-1<\theta<1)$.

解　(1) 方法1. 由于 $\int_a^b x^y\mathrm{d}y=\frac{x^b-x^a}{\ln x}$，又二元函数 $f(x,y)=x^y$ 在区域 $[0,1]\times[a,b]$ 上连续，从而有

$$\int_0^1\frac{x^b-x^a}{\ln x}\mathrm{d}x=\int_0^1\left(\int_a^b x^y\mathrm{d}y\right)\mathrm{d}x=\int_a^b\left(\int_0^1 x^y\mathrm{d}x\right)\mathrm{d}y$$
$$=\int_a^b\frac{\mathrm{d}y}{1+y}=\ln\frac{1+b}{1+a}.$$

方法 2. 令 $I(b)=\int_0^1\frac{x^b-x^a}{\ln x}\mathrm{d}x$,又二元函数 $f(x,b)=x^b$ 在区域$[0,1]\times[a,\delta]$上连续($\forall\delta>a$),从而有

$$I'(b)=\int_0^1 x^b\mathrm{d}x=\frac{1}{b+1},$$

$$I(b)=\ln(1+b)+C.$$

由 $I(a)=0$,有 $C=-\ln(1+a)$,此即有

$$I(b)=\ln\frac{1+b}{1+a}.$$

(2) 方法 1. 由于

$$2\int_0^a\frac{\mathrm{d}y}{1-y^2\sin^2x}=\ln\left(\frac{1+a\sin x}{1-a\sin x}\right)\frac{1}{\sin x},$$

又二元函数 $f(x,y)=\frac{1}{1-y^2\sin^2x}$ 在区域$\left[0,\frac{\pi}{2}\right]\times[0,a]$上连续,从而有

$$\begin{aligned}\int_0^{\frac{\pi}{2}}\ln\left(\frac{1+a\sin x}{1-a\sin x}\right)\frac{\mathrm{d}x}{\sin x}&=2\int_0^{\frac{\pi}{2}}\mathrm{d}x\int_0^a\frac{\mathrm{d}y}{1-y^2\sin^2x}=2\int_0^a\mathrm{d}y\int_0^{\frac{\pi}{2}}\frac{\mathrm{d}x}{1-y^2\sin^2x}\\&=2\int_0^a\mathrm{d}y\int_0^{\frac{\pi}{2}}-\frac{\mathrm{d}\cot x}{\cot^2x+(1-y^2)}=\int_0^a\frac{\pi}{\sqrt{1-y^2}}\mathrm{d}y\\&=\pi\arcsin a.\end{aligned}$$

方法 2. 令 $I(a)=\int_0^{\frac{\pi}{2}}\ln\left(\frac{1+a\sin x}{1-a\sin x}\right)\frac{\mathrm{d}x}{\sin x}$,由于

$$\ln\left(\frac{1+a\sin x}{1-a\sin x}\right)=\ln\left(1+\frac{2a\sin x}{1-a\sin x}\right)=\frac{2a\sin x}{1-a\sin x}+o(\sin^2x)\quad(x\to0),$$

$$\lim_{x\to0^+}\ln\left(\frac{1+a\sin x}{1-a\sin x}\right)\frac{1}{\sin x}=2a,$$

可知二元函数

$$f(x,a)=\begin{cases}\ln\left(\frac{1+a\sin x}{1-a\sin x}\right)\frac{1}{\sin x}, & 0<x\leqslant\frac{\pi}{2},0<a<1,\\ 2a, & x=0,0<a<1\end{cases}$$

在区域$\left[0,\frac{\pi}{2}\right]\times[0,k]$上连续($k=a+\varepsilon\in(0,1)$).

又二元函数 $f_a(x,a)=\frac{2}{1-a^2\sin^2x}$ 也在$\left[0,\frac{\pi}{2}\right]\times[0,k]$上连续,从而有

$$I'(a)=\int_0^{\frac{\pi}{2}}\frac{\partial}{\partial a}\ln\left(\frac{1+a\sin x}{1-a\sin x}\right)\frac{\mathrm{d}x}{\sin x}=\int_0^{\frac{\pi}{2}}\frac{2\mathrm{d}x}{1-a^2\sin^2x}=\frac{\pi}{\sqrt{1-a^2}},$$

进而,可得

$$I(a)=\int_0^a I'(\theta)\mathrm{d}\theta=\int_0^a\frac{\pi}{\sqrt{1-\theta^2}}\mathrm{d}\theta=\pi\arcsin a.$$

(3) 令 $I(\theta)=\int_0^{\pi}\ln(1+\theta\cos x)\mathrm{d}x$,$-1<\theta<1$,又有 $a\in(0,1)$,使得对 $\forall\ |\theta|<a$,二元函数 $f(x,\theta)=\ln(1+\theta\cos x)$ 与 $f_\theta(x,\theta)=\frac{\cos x}{1+\theta\cos x}$ 都在区域$[0,\pi]\times[-a,a]$上连续.

注意到

$$I'(\theta)=\int_0^{\pi}\frac{\cos x}{1+\theta\cos x}\mathrm{d}x=\frac{1}{\theta}\int_0^{\pi}\left(1-\frac{1}{1+\theta\cos x}\right)\mathrm{d}x$$
$$=\frac{\pi}{\theta}-\frac{1}{\theta}\int_0^{\pi}\frac{\mathrm{d}x}{1+\theta\cos x}=\frac{\pi}{\theta}-\frac{\pi}{\theta\sqrt{1-\theta^2}},$$

从而有

$$I(\theta)=\int_0^{\theta}I'(s)\mathrm{d}s+I(0)=\int_0^{\theta}\left(\frac{\pi}{s}-\frac{\pi}{s\sqrt{1-s^2}}\right)\mathrm{d}s=\pi\ln\frac{1+\sqrt{1-\theta^2}}{2}.$$ □

例 11.1.3 试求下列函数的导数：

(1) $I(x)=\int_{\sin x}^{\cos x}\mathrm{e}^{t^2+xt}\mathrm{d}t$；　　(2) $F(x)=\int_0^{x^2}\left(\int_{t^2}^{x^3}f(t,s)\mathrm{d}s\right)\mathrm{d}t$.

解 (1) $I'(x)=\int_{\sin x}^{\cos x}t\mathrm{e}^{t^2+xt}\mathrm{d}t+\mathrm{e}^{\cos^2x+x\cos x}(\cos x)'-\mathrm{e}^{\sin^2x+x\sin x}(\sin x)'$

$=\int_{\sin x}^{\cos x}t\mathrm{e}^{t^2+xt}\mathrm{d}t-\sin x\mathrm{e}^{\cos^2x+x\cos x}-\cos x\mathrm{e}^{\sin^2x+x\sin x}$.

(2) $F'(x)=\int_0^{x^2}3x^2f(t,x^3)\mathrm{d}t+\int_{x^4}^{x^3}f(x^2,s)\mathrm{d}s\cdot(x^2)'$

$=3x^2\int_0^{x^2}f(t,x^3)\mathrm{d}t+2x\int_{x^4}^{x^3}f(x^2,s)\mathrm{d}s$. □

例 11.1.4 试讨论函数 $F(y)=\int_0^1\frac{yf(x)}{x^2+y^2}\mathrm{d}x$ 的连续性，其中 $f(x)$ 为区间$[0,1]$上的正连续函数.

解 (1) 对 $\forall y_0\neq0$，取 $\delta>0$，使 $0\notin(y_0-\delta,y_0+\delta)$. 由于二元函数 $g(x,y)=\frac{yf(x)}{x^2+y^2}$ 在区域$[y_0-\delta,y_0+\delta]\times[0,1]$上连续，从而有 $F(y)$在区间$[y_0-\delta,y_0+\delta]$上连续，在 y_0 处连续.

(2) 若 $y_0=0$，有 $F(y_0)=0$. 由于 $f(x)$为区间$[0,1]$上的正连续函数，则其在区间$[0,1]$上有最小值 $m>0$. 进而，有

$$F(y)\geqslant\int_0^1\frac{ym}{x^2+y^2}\mathrm{d}x=m\cdot\arctan\frac{1}{y}>\frac{\pi}{4}m,\quad\forall y\in(0,1);$$

$$F(y)\leqslant\int_0^1\frac{ym}{x^2+y^2}\mathrm{d}x=m\cdot\arctan\frac{1}{y}<-\frac{\pi}{4}m,\quad\forall y\in(-1,0).$$

此即表明，$\lim\limits_{y\to0^+}F(y)\neq0$，$\lim\limits_{y\to0^-}F(y)\neq0$，也即 $F(y)$在 $y_0=0$ 处不连续.

事实上，令 $x=ty$，有 $F(y)=\int_0^{\frac{1}{y}}\frac{f(ty)}{1+t^2}\mathrm{d}t$. 又由

$$\left|\frac{f(ty)}{1+t^2}\right|\leqslant\frac{M}{1+t^2},$$

可知，在 $y\to0^+$ 时，$\frac{f(ty)}{1+t^2}$在每个关于 t 的区间$[a,b]$上一致收敛于$\frac{f(0)}{1+t^2}$，从而有

$$\lim_{y\to0^+}F(y)=\lim_{y\to0^+}\int_0^{\frac{1}{y}}\frac{f(ty)}{1+t^2}\mathrm{d}t=\frac{\pi}{2}f(0).$$ □

习　题　11.1

习题 11.1

1. 试求下列极限：

(1) $\lim\limits_{x\to 0}\int_{-1}^{1}\sqrt[4]{x^4+y^2}\mathrm{d}y$； (2) $\lim\limits_{a\to 0}\int_{a}^{1+a}\frac{\mathrm{d}x}{1+x^2+a^2}$；

(3) $\lim\limits_{a\to 0}\int_{-\frac{\pi}{4}}^{\frac{\pi}{4}}\tan x\cdot\tan(x+a)\mathrm{d}x$； (4) $\lim\limits_{x\to 0}\int_{\sin x}^{\cos x}y\ln y\ln(x^2+y^2)\mathrm{d}y$；

(5) $\lim\limits_{x\to 0}\int_{x}^{1+x}\frac{\sin xy^2}{y}\mathrm{d}y$； (6) $\lim\limits_{x\to 0^+}\frac{\int_0^x\frac{1}{y^2}(\mathrm{e}^{-xy}-1)\mathrm{d}y}{\ln(1+\sin x)}$；

(7) $\lim\limits_{x\to 0}\int_0^1\frac{y^3}{x^2}\mathrm{e}^{-\frac{y^2}{x^2}}\mathrm{d}y$； (8) $\lim\limits_{x\to 0^+}\frac{1-\cos x}{\int_0^x\frac{\ln(1+xy)}{y}\mathrm{d}y}$.

2. 试求下列函数的导数：

(1) $F(x)=\int_{\sin^2 x}^{\cos x}\mathrm{e}^{x\sqrt{1-y^2}}\mathrm{d}y$； (2) $F(x)=\int_{a+x}^{b-x^2}\frac{\sin xy}{y}\mathrm{d}y$；

(3) $F(x)=\int_0^{x^2}\frac{\ln(1+xy^2)}{y^2}\mathrm{d}y$； (4) $F(x)=\frac{1}{h^2}\int_0^h\int_0^h f(x+s+h)\mathrm{d}t\mathrm{d}s$；

(5) $F(x)=\int_0^{x^2}\int_t^{3x}\ln(1+s^2+t^2)\mathrm{d}s\mathrm{d}t$； (6) $F(x)=\int_0^{x^2}\int_{t-x}^{t+x}\cos(x^2-s^2-t^2)\mathrm{d}s\mathrm{d}t$.

3. 试求下列积分：

(1) $\int_0^{\pi}\ln(1-2a\cos x+a^2)\mathrm{d}x$； (2) $\int_0^{\frac{\pi}{2}}\frac{\arctan(a\tan x)}{\tan x}\mathrm{d}x\ (a\geqslant 0)$；

(3) $\int_0^{\frac{\pi}{2}}\ln(a^2-\sin^2 x)\mathrm{d}x\ (a>1)$； (4) $\int_0^{\frac{\pi}{2}}\ln\left(\frac{1+a\cos x}{1-a\cos x}\right)\frac{\mathrm{d}x}{\cos x}\ (|a|<1)$；

(5) $\int_0^{\frac{\pi}{2}}\ln(a^2\cos^2 x+b^2\sin^2 x)\mathrm{d}x\ (a,b>0)$； (6) $\int_0^{\frac{\pi}{2}}\frac{\arctan(a\sin x)}{\sin x}\mathrm{d}x$；

(7) $\int_0^1\sin\left(\ln\frac{1}{x}\right)\frac{x^b-x^a}{\ln x}\mathrm{d}x\ (b>a>0)$； (8) $\int_0^1\cos\left(\ln\frac{1}{x}\right)\frac{x^b-x^a}{\ln x}\mathrm{d}x\ (b>a>0)$.

4. 试证明：$\int_0^{2\pi}\mathrm{e}^{x\cos\theta}\cos(x\sin\theta)\mathrm{d}\theta=2\pi,\forall x\in\mathbf{R}$.

5. 设 $f(x)$为区间$[a,b]$上的连续函数，则对任意 $x\in(a,b)$，有

$$\lim_{h\to 0}\frac{1}{h}\int_a^x[f(t+h)-f(t)]\mathrm{d}t=f(x)-f(a).$$

6. 设二元函数 $\varphi(x,y)$在区域$[a,b]\times[c,d]$上连续，且关于 x 有直到 n 阶的连续偏导. 又函数 $f(y)$在区间$[c,d]$上可积分，令

$$F(x)=\int_c^d\varphi(x,y)f(y)\mathrm{d}y,\quad\forall x\in[a,b],$$

则函数 $F(x)$在区间(a,b)上有 n 阶连续导数，且

$$F^{(n)}(x)=\int_c^d\frac{\partial^n}{\partial x^n}\varphi(x,y)f(y)\mathrm{d}y,\quad\forall x\in(a,b).$$

7. 试证明下列命题：

(1) 设有椭圆积分函数 $E(k)=\int_0^{\frac{\pi}{2}}\sqrt{1-k^2\sin^2\varphi}\mathrm{d}\varphi(0<k<1)$，则其满足微分方程

$$E''(k)+\frac{1}{k}E'(k)+\frac{1}{1-k^2}E(k)=0.$$

(2) 设有 Bessel(贝塞尔)函数 $I_n(x)=\frac{1}{\pi}\int_0^{\pi}\cos(n\varphi-x\sin\varphi)\mathrm{d}\varphi\ (n\in\mathbf{Z})$，则其满足微分方

程

$$x^2 I_n''(x)+xI_n'(x)+(x^2-n^2)I_n(x)=0.$$

8. 试证明下列命题.

(1) 设 $f(x)$ 为区间 $[0,1]$ 上的连续函数，又 $k(x,y)=\begin{cases} x(1-y), & 0\leqslant x\leqslant y\leqslant 1, \\ y(1-x), & 0\leqslant y< x\leqslant 1, \end{cases}$ 则有函数 $u(x)=\int_0^1 k(x,y)f(y)\mathrm{d}y,\ \forall x\in[0,1]$，满足微分方程

$$\begin{cases} u''(x)=-f(x), & \forall x\in[0,1], \\ u(0)=u(1)=0. \end{cases}$$

(2) 设 φ 和 ψ 分别为 $\mathbf{R}$ 上二次可微函数和一次可微函数，则有函数

$$u(x,t)=\frac{1}{2}[\varphi(x-at)+\varphi(x+at)]+\frac{1}{2a}\int_{x-at}^{x+at}\psi(s)\mathrm{d}s$$

满足弦振动方程

$$\frac{\partial^2 u}{\partial t^2}=a^2\ \frac{\partial^2 u}{\partial x^2}.$$

11.2　含参变量反常积分

在数学物理理论分析和工程应用的众多领域中还会涉及一种十分重要的函数工具，即含参变量反常积分. 通常分为两种基本类型，即含参变量无穷限积分和含参变量瑕积分. 对这两种含参变量反常积分，其理论是平行的，因而我们接下来仅以含参变量无穷限积分为例展开讨论. 同时，也可以与函数项级数的相应结论作比照.

11.2.1　含参变量反常积分的一致收敛性及其判别

定义 11.2.1　(1) 设 I 为任意区间，c 为任意实数. 又 $f(x,y)$ 为定义在无界区域 $D=\{(x,y)\mid x\in I,c\leqslant y<+\infty\}$ 上的二元函数，使得对 $\forall x\in I$，$f(x,y)$ 关于 y 在区间 $[c,+\infty)$ 上的反常积分 $\int_c^{+\infty} f(x,y)\mathrm{d}y$ 都收敛，则称此映射规则确定了一个**含参变量无穷限积分函数** $\Phi(x)$，亦即

$$\Phi(x)=\int_c^{+\infty} f(x,y)\mathrm{d}y,\quad \forall x\in I.$$

(2) 设 I 为任意区间，c,d 为两个实数 $(c<d)$. 又 $f(x,y)$ 为定义在区域 $E=\{(x,y)\mid x\in I,y\in(c,d)\}$ 上的二元函数，其中 c(或 d)为 $f(x,y)$ 关于 y 的瑕点，即 $\lim\limits_{y\to c^+} f(x,y)=\infty$(或 $\lim\limits_{y\to d^-} f(x,y)=\infty$). 若对 $\forall x\in I$，$f(x,y)$ 关于 y 在区间 (c,d) 上的反常积分 $\int_c^d f(x,y)\mathrm{d}y$ 都收敛，则称此映射规则确定了一个**含参变量瑕积分函数** $\Psi(x)$，亦即

$$\Psi(x)=\int_c^d f(x,y)\mathrm{d}y,\quad \forall x\in I.$$

为讨论含参变量反常积分函数的连续性、可微性与可积性等，类似于函数项级数的情形，需要十分关键的一致收敛性条件.

定义 11.2.2　设含参变量积分函数 $\int_c^{+\infty} f(x,y)\mathrm{d}y$ 与函数 $\Phi(x)$ 都定义于区间 I，又对 $\forall\varepsilon$

>0,存在实数 $d>c$,当 $A>d$ 时,对一切 $x\in I$,有

$$\left|\int_c^A f(x,y)\mathrm{d}y-\Phi(x)\right|<\varepsilon,\quad 或\quad \left|\int_A^{+\infty} f(x,y)\mathrm{d}y\right|<\varepsilon,$$

则称含参变量积分函数 $\int_c^{+\infty} f(x,y)\mathrm{d}y$ 在区间 I 上一致收敛于 $\Phi(x)$. 记作

$$\int_c^A f(x,y)\mathrm{d}y \underset{A\to+\infty}{\rightrightarrows} \Phi(x),\quad \forall x\in I.$$

定理 11.2.1 (**Cauchy 准则法**) 无穷限含参变量积分 $\int_c^{+\infty} f(x,y)\mathrm{d}y$ 关于 x 在区间 I 上一致收敛的充要条件是,对 $\forall\varepsilon>0$,存在 $A_0>c$,当 $A_1,A_2>A_0$ 时,对一切 $x\in I$,有

$$\left|\int_{A_1}^{A_2} f(x,y)\mathrm{d}y\right|<\varepsilon.$$

定理 11.2.2 (**Weierstrass 判别法**) 若存在定义在区间 $[c,+\infty)$ 上的非负连续函数 $g(y)$,使得

$$|f(x,y)|\leqslant g(y),\quad \forall (x,y)\in I\times[c,+\infty);$$

又反常积分 $\int_c^{+\infty} g(y)\mathrm{d}y$ 收敛,则含参变量反常积分 $\int_c^{+\infty} f(x,y)\mathrm{d}y$ 关于 x 在 I 上一致收敛.

定理 11.2.3 含参变量积分 $\int_c^{+\infty} f(x,y)\mathrm{d}y$ 关于 x 在区间 I 上一致收敛,当且仅当对任何趋于 $+\infty$ 的递增数列 $\{A_n\}(A_1=c)$,函数项级数

$$\sum_{n=1}^{\infty}\int_{A_n}^{A_{n+1}} f(x,y)\mathrm{d}y=\sum_{n=1}^{\infty}u_n(x)$$

关于 x 在 I 上一致收敛.

定理 11.2.4 (**Abel-Dirichlet 判别法**) 若定义在区域 $I\times[c,+\infty)$ 上的二元函数 $f(x,y)$ 与 $g(x,y)$ 满足下列两组条件之一,则含参变量积分 $\int_c^{+\infty} f(x,y)g(x,y)\mathrm{d}y$ 关于 x 在区间 I 上一致收敛.

(1) **Abel 判别法** (a) 含参变量积分 $\int_c^{+\infty} f(x,y)\mathrm{d}y$ 关于 x 在 I 上一致收敛;

A-D 判别法

(b) 对 $\forall x\in I$,$g(x,y)$ 关于 y 单调,又 $g(x,y)$ 关于 x 在 I 上一致有界,即存在 $M>0$,对 $\forall y\geqslant c$,一切 $x\in I$,有 $|g(x,y)|\leqslant M$.

(2) **Dirichlet 判别法** (a) 含参变量积分 $\int_c^d f(x,y)\mathrm{d}y$ 关于 x 在 I 上一致有界,即存在 $M>0$,对 $\forall d\geqslant c$,一切 $x\in I$,有 $\left|\int_c^d f(x,y)\mathrm{d}y\right|\leqslant M$;

(b) 对 $\forall x\in I$,$g(x,y)$ 关于 y 单调,又在 $y\to+\infty$ 时,$g(x,y)$ 关于 x 在 I 上一致地收敛于 0,即 $\forall\varepsilon>0$,存在 $d>c$,使得对 $\forall y>d$,一切 $x\in I$,有 $|g(x,y)|<\varepsilon$.

例 11.2.1 试讨论下列含参变量积分的一致收敛性:

(1) $\int_0^{+\infty}\mathrm{e}^{-(2p+u^3)t}\cos t\mathrm{d}t,\quad \forall u\in[0,+\infty),p>0$;

(2) $\int_0^1 \ln(xy)\mathrm{d}y,\quad \forall x\in\left[\frac{1}{b},b\right],b>1$;

(3) $\int_0^{+\infty}\mathrm{e}^{-\alpha x}\frac{\sin x}{x}\mathrm{d}x,\quad \forall\alpha\in[0,+\infty)$.

解　(1) 由于对 $\forall t\in[0,+\infty)$，一切 $u\in[0,+\infty)$，有

$$|e^{-(2p+u^3)t}\cos t|\leqslant e^{-2pt},\quad p>0.$$

又由反常积分 $\int_0^{+\infty}e^{-2pt}dt$ 收敛，从而根据 Weierstrass 判别法，有含参变量反常积分 $\int_0^{+\infty}e^{-(2p+u^3)t}\cos t dt$ 关于 u 在区间 $[0,+\infty)$ 上一致收敛.

(2) 由于对 $\forall y\in[0,1]$，一切 $x\in\left[\frac{1}{b},b\right]$，有

$$|\ln xy|=|\ln x+\ln y|\leqslant\ln b-\ln y,\quad b>1.$$

又由 $\int_0^1(\ln b-\ln y)dy=1+\ln b$，从而根据 Weierstrass 判别法，有含参变量反常积分 $\int_0^1\ln xy dy$ 关于 x 在区间 $\left[\frac{1}{b},b\right](b>1)$ 上一致收敛.

(3) 由于 $e^{-\alpha x}$ 关于 x 单调，且

$$0\leqslant e^{-\alpha x}\leqslant 1,\quad \forall 0\leqslant\alpha<+\infty,\quad 0\leqslant x<+\infty,$$

此即 $e^{-\alpha x}$ 关于 α 在区间 $[0,+\infty)$ 上一致有界.

又反常积分 $\int_0^{+\infty}\frac{\sin x}{x}dx$ 收敛，显然关于 α 在 $[0,+\infty)$ 上一致收敛. 从而由 Abel 判别法，有含参变量积分

$$\int_0^{+\infty}e^{-\alpha x}\frac{\sin x}{x}dx$$

关于 α 在 $[0,+\infty)$ 上一致收敛.　□

例 11.2.2　试证明含参变量积分 $\int_1^{+\infty}e^{-\frac{1}{\alpha^2}\left(x-\frac{1}{\alpha}\right)^2}dx$ 在区间 $(0,1]$ 上一致收敛，但不适用 Weierstrass 判别法.

证　由于反常积分 $\int_0^{+\infty}e^{-u^2}du$ 收敛，从而对 $\forall\varepsilon>0$，存在 $N>0$，使得 $\forall M>N$，有

$$\int_{M-\frac{\sqrt{\pi}}{\varepsilon}}^{+\infty}e^{-u^2}du<\varepsilon.$$

(1) 若 $\alpha\in\left(0,\frac{\varepsilon}{\sqrt{\pi}}\right)$，令 $u=\frac{1}{\alpha}\left(x-\frac{1}{\alpha}\right)$，有

$$\left|\int_M^{+\infty}e^{-\frac{1}{\alpha^2}\left(x-\frac{1}{\alpha}\right)^2}dx\right|=\alpha\int_{\frac{1}{\alpha}\left(M-\frac{1}{\alpha}\right)}^{+\infty}e^{-u^2}du\leqslant\alpha\int_{\mathbf{R}}e^{-u^2}du=\alpha\sqrt{\pi}<\varepsilon.$$

(2) 若 $\alpha\in\left[\frac{\varepsilon}{\sqrt{\pi}},1\right]$，令 $u=\frac{1}{\alpha}\left(x-\frac{1}{\alpha}\right)$，有

$$\left|\int_M^{+\infty}e^{-\frac{1}{\alpha^2}\left(x-\frac{1}{\alpha}\right)^2}dx\right|=\alpha\int_{\frac{1}{\alpha}\left(M-\frac{1}{\alpha}\right)}^{+\infty}e^{-u^2}du\leqslant\int_{M-\frac{\sqrt{\pi}}{\varepsilon}}^{+\infty}e^{-u^2}du<\varepsilon.$$

此即，含参变量积分 $\int_1^{+\infty}e^{-\frac{1}{\alpha^2}\left(x-\frac{1}{\alpha}\right)^2}dx$ 关于 α 在区间 $(0,1]$ 上一致收敛.

如果存在函数 $g(x)$，使得 $\left|e^{-\frac{1}{\alpha^2}\left(x-\frac{1}{\alpha}\right)^2}\right|\leqslant g(x)$，$\forall(\alpha,x)\in(0,1]\times[1,+\infty)$，且反常积分 $\int_1^{+\infty}g(x)dx$ 收敛. 若考虑取 $\alpha=\frac{1}{x}$，对 $\forall x\in[1,+\infty)$，则有 $g(x)\geqslant 1$，这又与 $\int_1^{+\infty}g(x)dx$ 收敛矛盾，从而不存在这样的函数 $g(x)$.

此即表明,对 $\int_1^{+\infty} e^{-\frac{1}{\alpha^2}\left(x-\frac{1}{\alpha}\right)^2} dx$ 的一致收敛性判别不存在 Weierstrass 函数. □

例 11.2.3 试讨论下列含参变量积分的一致收敛区间:

(1) $\int_0^{+\infty} \frac{\sin xy}{x} dx$; (2) $\int_0^1 \frac{1}{x^\alpha}\sin\frac{1}{x} dx$.

解 (1) 含参变量积分 $\int_0^{+\infty} \frac{\sin xy}{x} dx$ 在区间 $[y_0,+\infty)(y_0>0)$ 上一致收敛.

事实上,由于

$$\left|\int_0^A \sin xy\, dx\right| = \left|\frac{1-\cos Ay}{y}\right| \leqslant \frac{2}{y} \leqslant \frac{2}{y_0}, \quad \forall A \geqslant 0, \quad y \geqslant y_0,$$

此即,$\int_0^A \sin xy\, dx$ 在区间 $[y_0,+\infty)$ 上一致有界. 又 $\frac{1}{x}$ 显然关于 x 单调且 $\lim\limits_{x\to+\infty}\frac{1}{x}=0$,亦即 $\frac{1}{x}$ 在 $[y_0,+\infty)$ 上一致收敛于 0. 从而根据 Dirichlet 判别法,$\int_0^{+\infty} \frac{\sin xy}{x} dx$ 在 $[y_0,+\infty)$ 上关于 y 一致收敛.

含参变量积分 $\int_0^{+\infty} \frac{\sin xy}{x} dx$ 在区间 $(0,+\infty)$ 上非一致收敛.

事实上,对 $\forall n\in \mathbf{Z}_+$,取 $y_n=\frac{1}{n}$,$\varepsilon_0=\frac{2}{3\pi}$,则无论 A_0 多么大,总存在正整数 n 满足 $n\pi>A_0$,使得

$$\left|\int_{n\pi}^{\frac{3}{2}n\pi} \frac{\sin xy_n}{x} dx\right| = \left|\int_{n\pi}^{\frac{3}{2}n\pi} \frac{\sin\frac{x}{n}}{x} dx\right| > \frac{1}{\frac{3}{2}n\pi}\left|\int_{n\pi}^{\frac{3}{2}n\pi} \sin\frac{x}{n} dx\right| = \frac{2}{3\pi} = \varepsilon_0.$$

从而由 Cauchy 准则知,$\int_0^{+\infty} \frac{\sin xy}{x} dx$ 在 $(0,+\infty)$ 上关于 y 非一致收敛.

(2) 令 $t=\frac{1}{x}$,则 $\int_0^1 \frac{1}{x^\alpha}\sin\frac{1}{x} dx = \int_1^{+\infty} \frac{\sin t}{t^{2-\alpha}} dt$.

对 $\forall \delta>0$,$\int_1^{+\infty} \frac{\sin t}{t^{2-\alpha}} dt$ 在区间 $(-\infty,2-\delta]$ 上一致收敛.

事实上,对一切的 $\alpha\in(-\infty,2-\delta]$,$\forall N\geqslant 1$,有 $\left|\int_1^N \sin t\, dt\right| \leqslant 2$;又对 $\forall \alpha\in(-\infty,2-\delta]$,$\frac{1}{t^{2-\alpha}}$ 关于 t 在区间 $[1,+\infty)$ 上单调递减,且 $\left|\frac{1}{t^{2-\alpha}}\right| \leqslant \frac{1}{t^\delta}$,即 $\frac{1}{t^{2-\alpha}}$ 关于 α 在 $(-\infty,2-\delta]$ 上一致收敛.

从而由 Dirichlet 判别法知,$\int_1^{+\infty} \frac{\sin t}{t^{2-\alpha}} dt = \int_0^1 \frac{1}{x^\alpha}\sin\frac{1}{x} dx$ 在 $(-\infty,2-\delta]$ 上关于 α 一致收敛.

对 $\forall b<2$,$\int_1^{+\infty} \frac{\sin t}{t^{2-\alpha}} dt$ 在区间 $[b,2)$ 上非一致收敛.

事实上,取 $\varepsilon_0=1$,对 $\forall M>1$,取 $A_1=2k\pi>M$,$A_2=(2k+1)\pi$,有

$$\left|\int_{A_1}^{A_2} \frac{\sin t}{t^{2-\alpha_0}} dt\right| \geqslant \frac{1}{A_2^{2-\alpha_0}}\int_{A_1}^{A_2} \sin t\, dt = \frac{2}{[(2k+1)\pi]^{2-\alpha_0}} > \varepsilon_0.$$

这里,由 $\lim\limits_{\alpha\to 2^-}\frac{2}{[(2k+1)\pi]^{2-\alpha}}=2$,从而存在 $\alpha_0\in(b,2)$,使得

$$\frac{2}{[(2k+1)\pi]^{2-\alpha_0}}>1.$$

此即表明，

$$\int_1^{+\infty}\frac{\sin t}{t^{2-\alpha}}\mathrm{d}t=\int_0^1\frac{1}{x^{\alpha}}\sin\frac{1}{x}\mathrm{d}x$$

关于 α 在 $[b,2)$ 上非一致收敛. □

定理 11.2.5 (Dini 判别法) 若二元函数 $f(x,y)$ 在区域 $[a,+\infty)\times[c,d]$ 上连续且不变号，又含参变量积分 $\int_a^{+\infty}f(x,y)\mathrm{d}x$ 在区间 $[c,d]$ 上连续，则其关于 y 在区间 $[c,d]$ 上一致收敛.

证 反证法. 不妨设 $f(x,y)\geqslant 0$, $\forall (x,y)\in[a,+\infty)\times[c,d]$.

若 $\int_a^{+\infty}f(x,y)\mathrm{d}x$ 关于 y 在区间 $[c,d]$ 上不一致收敛，则存在 $\varepsilon_0>0$，对 $\forall n\in\mathbf{Z}_+, n>a$，有 $y_n\in[c,d]$，使得

$$\int_n^{+\infty}f(x,y_n)\mathrm{d}x\geqslant\varepsilon_0.$$

由于 $\{y_n\}$ 为有界数列，存在收敛子列 $\{y_{n_k}\}$，使得

$$\lim_{k\to\infty}y_{n_k}=y_0,$$

且 $y_0\in[c,d]$.

又由于对 $y_0\in[c,d]$，$\int_a^{+\infty}f(x,y_0)\mathrm{d}x$ 收敛，从而存在 $A>a$，使得

$$\int_A^{+\infty}f(x,y_0)\mathrm{d}x<\frac{\varepsilon_0}{2}.$$

因为 $f(x,y)\geqslant 0$，从而存在 $n>A$，使得

$$\int_A^{+\infty}f(x,y_n)\mathrm{d}x\geqslant\int_n^{+\infty}f(x,y_n)\mathrm{d}x\geqslant\varepsilon_0.$$

注意到 $\int_a^{+\infty}f(x,y)\mathrm{d}x$ 在 $[c,d]$ 上连续，也有 $\int_a^{A}f(x,y)\mathrm{d}x$ 在 $[c,d]$ 上连续，进而

$$\int_A^{+\infty}f(x,y)\mathrm{d}x=\int_a^{+\infty}f(x,y)\mathrm{d}x-\int_a^{A}f(x,y)\mathrm{d}x$$

也在 $[c,d]$ 上连续.

于是，可得

$$\lim_{k\to\infty}\int_A^{+\infty}f(x,y_{n_k})\mathrm{d}x=\int_A^{+\infty}f(x,y_0)\mathrm{d}x<\frac{\varepsilon_0}{2}.$$

这与 $\int_A^{+\infty}f(x,y_n)\mathrm{d}x\geqslant\varepsilon_0$ 矛盾.

因此，$\int_a^{+\infty}f(x,y)\mathrm{d}x$ 关于 y 在 $[c,d]$ 上一致收敛. □

11.2.2 含参变量反常积分的性质与应用

现在讨论含参变量反常积分的分析性质，即连续性、可微性与可积性等.

定理 11.2.6 (连续性) 设二元函数 $f(x,y)$ 在区域 $I\times[c,+\infty)$ 上连续，其中 I 为任意区间. 又含参变量反常积分函数 $\Phi(x)=\int_c^{+\infty}f(x,y)\mathrm{d}y$ 关于 x 在 I 上一致收敛，则 $\Phi(x)$ 在 I 上

连续.

证 不妨设 x_0 为区间 I 的内点,若 x_0 为 I 的端点,考虑单侧邻域即可.

由含参变量积分 $\int_c^{+\infty} f(x,y)\mathrm{d}y$ 在 I 上(内闭)一致收敛,对充分小 $\sigma>0$,当 $[x_0-\sigma,x_0+\sigma]\subset I$ 时,有 $\int_c^{+\infty} f(x,y)\mathrm{d}y$ 在区间 $[x_0-\sigma,x_0+\sigma]$ 上一致收敛. 从而对 $\forall\varepsilon>0$,存在 $A>c$,对 $\forall d>A$,一切 $x\in[x_0-\sigma,x_0+\sigma]$,有

$$\left|\int_d^{+\infty} f(x,y)\mathrm{d}y\right|<\frac{\varepsilon}{3}.$$

又由含参变量定积分的连续性,即 $\lim\limits_{x\to x_0}\int_c^d f(x,y)\mathrm{d}y=\int_c^d f(x_0,y)\mathrm{d}y$,从而存在 $\delta>0$,对 $\forall\ |x-x_0|<\delta$,有

$$\left|\int_c^d f(x,y)\mathrm{d}y-\int_c^d f(x_0,y)\mathrm{d}y\right|<\frac{\varepsilon}{3}.$$

进而对上述 $\forall\varepsilon>0$,存在的 $\delta>0$,当 $|x-x_0|<\delta$ 时,有

$$\begin{aligned}\left|\int_c^{+\infty} f(x,y)\mathrm{d}y-\int_c^{+\infty} f(x_0,y)\mathrm{d}y\right|&\leqslant\left|\int_c^d f(x,y)\mathrm{d}y-\int_c^d f(x_0,y)\mathrm{d}y\right|+\left|\int_d^{+\infty} f(x,y)\mathrm{d}y\right|\\&\quad+\left|\int_d^{+\infty} f(x_0,y)\mathrm{d}y\right|<\varepsilon.\end{aligned}$$

此即表明,$\Phi(x)$ 在 x_0 处连续,又由 x_0 的任意性,有 $\Phi(x)$ 在 I 上连续. □

定理 11.2.7 (可微性) 设二元函数 $f(x,y)$ 与 $f_x(x,y)$ 在区域 $I\times[c,+\infty)$ 上连续,其中 I 为任意区间. 又含参变量积分函数 $\Phi(x)=\int_c^{+\infty} f(x,y)\mathrm{d}y$ 在 I 上收敛,$\int_c^{+\infty} f_x(x,y)\mathrm{d}y$ 在 I 上一致收敛,则 $\Phi(x)$ 在 I 上可微分,且

$$\Phi'(x)=\int_c^{+\infty} f_x(x,y)\mathrm{d}y.$$

证 令 $h(x)=\int_c^{+\infty} f_x(x,y)\mathrm{d}y$,则由定理 11.2.6 知,$h(x)$ 在 I 上连续、可积分. 从而有

$$\begin{aligned}\int_s^t h(x)\mathrm{d}x&=\int_s^t\left(\int_c^{+\infty} f_x(x,y)\mathrm{d}y\right)\mathrm{d}x=\int_c^{+\infty}\left(\int_s^t f_x(x,y)\mathrm{d}x\right)\mathrm{d}y\\&=\int_c^{+\infty}[f(t,y)-f(s,y)]\mathrm{d}y=\Phi(t)-\Phi(s),\end{aligned}$$

此即 $\Phi(x)$ 为 $h(x)$ 的一个原函数.

于是,显然有 $\Phi(x)$ 可微分,且

$$\Phi'(x)=\int_c^{+\infty} f_x(x,y)\mathrm{d}y.$$

这里,证明中的第二个等号用到了含参变量反常积分的可积性质. □

定理 11.2.8 (可积性 Ⅰ) 设二元函数 $f(x,y)$ 在区域 $[a,b]\times[c,+\infty)$ 上连续,其中 I 为任意区间. 又含参变量积分函数 $\Phi(x)=\int_c^{+\infty} f(x,y)\mathrm{d}y$ 在区间 $[a,b]$ 上一致收敛,则 $\Phi(x)$ 在 $[a,b]$ 上可积分,且

$$\int_a^b \Phi(x)\mathrm{d}x=\int_c^{+\infty}\left(\int_a^b f(x,y)\mathrm{d}x\right)\mathrm{d}y.$$

证 由定理 11.2.6 可知,$\Phi(x)$ 在区间 $[a,b]$ 上连续、可积分. 又 $\Phi(x)$ 在 $[a,b]$ 上一致收敛,即对 $\forall\varepsilon>0$,存在 $A>c$,对 $\forall d>A$,一切 $x\in[a,b]$,有

$$\left|\int_c^d f(x,y)\mathrm{d}y-\Phi(x)\right|<\frac{\varepsilon}{b-a}.$$

从而有

$$\begin{aligned}\left|\int_c^d\left(\int_a^b f(x,y)\mathrm{d}x\right)\mathrm{d}y-\int_a^b g(x)\mathrm{d}x\right|&=\left|\int_a^b\left(\int_c^d f(x,y)\mathrm{d}y\right)\mathrm{d}x-\int_a^b g(x)\mathrm{d}x\right|\\&\leqslant\int_a^b\left|\int_c^d f(x,y)\mathrm{d}y-g(x)\right|\mathrm{d}x<\varepsilon,\end{aligned}$$

其中,第一个等号用到含参变量定积分的可积性.

此即有

$$\lim_{d\to+\infty}\int_c^d\left(\int_a^b f(x,y)\mathrm{d}x\right)\mathrm{d}y=\int_c^{+\infty}\left(\int_a^b f(x,y)\mathrm{d}x\right)\mathrm{d}y=\int_a^b\left(\int_c^{+\infty}f(x,y)\mathrm{d}y\right)\mathrm{d}x.\qquad\square$$

注记 11.2.1　对含参变量反常积分函数 $\Phi(x)=\int_c^{+\infty}f(x,y)\mathrm{d}y$ 的分析性质的证明,也可以利用含参变量定积分与函数项级数的相应性质逐一讨论. 比如,考虑任何递增且趋于 $+\infty$ 的数列 $\{A_n\}(A_1=c)$,改写

$$\Phi(x)=\sum_{n=1}^{\infty}\int_{A_n}^{A_{n+1}}f(x,y)\mathrm{d}y=\sum_{n=1}^{\infty}u_n(x),$$

$$\Phi'(x)=\sum_{n=1}^{\infty}\int_{A_n}^{A_{n+1}}f_x(x,y)\mathrm{d}y=\sum_{n=1}^{\infty}u'_n(x),$$

即有直接结果.

定理 11.2.9　(可积性Ⅱ)　设二元函数 $f(x,y)$ 在区域 $[a,+\infty)\times[c,+\infty)$ 上连续,且满足条件:

(1) 含参变量反常积分 $\int_a^{+\infty}f(x,y)\mathrm{d}x$ 关于 y 在 $[c,+\infty)$ 上内闭一致收敛,含参变量反常积分 $\int_c^{+\infty}f(x,y)\mathrm{d}y$ 关于 x 在 $[a,+\infty)$ 上内闭一致收敛;

(2) 累次积分 $\int_a^{+\infty}\int_c^{+\infty}|f(x,y)|\mathrm{d}y\mathrm{d}x$ 与 $\int_c^{+\infty}\int_a^{+\infty}|f(x,y)|\mathrm{d}x\mathrm{d}y$ 中有一个收敛.

则有

$$\int_c^{+\infty}\int_a^{+\infty}f(x,y)\mathrm{d}x\mathrm{d}y=\int_a^{+\infty}\int_c^{+\infty}f(x,y)\mathrm{d}y\mathrm{d}x.$$

证　不妨设 $\int_a^{+\infty}\int_c^{+\infty}|f(x,y)|\mathrm{d}y\mathrm{d}x$ 收敛,则有 $\int_c^{+\infty}\int_a^{+\infty}|f(x,y)|\mathrm{d}x\mathrm{d}y$ 也收敛.

事实上,取 $d>c$,$A>a$,注意到

$$\begin{aligned}J_d&=\left|\int_c^d\int_a^{+\infty}f(x,y)\mathrm{d}x\mathrm{d}y-\int_a^{+\infty}\int_c^{+\infty}f(x,y)\mathrm{d}y\mathrm{d}x\right|\\&=\left|\int_c^d\int_a^{+\infty}f(x,y)\mathrm{d}x\mathrm{d}y-\int_a^{+\infty}\int_c^{d}f(x,y)\mathrm{d}y\mathrm{d}x-\int_a^{+\infty}\int_d^{+\infty}f(x,y)\mathrm{d}y\mathrm{d}x\right|\\&=\left|\int_a^{+\infty}\int_d^{+\infty}f(x,y)\mathrm{d}y\mathrm{d}x\right|\\&\leqslant\left|\int_a^{A}\mathrm{d}x\int_d^{+\infty}f(x,y)\mathrm{d}y\right|+\left|\int_A^{+\infty}\mathrm{d}x\int_d^{+\infty}f(x,y)\mathrm{d}y\right|.\end{aligned}$$

由 $\int_a^{+\infty}\int_c^{+\infty}|f(x,y)|\mathrm{d}y\mathrm{d}x$ 收敛,对 $\forall\varepsilon>0$,存在 $G>a$,$\forall A>G$,有

$$\int_A^{+\infty}\mathrm{d}x\int_d^{+\infty}|f(x,y)|\mathrm{d}y<\frac{\varepsilon}{2}.$$

又由 $\int_c^{+\infty} f(x,y)\mathrm{d}y$ 关于 x 在 $[a,+\infty)$ 上一致收敛，从而存在 $M>c$，对 $\forall d>M$，一切 $x\in[a,A]$，有

$$\left|\int_d^{+\infty} f(x,y)\mathrm{d}y\right|\leqslant\frac{\varepsilon}{2(A-a)},$$
$$\left|\int_a^A \mathrm{d}x\int_d^{+\infty} f(x,y)\mathrm{d}y\right|\leqslant\frac{\varepsilon}{2}.$$

综上所述，即有 $J_d\leqslant\frac{\varepsilon}{2}+\frac{\varepsilon}{2}=\varepsilon$. 此即

$$\int_a^{+\infty}\mathrm{d}x\int_c^{+\infty} f(x,y)\mathrm{d}y=\int_c^{+\infty}\mathrm{d}y\int_a^{+\infty} f(x,y)\mathrm{d}x.$$ □

例 11.2.4　试求下列积分：

(1) $I=\int_0^{+\infty}\mathrm{e}^{-px}\frac{\sin bx-\sin ax}{x}\mathrm{d}x\quad(p>0,b>a)$；

(2) $J=\int_0^{+\infty}\frac{\sin ax}{x}\mathrm{d}x$.

解　(1) 由于 $\frac{\sin bx-\sin ax}{x}=\int_a^b\cos xy\,\mathrm{d}y$，考虑积分

$$I=\int_0^{+\infty}\mathrm{e}^{-px}\left(\int_a^b\cos xy\,\mathrm{d}y\right)\mathrm{d}x.$$

注意到

$$|\mathrm{e}^{-px}\cos xy|\leqslant\mathrm{e}^{-px},\quad\forall p>0,\quad x\in[0,+\infty),$$

又由反常积分 $\int_0^{+\infty}\mathrm{e}^{-px}\mathrm{d}x(p>0)$ 收敛，从而有含参变量积分 $\int_0^{+\infty}\mathrm{e}^{-px}\cos xy\,\mathrm{d}x$ 关于 y 在区间 $[a,b]$ 上一致收敛.

又由于 $\mathrm{e}^{-px}\cos xy$ 在区域 $[0,+\infty)\times[a,b]$ 上连续，从而有

$$I=\int_a^b\mathrm{d}y\int_0^{+\infty}\mathrm{e}^{-px}\cos xy\,\mathrm{d}x=\int_a^b\frac{p\,\mathrm{d}y}{p^2+b^2}=\arctan\frac{b}{p}-\arctan\frac{a}{p}.$$

(2) 在(1)中令 $b=0$，即有

$$F(p)=\int_0^{+\infty}\mathrm{e}^{-px}\frac{\sin ax}{x}\mathrm{d}x=\arctan\frac{a}{p},\quad p>0.$$

由 Abel 判别法知，含参变量积分 $\int_0^{+\infty}\mathrm{e}^{-px}\frac{\sin ax}{x}\mathrm{d}x$ 关于 p 在区间 $[0,+\infty)$ 上内闭一致收敛，从而有 $F(p)$ 在 $p\geqslant 0$ 时连续，且

$$F(0)=\int_0^{+\infty}\lim_{p\to 0^+}\mathrm{e}^{-px}\frac{\sin ax}{x}\mathrm{d}x=\int_0^{+\infty}\frac{\sin ax}{x}\mathrm{d}x.$$

又有

$$F(0)=\lim_{p\to 0^+}F(p)=\lim_{p\to 0^+}\arctan\frac{a}{p}=\frac{\pi}{2}\mathrm{sgn}a,$$

从而可得

$$J=\int_0^{+\infty}\frac{\sin ax}{x}\mathrm{d}x=\frac{\pi}{2}\mathrm{sgn}a.$$ □

注记 11.2.2　(1) 显然，有 Dirichlet 积分 $\int_0^{+\infty}\frac{\sin x}{x}\mathrm{d}x=\frac{\pi}{2}$，以及

$$\operatorname{sgn}x = \frac{2}{\pi}\int_0^{+\infty} \frac{\sin xt}{t}\mathrm{d}t.$$

（2）为计算 Dirichlet 积分 $\int_0^{+\infty} \frac{\sin x}{x}\mathrm{d}x$，也可以考虑含参变量反常积分 $I(\alpha) = \int_0^{+\infty} \mathrm{e}^{-\alpha x} \frac{\sin x}{x}\mathrm{d}x$ 关于 α 在区间$[0,+\infty)$上一致收敛，交换求导与求积分的次序，即有 $I(\alpha) = -\arctan\alpha + \frac{\pi}{2}$，从而也有 $\int_0^{+\infty} \frac{\sin x}{x}\mathrm{d}x = \frac{\pi}{2}$. 这里引进了收敛因子 $\mathrm{e}^{-\alpha x}$，能改善被积函数$\frac{\sin x}{x}$的收敛性，这是一种常用的有效技巧. 当然，在不同情形下应考虑灵活地引进参变量，这是积分计算的有效途径之一，希望给予足够的重视.

例 11.2.5　试计算下列积分：

Euler-Poisson 积分

（1）$I = \int_0^{+\infty} \mathrm{e}^{-x^2}\cos rx\,\mathrm{d}x$；　　（2）$J = \int_0^{+\infty} \mathrm{e}^{-x^2}\,\mathrm{d}x$.

解　（1）由于$|\mathrm{e}^{-x^2}\cos rx| \leqslant \mathrm{e}^{-x^2}$，$\forall x \in \mathbf{R}, r \in \mathbf{R}$，以及反常积分 $\int_0^{+\infty} \mathrm{e}^{-x^2}\,\mathrm{d}x$ 收敛，从而有含参变量反常积分$\int_0^{+\infty} \mathrm{e}^{-x^2}\cos rx\,\mathrm{d}x$ 关于 r 在 $\mathbf{R}$ 上一致收敛.

同理，含参变量积分

$$\int_0^{+\infty} (\mathrm{e}^{-x^2}\cos rx)'_r\,\mathrm{d}x = \int_0^{+\infty} -x\mathrm{e}^{-x^2}\sin rx\,\mathrm{d}x$$

也关于 r 在 $\mathbf{R}$ 上一致收敛. 从而，有

$$\begin{aligned} I'(r) &= \int_0^{+\infty} -x\mathrm{e}^{-x^2}\sin rx\,\mathrm{d}x = \lim_{A\to+\infty}\int_0^{A} -x\mathrm{e}^{-x^2}\sin rx\,\mathrm{d}x \\ &= \lim_{A\to+\infty}\left(\frac{1}{2}\mathrm{e}^{-x^2}\sin rx\Big|_0^A - \frac{1}{2}\int_0^A r\mathrm{e}^{-x^2}\cos rx\,\mathrm{d}x\right) \\ &= -\frac{r}{2}\int_0^{+\infty} \mathrm{e}^{-x^2}\cos rx\,\mathrm{d}x = -\frac{r}{2}I(r), \end{aligned}$$

进而，可得

$$\ln I(r) = -\frac{r^2}{4} + \ln C,$$

$$I(r) = C\mathrm{e}^{-\frac{r^2}{4}}，\quad 其中 C 为正常数.$$

又由 $I(0) = \int_0^{+\infty} \mathrm{e}^{-x^2}\,\mathrm{d}x = \frac{\sqrt{\pi}}{2}$，从而有

$$I = I(r) = \frac{\sqrt{\pi}}{2}\mathrm{e}^{-\frac{r^2}{4}}.$$

（2）这是非常著名的 Euler-Poisson 积分 $\int_0^{+\infty} \mathrm{e}^{-x^2}\,\mathrm{d}x = \frac{\sqrt{\pi}}{2}$，在理论分析与工程应用中都有十分重要的地位.

显然，积分 $\int_0^{+\infty} \mathrm{e}^{-x^2}\,\mathrm{d}x$ 收敛，令 $A = \int_0^{+\infty} \mathrm{e}^{-x^2}\,\mathrm{d}x$. 对 $\forall t > 0$，令 $x = ty$，则有

$$A = \int_0^{+\infty} t\mathrm{e}^{-t^2y^2}\,\mathrm{d}y,$$

$$\mathrm{e}^{-t^2}A = \int_0^{+\infty} t\mathrm{e}^{-t^2(1+y^2)}\,\mathrm{d}y.$$

考虑$\forall a>0$,有

$$A\int_a^{+\infty}\mathrm{e}^{-t^2}\mathrm{d}t=\int_a^{+\infty}\int_0^{+\infty}t\mathrm{e}^{-t^2(1+y^2)}\mathrm{d}y\mathrm{d}t=\int_0^{+\infty}\mathrm{d}y\int_a^{+\infty}t\mathrm{e}^{-t^2(1+y^2)}\mathrm{d}t$$
$$=\frac{1}{2}\int_0^{+\infty}\frac{\mathrm{e}^{-a^2(1+y^2)}}{1+y^2}\mathrm{d}y.$$

从而当$a\to0^+$时,有

$$A^2=\frac{1}{2}\int_0^{+\infty}\frac{\mathrm{d}y}{1+y^2}=\frac{\pi}{4},$$

此即,有$A=\frac{\sqrt{\pi}}{2}$.

事实上,上述证明过程中交换积分次序是可行的.

记二元函数$f(t,y)=t\mathrm{e}^{-t^2(1+y^2)}$,$\forall t\geqslant a,y\geqslant0$,由于

$$0\leqslant f(t,y)\leqslant\frac{1}{\sqrt{2}}\mathrm{e}^{-\frac{1}{2}}\mathrm{e}^{-a^2y^2},$$

从而有含参变量积分$\int_0^{+\infty}t\mathrm{e}^{-t^2(1+y^2)}\mathrm{d}y$关于$t$在区间$[a,+\infty)$上一致收敛.

又由于$0\leqslant f(t,y)\leqslant t\mathrm{e}^{-t^2}$,$\forall t\geqslant a,y\geqslant0$,从而有含参变量积分$\int_a^{+\infty}t\mathrm{e}^{-t^2(1+y^2)}\mathrm{d}t$关于$y$在区间$[0,+\infty)$上一致收敛.

而且,还有

$$\int_a^{+\infty}\int_0^{+\infty}f(x,y)\mathrm{d}y\mathrm{d}t=A\int_a^{+\infty}\mathrm{e}^{-t^2}\mathrm{d}t<A^2<+\infty.$$ □

习 题 11.2

习题 11.2

1. 试确定下列含参变量反常积分的收敛域.

(1) $\int_0^{+\infty}\frac{\mathrm{e}^{-ax}}{1+x^2}\mathrm{d}x$; (2) $\int_0^{+\infty}\frac{\sin x}{x+a}\mathrm{d}x$; (3) $\int_0^2\frac{\mathrm{d}x}{|\ln x|^p}$;

(4) $\int_0^{+\infty}\frac{\sin x^q}{x^p}\mathrm{d}x$; (5) $\int_0^{+\infty}\frac{x\sin x}{x^p+x^q}\mathrm{d}x$; (6) $\int_0^{+\infty}\frac{\mathrm{e}^{-x}}{|\sin x|^p}\mathrm{d}x$.

2. 试讨论下列含参变量反常积分在指定范围上的一致收敛性.

(1) $\int_0^{+\infty}\mathrm{e}^{-ax}\cos x\mathrm{d}x\ (a>0)$; (2) $\int_0^{+\infty}\frac{\cos ax}{a^2+x^2}\mathrm{d}x\ (a>0)$;

(3) $\int_0^{+\infty}\frac{\sin x^2}{1+x^p}\mathrm{d}x\ (p\geqslant0)$; (4) $\int_0^{+\infty}\sqrt{a}\mathrm{e}^{-ax}\cos x\mathrm{d}x\ (a>0)$;

(5) $\int_0^{+\infty}\frac{\cos px}{\sqrt{x}}\mathrm{d}x\ (p>0)$; (6) $\int_0^{+\infty}\frac{a\sin ax}{x(a+x)}\mathrm{d}x\ (a>0)$;

(7) $\int_0^1x^a\ln x\mathrm{d}x\ \left(a\geqslant\frac{-1}{2}\right)$; (8) $\int_0^1\frac{\cos ax}{\sqrt{|x-a|}}\mathrm{d}x\ (0\leqslant a\leqslant1)$;

(9) $\int_0^1\frac{x^\alpha}{\sqrt{1-x^2}}\mathrm{d}x\ \left(\alpha\geqslant\frac{-1}{2}\right)$; (10) $\int_0^1\frac{x^\alpha}{\sqrt{1-x^2}}\mathrm{d}x\ (\alpha>-1)$.

3. 试确定下列含参变量反常积分函数的连续范围.

(1) $F(\alpha)=\int_{1}^{+\infty}\frac{\cos x}{x^{\alpha}}dx$；　(2) $G(y)=\int_{0}^{\pi}\frac{\sin x}{x^{y}(\pi-x)^{2-y}}dx$；

(3) $H(p)=\int_{0}^{+\infty}\frac{\ln(1+x^{3})}{x^{p}}dx$；　(4) $K(x)=\int_{1}^{+\infty}\cos xy\cdot\frac{\ln\left(1+\frac{x^{2}}{y}\right)}{\sqrt{1+yx^{4}}}dy$.

4. 试证明：函数 $F(x)=\int_{0}^{+\infty}\frac{\cos y}{1+(x+y)^{2}}dy$ 在 $\mathbf{R}$ 上连续并且无穷次可微.

5. 试证明定理 11.2.1～定理 11.2.4.

6. 试计算下列积分：

(1) $\int_{0}^{1}\frac{\ln(1-a^{2}x^{2})}{x^{2}\sqrt{1-x^{2}}}dx\ (|a|\leqslant 1)$；　(2) $\int_{0}^{1}\frac{\ln(1-a^{2}x^{2})}{\sqrt{1-x^{2}}}dx\ (|a|\leqslant 1)$；

(3) $\int_{0}^{+\infty}\frac{\ln(a^{2}+x^{2})}{b^{2}+x^{2}}dx\ (a,b>0)$；　(4) $\int_{0}^{+\infty}\frac{\ln(1+x^{2})}{x^{2}(1+x^{2})}dx$；

(5) $\int_{0}^{+\infty}\frac{\ln(a^{2}+x^{2})\ln(b^{2}+x^{2})}{x^{4}}dx\ (a,b>0)$；　(6) $\int_{0}^{+\infty}\frac{\sin^{2}x}{x^{2}}e^{-x}dx$；

(7) $\int_{1}^{+\infty}\frac{\arctan ax}{x^{2}\sqrt{x^{2}-1}}dx$；　(8) $\int_{0}^{+\infty}\frac{\arctan ax\cdot\arctan bx}{x^{2}}dx$；

(9) $\int_{0}^{+\infty}\frac{e^{-ax^{2}}-e^{-bx^{2}}}{x}dx\ (a,b>0)$；　(10) $\int_{0}^{+\infty}\frac{(e^{-ax}-e^{-bx})^{2}}{x^{2}}dx\ (a,b>0)$；

(11) $\int_{0}^{+\infty}\frac{e^{-ax}-e^{-bx}}{x}\sin mx\,dx\ (a,b>0)$；　(12) $\int_{0}^{+\infty}e^{-ay^{2}-by^{-2}}dy\ (a,b>0)$；

(13) $\int_{0}^{+\infty}\frac{\arctan ax-\arctan bx}{x}dx\ (a,b>0)$；

(14) $\int_{0}^{+\infty}\frac{\sin^{4}x}{x^{2}}dx$；　(15) $\int_{-\infty}^{+\infty}\sin x^{2}\cdot\cos 2\alpha x\,dx$.

7. 试利用 Dirichlet 积分或 Euler-Poisson 积分计算下列积分：

(1) $\int_{0}^{+\infty}\frac{\sin x\cos ax}{x}dx$；　(2) $\int_{0}^{+\infty}\frac{\sin x^{2}}{x}dx$；

(3) $\int_{0}^{+\infty}\left(\frac{\sin ax}{x}\right)^{3}dx$；　(4) $\int_{-\infty}^{+\infty}(x^{2}+\alpha x+\beta)e^{-ax^{2}}dx\ (a>0)$；

(5) $\int_{0}^{+\infty}xe^{-ax^{2}}\sin bx\,dx\ (a>0)$.

8. 试利用等式 $\int_{0}^{+\infty}e^{-t(a^{2}+x^{2})}dt=\frac{1}{(a^{2}+x^{2})}$，计算 Laplace 积分：

$$I=\int_{0}^{+\infty}\frac{\cos\beta x}{a^{2}+x^{2}}dx,\quad J=\int_{0}^{+\infty}\frac{x\sin\beta x}{a^{2}+x^{2}}dx.$$

9. 设 $f(x)$ 为定义于 $\mathbf{R}$ 上的有界连续函数，试证明函数

$$F(x,y)=\frac{1}{\pi}\int_{-\infty}^{+\infty}\frac{yf(t)}{y^{2}+(x-t)^{2}}dt$$

满足：(1) $\frac{\partial^{2}F}{\partial x^{2}}+\frac{\partial^{2}F}{\partial y^{2}}=0$；　(2) $\lim\limits_{y\to 0}F(x,y)=f(x)\ (y>0)$.

11.3　Euler 积分

本节介绍用含参变量反常积分表示的两个特殊函数：Gamma 函数与 Beta 函数，它们在很

多理论分析与工程应用中都很有价值.

11.3.1 Gamma 函数

定义 11.3.1 由反常积分 $\Gamma(x)=\int_0^{+\infty} t^{x-1}\mathrm{e}^{-t}\mathrm{d}t$ 定义的含参变量 x 的函数 $\Gamma(x)$,称为 **Gamma 函数**,也称为第二类 Euler 积分,其定义域为 $x>0$.

定理 11.3.1 Gamma 函数 $\Gamma(x)$在定义域$(0,+\infty)$上无穷可微,且其 n 阶导数为

$$\Gamma^{(n)}(x)=\int_0^{+\infty} t^{x-1}(\ln x)^n\mathrm{e}^{-t}\mathrm{d}t,\quad \forall x>0,n=1,2,\cdots.$$

证 先证明 $\Gamma(x)$在区间$(0,+\infty)$上连续. 事实上,对$\forall\, 0<a<1<b$,由于

$$0\leqslant t^{x-1}\mathrm{e}^{-t}\leqslant t^{a-1},\quad \forall t\in(0,1),x\geqslant a,$$
$$0\leqslant t^{x-1}\mathrm{e}^{-t}\leqslant t^{b-1}\mathrm{e}^{-t},\quad \forall t\in(1,+\infty),x\leqslant b,$$

可知含参变量积分 $\int_0^1 t^{x-1}\mathrm{e}^{-t}\mathrm{d}t$ 与$\int_1^{+\infty} t^{x-1}\mathrm{e}^{-t}\mathrm{d}t$ 关于 x 在区间$[a,b]$上都一致收敛.

又被积函数 $t^{x-1}\mathrm{e}^{-t}$ 在区域$(0,+\infty)\times(0,+\infty)$上连续,从而 $\Gamma(x)=\int_0^1 t^{x-1}\mathrm{e}^{-t}\mathrm{d}t+\int_1^{+\infty} t^{x-1}\mathrm{e}^{-t}\mathrm{d}t$ 在$[a,b]$上连续;又由$[a,b]$的任意性,有 $\Gamma(x)$ 在$(0,+\infty)$上连续.

再证明 $\Gamma(x)$在$(0,+\infty)$上 n 阶可导. 类似地,对$\forall\, n\in\mathbf{Z}_+$,$0<a<1<b$,由于

$$0\leqslant|t^{x-1}(\ln t)^n\mathrm{e}^{-t}|\leqslant t^{a-1}|\ln t|^n,\quad \forall t\in(0,1),x\geqslant a,$$
$$0\leqslant|t^{x-1}(\ln t)^n\mathrm{e}^{-t}|\leqslant t^{b-1}(\ln t)^n\mathrm{e}^{-t},\quad \forall t\in(1,+\infty),x\leqslant b,$$

可知含参变量积分 $\int_0^1 t^{x-1}(\ln t)^n\mathrm{e}^{-t}\mathrm{d}t$ 与$\int_1^{+\infty} t^{x-1}(\ln t)^n\mathrm{e}^{-t}\mathrm{d}t$ 关于 x 在$[a,b]$上都一致收敛.

因此,$\Gamma(x)$在$[a,b]$上有任意阶导数,且求导和求积分可以交换次序;又由$[a,b]$的任意性,有 $\Gamma(x)$在 $\mathbf{R}$ 上可求任意阶导数,且

$$\Gamma^{(n)}(x)=\int_0^{+\infty} t^{x-1}(\ln x)^n\mathrm{e}^{-t}\mathrm{d}t,\quad \forall x>0.$$ □

定理 11.3.2 对$\forall x>0$,有 $\Gamma(x+1)=x\Gamma(x)$.

证 $\Gamma(x+1)=\int_0^{+\infty} t^x\mathrm{e}^{-t}\mathrm{d}t=-t^x\mathrm{e}^{-t}\Big|_0^{+\infty}+x\int_0^{+\infty} t^{x-1}\mathrm{e}^{-t}\mathrm{d}t=x\Gamma(x)$.

特别地,有

$$\Gamma(n+1)=n!,\quad \Gamma\left(n+\frac{1}{2}\right)=\frac{(2n-1)!!}{2^n}\Gamma\left(\frac{1}{2}\right)=\frac{(2n-1)!!}{2^n}\sqrt{\pi}.$$ □

注记 11.3.1 (1) 利用 $\Gamma(x)=\dfrac{\Gamma(x+1)}{x}$,可延拓得到定义在区间$(-1,0)$上的 Gamma 函数,进而还可延拓至除开 $x=0,-1,-2,\cdots$以外的情形.

(2) 若令 $t=py$,则有

$$\Gamma(x)=p^x\int_0^{+\infty} y^{x-1}\mathrm{e}^{-py}\mathrm{d}y,\quad x>0.$$

令 $t=u^2$,则有

$$\Gamma(x)=2\int_0^{+\infty} u^{2x-1}\mathrm{e}^{-u^2}\mathrm{d}u,\quad x>0.$$

这些变形,在不同场合会有不同的便利. 比如,容易得到

$$\Gamma\left(\frac{1}{2}\right)=2\int_0^{+\infty}\mathrm{e}^{-u^2}\,\mathrm{d}u=\sqrt{\pi}.$$ □

11.3.2 Beta 函数

定义 11.3.2 由反常积分 $B(x,y)=\int_0^1 t^{x-1}(1-t)^{y-1}\mathrm{d}t$ 定义的关于参变量 x,y 的函数 $B(x,y)$ 称为 **Beta 函数**,也称为第一类 Euler 积分,其定义域为 $x>0$ 且 $y>0$.

事实上,当 $x<1$ 时,$t=0$ 是被积函数 $t^{x-1}(1-t)^{y-1}$ 的瑕点;当 $y<1$ 时,$t=1$ 是 $t^{x-1}(1-t)^{y-1}$ 的瑕点. 由 Cauchy 判别法,在 $x>0$ 且 $y>0$ 时,瑕积分 $\int_0^1 t^{x-1}(1-t)^{y-1}\mathrm{d}t$ 收敛;又当 $x\geqslant 1,y\geqslant 1$ 时,原积分为通常连续函数的定积分. 从而,Beta 函数的定义域为 $x>0$ 且 $y>0$.

定理 11.3.3 Beta 函数 $B(x,y)$ 在定义域 $(0,+\infty)\times(0,+\infty)$ 上连续.

证 任取 $x_0>0,y_0>0$,有

$$t^{x-1}(1-t)^{y-1}\leqslant t^{x_0-1}(1-t)^{y_0-1},\quad \forall x\geqslant x_0,y\geqslant y_0,\forall t\in[0,1].$$

由于积分 $\int_0^1 t^{x_0-1}(1-t)^{y_0-1}\mathrm{d}t$ 收敛,从而有 $B(x,y)$ 对一切 $x\geqslant x_0,y\geqslant y_0$ 一致收敛,进而有 $B(x,y)$ 在区域 $[x_0,+\infty)\times[y_0,+\infty)$ 上连续.

又由 x_0,y_0 的任意性,即有 $B(x,y)$ 在定义域 $(0,+\infty)\times(0,+\infty)$ 上连续. □

定理 11.3.4 Beta 函数具有如下性质:

(1) 对称性 $B(x,y)=B(y,x)$;

(2) 递推公式 $\forall x>0,y>0$,有

① $B(x,y+1)=\dfrac{y}{x+y}B(x,y)$,

② $B(x+1,y)=\dfrac{x}{x+y}B(x,y)$,

③ $B(x+1,y+1)=\dfrac{xy}{(x+y)(x+y+1)}B(x,y)$;

(3) Dirichlet 公式 $\forall x>0,y>0$,有 $B(x,y)=\dfrac{\Gamma(x)\Gamma(y)}{\Gamma(x+y)}$.

证 (1) $B(x,y)=\int_0^1 t^{x-1}(1-t)^{y-1}\mathrm{d}t\xlongequal{u=1-t}\int_0^1(1-u)^{x-1}u^{y-1}\mathrm{d}u=B(y,x)$.

(2) 这里只证明情形①,其他可类似处理.

由
$$\begin{aligned}B(x,y+1)&=\int_0^1 t^{x-1}(1-t)^y\mathrm{d}t\\&=\frac{1}{x}t^x(1-t)^y\Big|_0^1+\int_0^1\frac{y}{x}t^x(1-t)^{y-1}\mathrm{d}t\\&=\frac{y}{x}\int_0^1 t^{x-1}[1-(1-t)](1-t)^{y-1}\mathrm{d}t\\&=\frac{y}{x}B(x,y)-\frac{y}{x}B(x,y+1),\end{aligned}$$

即有

$$B(x,y+1)=\frac{y}{x+y}B(x,y).$$

同样地,也能以此延拓定义 Beta 函数. 比如,利用 $\mathrm{B}(x,y)=\frac{x+y}{y}\mathrm{B}(x,y+1)$,可以延拓定义在区域 $(0,+\infty)\times(-1,0)$ 上的情形.

(3) 令 $t=\frac{u}{1+u}$,则有

$$\mathrm{B}(x,y)\Gamma(x+y)=\int_0^{+\infty}\frac{u^{x-1}}{(1+u)^{x+y}}\Gamma(x+y)\mathrm{d}u$$
$$=\int_0^{+\infty}\frac{u^{x-1}}{(1+u)^{x+y}}\left(\int_0^{+\infty}t^{x+y-1}\mathrm{e}^{-t}\mathrm{d}t\right)\mathrm{d}u,$$

再在上式中令 $t=(1+u)v$,即有

$$\mathrm{B}(x,y)\Gamma(x+y)=\int_0^{+\infty}u^{x-1}\left(\int_0^{+\infty}v^{x+y-1}\mathrm{e}^{-(1+u)v}\mathrm{d}v\right)\mathrm{d}u.$$

如果积分次序可以交换,则有

$$\mathrm{B}(x,y)\Gamma(x+y)=\int_0^{+\infty}v^{x+y-1}\mathrm{e}^{-v}\left(\int_0^{+\infty}u^{x-1}\mathrm{e}^{-uv}\mathrm{d}u\right)\mathrm{d}v,$$

再作变换 $u=\frac{w}{v}$,即有

$$\mathrm{B}(x,y)\Gamma(x,y)=\int_0^{+\infty}v^{y-1}\mathrm{e}^{-v}\mathrm{d}v\cdot\int_0^{+\infty}w^{x-1}\mathrm{e}^{-w}\mathrm{d}w=\Gamma(y)\Gamma(x).$$

下证以上积分换序确实可行. 事实上,对二元函数

$$f(u,v)=u^{x-1}v^{x+y-1}\mathrm{e}^{-(1+u)v},\quad u\geqslant 0,v\geqslant 0,$$

不妨设 $x>1$ 且 $y>1$,否则考虑 $\mathrm{B}(x,y)=\frac{(x+y)(x+y+1)}{xy}\mathrm{B}(x+1,y+1)$ 做延拓即可.

由于对 $\forall\, u\geqslant 0$ 且 $v\geqslant 0$,有

$$0\leqslant f(u,v)=(uv)^{x-1}\mathrm{e}^{-uv}v^{y}\mathrm{e}^{-v}\leqslant(x-1)^{x-1}\mathrm{e}^{-(x-1)}v^{y}\mathrm{e}^{-v},$$
$$0\leqslant f(u,v)=[(1+u)v]^{x+y-1}\mathrm{e}^{-(1+u)v}\cdot\frac{u^{x-1}}{(1+u)^{x+y-1}}$$
$$\leqslant(x+y-1)^{x+y-1}\mathrm{e}^{-(x+y-1)}(1+u)^{-y}.$$

又由反常积分 $\int_0^{+\infty}v^{y}\mathrm{e}^{-v}\mathrm{d}v$ 与 $\int_0^{+\infty}(1+u)^{-y}\mathrm{d}u$ 都收敛,即有含参变量反常积分 $\int_0^{+\infty}f(u,v)\mathrm{d}v$ 与 $\int_0^{+\infty}f(u,v)\mathrm{d}u$ 分别关于 u 和 v 都在区间 $(0,+\infty)$ 上一致收敛.

此外,还有

$$\int_0^{+\infty}\left(\int_0^{+\infty}f(u,v)\mathrm{d}u\right)\mathrm{d}v=\Gamma(x)\int_0^{+\infty}v^{y-1}\mathrm{e}^{-v}\mathrm{d}v=\Gamma(x)\Gamma(y)<\infty,$$
$$\int_0^{+\infty}\left(\int_0^{+\infty}f(u,v)\mathrm{d}v\right)\mathrm{d}u=\Gamma(x+y)\int_0^{+\infty}\frac{u^{x-1}}{(1+u)^{x+y}}\mathrm{d}u=\mathrm{B}(x,y)\Gamma(x+y)<\infty.\qquad\square$$

注记 11.3.2 (1) 若令 $t=\cos^2\varphi$,则有

$$\mathrm{B}(x,y)=2\int_0^{\frac{\pi}{2}}\cos^{2x-1}\varphi\sin^{2y-1}\varphi\mathrm{d}\varphi;$$

若令 $t=\frac{u}{1+u}$,则有

$$\mathrm{B}(x,y)=\int_0^{+\infty}\frac{u^{x-1}}{(1+u)^{x+y}}\mathrm{d}u;$$

进而，再令 $u=\frac{1}{v}$，则有

$$\int_1^{+\infty}\frac{u^{x-1}}{(1+u)^{x+y}}\mathrm{d}u=\int_0^1\frac{v^{y-1}}{(1+v)^{x+y}}\mathrm{d}v,$$

此即

$$\mathrm{B}(x,y)=\int_0^1\frac{u^{x-1}+u^{y-1}}{(1+u)^{x+y}}\mathrm{d}u.$$

(2) Legendre 公式　$\Gamma(s)\Gamma\left(s+\frac{1}{2}\right)=\frac{\sqrt{\pi}}{2^{2s-1}}\Gamma(2s),\quad s>0.$

事实上，对 $\forall s>0$，考虑

$$\begin{aligned}\mathrm{B}(s,s)&=\int_0^1 x^{s-1}(1-x)^{s-1}\mathrm{d}x=\int_0^1\left[\frac{1}{4}-\left(\frac{1}{2}-x\right)^2\right]^{s-1}\mathrm{d}x\\&=2\int_0^{\frac{1}{2}}\left[\frac{1}{4}-\left(\frac{1}{2}-x\right)^2\right]^{s-1}\mathrm{d}x,\end{aligned}$$

利用变换 $\frac{1}{2}-x=\frac{1}{2}\sqrt{t}$，即有

$$\mathrm{B}(s,s)=\frac{1}{2^{2s-1}}\int_0^1(1-t)^{s-1}t^{-\frac{1}{2}}\mathrm{d}t=\frac{1}{2^{2s-1}}\mathrm{B}\left(\frac{1}{2},s\right).$$

进而，有

$$\frac{\Gamma(s)\Gamma(s)}{\Gamma(2s)}=\frac{1}{2^{2s-1}}\frac{\Gamma\left(\frac{1}{2}\right)\Gamma(s)}{\Gamma\left(\frac{1}{2}+s\right)}=\frac{1}{2^{2s-1}}\frac{\sqrt{\pi}\Gamma(s)}{\Gamma\left(s+\frac{1}{2}\right)},$$

此即

$$\Gamma(s)\Gamma\left(s+\frac{1}{2}\right)=\frac{\sqrt{\pi}}{2^{2s-1}}\Gamma(2s).$$

(3) 余元公式　$\Gamma(s)\Gamma(1-s)=\mathrm{B}(s,1-s)=\frac{\pi}{\sin\pi s},\quad 0<s<1.$

余元公式

例 11.3.1　试求下列积分：

(1) $\int_0^{+\infty}x^{2n}\mathrm{e}^{-x^2}\mathrm{d}x$；　(2) $\int_0^{\frac{\pi}{2}}\sin^6 x\cos^4 x\mathrm{d}x$；

(3) $\int_0^1\frac{\mathrm{d}x}{\sqrt[n]{1-x^n}}$；　(4) $\int_0^{+\infty}\frac{\sqrt[4]{x}}{(1+x)^2}\mathrm{d}x$.

解　(1) 令 $x^2=t$，则有

$$\int_0^{+\infty}x^{2n}\mathrm{e}^{-x^2}\mathrm{d}x=\frac{1}{2}\int_0^{+\infty}t^{\frac{2n-1}{2}}\mathrm{e}^{-t}\mathrm{d}t=\frac{1}{2}\Gamma\left(n+\frac{1}{2}\right)=\frac{(2n-1)!!}{2^{n+1}}\sqrt{\pi}.$$

(2) $$\begin{aligned}\int_0^{\frac{\pi}{2}}\sin^6 x\cos^4 x\mathrm{d}x&=\frac{1}{2}\cdot 2\int_0^{\frac{\pi}{2}}[\sin x]^{2\cdot\frac{7}{2}-1}[\cos x]^{2\cdot\frac{5}{2}-1}\mathrm{d}x=\frac{1}{2}\mathrm{B}\left(\frac{5}{2},\frac{7}{2}\right)\\&=\frac{1}{2}\frac{\Gamma\left(\frac{5}{2}\right)\Gamma\left(\frac{7}{2}\right)}{\Gamma(6)}=\frac{1}{2\cdot 5!}\left(\frac{3}{2}\cdot\frac{1}{2}\sqrt{\pi}\right)\left(\frac{5}{2}\cdot\frac{3}{2}\cdot\frac{1}{2}\sqrt{\pi}\right)=\frac{3\pi}{512}.\end{aligned}$$

(3) 令 $x^n=t$，则有

$$\int_0^1\frac{\mathrm{d}x}{\sqrt[n]{1-x^n}}=\frac{1}{n}\int_0^1(1-t)^{-\frac{1}{n}}t^{\frac{1-n}{n}}\mathrm{d}t=\frac{1}{n}\mathrm{B}\left(\frac{n-1}{n},\frac{1}{n}\right)=\frac{\pi}{n\sin\frac{\pi}{n}}.$$

(4) 令 $x=\dfrac{y}{1-y}$,则有

$$\int_0^{+\infty}\frac{\sqrt[4]{x}}{(1+x)^2}\mathrm{d}x=\int_0^1\left(\frac{y}{1-y}\right)^{\frac{1}{4}}\left(\frac{1}{1-y}\right)^{-2}\left(\frac{1}{1-y}\right)^2\mathrm{d}y=\int_0^1 y^{\frac{1}{4}}(1-y)^{-\frac{1}{4}}\mathrm{d}y$$

$$=\mathrm{B}\left(\frac{5}{4},\frac{3}{4}\right)=\frac{1}{4}\frac{\Gamma\left(\frac{1}{4}\right)\Gamma\left(\frac{3}{4}\right)}{\Gamma(2)}=\frac{\sqrt{2}\pi}{4}.$$ □

例 11.3.2 试证明:$\int_0^1 \ln\Gamma(s)\mathrm{d}s=\ln\sqrt{2\pi}$.

证 令 $s=1-t$,则有

$$\int_0^1 \ln\Gamma(s)\mathrm{d}s=\int_0^1\ln\Gamma(1-t)\mathrm{d}t=\frac{1}{2}\int_0^1\ln\Gamma(s)\Gamma(1-s)\mathrm{d}s$$

$$=\frac{1}{2}\int_0^1[\ln\pi-\ln\sin\pi s]\mathrm{d}s=\frac{1}{2}\left(\ln\pi-\int_0^1\ln\sin\pi s\mathrm{d}s\right).$$

又
$$\int_0^1\ln\sin\pi s\mathrm{d}s=\frac{1}{\pi}\int_0^\pi\ln\sin u\mathrm{d}u=-\ln 2,$$

从而有

$$\int_0^1\ln\Gamma(s)\mathrm{d}s=\frac{1}{2}(\ln\pi+\ln 2)=\ln\sqrt{2\pi}.$$ □

习　题　11.3

习题 11.3

1. 试证明 Beta 函数在定义域内无穷次可微.

2. 试计算下列积分:

(1) $\int_0^1\sqrt{x-x^2}\mathrm{d}x$;

(2) $\int_0^\pi\dfrac{\mathrm{d}x}{\sqrt{3-\cos x}}$;

(3) $\int_0^{+\infty}\dfrac{x^{m-1}}{1+x^n}\mathrm{d}x\ (n>m>0)$;

(4) $\int_0^1 x^{p-1}(1-x^n)^{q-1}\mathrm{d}x\ (p,q,n>0)$;

(5) $\int_0^1\dfrac{x^5}{\sqrt{1-x^2}}\mathrm{d}x$;

(6) $\int_1^{+\infty}\dfrac{\mathrm{d}x}{x^4\sqrt{x^2-1}}$;

(7) $\int_0^{+\infty}\dfrac{\sqrt{x}}{(1+x)^3}\mathrm{d}x$;

(8) $\int_0^1|\ln x|^p\mathrm{d}x$;

(9) $\int_0^{+\infty}x^p\mathrm{e}^{-ax}\ln x\mathrm{d}x\ (a>0)$;

(10) $\int_0^{+\infty}\dfrac{x^{p-1}-x^{q-1}}{(1+x)\ln x}\mathrm{d}x$.

3. 试证明下列等式:

(1) $\int_0^1\dfrac{\mathrm{d}x}{\sqrt{1-x^4}}\cdot\int_0^1\dfrac{x^2\mathrm{d}x}{\sqrt{1-x^4}}=\dfrac{\pi}{4}$;

(2) $\int_0^{+\infty}\mathrm{e}^{-x^4}\mathrm{d}x\cdot\int_0^{+\infty}x^2\mathrm{e}^{-x^4}\mathrm{d}x=\dfrac{\sqrt{2}\pi}{16}$.

4. 试证明下列等式:

(1) $\int_0^{\frac{\pi}{2}}\tan^\alpha x\mathrm{d}x=\dfrac{\pi}{2\cos\frac{\alpha\pi}{2}},\ |\alpha|<1$;

(2) $\dfrac{\mathrm{d}^2}{\mathrm{d}s^2}\ln\Gamma(s)=\sum\limits_{n=0}^{\infty}\dfrac{1}{(s+n)^2},s>0$.

5. 设 $f(s)$ 为定义在区间 $(0,+\infty)$ 上的严格正函数,且满足条件:

(1) $f(s+1)=sf(s),\forall s>0$;

(2) $f(1)=1$;

(3) $\ln f(s)$为$(0,+\infty)$上的凸函数，则有$f(s)$为Gamma函数$\Gamma(s)$.

6. 若$a>0,n>0$，试求xoy平面上由曲线$C:|x|^n+|y|^n=a^n$所围区域的面积.

11.4　应用事例与研究课题

1. 应用事例

例 11.4.1　若令$I(\alpha)=\int_0^{\frac{\pi}{2}}\sin^\alpha x\mathrm{d}x$，则此含参变量积分函数$I(\alpha)\sim\sqrt{\frac{\pi}{2\alpha}}\ (\alpha\to+\infty)$.

解　由

$$\begin{aligned}I(\alpha+2)&=\int_0^{\frac{\pi}{2}}\sin^{\alpha+1}x\mathrm{d}(-\cos x)\\&=-\sin^{\alpha+1}x\cos x\Big|_0^{\frac{\pi}{2}}+(\alpha+1)\int_0^{\frac{\pi}{2}}\sin^\alpha x\cos^2x\mathrm{d}x\\&=(\alpha+1)I(\alpha)-I(\alpha+2),\end{aligned}$$

即有

$$(\alpha+2)I(\alpha+2)=(\alpha+1)I(\alpha).$$

若令

$$f(\alpha)=(\alpha+1)I(\alpha)I(\alpha+1),$$

则有

$$f(\alpha+1)=(\alpha+2)I(\alpha+2)I(\alpha+1)=(\alpha+1)I(\alpha)I(\alpha+1)=f(\alpha),$$

此即f是周期为1的函数.从而，若p为整数，则有

$$f(p)=f(0)=I(0)I(1)=\frac{\pi}{2}.$$

又当$0<x<\frac{\pi}{2}$时，$0<\sin x<1$，从而对$\alpha<\alpha'$，有

$$\int_0^{\frac{\pi}{2}}\sin^\alpha x\mathrm{d}x\geqslant\int_0^{\frac{\pi}{2}}\sin^{\alpha'}x\mathrm{d}x.$$

进而，对$p\leqslant\alpha<p+1$，有

$$I(p)\geqslant I(\alpha)>I(p+1)\geqslant I(\alpha+1)>I(p+2),$$

以及

$$\begin{aligned}\frac{p+2}{p+1}f(p)&=(p+2)I(p)I(p+1)>(\alpha+1)I(\alpha)I(\alpha+1)\\&>(p+1)I(p+1)I(p+2)=\frac{p+1}{p+2}f(p+1),\end{aligned}$$

此即有

$$\frac{p+2}{p+1}\frac{\pi}{2}>(\alpha+1)I(\alpha)I(\alpha+1)>\frac{p+1}{p+2}\frac{\pi}{2}.$$

一般地，可得

$$\frac{p+n+2}{p+n+1}\cdot\frac{\pi}{2}>(\alpha+n+1)I(\alpha+n)I(\alpha+n+1)=f(\alpha+n)>\frac{p+n+1}{p+n+2}\cdot\frac{\pi}{2}.$$

从而，有$\lim\limits_{n\to\infty}f(\alpha+n)=\frac{\pi}{2}$.又$f(\alpha)$周期为1，即有

$$f(\alpha)=\lim_{n\to\infty}f(\alpha+n)=\frac{\pi}{2}.$$

注意到$I(\alpha)$关于α是减函数，可得

$$1\geqslant\frac{I(\alpha+1)}{I(\alpha)}\geqslant\frac{I(\alpha+2)}{I(\alpha)}=\frac{\alpha+2}{\alpha+1},$$

从而,有

$$\lim_{\alpha\to+\infty}\frac{I(\alpha+1)}{I(\alpha)}=1.$$

于是,有

$$(1+\alpha)I^2(\alpha)=f(\alpha)\cdot\frac{I(\alpha)}{I(\alpha+1)}=\frac{\pi}{2}\cdot\frac{I(\alpha)}{I(\alpha+1)}\to\frac{\pi}{2}\ (\alpha\to+\infty),$$

此即表明,$I(\alpha)\sim\sqrt{\dfrac{\pi}{2\alpha}}\ (\alpha\to+\infty)$. □

例 11.4.2 试计算 Fresnel 积分:

$$I=\int_0^{+\infty}\sin x^2\,\mathrm{d}x,\quad J=\int_0^{+\infty}\cos x^2\,\mathrm{d}x.$$

解 令 $x^2=t$,则有

$$I=\frac{1}{2}\int_0^{+\infty}\frac{\sin t}{\sqrt{t}}\mathrm{d}t,\quad J=\frac{1}{2}\int_0^{+\infty}\frac{\cos t}{\sqrt{t}}\mathrm{d}t$$

都收敛.

(1) 利用 $\dfrac{\sin t}{\sqrt{t}}=\dfrac{2}{\sqrt{\pi}}\displaystyle\int_0^{+\infty}\mathrm{e}^{-tu^2}\sin t\mathrm{d}u$,在 $\alpha>0$ 时,有

$$\begin{aligned}\int_0^{+\infty}\frac{\sin t}{\sqrt{t}}\mathrm{e}^{-\alpha t}\mathrm{d}t&=\frac{2}{\sqrt{\pi}}\int_0^{+\infty}\mathrm{e}^{-\alpha t}\sin t\mathrm{d}t\int_0^{+\infty}\mathrm{e}^{-tu^2}\mathrm{d}u\\&=\frac{2}{\sqrt{\pi}}\int_0^{+\infty}\mathrm{d}u\int_0^{+\infty}\mathrm{e}^{-(\alpha+u^2)t}\sin t\mathrm{d}t\\&=\frac{2}{\sqrt{\pi}}\int_0^{+\infty}\frac{\mathrm{d}u}{1+(\alpha+u^2)^2}.\end{aligned}$$

又含参变量积分 $\displaystyle\int_0^{+\infty}\frac{\sin t}{\sqrt{t}}\mathrm{e}^{-\alpha t}\mathrm{d}t$ 与 $\displaystyle\int_0^{+\infty}\frac{\mathrm{d}u}{1+(\alpha+u^2)^2}$ 关于 α 都在区间$[0,+\infty)$上一致收敛,从而令 $\alpha\to0^+$,即有

$$\int_0^{+\infty}\frac{\sin t}{\sqrt{t}}\mathrm{d}t=\frac{2}{\sqrt{\pi}}\int_0^{+\infty}\frac{\mathrm{d}u}{1+u^4}=\sqrt{\frac{\pi}{2}}.$$

因此,可得

$$\int_0^{+\infty}\sin x^2\mathrm{d}x=\frac{1}{2}\sqrt{\frac{\pi}{2}}.$$

(2) 设 $\delta>0,\alpha>0$,则有

$$\begin{aligned}\int_\delta^{+\infty}\frac{\cos t}{\sqrt{t}}\mathrm{e}^{-\alpha t}\mathrm{d}t&=\frac{2}{\sqrt{\pi}}\int_\delta^{+\infty}\mathrm{e}^{-\alpha t}\cos t\mathrm{d}t\int_0^{+\infty}\mathrm{e}^{-tu^2}\mathrm{d}u=\frac{2}{\sqrt{\pi}}\int_0^{+\infty}\mathrm{d}u\int_\delta^{+\infty}\mathrm{e}^{-(\alpha+u^2)t}\cos t\mathrm{d}t\\&=\frac{2}{\sqrt{\pi}}\int_0^{+\infty}\frac{\mathrm{e}^{-(\alpha+u^2)\delta}}{1+(\alpha+u^2)^2}[(\alpha+u^2)\cos\delta-\sin\delta]\mathrm{d}u.\end{aligned}$$

先令 $\delta\to0^+$,有

$$\int_0^{+\infty}\frac{\cos t}{\sqrt{t}}\mathrm{e}^{-\alpha t}\mathrm{d}t=\frac{2}{\sqrt{\pi}}\int_0^{+\infty}\frac{\alpha+u^2}{1+(\alpha+u^2)^2}\mathrm{d}u,$$

再令 $\alpha\to0^+$,有

$$\int_0^{+\infty}\frac{\cos t}{\sqrt{t}}\mathrm{d}t=\frac{2}{\sqrt{\pi}}\int_0^{+\infty}\frac{u^2}{1+u^4}\mathrm{d}u=\sqrt{\frac{\pi}{2}}.$$

从而,也有

$$\int_0^{+\infty}\cos x^2\mathrm{d}x=\frac{1}{2}\sqrt{\frac{\pi}{2}}.$$

□

例 11.4.3 若 Gamma 函数 $\Gamma(s)$有如下极限表示

$$\Gamma(s)=\lim_{n\to\infty}\frac{n!\ n^s}{s(s+1)\cdots(s+n)},\quad \forall s>0,$$

则其还可以表示为

$$\Gamma(s)=\mathrm{e}^{-\gamma s}\frac{1}{s}\prod_{n=1}^{\infty}\frac{\mathrm{e}^{\frac{s}{n}}}{1+\frac{s}{n}},\quad \forall s>0,$$

其中 γ 为 Euler 常数,即

$$\gamma=\lim_{n\to\infty}\left(\sum_{k=1}^{n}\frac{1}{k}-\ln n\right).$$

解 记 $c_n=1+\frac{1}{2}+\cdots+\frac{1}{n}-\ln n$,则 $\lim\limits_{n\to\infty}c_n=\gamma$.

令 $n^s=\mathrm{e}^{s\ln n}=\mathrm{e}^{s\left(1+\frac{1}{2}+\cdots+\frac{1}{n}-c_n\right)}$,则有

$$\Gamma(s)=\lim_{n\to\infty}\frac{\mathrm{e}^{-sc_n}}{s}\frac{\mathrm{e}^s\cdot 2\mathrm{e}^{\frac{s}{2}}\cdot\cdots\cdot n\mathrm{e}^{\frac{s}{n}}}{(s+1)(s+2)\cdots(s+n)}=\mathrm{e}^{-\gamma s}\frac{1}{s}\lim_{n\to\infty}\frac{\mathrm{e}^s}{(1+s)}\cdots\frac{\mathrm{e}^{\frac{s}{n}}}{1+\frac{s}{n}}$$

$$=\mathrm{e}^{-\gamma s}\frac{1}{s}\prod_{n=1}^{\infty}\frac{\mathrm{e}^{\frac{s}{n}}}{1+\frac{s}{n}}.$$

□

例 11.4.4 若 $f(x)$为 **R** 上连续函数,且分段可导,绝对可积,则有

$$f(x)=\frac{1}{\pi}\int_0^{+\infty}\mathrm{d}\lambda\int_{-\infty}^{+\infty}f(t)\cos\lambda(x-t)\mathrm{d}t.$$

若 $f(x)$是满足上述条件的偶函数,则有如下 Fourier 余弦公式

$$f(x)=\frac{2}{\pi}\int_0^{+\infty}\cos\lambda x\,\mathrm{d}\lambda\int_0^{+\infty}f(t)\cos\lambda t\,\mathrm{d}t;$$

若 $f(x)$是满足上述条件的奇函数,则有如下 Fourier 正弦公式

$$f(x)=\frac{2}{\pi}\int_0^{+\infty}\sin\lambda x\,\mathrm{d}\lambda\int_0^{+\infty}f(t)\sin\lambda t\,\mathrm{d}t.$$

试利用 $f(x)=\mathrm{e}^{-\beta x}(\beta>0,x>0)$的 Fourier 余弦公式和正弦公式,计算积分:

$$\int_0^{+\infty}\frac{\cos\alpha t}{1+t^2}\mathrm{d}t \quad 与 \quad \int_0^{+\infty}\frac{t\sin\alpha t}{1+t^2}\mathrm{d}t\ (\alpha>0).$$

解 由于 $\int_0^{+\infty}f(t)\cos\lambda t\,\mathrm{d}t=\int_0^{+\infty}\mathrm{e}^{-\beta t}\cos\lambda t\,\mathrm{d}t=\frac{\beta}{\beta^2+\lambda^2}$,根据余弦公式,可得

$$\mathrm{e}^{-\beta x}=\frac{2}{\pi}\int_0^{+\infty}\frac{\beta}{\beta^2+\lambda^2}\cos\lambda x\,\mathrm{d}\lambda,\quad \beta>0,x\geqslant 0.$$

同理,由 $\int_0^{+\infty}f(t)\sin\lambda t\,\mathrm{d}t=\int_0^{+\infty}\mathrm{e}^{-\beta t}\sin\lambda t\,\mathrm{d}t=\frac{\lambda}{\beta^2+\lambda^2}$,根据正弦公式,可得

$$\mathrm{e}^{-\beta x}=\frac{2}{\pi}\int_0^{+\infty}\frac{\lambda}{\beta^2+\lambda^2}\sin\lambda x\,\mathrm{d}\lambda,\quad \beta>0,x>0.$$

特别地,取 $\beta=1$,即有

$$\int_0^{+\infty}\frac{\cos\alpha t}{1+t^2}\mathrm{d}t=\frac{\pi}{2}\mathrm{e}^{-\alpha},\quad \int_0^{+\infty}\frac{t}{1+t^2}\sin\alpha t\,\mathrm{d}t=\frac{\pi}{2}\mathrm{e}^{-\alpha}\quad(\alpha>0).$$ □

2. 探究课题

探究 11.4.1 试讨论下列含参变量积分函数的定义域与分析性质等.

(1) $I(\alpha,n)=\int_0^{+\infty}\ln\left(1+\frac{\sin^n x}{x^\alpha}\right)\mathrm{d}x$;

(2) $I(\alpha,m,n)=\int_0^{+\infty}\frac{\sin^{2m}x}{1+x^\alpha\sin^{2n}x}\mathrm{d}x$.

探究 11.4.2 试计算下列积分:

(1) $\int_0^{+\infty}\mathrm{e}^{-\left(x-\frac{t}{x}\right)^2}\mathrm{d}x\ (t>0)$;

(2) $\int_{\frac{\pi}{2}-\alpha}^{\frac{\pi}{2}}\sin\theta\cdot\arccos\left(\frac{\cos\alpha}{\sin\theta}\right)\mathrm{d}\theta\ \left(0\leqslant\alpha\leqslant\frac{\pi}{2}\right)$.

探究 11.4.3 试证明不等式 $\left(\frac{x}{\mathrm{e}}\right)^{x-1}\leqslant\Gamma(x)\leqslant\left(\frac{x}{2}\right)^{x-1}$, $\forall x\geqslant 2$.

探究 11.4.4 试证明 Gamma 函数的余元公式

$$\Gamma(s)\Gamma(1-s)=\frac{\pi}{\sin\pi s},\quad \forall\, 0<s<1.$$

探究 11.4.5 试证明 Stirling 公式

$$\Gamma(s+1)=\sqrt{2\pi s}\left(\frac{s}{\mathrm{e}}\right)^s\mathrm{e}^{\frac{\theta}{12s}},\quad \forall\, s>0,0<\theta<1.$$

特别地,有

$$n!=\sqrt{2\pi n}\left(\frac{n}{\mathrm{e}}\right)^n\mathrm{e}^{\frac{\theta}{12n}},\quad 0<\theta<1.$$

第 12 章 多元函数积分学及其应用

在科学研究和工程实践中，经常需要考虑分布在空间区域上的非均匀分布量的求和问题，比如，空间形体的质量、体积以及其他载荷等. 本质上，可以借鉴处理定积分的思路，用“分割、近似、求和、取极限”的方法解决此类问题. 然而，随着空间维度的提升，分布区域的复杂多样性以及非均匀分布量方向的可能变化等都会引起一些新的、有趣的现象. 本章将介绍重积分与线面积分的定义、性质、计算及其应用等.

12.1 二重积分

二重积分刻画分布在有界平面点集上的非均匀分布量的和，前提要能刻画平面有界点集的面积. 然而，一般的平面点集是否有面积还是一个问题，为此要先解决平面点集的面积存在性与表征等基本问题.

12.1.1 平面点集的面积

平面点集的面积是衡量平面点集所对应的图形大小的度量. 一般在内域用割补法，考察该图形包含多少个边长为 1，或 0.1，或 0.01，或 0.001……的正方形. 若图形边界是规则的，这样处理是可行的；若图形边界很不规则，就会引起矛盾.

比如，单位正方形 $D=[0,1]\times[0,1]$ 中的两个图形 D_1 和 D_2：

$$D_1=\{(x,y)\mid x,y\in[0,1]\text{且 } x,y\in Q\},$$
$$D_2=\{(x,y)\mid x,y\in[0,1]\text{且 } x\notin Q\text{ 或 } y\notin Q\}.$$

这里，D_1 和 D_2 都没有内点，从而 $\partial D_1=D$，$\partial D_2=D$，但是 $D=D_1\cup D_2$. 如果认为 D_1 的边界 ∂D_1 的“面积”为 0，D_2 的边界 ∂D_2 的“面积”为 0，则违背面积的可加性原则. 此即，对 D_1 或 D_2，在内域用小正方形的面积之和逼近不恰当.

于是，又有人考虑用有界平面图形的有限多个小正方形覆盖的这些小正方形面积之和，从外部逼近. 事实上，这种方法也是有缺陷的. 比如，前面的单位正方形 $D=[0,1]\times[0,1]$ 的两个子图形 D_1 和 D_2，它们的外部覆盖可以取 D. 此即，认为 D_1 和 D_2 的“面积”都是 1，这也是违背面积的可加性原则的.

现用平行于坐标轴的直线网 T 将平面图形 D 分割成三类小闭矩形 Δ_i：① Δ_i 上的点都为 D 的内点，② Δ_i 上的点都为 D 的外点，③ Δ_i 上的点含有 D 的边界点. 又以 $s_D(T)$ 记 D 的第①类小矩形面积之和，以 $S_D(T)$ 记 D 的第①与③类小矩形面积之和，则显然有 $s_D(T)\leqslant S_D(T)$.

考虑所有可能的直线网分割 T，定义 $\underline{I}_D=\sup\limits_T\{s_D(T)\}$，$\overline{I}_D=\inf\limits_T\{S_D(T)\}$，则显然有 $0\leqslant\underline{I}_D\leqslant\overline{I}_D$. 通常，称 $\underline{I}_D$ 为平面图形 D 的**内面积**(Jordan 内测度)，$\overline{I}_D$ 为平面图形 D 的**外面积**(Jordan 外测度).

定义 12.1.1 若平面点集(图形) D 的内面积 $\underline{I}_D$ 与外面积 $\overline{I}_D$ 相等，则称 D 是**可求面积**的，也称 $I_D=\overline{I}_D=\underline{I}_D$ 为平面图形 D 的**面积**.

一般地，也可类似定义 n 维有界空间点集(形体) S 的体积、容量、容积等，记为 $|S|$ 或 $\mathrm{meas}(S)$.

接下来,我们给出有界平面图形可求面积的一些简便有效的刻画,相应的结论可以推广为 n 维有界空间形体可求体积的情形.

定理 12.1.1　平面图形 D 可求面积,当且仅当对 $\forall\varepsilon>0$,存在平行于坐标轴的直线网分割 T,使得 $S_D(T)-s_D(T)<\varepsilon$.

证　必要性. 设平面图形 D 的面积为 I_D,则有 $I_D=\underline{I}_D=\overline{I}_D$.

由于 $\underline{I}_D$、$\overline{I}_D$ 分别为上、下确界,从而存在直线网分割 T_1,T_2,对 $\forall\varepsilon>0$,使得

$$s_D(T_1)>\underline{I}_D-\frac{\varepsilon}{2},\quad S_D(T_2)<\overline{I}_D+\frac{\varepsilon}{2}.$$

考虑更细致的直线网分割 $T=T_1\cup T_2$,则有

$$s_D(T_1)\leqslant s_D(T),\quad S_D(T_2)\geqslant S_D(T),$$

从而有

$$s_D(T)>I_D-\frac{\varepsilon}{2},\quad S_D<I_D+\frac{\varepsilon}{2},$$

此即,有

$$S_D(T)-s_D(T)<\varepsilon.$$

充分性. 对 $\forall\varepsilon>0$,存在直线网分割 T,使得 $S_D(T)-s_D(T)<\varepsilon$. 又由

$$s_D(T)\leqslant\underline{I}_D\leqslant\overline{I}_D\leqslant S_D(T),$$

可得

$$\overline{I}_D-\underline{I}_D\leqslant S_D(T)-s_D(T)<\varepsilon,$$

从而有

$$\underline{I}_D=\overline{I}_D=I_D.$$

此亦即,平面图形 D 可求面积. □

推论 12.1.1　(1) 平面图形 D 可求面积的充要条件是 D 的边界的面积为 0.

推论 12.1.1

(2) 平面图形 D 的面积为 0 的充要条件是它的外面积为 0.

定理 12.1.2　若曲线 C 为定义在区间 $[a,b]$ 上的连续函数 $f(x)$ 的图像,则曲线 C 的面积为 0.

证　由于函数 $f(x)$ 在区间 $[a,b]$ 上连续,从而一致连续,使得对 $\forall\varepsilon>0$,存在 $\delta>0$,对 $[a,b]$ 的任何分割 T:

$$a=x_0<x_1<\cdots<x_{n-1}<x_n=b,$$

当 $\max\limits_{1\leqslant i\leqslant n}(x_i-x_{i-1})<\delta$ 时,有连续函数 $f(x)$ 在每个小区间 $[x_{i-1},x_i]$ 上的振幅

$$\omega_i=\max_{x\in[x_{i-1},x_i]}f(x)-\min_{x\in[x_{i-1},x_i]}f(x)<\frac{\varepsilon}{b-a}.$$

从而,对应的曲线 C 也被分成 n 小段,每段都能被以 $\Delta x_i=x_i-x_{i-1}$ 为宽,ω_i 为高的矩形覆盖. 又由

$$\sum_{i=1}^{n}\omega_i\Delta x_i<\frac{\varepsilon}{b-a}\sum_{i=1}^{n}\Delta x_i=\varepsilon,$$

即有曲线 C 的面积为 0. □

推论 12.1.2　(1) 由参数方程 $\begin{cases}x=\varphi(t),\\ y=\psi(t),\end{cases}t\in[\alpha,\beta]$ 所表示的光滑曲线的面积为 0.

(2) 由平面上分段光滑曲线所围的有界区域是可求面积的.

12.1.2　二重积分的定义与性质

曲顶柱体的体积与有非均匀面密度的平面薄片的质量刻画问题，是理解二重积分的两个典型的、本质的问题.

曲顶柱体的体积. 设 $z=f(x,y)$ 为定义于可求面积的有界闭区域 D 上的非负连续函数，现考虑以 D 为底，以曲面 $z=f(x,y)$ 为顶，以 D 的边界为准线且母线平行于 z 轴的柱面为侧面形成的立体 Ω（图 12-1）的体积 V.

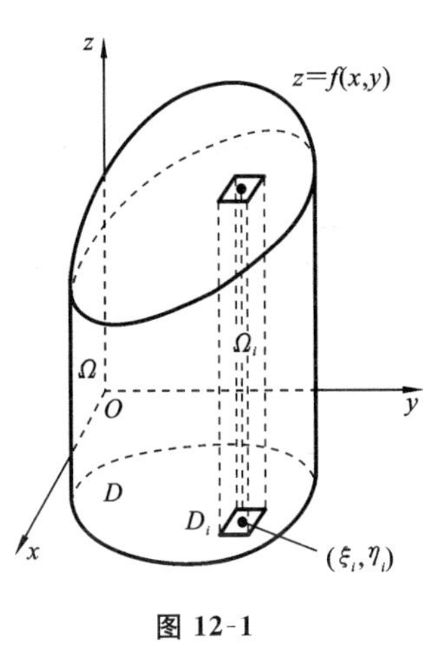

图 12-1

以任意的方式将 D 分割为 n 个小区域 $D_1,D_2,\cdots,D_n$，记 $\Delta\sigma_i$ 为 D_i 的面积，d_i 为 D_i 的直径（即 D_i 中任意两点间距离的最大值），令 $\lambda=\max\limits_{1\leqslant i\leqslant n} d_i$. 相应地，$\Omega$ 被分割成 n 个小曲顶柱体 $\Omega_1,\Omega_2,\cdots,\Omega_n$. 在每个小区域 D_i 上任取一点 $P_i(\xi_i,\eta_i)$，以 $f(\xi_i,\eta_i)\Delta\sigma_i$ 近似表示小曲顶柱体 Ω_i 的体积（$1\leqslant i\leqslant n$）. 对每个小曲顶柱体的体积做类似处理，将它们相加即有原曲顶柱体体积的近似值

$$V\approx\sum_{i=1}^{n} f(\xi_i,\eta_i)\Delta\sigma_i.$$

如果 λ 越小，以上近似值就越稳定，则有理由认为曲顶柱体的体积为

$$V=\lim_{\lambda\to 0}\sum_{i=1}^{n} f(\xi_i,\eta_i)\Delta\sigma_i.$$

有非均匀面密度的平面薄片的质量. 设有可求面积的有界平面薄片 D，其在任一点处的面密度为 $\mu(x,y)$，现考虑该薄片的质量 M.

类似地，以任意方式将 D 分成 n 个小块 $D_1,D_2,\cdots,D_n$，记 $\Delta\sigma_i$ 为第 i 小块 D_i 的面积，d_i 为 D_i 的直径，$\lambda=\max\limits_{1\leqslant i\leqslant n} d_i$. 在 D_i 上任取一点 $P_i(\xi_i,\eta_i)$，则 D_i 的质量可以近似为 $\mu(\xi_i,\eta_i)\Delta\sigma_i$. 随着 λ 的充分小，也可以认为该薄片的质量为

$$M=\lim_{\lambda\to 0}\sum_{i=1}^{n}\mu(\xi_i,\eta_i)\Delta\sigma_i.$$

这里几何的、物理的例子不仅是直观的、具体的，更是有根本意义的. 将它抽象出来，即有如下二重积分的定义.

定义 12.1.2　设 D 为 xOy 面上可求面积的有界闭区域，$f(x,y)$ 为定义于 D 上的有界函数. 对 D 的任意分割 T，使得 D 分为 n 个可求面积的小区域 $D_1,D_2,\cdots,D_n$，记 $\Delta\sigma_i$ 为 D_i 的面积，d_i 为 D_i 的直径，令 $\lambda=\|T\|=\max\limits_{1\leqslant i\leqslant n} d_i$. 对每个小区域 D_i 上任取的点 $P_i(\xi_i,\eta_i)$，若极限

$$\lim_{\|T\|\to 0}\sum_{i=1}^{n} f(\xi_i,\eta_i)\Delta\sigma_i \text{ 存在(有限)},$$

且其与分割方式以及小区域 D_i 上点 P_i 的选取无关，则称该极限为二元函数 $f(x,y)$ 在 D 上的**二重积分**，也称 $f(x,y)$ 在 D 上**可积分**. 记作 $\iint\limits_D f(x,y)\mathrm{d}\sigma$，其中 $f(x,y)$ 称为**被积函数**，D 称为**积分区域**，x,y 称为**积分变量**，$\mathrm{d}\sigma$ 称为**面积微元**. 此即，

$$\iint\limits_D f(x,y)\mathrm{d}\sigma=\lim_{\|T\|\to 0}\sum_{i=1}^{n} f(\xi_i,\eta_i)\Delta\sigma_i.$$

注意到二重积分的定义在本质上与定积分的情形是类似的，因此应该有相应的可积性及其他运算性质.

若二元函数 $f(x,y)$ 为定义于可求面积的有界区域 D 上的有界函数，又 D 的任意分割 T 将 D 分成 n 个小区域 $D_1,D_2,\cdots,D_n$，记 $M_i=\sup\limits_{(x,y)\in D_i} f(x,y)$，$m_i=\inf\limits_{(x,y)\in D_i} f(x,y)$. 相应地，也称

$$S(T)=\sum_{i=1}^{n} M_i \Delta\sigma_i,\quad s(T)=\sum_{i=1}^{n} m_i \Delta\sigma_i$$

分别为在分割 T 下 $f(x,y)$ 的 **Darboux 大和与 Darboux 小和.**

定理 12.1.3 (1) 二元函数 $f(x,y)$ 在有界区域 D 上可积分的充要条件为，对 D 的任意分割 T，有

$$\lim_{\|T\|\to 0} S(T)=\lim_{\|T\|\to 0} s(T).$$

定理 12.1.3

(2) 二元函数 $f(x,y)$ 在有界区域 D 上可积分的充要条件为，对 $\forall\varepsilon>0$，存在 D 的某个分割 T，使得

$$S(T)-s(T)<\varepsilon.$$

推论 12.1.3 (1) 若二元函数 $f(x,y)$ 为有界闭区域 D 上的连续函数，则 $f(x,y)$ 在 D 上可积分.

(2) 若二元函数 $f(x,y)$ 为有界闭区域 D 上的有界函数，且其不连续点集的面积为 0，则 $f(x,y)$ 在 D 上可积分.

定理 12.1.4 (1) 若二元函数 $f(x,y)$，$g(x,y)$ 在有界区域 D 上的二重积分 $\iint\limits_D f(x,y)\mathrm{d}\sigma$ 与 $\iint\limits_D g(x,y)\mathrm{d}\sigma$ 都存在，则对 $\forall k,l\in\mathbf{R}$，$kf(x,y)+lg(x,y)$ 也在 D 上可积分，且

$$\iint\limits_D [kf(x,y)+lg(x,y)]\mathrm{d}\sigma=k\iint\limits_D f(x,y)\mathrm{d}\sigma+l\iint\limits_D g(x,y)\mathrm{d}\sigma.$$

(2) 若二元函数 $f(x,y)$ 在有界区域 D_1，D_2 上都可积分，又 D_1 与 D_2 无公共内点，则 $f(x,y)$ 在 $D_1\cup D_2$ 上也可积分，且

$$\iint\limits_{D_1\cup D_2} f(x,y)\mathrm{d}\sigma=\iint\limits_{D_1} f(x,y)\mathrm{d}\sigma+\iint\limits_{D_2} f(x,y)\mathrm{d}\sigma.$$

(3) 若二元函数 $f(x,y)$ 在有界区域 D 上可积分，则有 $|f(x,y)|$ 也在 D 上可积分，且

$$\left|\iint\limits_D f(x,y)\mathrm{d}\sigma\right|\leqslant\iint\limits_D |f(x,y)|\mathrm{d}\sigma.$$

一般地，若对 $\forall(x,y)\in D$，有 $f(x,y)\leqslant g(x,y)$，又二元函数 $f(x,y)$ 与 $g(x,y)$ 都在 D 上可积分，则有

$$\iint\limits_D f(x,y)\mathrm{d}\sigma\leqslant\iint\limits_D g(x,y)\mathrm{d}\sigma.$$

(4) 若二元函数 $f(x,y)$ 在有界闭区域 D 上连续，又二元函数 $g(x,y)$ 在 D 上可积分且不变号，则存在 $(\xi,\eta)\in D$，使得

$$\iint\limits_D f(x,y)g(x,y)\mathrm{d}\sigma=f(\xi,\eta)\iint\limits_D g(x,y)\mathrm{d}\sigma.$$

此即为二元函数 $f(x,y)$ 在 D 上的积分中值公式，也可理解为连续版本的加权平均.

例 12.1.1　试讨论二元函数 $f(x,y)=\begin{cases}\cos\dfrac{1}{xy}, & x\neq 0\text{ 且 }y\neq 0,\\ 1, & x=0\text{ 或 }y=0\end{cases}$ 在区域 $D=[0,1]\times[0,1]$上的可积性.

解　显然,区域 D 是可求面积的有界区域.

又二元函数 $f(x,y)$在 D 上的不连续点集为线段 $L_1:x=0,y\in[0,1]$与 $L_2:y=0,x\in[0,1]$,显然其面积为 0,从而有 $f(x,y)$在 D 上可积分. □

例 12.1.2　设区域 $D=\{(x,y)\mid(x-2)^2+(y-1)^2\leqslant 2\}$,试比较二重积分 $\iint\limits_D(x+y)^2\mathrm{d}\sigma$ 与 $\iint\limits_D(x+y)^3\mathrm{d}\sigma$.

解　对 $\forall(x,y)\in D$,有$(x-2)^2+(y-1)^2\leqslant 2$,进而有

$$x+y\geqslant\frac{1}{2}(x^2+y^2-2x+3)=\frac{1}{2}[(x-1)^2+y^2]+1\geqslant 1.$$

此即有

$$(x+y)^2\leqslant(x+y)^3,\quad\forall(x,y)\in D,$$

由此,可得

$$\iint\limits_D(x+y)^2\mathrm{d}\sigma\leqslant\iint\limits_D(x+y)^3\mathrm{d}\sigma.$$

□

12.1.3　二重积分的计算

如果二重积分 $\iint\limits_D f(x,y)\mathrm{d}\sigma$ 存在,应该寻求简便有效的方法计算积分. 这里,基于二重积分的几何意义,尝试将其化为逐次定积分进行计算.

若 $f(x,y)$为定义在可求面积有界区域 $D=\{(x,y)\mid a\leqslant x\leqslant b,\varphi(x)\leqslant y\leqslant\psi(x)\}$上的非负连续函数,则 $\iint\limits_D f(x,y)\mathrm{d}\sigma$ 刻画了以曲面 $z=f(x,y)$ 为顶,以区域 D 为底,母线平行于 z 轴且准线为 D 的边界的柱面为侧面所形成的曲顶柱体的体积.

另一方面,可用平行于 yOz 面的平面去截该曲顶柱体(图 12-2),截面面积为

$$A(x)=\int_{\varphi(x)}^{\psi(x)}f(x,y)\mathrm{d}y,\quad\forall x\in[a,b].$$

又由已知平行截面面积的立体体积公式,有该曲顶柱体的体积为

$$\int_a^b A(x)\mathrm{d}x=\int_a^b\mathrm{d}x\int_{\varphi(x)}^{\psi(x)}f(x,y)\mathrm{d}y.$$

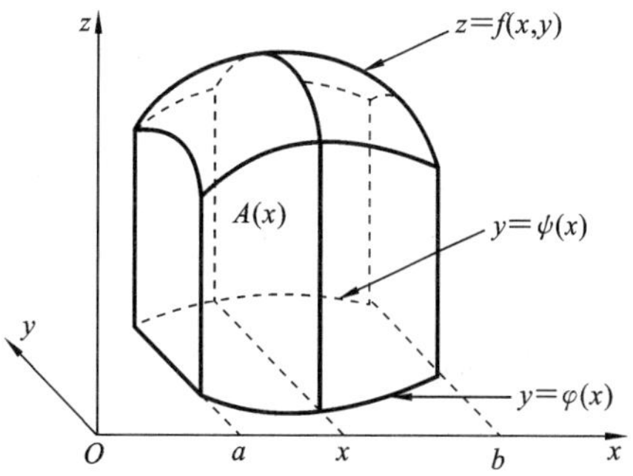

图 12-2

此即,有

$$\iint\limits_D f(x,y)\mathrm{d}\sigma=\int_a^b\mathrm{d}x\int_{\varphi(x)}^{\psi(x)}f(x,y)\mathrm{d}y.$$

事实上,我们有如下一般的、严格的结果.

定理 12.1.5　设 $f(x,y)$为矩形区域 $D=[a,b]\times[c,d]$上可积的二元函数,且对 $\forall x\in$

$[a,b]$,含参变量定积分 $\int_c^d f(x,y)\mathrm{d}y$ 存在,则逐次积分$\int_a^b \mathrm{d}x\int_c^d f(x,y)\mathrm{d}y$ 也存在,且

$$\iint_D f(x,y)\mathrm{d}\sigma = \int_a^b \mathrm{d}x\int_c^d f(x,y)\mathrm{d}y.$$

证 对 $\forall x\in[a,b]$,令 $F(x)=\int_c^d f(x,y)\mathrm{d}y$. 考虑对区间$[a,b]$,$[c,d]$ 作任意分割,即

$$T_1: a=x_0<x_1<\cdots<x_r=b,$$
$$T_2: c=y_0<y_1<\cdots<y_s=d,$$

以这些分点作直线 $x=x_i$, $y=y_k$,分割区域 $D=[a,b]\times[c,d]$为 rs 个小矩形 Δ_{ik}, $i=1,2,\cdots,r$; $k=1,2,\cdots,s$.

通常,若二重积分 $\iint_D f(x,y)\mathrm{d}\sigma$ 存在,可以考虑特殊的直线网分割 D,并通过$\iint_D f(x,y)\mathrm{d}x\mathrm{d}y$ 来刻画.

设二元函数 $f(x,y)$在 Δ_{ik} 上有上、下确界为 M_{ik}, m_{ik},又任取 $\xi_i\in[x_{i-1},x_i]$,使得

$$m_{ik}\Delta y_k \leqslant \int_{y_{k-1}}^{y_k} f(\xi_i,y)\mathrm{d}y \leqslant M_{ik}\Delta y_k,$$

其中 $\Delta y_k=y_k-y_{k-1}$, $\Delta x_i=x_i-x_{i-1}$.

进而,有

$$\sum_{k=1}^{s} m_{ik}\Delta y_k \leqslant F(\xi_i) = \int_c^d f(\xi_i,y)\mathrm{d}y \leqslant \sum_{k=1}^{s} M_{ik}\Delta y_k,$$

$$\sum_{i=1}^{r}\sum_{k=1}^{s} m_{ik}\Delta y_k\Delta x_i \leqslant \sum_{i=1}^{r} F(\xi_i)\Delta x_i \leqslant \sum_{i=1}^{r}\sum_{k=1}^{s} M_{ik}\Delta y_k\Delta x_i.$$

令 d_{ik} 为 Δ_{ik} 的直径,$\|T\|=\max\limits_{\substack{1\leqslant i\leqslant r\\1\leqslant k\leqslant s}} d_{ik}$,注意到二重积分 $\iint_D f(x,y)\mathrm{d}x\mathrm{d}y$ 存在,则当 $\|T\|\to 0$ 时,有

$$\sum_{i=1}^{r}\sum_{k=1}^{s} m_{ik}\Delta y_k\Delta x_i \to \iint_D f(x,y)\mathrm{d}x\mathrm{d}y \leftarrow \sum_{i=1}^{r}\sum_{k=1}^{s} M_{ik}\Delta y_k\Delta x_i,$$

此即,有

$$\lim_{\|T\|\to 0}\sum_{i=1}^{r} F(\xi_i)\Delta x_i = \iint_D f(x,y)\mathrm{d}x\mathrm{d}y.$$

另一方面,当 $\|T\|\to 0$ 时,显然有 $\|T_1\|=\max\limits_{1\leqslant i\leqslant r}\Delta x_i\to 0$,从而有

$$\lim_{\|T_1\|\to 0}\sum_{i=1}^{r} F(\xi_i)\Delta x_i = \int_a^b F(x)\mathrm{d}x.$$

因此,可得

$$\int_a^b \mathrm{d}x\int_c^d f(x,y)\mathrm{d}y = \iint_D f(x,y)\mathrm{d}x\mathrm{d}y. \qquad \square$$

推论 12.1.4 (1) 设 $f(x,y)$为矩形区域 $D=[a,b]\times[c,d]$上可积的二元函数,且对 $\forall y\in[c,d]$,含参变量积分 $\int_a^b f(x,y)\mathrm{d}x$ 存在,则逐次积分$\int_c^d \mathrm{d}y\int_a^b f(x,y)\mathrm{d}x$ 也存在,且

$$\iint_D f(x,y)\mathrm{d}x\mathrm{d}y = \int_c^d \mathrm{d}y\int_a^b f(x,y)\mathrm{d}x.$$

(2) 若 $f(x,y)$为矩形区域 $D=[a,b]\times[c,d]$上的二元连续函数,则有

$$\iint_D f(x,y)\mathrm{d}x\mathrm{d}y=\int_a^b\mathrm{d}x\int_c^d f(x,y)\mathrm{d}y=\int_c^d\mathrm{d}y\int_a^b f(x,y)\mathrm{d}x.$$

(3) 若 $f(x,y)$ 为 x 型区域 $D=\{(x,y)\mid a\leqslant x\leqslant b,\varphi(x)\leqslant y\leqslant\psi(x)\}$ 上的二元连续函数，又函数 $\varphi(x)$、$\psi(x)$ 在区间 $[a,b]$ 上连续，则有

$$\iint_D f(x,y)\mathrm{d}x\mathrm{d}y=\int_a^b\mathrm{d}x\int_{\varphi(x)}^{\psi(x)}f(x,y)\mathrm{d}y.$$

证　类似于定理12.1.5，(1)和(2)的结论是显而易见的，这里只证明(3).

由函数 $\varphi(x)$，$\psi(x)$ 在区间 $[a,b]$ 上连续，令 $c=\min\limits_{a\leqslant x\leqslant b}\varphi(x)$，$d=\max\limits_{a\leqslant x\leqslant b}\psi(x)$，则有矩形区域 $E=[a,b]\times[c,d]\supseteq D$.

定义二元函数

$$F(x,y)=\begin{cases}f(x,y), & (x,y)\in D,\\ 0, & (x,y)\in E\backslash D,\end{cases}$$

则显然 $F(x,y)$ 在区域 E 上可积分，且有

$$\iint_D f(x,y)\mathrm{d}x\mathrm{d}y=\iint_E F(x,y)\mathrm{d}x\mathrm{d}y=\int_a^b\mathrm{d}x\int_c^d F(x,y)\mathrm{d}y=\int_a^b\mathrm{d}x\int_{\varphi(x)}^{\psi(x)}f(x,y)\mathrm{d}y.\qquad\square$$

所谓 ***x* 型区域** $D=\{(x,y)\mid a\leqslant x\leqslant b,\varphi(x)\leqslant y\leqslant\psi(x)\}$，其在 x 轴上的投影范围为区间 $[a,b]$，又过 $[a,b]$ 中的点且平行于 y 轴的直线与 D 的边界(下边界 $y=\varphi(x)$，上边界 $y=\psi(x)$)至多有两个交点. 同理，若区域 D 在 y 轴上的投影范围为区间 $[c,d]$，又过 $[c,d]$ 中的点且平行于 x 轴的直线与 D 的边界(左边界 $x=\alpha(y)$，右边界 $x=\beta(y)$)至多有两个交点，则称 D 为 ***y* 型区域**，即

$$D=\{(x,y)\mid c\leqslant y\leqslant d,\alpha(y)\leqslant x\leqslant\beta(y)\}.$$

推论 12.1.5　若 $f(x,y)$ 为 y 型区域 $D=\{(x,y)\mid c\leqslant y\leqslant d,\alpha(y)\leqslant x\leqslant\beta(y)\}$ 上的二元连续函数，又函数 $\alpha(y)$，$\beta(y)$ 在区间 $[c,d]$ 上连续，则有

$$\iint_D f(x,y)\mathrm{d}x\mathrm{d}y=\int_c^d\mathrm{d}y\int_{\alpha(y)}^{\beta(y)}f(x,y)\mathrm{d}x.$$

注意到，将积分区域 D 表示为相应的 x 型区域或 y 型区域，即可将二重积分 $\iint\limits_D f(x,y)\mathrm{d}x\mathrm{d}y$ 化为先 y 后 x 或先 x 后 y 的逐次积分. 然而，在实际应用时，计算二重积分应优先考虑被积函数的特点，再决定逐次积分的顺序. 如果积分区域 D 既是 x 型区域又是 y 型区域，则处理是直接的；如果积分区域 D 不是期望的类型，则考虑将积分区域进行分划，再利用积分关于积分区域的可加性解决问题.

注记 12.1.1　若有界区域 D 关于 x 轴对称，其在 x 轴上半部分记为 D_1，在 x 轴下半部分记为 D_2. 又二元函数 $f(x,y)$ 关于变量 y 满足 $f(x,-y)=f(x,y)$，$\forall\,(x,y)\in D$，则有

$$\iint_D f(x,y)\mathrm{d}x\mathrm{d}y=2\iint_{D_1}f(x,y)\mathrm{d}x\mathrm{d}y;$$

若 $f(x,y)$ 关于变量 y 满足 $f(x,-y)=-f(x,y)$，$\forall\,(x,y)\in D$，则有

$$\iint_D f(x,y)\mathrm{d}x\mathrm{d}y=0.$$

事实上，这里不妨设 D 为 x 型区域 $\{(x,y)\mid a\leqslant x\leqslant b,-y(x)\leqslant y\leqslant y(x)\}$，从而有

$$\iint_D f(x,y)\mathrm{d}x\mathrm{d}y=\iint_{D_1}f(x,y)\mathrm{d}x\mathrm{d}y+\iint_{D_2}f(x,y)\mathrm{d}x\mathrm{d}y$$

$$
\begin{aligned}
&=\iint_{D_1} f(x,y)\mathrm{d}x\mathrm{d}y+\int_a^b \mathrm{d}x\int_{-y(x)}^0 f(x,y)\mathrm{d}y\\
&\xlongequal{y=-u}\iint_{D_1} f(x,y)\mathrm{d}x\mathrm{d}y+\int_a^b \mathrm{d}x\int_0^{y(x)} f(x,-u)\mathrm{d}u\\
&=\begin{cases}2\iint_{D_1} f(x,y)\mathrm{d}x\mathrm{d}y, & f(x,-y)=f(x,y),\\ 0, & f(x,-y)=-f(x,y).\end{cases}
\end{aligned}
$$

例 12.1.3 设 D 为矩形区域$[0,1]\times[0,1]$,定义二元函数

$$
f(x,y)=\begin{cases}\dfrac{1}{q_x}+\dfrac{1}{q_y}, & (x,y)\in D, x\in\mathbf{Q} \text{ 且 } y\in\mathbf{Q},\\ 0, & (x,y)\in D, x\notin\mathbf{Q} \text{ 或 } y\in\mathbf{Q},\end{cases}
$$

其中 q_x,q_y 为有理数 x,y,表示为既约分数后的分母. 试证明:$f(x,y)$在 D 上的二重积分存在,但两个逐次积分不存在.

证 (1) 由于对$\forall\varepsilon>0$,$f(x,y)\geqslant\dfrac{\varepsilon}{2}$当且仅当

$$
x=\frac{p_x}{q_x},\quad y=\frac{p_y}{q_y},
$$

其中 p_x,q_x,p_y,q_y 为非负整数,且$\dfrac{1}{q_x}\geqslant\dfrac{\varepsilon}{4}$或$\dfrac{1}{q_y}\geqslant\dfrac{\varepsilon}{4}$. 此即,在区域 D 中只有有限条线段(有可能为分割直线网的一部分)上的点可能使得 $f(x,y)\geqslant\dfrac{\varepsilon}{2}$. 不妨设有 n 条这样的线段,$n=n(\varepsilon)$.

考虑平行于 D 的边界的直线网分割 T,使$\|T\|<\dfrac{\varepsilon}{8n}$,则有

$$
\sum_i \omega_i\Delta\sigma_i=\sum_{i_1}\omega_{i_1}\Delta\sigma_{i_1}+\sum_{i_2}\omega_{i_2}\Delta\sigma_{i_2}<2\cdot\left(1\cdot\frac{\varepsilon}{8n}\right)\cdot 2n+\frac{\varepsilon}{2}\cdot 1=\varepsilon,
$$

其中 i_1 表示分割后含有使得 $f(x,y)\geqslant\dfrac{\varepsilon}{2}$的点的小区域 D_i 的下标,i_2 为其他情形,ω_{i_1} 为 $f(x,y)$在 D_{i_1} 上的振幅.

此即表明,二元函数 $f(x,y)$在 D 上可积分.

(2) 当 $y\in[0,1]$且 $y\notin\mathbf{Q}$ 时,$\int_0^1 f(x,y)\mathrm{d}x=0$;当 $x,y\in[0,1]$ 且 $y\in\mathbf{Q},x\in\mathbf{Q}$ 时,$f(x,y)=\dfrac{1}{q_x}+\dfrac{1}{q_y}\geqslant\dfrac{1}{q_y}$;当 $x,y\in[0,1]$ 且 $y\in\mathbf{Q},x\notin\mathbf{Q}$ 时,$f(x,y)=0$.

对任意取定 $y\in[0,1]$,考虑区间$[0,1]$上的分割 T_1,有

$$
\sum_i\tilde{\omega}_i\Delta x_i\geqslant\sum_i\frac{1}{q_y}\Delta x_i=\frac{1}{q_y},
$$

其中 $\tilde{\omega}_i$ 为 $f(x,y)$关于 x 在 T_1 分割$[0,1]$得到的小区间$[x_{i-1},x_i]$上的振幅.

此即表明,积分$\int_0^1 f(x,y)\mathrm{d}x$ 不存在,从而逐次积分$\int_0^1\mathrm{d}y\int_0^1 f(x,y)\mathrm{d}x$ 不存在.

同理,逐次积分$\int_0^1\mathrm{d}x\int_0^1 f(x,y)\mathrm{d}y$ 也不存在. □

例 12.1.4 试计算二重积分 $I=\iint_D xy\,\mathrm{d}\sigma$,其中 D 为抛物线 $y^2=x$ 与直线 $y=x-2$ 所围

区域.

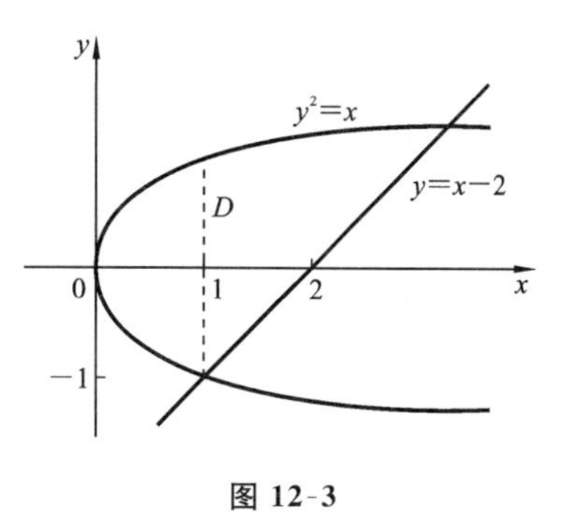

图 12-3

解　方法 1. 如图 12-3，区域 D 可表为两个 x 型区域 D_1，D_2 的并集，其中

$$D_1:\begin{cases}0\leqslant x\leqslant 1,\\-\sqrt{x}\leqslant y\leqslant\sqrt{x},\end{cases}\quad D_2:\begin{cases}1\leqslant x\leqslant 4,\\x-2\leqslant y\leqslant\sqrt{x},\end{cases}$$

从而二重积分可化为逐次积分

$$I=\int_0^1\mathrm{d}x\int_{-\sqrt{x}}^{\sqrt{x}}xy\,\mathrm{d}y+\int_1^4\mathrm{d}x\int_{x-2}^{\sqrt{x}}xy\,\mathrm{d}y=0+\int_1^4\left(\frac{x}{2}y^2\Big|_{x-2}^{\sqrt{x}}\right)\mathrm{d}x$$
$$=\int_1^4\left(-\frac{x^3}{2}+\frac{5x^2}{2}-2x\right)\mathrm{d}x=\frac{45}{8}.$$

方法 2. 将 D 表为 y 型区域 $D:\begin{cases}-1\leqslant y\leqslant 2,\\y^2\leqslant x\leqslant y+2,\end{cases}$ 从而二重积分可化为逐次积分

$$I=\int_{-1}^2\mathrm{d}y\int_{y^2}^{y+2}xy\,\mathrm{d}x=\int_{-1}^2\left(\frac{1}{2}yx^2\Big|_{y^2}^{y+2}\right)\mathrm{d}y=\frac{1}{2}\int_{-1}^2y[(y+2)^2-y^4]\mathrm{d}y=\frac{45}{8}.$$ □

例 12.1.5　试求下列二重积分：

(1) $I=\iint\limits_D\frac{\sin y}{y}\mathrm{d}x\mathrm{d}y$，其中 D 为 $y=x$ 与 $y^2=x$ 所围区域；

(2) $I=\iint\limits_D\mathrm{e}^{-y^2}\mathrm{d}x\mathrm{d}y$，其中 D 为 $x=0$，$y=1$，$y=x$ 所围区域.

解　(1) 由于不定积分 $\int\frac{\sin y}{y}\mathrm{d}y$ 不能用初等函数表示，应该选择先 x 后 y 的逐次积分顺序. 为此，将 D 表示为 y 型区域 $D:\begin{cases}0\leqslant y\leqslant 1,\\y^2\leqslant x\leqslant y,\end{cases}$ 使得

$$I=\int_0^1\mathrm{d}y\int_{y^2}^{y}\frac{\sin y}{y}\mathrm{d}x=\int_0^1\frac{\sin y}{y}(y-y^2)\mathrm{d}y=1-\sin 1.$$

(2) 由于不定积分 $\int\mathrm{e}^{-y^2}\mathrm{d}y$ 不能用初等函数表示，应该选择先 x 后 y 的逐次积分顺序. 为此，将 D 表示为 y 型区域 $D:\begin{cases}0\leqslant y\leqslant 1,\\0\leqslant x\leqslant y,\end{cases}$ 使得

$$I=\int_0^1\mathrm{d}y\int_0^y\mathrm{e}^{-y^2}\mathrm{d}x=\int_0^1y\mathrm{e}^{-y^2}\mathrm{d}y=\frac{1}{2}(1-\mathrm{e}^{-1}).$$ □

这些例子都表明，二重积分在直角坐标系下化为逐次积分时的顺序十分关键，应根据问题的特点灵活选择积分顺序.

例 12.1.6　试交换下列逐次积分的顺序：

(1) $I=\int_0^a\mathrm{d}x\int_x^{2x}f(x,y)\mathrm{d}y$；　　(2) $I=\int_{-1}^1\mathrm{d}x\int_{-\sqrt{1-x^2}}^{1-x^2}f(x,y)\mathrm{d}y$；

(3) $I=\int_0^1\mathrm{d}x\int_0^{2x^2}f(x,y)\mathrm{d}y+\int_1^3\mathrm{d}x\int_0^{3-x}f(x,y)\mathrm{d}y$.

解　(1) 将逐次积分 $\int_0^a\mathrm{d}x\int_x^{2x}f(x,y)\mathrm{d}y$ 化为二重积分

$$I=\iint\limits_D f(x,y)\mathrm{d}x\mathrm{d}y,$$

其中 D 为 x 型区域 $D:\begin{cases}0\leqslant x\leqslant a,\\ x\leqslant y\leqslant 2x.\end{cases}$

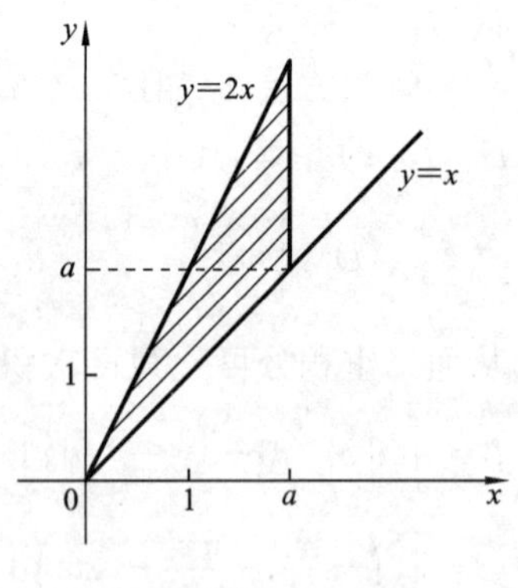

图 12-4

如图 12-4,将 D 表示为 y 型区域 $D_1\cup D_2$,其中

$$D_1:\begin{cases}0\leqslant y\leqslant a,\\ \frac{y}{2}\leqslant x\leqslant y,\end{cases}\quad D_2:\begin{cases}a\leqslant y\leqslant 2a,\\ \frac{y}{2}\leqslant x\leqslant a,\end{cases}$$

从而有

$$I=\int_0^a\mathrm{d}y\int_{\frac{y}{2}}^{y}f(x,y)\mathrm{d}x+\int_a^{2a}\mathrm{d}y\int_{\frac{y}{2}}^{a}f(x,y)\mathrm{d}x.$$

(2) 将逐次积分 $\int_{-1}^{1}\mathrm{d}x\int_{-\sqrt{1-x^2}}^{1-x^2}f(x,y)\mathrm{d}y$ 化为二重积分 $I=\iint\limits_D f(x,y)\mathrm{d}x\mathrm{d}y$,其中 D 为 x 型区域

$$D:\begin{cases}-1\leqslant x\leqslant 1,\\ -\sqrt{1-x^2}\leqslant y\leqslant 1-x^2.\end{cases}$$

如图 12-5,将 D 表示为 y 型区域 $D_1\cup D_2$,其中

$$D_1:\begin{cases}0\leqslant y\leqslant 1,\\ -\sqrt{1-y}\leqslant x\leqslant\sqrt{1-y},\end{cases}\quad D_2:\begin{cases}-1\leqslant y\leqslant 0,\\ -\sqrt{1-y^2}\leqslant x\leqslant\sqrt{1-y^2},\end{cases}$$

从而有

$$I=\int_0^1\mathrm{d}y\int_{-\sqrt{1-y}}^{\sqrt{1-y}}f(x,y)\mathrm{d}x+\int_{-1}^{0}\mathrm{d}y\int_{-\sqrt{1-y^2}}^{\sqrt{1-y^2}}f(x,y)\mathrm{d}x.$$

(3) 将逐次积分 $\int_0^1\mathrm{d}x\int_0^{2x^2}f(x,y)\mathrm{d}y+\int_1^3\mathrm{d}x\int_0^{3-x}f(x,y)\mathrm{d}y$ 化为二重积分

$$I=\iint\limits_D f(x,y)\mathrm{d}x\mathrm{d}y,$$

其中 D 为 x 型区域 $D_1\cup D_2$,

$$D_1:\begin{cases}0\leqslant x\leqslant 1,\\ 0\leqslant y\leqslant 2x^2,\end{cases}\quad D_2:\begin{cases}1\leqslant x\leqslant 3,\\ 0\leqslant y\leqslant 3-x.\end{cases}$$

如图 12-6,将 D 表为 y 型区域 $D:\begin{cases}0\leqslant y\leqslant 2,\\ \sqrt{\frac{y}{2}}\leqslant x\leqslant 3-y,\end{cases}$ 从而有

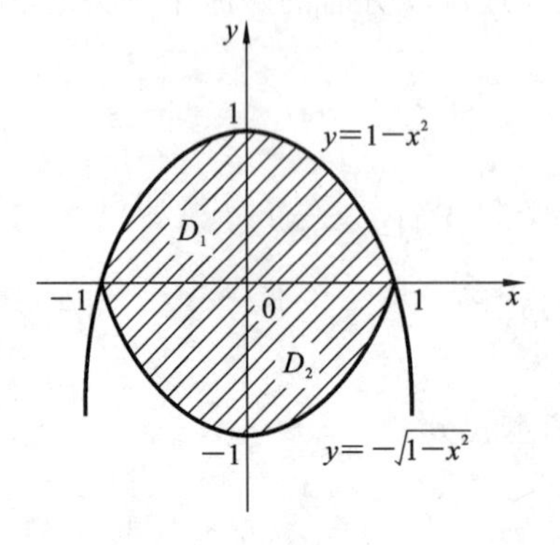

图 12-5

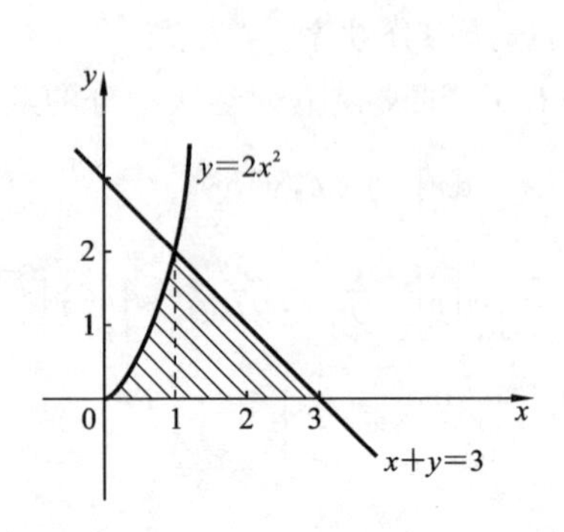

图 12-6

$$I=\int_0^2 \mathrm{d}y\int_{\sqrt{\frac{y}{2}}}^{3-y} f(x,y)\,\mathrm{d}x.$$ □

例 12.1.7　试求下列二重积分：

(1) $I=\iint\limits_D y[1+x\mathrm{e}^{\max(x^2,y^2)}]\mathrm{d}x\mathrm{d}y$，其中 D 由 $y=-1$，$x=1$，$y=x$ 围成；

(2) $I=\iint\limits_D x\ln(y+\sqrt{1+y^2})\mathrm{d}x\mathrm{d}y$，其中 D 由 $y=4-x^2$，$y=-3x$，$x=1$ 围成.

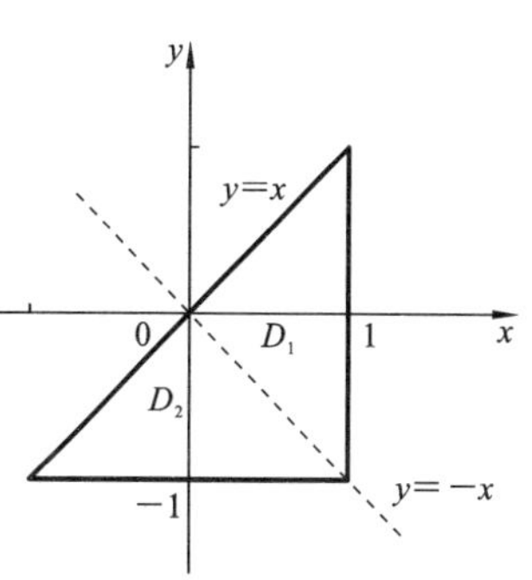

图 12-7

解　(1) 注意到区域 D 关于直线 $y=-x$ 对称(图 12-7)，令 $D=D_1\cup D_2$，其中 $D_1:\begin{cases}0\leqslant x\leqslant 1,\\ -x\leqslant y\leqslant x,\end{cases}$　$D_2:\begin{cases}-1\leqslant y\leqslant 0,\\ y\leqslant x\leqslant -y.\end{cases}$

记 $f(x,y)=y[1+x\mathrm{e}^{\max(x^2,y^2)}]$，则有 $f(x,y)$ 关于 y 为奇函数，又 $xy\mathrm{e}^{\max(x^2,y^2)}$ 关于 x 为奇函数. 考虑 D_1 关于 x 轴对称，D_2 关于 y 轴对称，从而有

$$\iint\limits_{D_1} f(x,y)\mathrm{d}x\mathrm{d}y=0,\quad \iint\limits_{D_2} xy\,\mathrm{e}^{\max(x^2,y^2)}\mathrm{d}x\mathrm{d}y=0.$$

于是，可得

$$\begin{aligned}I&=\iint\limits_D f(x,y)\mathrm{d}x\mathrm{d}y\\&=\iint\limits_{D_1} f(x,y)\mathrm{d}x\mathrm{d}y+\iint\limits_{D_2} f(x,y)\mathrm{d}x\mathrm{d}y\\&=\iint\limits_{D_2} f(x,y)\mathrm{d}x\mathrm{d}y=\iint\limits_{D_2} y\mathrm{d}x\mathrm{d}y\\&=\int_{-1}^0 y\mathrm{d}y\int_y^{-y}\mathrm{d}x=-\frac{2}{3}.\end{aligned}$$

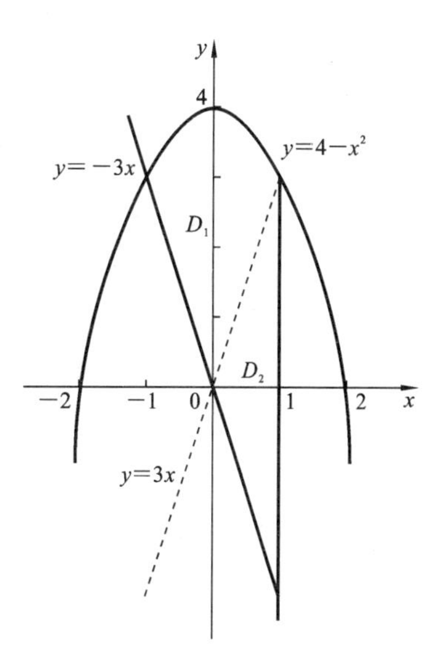

图 12-8

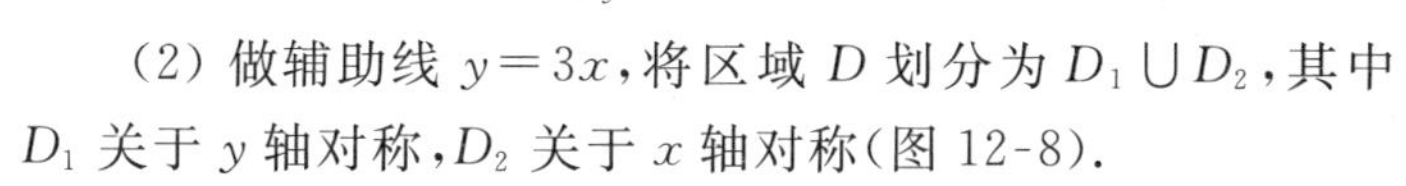

(2) 做辅助线 $y=3x$，将区域 D 划分为 $D_1\cup D_2$，其中 D_1 关于 y 轴对称，D_2 关于 x 轴对称(图 12-8).

又被积函数 $f(x,y)=x\ln(y+\sqrt{1+y^2})$ 关于 x,y 分别都是奇函数，即

$$f(x,-y)=-f(x,y),\quad f(-x,y)=-f(x,y),$$

从而由对称性，有

$$I=\iint\limits_{D_1} f(x,y)\mathrm{d}x\mathrm{d}y+\iint\limits_{D_2} f(x,y)\mathrm{d}x\mathrm{d}y=0.$$ □

例 12.1.8　设函数 $f(x)$ 在区间 $[0,+\infty)$ 上连续，试证明

$$\int_0^x \mathrm{d}t\int_0^t f(u)\mathrm{d}u=\int_0^x f(t)(x-t)\mathrm{d}t.$$

证　方法 1. 由分部积分法，可得

$$\begin{aligned}\int_0^x \mathrm{d}t\int_0^t f(u)\mathrm{d}u&=\left[t\int_0^t f(u)\mathrm{d}u\right]_0^x-\int_0^x tf(t)\mathrm{d}t=x\int_0^x f(t)\mathrm{d}t-\int_0^x tf(t)\mathrm{d}t\\&=\int_0^x (x-t)f(t)\mathrm{d}t.\end{aligned}$$

方法 2. 考虑交换逐次积分顺序，可得

$$\int_0^x \mathrm{d}t\int_0^t f(u)\mathrm{d}u = \int_0^x \mathrm{d}u\int_u^x f(u)\mathrm{d}t = \int_0^x f(u)(x-u)\mathrm{d}u.$$

方法 3. 令 $F(x) = \int_0^x f(u)(x-u)\mathrm{d}u - \int_0^x \mathrm{d}u\int_0^u f(t)\mathrm{d}t$,则有 $F(0)=0$,且

$$F'(x) = \int_0^x f(u)\mathrm{d}u - \int_0^x f(t)\mathrm{d}t = 0.$$

此即有 $F(x)\equiv 0, \forall x\in[0,+\infty)$,亦即

$$\int_0^x \mathrm{d}t\int_0^t f(u)\mathrm{d}u = \int_0^x f(t)(x-t)\mathrm{d}t. \qquad \square$$

12.1.4 二重积分的变量变换

计算定积分时,换元积分法是一种十分有效的工具.设函数 $f(x)$ 在区间 $[a,b]$ 上连续,又函数 $x=\varphi(t)$ 在区间 $[\alpha,\beta]$ 上严格单调且连续可微,记 $X=[a,b]$, $Y=\varphi^{-1}(X)$,则有

$$\int_X f(x)\mathrm{d}x = \int_{\varphi^{-1}(X)} f(\varphi(t))\ |\ \varphi'(t)\ |\ \mathrm{d}t.$$

这里 $|\varphi'(t)|$ 的存在直接地改变了积分表达式的结构,使得积分简便可行;其本质上却反映的是变换的尺度变化,这十分关键.

事实上,计算重积分也有类似的情形.

定理 12.1.6 设变换 $T:\begin{cases}x=x(u,v)\\ y=y(u,v)\end{cases}$ 将 uOv 平面上分段光滑曲线所围区域 Δ 一对一地映射成 xOy 平面上的闭区域 D,又函数 $x(u,v)$, $y(u,v)$ 在 Δ 内分别具有一阶连续偏导,且其对应的 Jacobi 行列式 $J(u,v)=\begin{vmatrix}x_u & x_v\\ y_u & y_v\end{vmatrix}\neq 0, \forall (u,v)\in\Delta$,则有区域 D 的面积为

$$\mu(D) = \iint_{\Delta} |\ J(u,v)\ |\ \mathrm{d}u\mathrm{d}v,$$

其中 $J(u,v)$ 刻画了变换 T 作用下的面积变化尺度.

定理的证明比较烦琐,这里仅介绍其推导思路.注意到变换 T 通过连续可微函数 $x=x(u,v)$, $y=y(u,v)$ 建立了区域 Δ 与区域 D 之间的一一对应关系.

在 Δ 中任取一小矩形(面积微元),记顶点坐标为

$$M'(u,v), N'(u+\mathrm{d}u,v), P'(u+\mathrm{d}u,v+\mathrm{d}v), Q'(u,v+\mathrm{d}v),$$

其面积为 $\mathrm{d}u\mathrm{d}v$.记变换 T 将该小矩形变为 D 中曲边四边形 $MNPQ$(面积微元),如图 12-9.

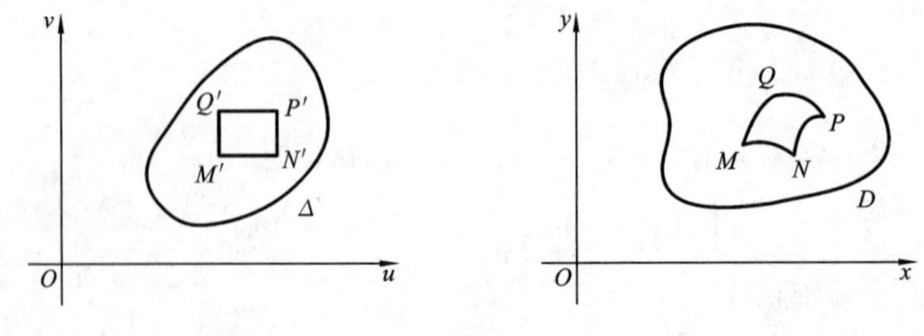

图 12-9

当 $\mathrm{d}u$, $\mathrm{d}v$ 充分小时,曲边四边形 $MNPQ$ 的面积可以近似用 $|\boldsymbol{MN}\times\boldsymbol{MQ}|$ 刻画.又由

$$\boldsymbol{MN}=[x(u+\mathrm{d}u,v)-x(u,v)]\boldsymbol{i}+[y(u+\mathrm{d}u,v)-y(u,v)]\boldsymbol{j},$$

$$\boldsymbol{MQ}=[x(u,v+\mathrm{d}v)-x(u,v)]\boldsymbol{i}+[y(u,v+\mathrm{d}v)-y(u,v)]\boldsymbol{j},$$

考虑微分近似，即有

$$\boldsymbol{MN}\approx(x_u\mathrm{d}u)\boldsymbol{i}+(y_u\mathrm{d}u)\boldsymbol{j},\quad \boldsymbol{MQ}\approx(x_v\mathrm{d}v)\boldsymbol{i}+(y_v\mathrm{d}v)\boldsymbol{j},$$

从而有

$$\begin{aligned}|\boldsymbol{MN}\times\boldsymbol{MQ}|\approx\mathrm{d}\sigma&=|(x_u\mathrm{d}u,y_u\mathrm{d}u,0)\times(x_v\mathrm{d}v,y_v\mathrm{d}v,0)|\\&=\left\|\begin{matrix}x_u & x_v\\ y_u & y_v\end{matrix}\right\|\mathrm{d}u\mathrm{d}v.\end{aligned}$$

此即有

$$\mu(D)=\iint_D\mathrm{d}\sigma=\iint_\Delta|J(u,v)|\,\mathrm{d}u\mathrm{d}v.$$

定理 12.1.7　设 Δ 和 D 分别为 uOv 平面和 xOy 平面上边界分段光滑的闭区域，变换 $T:\begin{cases}x=x(u,v)\\ y=y(u,v)\end{cases}$ 是从 Δ 到 D 的连续可微的一一映射，即函数 $x(u,v)$，$y(u,v)$ 在 Δ 内有连续一阶偏导，且

$$J(u,v)=\begin{vmatrix}x_u & x_v\\ y_u & y_v\end{vmatrix}\neq 0,\quad \forall\,(u,v)\in\Delta,$$

则对 D 上任意的可积函数 $f(x,y)$，有

$$\iint_D f(x,y)\mathrm{d}x\mathrm{d}y=\iint_\Delta f(x(u,v),y(u,v))\,|J(u,v)|\,\mathrm{d}u\mathrm{d}v.$$

证　令 $T_1=\{D_1,D_2,\cdots,D_n\}$ 为区域 D 的一个分割，对 $\forall\,(\xi_i,\eta_i)\in D_i$，记 $\Delta\sigma_i=\mu(D_i)$ 为 D_i 的面积，d_i 为 D_i 的直径，$\|T_1\|=\max\limits_{1\leqslant i\leqslant n}d_i$，则有

$$\iint_D f(x,y)\mathrm{d}x\mathrm{d}y=\lim_{\|T_1\|\to 0}\sum_{i=1}^n f(\xi_i,\eta_i)\Delta\sigma_i.$$

令 $T_2=\{\Delta_1,\Delta_2,\cdots,\Delta_n\}$ 为区域 Δ 在变换 T 下的相应分割，且

$$\begin{cases}\xi_i=x(u_i,v_i),\\ \eta_i=y(u_i,v_i),\end{cases}\quad (u_i,v_i)\in\Delta_i,$$

则对应地可得

$$\begin{aligned}\sum_{i=1}^n f(\xi_i,\eta_i)\Delta\sigma_i&=\sum_{i=1}^n f(x(u_i,v_i),y(u_i,v_i))\iint_{\Delta_i}|J(u,v)|\,\mathrm{d}u\mathrm{d}v\\&=\sum_{i=1}^n f(x(u_i,v_i),y(u_i,v_i))\,|J(\bar{u}_i,\bar{v}_i)|\,\Delta\sigma'_i\\&\xrightarrow[\|T_2\|\to 0]{}\iint_\Delta f(x(u,v),y(u,v))\,|J(u,v)|\,\mathrm{d}u\mathrm{d}v,\end{aligned}$$

其中，中值点 $(\bar{u}_i,\bar{v}_i)\in\Delta_i$，$\Delta\sigma'_i=\mu(\Delta_i)$ 为 Δ_i 的面积.

此即有

$$\iint_D f(x,y)\mathrm{d}x\mathrm{d}y=\iint_\Delta f(x(u,v),y(u,v))\,|J(u,v)|\,\mathrm{d}u\mathrm{d}v.$$ □

例 12.1.9　试求下列二重积分：

(1) $I=\iint_D(x-y^2)\mathrm{e}^y\mathrm{d}x\mathrm{d}y$，其中 D 为 $y=2$，$y^2-y-x=0$，$y^2+2y-x=0$ 所围区域；

(2) $I=\iint_D|3x+4y|\,\mathrm{d}x\mathrm{d}y$，其中 D 为单位圆 $x^2+y^2\leqslant 1$.

解 (1) 令 $u=y^2-x, v=y$,则有变换 $T:\begin{cases}x=v^2-u,\\ y=v,\end{cases}$ 其对应的 Jacobi 行列式为

$$J(u,v)=\begin{vmatrix}-1 & 2v\\ 0 & 1\end{vmatrix}=-1\neq 0.$$

又此变换将 D 变为 $\Delta:\begin{cases}0\leqslant v\leqslant 2,\\ -2v\leqslant u\leqslant v,\end{cases}$ 从而有

$$\begin{aligned}I&=\iint\limits_D (x-y^2)\mathrm{e}^y\mathrm{d}x\mathrm{d}y=\iint\limits_\Delta(-u)\mathrm{e}^v\ |J(u,v)|\ \mathrm{d}u\mathrm{d}v\\ &=\int_0^2\mathrm{d}v\int_{-2v}^{v}-u\mathrm{e}^v\mathrm{d}u=\int_0^2\frac{3}{2}v^2\mathrm{e}^v\mathrm{d}v=3(\mathrm{e}^2-1).\end{aligned}$$

(2) 由于直线 $3x+4y=0$ 与 $3y-4x=0$ 垂直,令 $u=3x+4y, v=-4x+3y$,则有变换 $T:\begin{cases}x=\dfrac{1}{25}(3u-4v),\\ y=\dfrac{1}{25}(4u+3v),\end{cases}$ 其对应的 Jacobi 行列式为

$$J(u,v)=\begin{vmatrix}\dfrac{3}{25} & \dfrac{-4}{25}\\ \dfrac{4}{25} & \dfrac{3}{25}\end{vmatrix}=\frac{1}{25}.$$

又此变换将 D 变为 $\Delta:u^2+v^2\leqslant 25$,从而有

$$\begin{aligned}I&=\iint\limits_D|3x+4y|\mathrm{d}x\mathrm{d}y=\iint\limits_\Delta|u|\frac{1}{25}\mathrm{d}u\mathrm{d}v=\frac{1}{25}\int_{-5}^{5}|u|\mathrm{d}u\int_{-\sqrt{25-u^2}}^{\sqrt{25-u^2}}\mathrm{d}v\\ &=\frac{2}{25}\int_{-5}^{5}|u|\sqrt{25-u^2}\mathrm{d}u=\frac{4}{25}\int_0^5 u\sqrt{25-u^2}\mathrm{d}u=\frac{20}{3}.\end{aligned}$$ □

例 12.1.10 设函数 $f(x)$在区间$[1,2]$上可积分,又区域 D 为曲线 $xy=1, xy=2, y=x$, $y=4x$ 所围成区域在第一象限的部分,则有

$$\iint\limits_D f(\sqrt{xy})\mathrm{d}x\mathrm{d}y=\ln 2\int_1^2 f(\sqrt{t})\mathrm{d}t.$$

证 由函数 $f(x)$在区间$[1,2]$上可积分,又 $\sqrt{xy}$在区域 D 上有连续偏导,从而有$f(\sqrt{xy})$在 D 上可积分.

令 $t=xy, s=\dfrac{y}{x}$,则有变换 $T:\begin{cases}x=t^{\frac{1}{2}}s^{-\frac{1}{2}},\\ y=t^{\frac{1}{2}}s^{\frac{1}{2}},\end{cases}$ 其 Jacobi 行列式

$$J(t,s)=\frac{1}{2s},\quad \forall\,(t,s)\in\Delta.$$

这里变换 T 将 D 变为区域$\Delta:\begin{cases}1\leqslant t\leqslant 2,\\ 1\leqslant s\leqslant 4,\end{cases}$ 从而有

$$\iint\limits_D f(\sqrt{xy})\mathrm{d}x\mathrm{d}y=\iint\limits_\Delta f(\sqrt{t})\frac{1}{2s}\mathrm{d}s\mathrm{d}t=\int_1^2 f(\sqrt{t})\mathrm{d}t\int_1^4\frac{\mathrm{d}s}{2\mathrm{s}}=\ln 2\int_1^2 f(\sqrt{t})\mathrm{d}t.$$ □

当积分区域 D 的边界或被积函数 $f(x,y)$的表达式含有 x^2+y^2 或$\dfrac{y}{x}$时,考虑特别的极坐标变换 $x=r\cos\theta, y=r\sin\theta$ 可能会给二重积分的计算带来便利. 然而,由于

$$J(r,\theta)=\begin{vmatrix}\cos\theta & -r\sin\theta\\ \sin\theta & r\cos\theta\end{vmatrix}=r,$$

可知极坐标变换不总是一一对应的. 比如,坐标原点(0,0)对应无穷多个不同的θ,x轴上每个点对应0和2π两个θ. 因此,若某平面区域D包含原点或与x正半轴相交,则不能直接用前面的换元积分公式,但是可以用"逼近"的方法来克服困难.

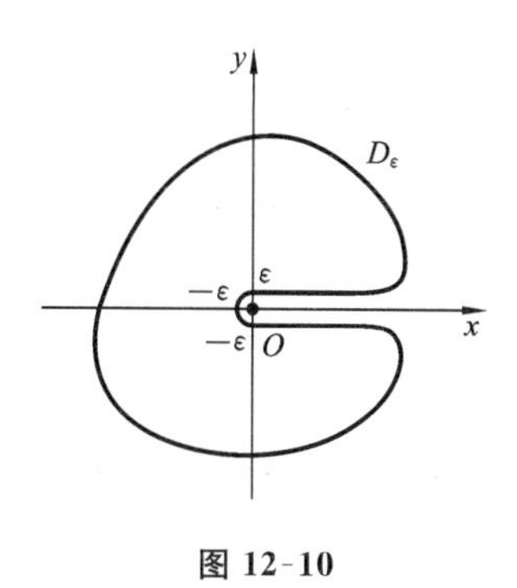

图 12-10

先从区域D中去掉原点和x正半轴的一个ε邻域,如图12-10,记所得区域为D_ε. 考虑变换$T:\begin{cases}x=r\cos\theta,\\ y=r\sin\theta,\end{cases}$其将$D_\varepsilon$与$ro\theta$平面上的区域$\Delta_\varepsilon$一一对应,且

$$\iint_{D_\varepsilon}f(x,y)\mathrm{d}x\mathrm{d}y=\iint_{\Delta_\varepsilon}f(r\cos\theta,r\sin\theta)r\mathrm{d}r\mathrm{d}\theta,$$

其中$\Delta_\varepsilon=\Delta\cap\{r\geqslant\varepsilon,\varepsilon\leqslant\theta\leqslant2\pi-\varepsilon\}$,$\Delta$为$D$在变换$T$下的对应区域.

再令$\varepsilon\to0$,由可积性,即有

$$\iint_{D}f(x,y)\mathrm{d}x\mathrm{d}y=\iint_{\Delta}f(r\cos\theta,r\sin\theta)r\mathrm{d}r\mathrm{d}\theta.$$

二重积分$\iint\limits_D f(x,y)\mathrm{d}\sigma$在极坐标下,通常也是化为逐次积分进行计算. 若极点在区域D的外部,D可表示为θ型区域:$\begin{cases}\alpha\leqslant\theta\leqslant\beta,\\ r_1(\theta)\leqslant r\leqslant r_2(\theta),\end{cases}$从而积分化为

$$\iint_D f(x,y)\mathrm{d}\sigma=\int_\alpha^\beta\mathrm{d}\theta\int_{r_1(\theta)}^{r_2(\theta)}f(r\cos\theta,r\sin\theta)r\mathrm{d}r.$$

若极点在区域D的内部,D可表示为θ型区域:$\begin{cases}0\leqslant\theta\leqslant2\pi,\\ 0\leqslant r\leqslant r(\theta),\end{cases}$从而积分化为

$$\iint_D f(x,y)\mathrm{d}\sigma=\int_0^{2\pi}\mathrm{d}\theta\int_0^{r(\theta)}f(r\cos\theta,r\sin\theta)r\mathrm{d}r.$$

若极点在区域D的边界上,D可表示为θ型区域:$\begin{cases}\alpha\leqslant\theta\leqslant\beta,\\ 0\leqslant r\leqslant r(\theta),\end{cases}$从而积分化为

$$\iint_D f(x,y)\mathrm{d}\sigma=\int_\alpha^\beta\mathrm{d}\theta\int_0^{r(\theta)}f(r\cos\theta,r\sin\theta)r\mathrm{d}r.$$

例 12.1.11　试求二重积分$I=\iint\limits_D x^2\mathrm{d}x\mathrm{d}y$,其中$D$是椭圆域$\dfrac{x^2}{a^2}+\dfrac{y^2}{b^2}\leqslant1(a,b>0)$.

解　令$x=ar\cos\theta,y=br\sin\theta$,此广义极坐标变换将区域$D$变为$\Delta:\begin{cases}0\leqslant r\leqslant1,\\ 0\leqslant\theta\leqslant2\pi,\end{cases}$且其对应的Jacobi行列式$J=abr$. 从而,有

$$I=a^3b\iint_\Delta r^3\cos^2\theta\mathrm{d}r\mathrm{d}\theta=a^3b\int_0^{2\pi}\cos^2\theta\mathrm{d}\theta\int_0^1r^3\mathrm{d}r=\frac{a^3b}{4}\pi.$$

显然,由轮换对称性,也有

$$\iint_D y^2\mathrm{d}x\mathrm{d}y=\frac{ab^3}{4}\pi.$$

□

例 12.1.12　试求双纽线$(x^2+y^2)^2=2a^2(x^2-y^2)(a>0)$所围区域$D$的面积.

解 令 $x=r\cos\theta, y=r\sin\theta$，则双纽线方程为 $r^2=2a^2\cos2\theta$，由此即有所围区域 D 关于 x，y 轴都是对称的.

因此，只考虑右半部分 D_1 的面积. 又令 $r=0$，有 $\theta=\pm\frac{\pi}{4}$. 从而，有

$$\mu(D)=2\iint_{D_1}\mathrm{d}x\mathrm{d}y=2\int_{-\frac{\pi}{4}}^{\frac{\pi}{4}}\mathrm{d}\theta\int_0^{a\sqrt{2\cos2\theta}}r\mathrm{d}r=2a^2\int_{-\frac{\pi}{4}}^{\frac{\pi}{4}}\cos2\theta\mathrm{d}\theta=2a^2. \quad \square$$

例 12.1.13 试证明积分等式：$\int_0^{+\infty}\mathrm{e}^{-x^2}\mathrm{d}x=\frac{\sqrt{\pi}}{2}$.

证 令 $I_a=\int_0^a\mathrm{e}^{-x^2}\mathrm{d}x\ (a>0)$，则有

$$I_a^2=\int_0^a\mathrm{e}^{-x^2}\mathrm{d}x\int_0^a\mathrm{e}^{-y^2}\mathrm{d}y=\iint_{D_a}\mathrm{e}^{-x^2-y^2}\mathrm{d}x\mathrm{d}y,$$

其中 $D_a=[0,a]\times[0,a]$.

又令 S_a 为半径为 a 的四分之一圆盘：$x^2+y^2\leqslant a^2, x\geqslant0, y\geqslant0$，则有

$$S_a\subseteq D_a\subseteq S_{\sqrt{2}a}.$$

因此，有 $J_a\leqslant I_a^2\leqslant J_{\sqrt{2}a}$，其中

$$J_a=\iint_{S_a}\mathrm{e}^{-x^2-y^2}\mathrm{d}x\mathrm{d}y.$$

对于 J_a，考虑极坐标变换 $x=r\cos\theta, y=r\sin\theta$，则有

$$J_a=\int_0^{\pi/2}\mathrm{d}\theta\int_0^a\mathrm{e}^{-r^2}r\mathrm{d}r=\frac{\pi}{4}(1-\mathrm{e}^{-a^2}),$$

从而有

$$J_{\sqrt{2}a}=\frac{\pi}{4}(1-\mathrm{e}^{-2a^2}).$$

由 $\frac{\pi}{4}(1-\mathrm{e}^{-a^2})\leqslant I_a^2\leqslant\frac{\pi}{4}(1-\mathrm{e}^{-2a^2})$，两边令 $a\to+\infty$ 取极限，即有

$$\lim_{a\to+\infty}I_a^2=\frac{\pi}{4},\quad I=\frac{\sqrt{\pi}}{2}. \quad \square$$

习题 12.1

习　题　12.1

1. 试估计下列二重积分的值：

(1) $\iint_D xy(x+y)\mathrm{d}x\mathrm{d}y$，其中 D 为闭矩形区域 $[0,1]\times[0,1]$；

(2) $\iint_D\frac{\mathrm{d}x\mathrm{d}y}{100+\cos^2x+\cos^2y}$，其中 D 为区域 $\{(x,y)\mid |x|+|y|\leqslant10\}$；

(3) $\iint_D[\sin x^2+\cos y^2]\mathrm{d}x\mathrm{d}y$，其中 D 为闭矩形区域 $[0,1]\times[0,1]$；

(4) $\iint_D\cos(xy)^2\mathrm{d}x\mathrm{d}y$，其中 D 为闭矩形区域 $[0,1]\times[0,1]$；

(5) $\iint_D(x^2+y^2+4\sqrt{|xy|})\mathrm{d}x\mathrm{d}y$，其中 D 为区域 $\{(x,y)\mid |x|+|y|\leqslant1\}$.

2. 设函数 $f(x)$，$g(x)$ 分别在区间 $[a,b]$，$[c,d]$ 上可积分，试证明二元函数 $F(x,y)=f(x)g(y)$ 在区域 $D=[a,b]\times[c,d]$ 上可积分，且

$$\iint_D f(x)g(y)\mathrm{d}x\mathrm{d}y=\left(\int_a^b f(x)\mathrm{d}x\right)\left(\int_c^d g(y)\mathrm{d}y\right).$$

3. 若二元函数 $f(x,y)$ 定义于区域 $D=[0,1]\times[0,1]$ 上，且

$$f(x,y)=\begin{cases}1, & (x,y)\in D, x\in\mathbf{Q}, y\in\mathbf{Q}, q_x=q_y,\\ 0, & \text{其他},\end{cases}$$

其中 q_x，q_y 分别为 x，y，表示为既约分数时的分母．试证明：$f(x,y)$ 在 D 上的二重积分不存在，但两个逐次积分存在．

4. 试改变下列逐次积分的顺序：

(1) $\int_0^1 \mathrm{d}x\int_{x^3}^{x^2} f(x,y)\mathrm{d}y$；　　(2) $\int_0^{\frac{\pi}{2}}\mathrm{d}x\int_x^{\frac{\pi}{2}} x^2\sin y^2\mathrm{d}y$；

(3) $\int_0^{2a}\mathrm{d}x\int_{\sqrt{2ax-x^2}}^{\sqrt{2ax}} f(x,y)\mathrm{d}y$；　　(4) $\int_0^{2\pi}\mathrm{d}x\int_0^{\cos x} f(x,y)\mathrm{d}y$；

(5) $\int_0^1\mathrm{d}x\int_0^{x^2} f(x,y)\mathrm{d}y+\int_1^3\mathrm{d}x\int_0^{\frac{3-x}{2}} f(x,y)\mathrm{d}y$；

(6) $\int_1^3\mathrm{d}y\int_1^y f(x,y)\mathrm{d}x+\int_3^9\mathrm{d}y\int_{\frac{y}{3}}^3 f(x,y)\mathrm{d}x$.

5. 试计算下列二重积分：

(1) $\iint_D \sin^2 x\mathrm{d}x\mathrm{d}y$，其中 D 为由 $y=0$，$x=\sqrt{\dfrac{\pi}{2}}$，$y=x$ 所围区域；

(2) $\iint_D \dfrac{x^2}{y^2}\mathrm{d}x\mathrm{d}y$，其中 D 为由 $x=2$，$y=x$，$xy=1$ 所围区域；

(3) $\iint_D xy^2\mathrm{d}x\mathrm{d}y$，其中 D 为由 $y^2=2px$，$x=\dfrac{p}{3}(p>0)$ 所围区域；

(4) $\iint_D x^2y\cos(xy^2)\mathrm{d}x\mathrm{d}y$，其中 $D=\left\{(x,y)\,\middle|\,0\leqslant x\leqslant\dfrac{\pi}{2}, 0\leqslant y\leqslant 2\right\}$；

(5) $\iint_D \dfrac{y\mathrm{d}x\mathrm{d}y}{(1+x^2+y^2)^{\frac{3}{2}}}$，其中 $D=\{(x,y)\mid 0\leqslant x\leqslant 1, 0\leqslant y\leqslant 2\}$；

(6) $\iint_D y\mathrm{e}^x\mathrm{d}x\mathrm{d}y$，其中 $D=\{(x,y)\mid x^2+y^2\leqslant a^2, x\geqslant 0, y\geqslant 0, a>0\}$；

(7) $\iint_D \dfrac{\mathrm{d}x\mathrm{d}y}{\sqrt{2a-x}}$，其中 D 为由 $(x-a)^2+(y-a)^2=a^2(a>0)$，$x=0$，$y=0$ 所围在第一象限内的区域；

(8) $\iint_D \dfrac{\cos x}{\sqrt{1-y^2}}\mathrm{d}x\mathrm{d}y$，其中 D 为由 $y=\sin x$，$y=\sin 2x$ 在 $0\leqslant x\leqslant\dfrac{\pi}{3}$ 时所围区域；

(9) $\iint_D (x^2+y^2)\mathrm{d}x\mathrm{d}y$，其中 $D=\{(x,y)\mid |x|\leqslant 1, |y|\leqslant 1\}$；

(10) $\iint_D (x^2+y^2)\mathrm{d}x\mathrm{d}y$，其中 D 为由 $y=x$，$y=x+3$，$y=2$，$y=6$ 所围区域；

(11) $\iint_D \sin x\sin y\max(x,y)\mathrm{d}x\mathrm{d}y$，其中 $D=\{(x,y)\mid 0\leqslant x\leqslant\pi, 0\leqslant y\leqslant\pi\}$；

(12) $\iint\limits_D \sin y \cdot [3+x^3 e^{\frac{1}{2}(x^2+y^2)}]\mathrm{d}x\mathrm{d}y$,其中 D 为由 $y=x, y=\frac{\pi}{2}, x=-\frac{\pi}{2}$ 所围区域.

6. 试计算下列二重积分:

(1) $\iint\limits_D |\sin(x-y)|\mathrm{d}x\mathrm{d}y$,其中 $D=\{(x,y)\mid 0\leqslant x\leqslant\pi, 0\leqslant y\leqslant\pi\}$;

(2) $\iint\limits_D \sqrt{|x-|y||}\mathrm{d}x\mathrm{d}y$,其中 $D=\{(x,y)\mid 0\leqslant x\leqslant 2, -1\leqslant y\leqslant 1\}$;

(3) $\iint\limits_D e^{\max(x^2,y^2)}\mathrm{d}x\mathrm{d}y$,其中 $D=\{(x,y)\mid 0\leqslant x\leqslant 1, 0\leqslant y\leqslant 1\}$;

(4) $\iint\limits_D \sqrt{[y-x^2]}\mathrm{d}x\mathrm{d}y$,其中 $D=\{(x,y)\mid 0\leqslant x\leqslant 1, x^2\leqslant y\leqslant 3\}$,$[\cdot]$ 为取整函数.

7. 试改变顺序计算下列逐次积分:

(1) $\int_0^1 \mathrm{d}x\int_x^1 e^{-y^2}\mathrm{d}y$;　　(2) $\int_0^\pi \mathrm{d}x\int_0^x \frac{\sin y}{\pi-y}\mathrm{d}y$;

(3) $\int_1^2 \mathrm{d}x\int_1^x \frac{\ln(1+xy)}{y}\mathrm{d}y+\int_2^4 \mathrm{d}x\int_1^{\frac{4}{x}} \frac{\ln(1+xy)}{y}\mathrm{d}y$;

(4) $\int_1^2 \mathrm{d}x\int_{\sqrt{x}}^x \sin\frac{\pi x}{2y}\mathrm{d}y+\int_2^4 \mathrm{d}x\int_{\sqrt{x}}^2 \sin\frac{\pi x}{2y}\mathrm{d}y$.

8. 试求下列极限:

(1) $\lim\limits_{\rho\to 0^+}\frac{1}{\pi\rho^2}\iint\limits_D e^{-xy}\cos(x+y)\mathrm{d}x\mathrm{d}y, D=\{(x,y)\mid x^2+y^2\leqslant\rho^2\}$;

(2) $\lim\limits_{\rho\to 0^+}\frac{1}{\pi\rho^2}\iint\limits_D e^{xy^2}\cos(x^2-y)\mathrm{d}x\mathrm{d}y, D=\{(x,y)\mid x^2+y^2\leqslant\rho^2\}$;

(3) $\lim\limits_{t\to 0^+}\frac{1}{t^4}\iint\limits_D yf(\sqrt{x^2+y^2})\mathrm{d}x\mathrm{d}y$,$f$ 连续可微且 $f(0)=0, D=\{(x,y)\mid x^2+y^2\leqslant 2tx\}$.

9. 试计算下列二重积分:

(1) $\iint\limits_D xye^{\sqrt{x^2+y^2}}\mathrm{d}x\mathrm{d}y$,其中 $D=\{(x,y)\mid 1\leqslant x^2+y^2\leqslant 4\}$;

(2) $\iint\limits_D \arctan\frac{y}{x}\mathrm{d}x\mathrm{d}y$,其中 $D=\{(x,y)\mid x^2+y^2\leqslant 1, 0\leqslant y\leqslant x\}$;

(3) $\iint\limits_D |xy|\mathrm{d}x\mathrm{d}y$,其中 $D=\{(x,y)\mid x^2+y^2\leqslant 9\}$;

(4) $\iint\limits_D \frac{x^3+y^3-3xy(x^2+y^2)}{(x^2+y^2)^{\frac{3}{2}}}\mathrm{d}x\mathrm{d}y$,其中 $D=\{(x,y)\mid x^2+y^2\leqslant 1\}$;

(5) $\iint\limits_D \sqrt{\frac{1-x^2-y^2}{1+x^2+y^2}}\mathrm{d}x\mathrm{d}y$,其中 $D=\{(x,y)\mid x^2+y^2\leqslant 1, x\geqslant 0\}$;

(6) $\iint\limits_D (x+2y)^2\mathrm{d}x\mathrm{d}y$,其中 $D=\{(x,y)\mid x^2+y^2\leqslant 2x+y\}$;

(7) $\iint\limits_D \sin\sqrt{|x|+|y|}\mathrm{d}x\mathrm{d}y$,其中 $D=\{(x,y)\mid |x|+|y|\leqslant\pi^2\}$;

(8) $\iint\limits_D e^{\frac{2x-y}{x+2y}}\mathrm{d}x\mathrm{d}y$,其中 D 为由 $x+2y=1, y=0, x=0$ 所围区域;

(9) $\iint\limits_D (x^2+y^2)\ln(1+xy)\mathrm{d}x\mathrm{d}y$，其中 D 由 $x^2-y^2=1, x^2-y^2=3, xy=-\dfrac{1}{2}, xy=1$ 所围在右半平面的区域.

10. 试证明下列命题：

(1) 若 $f(x)$ 为区间$[0,1]$上的连续函数，则有

$$\int_0^1 \mathrm{d}y\int_y^{\sqrt{y}} \mathrm{e}^y f(x)\mathrm{d}x = \int_0^1 (\mathrm{e}^x - \mathrm{e}^{x^2})f(x);$$

(2) 若 $f(x)$ 为 $\mathbf{R}$ 上连续函数，则对 $\forall x\in\mathbf{R}$，有

$$\int_0^x \mathrm{d}u\int_u^{2u} f(t)\mathrm{d}t = \frac{1}{2}\int_0^x tf(t)\mathrm{d}t + \int_x^{2x} f(t)\left(x-\frac{t}{2}\right)\mathrm{d}t;$$

(3) 若 $f(x)$ 为 $\mathbf{R}$ 上连续函数，则有

$$\int_a^b \mathrm{d}y\int_a^y (y-x)^n f(x)\mathrm{d}x = \frac{1}{n+1}\int_a^b (b-x)^{n+1} f(x)\mathrm{d}x;$$

(4) 若 $f(x)$ 在区间$[a,b]$上有二阶连续导数，$f(a)=f'(a)=0$，则有

$$\int_a^b (b-x)^3 f''(x)\mathrm{d}x = 6\int_a^b \mathrm{d}x\int_a^x f(y)\mathrm{d}y;$$

(5) 若二元函数 $z=f(x,y)$ 在区域 $D=\{(x,y)\mid x^2+y^2\leqslant a^2\}$ 上具有非负的一阶连续偏导，且在 D 的边界上处处为 0，则有

$$\left|\iint\limits_D f(x,y)\mathrm{d}x\mathrm{d}y\right| \leqslant \frac{1}{3}\pi a^3 \max_{(x,y)\in D}\sqrt{f_x^2+f_y^2}.$$

12.2　三重积分

对于分布在三维空间中可求体积的有界闭区域 Ω 上的非均匀分布量的求和问题，也应该按照“分割、近似、求和、取极限”的思路去解决. 比如，求有非均匀点密度 $\mu(x,y,z)$ 的空间立体 Ω 的质量，可将 Ω 任意分割成 n 个小块 $\Omega_1, \Omega_2, \cdots, \Omega_n$，在每小块上刻画近似质量 $\mu(\xi_i,\eta_i,\zeta_i)\Delta V_i$，其中$(\xi_i,\eta_i,\zeta_i)\in\Omega_i$ 为任取的点，ΔV_i 为 Ω_i 的体积. 令 d_i 为 Ω_i 的直径，$\|T\|=\max\limits_{1\leqslant i\leqslant n} d_i$，我们尝试以极限 $\lim\limits_{\|T\|\to 0}\sum\limits_{i=1}^n \mu(\xi_i,\eta_i,\zeta_i)\Delta V_i$ 表示该立体 Ω 的质量.

事实上，这种处理是本质的、科学的，将其抽象出来即有如下三重积分的定义. 类似地，也有相应的性质、计算方法与应用等.

12.2.1　三重积分的定义与性质

定义 12.2.1　若 $f(x,y,z)$ 为定义在三维空间中可求体积的有界闭区域 Ω 上的三元函数，J 是一个确定的数. 对 $\forall\varepsilon>0$，存在 $\delta>0$，使得对 Ω 的任何分割 T，只要分割细度 $\|T\|<\delta$，都有

$$\left|\sum_{i=1}^n f(\xi_i,\eta_i,\zeta_i)\Delta V_i - J\right| < \varepsilon,$$

其中 $\forall(\xi_i,\eta_i,\zeta_i)\in\Omega_i$，$\Delta V_i$ 为分割后小区域 Ω_i 的体积，d_i 为 Ω_i 的直径，$\|T\|=\max\limits_{1\leqslant i\leqslant n} d_i$，则称三元函数 $f(x,y,z)$ 在 Ω 上**可积分**(J 有限)，也称 J 为 $f(x,y,z)$ 在 Ω 上的**三重积分**，记作 $J=\iiint\limits_\Omega f(x,y,z)\mathrm{d}V$，即

$$\iiint\limits_{\Omega} f(x,y,z)\mathrm{d}V = \lim_{\|T\|\to 0}\sum_{i=1}^{n} f(\xi_i,\eta_i,\zeta_i)\Delta V_i.$$

通常,$f(x,y,z)$称为**被积函数**,Ω 称为**积分区域**,$\mathrm{d}V$ 称为**体积微元**.

定理 12.2.1 (1) 有界闭区域 Ω 上的连续函数 $f(x,y,z)$必可积.

(2) 若有界闭区域 Ω 上的有界函数 $f(x,y,z)$的间断点为零体积集,则 $f(x,y,z)$在 Ω 上可积分.

定理 12.2.2 (1) 若三元函数 $f(x,y,z)$与 $g(x,y,z)$在有界闭区域 Ω 上可积分,对 $\forall k,l\in\mathbf{R}$,则 $kf(x,y,z)+lg(x,y,z)$也在 Ω 上可积分,且

$$\iiint\limits_{\Omega}[kf(x,y,z)+lg(x,y,z)]\mathrm{d}V = k\iiint\limits_{\Omega} f(x,y,z)\mathrm{d}V + l\iiint\limits_{\Omega} g(x,y,z)\mathrm{d}V.$$

(2) 若三元函数 $f(x,y,z)$与 $g(x,y,z)$都在有界闭区域 Ω 上可积分,且 $f(x,y,z)\leqslant g(x,y,z)$,$\forall(x,y,z)\in\Omega$,则有

$$\iiint\limits_{\Omega} f(x,y,z)\mathrm{d}V \leqslant \iiint\limits_{\Omega} g(x,y,z)\mathrm{d}V.$$

(3) 若有界闭区域 $\Omega=\Omega_1\cup\Omega_2$,其中 Ω_1 和 Ω_2 都为具有连续边界的有界闭区域,且没有公共内点.又三元函数 $f(x,y,z)$在 Ω_1 与 Ω_2 都可积分,则 $f(x,y,z)$也在 Ω 上可积分,且

$$\iiint\limits_{\Omega} f(x,y,z)\mathrm{d}V = \iiint\limits_{\Omega_1} f(x,y,z)\mathrm{d}V + \iiint\limits_{\Omega_2} f(x,y,z)\mathrm{d}V.$$

(4) 若三元函数 $f(x,y,z)$与 $g(x,y,z)$都在有界闭区域 Ω 上可积分,且 $g(x,y,z)$在 Ω 上不变号,则 $f(x,y,z)g(x,y,z)$也在 Ω 上可积分,且存在$(\xi,\eta,\zeta)\in\Omega$,使得

$$\iiint\limits_{\Omega} f(x,y,z)g(x,y,z)\mathrm{d}V = f(\xi,\eta,\zeta)\iiint\limits_{\Omega} g(x,y,z)\mathrm{d}V.$$

三重积分具有与二重积分相应的可积性条件及积分运算性质等.事实上,可以类似地刻画 n 维空间中可求体积的有界闭区域上的非均匀分布量求和的 n 重积分,这是很直接的拓展.

12.2.2 三重积分的计算

注意到空间有界闭区域 Ω 上有非均匀密度 $f(x,y,z)$的立体质量,可以考虑三重积分 $\iiint\limits_{\Omega} f(x,y,z)\mathrm{d}V$ 来刻画,可以考虑有非均匀线密度 $\int_{z_1(x,y)}^{z_2(x,y)} f(x,y,z)\mathrm{d}z$ 的线柱质量微元无限累加来刻画,还可以考虑有非均匀面密度 $\iint\limits_{D_z} f(x,y,z)\mathrm{d}x\mathrm{d}y$ 的面片质量微元无限累加来刻画.这些考虑,能直观地启发我们去探求三重积分如何化为逐次积分进行计算.

1. 坐标面投影法("先一后二"法)

设积分区域 Ω 可表为 xy 型区域

$$\Omega=\{(x,y,z)\mid(x,y)\in D_{xy},z_1(x,y)\leqslant z\leqslant z_2(x,y)\},$$

其中 D_{xy} 为 Ω 在 xOy 平面上的投影区域,连续函数 $z=z_1(x,y)$,$z=z_2(x,y)$分别表示 Ω 的下底曲面和上顶曲面,侧面是以 D_{xy} 的边界为准线且母线平行于 z 轴的柱面.

如果积分区域 Ω 不是 xy 型区域,可以将 Ω 分划成若干个 xy 型区域的并集,再利用三重积分关于积分区域的可加性解决问题.若平行于 x 轴或 y 轴且穿过区域 Ω 的直线与 Ω 的边界

相交至多两点，则可类似地定义 yz 型区域或 zx 型区域.

定理 12.2.3　若有界闭区域 Ω 可表示为 xy 型区域

$$\Omega=\{(x,y,z)\mid(x,y)\in D,z_1(x,y)\leqslant z\leqslant z_2(x,y)\},$$

其中 $z_1(x,y),z_2(x,y)$ 是平面区域 D 上的(分块)连续函数. 又三元函数 $f(x,y,z)$ 在 Ω 上的三重积分存在，且对 $\forall(x,y)\in D$，含参变量积分 $G(x,y)=\int_{z_1(x,y)}^{z_2(x,y)}f(x,y,z)\mathrm{d}z$ 也存在，则二重积分 $\iint\limits_D G(x,y)\mathrm{d}x\mathrm{d}y$ 存在，且

定理 12.2.3

$$\iiint\limits_\Omega f(x,y,z)\mathrm{d}V=\iiint\limits_\Omega f(x,y,z)\mathrm{d}x\mathrm{d}y\mathrm{d}z=\iint\limits_D\mathrm{d}x\mathrm{d}y\int_{z_1(x,y)}^{z_2(x,y)}f(x,y,z)\mathrm{d}z.$$

例 12.2.1　试求三重积分 $I=\iiint\limits_\Omega x^2\mathrm{d}x\mathrm{d}y\mathrm{d}z$，其中 Ω 是由抛物面 $z=2(x^2+y^2)$ 和 $z=1+x^2+y^2$ 所围区域.

解　由于抛物面 $z=2(x^2+y^2)$ 与 $z=1+x^2+y^2$ 的交线为

$$\begin{cases}x^2+y^2=1,\\z=2,\end{cases}$$

从而有 Ω 在 xOy 面上的投影区域 $D=\{(x,y)\mid x^2+y^2\leqslant1\}$，此即有

$$\Omega=\{(x,y,z)\mid x^2+y^2\leqslant1,2(x^2+y^2)\leqslant z\leqslant1+x^2+y^2\}.$$

于是，可得

$$\begin{aligned}\iiint\limits_\Omega x^2\mathrm{d}x\mathrm{d}y\mathrm{d}z&=\iint\limits_D\left(\int_{2(x^2+y^2)}^{1+x^2+y^2}\mathrm{d}z\right)x^2\mathrm{d}x\mathrm{d}y=\iint\limits_D(1-x^2-y^2)x^2\mathrm{d}x\mathrm{d}y\\&=4\iint\limits_{D_1}(1-x^2-y^2)x^2\mathrm{d}x\mathrm{d}y,\end{aligned}$$

这里利用了二重积分的对称性，其中 D_1 为 D 在 xOy 面上第一象限的部分.

令 $x=r\cos\theta,y=r\sin\theta$，则有

$$D_1=\left\{(r,\theta)\,\middle|\,0\leqslant r\leqslant1,0\leqslant\theta\leqslant\frac{\pi}{2}\right\},$$

$$I=4\int_0^{\frac{\pi}{2}}\mathrm{d}\theta\int_0^1(1-r^2)r^3\cos^2\theta\mathrm{d}r=4\int_0^{\frac{\pi}{2}}\cos^2\theta\mathrm{d}\theta\int_0^1(r^3-r^5)\mathrm{d}r=4\cdot\frac{\pi}{4}\cdot\frac{1}{12}=\frac{\pi}{12}.$$ □

2. 坐标轴投影法("先二后一"法)

设积分区域 Ω 可表示为 z 型区域

$$\Omega=\{(x,y,z)\mid(x,y)\in D_z,a\leqslant z\leqslant b\},$$

其中 D_z 为平行于 xOy 面的平面 $Z=z(z\in[a,b])$ 截 Ω 所得的截面区域，$[a,b]$ 为 Ω 在 z 轴上的投影区间.

同样地，如果积分区域 Ω 不是 z 型区域，可以将 Ω 划分成若干个 z 型区域的并集，再利用三重积分关于积分区域的可加性解决问题. 当然，也可以根据被积函数和积分区域的特点，考虑将 Ω 表示为 x 型区域或 y 型区域.

定理 12.2.4　若有界闭区域 Ω 可表示为 z 型区域 $\Omega=\{(x,y,z)\mid(x,y)\in D_z,a\leqslant z\leqslant b\}$，其中 $[a,b]$ 为 Ω 在 z 轴上的投影区间，D_z 为过点 $z\in[a,b]$ 作平行于 xOy 面的平面 $Z=z$ 截 Ω 所得的截面区域. 又三元函数 $f(x,y,z)$ 在 Ω 上的三重积分存在，且对 $\forall z\in[a,b]$，含参变量积分 $\varphi(z)=\iint\limits_{D_z}f(x,y,z)\mathrm{d}x\mathrm{d}y$ 也存在，则定积

定理 12.2.4

分$\int_a^b \varphi(z)\mathrm{d}z$存在，且

$$\iiint_\Omega f(x,y,z)\mathrm{d}x\mathrm{d}y\mathrm{d}z = \int_a^b \mathrm{d}z \iint_{D_z} f(x,y,z)\mathrm{d}x\mathrm{d}y.$$

例 12.2.2　试求三重积分$I = \iiint_\Omega \mathrm{e}^{|z|}\mathrm{d}x\mathrm{d}y\mathrm{d}z$，其中$\Omega$是球体$x^2+y^2+z^2\leqslant 1$.

解　显然，球体$\Omega: x^2+y^2+z^2\leqslant 1$在$z$轴的投影区间为$[-1,1]$，对$\forall z\in[-1,1]$，平面$Z=z$截$\Omega$所得截面区域为

$$D_z=\{(x,y)\,|\,x^2+y^2\leqslant 1-z^2\},$$

从而Ω可表为z型区域$\Omega=\{(x,y,z)\,|\,x^2+y^2\leqslant 1-z^2,-1\leqslant z\leqslant 1\}$.

于是，可得

$$\begin{aligned} I &= \iiint_\Omega \mathrm{e}^{|z|}\mathrm{d}x\mathrm{d}y\mathrm{d}z = \int_{-1}^1 \mathrm{e}^{|z|}\mathrm{d}z\iint_{D_z}\mathrm{d}x\mathrm{d}y = \int_{-1}^1 \mathrm{e}^{|z|}\pi(1-z^2)\mathrm{d}z \\ &= 2\pi\int_0^1 \mathrm{e}^z(1-z^2)\mathrm{d}z = 2\pi, \end{aligned}$$

□

这里利用了定积分的对称性.

事实上，在考虑通过逐次积分计算三重积分时，只要逐次积分中的定积分或二重积分满足对称性的条件，即可以用对称性简化计算. 一般地，若三元函数$f(x,y,z)$满足条件：

$$f(x,y,-z)=f(x,y,z)\quad (\text{或 } f(x,y,z)=-f(x,y,z)),\quad \forall (x,y,z)\in\Omega,$$

又有界闭区域Ω关于xOy面对称，其中上半区域为Ω_1，则当三重积分$\iiint_\Omega f(x,y,z)\mathrm{d}x\mathrm{d}y\mathrm{d}z$存在时，有

$$\iiint_\Omega f(x,y,z)\mathrm{d}x\mathrm{d}y\mathrm{d}z = 2\iiint_{\Omega_1} f(x,y,z)\mathrm{d}x\mathrm{d}y\mathrm{d}z \quad \left(\iiint_\Omega f(x,y,z)\mathrm{d}x\mathrm{d}y\mathrm{d}z = 0\right).$$

还应当注意，坐标轴投影法在计算三重积分时并不常用，其通常适用于以下情形：

(1) 截面区域D_z随z的变化是规则的，且其刻画相对容易；

(2) 被积函数$f(x,y,z)$对x和y的依赖关系比较简单.

例 12.2.3　试求三重积分$I = \iiint_\Omega (x+y)^2\mathrm{d}x\mathrm{d}y\mathrm{d}z$，其中$\Omega$为椭球体$\frac{x^2}{a^2}+\frac{y^2}{b^2}+\frac{z^2}{c^2}\leqslant 1$.

解　显然，$I = \iiint_\Omega x^2\mathrm{d}x\mathrm{d}y\mathrm{d}z + 2\iiint_\Omega xy\mathrm{d}x\mathrm{d}y\mathrm{d}z + \iiint_\Omega y^2\mathrm{d}x\mathrm{d}y\mathrm{d}z$.

由于积分区域Ω关于yOz、xOz面都是对称的，又三元函数$g(x,y,z)=xy$关于x，y分别是奇函数，从而有

$$\iiint_\Omega xy\mathrm{d}x\mathrm{d}y\mathrm{d}z = 0.$$

又由积分区域Ω可表示为x型区域

$$\Omega=\left\{(x,y,z)\,\middle|\,-a\leqslant x\leqslant a, 0\leqslant \frac{y^2}{b^2}+\frac{z^2}{c^2}\leqslant 1-\frac{x^2}{a^2}\right\},$$

从而有

$$\iiint_\Omega x^2\mathrm{d}x\mathrm{d}y\mathrm{d}z = \int_{-a}^a x^2\mathrm{d}x\left(\iint_{D_x}\mathrm{d}y\mathrm{d}z\right) = \int_{-a}^a x^2\cdot\pi bc\left(1-\frac{x^2}{a^2}\right)\mathrm{d}x$$

$$= 2\int_0^a \pi bcx^2\left(1-\frac{x^2}{a^2}\right)dx = \frac{4}{15}\pi a^3 bc,$$

其中
$$D_x = \left\{(y,z)\left|\frac{y^2}{b^2}+\frac{z^2}{c^2}\leqslant 1-\frac{x^2}{a^2}\right.\right\}.$$

又根据轮换对称性，即有

$$\iiint_\Omega y^2 dxdydz = \frac{4}{15}\pi ab^3 c.$$

因此，可得

$$I=\frac{4}{15}\pi abc(a^2+b^2).$$

□

12.2.3　三重积分的变量变换

与二重积分的情形类似，某些三重积分也可以通过恰当的变量变换，使得计算更简便.

若三元函数 $x(u,v,w)$，$y(u,v,w)$，$z(u,v,w)$ 在空间有界闭区域 Σ 上有连续一阶偏导，且有 Jacobi 行列式

$$J(u,v,w)=\begin{vmatrix} x_u & x_v & x_w \\ y_u & y_v & y_w \\ z_u & z_v & z_w \end{vmatrix}\neq 0,\ \forall\,(u,v,w)\in\Sigma,$$

则变换 $T:\begin{cases} x=x(u,v,w) \\ y=y(u,v,w) \\ z=z(u,v,w) \end{cases}$ 将 Σ 一对一地映射为 $Oxyz$ 空间中的有界闭区域 Ω，且对应的体积变换的尺度因子为 $|J(u,v,w)|$. 于是，与二重积分换元法一样，可以证明如下三重积分换元公式：

$$\iiint_\Omega f(x,y,z)dxdydz = \iiint_\Sigma f(x(u,v,w),y(u,v,w),z(u,v,w))\,|J(u,v,w)|\,dudvdw,$$

这里，三元函数 $f(x,y,z)$ 在 Ω 上可积分.

下面，介绍一些常用的三重积分换元公式.

三重积分的变量变换

1. 柱面坐标变换

令 $T:\begin{cases} x=r\cos\theta, \\ y=r\sin\theta, \\ z=z, \end{cases}$ 其中 $r\geqslant 0$，$0\leqslant\theta\leqslant 2\pi$，$-\infty<z<+\infty$. 如图 12-11，$r$ 表示

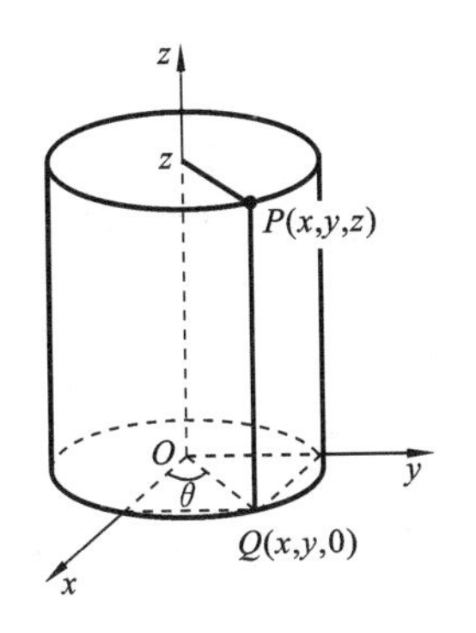

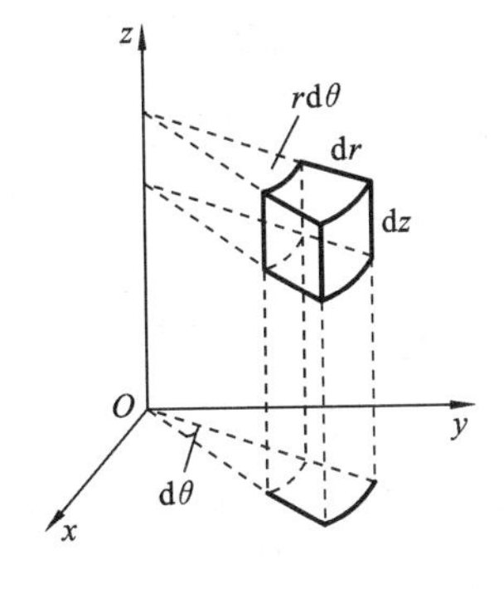

图 12-11

空间点 $P(x,y,z)$ 在 xOy 面上的投影点 $Q(x,y,0)$ 到坐标原点 $O(0,0,0)$ 的距离，即 $P(x,y,z)$ 到 z 轴的距离；θ 表示 $Q(x,y,0)$ 的向径 $\overrightarrow{OQ}$ 与 x 轴正向的夹角；z 表示 $P(x,y,z)$ 到 xOy 面的有向距离.

此变换 T 的 Jacobi 行列式为

$$J(r,\theta,z)=\begin{vmatrix}\cos\theta & -r\sin\theta & 0\\ \sin\theta & r\cos\theta & 0\\ 0 & 0 & 1\end{vmatrix}=r,$$

因此，有体积微元 $\mathrm{d}x\mathrm{d}y\mathrm{d}z=r\mathrm{d}r\mathrm{d}\theta\mathrm{d}z$. 虽然，此变换不是一一对应的变换，但可以采用与处理极坐标变换类似的方式克服困难，从而有

$$\iiint\limits_{\Omega}f(x,y,z)\mathrm{d}x\mathrm{d}y\mathrm{d}z=\iiint\limits_{\Sigma}f(r\cos\theta,r\sin\theta,z)r\mathrm{d}r\mathrm{d}\theta\mathrm{d}z.$$

本质上，用柱面坐标变换计算三重积分，就是对其逐次积分中的二重积分应用极坐标变换进行处理.

例 12.2.4 试求三重积分 $I=\iiint\limits_{\Omega}\sqrt{x^2+y^2}\mathrm{d}x\mathrm{d}y\mathrm{d}z$，其中 Ω 为曲面 $x^2+y^2=z^2$ 与 $z=2-x^2-y^2$ 所围区域.

解 方法 1. 考虑柱面坐标变换 $T:\begin{cases}x=r\cos\theta,\\ y=r\sin\theta,\\ z=z,\end{cases}$ 又将 Ω 表示为 xy 型区域

$$\Omega:\begin{cases}D=\{(x,y)\mid x^2+y^2\leqslant 1\},\\ \sqrt{x^2+y^2}\leqslant z\leqslant 2-x^2-y^2,\end{cases}$$

则其在变换 T 下变为

$$\Sigma=\{(r,\theta,z)\mid 0\leqslant r\leqslant 1,0\leqslant\theta\leqslant 2\pi,r\leqslant z\leqslant 2-r^2\}.$$

从而，有

$$\begin{aligned}I&=\iint\limits_{D}\sqrt{x^2+y^2}\mathrm{d}x\mathrm{d}y\int_{\sqrt{x^2+y^2}}^{2-x^2-y^2}\mathrm{d}z=\int_0^{2\pi}\mathrm{d}\theta\int_0^1 r^2\mathrm{d}r\int_r^{2-r^2}\mathrm{d}z\\&=2\pi\int_0^1 r^2(2-r^2-r)\mathrm{d}r=\frac{13}{30}\pi.\end{aligned}$$

方法 2. 若将 Ω 表示为 z 型区域 Ω_1 与 Ω_2 的并集，

$$\Omega_1:\begin{cases}0\leqslant z\leqslant 1,\\ D_z=\{(x,y)\mid x^2+y^2\leqslant z^2\},\end{cases}\quad \Omega_2:\begin{cases}1\leqslant z\leqslant 2,\\ D_z=\{(x,y)\mid x^2+y^2\leqslant 2-z\},\end{cases}$$

则其在变换 T 下变为 Σ_1 与 Σ_2，其中

$$\Sigma_1=\{(r,\theta,z)\mid 0\leqslant z\leqslant 1,0\leqslant\theta\leqslant 2\pi,0\leqslant r\leqslant z\},$$

$$\Sigma_2=\{(r,\theta,z)\mid 1\leqslant z\leqslant 2,0\leqslant\theta\leqslant 2\pi,0\leqslant r\leqslant\sqrt{2-z}\}.$$

从而，有

$$\begin{aligned}I&=\int_0^1\mathrm{d}z\iint\limits_{x^2+y^2\leqslant z^2}\sqrt{x^2+y^2}\mathrm{d}x\mathrm{d}y+\int_1^2\mathrm{d}z\iint\limits_{x^2+y^2\leqslant 2-z}\sqrt{x^2+y^2}\mathrm{d}x\mathrm{d}y\\&=\int_0^1\mathrm{d}z\int_0^{2\pi}\mathrm{d}\theta\int_0^z r^2\mathrm{d}r+\int_1^2\mathrm{d}z\int_0^{2\pi}\mathrm{d}\theta\int_0^{\sqrt{2-z}}r^2\mathrm{d}r\\&=\frac{\pi}{6}+\frac{4}{15}\pi=\frac{13}{30}\pi.\end{aligned}$$

□

2. 球面坐标变换

令 $T:\begin{cases}x=r\cos\theta\sin\varphi,\\ y=r\sin\theta\sin\varphi,\\ z=r\cos\varphi,\end{cases}$ 其中 $r\geqslant 0,0\leqslant\theta\leqslant 2\pi,0\leqslant\varphi\leqslant\pi$. 如图 12-12，$r=\sqrt{x^2+y^2+z^2}$ 表示空间点 $P(x,y,z)$ 到坐标原点 $O(0,0,0)$ 的距离；θ 表示 P 在 xOy 面的投影点 $Q(x,y,0)$ 的向径 $\overrightarrow{OQ}$ 与 x 轴正向的夹角；φ 表示点 P 的向径 $\overrightarrow{OP}$ 与 z 轴正向的夹角.

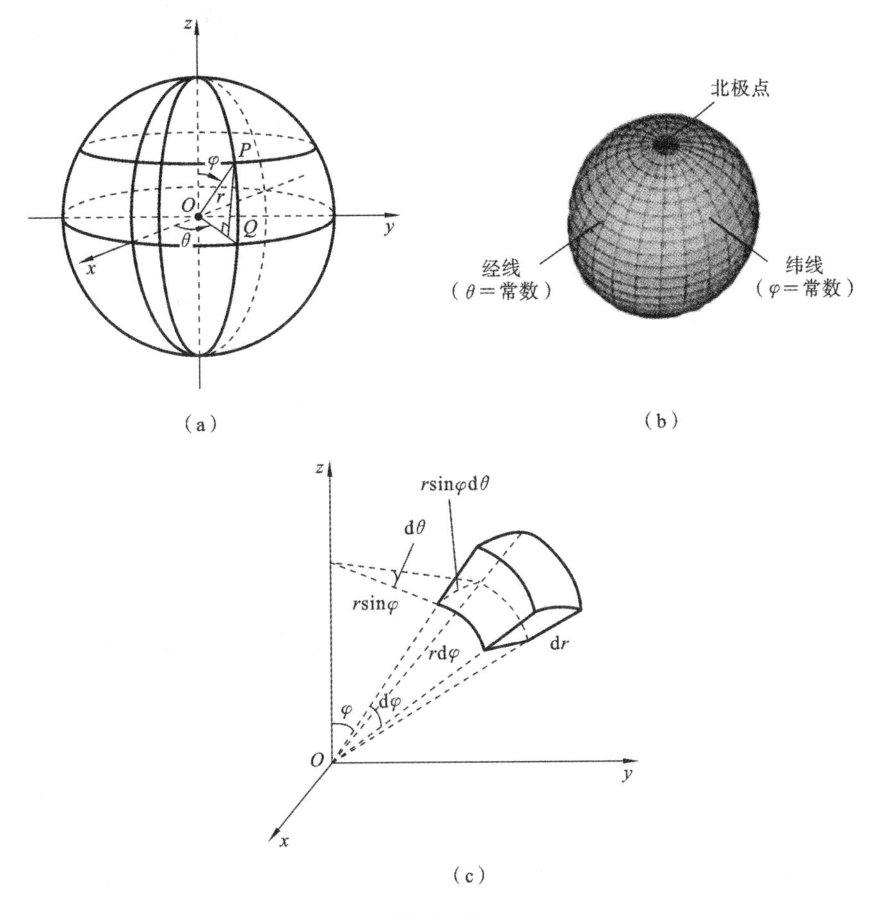

图 12-12

此变换 T 的 Jacobi 行列式为

$$J(r,\theta,\varphi)=\begin{vmatrix}\cos\theta\sin\varphi & -r\sin\theta\sin\varphi & r\cos\theta\cos\varphi\\ \sin\theta\sin\varphi & r\cos\theta\sin\varphi & r\sin\theta\cos\varphi\\ \cos\theta & 0 & -r\sin\varphi\end{vmatrix}=-r^2\sin\varphi,$$

因此，有体积微元 $\mathrm{d}x\mathrm{d}y\mathrm{d}z=r^2\sin\varphi\mathrm{d}r\mathrm{d}\theta\mathrm{d}\varphi$. 注意到球面坐标变换并不是一一对应的变换，仍然可以采用与处理极坐标变换类似的方式克服困难. 于是，有

$$\iiint\limits_{\Omega}f(x,y,z)\mathrm{d}x\mathrm{d}y\mathrm{d}z=\iiint\limits_{\Sigma}f(r\cos\theta\sin\varphi,r\sin\theta\sin\varphi,r\cos\varphi)r^2\sin\varphi\mathrm{d}r\mathrm{d}\theta\mathrm{d}\varphi.$$

例 12.2.5　试计算三重积分 $I=\iiint\limits_{\Omega}z\mathrm{d}x\mathrm{d}y\mathrm{d}z$，其中 Ω 由球面 $x^2+y^2+z^2=R^2$ 与 $x^2+y^2+(z-R)^2=R^2$ 所围区域.

解 方法 1. 将 Ω 表为 xy 型区域,并考虑柱面坐标变换$\begin{cases}x=r\cos\theta,\\ y=r\sin\theta,\\ z=z,\end{cases}$则有 Ω 变为

$$\Sigma_1=\left\{(r,\theta,z)\,\middle|\,0\leqslant\theta\leqslant 2\pi,0\leqslant r\leqslant\frac{\sqrt{3}}{2}R,R-\sqrt{R^2-r^2}\leqslant z\leqslant\sqrt{R^2-r^2}\right\}.$$

于是,可得

$$\begin{aligned}I&=\int_0^{2\pi}\mathrm{d}\theta\int_0^{\frac{\sqrt{3}}{2}R}r\mathrm{d}r\int_{R-\sqrt{R^2-r^2}}^{\sqrt{R^2-r^2}}z\mathrm{d}z=\pi\int_0^{\frac{\sqrt{3}}{2}R}r[(R^2-r^2)-(R-\sqrt{R^2-r^2})^2]\mathrm{d}r\\&=\frac{5R^4}{24}\pi.\end{aligned}$$

方法 2. 考虑球面坐标变换$\begin{cases}x=r\sin\varphi\cos\theta,\\ y=r\sin\varphi\sin\theta,\\ z=r\cos\varphi,\end{cases}$则有 Ω 可变换为 Σ_{21} 与 Σ_{22} 的并,其中

$$\Sigma_{21}=\left\{(r,\theta,\varphi)\,\middle|\,0\leqslant\theta\leqslant 2\pi,0\leqslant r\leqslant R,0\leqslant\varphi\leqslant\frac{\pi}{3}\right\},$$

$$\Sigma_{22}=\left\{(r,\theta,\varphi)\,\middle|\,0\leqslant\theta\leqslant 2\pi,0\leqslant r\leqslant 2R\cos\varphi,\frac{\pi}{3}\leqslant\varphi\leqslant\frac{\pi}{2}\right\},$$

从而,有

$$\begin{aligned}I&=\int_0^{2\pi}\mathrm{d}\theta\int_0^{\frac{\pi}{3}}\cos\varphi\sin\varphi\mathrm{d}\varphi\int_0^R r^3\mathrm{d}r+\int_0^{2\pi}\mathrm{d}\theta\int_{\frac{\pi}{3}}^{\frac{\pi}{2}}\cos\varphi\sin\varphi\mathrm{d}\varphi\int_0^{2R\cos\varphi}r^3\mathrm{d}r\\&=\frac{3}{16}\pi R^4+\frac{1}{48}\pi R^4=\frac{5}{24}\pi R^4.\end{aligned}$$

□

例 12.2.6 若函数 $f(x)$ 在区间 $[-h,h]$ 上连续,其中 $h=\sqrt{\alpha^2+\beta^2+\gamma^2}>0$,则有

$$\iiint_\Omega f(\alpha x+\beta y+\gamma z)\mathrm{d}x\mathrm{d}y\mathrm{d}z=\pi\int_{-1}^1(1-\zeta^2)f(h\zeta)\mathrm{d}\zeta,$$

这里,Ω 为单位球面 $x^2+y^2+z^2=1$ 所围区域.

证 取平面 $\alpha x+\beta y+\gamma z=0$ 的单位法矢量为 ζ 轴方向,再选择 ξ,η 轴为此平面上两互相垂直的轴.以此构造正交变换

$$T:\begin{cases}\xi=a_1x+b_1y+c_1z,\\ \eta=a_2x+b_2y+c_2z,\\ \zeta=\dfrac{1}{h}(\alpha x+\beta y+\gamma z),\end{cases}$$

则此变换对应的 Jacobi 行列式 $|J|=1$,且将 $\Omega=\{(x,y,z)\,|\,x^2+y^2+z^2\leqslant 1\}$ 变为

$$\Sigma=\{(\xi,\eta,\zeta)\,|\,\xi^2+\eta^2+\zeta^2\leqslant 1\}.$$

从而,有

$$\begin{aligned}\iiint_\Omega f(\alpha x+\beta y+\gamma z)\mathrm{d}x\mathrm{d}y\mathrm{d}z&=\iiint_\Sigma f(h\zeta)\mathrm{d}\xi\mathrm{d}\eta\mathrm{d}\zeta=\int_{-1}^1 f(h\zeta)\mathrm{d}\zeta\iint_{\xi^2+\eta^2\leqslant 1-\zeta^2}\mathrm{d}\xi\mathrm{d}\eta\\&=\pi\int_{-1}^1(1-\zeta^2)f(h\zeta)\mathrm{d}\zeta.\end{aligned}$$

□

事实上,三重积分的计算应根据积分区域和被积函数的特点,灵活选用恰当的变量变换以简化计算.而且,被积函数关于单变量的奇偶性结合积分区域关于相应坐标面的对称性,以及

积分的轮换对称性等，也都可以使得三重积分的计算变得简捷有效. 比如，三重积分 $\iiint\limits_{\Omega}(x+z)\mathrm{e}^{-(x^2+y^2+z^2)}\mathrm{d}x\mathrm{d}y\mathrm{d}z$，其中 $\Omega=\{(x,y,z)\mid 1\leqslant x^2+y^2+z^2\leqslant 6\}$；以及三重积分 $\iiint\limits_{\Omega}y^2\mathrm{d}x\mathrm{d}y\mathrm{d}z$，其中 $\Omega=\{(x,y,z)\mid x^2+y^2+z^2\leqslant 3\}$ 等，都可以利用对称性进行简化计算.

习　题　12.2

习题 12.2

1. 试计算下列三重积分：

(1) $I=\iiint\limits_{\Omega}\sqrt{x^2-y}\,\mathrm{d}x\mathrm{d}y\mathrm{d}z$，其中 Ω 为 $y=0,z=0,x+z=1,x=\sqrt{y}$ 所围区域；

(2) $I=\iiint\limits_{\Omega}\dfrac{\mathrm{d}x\mathrm{d}y\mathrm{d}z}{(1+x+y+z)^3}$，其中 Ω 为 $x+y+z=1$ 与三个坐标面所围区域；

(3) $I=\iiint\limits_{\Omega}x^2yz^3\mathrm{d}x\mathrm{d}y\mathrm{d}z$，其中 Ω 为 $z=xy,y=x,x=1,z=0$ 所围区域.

2. 试改变下列逐次积分的顺序：

(1) $\int_0^1\mathrm{d}x\int_0^{1-x}\mathrm{d}y\int_0^{x+y}f(x,y,z)\mathrm{d}z$；

(2) $\int_0^1\mathrm{d}x\int_0^1\mathrm{d}z\int_0^{x^2+z^2+2}f(x,y,z)\mathrm{d}y$；

(3) $\int_{-2}^2\mathrm{d}x\int_{-\sqrt{4-x^2}}^{\sqrt{4-x^2}}\mathrm{d}y\int_{(x^2+y^2)^2}^1 f(x,y,z)\mathrm{d}z$；

(4) $\int_{-1}^1\mathrm{d}y\int_0^{\sqrt{1-y^2}}\mathrm{d}x\int_1^{1+\sqrt{1-x^2-y^2}}f(x,y,z)\mathrm{d}z$.

3. 试利用柱面坐标变换计算下列三重积分：

(1) $I=\iiint\limits_{\Omega}z^2\mathrm{d}x\mathrm{d}y\mathrm{d}z$，其中 Ω 为 $x^2+y^2+z^2=4$ 与 $x^2+y^2=2x$ 所围区域；

(2) $I=\iiint\limits_{\Omega}(1+z)^5\mathrm{d}x\mathrm{d}y\mathrm{d}z$，其中 Ω 为 $4x+3y-12z=12$ 与三坐标面所围区域；

(3) $I=\iiint\limits_{\Omega}(x^2+y^2+3z)\mathrm{d}x\mathrm{d}y\mathrm{d}z$，其中 Ω 为 $z=x^2+y^2,x^2+y^2=1$ 与三坐标面所围位于第一卦限中的区域；

(4) $I=\iiint\limits_{\Omega}\dfrac{2z}{\sqrt{x^2+y^2}}\mathrm{d}x\mathrm{d}y\mathrm{d}z$，其中 Ω 为平面图形 $D=\{(x,y,z)\mid x=0,y\geqslant 0,z\geqslant 0,z^2+y^2\leqslant 1,2y-z\leqslant 1\}$ 绕 z 轴旋转一周所生成区域；

(5) $I=\iiint\limits_{\Omega}[(z-y)^2+(y-x)^2+(x-z)^2]\mathrm{d}x\mathrm{d}y\mathrm{d}z$，其中 Ω 为 $z=\sqrt{x^2+y^2}$ 与 $z=1$ 所围区域.

4. 试利用球面坐标变换计算下列三重积分：

(1) $I=\iiint\limits_{\Omega}\sqrt{x^2+y^2+z^2}\,\mathrm{d}x\mathrm{d}y\mathrm{d}z$，其中 Ω 为 $z=\sqrt{x^2+y^2}$ 与 $z=2$ 所围区域；

(2) $I=\iiint\limits_{\Omega}\left(\dfrac{x^2}{a^2}+\dfrac{y^2}{b^2}+\dfrac{z^2}{c^2}\right)\mathrm{d}x\mathrm{d}y\mathrm{d}z$，其中 Ω 为椭球体 $\dfrac{x^2}{a^2}+\dfrac{y^2}{b^2}+\dfrac{z^2}{c^2}\leqslant 1$；

(3) $I=\iiint\limits_{\Omega} e^{\sqrt{x^2+y^2+z^2}}\mathrm{d}x\mathrm{d}y\mathrm{d}z$,其中 Ω 为 $x^2+y^2+z^2=2x$ 所围区域；

(4) $I=\iiint\limits_{\Omega} x^2\mathrm{d}x\mathrm{d}y\mathrm{d}z$,其中 Ω 为 $x^2+4y^2+z^2=1$,$x^2+4y^2=z^2$ 与 $z=0$ 所围区域.

5. 试求下列立体的体积：

(1) 曲面 S:$\left(\frac{x^2}{a^2}+\frac{y^2}{b^2}+\frac{z^2}{c^2}\right)^2=\frac{x}{h}(a,b,c,h>0)$所围区域 Ω 的体积；

(2) 曲面 S:$\left(\frac{x^2}{a^2}+\frac{y^2}{b^2}+\frac{z^2}{c^2}\right)^3=\frac{xyz}{abc}(abc\neq 0)$所围区域 Ω 的体积；

(3) 曲面 S:$\left(\frac{x}{a}+\frac{y}{b}\right)^2+\left(\frac{z}{c}\right)^2=1(x,y,z\geqslant 0;a,b,c>0)$所围区域 Ω 的体积；

(4) 曲面 S:$(x^2+y^2)^2+z^4=y$ 所围区域 Ω 的体积；

(5) 曲面 S:$(x^2+y^2+z^2)^2=3(x^2+y^2-z^2)$所围区域 Ω 的体积.

6. 试求下列三重积分：

(1) $I=\iiint\limits_{\Omega}\left(\frac{x}{a}+\frac{y}{b}+\frac{z}{c}\right)^2\mathrm{d}x\mathrm{d}y\mathrm{d}z$,其中 Ω 为椭球体$\frac{x^2}{a^2}+\frac{y^2}{b^2}+\frac{z^2}{c^2}\leqslant 3$；

(2) $I=\iiint\limits_{\Omega}(3x^2+4y^2+5z^2)\mathrm{d}x\mathrm{d}y\mathrm{d}z$,其中 Ω 为 $z=\sqrt{R^2-x^2-y^2}$ 与 $z=0$ 所围区域；

(3) $I=\iiint\limits_{\Omega}\sqrt{1-\frac{x^2}{a^2}-\frac{y^2}{b^2}-\frac{z^2}{c^2}}\mathrm{d}x\mathrm{d}y\mathrm{d}z$,其中 Ω 为椭球体$\frac{x^2}{a^2}+\frac{y^2}{b^2}+\frac{z^2}{c^2}\leqslant 1$ 位于第二卦限中的部分；

(4) $I=\iiint\limits_{\Omega}\left|\sqrt{x^2+y^2+z^2}-1\right|\mathrm{d}x\mathrm{d}y\mathrm{d}z$,其中 Ω 为 $z=\sqrt{x^2+y^2}$ 与 $z=1$ 所围区域；

(5) $I=\iiint\limits_{\Omega}xyz\mathrm{d}x\mathrm{d}y\mathrm{d}z$,其中 Ω 为 $z=p(x^2+y^2)$,$z=q(x^2+y^2)$,$xy=a$,$xy=b$,$y=\alpha x$,$y=\beta x(0<p<q,0<a<b,0<\alpha<\beta)$ 所围位于第一卦限中的区域；

(6) $I=\iiint\limits_{\Omega}(x+y-z)(x-y+z)(y+z-x)\mathrm{d}x\mathrm{d}y\mathrm{d}z$,其中 Ω 为 $x+y-z=7$,$x-y+z=8$,$y+z-x=9$ 所围位于第一卦限中的区域.

7. 若 $f(x)$为区间$[0,+\infty)$上的连续函数,$f(0)=0$. 记 $\Omega=\{(x,y,z)\mid 0\leqslant z\leqslant h,x^2+y^2\leqslant t^2\}$,定义函数 $F(t)=\iiint\limits_{\Omega}[z^2+f(x^2+y^2)]\mathrm{d}x\mathrm{d}y\mathrm{d}z$, 试求 $F'(t)$与 $\lim\limits_{t\to 0^+}\frac{F(t)}{t^2}$.

12.3 重积分应用

正如基于一元函数的积分可以考虑反常积分和含参变量积分一样,对多元函数的重积分,也可以考虑反常重积分和含参变量重积分. 比如,以地球中心为坐标原点建立直角坐标系,令 R 为地球的半径(假设地球为正规的球体),又在区域 Ω:$x^2+y^2+z^2\geqslant R^2$ 中任意一点(x,y,z)处的大气密度为

$$\rho(x,y,z)=\rho_0 e^{-\lambda(\sqrt{x^2+y^2+z^2}-R)}=a e^{-\lambda\sqrt{x^2+y^2+z^2}},$$

其中 ρ_0 为海平面上大气密度,λ 为正常数,$a=\rho_0 e^{\lambda R}$. 于是,我们期望能刻画围绕在地球周围的

大气总质量为

$$M = a \iiint\limits_{x^2+y^2+z^2 \geqslant R^2} e^{-\lambda\sqrt{x^2+y^2+z^2}} \mathrm{d}x\mathrm{d}y\mathrm{d}z.$$

12.3.1　反常重积分

定义 12.3.1　设 Ω 为 $\mathbf{R}^3$ 中具有连续边界的无界区域，又 $f(x,y,z)$ 为定义在 Ω 上的三元函数，使得对任何具有连续边界的有界区域 $U \subseteq \Omega$，f 都在 U 上可积分．若存在实数 I，对 $\forall \varepsilon > 0$，存在 $R>0$，当 $\Omega \cap B(O,R) \subseteq U \subseteq \Omega$ 时，都有

$$\left| \iiint\limits_{U} f(x,y,z)\mathrm{d}x\mathrm{d}y\mathrm{d}z - I \right| < \varepsilon,$$

其中 $B(O,R)$ 表示球心在原点 $O(0,0)$，半径为 R 的闭球，则称三元函数 $f(x,y,z)$ 在无界区域 Ω 上**可积分**(积分收敛)，即反常三重积分 $\iiint\limits_{\Omega} f(x,y,z)\mathrm{d}x\mathrm{d}y\mathrm{d}z$ **收敛**，也称 I 为反常三重积分 $\iiint\limits_{\Omega} f(x,y,z)\mathrm{d}x\mathrm{d}y\mathrm{d}z$ 的**积分值**(**极限**)．记作

$$I = \iiint\limits_{\Omega} f(x,y,z)\mathrm{d}x\mathrm{d}y\mathrm{d}z.$$

注意，反常重积分 $\iiint\limits_{\Omega} f(x,y,z)\mathrm{d}x\mathrm{d}y\mathrm{d}z$ 不能通过极限 $\lim\limits_{R\to+\infty} \iiint\limits_{\Omega \cap B(O,R)} f(x,y,z)\mathrm{d}x\mathrm{d}y\mathrm{d}z$ 来定义．比如，反常重积分 $\iint\limits_{\mathbf{R}^2} x\mathrm{d}x\mathrm{d}y$ 显然是不收敛的，但又显然有

$$\iint\limits_{\mathbf{R}^2 \cap B(O,R)} x\mathrm{d}x\mathrm{d}y = \iint\limits_{B(O,R)} x\mathrm{d}x\mathrm{d}y = 0.$$

虽然无界区域上反常重积分的定义与一元函数无穷限反常积分的情形有以上重要区别，但是其敛散性及绝对收敛与条件收敛的判别法等，却在很大程度上与一元函数无穷限反常积分的情形相类似．

定理 12.3.1　(1) 反常重积分 $\iiint\limits_{\Omega} f(x,y,z)\mathrm{d}x\mathrm{d}y\mathrm{d}z$ 收敛的充要条件为，对 $\forall \varepsilon > 0$，存在 $R > 0$，使得对任何具有连续边界且满足条件 $U \subseteq \Omega \backslash B(O,R)$ 的有界区域 U，都有

定理 12.3.1

$$\left| \iiint\limits_{U} f(x,y,z)\mathrm{d}x\mathrm{d}y\mathrm{d}z \right| < \varepsilon.$$

(2) 若定义于 $\mathbf{R}^3$ 中具有连续边界的无界区域 Ω 上的三元函数 $f(x,y,z)$ 与 $g(x,y,z)$，对 $\forall (x,y,z) \in \Omega$，有 $|f(x,y,z)| \leqslant g(x,y,z)$；又反常重积分 $\iiint\limits_{\Omega} g(x,y,z)\mathrm{d}x\mathrm{d}y\mathrm{d}z$ 收敛，则有反常重积分 $\iiint\limits_{\Omega} f(x,y,z)\mathrm{d}x\mathrm{d}y\mathrm{d}z$ 绝对收敛．

(3) 对定义于 $\mathbf{R}^n$ 中具有连续边界的无界区域 Ω 上的 n 元函数 $f(x)$，若存在常数 $p > n$，$C > 0$，使得 $|f(x)| \leqslant C(1 + \|x\|)^{-p}$，$\forall x \in \Omega$，则有反常 n 重积分 $\int\limits_{\Omega} f(x)\mathrm{d}x$ 绝对收敛．

例 12.3.1　试证明下列反常二重积分收敛，并求积分值．

(1) $I=\iint\limits_{\mathbf{R}^2}e^{-(x^2+y^2)}\mathrm{d}x\mathrm{d}y$；　　(2) $I=\iint\limits_{\substack{x\geqslant 0\\ y\geqslant 0}}\dfrac{\mathrm{d}x\mathrm{d}y}{(1+x+y)^3}$.

证　(1) $\forall p>2$,有 $\lim\limits_{r\to+\infty}r^p e^{-r^2}=0<1$,此即存在 $r_0>0$,使得 $\forall r>r_0$,有

$$e^{-r^2}<\frac{1}{r^p},\quad \forall (x,y)\in\mathbf{R}^2,\quad r=\sqrt{x^2+y^2}.$$

从而有反常重积分 $\iint\limits_{\mathbf{R}^2}e^{-(x^2+y^2)}\mathrm{d}x\mathrm{d}y$ 收敛.

令 $x=r\cos\theta,y=r\sin\theta$,则有 $\mathbf{R}^2$ 变为 $\{(r,\theta)\mid 0\leqslant r<+\infty,0\leqslant\theta\leqslant 2\pi\}$.

于是,可得

$$I=\int_0^{2\pi}\mathrm{d}\theta\int_0^{+\infty}e^{-r^2}r\mathrm{d}r=2\pi\cdot\int_0^{+\infty}re^{-r^2}\mathrm{d}r=\pi.$$

事实上,由

$$I=\int_{-\infty}^{+\infty}\mathrm{d}x\int_{-\infty}^{+\infty}e^{-(x^2+y^2)}\mathrm{d}y=\int_{-\infty}^{+\infty}e^{-x^2}\mathrm{d}x\cdot\int_{-\infty}^{+\infty}e^{-y^2}\mathrm{d}y=\left(\int_{-\infty}^{+\infty}e^{-x^2}\mathrm{d}x\right)^2=\pi,$$

也有 Euler-Poisson 积分

$$\int_{-\infty}^{+\infty}e^{-x^2}\mathrm{d}x=\sqrt{\pi}.$$

(2) 令 $D=\{(x,y)\mid x\geqslant 0,y\geqslant 0\}$,$D_1=\{(x,y)\mid x\geqslant 0,y\geqslant 0,x^2+y^2\leqslant 1\}$,$D_2=D\backslash D_1$,则对 $\forall (x,y)\in D_2$,有

$$\frac{1}{(1+x+y)^3}\leqslant\frac{1}{(1+x^2+y^2)^{\frac{5}{2}}}.$$

由反常重积分 $\iint\limits_{D_2}\dfrac{\mathrm{d}x\mathrm{d}y}{(1+x^2+y^2)^{5/2}}$ 收敛,以及正常重积分 $\iint\limits_{D_1}\dfrac{\mathrm{d}x\mathrm{d}y}{(1+x+y)^3}$ 存在,即有反常重积分 $\iint\limits_{D}\dfrac{\mathrm{d}x\mathrm{d}y}{(1+x+y)^3}$ 收敛.

事实上,令 $x=r\cos\theta,y=r\sin\theta$,则有 D_2 可表示为

$$D_2=\left\{(r,\theta)\,\middle|\,0\leqslant\theta\leqslant\frac{\pi}{2},1<r<+\infty\right\},$$

从而有

$$\iint\limits_{D}\frac{\mathrm{d}x\mathrm{d}y}{(1+x^2+y^2)^{5/2}}=\int_0^{\pi/2}\mathrm{d}\theta\int_1^{+\infty}\frac{r\mathrm{d}r}{(1+r^2)^{5/2}}=\frac{\pi}{6}.$$

于是,可得

$$\begin{aligned}I&=\int_0^{+\infty}\mathrm{d}x\int_0^{+\infty}\frac{\mathrm{d}y}{(1+x+y)^3}=\int_0^{+\infty}\left[-\frac{1}{2}\frac{1}{(1+x+y)^2}\right]_0^{+\infty}\mathrm{d}x\\&=\frac{1}{2}\int_0^{+\infty}\frac{\mathrm{d}x}{(1+x)^2}=\frac{1}{2}.\end{aligned}$$

□

定义 12.3.2　设 Ω 为 $\mathbf{R}^3$ 中具有连续边界的有界区域,$P_0(x_0,y_0,z_0)\in\Omega$,又 $f(x,y,z)$ 为定义于 $\Omega\backslash\{P_0\}$ 上的三元函数,使得对任何具有连续边界且与 P_0 有正距离的区域 $\Omega_1\subseteq\Omega$,f 都在 Ω_1 上可积分.若存在实数 I,对 $\forall\varepsilon>0$,存在充分小的 $\delta>0$,在满足条件 $P_0\in U^\circ\subseteq B(P_0,\delta)$ 的区域 U 上,都有

$$\left|\iiint\limits_{\Omega\backslash U}f(x,y,z)\mathrm{d}x\mathrm{d}y\mathrm{d}z-I\right|<\varepsilon,$$

则称三元函数 $f(x,y,z)$ 在区域 Ω 上**可积分(积分收敛)**,即反常三重积分 $\iiint\limits_{\Omega} f(x,y,z)\mathrm{d}x\mathrm{d}y\mathrm{d}z$ **收敛**,也称 I 为反常三重积分 $\iiint\limits_{\Omega} f(x,y,z)\mathrm{d}x\mathrm{d}y\mathrm{d}z$ 的**积分值(极限)**,其中 P_0 称为被积函数的**瑕点**. 记作

$$I=\iiint\limits_{\Omega} f(x,y,z)\mathrm{d}x\mathrm{d}y\mathrm{d}z.$$

定理 12.3.2 (1) 反常重积分 $\iiint\limits_{\Omega} f(x,y,z)\mathrm{d}x\mathrm{d}y\mathrm{d}z$ 收敛的充要条件为,对 $\forall\varepsilon>0$,存在 $\delta>0$,使得对任何具有连续边界且与瑕点 P_0 有正距离并满足条件 $U\subseteq\Omega\cap B(P_0,\delta)$ 的区域 U,都有

$$\left|\iiint\limits_{U} f(x,y,z)\mathrm{d}x\mathrm{d}y\mathrm{d}z\right|<\varepsilon.$$

(2) 若定义于 $\mathbf{R}^3$ 中具有连续边界的有界区域 Ω 上的三元函数 $f(x,y,z)$ 与 $g(x,y,z)$,对 $\forall(x,y,z)\in\Omega$,有 $|f(x,y,z)|\leqslant g(x,y,z)$;又反常重积分 $\iiint\limits_{\Omega} g(x,y,z)\mathrm{d}x\mathrm{d}y\mathrm{d}z$ 收敛,则有反常重积分 $\iiint\limits_{\Omega} f(x,y,z)\mathrm{d}x\mathrm{d}y\mathrm{d}z$ 绝对收敛.

(3) 对定义于有界区域 $\Omega\subseteq\mathbf{R}^n$ 上且以 $P_0\in\Omega$ 为瑕点的 n 元函数 $f(P)$,若存在常数 $0<s<n$,$C>0$,使得 $|f(P)|\leqslant C\|P-P_0\|^{-s}$,$\forall P\in\Omega\backslash\{P_0\}$,则有反常 n 重积分 $\int_{\Omega} f(P)\mathrm{d}P$ 绝对收敛.

例 12.3.2 试讨论反常重积分 $\iint\limits_{D}\frac{y}{\sqrt{x}}\mathrm{d}x\mathrm{d}y$ 的敛散性,其中 $D=[0,1]\times[0,1]$.

解 注意到 $\{0\}\times[0,1]$ 为被积函数 $f(x,y)=\frac{y}{\sqrt{x}}$ 的瑕点集,对 $\forall\varepsilon>0$,令 $D_\varepsilon=[\varepsilon,1]\times[0,1]$,则有

$$\iint\limits_{D_\varepsilon}\frac{y}{\sqrt{\varepsilon}}\mathrm{d}x\mathrm{d}y=\int_\varepsilon^1\frac{\mathrm{d}x}{\sqrt{x}}\int_0^1 y\mathrm{d}y=1-\sqrt{\varepsilon}.$$

进而,有

$$\iint\limits_{D}\frac{y}{\sqrt{x}}\mathrm{d}x\mathrm{d}y=\lim_{\varepsilon\to0^+}\iint\limits_{D_\varepsilon}\frac{y}{\sqrt{x}}\mathrm{d}x\mathrm{d}y=1.$$ □

12.3.2 含参变量重积分

定义 12.3.3 设 Ω 为 $\mathbf{R}^n$ 中具有连续边界的(有界)闭区域,D 为 $\mathbf{R}^k$ 中一个点集,$f(x,y)$ 是定义于 $D\times\Omega$ 上的 $n+k$ 元函数. 若对 $\forall x\in D$,$f(x,y)$ 关于变量 y 在 Ω 上可积分,则称 $F(x)=\int_{\Omega} f(x,y)\mathrm{d}y$,$\forall x\in D$ 为**含参变量** x **的** n **重积分**.

类似于前面基于二元函数所刻画的含参变量积分的情形,有直接推广的一致收敛性判别定理,以及含参变量 n 重积分函数的分析性质等.

定理 12.3.3 (1) 如果 D 是 $\mathbf{R}^k$ 中的开集或闭集,Ω 为 $\mathbf{R}^n$ 中具有连续边界的闭区域,多元

函数 $f(x,y)$ 在 $D\times\Omega$ 上连续，且含参变量积分 $F(x)=\int_\Omega f(x,y)\mathrm{d}y$ 关于 x 在 D 上一致收敛，则有 $F(x)$ 在 D 上连续，即

定理 12.3.3

$$\lim_{\substack{x\to x_0\\x\in D}}\int_\Omega f(x,y)\mathrm{d}y=\int_\Omega f(x_0,y)\mathrm{d}y=\int_\Omega \lim_{\substack{x\to x_0\\x\in D}}f(x,y)\mathrm{d}y.$$

(2) 如果 D 是 $\mathbf{R}^k$ 中的开集，Ω 为 $\mathbf{R}^n$ 中具有连续边界的闭区域，多元函数 $f(x,y)$ 在 $D\times\Omega$ 上有偏导数 $\frac{\partial f}{\partial x_i}$，且此偏导数 $\frac{\partial f}{\partial x_i}$ 在 $D\times\Omega$ 上连续，又含参变量积分 $\int_\Omega\frac{\partial f}{\partial x_i}(x,y)\mathrm{d}y$ 关于 x 在 D 上一致收敛，则 $F(x)$ 在 D 上关于变量 x_i 有连续的偏导数，且

$$\frac{\partial F(x)}{\partial x_i}=\frac{\partial}{\partial x_i}\int_\Omega f(x,y)\mathrm{d}y=\int_\Omega\frac{\partial}{\partial x_i}f(x,y)\mathrm{d}y,\quad \forall x\in D.$$

(3) 如果 D 为 $\mathbf{R}^k$ 中具有连续边界的有界闭区域，Ω 为 $\mathbf{R}^n$ 中具有连续边界的闭区域，多元函数 $f(x,y)$ 在 $D\times\Omega$ 上连续，且含参变量积分 $F(x)=\int_\Omega f(x,y)\mathrm{d}y$ 关于 x 在 D 上一致收敛，则 $F(x)$ 在 D 上可积分，且

$$\int_D\left(\int_\Omega f(x,y)\mathrm{d}y\right)\mathrm{d}x=\int_\Omega\left(\int_D f(x,y)\mathrm{d}x\right)\mathrm{d}y=\iint_{D\times\Omega}f(x,y)\mathrm{d}x\mathrm{d}y.$$

12.3.3 曲面的面积

定理 12.3.4 设有空间(分块)光滑曲面 $S:z=z(x,y),(x,y)\in D$，其中 D 为 S 在 xOy 面上的投影区域，则有曲面 S 的面积为

$$A=\iint_D\sqrt{1+z_x^2+z_y^2}\mathrm{d}x\mathrm{d}y.$$

证 先将 D 任意划分为 n 个小区域 $D_1,D_2,\cdots,D_n$，再以 D_i 的边界为准线且母线平行于 z 轴的柱面将曲面 S 分成 n 个小块 $S_1,S_2,\cdots,S_n$. 任取 S_i 上的点 $M_i(\xi_i,\eta_i,\zeta_i)$，过点 M_i 的曲面 S 的切平面也被相应截下小片 A_i. 以 $\Delta\sigma_i,\Delta A_i,\Delta S_i$ 分别记相应小块 D_i,A_i 及 S_i 的面积.

又 A_i 与 S_i 在点 M_i 处的法矢量为 $\boldsymbol{n}_i=\pm(-z_x,-z_y,1)_{M_i}$，从而 $\boldsymbol{n}_i$ 与 z 轴正向的夹角余弦为

$$\cos\gamma_i=\pm\frac{1}{\sqrt{1+z_x^2+z_y^2}}.$$

又 $\Delta\sigma_i=\Delta A_i|\cos\gamma_i|$，从而由微元法，有

$$\Delta S_i\approx\Delta A_i=\frac{\Delta\sigma_i}{|\cos\gamma_i|}=\sqrt{1+z_x^2(\xi_i,\eta_i)+z_y^2(\xi_i,\eta_i)}\Delta\sigma_i.$$

令 d_i 为 $\Delta\sigma_i$ 的直径，$\lambda=\max\limits_{1\leqslant i\leqslant n}d_i$，则有曲面 S 的面积为

$$A=\lim_{\lambda\to0}\sum_{i=1}^n\sqrt{1+z_x^2(\xi_i,\eta_i)+z_y^2(\xi_i,\eta_i)}\Delta\sigma_i=\iint_D\sqrt{1+z_x^2+z_y^2}\mathrm{d}x\mathrm{d}y.\qquad\square$$

例 12.3.3 设平面光滑曲线 $C:y=f(x),x\in[a,b]\ (f(x)>0)$，试求此曲线绕 x 轴旋转一周得到的旋转曲面 S 的面积.

解 由于上半旋转曲面的方程为

$$z=\sqrt{f^2(x)-y^2},x\in[a,b],$$

即有

$$z_x=\frac{f(x)f'(x)}{\sqrt{f^2(x)-y^2}},\quad z_y=\frac{-y}{\sqrt{f^2(x)-y^2}},\quad \sqrt{1+z_x^2+z_y^2}=\sqrt{\frac{f^2(x)+f^2(x)f'^2(x)}{f^2(x)-y^2}}.$$

于是，曲面 S 的面积为

$$\begin{aligned}A&=2\int_a^b\mathrm{d}x\int_{-f(x)}^{f(x)}\sqrt{\frac{f^2(x)+f^2(x)f'^2(x)}{f^2(x)-y^2}}\mathrm{d}x\mathrm{d}y\\&=4\int_a^b\mathrm{d}x\int_0^{f(x)}f(x)\sqrt{\frac{1+f'^2(x)}{1-y^2f^{-2}(x)}}\mathrm{d}[yf^{-1}(x)]\\&=4\int_a^b f(x)\sqrt{1+f'^2(x)}\mathrm{d}x\int_0^1\frac{\mathrm{d}t}{\sqrt{1-t^2}}\\&=2\pi\int_a^b f(x)\sqrt{1+f'^2(x)}\mathrm{d}x.\end{aligned}$$ □

一般地，若空间（分块）光滑曲面 S 由参数方程 $x=x(u,v),y=y(u,v),z=z(u,v)$，$(u,v)\in D$确定，其中 $x(u,v),y(u,v),z(u,v)$ 在 D 上具有连续一阶偏导，且 Jacobi 行列式 $\frac{\partial(x,y)}{\partial(u,v)},\frac{\partial(y,z)}{\partial(u,v)},\frac{\partial(z,x)}{\partial(u,v)}$中至少有一个不为零，则曲面 S 在点 $M(x,y,z)$的法线方向为 $\boldsymbol{n}=\left(\frac{\partial(y,z)}{\partial(u,v)},\frac{\partial(z,x)}{\partial(u,v)},\frac{\partial(x,y)}{\partial(u,v)}\right)$. 不妨设$\frac{\partial(x,y)}{\partial(u,v)}\neq0$，则其与 z 轴的夹角余弦满足

$$|\cos(\boldsymbol{n},\boldsymbol{k})|=\left|\frac{\partial(x,y)}{\partial(u,v)}\right|\frac{1}{\sqrt{EG-F^2}},$$

其中 $E=x_u^2+y_u^2+z_u^2,G=x_v^2+y_v^2+z_v^2,F=x_ux_v+y_uy_v+z_uz_v$.

根据 $A=\iint\limits_{D_{xy}}\frac{1}{|\cos(\boldsymbol{n},\boldsymbol{k})|}\mathrm{d}x\mathrm{d}y$，其中 D_{xy} 为 S 在 xOy 面上的投影，即曲面 S 的面积为

$$A=\iint\limits_D\frac{1}{|\cos(\boldsymbol{n},\boldsymbol{k})|}\left|\frac{\partial(x,y)}{\partial(u,v)}\right|\mathrm{d}u\mathrm{d}v=\iint\limits_D\sqrt{EG-F^2}\mathrm{d}u\mathrm{d}v.$$

例 12.3.4　试求半径为 R 的球面面积.

解　考虑球面方程为$\begin{cases}x=R\sin\varphi\cos\theta,\\y=R\sin\varphi\sin\theta,\\z=R\cos\varphi,\end{cases}$其中 $D=\{(\theta,\varphi)\mid0\leqslant\theta\leqslant2\pi,0\leqslant\varphi\leqslant\pi\}$.

又由
$$E=x_\varphi^2+y_\varphi^2+z_\varphi^2=R^2,\quad F=x_\varphi x_\theta+y_\varphi y_\theta+z_\varphi z_\theta=0,$$
$$G=x_\theta^2+y_\theta^2+z_\theta^2=R^2\sin^2\varphi,$$

即有
$$EG-F=R^4\sin^2\varphi.$$

从而，此球面面积为

$$A=\iint\limits_D R^2\sin\varphi\mathrm{d}\varphi\mathrm{d}\theta=\int_0^{2\pi}\mathrm{d}\theta\int_0^\pi R^2\sin\varphi\mathrm{d}\varphi=4\pi R^2.$$ □

12.3.4　重积分的物理应用

1. 质心

若空间几何形体 Ω 有非均匀密度函数 $\mu(x,y,z)$，现用微元法刻画其质心. 在 Ω 内任取一直径充分小的微元 $\mathrm{d}V$，不妨设 $\mu(x,y,z)$在 $\mathrm{d}V$ 上连续，从而即有微元 $\mathrm{d}V$ 的质量近似

$$\mathrm{d}M=\mu(x,y,z)\mathrm{d}V.$$

于是，该微元相对于三个坐标面的静矩微元分别可表示为

$$dM_{yz}=x\mu(x,y,z)dV,\quad dM_{zx}=y\mu(x,y,z)dV,\quad dM_{xy}=z\mu(x,y,z)dV,$$

进而,该形体 Ω 对三个坐标面的静矩分别为

$$M_{yz}=\iiint_{\Omega}x\mu(x,y,z)dV,\quad M_{zx}=\iiint_{\Omega}y\mu(x,y,z)dV,\quad M_{xy}=\iiint_{\Omega}z\mu(x,y,z)dV.$$

又由 Ω 的质量为 $M=\iiint_{\Omega}\mu(x,y,z)dV$,即有 Ω 的**质心**坐标为

$$\bar{x}=\frac{M_{yz}}{M},\quad \bar{y}=\frac{M_{zx}}{M},\quad \bar{z}=\frac{M_{xy}}{M}.$$

若密度函数 $\mu(x,y,z)=\mu$ 为常数,则此时质心只与 Ω 的形状有关,因此也称其为**形心**.实际应用中,应充分利用对称性及其他背景信息去刻画空间几何形体的质心、转动惯量等物理特征.

例 12.3.5 试求有均匀密度的半径为 R 的半圆形平面薄片的质心.

解 不妨设该半圆形平面薄片占有平面区域 $D=\{(x,y)\mid x^2+y^2\leqslant \mathbf{R}^2,y\geqslant 0\}$,且有均匀密度为 μ.

由对称性,显然有 $\bar{x}=0$.又由 $D=\{(r,\theta)\mid 0\leqslant\theta\leqslant\pi,0\leqslant r\leqslant R\}$,即有

$$\bar{y}=\frac{\iint_D y\mu\,d\sigma}{\iint_D \mu\,d\sigma}=\frac{\iint_D y\,d\sigma}{\iint_D d\sigma}=\frac{\int_0^{\pi}\sin\theta d\theta\int_0^R r^2\,dr}{\frac{\pi R^2}{2}}=\frac{4R}{3\pi}.$$

此即,该薄片的质心为 $\left(0,\frac{4R}{3\pi}\right)$. □

2. 转动惯量

若空间几何形体 Ω 有非均匀密度 $\mu(x,y,z)$,可类似用微元法刻画其转动惯量.在 Ω 内任取一直径充分小的微元 dV,不妨设 $\mu(x,y,z)$ 在 dV 上连续,以 $\mu(x,y,z)dV$ 近似表示该微元的质量,从而该质量微元相对于三个坐标轴的转动惯量分别为

$$dI_x=(y^2+z^2)\mu(x,y,z)dV,\quad dI_y=(z^2+x^2)\mu(x,y,z)dV,$$
$$dI_z=(x^2+y^2)\mu(x,y,z)dV.$$

利用微元法,即有该形体 Ω 对三个坐标轴的转动惯量分别为

$$I_x=\iiint_{\Omega}(y^2+z^2)\mu(x,y,z)dV,\quad I_y=\iiint_{\Omega}(z^2+x^2)\mu(x,y,z)dV,$$
$$I_z=\iiint_{\Omega}(x^2+y^2)\mu(x,y,z)dV.$$

例 12.3.6 设 Ω 为半径为 a,高为 h 的密度均匀的圆柱体,试求 Ω 对过其重心且垂直于母线的轴的转动惯量 I.

解 取 Ω 的重心为坐标原点,且使 z 轴平行于 Ω 的母线,则 Ω 可表示为

$$\Omega=\left\{(x,y,z)\,\middle|\,x^2+y^2\leqslant a^2,|z|\leqslant\frac{h}{2}\right\}.$$

于是,所求转动惯量为

$$I=I_x=\iiint_{\Omega}\mu(y^2+z^2)dV,$$

其中 μ 为均匀密度.

令 $x=r\cos\theta,y=r\sin\theta,z=z$,则

$$\Omega=\left\{(r,\theta,z)\,\middle|\,0\leqslant\theta\leqslant2\pi,0\leqslant r\leqslant a,-\frac{h}{2}\leqslant z\leqslant\frac{h}{2}\right\},$$

从而有

$$\begin{aligned}I&=\mu\int_0^{2\pi}\mathrm{d}\theta\int_0^a r\mathrm{d}r\int_{-\frac{h}{2}}^{\frac{h}{2}}(r^2\sin^2\theta+z^2)\mathrm{d}z=\frac{\mu h}{12}\int_0^{2\pi}\mathrm{d}\theta\int_0^a(12r^3\sin^2\theta+h^2r)\mathrm{d}r\\&=\frac{a^2\mu h}{24}\int_0^{2\pi}(6a^2\sin^2\theta+h^2)\mathrm{d}\theta=\frac{1}{12}\mu\pi a^2h(3a^2+h^2).\end{aligned}$$

□

应当注意，以类似的方式还可以刻画空间几何形体相对于其外一单位质点的引力等. 虽然，前面只介绍了重积分相应的物理应用，但是，若几何形体是空间曲线或曲面，则也有相应的积分的物理应用，只不过要将重积分换成相应的曲线积分或曲面积分而已.

习　题　12.3

习题 12.3

1. 试讨论下列反常重积分的敛散性：

(1) $\displaystyle\iint_{\mathbf{R}^2}\frac{\mathrm{d}x\mathrm{d}y}{(1+|x|^p)(1+|y|^q)}$；　(2) $\displaystyle\iint_{|x|+|y|\geqslant1}\frac{\mathrm{d}x\mathrm{d}y}{|x|^p+|y|^q}$；

(3) $\displaystyle\iint_{x^2+y^2\leqslant1}\frac{\mathrm{d}x\mathrm{d}y}{\sqrt{1-x^2-y^2}}$；　(4) $\displaystyle\iint_{[0,a]\times[0,a]}\frac{\mathrm{d}x\mathrm{d}y}{|x-y|^p}$.

2. 试计算下列反常重积分：

(1) $\displaystyle\iint_{x^2+y^2\leqslant1}\ln(x^2+y^2)\mathrm{d}x\mathrm{d}y$；　(2) $\displaystyle\iint_{x\geqslant y\geqslant0}\mathrm{e}^{-(x+y)}\mathrm{d}x\mathrm{d}y$；

(3) $\displaystyle\iint_{\substack{xy\geqslant1\\x\geqslant1}}\frac{\mathrm{d}x\mathrm{d}y}{x^2y^3}$；　(4) $\displaystyle\iint_{0<x\leqslant y\leqslant1}\frac{\mathrm{d}x\mathrm{d}y}{\sqrt{x^2+y^2}}$；

(5) $\displaystyle\iiint_{\substack{0<x+y+z\leqslant1\\x,y,z\geqslant0}}\frac{\mathrm{d}x\mathrm{d}y\mathrm{d}z}{(x+y+z)^2}$；　(6) $\displaystyle\iiint_{\mathbf{R}^3}\mathrm{e}^{-\sqrt{\frac{x^2}{a^2}+\frac{y^2}{b^2}+\frac{z^2}{c^2}}}\mathrm{d}x\mathrm{d}y\mathrm{d}z$.

3. 试确定下列含参变量重积分的收敛域，并讨论其一致收敛性：

(1) $\displaystyle\iint_{0<x^2+y^2\leqslant1}\frac{\sin^2xy}{(x^2+xy+y^2)^p}\mathrm{d}x\mathrm{d}y$；　(2) $\displaystyle\iint_{x+y\geqslant1}\frac{\sin y\mathrm{d}x\mathrm{d}y}{(x+y)^p}$；

(3) $\displaystyle\iiint_{|x|\leqslant1,|y|\leqslant1,|z|\leqslant1}\frac{\mathrm{d}x\mathrm{d}y\mathrm{d}z}{|x+y+z|^p}$；　(4) $\displaystyle\iiint_{x\geqslant1,y-z\geqslant1}\frac{\mathrm{d}x\mathrm{d}y\mathrm{d}z}{x^p+(y-z)^q}$.

4. 试证明下列命题：

(1) 如果定义于 $\mathbf{R}^n$ 上的函数 $f(x)$ 在区域 $D=\{x\mid\|x\|\geqslant r_0\}$ 上满足条件 $f(x)\geqslant c\|x\|^p$，$c>0$，则在 $p\geqslant-n$ 时，反常重积分 $\displaystyle\int_{\mathbf{R}^n}f(x)\mathrm{d}x$ 发散；

(2) 如果定义于 $\mathbf{R}^n$ 上的函数 $f(x)$ 在区域 $D=\{x\mid\|x\|\leqslant r_0\}$ 上满足条件 $f(x)\geqslant\|x\|^p$，则在 $p\leqslant-n$ 时，反常重积分（瑕积分）$\displaystyle\int_{\mathbf{R}^n}f(x)\mathrm{d}x$ 发散.

5. (1) 试求曲面 $az=xy(a>0)$ 包含在圆柱 $x^2+y^2=a^2$ 内的那部分的面积；

(2) 试求锥面 $z=\sqrt{x^2+y^2}$ 被柱面 $z^2=3x$ 所截下部分的面积；

(3) 试求曲面$\begin{cases}x=(b+a\cos\psi)\cos\varphi,\\ y=(b+a\cos\psi)\sin\varphi,\\ z=a\sin\psi,\end{cases}$ $0\leqslant\varphi\leqslant 2\pi,0\leqslant\psi\leqslant 2\pi$ 的面积,其中 a,b 为常数($0\leqslant a\leqslant b$);

(4) 试求螺旋面$\begin{cases}x=r\cos\theta\\ y=r\sin\theta\\ z=b\theta\end{cases}$, $0\leqslant r\leqslant a,0\leqslant\theta\leqslant 2\pi$ 的面积.

6. 试求下列几何形体的质心:

(1) 有均匀密度的 Ω 区域,其中 $\Omega=\{(x,y,z)\mid 0\leqslant z\leqslant 1-x^2-y^2\}$;

(2) 有均匀密度的 Ω 区域,其中 $\Omega=\{(x,y,z)\mid x\geqslant 0,y\geqslant 0,z\geqslant 0,x+2y-3z\leqslant 1\}$.

7. (1) 试求有均匀密度的单位圆相对于其切线的转动惯量;

(2) 试求曲面 $(x^2+y^2+z^2)^2=x^2+y^2$ 所围均匀立体($\mu=1$)对坐标轴、坐标原点的转动惯量.

12.4 曲线积分

对分布在空间中可求长度的曲线型构件上的非均匀分布量,也可以用积分的思想去求和.比如,有非均匀点密度的曲线型构件的质量,流径曲线型导体的电通量和磁通量等,都是曲线积分常见的、典型的例子.这里,我们将介绍两种类型的曲线积分及其相互联系等.

12.4.1 第一型曲线积分

考虑有非均匀点密度 $\mu(x,y,z)$ 的空间可求长度的分段光滑曲线型构件 C 的质量,可将 C 任意分成 n 小段 $C_1,C_2,\cdots,C_n$,在每小段上刻画近似质量 $\mu(\xi_i,\eta_i,\zeta_i)\Delta s_i$,其中任取点 $(\xi_i,\eta_i,\zeta_i)\in C_i$,$\Delta s_i$ 为 C_i 的长度.令 $\|T\|=\max\limits_{1\leqslant i\leqslant n}\Delta s_i$,如果以下和式

$$\sum_{i=1}^{n}\mu(\xi_i,\eta_i,\zeta_i)\Delta s_i$$

在 $\|T\|\to 0$ 时的极限存在,且与对 C 的分割方式及小段 C_i 上点 (ξ_i,η_i,ζ_i) 的选取无关,即可认为该极限为此曲线型构件 C 的质量.

一般地,我们有如下定义.

定义 12.4.1 若 C 为空间中一条可求长度的(分段)光滑曲线段,三元函数 $f(x,y,z)$ 定义于曲线 C 上.若对 C 的任何分割 T,将 C 分段 n 小段 $C_1,C_2,\cdots,C_n$,又对 $\forall(\xi_i,\eta_i,\zeta_i)\in C_i$,有和式 $\sum\limits_{i=1}^{n}f(\xi_i,\eta_i,\zeta_i)\Delta s_i$ 在 $\|T\|\to 0$ 时的极限存在(有限),且与任意分割方式以及小段 C_i 上的任意选点方式都无关,其中 $\|T\|=\max\limits_{1\leqslant i\leqslant n}\Delta s_i$,$\Delta s_i$ 为第 i 小段 C_i 的长度,则称三元函数 $f(x,y,z)$ 在曲线 C 上**可积分**,并称此极限为 $f(x,y,z)$ 在 C 上的**第一型曲线积分**或**对弧长的曲线积分**.记作 $\int_C f(x,y,z)\mathrm{d}s$,此即

$$\int_C f(x,y,z)\mathrm{d}s=\lim_{\|T\|\to 0}\sum_{i=1}^{n}f(\xi_i,\eta_i,\zeta_i)\Delta s_i,$$

其中 C 称为**积分曲线**,$f(x,y,z)$ 称为**被积函数**,$\mathrm{d}s$ 称为**弧长微元**.

特别地,若 C 为平面 xOy 上分段光滑曲线,$f(x,y)$ 为定义于 C 上的非负连续函数,则曲线

积分$\int_C f(x,y)\mathrm{d}s$表示以C为准线且母线平行于z轴的柱面上截取$0\leqslant z\leqslant f(x,y)$的那部分的面积.

关于第一类曲线积分,也有与定积分相应的一些重要性质.

定理 12.4.1　(1) 若曲线积分$\int_C f_i(x,y,z)\mathrm{d}s\ (i=1,2,\cdots,k)$都存在,又$d_i(i=1,2,\cdots,k)$为任意常数,则曲线积分$\int_C\left(\sum_{i=1}^{k}d_if_i(x,y,z)\right)\mathrm{d}s$也存在,且

$$\int_C\left(\sum_{i=1}^{k}d_if_i(x,y,z)\right)\mathrm{d}s=\sum_{i=1}^{k}d_i\int_C f_i(x,y,z)\mathrm{d}s.$$

(2) 若空间曲线段$C_1,C_2,\cdots,C_k$首尾相接形成分段光滑可求长度曲线段C,且曲线积分$\int_{C_i}f(x,y,z)\mathrm{d}s\ (i=1,2,\cdots,k)$都存在,则曲线积分$\int_C f(x,y,z)\mathrm{d}s$也存在,且

$$\int_C f(x,y,z)\mathrm{d}s=\sum_{i=1}^{k}\int_{C_i}f(x,y,z)\mathrm{d}s.$$

(3) 若曲线积分$\int_C f(x,y,z)\mathrm{d}s$与$\int_C g(x,y,z)\mathrm{d}s$都存在,且在曲线$C$上有$f(x,y,z)\leqslant g(x,y,z)$,则有$\int_C f(x,y,z)\mathrm{d}s\leqslant\int_C g(x,y,z)\mathrm{d}s$.

(4) 若三元函数$f(x,y,z)$在空间可求长度的分段光滑曲线C上连续,则存在点$(\xi,\eta,\zeta)\in C$,使得$\int_C f(x,y,z)\mathrm{d}s=f(\xi,\eta,\zeta)\int_C\mathrm{d}s$.

12.4.2　第一型曲线积分的计算

利用空间曲线与直线段的(分段)一一对应关系,亦即借助曲线的参数式刻画可将曲线积分转化(变换)为定积分进行计算.

定理 12.4.2　设曲线C为空间(分段)光滑曲线

$$C:x=x(t),y=y(t),z=z(t),\quad t\in[\alpha,\beta],$$

其中$x(t),y(t),z(t)$为区间$[\alpha,\beta]$上的连续可微函数. 又$f(x,y,z)$为定义于C上的三元连续函数,则$f(x,y,z)$在C上可积分,且

$$\int_C f(x,y,z)\mathrm{d}s=\int_\alpha^\beta f(x,y,z)\sqrt{x'^2(t)+y'^2(t)+z'^2(t)}\,\mathrm{d}t.$$

证　设曲线C的端点A、B分别对应参数值为α,β. 现对C作任意分割$T:A=A_0,A_1,\cdots,A_n=B$,记分点A_i对应于参数t_i,从而对应地形成区间$[\alpha,\beta]$的一个分割T'.

又在第i小段曲线$\widehat{A_{i-1}A_i}$上任取一点(ξ_i,η_i,ζ_i),记其对应参数为τ_i,即

$$\xi_i=x(\tau_i),\eta_i=y(\tau_i),\zeta_i=z(\tau_i),\tau_i\in[t_{i-1},t_i],i=1,2,\cdots,n.$$

记Δs_i为$\widehat{A_{i-1}A_i}$的长度,则有

$$\Delta s_i=\int_{t_{i-1}}^{t_i}\sqrt{x'^2(t)+y'^2(t)+z'^2(t)}\,\mathrm{d}t=\sqrt{x'^2(\bar{\tau}_i)+y'^2(\bar{\tau}_i)+z'^2(\bar{\tau}_i)}\,\Delta t_i,$$

其中

$$\bar{\tau}_i\in[t_{i-1},t_i],\quad \Delta t_i=t_i-t_{i-1},$$

从而有

$$\sum_{i=1}^{n} f(\xi_i,\eta_i,\zeta_i)\Delta s_i = \sum_{i=1}^{n} f(x(\tau_i),y(\tau_i),z(\tau_i))\sqrt{x'^2(\bar{\tau}_i)+y'^2(\bar{\tau}_i)+z'^2(\bar{\tau}_i)}\Delta t_i,$$

两边分别关于 $\|T\| = \max\limits_{1\leqslant i\leqslant n}\Delta s_i \to 0$, $\|T'\| = \max\limits_{1\leqslant i\leqslant n}\Delta t_i \to 0$ 取极限,即有

$$\int_C f(x,y,z)\mathrm{d}s = \int_\alpha^\beta f(x(t),y(t),z(t))\sqrt{x'^2(t)+y'^2(t)+z'^2(t)}\mathrm{d}t.$$

这里,利用了 $f(x(t),y(t),z(t))\sqrt{x'^2(t)+y'^2(t)+z'^2(t)}$ 在区间$[\alpha,\beta]$上的连续可积性. □

注记 12.4.1 (1) 由于曲线弧长微元 $\mathrm{d}s$ 总是正的,从而对应有 $\mathrm{d}t>0$,因此上述公式中定积分下限必须小于上限.

(2) 定理 12.4.2 中的公式在本质上是积分变换,其中 $\sqrt{x'^2(t)+y'^2(t)+z'^2(t)}$ 反映了空间曲线段长度与其对应直线段长度的尺度变化.

(3) 若 C 为平面光滑曲线 $\begin{cases} x=x(t), \\ y=y(t), \end{cases} t\in[\alpha,\beta]$,则有

$$\int_C f(x,y)\mathrm{d}s = \int_\alpha^\beta f(x(t),y(t))\sqrt{x'^2(t)+y'^2(t)}\mathrm{d}t.$$

(4) 若 C 为平面光滑曲线 $r=r(\theta),\theta\in[\alpha,\beta]$,则由 $\begin{cases} x = r\cos\theta, \\ y = r\sin\theta, \end{cases}$ 即有

$$\int_C f(x,y)\mathrm{d}s = \int_\alpha^\beta f(r(\theta)\cos\theta,r(\theta)\sin\theta)\sqrt{r^2(\theta)+r'^2(\theta)}\mathrm{d}\theta.$$

例 12.4.1 试求曲线积分 $I=\int_C \sqrt{x^2+y^2}\mathrm{d}s$,其中 C 为圆周线 $x^2+y^2=ax$ $(a>0)$.

解 令 $x=r\cos\theta, y=r\sin\theta$,则曲线 C 可表示为

$$r=a\cos\theta,\quad \theta\in\left[-\frac{\pi}{2},\frac{\pi}{2}\right].$$

从而有

$$I=\int_C \sqrt{x^2+y^2}\mathrm{d}s = \int_{-\frac{\pi}{2}}^{\frac{\pi}{2}} a\cos\theta\sqrt{a^2\cos^2\theta+(-a\sin\theta)^2}\mathrm{d}\theta = \int_{-\frac{\pi}{2}}^{\frac{\pi}{2}} a^2\cos\theta\mathrm{d}\theta = 2a^2. \quad □$$

例 12.4.2 试求下列第一型曲线积分:

(1) $I=\int_C (xy+yz+zx)\mathrm{d}s$,其中 C 为 $x^2+y^2+z^2=a^2$ 与 $x+y+z=0$ 的交线;

(2) $I=\int_C z^2\mathrm{d}s$,其中 C 为 $x^2+y^2+z^2=a^2$ 与 $x+y+z=0$ 的交线;

(3) $I=\oint_C |y|\mathrm{d}s$,其中 C 为闭曲线 $x^2+y^2=4$.

解 (1) 由于

$$(x+y+z)^2 = x^2+y^2+z^2+2(xy+yz+zx),$$

从而有

$$I=\int_C (xy+yz+zx)\mathrm{d}s = \frac{1}{2}\int_C[(x+y+z)^2-(x^2+y^2+z^2)]\mathrm{d}s$$

$$=-\frac{1}{2}\int_C (x^2+y^2+z^2)\mathrm{d}s = -\frac{1}{2}\int_C a^2\mathrm{d}s = -\pi a^3.$$

(2) 由轮换对称性,有

$$I=\int_C z^2\mathrm{d}s = \frac{1}{3}\int_C (x^2+y^2+z^2)\mathrm{d}s = \frac{a^2}{3}\int_C \mathrm{d}s = \frac{2}{3}\pi a^3.$$

事实上,此时还有

$$I=\int_C y\mathrm{d}s=\frac{1}{3}\int_C (x+y+z)\mathrm{d}s=0.$$

(3) 令 $x=r\cos\theta, y=r\sin\theta$,则圆周线 $x^2+y^2=4$ 可表示为

$$r=r(\theta)=2,\quad \theta\in[0,2\pi].$$

记 C_1 为上半圆周,C_2 为下半圆周,则

$$C_1: r=2, \theta\in[0,\pi];\quad C_2: r=2, \theta\in[\pi,2\pi].$$

进而,有

$$\int_{C_2} |y| \mathrm{d}s=\int_{\pi}^{2\pi}-2\sin\theta\sqrt{r^2(\theta)+r'^2(\theta)}\mathrm{d}\theta=-4\int_{\pi}^{2\pi}\sin\theta\mathrm{d}\theta=8,$$

$$\int_{C_1} |y| \mathrm{d}s=\int_0^{\pi}2\sin\theta\cdot 2\mathrm{d}\theta=8.$$

此即表明,可利用对称性得到

$$I=\oint_C |y| \mathrm{d}s=2\int_{C_1} y\mathrm{d}s=2\int_0^{\pi}2\sin\theta\cdot 2\mathrm{d}\theta=16.$$ □

以上例子表明,在考虑曲线积分计算时应充分利用问题特点以简化计算.

通常在曲线积分 $\int_C f(x,y)\mathrm{d}s$ 存在时,若积分曲线 C 关于 x 轴对称,又被积函数 $f(x,y)$ 满足条件 $f(x,-y)=-f(x,y)$,则有 $\int_C f(x,y)\mathrm{d}s=0$;若被积函数满足条件 $f(x,-y)=f(x,y)$,则有 $\int_C f(x,y)\mathrm{d}s=2\int_{C_1} f(x,y)\mathrm{d}s$,其中 C_1 为曲线 C 在 x 轴上方的一半.

12.4.3 第二型曲线积分

考虑质点在变力场 $\boldsymbol{F}(x,y,z)$ 的作用下,沿着空间可求长度的分段光滑曲线 C 从起点 A 到终点 B 运动所需做的功. 这里,不仅变力大小逐点变化,而且力的方向和沿曲线行进的方向也都逐点变化,应该以新的观点进行考察.

将有向曲线 $C=\widehat{AB}$ 任意分割成首尾相接的 n 小段 $\widehat{A_0A_1},\widehat{A_1A_2},\cdots,\widehat{A_{n-1}A_n}$,其中分割 T:$A_0=A_0,A_1,\cdots,A_n=B$. 记分点 A_i 的向径为 $\boldsymbol{r}_i$,以 $\Delta\boldsymbol{r}_i=\boldsymbol{r}_i-\boldsymbol{r}_{i-1}=\overrightarrow{A_{i-1}A_i}$ 近似表示第 i 小段 $\widehat{A_{i-1}A_i}$,令 $\|T\|=\max\limits_{1\leqslant i\leqslant n}\|\Delta\boldsymbol{r}_i\|$. 任取点 $(\xi_i,\eta_i,\zeta_i)\in\widehat{A_{i-1}A_i}$,以 $\boldsymbol{F}(\xi_i,\eta_i,\zeta_i)\cdot\Delta\boldsymbol{r}_i$ 近似表示刻画质点在 $\widehat{A_{i-1}A_i}$ 上行进时变力所做的功. 如果以下和式

$$\sum_{i=1}^{n}\boldsymbol{F}(\xi_i,\eta_i,\zeta_i)\cdot\Delta\boldsymbol{r}_i$$

在 $\|T\|\to 0$ 时的极限存在,且与对 C 的分割方式及小段 $\widehat{A_{i-1}A_i}$ 上点 (ξ_i,η_i,ζ_i) 的选取无关,即可认为该极限为变力 $\boldsymbol{F}(x,y,z)$ 沿着有向曲线 C 从 A 到 B 移动质点所作的功.

一般地,我们有如下刻画非均匀分布矢量在有向曲线上求和的第二型曲线积分.

定义 12.4.2 设 C 为空间中从 A 到 B 的有向可求长度光滑曲线段,又 $P(x,y,z),Q(x,y,z),R(x,y,z)$ 为定义于 C 上的有界三元函数. 若对 $\widehat{AB}$ 的任意分割 T:$A=A_0,A_1,\cdots,A_n=B$,将 C 分成 n 个有向小弧段 $\widehat{A_{i-1}A_i}$,其中 $A_i=(x_i,y_i,z_i)$.

令

$$\Delta x_i=x_i-x_{i-1},\quad \Delta y_i=y_i-y_{i-1},\quad \Delta z_i=z_i-z_{i-1},$$

$$\Delta s_i=\sqrt{\Delta^2 x_i+\Delta^2 y_i+\Delta^2 z_i},\quad \|T\|=\max_{1\leqslant i\leqslant n}|\Delta s_i|,$$

使得对$\forall(\xi_i,\eta_i,\zeta_i)\in\overset{\frown}{A_{i-1}A_i}$，极限

$$\lim_{\|T\|\to 0}\sum_{i=1}^{n}P(\xi_i,\eta_i,\zeta_i)\Delta x_i+Q(\xi_i,\eta_i,\zeta_i)\Delta y_i+R(\xi_i,\eta_i,\zeta_i)\Delta z_i$$

存在(有限)，且其与对C的分割方式及$\overset{\frown}{A_{i-1}A_i}$上点$(\xi_i,\eta_i,\zeta_i)$的选取方式无关，则称矢量函数$\boldsymbol{F}(x,y,z)=(P(x,y,z),Q(x,y,z),R(x,y,z))$在有向曲线$C$上**可积分**，也称此极限为$\boldsymbol{F}(x,y,z)$在$C$上的**第二型曲线积分或对坐标的曲线积分**. 记作

$$\int_C P(x,y,z)\mathrm{d}x+Q(x,y,z)\mathrm{d}y+R(x,y,z)\mathrm{d}z,\quad 或\quad \int_C \boldsymbol{F}\cdot\mathrm{d}\boldsymbol{s},$$

其中$\mathrm{d}\boldsymbol{s}=(\mathrm{d}x,\mathrm{d}y,\mathrm{d}z)$.

定理 12.4.3 (1) 若曲线积分$\int_C \boldsymbol{F}_i(x,y,z)\mathrm{d}\boldsymbol{s}\ (i=1,2,\cdots,k)$都存在，又$d_i(i=1,2,\cdots,k)$为任意常数，则曲线积分$\int_C\left(\sum_{i=1}^{k}d_i\boldsymbol{F}_i(x,y,z)\right)\mathrm{d}\boldsymbol{s}$也存在，且

$$\int_C\left(\sum_{i=1}^{k}d_i\boldsymbol{F}_i(x,y,z)\right)\mathrm{d}\boldsymbol{s}=\sum_{i=1}^{k}d_i\int_C\boldsymbol{F}_i(x,y,z)\mathrm{d}\boldsymbol{s}.$$

(2) 若空间曲线段$C_1,C_2,\cdots,C_k$首尾相接形成分段光滑可求长度曲线段C（C_{i-1}的终点方向与C_i的起点方向相同)，且曲线积分$\int_{C_i}\boldsymbol{F}(x,y,z)\mathrm{d}\boldsymbol{s}\ (i=1,2,\cdots,k)$都存在，则曲线积分$\int_C\boldsymbol{F}(x,y,z)\mathrm{d}\boldsymbol{s}$也存在，且

$$\int_C\boldsymbol{F}(x,y,z)\mathrm{d}\boldsymbol{s}=\sum_{i=1}^{k}\int_{C_i}\boldsymbol{F}(x,y,z)\mathrm{d}\boldsymbol{s}.$$

(3) 若曲线积分$\int_C\boldsymbol{F}(x,y,z)\mathrm{d}\boldsymbol{s}$存在，记$-C$为$C$的反向曲线，则曲线积分$\int_{-C}\boldsymbol{F}(x,y,z)\mathrm{d}\boldsymbol{s}$也存在，且

$$\int_{-C}\boldsymbol{F}(x,y,z)\mathrm{d}\boldsymbol{s}=-\int_C\boldsymbol{F}(x,y,z)\mathrm{d}\boldsymbol{s}.$$

12.4.4 第二型曲线积分的计算

同样地，这里也是利用空间有向曲线与有向直线段的一一对应关系，借助曲线的参数式刻画将曲线积分化为定积分进行计算.

定理 12.4.4 设空间有向曲线C有参数式方程

$$\begin{cases}x=x(t),\\ y=y(t),\quad t\in I,\\ z=z(t),\end{cases}$$

其中函数$x(t),y(t),z(t)$在区间I上有连续导数且$x'^2(t)+y'^2(t)+z'^2(t)\neq 0$. 又曲线$C$的起点$A$与终点$B$分别对应于$I$的起点$t=\alpha$和终点$t=\beta$，则当三元函数$P(x,y,z),Q(x,y,z),R(x,y,z)$在$C$上连续时，有矢量函数$\boldsymbol{F}(x,y,z)=(P(x,y,z),Q(x,y,z),R(x,y,z))$在$C$上可积分，且

$$\int_C P(x,y,z)\mathrm{d}x+Q(x,y,z)\mathrm{d}y+R(x,y,z)\mathrm{d}z$$

$$=\int_C\boldsymbol{F}\cdot\mathrm{d}\boldsymbol{s}$$

$$=\int_\alpha^\beta [P(x(t),y(t),z(t))x'(t)+Q(x(t),y(t),z(t))y'(t)+R(x(t),y(t),z(t))z'(t)]\mathrm{d}t.$$

证　这里,仅证明$\int_C P(x,y,z)\mathrm{d}x=\int_\alpha^\beta [P(x(t),y(t),z(t))x'(t)]\mathrm{d}t$,其他两个等式的证明完全类似.

考虑有向曲线 C 的任意分割 T,记第 i 小段为$\overset{\frown}{A_{i-1}A_i}$,有

$$A_i=(x_i,y_i,z_i)=(x(t_i),y(t_i),z(t_i)),\quad \Delta x_i=x_i-x_{i-1}=x(t_i)-x(t_{i-1}).$$

又任取$\overset{\frown}{A_{i-1}A_i}$上一点$(\xi_i,\eta_i,\zeta_i)=(x(\tau_i),y(\tau_i),z(\tau_i))$,$\tau_i\in[t_{i-1},t_i]$.

注意到 $P(x(t),y(t),z(t))x'(t)$在 I 上的连续可积性,以及曲线 C 与直线上区间 I 的一一对应性,考虑

$$\begin{aligned}\sum_{i=1}^n P(\xi_i,\eta_i,\zeta_i)\Delta x_i &= \sum_{i=1}^n P(x(\tau_i),y(\tau_i),z(\tau_i))[x(t_i)-x(t_{i-1})]\\ &= \sum_{i=1}^n P(x(\tau_i),y(\tau_i),z(\tau_i))x'(\bar{\tau}_i)\Delta t_i,\quad \bar{\tau}_i\in[t_{i-1},t_i]\end{aligned}$$

令 $\|T\|\to 0$ 时两边取极限,即有

$$\int_C P(x,y,z)\mathrm{d}x=\int_\alpha^\beta P(x(t),y(t),z(t))x'(t)\mathrm{d}t.$$ □

注记 12.4.2　(1) 本质上,定理 12.4.4 刻画的仍是积分变换,其中 $x'(t)$,$y'(t)$,$z'(t)$分别反映的是在三个坐标方向上变换的尺度变化.这里,也刻画的是对非均匀分布矢量分解到三个坐标方向上分别进行求和.

(2) 注意沿有向曲线 C 行进的方向,总是起点对应积分下限,终点对应积分上限.

(3) 对平面有向曲线 C:$\begin{cases}x=x(t),\\ y=y(t),\end{cases}$对应于起点 $t=\alpha$,终点 $t=\beta$,则有定义于 C 上的连续函数 $P(x,y)$,$Q(x,y)$在 C 上可积分,且

$$\begin{aligned}\int_C P(x,y)\mathrm{d}x+Q(x,y)\mathrm{d}y&=\int_C \boldsymbol{F}(x,y)\mathrm{d}\boldsymbol{s}\\ &=\int_\alpha^\beta [P(x(t),y(t))x'(t)+Q(x(t),y(t))y'(t)]\mathrm{d}t,\end{aligned}$$

其中 $\boldsymbol{F}(x,y)=(P(x,y),Q(x,y))$,$\mathrm{d}\boldsymbol{s}=(\mathrm{d}x,\mathrm{d}y)$.这也表明,定积分是第二型曲线积分的特例.

如果空间分段光滑有向曲线与平面分段光滑有向曲线有一一对应关系,自然也可以利用此对应关系来实现空间曲线积分的变换.这里,我们不加证明地直接介绍下面更一般的曲线积分换元计算定理.

定理 12.4.5　设 C 为 $\mathbf{R}^3$ 中分段光滑有向曲线,S 为分块光滑曲面 $z=z(x,y)$,$C\subseteq S$.又 C 在 xOy 面上的投影为分段光滑有向曲线 C_1,则当三元函数 $f(x,y,z)$,$g(x,y,z)$,$h(x,y,z)$在 C 上连续时,有

$$\begin{aligned}&\int_C f(x,y,z)\mathrm{d}x+g(x,y,z)\mathrm{d}y+h(x,y,z)\mathrm{d}z\\ =&\int_{C_1} f(x,y,z(x,y))\mathrm{d}x+g(x,y,z(x,y))\mathrm{d}y+h(x,y,z(x,y))[z_x(x,y)\mathrm{d}x+z_y(x,y)\mathrm{d}y].\end{aligned}$$

例 12.4.3　试求曲线积分 $I=\int_C xy\mathrm{d}x$,其中有向曲线 C 为

(1) 按逆时针方向沿上半圆周$(x-R)^2+y^2=R^2$;

(2) 从点 $A(2R,0)$ 到点 $O(0,0)$ 沿 x 轴的直线段.

解 (1) 由于 $C:\begin{cases} x = R + R\cos t, \\ y = R\sin t, \end{cases}$ $t:0 \mapsto \pi$,即起点参数为 $t=0$,终点参数为 $t=\pi$,则有

$$I = \int_0^\pi (R + R\cos t)R\sin t \cdot (-R\sin t)\mathrm{d}t = R^3\int_0^\pi (1+\cos t)\sin^2 t\mathrm{d}t = -\frac{\pi}{2}R^3.$$

(2) 由于 $C:\begin{cases} x = x, \\ y = 0, \end{cases}$ $x:2R \mapsto 0$,即起点参数为 $t=2R$,终点参数为 $t=0$,从而有

$$I = \int_{2R}^0 x \cdot 0\mathrm{d}x = 0.$$ □

例 12.4.4 试求曲线积分 $I = \int_C 3x^2y^2\mathrm{d}x + 2yx^3\mathrm{d}y$,其中有向曲线 C 为

(1) 抛物线 $y = x^2$ 上从 $O(0,0)$ 到 $B(1,1)$ 的弧线段;

(2) 直线 $y = x$ 上从 $O(0,0)$ 到 $B(1,1)$ 的一段;

(3) 有向折线段 $\overrightarrow{OA} + \overrightarrow{AB}$,其中中间点为 $A(1,0)$.

解 (1) 由于 $C:\begin{cases} y = x^2, \\ x = x, \end{cases}$ $x:0 \mapsto 1$,即有

$$I = \int_0^1 3x^6\mathrm{d}x + 4x^6\mathrm{d}x = \int_0^1 7x^6\mathrm{d}x = 1.$$

(2) 由于 $C:\begin{cases} y = x, \\ x = x, \end{cases}$ $x:0 \mapsto 1$,即有

$$I = \int_0^1 (3x^4 + 2x^4)\mathrm{d}x = 1.$$

(3) 由于 C 是被分解为 C_1, C_2 的并,其中

$$C_1:\begin{cases} y = 0, \\ x = x, \end{cases} \quad x:0 \mapsto 1; \qquad C_2:\begin{cases} y = y, \\ x = 1, \end{cases} \quad y:0 \mapsto 1,$$

从而有

$$\begin{aligned} I &= \int_{C_1+C_2} 3x^2y^2\mathrm{d}x + 2yx^3\mathrm{d}y \\ &= \int_0^1 3x^2 \cdot 0\mathrm{d}x + 2 \cdot 0 \cdot x^3 \cdot \mathrm{d}0 + \int_0^1 3y^2\mathrm{d}y + 1 \cdot 2y\mathrm{d}y \\ &= \int_0^1 2y\mathrm{d}y = 1. \end{aligned}$$ □

12.4.5 两型曲线积分的联系

虽然两种类型的曲线积分有明显的差别,但是两者之间又是有密切联系的,关键在于如何处理被积矢量函数以及积分曲线的方向.

对空间有向光滑曲线

$$C:\begin{cases} x = x(t), \\ y = y(t), t:\alpha \mapsto \beta, \\ z = z(t), \end{cases}$$

其对应的矢量式表示为 $\boldsymbol{r}(t) = \{x(t), y(t), z(t)\}$, $t:\alpha \mapsto \beta$,从而曲线 C 的切方向为 $\boldsymbol{r}'(t) = \{x'(t), y'(t), z'(t)\}$,方向余弦为

$$\cos\alpha=\frac{x'(t)}{\sqrt{x'^2(t)+y'^2(t)+z'^2(t)}},$$

$$\cos\beta=\frac{y'(t)}{\sqrt{x'^2(t)+y'^2(t)+z'^2(t)}},$$

$$\cos\gamma=\frac{z'(t)}{\sqrt{x'^2(t)+y'^2(t)+z'^2(t)}}.$$

又由曲线 C 的弧微分为 $\mathrm{d}s=\sqrt{x'^2(t)+y'^2(t)+z'^2(t)}\,\mathrm{d}t$，则当矢量函数 $\boldsymbol{F}(x,y,z)=(P(x,y,z),Q(x,y,z),R(x,y,z))$ 在 C 上连续时，有

$$\begin{aligned}&\int_C P(x,y,z)\mathrm{d}x+Q(x,y,z)\mathrm{d}y+R(x,y,z)\mathrm{d}z\\&=\int_C \boldsymbol{F}\cdot\mathrm{d}\boldsymbol{r}(t)\\&=\int_C \boldsymbol{F}\cdot\boldsymbol{r}'(t)\mathrm{d}t=\int_C[P(x,y,z)x'(t)+Q(x,y,z)y'(t)+R(x,y,z)z'(t)]\mathrm{d}t\\&=\int_C\Big[P(x,y,z)\frac{x'(t)}{\sqrt{x'^2+y'^2+z'^2}}+Q(x,y,z)\frac{y'(t)}{\sqrt{x'^2+y'^2+z'^2}}\\&\quad+R(x,y,z)\frac{z'(t)}{\sqrt{x'^2+y'^2+z'^2}}\Big]\sqrt{x'^2+y'^2+z'^2}\mathrm{d}t\\&=\int_C(P(x,y,z)\cos\alpha+Q(x,y,z)\cos\beta+R(x,y,z)\cos\gamma)\mathrm{d}s,\end{aligned}$$

这里 $\boldsymbol{\tau}=(\cos\alpha,\cos\beta,\cos\gamma)$，$\mathrm{d}\boldsymbol{r}(t)=\boldsymbol{\tau}\mathrm{d}s$.

例 12.4.5　试求曲线积分 $I=\oint_C(y-z)\mathrm{d}x+(z-x)\mathrm{d}y+(x-y)\mathrm{d}z$，其中 C 为球面 $x^2+y^2+z^2=1$ 与平面 $x+y+z=0$ 的交线，方向为从 z 轴正向看的逆时针方向.

解　由曲线 C 在球面 $x^2+y^2+z^2=1$ 上，其切方向 $\boldsymbol{\tau}\perp\boldsymbol{n}_1$，其中 $\boldsymbol{n}_1$ 为球面法向；又曲线 C 在平面 $x+y+z=0$ 上，其切方向 $\boldsymbol{\tau}\perp\boldsymbol{n}_2$，其中 $\boldsymbol{n}_2$ 为平面法向.

由 $\boldsymbol{n}_1=(x,y,z)$，$\boldsymbol{n}_2=(1,1,1)$，有 $\boldsymbol{n}_1\times\boldsymbol{n}_2=(z-y,x-z,y-x)$，进而可得曲线 C 的单位切矢量为

$$\boldsymbol{\tau}=\frac{\boldsymbol{n}_1\times\boldsymbol{n}_2}{\|\boldsymbol{n}_1\times\boldsymbol{n}_2\|}=\frac{(z-y,x-z,y-x)}{\sqrt{(z-y)^2+(x-z)^2+(y-x)^2}}.$$

利用两型曲线积分之间的联系，即有

$$\begin{aligned}I&=\oint_C(y-z,z-x,x-y)\cdot\boldsymbol{\tau}\mathrm{d}s=-\oint_C\frac{(z-y)^2+(x-z)^2+(y-x)^2}{\sqrt{(z-y)^2+(x-z)^2+(y-x)^2}}\mathrm{d}s\\&=-\oint_C\sqrt{3(x^2+y^2+z^2)-(x+y+z)}\mathrm{d}s=-\oint_C\sqrt{3}\mathrm{d}s=-2\sqrt{3}\pi.\end{aligned}$$

□

在第二型曲线积分存在时，关于对称性，这里只介绍一种情形，其他可做类似处理. 若空间光滑有向曲线 C 关于 x 轴对称(上半部分记为 C_1)，方向为逆时针方向，则对定义于 C 上的连续函数 $f(x,y)$，有如下积分对称性：

$$\int_C f(x,y)\mathrm{d}x=\begin{cases}0, & f(x,-y)=f(x,y),\\ 2\int_{C_1}f(x,y)\mathrm{d}x, & f(x,-y)=-f(x,y).\end{cases}$$

例 12.4.6　若 C 为圆周线 $x^2+y^2=R^2$，方向为逆时针方向，试求曲线积分

$$I_1 = \oint_C x\mathrm{d}y,\quad I_2 = \oint_C x^2\mathrm{d}y.$$

解 (1) 令 $x = R\cos\theta, y = R\sin\theta$,考虑到积分曲线 C 关于 y 轴的对称性,记

$$\text{左边部分 } C_1:\begin{cases} x = R\cos\theta, \\ y = R\sin\theta, \end{cases}\quad \theta: \frac{\pi}{2} \mapsto \frac{3}{2}\pi,$$

$$\text{右边部分 } C_2:\begin{cases} x = R\cos\theta, \\ y = R\sin\theta, \end{cases}\quad \theta: -\frac{\pi}{2} \mapsto \frac{\pi}{2},$$

从而有

$$\begin{aligned} I_1 &= \int_{C_1} x\mathrm{d}y + \int_{C_2} x\mathrm{d}y = \int_{\frac{\pi}{2}}^{\frac{3\pi}{2}} R^2\cos^2\theta\mathrm{d}\theta + \int_{-\frac{\pi}{2}}^{\frac{\pi}{2}} R^2\cos^2\theta\mathrm{d}\theta \\ &= 2R^2\int_{-\frac{\pi}{2}}^{\frac{\pi}{2}} R^2\cos^2\theta\mathrm{d}\theta = 2R^2\int_{-\frac{\pi}{2}}^{\frac{\pi}{2}} \frac{1}{2}(1+\cos 2\theta)\mathrm{d}\theta = \pi R^2. \end{aligned}$$

(2) 同理,可得

$$I_2 = \int_{C_1} x^2\mathrm{d}y + \int_{C_2} x^2\mathrm{d}y = \int_{\frac{\pi}{2}}^{\frac{3\pi}{2}} R^3\cos^3\theta\mathrm{d}\theta + \int_{-\frac{\pi}{2}}^{\frac{\pi}{2}} R^3\cos^3\theta\mathrm{d}\theta = 0.$$ □

在计算第二型曲线积分时,应该灵活运用各种方法. 比如,选择恰当的变换、利用物理的或几何的背景、利用被积函数或积分区域的对称性等,更应该特别关注被积矢量函数与积分曲线方向的影响.

习 题 12.4

习题 12.4

1. 试计算下列第一型曲线积分:

(1) $I = \int_C (x^{\frac{4}{3}} + y^{\frac{4}{3}})\mathrm{d}s$,其中 C 为内摆线 $x^{\frac{2}{3}} + y^{\frac{2}{3}} = a^{\frac{2}{3}} (a > 0)$;

(2) $I = \int_C (x^2 + y^2)\mathrm{d}s$,其中 $C: x = a(\cos t + t\sin t), y = a(\sin t - t\cos t), t \in [0, 2\pi]$;

(3) $I = \int_C |y| \mathrm{d}s$,其中 C 为双纽线 $(x^2 + y^2)^2 = 3a^2(x^2 - y^2)\ (a > 0)$;

(4) $I = \int_C xy\mathrm{d}s$,其中 C 为抛物线 $2y = x^2$ 与直线 $y = 2$ 所围区域的边界;

(5) $I = \int_C \sqrt{y}\mathrm{d}s$,其中 C 是旋轮线(摆线):$\begin{cases} x = a(t - \sin t) \\ y = a(1 - \cos\theta) \end{cases}$ 的第一拱;

(6) $I = \int_C \sqrt{x^2 + y^2}\mathrm{d}s$,其中 C 为曲线 $\begin{cases} x^2 + y^2 = z^2, \\ y^2 = ax, \end{cases}$ $a > 0$ 上从原点 $O(0,0)$ 到 $A(a, a, \sqrt{2}a)$ 的一段;

(7) $I = \int_C xyz\mathrm{d}s$,其中 C 为圆柱螺旋线:$x = a\cos t, y = a\sin t, z = bt\ (0 \leqslant t \leqslant 2\pi)$;

(8) $I = \int_C z^2\mathrm{d}s$,其中 C 为球面 $x^2 + y^2 + z^2 = a^2 (a > 0)$ 与平面 $x + y - z = 0$ 的交线;

(9) $I = \int_C (yz + zx + xy)\mathrm{d}s$,其中 C 为曲线 $\begin{cases} x^2 + y^2 + z^2 = a^2 (a > 0), \\ x + y + z = \frac{3}{2}a; \end{cases}$

(10) $I=\int_C |x|\ln(1+\sqrt{y^2+z^2})\mathrm{d}s$，其中 C 为椭球面 $x^2+y^2+2z^2=a^2$ 与平面 $x=y$ 的交线.

2. 试求下列第二型曲线积分：

(1) $I=\int_C (2a-y)\mathrm{d}x+x\mathrm{d}y$，其中 C：$x=a(t-\sin t)$，$y=a(1-\cos t)$，$t:0\mapsto 2\pi$ 即沿参数增加方向；

(2) $I=\int_C (x^2-2xy)\mathrm{d}x+(y^2-2xy)\mathrm{d}y$，其中 C 为逆时针走向的圆周线 $x^2+y^2=1$；

(3) $I=\int_C (x+y)\mathrm{d}x+(y-x)\mathrm{d}y$，其中 C 为顺时针走向的椭圆周 $\dfrac{x^2}{a^2}+\dfrac{y^2}{b^2}=1$；

(4) $I=\int_C (x^2+y^2)\mathrm{d}x+(x^2-y^2)\mathrm{d}y$，其中 C 为曲线 $y=1-|1-x|$ 沿参数增加 $x:0\mapsto 2$ 的方向；

(5) $I=\int_C y\mathrm{d}x+z\mathrm{d}y+x\mathrm{d}z$，其中 C 为螺旋线 $x=a\cos t$，$y=a\sin t$，$z=bt$ 沿参数增加 $t:0\mapsto 2\pi$ 的方向；

(6) $I=\int_C (y^2-z^2)\mathrm{d}x+(z^2-x^2)\mathrm{d}y+(x^2-y^2)\mathrm{d}z$，其中 C 为球面三角形 $x^2+y^2+z^2=1$，$x\geqslant 0$，$y\geqslant 0$，$z\geqslant 0$ 的边界线，从点(1,1,1)去看为逆时针方向.

3. 试计算第二型曲线积分 $I=\oint_C \dfrac{(x+y)\mathrm{d}x-(x-y)\mathrm{d}y}{x^2+y^2}$，其中 C 分别为以下情形，且都考虑逆时针方向.

(1) 圆周线 $x^2+y^2=a^2$；　　(2) 正方形区域 $D=[-a,a]\times[-a,a]$ 的边界线；

(3) 正方形边界线 $|x|+|y|=1$；　　(4) 星形线 $x^{\frac{2}{3}}+y^{\frac{2}{3}}=1$.

4. 若二元函数 $P(x,y)$，$Q(x,y)$ 在空间长为 s 的光滑曲线 C 上有连续偏导数，令 $M=\max\limits_{(x,y)\in C}\sqrt{P^2+Q^2}$，则有 $\left|\int_C P\mathrm{d}x+Q\mathrm{d}y\right|\leqslant Ms$. 并尝试证明

$$\lim_{r\to+\infty}\oint_{x^2+y^2=r^2}\frac{y\mathrm{d}x-x\mathrm{d}y}{(x^2+xy+y^2)^2}=0.$$

5. 试证明定理 12.4.5.

6. 设 $f(x,y)$ 为单位圆周 C：$x^2+y^2=1$ 上的连续函数，试证明

$$\lim_{t\to 1^-}\frac{\sqrt{1-t^2}}{2\pi}\int_C\frac{f(x,y)}{1-tx}\mathrm{d}s=f(1,0).$$

12.5 曲面积分

很多场合也要考察分布在空间中可求面积的曲面型构件上的非均匀分布量的求和问题. 比如，有非均匀面密度的曲面型构件的质量，穿过曲面型构件的非匀质非匀速流体的通量等. 本节将介绍两种类型的曲面积分来刻画这些问题，并研究这两类曲面积分的计算及相互联系等.

12.5.1 第一型曲面积分

考虑有非均匀面密度 $\mu(x,y,z)$ 的空间中可求面积的分块光滑曲面型构件 S 的质量，可将

S 任意分成 n 小块 $S_1,S_2,\cdots,S_n$，在每小块上刻画近似质量为 $\mu(\xi_i,\eta_i,\zeta_i)\Delta S_i$，其中任取点 $(\xi_i,\eta_i,\zeta_i)\in S_i$，$\Delta S_i$ 为 S_i 的面积. 记 d_i 为 S_i 上任意两点之间距离的最大值(S_i 的直径)，$\|T\|=\max\limits_{1\leqslant i\leqslant n} d_i$，如果以下和式

$$\sum_{i=1}^{n}\mu(\xi_i,\eta_i,\zeta_i)\Delta S_i$$

在 $\|T\|\to 0$ 时的极限存在，且与对 S 的分割方式及小块 S_i 上点 (ξ_i,η_i,ζ_i) 的选取无关，即可认为该极限为此曲面型构件 S 的质量.

一般地，我们也有如下定义.

定义 12.5.1 若 S 为空间中一个可求面积的(分块)光滑曲面，三元函数 $f(x,y,z)$ 定义于曲面 S 上. 若对 S 的任何分割 T，将 S 分成 n 小块 $S_1,S_2,\cdots,S_n$，又对 $\forall(\xi_i,\eta_i,\zeta_i)\in S_i$，有和 $\sum\limits_{i=1}^{n}f(\xi_i,\eta_i,\zeta_i)\Delta S_i$ 在 $\|T\|\to 0$ 时的极限存在(有限)，且与任意的分割方式以及小块 S_i 上的任意选点方式都无关，其中 $\|T\|=\max\limits_{1\leqslant l\leqslant n} d_i$，$d_i$ 为 S_i 的直径. 则称三元函数 $f(x,y,z)$ 在曲面 S 上**可积分**，并称此极限为 $f(x,y,z)$ 在 S 上的**第一型曲面积分**或**对面积的曲面积分**. 记作 $\iint\limits_S f(x,y,z)\mathrm{d}S$，此即

$$\iint\limits_S f(x,y,z)\mathrm{d}S=\lim_{\|T\|\to 0}\sum_{i=1}^{n}f(\xi_i,\eta_i,\zeta_i)\Delta S_i,$$

其中 S 称为**积分曲面**，$f(x,y,z)$ 称为**被积函数**，$\mathrm{d}S$ 称为**面积微元**.

关于第一型曲面积分，也有与第一型曲线积分类似的一些重要性质.

定理 12.5.1 (1) 若曲面积分 $\iint\limits_S f_i(x,y,z)\mathrm{d}S\ (i=1,2,\cdots,k)$ 都存在，又 $d_i(i=1,2,\cdots,k)$ 为任意常数，则曲面积分 $\iint\limits_S\Big(\sum\limits_{i=1}^{k}d_if_i(x,y,z)\Big)\mathrm{d}S$ 也存在，且

$$\iint\limits_S\Big(\sum_{i=1}^{k}d_if_i(x,y,z)\Big)\mathrm{d}S=\sum_{i=1}^{k}d_i\iint\limits_S f_i(x,y,z)\mathrm{d}S.$$

(2) 若空间曲面块 $S_1,S_2,\cdots,S_k$ 相连接形成分块光滑可求面积的曲面 S，任意两块曲面无公共内点，且曲面积分 $\iint\limits_{S_i}f(x,y,z)\mathrm{d}S\ (i=1,2,\cdots,k)$ 都存在，则曲面积分 $\iint\limits_S f(x,y,z)\mathrm{d}S$ 也存在，且

$$\iint\limits_S f(x,y,z)\mathrm{d}S=\sum_{i=1}^{k}\iint\limits_{S_i}f(x,y,z)\mathrm{d}S.$$

(3) 若曲面积分 $\iint\limits_S f(x,y,z)\mathrm{d}S$ 与 $\iint\limits_S g(x,y,z)\mathrm{d}S$ 都存在，且在曲面 S 上有 $f(x,y,z)\leqslant g(x,y,z)$，则有

$$\iint\limits_S f(x,y,z)\mathrm{d}S\leqslant\iint\limits_S g(x,y,z)\mathrm{d}S.$$

(4) 若三元函数 $f(x,y,z)$ 在空间可求面积的分块光滑曲面 S 上连续，又三元函数 $g(x,y,z)$ 在 S 上连续且不变号，则存在 $(\xi,\eta,\zeta)\in S$，使得

$$\iint\limits_S f(x,y,z)g(x,y,z)\mathrm{d}S=f(\xi,\eta,\zeta)\iint\limits_S g(x,y,z)\mathrm{d}S.$$

12.5.2 第一型曲面积分的计算

利用空间曲面与平面区域的(分块)一一对应关系,借助曲面的参数式刻画可将曲面积分转化(变换)为二重积分进行计算.

定理 12.5.2 设曲面 S 为空间(分块)光滑曲面

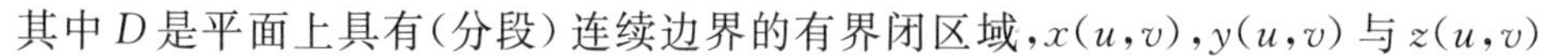

$$S: x = x(u,v), y = y(u,v), z = z(u,v), \quad (u,v) \in D,$$

定理 12.5.2

其中 D 是平面上具有(分段)连续边界的有界闭区域, $x(u,v)$, $y(u,v)$ 与 $z(u,v)$ 都是 D 上的连续可微函数,使得 Jacobi 矩阵 $J = \begin{pmatrix} x_u & y_u & z_u \\ x_v & y_v & z_v \end{pmatrix}$ 在 D 上每个点处的秩为 2. 又设 $f(x,y,z)$ 为定义于 S 上的三元连续函数,则有 $f(x,y,z)$ 在 S 上可积分,且

$$\iint_S f(x,y,z)\mathrm{d}S$$

$$= \iint_D f(x(u,v),y(u,v),z(u,v)) \sqrt{\left(\frac{\partial(x,y)}{\partial(u,v)}\right)^2 + \left(\frac{\partial(y,z)}{\partial(u,v)}\right)^2 + \left(\frac{\partial(z,x)}{\partial(u,v)}\right)^2}\mathrm{d}u\mathrm{d}v.$$

注记 12.5.1 定理 12.5.2 中的公式本质上也是积分变换,其中

$$\sqrt{\left(\frac{\partial(x,y)}{\partial(u,v)}\right)^2 + \left(\frac{\partial(y,z)}{\partial(u,v)}\right)^2 + \left(\frac{\partial(z,x)}{\partial(u,v)}\right)^2}$$

反映了空间曲面 S 的面积微元 $\mathrm{d}S$ 相对于平面区域 D 的面积微元 $\mathrm{d}u\mathrm{d}v$ 的变换所引起的尺度变化.

(2) 特别地,若 S 为空间光滑曲面 $z = z(x,y)$, $(x,y) \in D$,则有

$$\iint_S f(x,y,z)\mathrm{d}S = \iint_D f(x,y,z(x,y)) \sqrt{1 + z_x^2(x,y) + z_y^2(x,y)}\mathrm{d}x\mathrm{d}y.$$

例 12.5.1 试求曲面积分 $I = \iint_S \frac{1}{z}\mathrm{d}S$,其中 S 是球面 $x^2 + y^2 + z^2 = R^2$ 位于平面 $z = h$ $(0 < h < R)$ 上方的部分.

解 方法 1. 曲面 S 的方程为 $S: z = \sqrt{R^2 - x^2 - y^2}$, $h \leqslant z \leqslant R$,其在 xOy 面上的投影区域 D 为

$$D = \{(x,y) \mid 0 \leqslant x^2 + y^2 \leqslant R^2 - h^2\}.$$

又由

$$\frac{\partial z}{\partial x} = \frac{-x}{\sqrt{R^2 - x^2 - y^2}}, \frac{\partial z}{\partial y} = \frac{-y}{\sqrt{R^2 - x^2 - y^2}}, \sqrt{1 + z_x^2 + z_y^2} = \frac{R}{\sqrt{R^2 - x^2 - y^2}},$$

即有

$$I = \iint_S \frac{1}{z}\mathrm{d}S = \iint_D \frac{R}{R^2 - x^2 - y^2}\mathrm{d}x\mathrm{d}y = \int_0^{2\pi}\mathrm{d}\theta\int_0^{\sqrt{R^2-h^2}} \frac{R}{R^2 - r^2}r\mathrm{d}r = 2\pi R\ln\frac{R}{h}.$$

方法 2. 考虑曲面 S 的参数方程

$$S: \begin{cases} x = R\sin\varphi\cos\theta, \\ y = R\sin\varphi\sin\theta, \\ z = R\cos\varphi, \end{cases}$$

其中 $(\varphi,\theta) \in E$, $E = \left\{(\varphi,\theta) \,\middle|\, 0 \leqslant \varphi \leqslant \arccos\frac{h}{R}, 0 \leqslant \theta \leqslant 2\pi\right\}$.

由于 $dS = R^2\sin\varphi d\varphi d\theta$,从而有

$$I = \iint_S \frac{1}{z}dS = \iint_E \frac{1}{R\cos\varphi}R^2\sin\varphi d\varphi d\theta = R\int_0^{2\pi}d\theta\int_0^{\arccos\frac{h}{R}}\tan\varphi d\varphi = 2\pi R\ln\frac{R}{h}.$$ □

通常在曲面积分 $\iint\limits_S f(x,y,z)ds$ 存在时,若积分曲面 S 关于 xOy 面对称,又被积函数 $f(x,y,z)$ 满足条件 $f(x,y,-z) = -f(x,y,z)$,则有 $\iint\limits_S f(x,y,z)dS = 0$;若被积函数满足条件 $f(x,y,-z) = f(x,y,z)$,则有 $\iint\limits_S f(x,y,z)dS = 2\iint\limits_{S_1} f(x,y,z)dS$,其中 S_1 为曲面 S 在 xOy 面上方的一半.

例 12.5.2 试求下列第一型曲面积分:

(1) $I = \iint\limits_S \frac{x^3+y^3+z^3}{1-z}dS$,其中 S 为曲面 $x^2+y^2=(1-z)^2 \quad (0\leqslant z\leqslant 1)$;

(2) $I = \iint\limits_S x^2zdS$,其中 S 为曲面 $x^2+y^2=z^2 \quad (0\leqslant z\leqslant 1)$.

解 (1) 由于积分曲面 S 关于 xOz, yOz 面都对称,又 $\frac{x^3}{1-z}$ 与 $\frac{y^3}{1-z}$ 分别关于 x, y 为奇函数,从而有

$$I = \iint_S \frac{x^3+y^3+z^3}{1-z}dS = \iint_S \frac{z^3}{1-z}dS.$$

又由 $S: z = 1-\sqrt{x^2+y^2}\ (0\leqslant z\leqslant 1)$ 在 xOy 面上的投影区域为

$$D = \{(x,y) \mid x^2+y^2\leqslant 1\},$$

以及 $\sqrt{1+z_x^2+z_y^2} = \sqrt{2}$,从而有

$$I = \sqrt{2}\iint_D \frac{(1-\sqrt{x^2+y^2})^3}{\sqrt{x^2+y^2}}dxdy = \sqrt{2}\int_0^{2\pi}d\theta\int_0^1 \frac{(1-r)^3}{r}rdr = \frac{\sqrt{2}}{2}\pi.$$

(2) 利用曲面积分的轮换对称性,有

$$I = \iint_S x^2zdS = \frac{1}{2}\iint_S (x^2+y^2)zdS.$$

又由 $S: z = \sqrt{x^2+y^2}\ (0\leqslant z\leqslant 1)$ 在 xOy 面上的投影区域为

$$D = \{(x,y) \mid x^2+y^2\leqslant 1\},$$

以及 $\sqrt{1+z_x^2+z_y^2} = \sqrt{2}$,从而有

$$I = \frac{1}{2}\iint_D (x^2+y^2)\sqrt{x^2+y^2}\sqrt{2}dxdy = \frac{1}{\sqrt{2}}\int_0^{2\pi}d\theta\int_0^1 r^4dr = \frac{\sqrt{2}}{5}\pi.$$ □

12.5.3 第二型曲面积分

为讨论在空间中可求面积的曲面区域上非均匀分布矢量的求和问题,先要确定曲面的侧和方向.

定义 12.5.2 设 S 为空间中的一个光滑曲面,在其上任一点 M 处曲面的法矢量 $\boldsymbol{n}$ 有两个方向,当规定一个方向为正方向时,另一个方向即是负方向.当点 M 在曲面 S 上连续移动而不越过其边界再回到原来的位置时,法矢量 $\boldsymbol{n}$ 的方向不变,则称此曲面 S 为**双侧曲面**,否则称

为**单侧曲面**.

通常我们遇到的曲面大多为双侧曲面，从观察的不同角度来看，可以分为上侧与下侧、左侧与右侧、前侧与后侧；若曲面是封闭的，应该区分内侧与外侧. 然而，并非所有的光滑曲面都是双侧曲面. 例如，将长方形区域 $ABCD$ 先扭转一次再首尾相粘（A 与 C 相粘，B 与 D 相粘），即形成一个典型的单侧曲面——Möbius 带. 接下来，我们只讨论双侧曲面的情形；也要注意，多个双侧曲面拼在一起不一定还是双侧曲面，例如 Möbius 带其实可以看作是两个双侧曲面拼成的.

定义 12.5.3　若曲面 S 指定了连续变化的单位法矢量的指向，则称曲面 S 为**有向曲面**.

在三维空间直角系 $Oxyz$ 中，规定 x 轴、y 轴、z 轴的正向分别指向前方、右方和上方，又曲面 $S: z=z(x,y)$ $((x,y)\in D)$ 的单位法矢量为 $\boldsymbol{n}=(\cos\alpha,\cos\beta,\cos\gamma)$，则当 $\boldsymbol{n}$ 与 z 轴正向的夹角 $\gamma<\frac{\pi}{2}$（或 $\cos\gamma>0$）时，称 $\boldsymbol{n}$ 指向曲面的**上侧**；当 $\boldsymbol{n}$ 与 z 轴正向的夹角 $\gamma>\frac{\pi}{2}$（或 $\cos\gamma<0$）时，称 $\boldsymbol{n}$ 指向曲面的**下侧**.

类似地，如果曲面 S 的方程为 $y=y(z,x)$ $((z,x)\in G)$，则将曲面分为左侧与右侧. 当 $\boldsymbol{n}$ 与 y 轴正向的夹角 $\beta<\frac{\pi}{2}$（或 $\cos\beta>0$）时，称 $\boldsymbol{n}$ 指向曲面的**右侧**；当 $\boldsymbol{n}$ 与 y 轴正向的夹角 $\beta>\frac{\pi}{2}$（或 $\cos\beta<0$）时，称 $\boldsymbol{n}$ 指向曲面的**左侧**.

设有向曲面 $S: z=z(x,y)$ $((x,y)\in D)$ 在 xOy 面上的投影区域 D 的面积为 σ_{xy}，通常规定 S 在 xOy 面的有向面积投影 $\boldsymbol{S}_{xy}$ 为

$$\boldsymbol{S}_{xy}=\begin{cases}\sigma_{xy}, & \cos\gamma>0,\\ -\sigma_{xy}, & \cos\gamma<0,\\ 0, & \cos\gamma=0.\end{cases}$$

类似地，也可以定义 S 在 yOz 面及 zOx 面上的有向面积投影 $\boldsymbol{S}_{yz}$ 与 $\boldsymbol{S}_{zx}$.

设不可压缩流体（即流体密度是常数）的速度场为

$$\boldsymbol{v}(x,y,z)=(P(x,y,z),Q(x,y,z),R(x,y,z)),$$

又 S 是该速度场中一片有向光滑曲面，函数 $P(x,y,z)$，$Q(x,y,z)$，$R(x,y,z)$ 在 S 上连续，期望能求单位时间内流体通过 S 流向指定一侧的流量.

将有向曲面 S 任意分割成相连接且无公共内点的 n 小块有向曲面 $S_1,S_2,\cdots,S_n$，以 $\Delta\boldsymbol{S}_i$ 表示第 i 小块 S_i 的有向面积 $\Delta\boldsymbol{S}_i=\boldsymbol{n}_i\Delta S_i$，$\Delta S_i$ 为 S_i 的面积，$\boldsymbol{n}_i=\boldsymbol{n}(\xi_i,\eta_i,\zeta_i)$，记 d_i 为 S_i 的直径，令 $\|T\|=\max\limits_{1\leqslant i\leqslant n}d_i$. 任取 S_i 上点 (ξ_i,η_i,ζ_i)，以

$$\boldsymbol{v}(\xi_i,\eta_i,\zeta_i)\cdot\Delta\boldsymbol{S}_i=\boldsymbol{v}(\xi_i,\eta_i,\zeta_i)\cdot\boldsymbol{n}(\xi_i,\eta_i,\zeta_i)\Delta S_i$$

近似刻画单位时间内流体通过第 i 小块曲面 S_i 流向 $\boldsymbol{n}(\xi_i,\eta_i,\zeta_i)$ 指定那一侧的流量. 如果以下和式

$$\sum_{i=1}^{n}\boldsymbol{v}(\xi_i,\eta_i,\zeta_i)\cdot\Delta\boldsymbol{S}_i=\sum_{i=1}^{n}\boldsymbol{v}(\xi_i,\eta_i,\zeta_i)\cdot\boldsymbol{n}(\xi_i,\eta_i,\zeta_i)\Delta S_i$$

在 $\|T\|\to0$ 时极限存在，且与对 S 的分割方式及小块 S_i 上点 (ξ_i,η_i,ζ_i) 的选取无关，即可认为该极限为单位时间内流体通过 S 流向指定一侧的流量.

一般地，我们有如下刻画非均匀分布矢量在有向曲面上求和的第二型曲面积分.

定义 12.5.4　设 S 为空间中可求面积的有向光滑曲面，又 $P(x,y,z)$，$Q(x,y,z)$，$R(x,y,z)$ 为定义于 S 上的有界三元函数. 若对 S 的任意分割 T，将 S 分成 n 个有向曲面块 S_1，

$S_2,\cdots,S_n$,记 d_i 为第 i 小块 S_i 的直径,ΔS_i 为第 i 小块 S_i 的面积,令 $\|T\|=\max\limits_{1\leqslant i\leqslant n} d_i$. 又在 S_i 上任取点 $M_i(\xi_i,\eta_i,\zeta_i)$,有向曲面 S 在 M_i 处的单位法矢量 $\boldsymbol{n}_i=(\cos\alpha_i,\cos\beta_i,\cos\gamma_i)$,则第 i 小块的有向面积为 $\Delta\boldsymbol{S}_i=\boldsymbol{n}_i\Delta S_i$,即

$$\begin{aligned}\Delta\boldsymbol{S}_i&=(\cos\alpha_i,\cos\beta_i,\cos\gamma_i)\Delta S_i=(\pm(\sigma_{yz})_i,\pm(\sigma_{zx})_i,\pm(\sigma_{xy})_i)\\&=(\pm\Delta y_i\Delta z_i,\pm\Delta z_i\Delta x_i,\pm\Delta x_i\Delta y_i).\end{aligned}$$

若极限

$$\lim_{\|T\|\to 0}\sum_{i=1}^{n}P(\xi_i,\eta_i,\zeta_i)\cos\alpha_i\Delta S_i+Q(\xi_i,\eta_i,\zeta_i)\cos\beta_i\Delta S_i+R(\xi_i,\eta_i,\zeta_i)\cos\gamma_i\Delta S_i$$

存在(有限),且其与 S 的分割方式及小块 S_i 上点 M_i 的选取方式无关,则称矢量函数 $\boldsymbol{F}(x,y,z)=(P(x,y,z),Q(x,y,z),R(x,y,z))$ 在有向曲面 S 上**可积分**,也称此极限为 $\boldsymbol{F}(x,y,z)$ 在 S 上的**第二类曲面积分或对坐标的曲面积分**. 记作

$$\iint\limits_S P(x,y,z)\mathrm{d}y\mathrm{d}z+Q(x,y,z)\mathrm{d}z\mathrm{d}x+R(x,y,z)\mathrm{d}x\mathrm{d}y,\quad 或\quad \iint\limits_S\boldsymbol{F}\cdot\mathrm{d}\boldsymbol{S},$$

其中 $\mathrm{d}\boldsymbol{S}=(\mathrm{d}y\mathrm{d}z,\mathrm{d}z\mathrm{d}x,\mathrm{d}x\mathrm{d}y)$.

定理 12.5.3 (1) 若曲面积分 $\iint\limits_S\boldsymbol{F}_i(x,y,z)\mathrm{d}\boldsymbol{S}\ (i=1,2,\cdots,k)$ 都存在,又 $d_i(i=1,2,\cdots,k)$ 为任意常数,则曲面积分 $\iint\limits_S\Big(\sum\limits_{i=1}^{k}d_i\boldsymbol{F}_i(x,y,z)\Big)\mathrm{d}\boldsymbol{S}$ 也存在,且

$$\iint\limits_S\Big(\sum_{i=1}^{k}d_i\boldsymbol{F}_i(x,y,z)\Big)\mathrm{d}\boldsymbol{S}=\sum_{i=1}^{k}d_i\iint\limits_S\boldsymbol{F}_i(x,y,z)\mathrm{d}\boldsymbol{S}.$$

(2) 若空间有向曲面块 $S_1,S_2,\cdots,S_k$ 形成分块光滑可求面积的有向曲面(整块 S 上方向是连续变化的),且曲面积分 $\iint\limits_{S_i}\boldsymbol{F}(x,y,z)\mathrm{d}\boldsymbol{S}\ (i=1,2,\cdots,k)$ 都存在,则曲面积分 $\iint\limits_S\boldsymbol{F}(x,y,z)\mathrm{d}\boldsymbol{S}$ 也存在,且

$$\iint\limits_S\boldsymbol{F}(x,y,z)\mathrm{d}\boldsymbol{S}=\sum_{i=1}^{k}\iint\limits_{S_i}\boldsymbol{F}(x,y,z)\mathrm{d}\boldsymbol{S}.$$

(3) 若曲面积分 $\iint\limits_S\boldsymbol{F}(x,y,z)\mathrm{d}\boldsymbol{S}$ 存在,记 $-\boldsymbol{S}$ 为 $\boldsymbol{S}$ 的反向曲面,则曲面积分 $\iint\limits_{-S}\boldsymbol{F}(x,y,z)\mathrm{d}\boldsymbol{S}$ 也存在,且

$$\iint\limits_{-S}\boldsymbol{F}(x,y,z)\mathrm{d}\boldsymbol{S}=-\iint\limits_S\boldsymbol{F}(x,y,z)\mathrm{d}\boldsymbol{S}.$$

12.5.4 第二型曲面积分的计算

注意方向的对应变化,利用空间有向曲面与有向平面区域的一一对应关系,借助曲面的参数式刻画可将曲面积分化为二重积分进行计算.

定理 12.5.4 设空间有向曲面 S 有参数式方程 $\begin{cases}x=x(u,v),\\y=y(u,v),\\z=z(u,v),\end{cases}(u,v)\in D$,其中 D 为 uOv 平面上一个具有连续边界的有界闭区域,函数 $x(u,v),y(u,v),z(u,v)$ 在 D 上连续可微,且使得 Jacobi 矩阵 $J=\begin{pmatrix}x_u&y_u&z_u\\x_v&y_v&z_v\end{pmatrix}$ 在 D 上每一点处的秩都为 2. 又三元函数 $P(x,y,z),Q(x,y,$

$z)$，$R(x,y,z)$在S上连续，则有矢量函数$\boldsymbol{F}(x,y,z)=(P(x,y,z),Q(x,y,z),R(x,y,z))$在$S$上可积分，且

$$\begin{aligned}
&\iint_S P(x,y,z)\mathrm{d}y\mathrm{d}z+Q(x,y,z)\mathrm{d}z\mathrm{d}x+R(x,y,z)\mathrm{d}x\mathrm{d}y\\
&=\iint_S \boldsymbol{F}\cdot\mathrm{d}\boldsymbol{S}\\
&=\pm\iint_D\Big[P(x(u,v),y(u,v),z(u,v))\frac{\partial(y,z)}{\partial(u,v)}+Q(x(u,v),y(u,v),z(u,v))\frac{\partial(z,x)}{\partial(u,v)}\\
&\quad+R(x(u,v),y(u,v),z(u,v))\frac{\partial(x,y)}{\partial(u,v)}\Big]\mathrm{d}u\mathrm{d}v,
\end{aligned}$$

其中右端正负号的选取规则为，当S的法矢量$\boldsymbol{n}$与$\boldsymbol{r}_u\times\boldsymbol{r}_v$同向时取正号，反向时取负号. 这里，

$$\boldsymbol{r}=x(u,v)\boldsymbol{i}+y(u,v)\boldsymbol{j}+z(u,v)\boldsymbol{k},\quad \boldsymbol{r}_u\times\boldsymbol{r}_v=\frac{\partial(y,z)}{\partial(u,v)}\boldsymbol{i}+\frac{\partial(z,x)}{\partial(u,v)}\boldsymbol{j}+\frac{\partial(x,y)}{\partial(u,v)}\boldsymbol{k}.$$

注记 12.5.2　(1) 定理12.5.4的证明与定理12.4.4的情形类似. 本质上，其刻画的仍是积分变换，其中$\dfrac{\partial(y,z)}{\partial(u,v)}$，$\dfrac{\partial(z,x)}{\partial(u,v)}$，$\dfrac{\partial(x,y)}{\partial(u,v)}$分别反映的是在三个坐标方向上面积变换的尺度因子. 这也刻画的是对非均匀分布矢量分解到三个坐标方向上分别进行求和.

(2) 特别地，若空间光滑曲面S为$z=\varphi(x,y)$，$(x,y)\in D$，其中D为平面xOy上具有连续边界的有界闭区域，S的正向指向曲面的上方. 又$f(x,y,z)$为定义于S上的连续函数，则有

$$\iint_S f(x,y,z)\mathrm{d}x\mathrm{d}y=\iint_D f(x,y,\varphi(x,y))\mathrm{d}x\mathrm{d}y.$$

对曲面积分$\iint_S f(x,y,z)\mathrm{d}y\mathrm{d}z$与$\iint_S f(x,y,z)\mathrm{d}z\mathrm{d}x$的计算，则可类似地考虑将曲面$S$分别向$yOz$面与$zOx$面作投影进行参数化再解决.

例 12.5.3　试求第二型曲面积分$I=\iint_S x^2z\mathrm{d}x\mathrm{d}y$，其中$S$是平面$x+y+z=1$在第一卦限部分的上侧.

解　曲面S的方程为$z=1-x-y$，其在xOy面的投影区域为

$$D=\{(x,y)\mid 0\leqslant x\leqslant 1,0\leqslant y\leqslant 1-x\}.$$

又注意到S取上侧，从而有

$$I=\iint_D x^2(1-x-y)\mathrm{d}x\mathrm{d}y=\int_0^1\mathrm{d}x\int_0^{1-x}x^2(1-x-y)\mathrm{d}y=\int_0^1 x^2\frac{(1-x)^2}{2}\mathrm{d}x=\frac{1}{60}.$$ □

例 12.5.4　试求下列第二型曲面积分：

(1) $I=\iint_S y^2\mathrm{d}z\mathrm{d}x$，其中$S$是球面$x^2+y^2+z^2=R^2(R>0)$在第一卦限部分的外侧；

(2) $I=\iint_S xyz\mathrm{d}x\mathrm{d}y$，其中$S$是球面$x^2+y^2+z^2=1$在第一、五卦限部分的外侧.

解　(1) 将曲面S表示为

$$y=\sqrt{R^2-x^2-z^2},\quad (x,z)\in D,$$

其中$D=\{(x,z)\mid x^2+z^2\leqslant R^2,x\geqslant 0,z\geqslant 0\}$，从而有

$$I=\iint_D (R^2-x^2-z^2)\mathrm{d}x\mathrm{d}z=\int_0^{\frac{\pi}{2}}\mathrm{d}\theta\int_0^R (R^2-r^2)r\mathrm{d}r=\frac{\pi}{8}R^4.$$

由轮换对称性,即有

$$\iint_S x^2\mathrm{d}y\mathrm{d}z+y^2\mathrm{d}z\mathrm{d}x+z^2\mathrm{d}x\mathrm{d}y=3\iint_S y^2\mathrm{d}z\mathrm{d}x=\frac{3}{8}\pi R^4.$$

(2) 将有向曲面 S 分成两部分 S_1 与 S_2,其中

$S_1: z=\sqrt{1-x^2-y^2}$, $D=\{(x,y)\mid x^2+y^2\leqslant 1, x\geqslant 0, y\geqslant 0\}$,取上侧;

$S_2: z=-\sqrt{1-x^2-y^2}$, $D=\{(x,y)\mid x^2+y^2\leqslant 1, x\geqslant 0, y\geqslant 0\}$,取下侧.

从而有

$$I=\iint_{S_1} xyz\mathrm{d}x\mathrm{d}y+\iint_{S_2} xyz\mathrm{d}x\mathrm{d}y=\iint_D xy\sqrt{1-x^2-y^2}\mathrm{d}x\mathrm{d}y-\iint_D xy(-\sqrt{1-x^2-y^2})\mathrm{d}x\mathrm{d}y$$

$$=2\iint_D xy\sqrt{1-x^2-y^2}\mathrm{d}x\mathrm{d}y=2\int_0^{\frac{\pi}{2}}\mathrm{d}\theta\int_0^1 r^2\sin\theta\cos\theta\sqrt{1-r^2}r\mathrm{d}r=\frac{2}{15}.$$ □

通常在第二型曲面积分存在时,关于对称性,由于要关注方向的影响,与第二型曲线积分的情形类似. 比如,若空间(分块)光滑有向曲面 S 关于 yOz 面对称(前半部分记为 S_1),方向取曲面外侧,则对于定义在 S 上的连续函数 $f(x,y,z)$,有如下积分对称性:

$$\iint_S f(x,y,z)\mathrm{d}y\mathrm{d}z=\begin{cases}0, & f(-x,y,z)=f(x,y,z),\\ 2\iint_{S_1} f(x,y,z)\mathrm{d}y\mathrm{d}z, & f(-x,y,z)=-f(x,y,z).\end{cases}$$

12.5.5 两型曲面积分的联系

关于两型曲面积分,虽然有明显的差别,但也有密切的联系,其关键也在于如何处理被积矢量函数以及积分曲面的方向.

若矢量函数 $\boldsymbol{F}(x,y,z)=(P(x,y,z),Q(x,y,z),R(x,y,z))$ 在有向曲面 S 上连续,其中 S 的法矢量为 $\boldsymbol{n}=(\cos\alpha,\cos\beta,\cos\gamma)$,则有

$$\cos\alpha\mathrm{d}S=\mathrm{d}y\mathrm{d}z,\quad \cos\beta\mathrm{d}S=\mathrm{d}z\mathrm{d}x,\quad \cos\gamma\mathrm{d}S=\mathrm{d}x\mathrm{d}y,$$

从而可得

$$\iint_S P(x,y,z)\mathrm{d}y\mathrm{d}z+Q(x,y,z)\mathrm{d}z\mathrm{d}x+R(x,y,z)\mathrm{d}x\mathrm{d}y$$
$$=\iint_S [P(x,y,z)\cos\alpha+Q(x,y,z)\cos\beta+R(x,y,z)\cos\gamma]\mathrm{d}S,$$

其中 $\mathrm{d}\boldsymbol{S}=(\mathrm{d}y\mathrm{d}z,\mathrm{d}z\mathrm{d}x,\mathrm{d}x\mathrm{d}y)=(\cos\alpha,\cos\beta,\cos\gamma)\mathrm{d}S$.

若有向光滑曲面 S 为 $z=\varphi(x,y)$,$(x,y)\in D$,其正向指向曲面的上方,则曲面 S 的单位法矢量为

$$\boldsymbol{n}=\frac{(-z_x,-z_y,1)}{\sqrt{1+z_x^2+z_y^2}}.$$

再利用

$$\mathrm{d}y\mathrm{d}z=\frac{\cos\alpha}{\cos\gamma}\mathrm{d}x\mathrm{d}y=-z_x\mathrm{d}x\mathrm{d}y,$$

$$\mathrm{d}z\mathrm{d}x=\frac{\cos\beta}{\cos\gamma}\mathrm{d}x\mathrm{d}y=-z_y\mathrm{d}x\mathrm{d}y,$$

可将曲面积分合成为 $\mathrm{d}x\mathrm{d}y$ 型的积分

$$\iint_S P(x,y,z)\mathrm{d}y\mathrm{d}z+Q(x,y,z)\mathrm{d}z\mathrm{d}x+R(x,y,z)\mathrm{d}x\mathrm{d}y$$
$$=\iint_S[P(x,y,z)(-z_x)+Q(x,y,z)(-z_y)+R(x,y,z)]\mathrm{d}x\mathrm{d}y.$$

于是，不用考虑将曲面 S 分别向 yOz 面与 zOx 面做有向投影，将第二型曲面积分 $\iint_S P(x,y,z)\mathrm{d}y\mathrm{d}z$ 与 $\iint_S Q(x,y,z)\mathrm{d}z\mathrm{d}x$ 化成积分区域在 yOz 面与 zOx 面上的二重积分进行处理，只需将 S 向 xOy 面做一次有向投影，考虑化成积分区域在 xOy 面上的二重积分进行分析即可. 这在很多场合，可能使得第二型曲面积分的计算更有效、更方便.

例 12.5.5　试求第二型曲面积分 $I=\iint_S(z^2+x)\mathrm{d}y\mathrm{d}z+\sqrt{z}\mathrm{d}x\mathrm{d}y$，其中 S 为抛物面 $z=\frac{1}{2}(x^2+y^2)$ 位于平面 $z=2$ 下方的部分，方向取下侧.

解　由于积分曲面 S 为 $z=\frac{1}{2}(x^2+y^2)$，$(x,y)\in D$，其中 $D=\{(x,y)\mid x^2+y^2\leqslant 4\}$；又其方向取下侧，从而曲面法矢量为

$$\boldsymbol{n}=(\cos\alpha,\cos\beta,\cos\gamma)=\frac{(x,y,-1)}{\sqrt{1+x^2+y^2}},$$

由此可得 $\mathrm{d}y\mathrm{d}z=(-x)\mathrm{d}x\mathrm{d}y$. 于是，有

$$I=\iint_S[(z^2+x)(-x)+\sqrt{z}]\mathrm{d}x\mathrm{d}y=-\iint_D\left(-x\left[\frac{1}{4}(x^2+y^2)^2+x\right]+\sqrt{\frac{1}{2}(x^2+y^2)}\right)\mathrm{d}x\mathrm{d}y$$
$$=-\int_0^{2\pi}\mathrm{d}\theta\int_0^2\left(-\frac{1}{4}r^5\cos\theta-r^2\cos^2\theta+\sqrt{\frac{1}{2}}r\right)r\,\mathrm{d}r=\left(4-\frac{8}{3}\sqrt{2}\right)\pi.$$ □

习　题　12.5

习题 12.5

1. 试求下列第一型曲面积分：

(1) $I=\iint_S(x+2y+3z)\mathrm{d}S$，其中 S 为球面 $x^2+y^2+z^2=2ay$；

(2) $I=\iint_S(x^2+y^2)\mathrm{d}S$，其中 S 为锥面 $z=\sqrt{x^2+y^2}$ 位于 $0\leqslant z\leqslant 3$ 的部分；

(3) $I=\iint_S|xyz|\mathrm{d}S$，其中 S 为旋转抛物面 $z=x^2+y^2$ 被平面 $z=1$ 所截下的部分；

(4) $I=\iint_S(xy+yz+zx)\mathrm{d}S$，其中 S 为圆锥面 $z=\sqrt{x^2+y^2}$ 被圆柱面 $x^2+y^2=2ax$ 所截下的部分；

(5) $I=\iint_S\frac{\mathrm{d}S}{\sqrt{x^2+y^2+(z+a)^2}}$，其中 S 为球面 $x^2+y^2+z^2=a^2$ 的上半部分；

(6) $I=\iint_S\frac{\mathrm{d}S}{(x^2+y^2+z^2)^{3/2}\sqrt{\frac{x^2}{a^4}+\frac{y^2}{b^4}+\frac{z^2}{c^4}}}$，其中 S 为椭球面 $\frac{x^2}{a^2}+\frac{y^2}{b^2}+\frac{z^2}{c^2}=1$；

(7) $I=\iint\limits_S (x^2+y^2)^{\frac{5}{2}}\mathrm{d}S$,其中 S 为球面 $x^2+y^2+z^2=1$;

(8) $I=\iint\limits_S z\mathrm{d}S$,其中 S 为螺旋面 $x=u\cos v, y=u\sin v, z=v, (u,v)\in D, D=[0,a]\times[0,2\pi]$.

2. 试求下列第二型曲面积分:

(1) $I=\iint\limits_S yz\mathrm{d}y\mathrm{d}z+zx\mathrm{d}z\mathrm{d}x+xy\mathrm{d}x\mathrm{d}y$,其中 S 是四面体 $x+y+z\leqslant 1, x\geqslant 0, y\geqslant 0, z\geqslant 0$ 的边界,以外侧为正侧;

(2) $I=\iint\limits_S (y-z)\mathrm{d}y\mathrm{d}z+(z-x)\mathrm{d}z\mathrm{d}x+(x-y)\mathrm{d}x\mathrm{d}y$,其中 S 是圆锥面 $x^2+y^2=z^2$ 被平面 $z=0$ 和 $z=6$ 所截下的部分,以下侧为正侧;

(3) $I=\iint\limits_S x^3\mathrm{d}y\mathrm{d}z+y^3\mathrm{d}z\mathrm{d}x+z^3\mathrm{d}x\mathrm{d}y$,其中 S 是椭球面 $\frac{x^2}{a^2}+\frac{y^2}{b^2}+\frac{z^2}{c^2}=1$,以外侧为正侧;

(4) $I=\iint\limits_S x^2\mathrm{d}y\mathrm{d}z+y^2\mathrm{d}z\mathrm{d}x+z^2\mathrm{d}x\mathrm{d}y$,其中 S 是球面 $(x-a)^2+(y-b)^2+(z-c)^2=R^2$ $(R>0)$,以外侧为正侧;

(5) $I=\iint\limits_S xz^2\mathrm{d}y\mathrm{d}z-\sin x\mathrm{d}x\mathrm{d}y$,其中 S 是曲线 $C:\begin{cases} y=\sqrt{1+z^2}, \\ x=0 \end{cases}$ $(1\leqslant z\leqslant 1)$ 绕 z 轴旋转一周所形成的曲面,其法矢量与 z 轴所形成的夹角为锐角;

(6) $I=\iint\limits_S \frac{xz^2}{c^2}\mathrm{d}y\mathrm{d}z+\frac{x^2y-z^2}{a^2}\mathrm{d}z\mathrm{d}x+\frac{2\sin(x^2y)+y^2z}{b^2}\mathrm{d}x\mathrm{d}y$,其中 S 是椭球面 $\frac{x^2}{a^2}+\frac{y^2}{b^2}+\frac{z^2}{c^2}=1$ $(z\geqslant 0)$,以上侧为正侧;

(7) $I=\iint\limits_S \frac{\mathrm{e}^{\sqrt{y}}}{\sqrt{x^2+z^2}}\mathrm{d}z\mathrm{d}x$,其中 S 是旋转抛物面 $y=x^2+z^2$ 与平面 $y=1, y=2$ 所围立体表面,以外侧为正侧;

(8) $I=\iint\limits_S \frac{2\mathrm{d}y\mathrm{d}z}{x\cos^2 x}+\frac{\mathrm{d}z\mathrm{d}x}{\cos^2 y}+\frac{\mathrm{d}x\mathrm{d}y}{z\cos^2 z}$,其中 S 是球面 $x^2+y^2+z^2=1$,以外侧为正侧.

3. 设 S 为上半椭球面 $\frac{x^2}{2}+\frac{y^2}{2}+z^2=1$ $(z\geqslant 0)$,π 为 S 在点 $P(x,y,z)$ 处的切平面,$\rho(x,y,z)$ 为原点 $O(0,0,0)$ 到平面 π 的距离,试求 $\iint\limits_S \frac{z}{\rho(x,y,z)}\mathrm{d}S$.

4. (1) 设 $f(x)$ 为 $\mathbf{R}$ 上的连续函数,S 为球面 $x^2+y^2+z^2=1$,a,b,c 为不全为零的实数,试证明

$$\iint\limits_S f(ax+by+cz)\mathrm{d}S=\frac{2\pi}{k}\int_{-k}^{k} f(t)\mathrm{d}t, \text{其中 } k=\sqrt{a^2+b^2+c^2}.$$

(2) 设 $f(x,y)$ 为单位圆盘 $x^2+y^2\leqslant 1$ 上的连续函数,且 $f(-x,y)=f(x,y)$,试证明

$$\iint\limits_S f(\sqrt{x^2+y^2},z)\mathrm{d}S=\pi\int_C f(x,y)\mid x\mid \mathrm{d}s,$$

这里,S 是球面 $x^2+y^2+z^2=1$,C 是圆周线 $x^2+y^2=1$.

5. 设 $f(x,y,z)$ 是单位球面 $S: x^2+y^2+z^2=1$ 上的非负连续函数,试证明

$$\lim_{n\to\infty}\left(\iint_S f^n(x,y,z)\mathrm{d}S\right)^{1/n}=\max_{(x,y,z)\in S}f(x,y,z).$$

6. 设 S 是 $\mathbf{R}^3$ 中分块光滑有向曲面 $z=\varphi(x,y),(x,y)\in D$，其中 D 为 $\mathbf{R}^2$ 中有连续边界的有界闭区域，又 $f(x,y,z),g(x,y,z),h(x,y,z)$ 为定义于 S 上的连续函数．试证明

$$\begin{aligned}&\iint_S f(x,y,z)\mathrm{d}y\mathrm{d}z+g(x,y,z)\mathrm{d}z\mathrm{d}x+h(x,y,z)\mathrm{d}x\mathrm{d}y\\=&\iint_D[-f(x,y,\varphi(x,y))\varphi_x(x,y)-g(x,y,\varphi(x,y))\varphi_y(x,y)+h(x,y,\varphi(x,y))]\mathrm{d}x\mathrm{d}y.\end{aligned}$$

12.6　三个重要公式·场论

微积分基本公式，Newton-Leibniz 公式

$$\int_a^b f(x)\mathrm{d}x=F(b)-F(a)\ (F'(x)=f(x))$$

具有十分重要的地位，刻画了数学物理中本质的守恒关系．自然地，我们期望能表现空间中更一般的几何形体上变量变化的这种守恒关系．

本节介绍的三个重要公式：Green 公式、Gauss 公式与 Stokes 公式，分别刻画了二重积分与其积分区域边界上的曲线积分，三重积分与其积分区域边界上的曲面积分，以及曲面积分与其积分区域边界上的曲线积分之间的联系．这些公式在数学物理中具有广泛的应用，也蕴涵了丰富的价值．

12.6.1　Green 公式

定义 12.6.1　(1) 设 C 为平面曲线 $x=x(t),y=y(t),t\in[\alpha,\beta]$，如果 $x(\alpha)=x(\beta)$，且 $y(\alpha)=y(\beta)$；又对任意 $t_1,t_2\in(\alpha,\beta)$，当 $t_1\neq t_2$ 时，有 $x(t_1)\neq x(t_2)$ 或 $y(t_1)\neq y(t_2)$，则称曲线 C 为**简单闭曲线**或 **Jordan 曲线**．此即，简单闭曲线除两个端点相重合外，曲线不自相交．

(2) 设 D 为平面区域，如果 D 内任意一条封闭曲线都可以不经过 D 外的点而连续地收缩成 D 内的一点，则称 D 为**单连通区域**，否则称为复连通区域．例如，圆盘 $\{(x,y)\mid x^2+y^2\leqslant 1\}$ 为单连通区域，而圆环 $\left\{(x,y)\,\middle|\,\frac{1}{2}<x^2+y^2\leqslant 1\right\}$ 为复连通区域．形象地讲，单连通区域内不含有"洞"，而复连通区域内含有"洞"．

(3) 对平面区域 D 的边界曲线 C，其**正向**规定为，观察者沿此方向行进时，D 的内部靠近行进边界的区域总在左侧．

定理 12.6.1　(Green 公式)　设平面有界闭区域 D 由有限条分段光滑简单曲线围成，记其边界曲线为 C．又二元函数 $P(x,y),Q(x,y)$ 在 D 上具有一阶连续偏导数，则有

$$\iint_D\left(\frac{\partial Q}{\partial x}-\frac{\partial P}{\partial y}\right)\mathrm{d}x\mathrm{d}y=\oint_C P(x,y)\mathrm{d}x+Q(x,y)\mathrm{d}y,$$

其中边界曲线 C 取其正向．

证　(1) 设 D 既是 x 型区域又是 y 型区域，如图12-13，则 D 是单连通的．

先考虑 D 为 x 型区域

$$D=\{(x,b)\mid y_1(x)\leqslant y\leqslant y_2(x),a\leqslant x\leqslant b\},$$

因为 $\dfrac{\partial P}{\partial y}$ 连续，从而有

$$\iint\limits_D \frac{\partial P}{\partial y}\mathrm{d}x\mathrm{d}y = \int_a^b \mathrm{d}x \int_{y_1(x)}^{y_2(x)} \frac{\partial P(x,y)}{\partial y}\mathrm{d}y$$
$$= \int_a^b [P(x,y_2(x)) - P(x,y_1(x))]\mathrm{d}x.$$

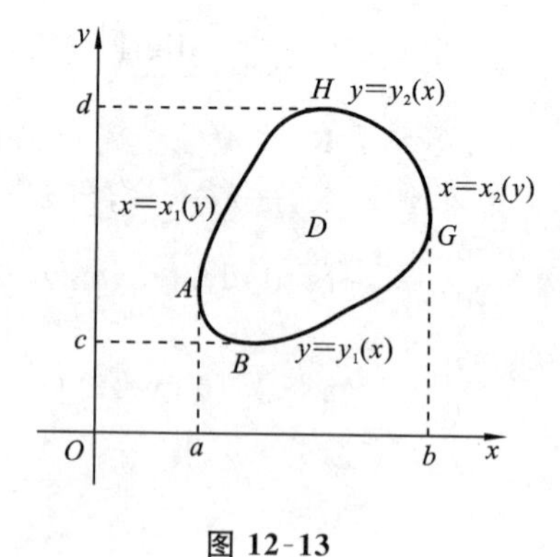

图 12-13

令 $y=y_1(x)$ 对应于 $\widehat{ABG}$, $y=y_2(x)$ 对应于 $\widehat{GHA}$，又有

$$\oint_C P\mathrm{d}x = \int_{\widehat{ABG}} P\mathrm{d}x + \int_{\widehat{GHA}} P\mathrm{d}x$$
$$= \int_a^b P(x,y_1(x))\mathrm{d}x + \int_b^a P(x,y_2(x))\mathrm{d}x$$
$$= \int_a^b [P(x,y_1(x)) - P(x,y_2(x))]\mathrm{d}x.$$

此即，有 $-\iint\limits_D \frac{\partial P}{\partial y}\mathrm{d}x\mathrm{d}y = \oint_C P\mathrm{d}x.$

同理，再将 D 看作 y 型区域，可类似证明

$$\iint\limits_D \frac{\partial Q}{\partial x}\mathrm{d}x\mathrm{d}y = \oint_C Q\mathrm{d}y,$$

从而有

$$\iint\limits_D \left(\frac{\partial Q}{\partial x} - \frac{\partial P}{\partial y}\right)\mathrm{d}x\mathrm{d}y = \oint_C P\mathrm{d}x + Q\mathrm{d}y.$$

(2) 若 D 不是前述的单连通区域时，可以适当添加辅助线将其分成若干个上述类型的区域. 如图 12-14 中将区域 D 分成 D_1, D_2, D_3，由(1)可知在每个 D_i 上 Green 公式均成立，即

$$\iint\limits_{D_i} \left(\frac{\partial Q}{\partial x} - \frac{\partial P}{\partial y}\right)\mathrm{d}x\mathrm{d}y = \oint_{C_i} P\mathrm{d}x + Q\mathrm{d}y, \quad i = 1,2,3,$$

其中 C_i 是小区域 D_i 的边界曲线，取正向.

由于二重积分与第二型曲线积分都有关于积分区域的可加性，又第二型曲线积分在小区域 D_i 的公共边界上要沿正反方向各走一次，从而有

$$\iint\limits_D \left(\frac{\partial Q}{\partial x} - \frac{\partial P}{\partial y}\right)\mathrm{d}x\mathrm{d}y = \sum_{i=1}^3 \iint\limits_{D_i} \left(\frac{\partial Q}{\partial x} - \frac{\partial P}{\partial y}\right)\mathrm{d}x\mathrm{d}y = \sum_{i=1}^3 \oint_{C_i} P\mathrm{d}x + Q\mathrm{d}y = \oint_C P\mathrm{d}x + Q\mathrm{d}y.$$

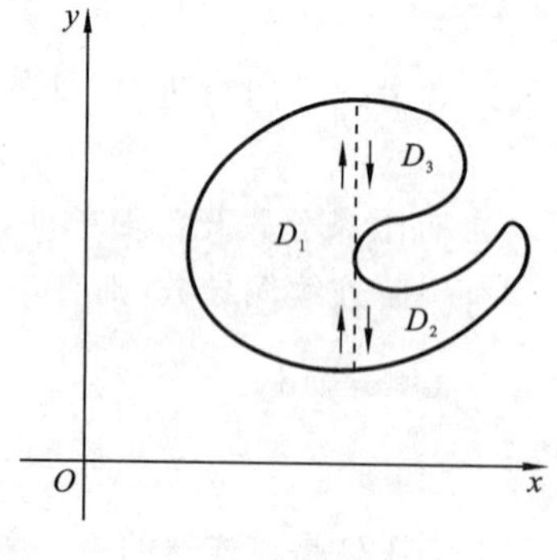

图 12-14

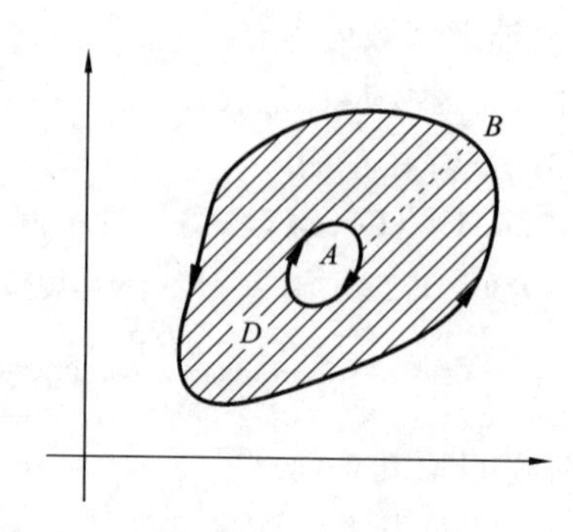

图 12-15

(3) 若 D 是复连通区域，仍可以适当添加辅助线将其化为单连通区域，从而转化为(2)中的情形进行处理. 比如，对复连通区域 D，如图 12-15，用 AB 切割 D，其中 A 位于 D 的内边界 C^- 上(取顺时针方向)，B 位于 D 的外边界 C^+ 上(取逆时针方向). 记切割后区域边界为 $\overline{C}$，

则有

$$\overline{C}=C^{+}+\overline{BA}+C^{-}+\overline{AB},$$

从而也有

$$\begin{aligned}\iint_D\left(\frac{\partial Q}{\partial x}-\frac{\partial P}{\partial y}\right)\mathrm{d}x\mathrm{d}y&=\oint_{\overline{C}}P\mathrm{d}x+Q\mathrm{d}y\\&=\left(\int_{C^{+}}+\int_{\overline{BA}}+\int_{C^{-}}+\int_{\overline{AB}}\right)P\mathrm{d}x+Q\mathrm{d}y\\&=\left(\int_{C^{+}}+\int_{C^{-}}\right)P\mathrm{d}x+Q\mathrm{d}y=\oint_{C}P\mathrm{d}x+Q\mathrm{d}y.\end{aligned}$$

□

推论 12.6.1　(1)(**二维分部积分公式**)设平面有界闭区域 D 由有限条分段光滑简单曲线围成,记其边界曲线为 C. 又二元函数 $P(x,y)$,$Q(x,y)$,$U(x,y)$,$V(x,y)$在 D 上连续可微,则有

$$\iint_D\left(P\frac{\partial U}{\partial x}+Q\frac{\partial V}{\partial y}\right)\mathrm{d}x\mathrm{d}y=\int_C PU\mathrm{d}y-QV\mathrm{d}x-\iint_D\left(U\frac{\partial P}{\partial x}+V\frac{\partial Q}{\partial y}\right)\mathrm{d}x\mathrm{d}y,$$

其中边界曲线 C 取其正向.

(2) 设 D 为由有限条分段光滑简单曲线所围成的平面有界闭区域,记其边界曲线为 C,则其面积为

$$\mu(D)=\int_C x\mathrm{d}y=-\int_C y\mathrm{d}x=\frac{1}{2}\int_C x\mathrm{d}y-y\mathrm{d}x.$$

例 12.6.1　试求曲线积分 $I=\int_C\frac{x\mathrm{d}y-y\mathrm{d}x}{x^2+y^2}$,其中 C 为逆时针旋转且不经过原点的分段光滑闭曲线.(1) 曲线 C 所围区域不包含坐标原点;(2) 曲线 C 所围区域包含坐标原点.

解　记曲线 C 所围区域为 D.

(1) 若 D 中不包含原点,则有 $P(x,y)=\frac{-y}{x^2+y^2}$,$Q(x,y)=\frac{x}{x^2+y^2}$以及 $P_y=\frac{y^2-x^2}{(x^2+y^2)^2}=Q_x$都在 D 上连续. 因此,由 Green 公式得

$$I=\int_C P\mathrm{d}x+Q\mathrm{d}y=\iint_D(Q_x-P_y)\mathrm{d}x\mathrm{d}y=0.$$

(2) 若 D 包含原点,则 $P(x,y)$,$Q(x,y)$以及 $P_y(x,y)$,$Q_x(x,y)$都在 D 上不连续,不满足 Green 公式条件,因而不能用 Green 公式.

为此,取充分小 $\varepsilon>0$,使$\overline{B(0,\varepsilon)}=\{(x,y)\mid x^2+y^2\leqslant\varepsilon^2\}\subset D^{\circ}$,从而 P、Q 以及 P_y、Q_x 在 $D\backslash B(0,\varepsilon)$上连续.

记 C_1 为 $B(0,\varepsilon)$的边界 $x^2+y^2=\varepsilon^2$,取顺时针方向,如图 12-16,可得

$$\oint_{C+C_1}P\mathrm{d}x+Q\mathrm{d}y=\iint_{D\backslash B(O,\varepsilon)}(Q_x-P_y)\mathrm{d}x\mathrm{d}y=0,$$

从而有

$$\begin{aligned}\oint_C P\mathrm{d}x+Q\mathrm{d}y&=-\int_{C_1}P\mathrm{d}x+Q\mathrm{d}y=\oint_{-C_1}P\mathrm{d}x+Q\mathrm{d}y\\&=\frac{1}{\varepsilon^2}\int_{-C_1}x\mathrm{d}y-y\mathrm{d}x=\frac{1}{\varepsilon^2}\iint_{B(0,\varepsilon)}(U_x-V_y)\mathrm{d}x\mathrm{d}y\\&=\frac{2}{\varepsilon^2}\cdot\pi\varepsilon^2=2\pi,\end{aligned}$$

其中 $U=x$,$V=-y$.　□

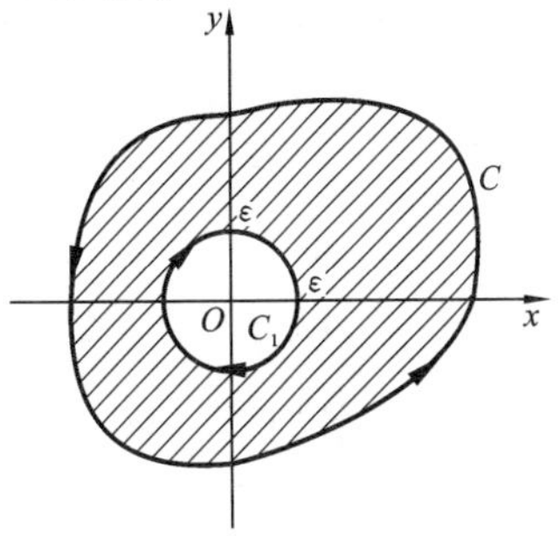

图 12-16

注记 12.6.1 应用 Green 公式,要注意考察定理适用的条件是否满足,要求函数 $P(x,y)$,$Q(x,y)$ 在 D 上具有连续的一阶偏导数,且 D 的边界曲线 C 为简单闭曲线.若积分曲线不是简单闭曲线,为使用 Green 公式,可以添加辅助线使其变成简单闭曲线.

例 12.6.2 试求曲线积分 $I=\int_C(e^x\sin y-my)dx+(e^x\cos y-m)dy$,其中曲线 C 为$(x-a)^2+y^2=a^2(a>0)$的上半圆周,方向为从 $A(2a,0)$到原点 $O(0,0)$.

解 注意到曲线 C 不是封闭的,为此添加直线段$\overline{OA}$,使得 C 与$\overline{OA}$围成有界闭区域 D.令 $P=e^x\sin y-my,Q=e^x\cos y-m$,则有

$$P_y=e^x\cos y-m,\quad Q_x=e^x\cos y.$$

又直线段$\overline{OA}$:$\begin{cases}x=x,\\y=0,\end{cases}$ $x:0\mapsto 2a$.从而由 Green 公式,有

$$\begin{aligned}\int_C Pdx+Qdy&=\left(\int_{C+\overline{OA}}-\int_{\overline{OA}}\right)Pdx+Qdy=\iint_D(Q_x-P_y)dxdy-\int_{\overline{OA}}Pdx+Qdy\\&=m\iint_D dxdy-\int_0^{2a}0dx+0=\frac{ma^2}{2}\pi.\end{aligned}$$

□

例 12.6.3 试求椭圆$\frac{x^2}{a^2}+\frac{y^2}{b^2}=1$所围图形的面积.

解 考虑此椭圆 C 的参数式方程为 $x=a\cos\theta,y=b\sin\theta,0\leqslant\theta\leqslant 2\pi$,从而可得椭圆的面积为

$$A=\frac{1}{2}\oint_C-ydx+xdy=\frac{1}{2}\int_0^{2\pi}(ab\sin^2\theta+ab\cos^2\theta)d\theta=\frac{1}{2}ab\int_0^{2\pi}d\theta=\pi ab.$$

□

12.6.2 曲线积分与路径的无关性

通常,在重力场和静电场中所做的功只取决于场本身以及起点和终点的位置,而与从起点到终点的路径无关.这里,将从数学上分析这一物理现象的本质,即讨论曲线积分与其积分路径的关联.

定义 12.6.2 设二元函数 $P(x,y),Q(x,y)$在平面有界区域 D 上有定义,若对 D 内任意两点 A,B,以及从 A 到 B 的任意两条 D 内的简单曲线 C_1,C_2,积分$\int_{C_i}P(x,y)dx+Q(x,y)dy$ $(i=1,2)$ 都存在,且

$$\int_{C_1}P(x,y)dx+Q(x,y)dy=\int_{C_2}P(x,y)dx+Q(x,y)dy,$$

则称曲线积分$\int_C Pdx+Qdy$ **在 D 内与路径无关**,否则称与路径有关.若曲线积分与 AB 之间的路径无关,则记为$\int_A^B Pdx+Qdy$.

定理 12.6.2 设 D 为平面单连通闭区域,二元函数 $P(x,y),Q(x,y)$在 D 内具有连续一阶偏导数,则以下四个命题等价:

(1) 对 D 内任何闭曲线 C,有曲线积分$\oint_C Pdx+Qdy=0$;

(2) 对 D 内任一有向曲线 C,曲线积分$\int_C Pdx+Qdy$ 与路径无关;

(3) 在 D 内存在二元函数 $u(x,y)$使得 $du=Pdx+Qdy$,即 $Pdx+Qdy$ 是全微分表达;

(4) 在 D 内处处都有 $\frac{\partial P}{\partial y}=\frac{\partial Q}{\partial x}$.

证　(1)⇒(2). 如图 12-17 所示,设 $\overset{\frown}{ARB}$, $\overset{\frown}{ASB}$ 为连接点 A、B 的任何两条分段光滑曲线,由(1)即有

$$\left(\int_{\overset{\frown}{ASB}}+\int_{\overset{\frown}{BRA}}\right)P\mathrm{d}x+Q\mathrm{d}y=0,$$

从而有

$$\int_{\overset{\frown}{ASB}}P\mathrm{d}x+Q\mathrm{d}y=\int_{\overset{\frown}{ARB}}P\mathrm{d}x+Q\mathrm{d}y.$$

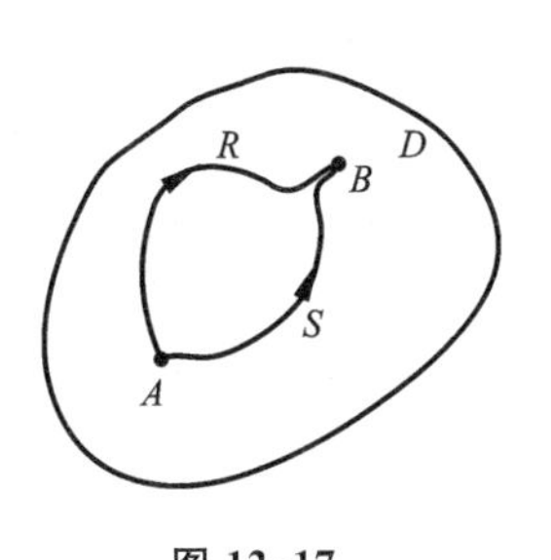

图 12-17

由 $\overset{\frown}{ASB}$、$\overset{\frown}{ARB}$ 的任意性,即有命题(2)成立.

(2)⇒(3). 任意取定点 $A(x_0,y_0)\in D$, $B(x,y)\in D$,若曲线积分 $\int_C P\mathrm{d}x+Q\mathrm{d}y$ 在区域 D 内与路径无关,则可以定义变限积分函数

$$u(x,y)=\int_{(x_0,y_0)}^{(x,y)}P\mathrm{d}x+Q\mathrm{d}y.$$

又取 Δx 充分小,使点 $C(x+\Delta x,y)\in D$,于是有

$$\Delta_x u=u(x+\Delta x,y)-u(x,y)=\int_A^C P\mathrm{d}x+Q\mathrm{d}y-\int_A^B P\mathrm{d}x+Q\mathrm{d}y$$

$$=\int_B^C P\mathrm{d}x+Q\mathrm{d}y\xlongequal{\mathrm{d}y=0}\int_x^{x+\Delta x}P(x,y)\mathrm{d}x=P(x+\theta\Delta x,y)\Delta x\quad(0<\theta<1).$$

再利用二元函数 $P(x,y)$ 在 D 内连续,可得

$$\frac{\partial u}{\partial x}=\lim_{\Delta x\to 0}\frac{\Delta_x u}{\Delta x}=\lim_{\Delta x\to 0}P(x+\theta\Delta x,y)=P(x,y).$$

同理,可证 $\frac{\partial u}{\partial y}=Q(x,y)$,从而有

$$\mathrm{d}u=P\mathrm{d}x+Q\mathrm{d}y.$$

(3)⇒(4). 若存在定义于区域 D 上的二元函数 $u(x,y)$,使得 $\mathrm{d}u=P\mathrm{d}x+Q\mathrm{d}y$,即有

$$P=u_x,\quad Q=u_y.$$

又由二元函数 P,Q 在 D 上有连续一阶偏导数,从而有

$$P_y=u_{yx}=u_{xy}=Q_x.$$

(4)⇒(1). 令 C 为区域 D 内分段光滑简单闭曲线,所围区域为 Δ, $\Delta\subseteq D$,则由 Green 公式,有

$$\oint_C P\mathrm{d}x+Q\mathrm{d}y=\iint_\Delta(Q_x-P_y)\mathrm{d}x\mathrm{d}y=0.$$

□

注记 12.6.2　(1) 定理 12.6.2 中的区域单连通条件是十分关键的. 比如,在曲线积分 $\oint_C\frac{x\mathrm{d}y-y\mathrm{d}x}{x^2+y^2}$ 中积分曲线 C 所围的区域内,是否有使得被积函数 $P(x,y)=\frac{-y}{x^2+y^2}$, $Q(x,y)=\frac{x}{x^2+y^2}$ 及其偏导 P_y,Q_x 不连续的点(奇点),所对应的情形是不一样的. 请思考:在积分曲线 C 所围的区域内围住奇点的任何简单闭曲线上,是否有闭曲线积分与路径无关,即曲线积分与环路路径无关。

(2) 如果确认曲线积分与路径无关,通常可以根据问题特点选择恰当路径以使得积分更简单.

例 12.6.4 试求曲线积分 $I=\int_C(x^2+y)\mathrm{d}x+(x-y^2)\mathrm{d}y$,其中 C 为曲线 $y^3=x^2$ 上从 $O(0,0)$ 到 $A(1,1)$ 的一段.

解 如果考虑利用曲线 C 的参数表达,将原积分化为定积分求解是比较麻烦的.

令 $P=x^2+y,Q=x-y^2$,则有

$$P_y=1=Q_x.$$

又 P,Q,P_y,Q_x 在 $\mathbf{R}^2$ 上处处连续,从而可知,在包含 C 和直线段 $\overline{OA}$ 的有界闭区域上,曲线积分 $\int_C P\mathrm{d}x+Q\mathrm{d}y$ 与路径无关.

于是,有

$$\begin{aligned}I&=\int_C P\mathrm{d}x+Q\mathrm{d}y=\int_{\overline{OA}}P\mathrm{d}x+Q\mathrm{d}y\\&=\int_{(0,0)}^{(1,1)}(x^2+y)\mathrm{d}x+(x-y^2)\mathrm{d}y\xlongequal{y=x}\int_0^1 2x\mathrm{d}x=1.\end{aligned}$$ □

事实上,也可类似地刻画空间曲线积分的与路径无关性.

定理 12.6.3 设 C 为空间中以 A 为起点,B 为终点的分段光滑可求长度的有向曲线,又函数 $P(x,y,z),Q(x,y,z),R(x,y,z)$ 在 C 上连续,且存在可微函数 $u(x,y,z)$,使得 $\mathrm{d}u=P\mathrm{d}x+Q\mathrm{d}y+R\mathrm{d}z$,则有

$$\int_C P\mathrm{d}x+Q\mathrm{d}y+R\mathrm{d}z=u(B)-u(A),$$

其中

$$\begin{aligned}u(x,y,z)&=\int_{(x_0,y_0,z_0)}^{(x,y,z)}P\mathrm{d}x+Q\mathrm{d}y+R\mathrm{d}z\\&=\int_{x_0}^{x}P(x,y_0,z_0)\mathrm{d}x+\int_{y_0}^{y}Q(x,y,z_0)\mathrm{d}y+\int_{z_0}^{z}R(x,y,z)\mathrm{d}z.\end{aligned}$$

这里,要求起点 (x_0,y_0,z_0),终点 (x,y,z) 及积分行进的折线路径都要在使得 $P(x,y,z),Q(x,y,z),R(x,y,z)$ 有连续一阶偏导的区域内.

定义 12.6.3 若存在可微函数 $u(x,y,z)$,使得 $\mathrm{d}u=P\mathrm{d}x+Q\mathrm{d}y+R\mathrm{d}z$,则称 $P\mathrm{d}x+Q\mathrm{d}y+R\mathrm{d}z$ 为**恰当微分**.若 $P\mathrm{d}x+Q\mathrm{d}y+R\mathrm{d}z=0$,则称此方程为**恰当方程**(**全微分方程**),从而其通解为 $u(x,y,z)=C$,C 为常数.

例 12.6.5 试求下列曲线积分:

(1) $I=\int_{\widehat{AB}}x\mathrm{d}x+y\mathrm{d}y+z\mathrm{d}z$,其中 $\widehat{AB}$ 为从 $A(1,1,1)$ 到 $B(2,3,4)$ 的曲线段;

(2) $I=\int_C 2x\mathrm{e}^{x^2y}\mathrm{d}x+y\mathrm{e}^{x^2y}\mathrm{d}y$,其中 C 为 $x^2+\frac{y^2}{2}=1$ 上从 $A(1,0)$ 到 $B(0,\sqrt{2})$ 的曲线段;

(3) $I=\int_C(my-\mathrm{e}^x\sin y)\mathrm{d}x+(m-\mathrm{e}^x\cos y)\mathrm{d}y$,其中 C 是依顺时针方向的下半圆周 $x^2+y^2=ax$.

解 (1) 令 $P=x,Q=y,R=z$,显然它们在 $\mathbf{R}^3$ 上有连续一阶偏导数.又 $\frac{1}{2}\mathrm{d}(x^2+y^2+z^2)=x\mathrm{d}x+y\mathrm{d}y+z\mathrm{d}z$,从而有

$$I=\frac{1}{2}\int_{\widehat{AB}}\mathrm{d}(x^2+y^2+z^2)=\frac{1}{2}(x^2+y^2+z^2)\Big|_{(1,1,1)}^{(2,3,4)}=13.$$

(2) 由于 $P=2x\mathrm{e}^{x^2y},Q=y\mathrm{e}^{x^2y}$ 在 $\mathbf{R}^2$ 上具有连续一阶偏导数,又 $\mathrm{d}\left(x^2+\frac{y^2}{2}\right)=2x\mathrm{d}x+y\mathrm{d}y$,

从而有

$$I=\int_C e^{x^2y}d\left(x^2+\frac{y^2}{2}\right)=0.$$

(3) 令 $P=my-e^x\sin y,Q=m-e^x\cos y$，则它们在 $\mathbf{R}^2$ 上有连续一阶偏导数. 记 C 的起点为 $A(a,0)$，终点为 $B(0,0)$.

又由 $d(e^x\sin y)=e^x\sin y dx+e^x\cos y dy$，从而有

$$\begin{aligned}I&=\int_C my dx+m dy-(e^x\sin y dx+e^x\cos y dy)\\&=\int_C my dx+m dy-(e^x\sin y)\Big|_{(a,0)}^{(0,0)}=\int_C my dx+m dy.\end{aligned}$$

令 $x=\frac{a}{2}+\frac{a}{2}\cos\theta,y=\frac{a}{2}\sin\theta,\ \theta:0\mapsto-\pi$，则有

$$I=\int_0^{-\pi}\left(-\frac{ma^2}{4}\sin^2\theta+\frac{ma}{2}\cos\theta\right)d\theta=-\frac{ma^2}{8}\int_0^{-\pi}(1-\cos2\theta)d\theta=\frac{\pi}{8}ma^2.$$ □

一般地，首先对积分表达式中形如 $f(x)dx,g(y)dy,h(z)dz$ 的项直接用不定积分求原函数，再对余下的项重新组合构造全微分，或加以改造使余下的部分尽可能易于处理.

例 12.6.6　试求解下列微分方程：

(1) $(x\cos y+\cos x)y'=y\sin x-\sin y$；

(2) $y^2(x-3y)dx+(1-3xy^2)dy=0$.

解　(1) 将原方程改写为

$$(\sin y-y\sin x)dx+(x\cos y+\cos x)dy=0,$$

令 $P=\sin y-y\sin x,Q=x\cos y+\cos x$，则有 $P_y=\cos y-\sin x,Q_x=\cos y-\sin x$ 都在 $\mathbf{R}^2$ 上连续.

可以考虑

$$\begin{aligned}u(x,y)&=\int_{(0,0)}^{(x,y)}P dx+Q dy+C\\&=\int_0^x P(x,0)dx+Q(x,0)d0+\int_0^y Q(x,y)dy+C\\&=\int_0^y(x\cos y+\cos x)dy+C=x\sin y+y\cos x+C,\end{aligned}$$

从而有原方程的通解为

$$x\sin y+y\cos x=C,\quad C\text{ 为常数}.$$

(2) 令 $P=y^2x-3y^3,Q=1-3xy^2$，显然有

$$P_y=2xy-9y^2\neq-3y^2=Q_x.$$

若取 $\mu=\frac{1}{y^2}\ (y\neq0)$，则微分方程 $(x-3y)dx+\frac{1}{y^2}dy-3xdy=0$ 是恰当方程. 又由

$$d\left(\frac{x^2}{2}-3xy-\frac{1}{y}\right)=(x-3y)dx+\frac{1}{y^2}dy-3xdy,$$

从而可得原方程的通解为

$$\frac{x^2}{2}-3xy-\frac{1}{y}=C,\quad C\text{ 为常数}.$$ □

定义 12.6.4　一般地，若 $P(x,y)dx+Q(x,y)dy=0$ 不是全微分方程，但有 $\mu(x,y)$ 使得 $\mu(x,y)P(x,y)dx+\mu(x,y)Q(x,y)dy=0$ 是全微分方程，则称 $\mu(x,y)$ 为 $P(x,y)dx+Q(x,y)dy=0$ 的一个**积分因子**.

事实上,对于一个具体的方程而言,要寻求简便有效的积分因子并不容易,可以根据方程的特点选择单变量的积分因子. 比如,若$\frac{1}{Q}\left(\frac{\partial P}{\partial y}-\frac{\partial Q}{\partial x}\right)=\varphi(x)$,则取积分因子为$\mu(x)=\mathrm{e}^{\int\varphi(x)\mathrm{d}x}$;若$\frac{1}{P}\left(\frac{\partial Q}{\partial x}-\frac{\partial P}{\partial y}\right)=\psi(y)$,即取积分因子为$\mu(y)=\mathrm{e}^{\int\psi(y)\mathrm{d}y}$. 其实,很多场合也可以用观察法去找方程的积分因子,这得熟悉一些常见多元函数的微分结构. 比如,

$$\mathrm{d}(xy)=y\mathrm{d}x+x\mathrm{d}y,\quad \mathrm{d}\left(\frac{y}{x}\right)=\frac{-y\mathrm{d}x+x\mathrm{d}y}{x^2},$$

$$\mathrm{d}\left(\ln\left|\frac{x}{y}\right|\right)=\frac{y\mathrm{d}x-x\mathrm{d}y}{xy},\quad \mathrm{d}\left(\arctan\frac{x}{y}\right)=\frac{y\mathrm{d}x-x\mathrm{d}y}{x^2+y^2},$$

$$\frac{1}{2}\mathrm{d}\left(\ln\left|\frac{x-y}{x+y}\right|\right)=\frac{y\mathrm{d}x-x\mathrm{d}y}{x^2-y^2},\quad \frac{1}{2}\mathrm{d}[\ln(x^2+y^2)]=\frac{x\mathrm{d}x+y\mathrm{d}y}{x^2+y^2}.$$

12.6.3 Gauss 公式

定义 12.6.5 设Ω为空间区域,如果Ω内的任何一个封闭曲面所围的立体区域仍然属于Ω,则称Ω为**二维单连通区域**,否则称为**二维复连通区域**.

例如,单位球体$\{(x,y,z)\mid x^2+y^2+z^2\leqslant 1\}$是二维单连通区域,而空心球体$\left\{(x,y,z)\,\middle|\,\frac{1}{2}\leqslant x^2+y^2+z^2<1\right\}$是二维复连通区域. 形象地讲,二维单连通区域内不含有"洞",而二维复连通区域内含有"洞".

定理 12.6.4 **(Gauss 公式)** 设空间有界闭区域Ω由有限块光滑的双侧曲面围成,记其边界曲面为S. 又三元函数$P(x,y,z)$,$Q(x,y,z)$,$R(x,y,z)$在Ω上具有一个阶连续偏导数,则有

$$\iiint_{\Omega}\left(\frac{\partial P}{\partial x}+\frac{\partial Q}{\partial y}+\frac{\partial R}{\partial z}\right)\mathrm{d}x\mathrm{d}y\mathrm{d}z=\oint\!\!\!\oint_{S}P\,\mathrm{d}y\mathrm{d}z+Q\mathrm{d}z\mathrm{d}x+R\mathrm{d}x\mathrm{d}y,$$

其中边界曲面S取其外侧.

证 这里只证明$\iiint_{\Omega}\frac{\partial R}{\partial z}\mathrm{d}x\mathrm{d}y\mathrm{d}z=\oint\!\!\!\oint_{S}R\,\mathrm{d}x\mathrm{d}y$,对于$\iiint_{\Omega}\frac{\partial P}{\partial x}\mathrm{d}x\mathrm{d}y\mathrm{d}z=\oint\!\!\!\oint_{S}P\,\mathrm{d}y\mathrm{d}z$,$\iiint_{\Omega}\frac{\partial Q}{\partial y}\mathrm{d}x\mathrm{d}y\mathrm{d}z=\oint\!\!\!\oint_{S}Q\mathrm{d}z\mathrm{d}x$,可以类似地证明.

先考虑Ω是xy型区域$\Omega=\{(x,y,z)\mid(x,y)\in D,z_1(x,y)\leqslant z\leqslant z_2(x,y)\}$,其中$D$为$\Omega$在$xOy$面上的投影,$S_1:z=z_1(x,y),(x,y)\in D$与$S_2:z=z_2(x,y),(x,y)\in D$分别为$\Omega$的下边界与上边界,$S_3$记以$D$的边界为准线母线平行$z$轴的柱面侧面.

因为$\frac{\partial R}{\partial z}$连续,从而有

$$\begin{aligned}\iiint_{\Omega}\frac{\partial R}{\partial z}\mathrm{d}x\mathrm{d}y\mathrm{d}z&=\iint_{D}\mathrm{d}x\mathrm{d}y\int_{z_1(x,y)}^{z_2(x,y)}\frac{\partial R}{\partial z}\mathrm{d}z=\iint_{D}[R(x,y,z_2(x,y))-R(x,y,z_1(x,y))]\mathrm{d}x\mathrm{d}y\\&=\iint_{S_2}R(x,y,z)\mathrm{d}x\mathrm{d}y-\iint_{S_1}R(x,y,z)\mathrm{d}x\mathrm{d}y\\&=\iint_{S_2}R(x,y,z)\mathrm{d}x\mathrm{d}y+\iint_{-S_1}R(x,y,z)\mathrm{d}x\mathrm{d}y,\end{aligned}$$

其中S_1,S_2都取其上侧. 又由于S_3在xOy面的投影区域面积为零,从而有

$$\iint_{S_3} R(x,y,z)\mathrm{d}x\mathrm{d}y = 0.$$

因此,可得

$$\iiint_{\Omega} \frac{\partial R}{\partial z}\mathrm{d}x\mathrm{d}y\mathrm{d}z = \left(\iint_{S_2} + \iint_{-S_1} + \iint_{S_3}\right)R\mathrm{d}x\mathrm{d}y = \iint_{S} R\,\mathrm{d}x\mathrm{d}y.$$

对于不是 xy 型区域的情形,则用有限块光滑曲面将其分割成若干个 xy 型区域的并,再利用三重积分与第二型曲面积分关于积分区域的可加性解决问题. 详细的推导与 Green 公式的证明相似. □

推论 12.6.2 (1)(**三维分部积分公式**) 设空间有界闭区域 Ω 由有限块光滑的双侧曲面围成,记其边界曲面为 S. 又三元函数 P、Q、R、U、V、W 在 Ω 上具有一阶连续偏导数,则有

$$\iiint_{\Omega}\left(P\frac{\partial U}{\partial x} + Q\frac{\partial V}{\partial y} + R\frac{\partial W}{\partial z}\right)\mathrm{d}x\mathrm{d}y\mathrm{d}z = \oiint_{S}(PU\cos\alpha + QV\cos\beta + RW\cos\gamma)\mathrm{d}S - \iiint_{\Omega}\left(U\frac{\partial P}{\partial x} + V\frac{\partial Q}{\partial y} + W\frac{\partial R}{\partial z}\right)\mathrm{d}x\mathrm{d}y\mathrm{d}z,$$

三维分部积分公式

其中边界曲面 S 取其外侧.

(2) 设空间有界闭区域 Ω 由有限块光滑的双侧曲面围成,记其边界曲面为 S,则有 Ω 的体积为

$$\mu(\Omega) = \oiint_{S} x\,\mathrm{d}y\mathrm{d}z = \oiint_{S} y\,\mathrm{d}z\mathrm{d}x = \oiint_{S} z\,\mathrm{d}x\mathrm{d}y = \frac{1}{3}\iint_{S} x\,\mathrm{d}y\mathrm{d}z + y\mathrm{d}z\mathrm{d}x + z\mathrm{d}x\mathrm{d}y.$$

例 12.6.7 试求曲面积分 $I = \iint_{S} x^2\mathrm{d}y\mathrm{d}z + y^2\mathrm{d}z\mathrm{d}x + z^2\mathrm{d}x\mathrm{d}y$,其中 S 是圆锥面 $x^2 + y^2 = z^2$ 夹在平面 $z = 0$ 与 $z = c\ (c > 0)$ 之间的部分,以外侧为正侧.

解 令 Ω 为圆锥面 $x^2 + y^2 = z^2$ 与平面 $z = c$ 所围的区域,S_1 为平面 $z = c$ 上的圆盘,即 $S_1 = \{(x,y,z) \mid x^2 + y^2 \leqslant c^2, z = c\}$,取上侧.

应用 Gauss 公式,即有

$$\begin{aligned}\iint_{S} x^2\mathrm{d}y\mathrm{d}z + y^2\mathrm{d}z\mathrm{d}x + z^2\mathrm{d}x\mathrm{d}y &= \iiint_{\Omega}(2x + 2y + 2z)\mathrm{d}x\mathrm{d}y\mathrm{d}z - \iint_{S_1} x^2\mathrm{d}y\mathrm{d}z + y^2\mathrm{d}z\mathrm{d}x + z^2\mathrm{d}x\mathrm{d}y \\ &= 2\iiint_{\Omega} z\,\mathrm{d}x\mathrm{d}y\mathrm{d}z - c^2\iint_{S_1}\mathrm{d}x\mathrm{d}y = 2\int_0^{2\pi}\mathrm{d}\theta\int_0^c z\mathrm{d}z\int_0^z r\mathrm{d}r - \pi c^4 \\ &= \frac{1}{2}\pi c^4 - \pi c^4 = -\frac{\pi}{2}c^4.\end{aligned}$$

□

例 12.6.8 试求曲面积分 $I = \iint_{S}\frac{x\mathrm{d}y\mathrm{d}z + y\mathrm{d}z\mathrm{d}x + z\mathrm{d}x\mathrm{d}y}{(x^2 + y^2 + z^2)^{\frac{3}{2}}}$,其中 S 是不经过原点的分块光滑闭曲面,以外侧为正侧.(1) 曲面 S 所围区域不包含坐标原点;(2) 曲面 S 所围区域包含坐标原点.

解 记曲面 S 所围区域为 Ω.

(1) 若 Ω 中不包含原点,则有

$$P = \frac{x}{(x^2 + y^2 + z^2)^{\frac{3}{2}}}, \quad Q = \frac{y}{(x^2 + y^2 + z^2)^{\frac{3}{2}}}, \quad R = \frac{z}{(x^2 + y^2 + z^2)^{\frac{3}{2}}}$$

以及 P_x,Q_y,R_z 都在 Ω 上连续.

因此,由 Gauss 公式可得

$$I=\iiint_{\Omega}\left(\frac{\partial P}{\partial x}+\frac{\partial Q}{\partial y}+\frac{\partial R}{\partial z}\right)\mathrm{d}x\mathrm{d}y\mathrm{d}z$$
$$=\iiint_{\Omega}\left[\frac{(r^2-3x^2)+(r^2-3y^2)+(r^2-3z^2)}{r^5}\right]\mathrm{d}x\mathrm{d}y\mathrm{d}z=0,$$

这里 $r=\sqrt{x^2+y^2+z^2}$.

(2) 若 Ω 包含原点,则 P、Q、R 以及 P_x,Q_y,R_z 都在 Ω 上不连续,不能直接用 Gauss 公式. 为此,取充分小 $\varepsilon>0$,使闭球$\overline{B(0,\varepsilon)}=\{(x,y,z)\mid x^2+y^2+z^2\leqslant\varepsilon^2\}\subset\Omega^\circ$,从而 P、Q、R 及 P_x,Q_y,R_z 在 $\Omega\backslash B(0,\varepsilon)$ 上连续.

记 S_1 为 $B(0,\varepsilon)$ 的边界 $x^2+y^2+z^2=\varepsilon^2$,取内侧为正侧,则有

$$I=\iint_{S+S_1}P\mathrm{d}y\mathrm{d}z+Q\mathrm{d}z\mathrm{d}x+R\mathrm{d}x\mathrm{d}y-\iint_{S_1}P\mathrm{d}y\mathrm{d}z+Q\mathrm{d}z\mathrm{d}x+R\mathrm{d}x\mathrm{d}y$$
$$=\iiint_{\Omega\backslash B(0,\varepsilon)}\left[\frac{\partial}{\partial x}\left(\frac{x}{r^3}\right)+\frac{\partial}{\partial y}\left(\frac{y}{r^3}\right)+\frac{\partial}{\partial z}\left(\frac{z}{r^3}\right)\right]\mathrm{d}x\mathrm{d}y\mathrm{d}z+\iint_{-S_1}\frac{x\mathrm{d}y\mathrm{d}z+y\mathrm{d}z\mathrm{d}x+z\mathrm{d}x\mathrm{d}y}{(x^2+y^2+z^2)^{3/2}}$$
$$=0+\frac{1}{\varepsilon^3}\iint_{-S_1}x\mathrm{d}y\mathrm{d}z+y\mathrm{d}z\mathrm{d}x+z\mathrm{d}x\mathrm{d}y=\frac{1}{\varepsilon^3}\iiint_{B(0,\varepsilon)}3\mathrm{d}x\mathrm{d}y\mathrm{d}z=\frac{3}{\varepsilon^3}\cdot\frac{4}{3}\pi\varepsilon^3=4\pi.\qquad\square$$

注 12.6.2 应用 Gauss 公式,也要注意考察定理适用的条件是否满足,要求被积函数 $P(x,y,z)$,$Q(x,y,z)$,$R(x,y,z)$在积分区域 Ω 上具有连续一阶偏导数,且 Ω 的边界为分块光滑闭曲面. 若积分曲面不是闭曲面,为使用 Gauss 公式,可以添加辅助面使其变成分块光滑闭曲面.

12.6.4 Stokes 公式

Stokes 公式是 Green 公式在空间中的推广,是将空间有向曲面上的第二型曲面积分与沿该曲面边界曲线上的第二型曲线积分联系起来的一个重要公式.

定义 12.6.6 (1) 设 Ω 为空间区域,如果 Ω 内任何一条简单闭曲线,都可以不经过 Ω 以外的点而连续地收缩为 Ω 中的点,则称 Ω 为**一维单连通区域**. 例如,球体既是一维单连通区域,也是二维单连通区域;两个同心球面所夹区域是一维单连通区域,但不是二维单连通区域;环面(轮胎面)所围区域是二维单连通区域,却不是一维单连通区域.

(2) 对空间有向曲面 S 的边界曲线 C,其正向规定为,当右手四指指向 C 的方向,手心朝向曲面 S 时,与 C 邻近的曲面 S 的法矢量指向与拇指的指向一致. 此时,也称 C 的方向与 S 的侧符合右手法则,C 为 S 的正向边界.

定理 12.6.5 (Stokes 公式) 设 C 为分段光滑的空间有向闭曲线,S 是以 C 为边界的分片光滑的有向曲面,C 的方向与 S 的侧符合右手法则. 又三元函数 $P(x,y,z)$,$Q(x,y,z)$,$R(x,y,z)$在曲面 S(及 C)上具有连续一阶偏导数,则有

$$\iint_S\left(\frac{\partial R}{\partial y}-\frac{\partial Q}{\partial z}\right)\mathrm{d}y\mathrm{d}z+\left(\frac{\partial P}{\partial z}-\frac{\partial R}{\partial x}\right)\mathrm{d}z\mathrm{d}x+\left(\frac{\partial Q}{\partial x}-\frac{\partial P}{\partial y}\right)\mathrm{d}x\mathrm{d}y=\oint_C P\mathrm{d}x+Q\mathrm{d}y+R\mathrm{d}z.$$

证 这里,只证明$\iint_S\frac{\partial P}{\partial z}\mathrm{d}z\mathrm{d}x-\frac{\partial P}{\partial y}\mathrm{d}x\mathrm{d}y=\oint_C P\mathrm{d}x$,对于

$$\iint_S\frac{\partial R}{\partial y}\mathrm{d}y\mathrm{d}z-\frac{\partial R}{\partial x}\mathrm{d}z\mathrm{d}x=\oint_C R\mathrm{d}z,\quad\iint_S\frac{\partial Q}{\partial x}\mathrm{d}x\mathrm{d}y-\frac{\partial Q}{\partial z}\mathrm{d}y\mathrm{d}z=\oint_C Q\mathrm{d}y,$$

可以类似地证明.

考虑曲面 S 参数化为 $S: z=z(x,y),(x,y)\in D$，取上侧，其正向边界为 C. 此时，S 指向上侧的法矢量为 $(-z_x,-z_y,1)$，从而有单位法矢量

$$\boldsymbol{n}=(\cos\alpha,\cos\beta,\cos\gamma)=\frac{(-z_x,-z_y,1)}{\sqrt{1+z_x^2+z_y^2}}.$$

此即有 $z_x=-\dfrac{\cos\alpha}{\cos\gamma}, z_y=-\dfrac{\cos\beta}{\cos\gamma}$.

记 C 在 xOy 面上的有向投影曲线为 C_1，从而有

$$\begin{aligned}\oint_C P\,\mathrm{d}x&=\oint_{C_1}P(x,y,z(x,y))\,\mathrm{d}x=-\iint_D\left(\frac{\partial P}{\partial y}+\frac{\partial P}{\partial z}\frac{\partial z}{\partial y}\right)\mathrm{d}x\mathrm{d}y\\&=-\iint_S\left(\frac{\partial P}{\partial y}+\frac{\partial P}{\partial z}\frac{\partial z}{\partial y}\right)\mathrm{d}x\mathrm{d}y=-\iint_S\left(\frac{\partial P}{\partial y}-\frac{\partial P}{\partial z}\frac{\cos\beta}{\cos\gamma}\right)\mathrm{d}x\mathrm{d}y\\&=-\iint_S\left(\frac{\partial P}{\partial y}\cos\gamma-\frac{\partial P}{\partial z}\cos\beta\right)\mathrm{d}S=\iint_S\frac{\partial P}{\partial z}\mathrm{d}z\mathrm{d}x-\iint_S\frac{\partial P}{\partial y}\mathrm{d}x\mathrm{d}y.\end{aligned}$$

如果曲面 S 不能同时将其整体向坐标面作投影进行参数化，则用有限条辅助线把 S 分成若干小块，使得在每一小块上 Stokes 公式成立. 再利用曲面积分与曲线积分关于积分区域的可加性解决问题. □

通常，为便于运算和记忆，可利用行列式将 Stokes 公式形式表示为

$$\iint_S\begin{vmatrix}\mathrm{d}y\mathrm{d}z&\mathrm{d}z\mathrm{d}x&\mathrm{d}x\mathrm{d}y\\\dfrac{\partial}{\partial x}&\dfrac{\partial}{\partial y}&\dfrac{\partial}{\partial z}\\P&Q&R\end{vmatrix}=\oint_C P\,\mathrm{d}x+Q\mathrm{d}y+R\mathrm{d}z=\iint_S\begin{vmatrix}\cos\alpha&\cos\beta&\cos\gamma\\\dfrac{\partial}{\partial x}&\dfrac{\partial}{\partial y}&\dfrac{\partial}{\partial z}\\P&Q&R\end{vmatrix}\mathrm{d}S,$$

其中 $\dfrac{\partial}{\partial x},\dfrac{\partial}{\partial y},\dfrac{\partial}{\partial z}$ 为微分算子，$\boldsymbol{n}=(\cos\alpha,\cos\beta,\cos\gamma)$ 为积分曲面 S 的外法矢量.

例 12.6.9　试求曲线积分 $I=\oint_C(y^2-z)\mathrm{d}x+(z^2-x)\mathrm{d}y+(x^2-y)\mathrm{d}z$，其中 C 为平面 $x+y+z=0$ 与球面 $x^2+y^2+z^2=R^2(R>0)$ 的交线，从 z 轴正向看，C 取逆时针方向.

解　考虑以曲线 C 为边界的平面 $x+y+z=0$ 上的区域为积分曲面 S，取上侧为正侧，则 C 为 S 的正向边界线. 又 S 的单位法矢量为

$$\boldsymbol{n}=(\cos\alpha,\cos\beta,\cos\gamma)=\frac{1}{\sqrt{3}}(1,1,1),$$

从而由 Stokes 公式，有

$$I=\iint_S\begin{vmatrix}\dfrac{1}{\sqrt{3}}&\dfrac{1}{\sqrt{3}}&\dfrac{1}{\sqrt{3}}\\\dfrac{\partial}{\partial x}&\dfrac{\partial}{\partial y}&\dfrac{\partial}{\partial z}\\y^2-z&z^2-x&x^2-y\end{vmatrix}\mathrm{d}S=\iint_S\frac{1}{\sqrt{3}}[-3-2(x+y+z)]\mathrm{d}S=-\sqrt{3}\iint_S\mathrm{d}S=-\sqrt{3}\pi R^2.$$

□

显然，若考虑以曲线 C 为边界的球面 $x^2+y^2+z^2=R^2$ 上的一部分为积分曲面 S，则情形要麻烦一些.

与平面曲线积分相仿，空间曲线积分与路径的无关性也有如下相应的定理.

定理 12.6.6　设 Ω 为空间一维单连通区域，又三元函数 $P(x,y,z),Q(x,y,z),R(x,y,z)$ 在 Ω 上具有一阶连续偏导数，则以下四个命题等价：

定理 12.6.6

(1) 对Ω内任何分段光滑闭曲线C,有曲线积分$\oint_C P\mathrm{d}x+Q\mathrm{d}y+R\mathrm{d}z=0$;

(2) 对Ω内任何分段光滑曲线C,曲线积分$\int_C P\mathrm{d}x+Q\mathrm{d}y+R\mathrm{d}z$与路径无关;

(3) 在Ω内存在三元函数$u(x,y,z)$使得$\mathrm{d}u=P\mathrm{d}x+Q\mathrm{d}y+R\mathrm{d}z$,即$P\mathrm{d}x+Q\mathrm{d}y+R\mathrm{d}z$为全微分表达;

(4) 在Ω内处处都有$\dfrac{\partial P}{\partial y}=\dfrac{\partial Q}{\partial x},\dfrac{\partial Q}{\partial z}=\dfrac{\partial R}{\partial y},\dfrac{\partial R}{\partial x}=\dfrac{\partial P}{\partial z}$.

12.6.5 场论初步

在实际应用中,常常要考虑某种物理量(如温度、密度、速度、强度等)在空间的分布和变化规律,这从数学和物理上看就是**场**.

设$\Omega\subseteq\mathbf{R}^3$是一个三维区域,若在$t$时刻,$\Omega$中每一点$(x,y,z)$都有一个确定的数值$f(x,y,z,t)$(或向量值$\boldsymbol{f}(x,y,z,t)$)与之对应,则称$f(x,y,z,t)$(或$\boldsymbol{f}(x,y,z,t)$)为$\Omega$上的**数量场**(或**向量场**).如果一个场不随时间的变化而变化,则称其为**稳定场**,否则称为**不稳定场**.

1. 通量与散度

定义 12.6.7 设$\boldsymbol{F}$是空间区域Ω上的向量场,S是区域Ω中一张分块光滑的有向曲面,其单位法矢量为$\boldsymbol{n}$,则称$\boldsymbol{F}$关于S的第二型曲面积分$\Phi=\iint\limits_S\boldsymbol{F}\cdot\mathrm{d}\boldsymbol{S}$为向量场$\boldsymbol{F}$穿过曲面$S$的**通量**.

若$\boldsymbol{F}$为流体速度,则$\Phi=\oiint\limits_S\boldsymbol{F}\cdot\mathrm{d}\boldsymbol{S}$表示在单位时间内流体从$S$的内部穿出外部的正流量与从外部穿入内部的负流量的代数和.$\Phi>0$表示流出多于流入,此时在S内部应有产生流体的**源**;$\Phi<0$表示流入多于流出,此时在S内部应有吸收流体的**汇**;$\Phi=0$表示流出等于流入,此时在S内部的源和汇的代数和为零.

向量场在封闭曲面上的通量是由该曲面内的源和汇决定的,因此研究源和汇的存在性,以及流体从源和汇散发的强度具有重要的意义.

定义 12.6.8 设$\boldsymbol{F}$是空间区域Ω上的向量场,M_0是Ω中任意点,$\Delta\Omega$为Ω内包含M_0的任意封闭小区域,其边界曲面为ΔS,方向指向外侧,体积仍记为$\Delta\Omega$.如果极限$\lim\limits_{\Delta\Omega\to0}\dfrac{1}{\Delta\Omega}\iint\limits_{\Delta S}\boldsymbol{F}(M_0)\cdot\mathrm{d}\boldsymbol{S}$存在(有限),则称此极限为向量场$\boldsymbol{F}$在点$M_0$处的**散度**,记作$\mathrm{div}\boldsymbol{F}(M_0)$或$\nabla\cdot\boldsymbol{F}(M_0)$.

散度是向量场的一种空间变化率,刻画了向量场在每一点源(汇)处的分布情况.散度的绝对值刻画了源(汇)强度的大小.$\mathrm{div}\boldsymbol{F}(M)>0$,表示向量场$\boldsymbol{F}$在点$M$处有散发通量的正源;$\mathrm{div}\boldsymbol{F}(M)<0$,表示向量场$\boldsymbol{F}$在点$M$处有吸收通量的汇(负源);$\mathrm{div}\boldsymbol{F}(M)=0$,表示向量场$\boldsymbol{F}$在点$M$处无源.

定义 12.6.9 若$\boldsymbol{F}$是空间区域Ω上的向量场,对$\forall M\in\Omega$,有

$$\mathrm{div}\boldsymbol{F}(M)=0,$$

则称向量场$\boldsymbol{F}$在Ω上为**无源场**.

散度的刻画与坐标系的选取无关,为便于计算,通常在直角坐标系中表现.

定理 12.6.7 设$\boldsymbol{F}$为空间区域Ω上连续可微的向量场,令

$$\boldsymbol{F}(x,y,z)=(P(x,y,z),Q(x,y,z),R(x,y,z)),\quad \forall M(x,y,z)\in\Omega,$$

则有 $\boldsymbol{F}$ 在点 M 处的散度为

$$\mathrm{div}\boldsymbol{F}(M)=\frac{\partial P(x,y,z)}{\partial x}+\frac{\partial Q(x,y,z)}{\partial y}+\frac{\partial R(x,y,z)}{\partial z}.$$

因此,Gauss 公式也经常称作散度定理.

容易看出,散度运算具有以下基本规律:设 $\boldsymbol{F},\boldsymbol{G}$ 为空间区域 Ω 上的连续可微向量场,函数 f 连续可微,则有

(1) $\mathrm{div}(\alpha\boldsymbol{F})=\alpha\mathrm{div}\boldsymbol{F},\forall\alpha\in\mathbf{R}$;

(2) $\mathrm{div}(\boldsymbol{F}+\boldsymbol{G})=\mathrm{div}(\boldsymbol{F}+\boldsymbol{G})$;

(3) $\mathrm{div}(f\boldsymbol{F})=f\mathrm{div}\boldsymbol{F}+\nabla f\cdot\boldsymbol{F}$.

2. 环量与旋度

定义 12.6.10　设 $\boldsymbol{F}$ 是空间区域 Ω 上的向量场,C 是 Ω 中一条分段光滑的有向闭曲线,其单位切矢量为 $\boldsymbol{\tau}$,则称 $\boldsymbol{F}$ 沿 C 的第二型曲线积分 $\Gamma=\oint_C\boldsymbol{F}\cdot\mathrm{d}\boldsymbol{s}$ 为向量场 $\boldsymbol{F}$ 沿闭曲线 C 指定方向 $\boldsymbol{\Gamma}$ 的**环量**(旋转量).

若 $\boldsymbol{F}$ 为流体速度,则 $\Gamma=\oint_C\boldsymbol{F}\cdot\mathrm{d}\boldsymbol{s}$ 表示在单位时间内 $\boldsymbol{F}$ 沿 C 的旋转情况. 环量是否为零反映了曲线 C 是否包围了漩涡的涡管;当环量非零时,其正负号反映了曲线的方向是否与其所包围漩涡的旋转方向一致,其大小反映了漩涡的旋转强度.

定义 12.6.11　设 $\boldsymbol{F}$ 是空间区域 Ω 上的向量场,对 Ω 中任意点 M 和任意单位矢量 $\boldsymbol{n}$,在通过 M 并以 $\boldsymbol{n}$ 为法矢量的平面上任取一条围绕 M 的分段光滑闭曲线 C,按右手规则取定 C 的方向,记其所围平面区域为 D,面积为 $\mu(D)$. 若极限 $\lim\limits_{\mu(D)\to0}\dfrac{\oint_C\boldsymbol{F}(M)\cdot\mathrm{d}\boldsymbol{s}}{\mu(D)}$ 存在(有限),则称此极限为向量场 $\boldsymbol{F}$ 在点 M 处绕方向 $\boldsymbol{n}$ 的**方向旋量**,也称作**环量面密度**. 记作 $\mathrm{rot}_n\boldsymbol{F}(M)$ 或 $\nabla\times\boldsymbol{F}(M)$.

方向旋量刻画了环量关于面积的变化率,即沿平面上单位面积区域边缘的环量.

定义 12.6.12　(1) 设 $\boldsymbol{F}$ 是空间区域 Ω 上的向量场,对 $\forall M\in\Omega$,向量场 $\boldsymbol{F}$ 在点 M 处的**旋度**是这样一个矢量:$\boldsymbol{F}$ 在点 M 处绕旋度方向的方向旋量最大,而且其模即为此方向旋量的数值. 记作 $\mathrm{rot}\boldsymbol{F}(M)$. 其实,向量场的旋度是一个矢量,在数值和方向上表明了最大环量密度.

(2) 若 $\boldsymbol{F}$ 是空间区域 Ω 上的向量场,对 $\forall M\in\Omega$,有 $\mathrm{rot}\boldsymbol{F}(M)=\mathbf{0}$,则称向量场 $\boldsymbol{F}$ 为 Ω 上的无旋场.

(3) 若 $\boldsymbol{F}$ 既是无源场又是无旋场,则称为调和场.

旋度的刻画也与坐标系的选取无关,为便于计算通常在直角坐标系中表现.

定理 12.6.8　设 $\boldsymbol{F}$ 为空间区域 Ω 上连续可微的向量场,令

$$\boldsymbol{F}(x,y,z)=(P(x,y,z),Q(x,y,z),R(x,y,z)),\forall M(x,y,z)\in\Omega,$$

则有 $\boldsymbol{F}$ 在点 M 处的旋度为

$$\mathrm{rot}\boldsymbol{F}(M)=\begin{vmatrix}\boldsymbol{i}&\boldsymbol{j}&\boldsymbol{k}\\\dfrac{\partial}{\partial x}&\dfrac{\partial}{\partial y}&\dfrac{\partial}{\partial z}\\P&Q&R\end{vmatrix}=\left(\frac{\partial R}{\partial y}-\frac{\partial Q}{\partial z}\right)\boldsymbol{i}+\left(\frac{\partial P}{\partial z}-\frac{\partial R}{\partial x}\right)\boldsymbol{j}+\left(\frac{\partial Q}{\partial x}-\frac{\partial P}{\partial y}\right)\boldsymbol{k}.$$

因此,Stokes 公式也经常称作旋度定理.

容易看出,旋度运算具有以下基本规律:设 $\boldsymbol{F},\boldsymbol{G}$ 为空间区域 Ω 上的连续可微向量场,函数

f 连续可微,则有

(1) $\mathrm{rot}(\alpha\boldsymbol{F})=\alpha\,\mathrm{rot}\boldsymbol{F},\ \forall\alpha\in\mathbf{R}$;

(2) $\mathrm{rot}(\boldsymbol{F}+\boldsymbol{G})=\mathrm{rot}\boldsymbol{F}+\mathrm{rot}\boldsymbol{G}$;

(3) $\mathrm{rot}(f\boldsymbol{F})=f\mathrm{rot}\boldsymbol{F}+\nabla f\times\boldsymbol{F}$.

例 12.6.10 试求向量场 $\boldsymbol{F}=(x^2yz,xy^2z,xyz^2)$ 的散度 $\mathrm{div}\boldsymbol{F}$ 与旋度 $\mathrm{rot}\boldsymbol{F}$.

解 令 $P=x^2yz,Q=xy^2z,R=xyz^2$,则有

$$P_x=2xyz,\quad Q_y=2xyz,\quad R_z=2xyz,$$

$$P_y=x^2z,\quad P_z=x^2y,\quad Q_x=y^2z,\quad Q_z=xy^2,\quad R_x=yz^2,\quad R_y=xz^2.$$

从而有

$$\mathrm{div}\boldsymbol{F}=P_x+Q_y+R_z=6xyz,$$

$$\mathrm{rot}\boldsymbol{F}=(R_y-Q_z,P_z-R_x,Q_x-P_y)=(xz^2-xy^2,x^2y-yz^2,y^2z-x^2z).$$ □

习 题 12.6

习题 12.6

1. 试应用 Green 公式计算下列积分:

(1) $I=\oint_C(x+y)^2\mathrm{d}x-(x^2+y^2)\mathrm{d}y$,其中 C 是以 $A(1,1),B(3,2),C(2,5)$ 为顶点的三角形的边界,取逆时针方向;

(2) $I=\oint_C ax^2y\mathrm{d}x+bxy^2\mathrm{d}y$,其中 C 是圆周 $x^2+y^2=R^2(R>0)$,取顺时针方向;

(3) $I=\oint_C(x-y)^m\mathrm{d}x+(x+y)^n\mathrm{d}y$ (m,n 为正整数),其中 C 是正方形区域 $|x+y|\leqslant 1$, $|x-y|\leqslant 1$ 的边界,取逆时针方向;

(4) $I=\oint_C(x^2y\cos x+2xy\sin x-y^2\mathrm{e}^x)\mathrm{d}x+(x^2\sin x-2y\mathrm{e}^x)\mathrm{d}y$,其中 C 是星形线 $x^{\frac{2}{3}}+y^{\frac{2}{3}}=a^{\frac{2}{3}}(a>0)$,取逆时针方向;

(5) $I=\oint_C\mathrm{e}^{-(x^2-y^2)}(\cos 2xy\mathrm{d}x+\sin 2xy\mathrm{d}y)$,其中 C 是圆周 $x^2+y^2=R^2(R>0)$,取顺时针方向;

(6) $I=\oint_C(1+y^2)\mathrm{d}x+y\mathrm{d}y$,其中 C 是曲线 $y=\sin x,y=\sin 2x$ $(0\leqslant x\leqslant\pi)$ 所围区域的边界线,取逆时针方向;

(7) $I=\int_C\sqrt{x^2+y^2}\mathrm{d}x+[x+y\ln(x+\sqrt{x^2+y^2})]\mathrm{d}y$,其中 C 是从点 $A(2,1)$ 出发沿着上半圆周 $y=1+\sqrt{2x-x^2}$ 到点 $B(0,1)$ 的一段;

(8) $I=\int_C(x^2y+3x\mathrm{e}^x)\mathrm{d}x+\left(\frac{x^3}{3}-y\sin y\right)\mathrm{d}y$,其中 C 是摆线 $x=t-\sin t,y=1-\cos t$ 上从点 $O(0,0)$ 出发到点 $A(\pi,2)$ 的一段;

(9) $I=\int_C(3xy+\sin x)\mathrm{d}x+(x^2-y\mathrm{e}^y)\mathrm{d}y$,其中 C 是抛物线 $y=x^2-2x$ 上从点 $O(0,0)$ 出发到点 $A(3,3)$ 的一段;

(10) $I=\oint_C\dfrac{(x-y)\mathrm{d}x+(x+4y)\mathrm{d}y}{x^2+4y^2}$,其中 C 是圆周 $x^2+y^2=1$,取逆时针方向.

2. 试利用曲线积分，求下列曲线所围区域的面积：

(1) 叶形线 $x^3+y^3=3axy\ (a>0)$；　(2) 抛物线 $(x+y)^2=ax\ (a>0)$ 与 x 轴；

(3) 星形线 $x^{2/3}+y^{2/3}=a^{2/3}(a>0)$；　(4) 曲线 $x^3+y^3=x^2+y^2$ 与 x、y 轴.

3. 先证明曲线积分与路径无关，再求积分值.

(1) $I=\int_{(0,0)}^{(1,1)}(x-y)(\mathrm{d}x-\mathrm{d}y)$；

(2) $I=\int_{(0,0)}^{(1,2)}(2xy-y^4)\mathrm{d}x+(x^2-4xy^3)\mathrm{d}y$；

(3) $I=\int_{(0,0,0)}^{(a,b,c)}\mathrm{e}^{xyz}(yz\mathrm{d}x+zx\mathrm{d}y+xy\mathrm{d}z)$；

(4) $I=\int_{(0,0,0)}^{(a,b,c)}\cos(xy+yz+zx)[(y+z)\mathrm{d}x+(z+x)\mathrm{d}y+(x+y)\mathrm{d}z]$；

(5) $I=\int_{(1,1)}^{(a,b)}\dfrac{y\mathrm{d}x-x\mathrm{d}y}{x^2}$ 沿不与 y 轴相交的路径$(a>0)$；

(6) $I=\int_{(0,1)}^{(a,b)}\dfrac{y\mathrm{d}x-x\mathrm{d}y}{(x-y)^2}$ 沿不与直线 $y=x$ 相交的路径$(a<b)$.

4. 试求解下列微分方程：

(1) $\left(\mathrm{e}^y-\dfrac{y}{x^2}\right)\mathrm{d}x+\left(x\mathrm{e}^y+\dfrac{1}{x}\right)\mathrm{d}y=0$；　(2) $y(1+xy)\mathrm{d}x-x\mathrm{d}y=0$；

(3) $(x^4\mathrm{e}^x-2xy^2)\mathrm{d}x+2x^2y\mathrm{d}y=0$；　(4) $(3x+6xy+3y^2)\mathrm{d}x+(2x^2+3xy)\mathrm{d}y=0$.

5. 设 $f(x)$ 具有二阶连续导数，$f(0)=1$，$f'(0)=1$，又方程

$$[xy(x+y)-yf(x)]\mathrm{d}x+[f'(x)+x^2y]\mathrm{d}y=0$$

是全微分方程，试求函数 $f(x)$ 与此全微分方程的通解.

6. 试应用 Gauss 公式计算下列积分：

(1) $I=\oiint\limits_S\cos x^2\mathrm{d}y\mathrm{d}z+\cos y^2\mathrm{d}z\mathrm{d}x+\cos z^2\mathrm{d}x\mathrm{d}y$，其中 S 是立方体 $0\leqslant x\leqslant\sqrt{\pi}$，$0\leqslant y\leqslant\sqrt{\pi}$，$0\leqslant z\leqslant\sqrt{\pi}$ 的外表面；

(2) $I=\oiint\limits_S\dfrac{x^3}{a^2}\mathrm{d}y\mathrm{d}z+\dfrac{y^3}{b^2}\mathrm{d}z\mathrm{d}x+\dfrac{z^3}{c^2}\mathrm{d}x\mathrm{d}y$，其中 S 是椭球面$\dfrac{x^2}{a^2}+\dfrac{y^2}{b^2}+\dfrac{z^2}{c^2}=1$ 的外表面；

(3) $I=\iint\limits_S\left(\dfrac{xz}{a^2}\cos\alpha+\dfrac{zy}{b^2}\cos\beta+\dfrac{z^2}{c^2}\cos\gamma\right)\mathrm{d}S$，其中 S 是椭球面$\dfrac{x^2}{a^2}+\dfrac{y^2}{b^2}+\dfrac{z^2}{c^2}=1$ 的上半部分，取上侧为正侧；

(4) $I=\iint\limits_S(x+\cos y)\mathrm{d}y\mathrm{d}z+(y+\cos z)\mathrm{d}z\mathrm{d}x+(z+\cos x)\mathrm{d}x\mathrm{d}y$，其中 S 是平面 $x+y+z=\pi$ 在第一卦限的部分，从 z 轴正向看取外侧(上侧).

7. 试利用曲面积分，求曲面 $S:\begin{cases}x=u\cos v,\\ y=u\sin v,\\ z=-u+a\cos v,\end{cases}$ $(u\geqslant0)$ 与平面 $z=0$，$z=a\ (a>0)$ 所围立体的体积.

8. 试利用 Stokes 公式计算下列积分：

(1) $I=\oint_C(y-z)\mathrm{d}x+(z-x)\mathrm{d}y+(x-y)\mathrm{d}z$，其中曲线 C 为$\begin{cases}x^2+y^2=a^2,\\ \dfrac{x}{a}+\dfrac{y}{h}=1,\end{cases}$ $a>0,h>0$，

方向为从 x 轴正向看的逆时针方向；

(2) $I=\oint_C (y^2+z^2)\mathrm{d}x+(z^2+x^2)\mathrm{d}y+(x^2+y^2)\mathrm{d}z$，其中曲线 C 为 $\begin{cases}x^2+y^2+z^2=2Rx,\\ x^2+y^2=2rx,\end{cases}$ $0<r<R, z>0$，方向规定为：由 C 包围的在球面 $x^2+y^2+z^2=2Rx$ 外表面上的最小区域总在左侧；

(3) $I=\oint_C (y^2-z^2)\mathrm{d}x+(z^2-x^2)\mathrm{d}y+(x^2-y^2)\mathrm{d}z$，其中曲线 C 为平面 $x+y+z=\dfrac{3}{2}a$ 切割立体 $\Omega=[0,a]\times[0,a]\times[0,a]$ 在其表面所得的截痕，方向为从 x 轴正向看的逆时针方向；

(4) $I=\int_C (x^2-yz)\mathrm{d}x+(y^2-xz)\mathrm{d}y+(z^2-xy)\mathrm{d}z$，其中曲线 C 为 $\begin{cases}x=a\cos t,\\ y=a\sin t,\\ z=\dfrac{h}{2\pi}t,\end{cases}$ 方向为依参数 t 增大的方向(从 0 到 2π).

9. 设 S 为球面 $x^2+y^2+z^2=R^2(R>0)$ 的上半部分，取上侧为正侧，记 C 为 S 的正向边界. 若矢量函数 $\boldsymbol{F}(x,y,z)=(2y,3x,-z^2)$，试用指定方法计算积分 $\iint_S \boldsymbol{F}\cdot\mathrm{d}\boldsymbol{S}$.

(1) 用第一型曲面积分；　　(2) 第二型曲面积分；

(3) 用 Gauss 公式；　　(4) 用 Stokes 公式.

10. 设平面曲线 C 为 $x^2+y^2+x+y=0$，取逆时针方向，试证明：

(1) $\dfrac{\pi}{2}<\oint_C -y\sin x^2\mathrm{d}x+x\cos y^2\mathrm{d}y<\dfrac{\pi}{\sqrt{2}}$；

(2) 若 f 为连续函数，则有 $\oint_C f(x^2+y^2)(x\mathrm{d}x+y\mathrm{d}y)=0$.

11. 已知平面区域 $D=[0,\pi]\times[0,\pi]$，令 C 为 D 的正向边界，则有

(1) $\oint_C x\mathrm{e}^{\sin y}\mathrm{d}y-y\mathrm{e}^{-\sin x}\mathrm{d}x=\oint_C x\mathrm{e}^{-\sin y}\mathrm{d}y-y\mathrm{e}^{\sin x}\mathrm{d}x$；

(2) $\oint_C x\mathrm{e}^{\sin y}\mathrm{d}y-y\mathrm{e}^{-\sin x}\mathrm{d}x\geqslant 2\pi^2$.

12. 设 Ω 为空间中以分块光滑简单闭曲面为边界的有界区域，令 S 为 Ω 的边界，取外侧为正侧；令 $\boldsymbol{r}$ 为点 (x,y,z) 对应的向径，$\boldsymbol{n}$ 为 S 的单位外法矢量. 试证明：

(1) $\iiint_\Omega \mathrm{d}x\mathrm{d}y\mathrm{d}z=\dfrac{1}{3}\iint_S |\boldsymbol{r}|\cos(\boldsymbol{r},\boldsymbol{n})\mathrm{d}S$；

(2) $\iiint_\Omega \dfrac{\mathrm{d}x\mathrm{d}y\mathrm{d}z}{|\boldsymbol{r}|}=\dfrac{1}{2}\iint_S \cos(\boldsymbol{r},\boldsymbol{n})\mathrm{d}S$；

(3) $\oiint_S \cos(\boldsymbol{n},\boldsymbol{l})\mathrm{d}S=0$，其中 $\boldsymbol{l}$ 为任意固定矢量.

13. 设三元函数 $F=f\left(xy,\dfrac{x}{z},\dfrac{y}{z}\right)$ 具有连续二阶偏导数，试求：

(1) $\mathrm{div}(\mathbf{grad}\boldsymbol{F})$，　(2) $\mathbf{rot}(\mathbf{grad}\boldsymbol{F})$，　(3) $\mathrm{div}[\mathbf{rot}(\mathbf{grad}\boldsymbol{F})]$.

14. 设 $\boldsymbol{F}$ 为空间区域 Ω 上的向量场，且具有连续的一阶偏导数，又 S 为 Ω 内任意分块光滑闭曲面，则有

$$\iint_S \mathrm{rot}\boldsymbol{F}\cdot \mathrm{d}\boldsymbol{S}=0.$$

15. 设 $\boldsymbol{F}$ 为空间有界闭区域 Ω 上的向量场,且具有连续的二阶偏导数,记 Ω 的边界曲面为 S,以外侧为正侧,单位外法矢量为 $\boldsymbol{n}$. 又 f 为连续可微函数,则有

$$\iiint_\Omega (\nabla f\cdot \mathrm{rot}\boldsymbol{F})\mathrm{d}x\mathrm{d}y\mathrm{d}z=\iint_S f(\mathrm{rot}\boldsymbol{F}\cdot\boldsymbol{n})\mathrm{d}S.$$

16. 设 $f(x,y,z)$ 与 $g(x,y,z)$ 为定义在以 C 为正向边界曲线的有向曲面 S 上的连续可微函数,则有

$$\iint_S (\nabla f\times\nabla g)\cdot \mathrm{d}\boldsymbol{S}=\oint_C (f\nabla g)\cdot \mathrm{d}\boldsymbol{s}.$$

12.7　应用事例与研究课题

1. 应用事例

例 12.7.1　设函数 $f(x)$ 在区间 $[0,1]$ 上可积,则有

$$I=\int_0^{\frac{\pi}{2}}\int_0^{\frac{\pi}{2}} f(\cos\psi\cos\phi)\cos\psi\mathrm{d}\psi\mathrm{d}\phi=\frac{\pi}{2}\int_0^1 f(t)\mathrm{d}t.$$

又若 $|a|<\frac{\pi}{2}$,试求积分

$$J=\int_0^{\frac{\pi}{2}}\int_0^{\frac{\pi}{2}}\frac{\cos\theta\mathrm{d}\theta\mathrm{d}\phi}{\cos(a\cos\theta\cos\phi)}.$$

解　(1) 令 $\psi=\frac{\pi}{2}-\omega$,则有

$$I=\int_0^{\frac{\pi}{2}}\int_0^{\frac{\pi}{2}} f(\sin\omega\cos\phi)\sin\omega\mathrm{d}\omega\mathrm{d}\phi.$$

考虑单位球体位于第一卦限的部分,记 ω 为形成单位球面的矢量与 z 轴的正向的夹角,ϕ 为此矢量在 xOy 面上的投影与 x 轴的正向的夹角. 令 $x=\sin\omega\cos\phi$,当 $0\leqslant\omega,\phi\leqslant\frac{\pi}{2}$ 时,有 $0\leqslant x\leqslant 1$,进而有

$$I=\int_0^{\frac{\pi}{2}}\mathrm{d}\phi\int_0^{\frac{\pi}{2}} f(x)\sin\omega\mathrm{d}\omega.$$

再将 $\int_0^{\frac{\pi}{2}} f(x)\sin\omega\mathrm{d}\omega$ 理解为 xOy 面上第一象限中单位圆上的积分,令 $x=\cos\theta$,则有

$$\int_0^{\frac{\pi}{2}} f(x)\sin\omega\mathrm{d}\omega=\int_0^{\frac{\pi}{2}} f(\cos\theta)\sin\theta\mathrm{d}\theta,$$

进而有

$$I=\int_0^{\frac{\pi}{2}}\mathrm{d}\phi\int_0^{\frac{\pi}{2}} f(\cos\theta)\sin\theta\mathrm{d}\theta=\frac{\pi}{2}\int_0^{\pi/2} f(\cos\theta)\sin\theta\mathrm{d}\theta=\frac{\pi}{2}\int_0^1 f(t)\mathrm{d}t.$$

(2) 利用(1) 的结论,即有

$$J=\int_0^{\frac{\pi}{2}}\int_0^{\frac{\pi}{2}}\frac{\cos\theta\mathrm{d}\theta\mathrm{d}\phi}{\cos(a\cos\theta\cos\phi)}=\frac{\pi}{2}\int_0^1\frac{\mathrm{d}t}{\cos(at)}=\frac{\pi}{2a}\ln\left(\tan\left(\frac{a}{2}+\frac{\pi}{4}\right)\right)=\frac{\pi}{2a}\ln\left|\frac{1+\tan\frac{a}{2}}{1-\tan\frac{a}{2}}\right|.\ \square$$

例 12.7.2 试计算二重积分 $I=\int_0^{+\infty}\int_0^{+\infty}\mathrm{e}^{-a\sqrt{x^2+y^2}}\cos x\xi\cos y\eta\,\mathrm{d}x\mathrm{d}y\ (a>0)$.

解 注意到,对 $\forall b>0$,有

$$\int_0^{+\infty}\mathrm{e}^{-\theta^2-\frac{b}{4\theta^2}}\mathrm{d}\theta=\frac{\sqrt{\pi}}{2}\mathrm{e}^{-\sqrt{b}}.$$

令$\sqrt{b}=a\sqrt{x^2+y^2}$,即有

$$\mathrm{e}^{-a\sqrt{x^2+y^2}}=\frac{2}{\sqrt{\pi}}\int_0^{+\infty}\mathrm{e}^{-\theta^2-\frac{a^2(x^2+y^2)}{4\theta^2}}\mathrm{d}\theta.$$

于是,有

$$I=\frac{2}{\sqrt{\pi}}\int_0^{+\infty}\mathrm{e}^{-\theta^2}\mathrm{d}\theta\int_0^{+\infty}\int_0^{+\infty}\mathrm{e}^{-\frac{a^2(x^2+y^2)}{4\theta^2}}\cos x\xi\cos y\eta\,\mathrm{d}x\mathrm{d}y,$$

在 $u=\frac{ax}{2\theta},v=\frac{ay}{2\theta}$ 时,可得

$$\begin{aligned}I&=\frac{8}{\sqrt{\pi}a^2}\int_0^{+\infty}\mathrm{e}^{-\theta^2}\theta^2\mathrm{d}\theta\int_0^{+\infty}\mathrm{e}^{-u^2}\cos\frac{2\theta u\xi}{a}\mathrm{d}u\int_0^{+\infty}\mathrm{e}^{-v^2}\cos\frac{2\theta v\eta}{a}\mathrm{d}v\\&=\frac{8}{\sqrt{\pi}a^2}\left(\frac{\sqrt{\pi}}{2}\right)^2\int_0^{+\infty}\mathrm{e}^{-\frac{\theta^2}{a^2}(a^2+\xi^2+\eta^2)}\theta^2\mathrm{d}\theta=\frac{\pi}{2}\frac{a}{(a^2+\xi^2+\eta^2)^{\frac{3}{2}}}.\end{aligned}$$

□

例 12.7.3 设 $f(x_1,x_2,\cdots,x_n)$ 为 $\mathbf{R}^n$ 上的连续可微函数,且 $\|\nabla f\|\neq 0$. 取区间$[a,b]\subset f(\boldsymbol{R}^n)$,则对 $\forall t\in[a,b]$,$f^{-1}(t)$ 为 $\mathbf{R}^n$ 中的超曲面. 试证明

$$\int_{f^{-1}[(a,b)]}\mathrm{d}x_1\mathrm{d}x_2\cdots\mathrm{d}x_n=\int_a^b\mathrm{d}t\int_{f^{-1}(t)}\frac{1}{\|\nabla f\|}\mathrm{d}S,$$

此即刻画多重积分与第一型曲面积分元联系的余面积公式.

解 任取 $x^0\in f^{-1}(t)$,由于 $\|\nabla f(x^0)\|\neq0$,不妨设$\frac{\partial f}{\partial x_n}(x^0)\neq0$,从而根据隐函数定理,方程 $f(x_1,x_2,\cdots,x_n)-t=0$ 存在连续可微的函数 $x_n=\varphi_t(x_1,\cdots,x_{n-1})$,其中$(x_1,x_2,\cdots,x_{n-1})\in D\subseteq\mathbf{R}^{n-1}$.

又由$\frac{\partial f}{\partial x_n}\frac{\partial x_n}{\partial t}-1=0$,有$\frac{\partial x_n}{\partial t}=\left(\frac{\partial f}{\partial x_n}\right)^{-1}$.

考虑变量变换

$$\Phi:D\times[a,b]\mapsto\mathbf{R}^n,$$

$$\Phi(x_1,x_2,\cdots,x_{n-1},t)=(x_1,x_2,\cdots,x_{n-1},\varphi_t(x_1,\cdots,x_{n-1})),$$

其 Jacobi 行列式为

$$J=\frac{\partial\varphi_t}{\partial t}=\left(\frac{\partial f}{\partial x_n}\right)^{-1}.$$

令 $\Omega=\Phi(D\times[a,b])$,有

$$\begin{aligned}\int_{f^{-1}([a,b])}\mathrm{d}x_1\mathrm{d}x_2\cdots\mathrm{d}x_n&=\int_{D\times[a,b]}\left|\left(\frac{\partial f}{\partial x_n}\right)^{-1}\right|\mathrm{d}x_1\mathrm{d}x_2\cdots\mathrm{d}x_{n-1}\mathrm{d}t\\&=\int_a^b\mathrm{d}t\int_D\left|\left(\frac{\partial f}{\partial x_n}\right)^{-1}\right|\mathrm{d}x_1\mathrm{d}x_2\cdots\mathrm{d}x_{n-1}.\end{aligned}$$

又由$\frac{\partial\varphi_t}{\partial x_i}=-\frac{\partial f}{\partial x_i}\left(\frac{\partial f}{\partial x_n}\right)^{-1},i=1,2,\cdots,n-1$,可得

$$1+\|\nabla\varphi_t\|^2=\|\nabla f\|^2\left(\frac{\partial f}{\partial x_n}\right)^{-2},$$

从而有

$$\int_{f^{-1}(t)\cap\Omega}\frac{\mathrm{d}S}{\|\nabla f\|}=\int_D\frac{1}{\|\nabla f\|}\sqrt{1+\|\nabla\varphi_t\|^2}\mathrm{d}x_1\mathrm{d}x_2\cdots\mathrm{d}x_{n-1}$$

$$=\int_D\left|\left(\frac{\partial f}{\partial x_n}\right)^{-1}\right|\mathrm{d}x_1\mathrm{d}x_2\cdots\mathrm{d}x_{n-1}.$$

综合来看，即有

$$\int_{f^{-1}([a,b])}\mathrm{d}x_1\mathrm{d}x_2\cdots\mathrm{d}x_n=\int_a^b\mathrm{d}t\int_{f^{-1}(t)}\frac{\mathrm{d}S}{\|\nabla f\|}.$$ □

2. 探究课题

探究 12.7.1　试求二重积分

$$I=\int_0^{\pi/2}\int_0^{\pi/2}\frac{\sin\theta\ln(2-\sin\theta\cos\phi)\mathrm{d}\theta\mathrm{d}\phi}{2-2\sin\theta\cos\phi+\sin^2\theta\cos^2\phi}.$$

探究 12.7.2　试求均匀立体 Ω 关于其中心轴的惯性矩，这里 Ω 的边界曲面为

$$\rho=1-\cos\varphi\ (0\leqslant\varphi\leqslant\pi).$$

探究 12.7.3　试证明：沿任何闭曲线 C，都有

$$\oint_C\ln x\sin y\mathrm{d}y-\frac{\cos y}{x}\mathrm{d}x=0.$$

探究 12.7.4　试用三重积分与曲面积分，分别求曲面 $S:\left(\frac{x}{a}\right)^{\frac{2}{3}}+\left(\frac{y}{b}\right)^{\frac{2}{3}}+\left(\frac{z}{c}\right)^{\frac{2}{3}}=1$ 所围立体的体积.

探究 12.7.5　设 f 为 $\mathbf{R}^n$ 上的连续可微函数且 $\|\nabla f\|\neq0$，又区间 $[a,b]\subset f(\mathbf{R}^n)$，函数 g 为 $f^{-1}([a,b])$ 上的连续函数，则有

$$\int_{f^{-1}([a,b])}g(x)\mathrm{d}x=\int_a^b\mathrm{d}t\int_{f^{-1}(t)}\frac{g(x)}{\|\nabla f\|}\mathrm{d}S.$$

探究 12.7.6　设有形如 $z=x^2+y^2(0\leqslant z\leqslant10)$ 的碗，试给此碗标上刻度，先确定装 1 英寸(1 英寸=2.54 厘米)深的水的刻度，再确定装 3 英寸深的水的刻度.

探究 12.7.7　设一个抛物面卫星式盘的阔度为 2 米，深度为 $\frac{1}{2}$ 米，其对称轴从垂直方向倾斜 30 度. 试在直角坐标系下用三重积分刻画盘中所能盛的水量；为使该盘不能盛水，则其最小倾斜角度是多少？

探究 12.7.8　设空间区域 $\Omega=\{(x,y,z)\mid \boldsymbol{r}=(x,y,z)\neq\mathbf{0}\}$ 中有重力场 $\boldsymbol{F}=-\frac{GmM}{\|\boldsymbol{r}\|^3}\boldsymbol{r}$，其是 G 为重力常数，m,M 为物体质量，则不存在连续可微的向量场 $\boldsymbol{H}$，使得 $\boldsymbol{F}=\nabla\times\boldsymbol{H}$.

探究 12.7.9　(1) 考察 Peano 曲线，并证实一条平面曲线所绘出的图形的面积并不一定是零.

(2) 考察 Schwarz 关于光滑曲面面积的讨论，即使对一块圆柱面，也无法用“内接多面形之面积的极限”来定义其面积.

3. 实验题

实验题 12.7.1　试用 Mathematica 或 Matlab 软件计算下列积分：

(1) $I=\iint\limits_D\mathrm{e}^{-x^2}\mathrm{d}x\mathrm{d}y$，其中 $D=\{(x,y)\mid 0\leqslant x\leqslant1,0\leqslant y\leqslant x\}$；

(2) $I=\iiint\limits_\Omega xy^2z\mathrm{d}x\mathrm{d}y\mathrm{d}z$，其中 Ω 为平面 $x=0,z=0,x+z=a\ (a>0)$ 与柱面 $x=a-$

y^2 围成的区域.

实验题 12.7.2 试用 Mathematica 或 Matlab 软件计算下列积分：

(1) $I=\oint_C (x+y)\mathrm{d}x+(2x-3y)\mathrm{d}y$，其中 C 为上半圆周 $x^2+y^2=a^2(a>0)$ 与 x 轴所构成闭曲线，取逆时针方向；

(2) $I=\oiint\limits_S x(x^2+1)\mathrm{d}y\mathrm{d}z+y(y^2+2)\mathrm{d}z\mathrm{d}x+z(z^2+3)\mathrm{d}x\mathrm{d}y$，其中 S 为单位球面 $x^2+y^2+z^2=1$，取外侧为正侧.

参 考 文 献

[1] 吕林根,许子道.解析几何[M].5版.北京:高等教育出版社,2019.
[2] 丘维声.解析几何[M].3版.北京:北京大学出版社,2015.
[3] 张恭庆,林源渠.泛函分析讲义(上册)[M].北京:北京大学出版社,1987.
[4] 定光桂.巴拿赫空间引论[M].2版.北京:科学出版社,2008.
[5] 陈纪修,於崇华,金路.数学分析(下册)[M].2版.北京:高等教育出版社,2004.
[6] 华东师范大学数学系.数学分析(下册)[M].4版.北京:高等教育出版社,2010.
[7] 梅加强.数学分析[M].北京:高等教育出版社,2011.
[8] 黄永忠,韩志斌,吴洁,等.多元分析学[M].2版.武汉:华中科技大学出版社,2020.
[9] 华中科技大学数学与统计学院.微积分学[M].4版.北京:高等教育出版社,2020.
[10] 李建平,朱健民.高等数学(下册)[M].2版.北京:高等教育出版社,2015.
[11] Finney Weir Giordano.托马斯微积分[M].10版.叶其孝,王耀东,唐兢,译.北京:高等教育出版社,2003.
[12] 周民强.数学分析习题演练(第二、三册)[M].2版.北京:科学出版社,2012.
[13] 崔尚斌.数学分析教程(中、下册)[M].北京:科学出版社,2013.